새로운 배움, 더 큰 즐거움

미래엔 콘텐츠와 함께 새로운 배움을 시작합니다!
더 큰 즐거움을 찾아갑니다!

수학중심
고등 수학(하)

WRITERS

미래엔콘텐츠연구회
No.1 Content를 개발하는 교육 전문 콘텐츠 연구회

COPYRIGHT

인쇄일 2022년 9월 30일(2판5쇄)
발행일 2020년 8월 3일

펴낸이 신광수
펴낸곳 (주)미래엔
등록번호 제16-67호

교육개발1실장 하남규
개발책임 주석호
개발 황규리, 박지민

콘텐츠서비스실장 김효정
콘텐츠서비스책임 이승연

디자인실장 손현지
디자인책임 김기욱

CS본부장 강윤구
CS지원책임 강승훈

ISBN 979-11-6413-524-0

수학 학습은?
필요충분하게!

고등학교 수학은 어떻게 학습하는 것이 좋을까요?

학생들 대부분은 수학을 학습할 때, 개념서로 개념과 기본 유형을 먼저 익히고 유형서로 다양한 실전 유형을 경험합니다.

그렇다면 이런 수학 학습법에 문제는 없을까요?
수학에는 '필요충분조건'이라는 개념이 있습니다. 이를 설명하자면 '부족하지도 않고 넘치지도 않는 꼭 알맞은 상태'를 뜻합니다.

지금까지의 수학 개념서와 유형서는 부족하거나 넘쳤습니다. 개념서는 개념 설명은 넘치고 유형은 부족하였으며, 유형서는 개념 설명은 부족하고 유형은 넘쳤습니다. 또, 개념과 유형을 분리하여 공부하다 보니 수학 학습에 많은 시간을 할애하게 됩니다.
이상을 종합해 보면 지금까지의 수학 학습법은 '필요충분'하지 않았음을 알 수 있습니다.

≪수학중심≫은 **개념과 유형 학습의 균형을 맞춘 필요충분한 교재**입니다. 수학 학습 효과를 향상하는 새로운 수학 학습법을 제시하기 위해 **≪수학중심≫**은 다음 세 가지에 중점을 두었습니다.

하나, 교과서를 주제별로 분류하고, 각 주제별로 개념과 유형을 필요충분하게 담았습니다.
둘, 개념과 유형의 유기적인 연관성을 체득하도록 개념과 유형을 짜임새 있게 담았습니다.
셋, 풀이를 보는 구성이 아니라 문제 해결력을 다지기 위해 몰입하고 생각하는 구성입니다.

≪수학중심≫과 함께하면 개념과 유형의 균형 잡힌 학습으로 수학 실력의 균형을 잡을 수 있습니다. 부디 **≪수학중심≫**으로 수학 앞에서 당당할 수 있는 자신감을 얻길 바랍니다.

구성과 특징 | Structure & Features

수학중심만의 특화된 학습 전략

1 **주제별(Lecture)** 6~10쪽의 간결한 구성으로, **주제별 완전 학습**이 가능합니다.

2 **알찬 개념 학습**과 세밀하게 분류된 **다양한 유형 학습**으로 균형 잡힌 실력을 쌓을 수 있습니다.

3 시험에서 **출제율이 높은 유형을 선별**하고 **변형 유제까지 강화**하여 실전에 완벽하게 대비할 수 있습니다.

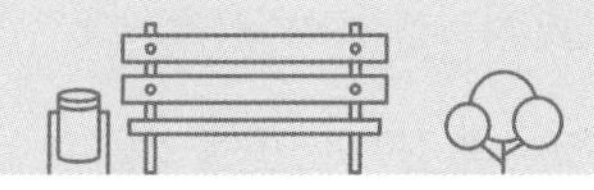

STEP 1 주제별 개념 완전 학습

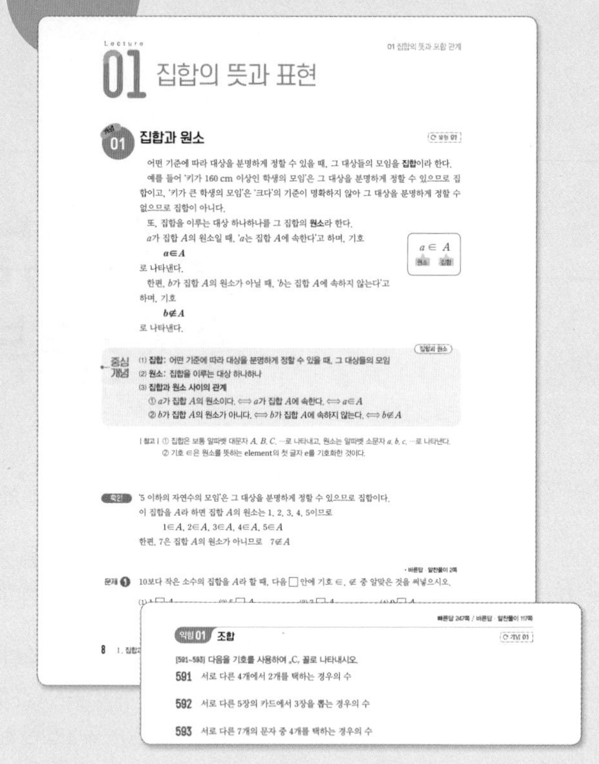

Lecture 01 집합의 뜻과 표현

01 집합의 뜻과 포함 관계

개념 01 집합과 원소

어떤 기준에 따라 대상을 분명하게 정할 수 있을 때, 그 대상들의 모임을 **집합**이라 한다.

예를 들어 '키가 160 cm 이상인 학생의 모임'은 그 대상을 분명하게 정할 수 있으므로 집합이고, '키가 큰 학생의 모임'은 '크다'의 기준이 명확하지 않아 그 대상을 분명하게 정할 수 없으므로 집합이 아니다.

또, 집합을 이루는 대상 하나하나를 그 집합의 **원소**라 한다.

a가 집합 A의 원소일 때, 'a는 집합 A에 속한다'고 하며, 기호

$$a \in A$$

로 나타낸다.

한편, b가 집합 A의 원소가 아닐 때, 'b는 집합 A에 속하지 않는다'고 하며, 기호

$$b \notin A$$

로 나타낸다.

중심 개념
(1) **집합**: 어떤 기준에 따라 대상을 분명하게 정할 수 있을 때, 그 대상들의 모임
(2) **원소**: 집합을 이루는 대상 하나하나
(3) **집합과 원소 사이의 관계**
① a가 집합 A의 원소이다. $\Longleftrightarrow$ a가 집합 A에 속한다. $\Longleftrightarrow$ $a \in A$
② b가 집합 A의 원소가 아니다. $\Longleftrightarrow$ b가 집합 A에 속하지 않는다. $\Longleftrightarrow$ $b \notin A$

| 참고 | ① 집합은 보통 알파벳 대문자 $A, B, C, \cdots$로 나타내고, 원소는 알파벳 소문자 $a, b, c, \cdots$로 나타낸다.
② 기호 ∈은 원소를 뜻하는 element의 첫 글자 e를 기호화한 것이다.

확인 '5 이하의 자연수의 모임'은 그 대상을 분명하게 정할 수 있으므로 집합이다.
이 집합을 A라 하면 집합 A의 원소는 1, 2, 3, 4, 5이므로
$1 \in A$, $2 \in A$, $3 \in A$, $4 \in A$, $5 \in A$
한편, 7은 집합 A의 원소가 아니므로 $7 \notin A$

• 바른답 · 알찬풀이 2쪽

문제 1 10보다 작은 소수의 집합을 A라 할 때, 다음 □ 안에 기호 ∈, ∉ 중 알맞은 것을 써넣으시오.

8 I. 집합과

빠른답 247쪽 / 바른답 · 알찬풀이 117쪽

익힘 01 조합

[591~593] 다음을 기호를 사용하여 $_nC_r$ 꼴로 나타내시오.

591 서로 다른 4개에서 2개를 택하는 경우의 수

592 서로 다른 5장의 카드에서 3장을 뽑는 경우의 수

593 서로 다른 7개의 문자 중 4개를 택하는 경우의 수

개념

교과서 개념을 주제별로 세분화하고, 쉽고 체계적으로 설명하여 그 원리를 완벽하게 이해할 수 있습니다.

확인 으로 개념을 명확하게 이해할 수 있고, 문제 로 개념을 이해했는지 바로 확인할 수 있습니다.

익힘

기본 개념과 공식을 이용하는 문제로, 개념을 적용하는 과정을 익히고 기본 실력을 다질 수 있습니다.

STEP 2 주제별 유형 완전 학습

빠른답 242쪽 / 바른답 · 알찬풀이 2쪽

유형 01 집합과 원소

001 대표 집합인 것만을 **보기**에서 있는 대로 고르시오.

보기
ㄱ. 우리 반에서 착한 학생의 모임
ㄴ. 두 자리 자연수의 모임
ㄷ. 0에 가까운 실수의 모임
ㄹ. 'dream'에 들어 있는 알파벳의 모임

유형 분석
집합의 뜻을 정확하게 이해했는지 묻는 문제이다. 어떤 모임이 집합인지 알아보려면 그 모임에 속하는 대상을 명확하게 정할 수 있는 기준이 있는지를 파악하면 된다.

연구 모임에 속하는 대상을 명확하게 정하는 기준이 있으면
→ 그 모임은 집합이다

풀이 »

002 다음 중 집합이 아닌 것을 모두 고르면? (정답 2개)

① 태양계 행성의 모임
② 1보다 크고 3보다 작은 자연수의 모임
③ 요리를 잘하는 사람의 모임
④ 우리 학교에서 6월에 태어난 학생의 모임
⑤ 예쁜 꽃의 모임

003 15의 양의 약수의 집합을 A, 9 이하의 짝수인 자연수의 집합을 B라 할 때, 다음 중 옳은 것은?

① $1 \notin A$ ② $4 \in A$ ③ $3 \in B$
④ $5 \in B$ ⑤ $9 \notin B$

004 3보다 작은 무리수의 집합을 A라 할 때, 옳은 것만을 **보기**에서 있는 대로 고르시오.

보기
ㄱ. $0.7 \in A$ ㄴ. $\frac{2}{\sqrt{2}} \notin A$ ㄷ. $\sqrt{3} \in A$ ㄹ. $\sqrt{4} \notin A$

01 집합의 뜻과 포함 관계 11

STEP 3 수준별 유형 마무리 학습

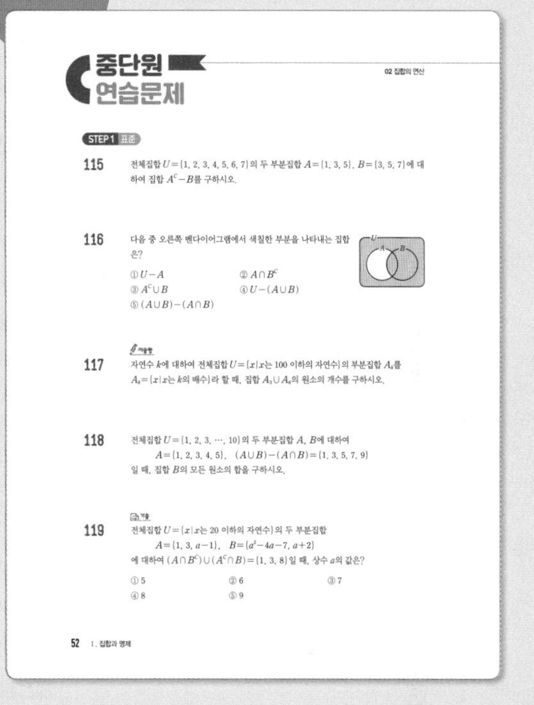
중단원 연습문제

02 집합의 연산

STEP 1 표준

115 전체집합 $U=\{1, 2, 3, 4, 5, 6, 7\}$의 두 부분집합 $A=\{1, 3, 5\}$, $B=\{3, 5, 7\}$에 대하여 집합 A^C-B를 구하시오.

116 다음 중 오른쪽 벤다이어그램에서 색칠한 부분을 나타내는 집합은?

① $U-A$ ② $A \cap B^C$
③ $A^C \cup B$ ④ $U-(A \cup B)$
⑤ $(A \cup B)-(A \cap B)$

서술형
117 자연수 k에 대하여 전체집합 $U=\{x|x$는 100 이하의 자연수$\}$의 부분집합 A_k를 $A_k=\{x|x$는 k의 배수$\}$라 할 때, 집합 $A_3 \cup A_6$의 원소의 개수를 구하시오.

118 전체집합 $U=\{1, 2, 3, \cdots, 10\}$의 두 부분집합 A, B에 대하여
$$A=\{1, 2, 3, 4, 5\},\quad (A \cup B)-(A \cap B)=\{1, 3, 5, 7, 9\}$$
일 때, 집합 B의 모든 원소의 합을 구하시오.

기출
119 전체집합 $U=\{x|x$는 20 이하의 자연수$\}$의 두 부분집합
$$A=\{1, 3, a-1\},\quad B=\{a^2-4a-7, a+2\}$$
에 대하여 $(A \cap B^C) \cup (A^C \cap B)=\{1, 3, 8\}$일 때, 상수 a의 값은?

① 5 ② 6 ③ 7
④ 8 ⑤ 9

52 I. 집합과 명제

유형

개념 학습에 꼭 필요한 유형뿐만 아니라 시험에 자주 출제되는 유형까지 제시하였습니다. 또, 유형별로 대표 문제와 다양한 변형 유제를 수록하여 문제 해결력을 기를 수 있습니다.

유형 분석 유형의 해결 원리를 개념과 함께 명쾌하게 설명하였습니다.

연구 유형 해결의 핵심 원리를 제시하였습니다.

풀이 » 대표 문제의 풀이를 직접 써 보고, 바른답 · 알찬풀이의 풀이와 비교하면 유형을 확실히 익힐 수 있습니다.

중단원 연습문제

앞에서 학습한 유형을 변형 또는 통합한 문제로, 난이도 '중~중상'의 STEP 1 표준과 '중상~상'의 STEP 2 실력으로 수준별 2단계 구성하여 종합적인 문제 해결력을 기를 수 있습니다.

차례 | Contents

II 함수

01 집합의 뜻과 포함 관계

칸토어(Cantor, G., 1845~1918)는 집합 개념의 기초를 확립하고, 고전 집합론을 창시하였다. 그는 직관 또는 사고의 대상으로서 서로 명확하게 구별되는 것들을 하나하나 모은 것을 집합이라 하였다. 집합의 개념은 현대 수학의 기초를 이루는 대단히 중요한 내용이다.

개념&유형 CHECK

- 완전 학습을 위해 스스로 학습 계획을 세워 실천하세요.
- 이해가 부족한 개념이나 유형은 □ 안에 표시하고 반복하여 학습하세요.
- 출제 빈도가 매우 높은 유형에는 *고빈출 표시를 하였습니다. 시험 직전에 이 유형을 반복하여 풀어 보세요.

Lecture 01 집합의 뜻과 표현

1st 월 일 | 2nd 월 일

- 개념 01 집합과 원소 □ □
- 개념 02 집합을 나타내는 방법 □ □
- 개념 03 집합의 원소의 개수 □ □
- 유형 01 / 집합과 원소 *고빈출 □ □
- 유형 02 / 집합을 나타내는 방법 *고빈출 □ □
- 유형 03 / 조건제시법으로 나타내어진 집합 □ □
- 유형 04 / 집합의 분류 □ □
- 유형 05 / 집합의 원소의 개수 □ □

Lecture 02 집합 사이의 포함 관계

1st 월 일 | 2nd 월 일

- 개념 04 부분집합 □ □
- 개념 05 서로 같은 집합과 진부분집합 □ □
- 유형 06 / 기호 $\in$, $\subset$의 사용 *고빈출 □ □
- 유형 07 / 부분집합과 진부분집합 □ □
- 유형 08 / 집합 사이의 포함 관계를 이용하여 미지수 구하기 *고빈출 □ □
- 유형 09 / 서로 같은 집합 □ □

Lecture 03 부분집합의 개수

1st 월 일 | 2nd 월 일

- 개념 06 부분집합의 개수 □ □
- 개념 07 특정한 원소를 갖거나 갖지 않는 부분집합의 개수 □ □
- 유형 10 / 특정한 원소를 갖거나 갖지 않는 부분집합의 개수 *고빈출 □ □
- 유형 11 / $A \subset X \subset B$를 만족시키는 집합 X의 개수 □ □

Lecture

집합의 뜻과 표현

집합과 원소

유형 01

어떤 기준에 따라 대상을 분명하게 정할 수 있을 때, 그 대상들의 모임을 **집합**이라 한다.

예를 들어 '키가 160 cm 이상인 학생의 모임'은 그 대상을 분명하게 정할 수 있으므로 집합이고, '키가 큰 학생의 모임'은 '크다'의 기준이 명확하지 않아 그 대상을 분명하게 정할 수 없으므로 집합이 아니다.

또, 집합을 이루는 대상 하나하나를 그 집합의 **원소**라 한다.

a가 집합 A의 원소일 때, 'a는 집합 A에 속한다'고 하며, 기호

$$a \in A$$

로 나타낸다.

한편, b가 집합 A의 원소가 아닐 때, 'b는 집합 A에 속하지 않는다'고 하며, 기호

$$b \notin A$$

로 나타낸다.

중심 개념 집합과 원소

(1) **집합**: 어떤 기준에 따라 대상을 분명하게 정할 수 있을 때, 그 대상들의 모임

(2) **원소**: 집합을 이루는 대상 하나하나

(3) **집합과 원소 사이의 관계**

① a가 집합 A의 원소이다. $\Longleftrightarrow$ a가 집합 A에 속한다. $\Longleftrightarrow$ $a \in A$

② b가 집합 A의 원소가 아니다. $\Longleftrightarrow$ b가 집합 A에 속하지 않는다. $\Longleftrightarrow$ $b \notin A$

| 참고 | ① 집합은 보통 알파벳 대문자 A, B, C, $\cdots$로 나타내고, 원소는 알파벳 소문자 a, b, c, $\cdots$로 나타낸다.
② 기호 $\in$은 원소를 뜻하는 element의 첫 글자 e를 기호화한 것이다.

확인 '5 이하의 자연수의 모임'은 그 대상을 분명하게 정할 수 있으므로 집합이다.
이 집합을 A라 하면 집합 A의 원소는 1, 2, 3, 4, 5이므로

$1 \in A$, $2 \in A$, $3 \in A$, $4 \in A$, $5 \in A$

한편, 7은 집합 A의 원소가 아니므로 $7 \notin A$

• 바른답 · 알찬풀이 2쪽

문제 1 10보다 작은 소수의 집합을 A라 할 때, 다음 □ 안에 기호 $\in$, $\notin$ 중 알맞은 것을 써넣으시오.

(1) 1 □ A (2) 5 □ A (3) 7 □ A (4) 9 □ A

답 (1) $\notin$ (2) $\in$ (3) $\in$ (4) $\notin$

개념 02

집합을 나타내는 방법

유형 02, 03

집합에 속하는 모든 원소를 { } 안에 나열하여 집합을 나타내는 방법을 **원소나열법**이라 한다.

집합을 원소나열법으로 나타낼 때, 원소를 나열하는 순서는 생각하지 않으며 같은 원소는 중복하여 쓰지 않는다. 원소의 개수가 많고 원소 사이에 일정한 규칙이 있을 때는 '…'을 사용하여 원소의 일부를 생략하기도 한다.

예를 들어 100 이하의 자연수 중 3의 배수의 집합을 원소나열법으로

$\{3, 6, 9, \cdots, 99\}$

와 같이 나타낼 수 있다.

또, 집합의 원소들이 갖는 공통된 성질을 조건으로 제시하여 집합을 나타내는 방법을 **조건제시법**이라 한다.

예를 들어 집합 $\{1, 3, 5, 7, 9\}$를 조건제시법으로

$\{x | x$는 9 이하의 홀수인 자연수$\}$

와 같이 나타낼 수 있다.

원소를 대표하는 문자
↓
$\{x | x$는 9 이하의 홀수인 자연수$\}$
원소들이 갖는 공통된 성질

집합을 나타내는 방법

중심 개념

(1) **원소나열법:** 집합에 속하는 모든 원소를 { } 안에 나열하여 집합을 나타내는 방법

(2) **조건제시법:** 집합의 원소들이 갖는 공통된 성질을 조건으로 제시하여 집합을 나타내는 방법, 즉 $\{x | x$의 조건$\}$ 꼴로 나타내는 방법

한편, 집합을 나타낼 때 그림을 이용하기도 한다.

예를 들어 집합 $A=\{2, 4, 6, 8, 10\}$을 오른쪽 그림과 같이 나타낼 수 있다.

이와 같은 방법으로 집합을 나타낸 그림을 **벤다이어그램**이라 한다.

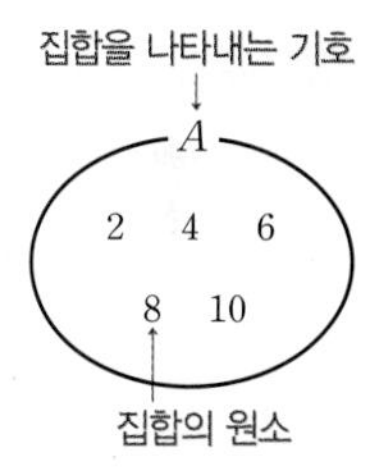

확인 (1) 집합 $\{1, 2, 3, 4\}$를 조건제시법으로 나타내면 ➡ $\{x | x$는 $x<5$인 자연수$\}$

(2) 집합 $\{x | x$는 15 미만의 4의 양의 배수$\}$를 원소나열법으로 나타내면 ➡ $\{4, 8, 12\}$

• 바른답 · 알찬풀이 2쪽

문제 2 14의 양의 약수의 집합을 A라 할 때, 집합 A를 다음 방법으로 나타내시오.

(1) 원소나열법 (2) 조건제시법

답 (1) $A=\{1, 2, 7, 14\}$ (2) $A=\{x | x$는 14의 양의 약수$\}$

집합의 원소의 개수

유형 04, 05

집합은 원소의 개수에 따라 분류할 수 있는데, 원소가 유한개인 집합을 **유한집합**이라 하고, 원소가 무수히 많은 집합을 **무한집합**이라 한다.

집합 A가 유한집합일 때, 집합 A의 원소의 개수를 기호

$$n(A)$$

로 나타낸다.

한편, 원소가 하나도 없는 집합을 **공집합**이라 하고, 기호

$$\varnothing$$

으로 나타낸다. 이때 공집합은 $n(\varnothing)=0$인 유한집합으로 생각한다.

유한집합의 원소의 개수와 공집합

중심 개념
(1) 유한집합 A의 원소의 개수 ➡ $n(A)$
(2) 공집합($\varnothing$): 원소가 하나도 없는 집합

| 참고 | $n(A)$의 n은 개수를 뜻하는 number의 첫 글자이다.

| 주의 | $\varnothing$, $\{\varnothing\}$, $\{0\}$은 모두 다른 집합임에 주의한다.
$\varnothing$은 원소가 하나도 없는 집합이고, $\{\varnothing\}$은 $\varnothing$을 원소로 갖는 집합이며 $\{0\}$은 0을 원소로 갖는 집합이다.
즉, $n(\varnothing)=0$, $n(\{\varnothing\})=1$, $n(\{0\})=1$이다.

확인
(1) 집합 $A=\{4, 8, 12, 16, 20\}$은 유한집합이고, $n(A)=5$이다.
(2) 집합 $B=\{x|x$는 10의 양의 배수$\}$는 $B=\{10, 20, 30, \cdots\}$이므로 무한집합이다.
(3) 집합 $C=\{x|x$는 0보다 큰 음수$\}$는 0보다 큰 음수가 없으므로 공집합이다.
즉, $C=\varnothing$이고, $n(C)=0$이다.

• 바른답 · 알찬풀이 2쪽

문제 3 다음 집합이 유한집합인지 무한집합인지 말하시오.

(1) $A=\{1, 2, 3, \cdots, 50\}$
(2) $B=\{x|x$는 10보다 큰 짝수$\}$
(3) $C=\{x|x$는 1보다 작은 자연수$\}$
(4) $D=\{x|x=3n$, n은 자연수$\}$

답 (1) 유한집합 (2) 무한집합 (3) 유한집합 (4) 무한집합

문제 4 다음 집합 A에 대하여 $n(A)$를 구하시오.

(1) $A=\{a, b, c\}$
(2) $A=\{1, 3, 5, \cdots, 19\}$
(3) $A=\{x|x$는 $x^2=3$인 자연수$\}$
(4) $A=\{x|(x+1)^2=0\}$

답 (1) 3 (2) 10 (3) 0 (4) 1

출제 빈도

집합과 원소

개념 01

001 대표

집합인 것만을 **보기**에서 있는 대로 고르시오.

보기

ㄱ. 우리 반에서 착한 학생의 모임
ㄴ. 두 자리 자연수의 모임
ㄷ. 0에 가까운 실수의 모임
ㄹ. 'dream'에 들어 있는 알파벳의 모임

유형 분석

집합의 뜻을 정확하게 이해했는지 묻는 문제이다. 어떤 모임이 집합인지 알아보려면 그 모임에 속하는 대상을 명확하게 정할 수 있는 기준이 있는지를 파악하면 된다.

연구 모임에 속하는 대상을 명확하게 정하는 기준이 있으면
→ 그 모임은 집합이다

풀이 ≫

002

다음 중 집합이 아닌 것을 모두 고르면? (정답 2개)

① 태양계 행성의 모임
② 1보다 크고 3보다 작은 자연수의 모임
③ 요리를 잘하는 사람의 모임
④ 우리 학교에서 6월에 태어난 학생의 모임
⑤ 예쁜 꽃의 모임

003

15의 양의 약수의 집합을 A, 9 이하의 짝수인 자연수의 집합을 B라 할 때, 다음 중 옳은 것은?

① $1 \notin A$
② $4 \in A$
③ $3 \in B$
④ $5 \in B$
⑤ $9 \notin B$

004

3보다 작은 무리수의 집합을 A라 할 때, 옳은 것만을 **보기**에서 있는 대로 고르시오.

보기

ㄱ. $0.7 \in A$
ㄴ. $\frac{2}{\sqrt{2}} \notin A$
ㄷ. $\sqrt{3} \in A$
ㄹ. $\sqrt{4} \notin A$

출제 빈도

집합을 나타내는 방법

개념 02

005 대표

다음 집합에서 원소나열법으로 나타내어진 것은 조건제시법으로 나타내고, 조건제시법으로 나타내어진 것은 원소나열법으로 나타내시오.

(1) $A=\{50, 51, 52, \cdots\}$

(2) $B=\{1, 3, 5, 9, 15, 45\}$

(3) $C=\{x|x$는 3 이상 9 미만의 자연수$\}$

(4) $D=\{x|x$는 $2x-3<6$인 자연수$\}$

유형 분석

집합에 대한 문제를 풀기 위해서는 원소나열법은 조건제시법으로, 조건제시법은 원소나열법으로 나타낼 수 있어야 한다.

원소나열법으로 나타내어진 집합을 조건제시법으로 나타낼 때는 원소들이 갖는 공통된 성질을 찾아서 $\{x|x$의 조건$\}$ 꼴로 나타내고, 조건제시법으로 나타내어진 집합을 원소나열법으로 나타낼 때는 조건에 맞는 원소를 빠짐없이 찾아서 나열한다.

연구 원소나열법 —(원소들의 공통된 성질을 찾는다)→ 조건제시법

원소나열법 ←(조건에 맞는 원소를 모두 나열한다)— 조건제시법

풀이 ≫

006

다음 집합을 [ ] 안의 방법으로 나타내시오.

(1) $A=\{1, 2, 3, 5, 6, 10, 15, 30\}$ [조건제시법]

(2) $B=\{x|x^2-5x+6=0\}$ [원소나열법]

(3) $C=\{x|x$는 10보다 크고 20보다 작은 홀수$\}$ [벤다이어그램]

007

오른쪽 그림과 같이 벤다이어그램으로 나타내어진 집합 A를 조건제시법으로 바르게 나타낸 것만을 **보기**에서 있는 대로 고르시오.

A: 5 10 15 20 25

보기

ㄱ. $A=\{x|x$는 5의 양의 배수$\}$

ㄴ. $A=\{x|x=5n, n=1, 2, 3, 4, 5\}$

ㄷ. $A=\{x|x$는 25의 양의 약수$\}$

ㄹ. $A=\{x|x$는 $1<x<30$인 5의 배수$\}$

조건제시법으로 나타내어진 집합

개념 02

008 대표

집합 $X=\{-2, 0, 2\}$에 대하여 다음 집합을 원소나열법으로 나타내시오.

(1) $A=\{(a, b)|a\in X, b\in X\}$ (2) $B=\{a+b|a\in X, b\in X\}$

유형 분석

집합이 조건제시법으로 주어지면 원소를 대표하는 문자와 원소들의 조건을 정확히 파악해야 한다. 일반적으로 조건제시법은 $\{x|x$의 조건$\}$ 꼴로 나타내지만, 원소를 대표하는 것으로 x 대신 다른 것을 사용할 수도 있는데, 위의 문제가 그런 경우이다.
위의 문제에서 집합 A는 집합 X의 원소 a, b를 이용하여 만들 수 있는 순서쌍 (a, b)의 모임이고, 집합 B는 집합 X의 원소 a, b에 대하여 $a+b$의 값의 모임이다.

연구 집합이 조건제시법으로 주어지면 → 원소를 대표하는 문자와 조건의 의미를 파악한다

풀이 ≫

009 집합 $A=\{x|x$는 한 자리의 소수$\}$에 대하여 $B=\{2x-1|x\in A\}$일 때, 집합 B를 원소나열법으로 나타내시오.

010 두 집합 $A=\{x|x=2n, n=1, 2, 3\}$, $B=\{1, 2, 3\}$에 대하여 $C=\{xy|x\in A, y\in B\}$일 때, 집합 C의 모든 원소의 합을 구하시오.

011 집합 $S=\{1, 3, 9\}$에 대하여 $A=\{a-b|a\in S, b\in S, a>b\}$일 때, 집합 A의 원소의 개수를 구하시오.

유형 04 ◑ 출제 빈도

집합의 분류

개념 03

012 대표

유한집합인 것만을 **보기**에서 있는 대로 고르시오.

보기

ㄱ. $A=\{x|x$는 세 자리 자연수$\}$

ㄴ. $B=\{x|x$는 $0<x<1$인 기약분수$\}$

ㄷ. $C=\{x|x$는 $x^2<0$인 실수$\}$

ㄹ. $D=\{x|x$는 20보다 큰 짝수$\}$

유형 분석

집합이 유한집합인지 무한집합인지를 알아보려면 원소의 개수를 파악해야 한다. 따라서 조건제시법으로 나타내어진 집합을 원소나열법으로 나타내어 원소의 개수를 조사한다. 이때 공집합은 원소의 개수가 0이므로 유한집합임에 주의한다.

연구 원소가 { 유한개이면 → 유한집합 / 무수히 많으면 → 무한집합

풀이 ≫

013

다음 중 무한집합의 개수를 구하시오.

$A=\{x|x=n^2$, n은 자연수$\}$

$B=\{x|x$는 3으로 나누었을 때의 나머지가 1인 자연수$\}$

$C=\{x|x$는 1보다 작은 무리수$\}$

$D=\left\{x \middle| x=\frac{1}{n}\right.$, n은 10 이하의 자연수$\left.\right\}$

014

다음 중 공집합인 것을 모두 고르면? (정답 2개)

① $\{\varnothing\}$

② $\{x|x$는 $x^2+2=0$인 실수$\}$

③ $\{x|x$는 3 미만인 소수$\}$

④ $\{x|x$는 4보다 큰 4의 배수$\}$

⑤ $\{x|x$는 $x^2+3x-4<0$인 자연수$\}$

출제 빈도

집합의 원소의 개수

개념 03

015 대표

옳은 것만을 **보기**에서 있는 대로 고르시오.

보기

ㄱ. $n(\{1, 2, 3\})-n(\{1, 2\})=3$

ㄴ. $n(\{1\})<n(\{5\})$

ㄷ. $n(\{\varnothing, 3, 4\})=2$

ㄹ. $A=\{x|x^2-4x+4=0\}$이면 $n(A)=1$

유형 분석

기호 $n(A)$는 집합 A가 유한집합일 때, 집합 A의 원소의 개수를 뜻한다. 따라서 $n(A)$를 구할 때는 집합 A의 원소를 모두 구한 후, 그 개수를 세면 된다.

연구 $n(A)$ → 유한집합 A의 원소의 개수

위의 문제의 ㄱ, ㄴ에서 원소끼리 연산하거나 대소를 따지지 않도록 주의한다.

풀이 ≫

016 다음 값을 구하시오.

(1) $n(\{a, b\})+n(\{a, c\})$

(2) $n(\varnothing)+n(\{0\})-n(\{\varnothing\})$

(3) $n(\{x|x$는 6의 양의 약수$\})+n(\{x|x$는 $x^2=1$인 음수$\})$

017 두 집합 A, B가

$$A=\{x|2x^2-7x+3=0\},\quad B=\{x|x\text{는 } |x|<1\text{인 정수}\}$$

일 때, $n(A)+n(B)$의 값을 구하시오.

018 두 집합

$$A=\{(x, y)|x^2+y^2=1,\ x,\ y\text{는 정수}\},\quad B=\{x|x\text{는 } k\text{보다 작은 자연수}\}$$

에 대하여 $n(A)=n(B)$를 만족시키는 자연수 k의 값을 구하시오.

Lecture

02 집합 사이의 포함 관계

개념 04 부분집합

유형 06~08

두 집합 A, B에 대하여 A의 모든 원소가 B에 속할 때, A를 B의 **부분집합**이라 하고, 기호

$$A \subset B$$

로 나타낸다. 이때 '집합 A는 집합 B에 포함된다'고 한다.

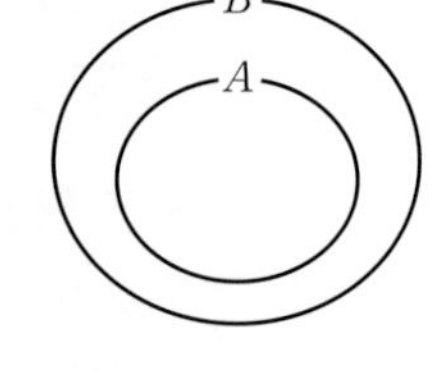

한편, 집합 A가 집합 B의 부분집합이 아닐 때는 기호

$$A \not\subset B$$

로 나타낸다.

모든 집합은 자기 자신의 부분집합이다. 또, 공집합은 모든 집합의 부분집합으로 정한다. 즉, 집합 A에 대하여 $A \subset A$, $\varnothing \subset A$이다.

또, 세 집합 A, B, C에 대하여 $A \subset B$이고 $B \subset C$이면 오른쪽 벤다이어그램에서 $A \subset C$임을 알 수 있다.

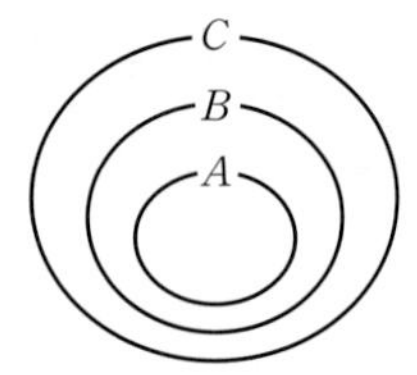

중심 개념 부분집합

(1) **부분집합**: 두 집합 A, B에 대하여 A의 모든 원소가 B에 속할 때, A를 B의 부분집합이라 하고 $A \subset B$로 나타낸다.

(2) **부분집합의 성질**: 세 집합 A, B, C에 대하여

① $A \subset A$, $\varnothing \subset A$　　② $A \subset B$이고 $B \subset C$이면 $A \subset C$

| 참고 | 기호 ⊂은 포함하다를 뜻하는 contain의 첫 글자 c를 기호화한 것이다.

확인

(1) 두 집합 $A=\{1, 2\}$, $B=\{1, 2, 3\}$에 대하여
집합 A의 모든 원소 1, 2가 집합 B에 속하므로 $A \subset B$

(2) 두 집합 $A=\{1, 3, 5\}$, $B=\{2, 3, 5\}$에 대하여
집합 A의 원소 1이 집합 B에 속하지 않으므로 $A \not\subset B$

• 바른답 · 알찬풀이 5쪽

문제 1 다음 □ 안에 기호 ⊂, ⊄ 중 알맞은 것을 써넣으시오.

(1) $\{2, 4, 6\}$ □ $\{2, 4, 6, 8\}$　　(2) $\{0, 1\}$ □ $\{x \mid x$는 자연수$\}$

(3) $\varnothing$ □ $\{1\}$　　(4) $\{3, 4, 5\}$ □ $\{x \mid x$는 짝수$\}$

답 (1) ⊂　(2) ⊄　(3) ⊂　(4) ⊄

서로 같은 집합과 진부분집합

유형 07, 09

두 집합 A, B에 대하여 $A \subset B$이고 $B \subset A$일 때, 'A와 B는 **서로 같다**'고 하고, 기호

$$\boldsymbol{A=B}$$

로 나타낸다. 서로 같은 두 집합의 원소는 같다.

한편, 두 집합 A와 B가 서로 같지 않을 때는 기호

$$\boldsymbol{A \neq B}$$

로 나타낸다.

$A=B$

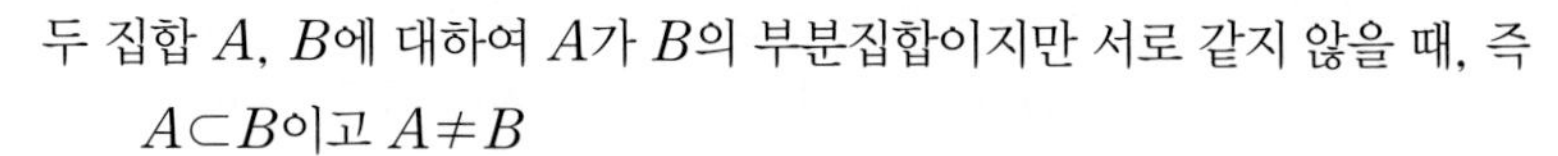

두 집합 A, B에 대하여 A가 B의 부분집합이지만 서로 같지 않을 때, 즉

$$A \subset B\text{이고 } A \neq B$$

일 때, A를 B의 **진부분집합**이라 한다. 즉, 어떤 집합의 진부분집합은 자기 자신이 아닌 부분집합이다.

서로 같은 집합과 진부분집합

중심 개념 두 집합 A, B에 대하여

(1) **서로 같은 집합:** $A \subset B$이고 $B \subset A$일 때, A와 B는 서로 같다고 하고 $A=B$로 나타낸다.

(2) **진부분집합:** $A \subset B$이고 $A \neq B$일 때, A를 B의 진부분집합이라 한다.

| **참고** | $A \subset B$는 집합 A가 집합 B의 진부분집합이거나 $A=B$임을 의미한다.

확인 (1) 두 집합 $A=\{1, 2, 4, 8\}$, $B=\{x \mid x\text{는 8의 양의 약수}\}$에 대하여

$B=\{1, 2, 4, 8\}$이므로

$$A \subset B\text{이고 } B \subset A \qquad \therefore A=B$$

(2) 두 집합 $A=\{2, 5\}$, $B=\{2, 5, 8\}$에 대하여

$$A \subset B\text{이고 } A \neq B$$

따라서 집합 A는 집합 B의 진부분집합이다.

• 바른답 · 알찬풀이 5쪽

문제 2 다음 □ 안에 기호 $=$, $\neq$ 중 알맞은 것을 써넣으시오.

(1) $\{a, b, c\}$ □ $\{c, b, a\}$

(2) $\{5, 10, 15, 20\}$ □ $\{x \mid x\text{는 5의 양의 배수}\}$

(3) $\{\varnothing\}$ □ $\{0\}$

(4) $\{x \mid (x-1)^2=0\}$ □ $\{1\}$

답 (1) $=$ (2) $\neq$ (3) $\neq$ (4) $=$

출제 빈도

유형 06 기호 $\in$, $\subset$의 사용

개념 04

019 대표

집합 $A=\{x \mid x$는 10 미만의 소수$\}$에 대하여 옳은 것만을 **보기**에서 있는 대로 고르시오.

보기
ㄱ. $\varnothing \subset A$ ㄴ. $\{3\} \in A$ ㄷ. $\{1\} \subset A$
ㄹ. $\{2, 5\} \in A$ ㅁ. $A \subset \{2, 3, 5, 7\}$

유형 분석

기호 $\in$, $\subset$은 원소와 집합 사이의 관계인지, 집합과 집합 사이의 관계인지를 구분하여 써야 한다. 원소와 집합 사이의 관계는 기호 $\in$을 써서 나타내고, 집합과 집합 사이의 관계는 기호 $\subset$을 써서 나타낸다.

연구 원소와 집합 사이의 관계 → $\in$, $\notin$을 사용
집합과 집합 사이의 관계 → $\subset$, $\not\subset$을 사용

풀이 ≫

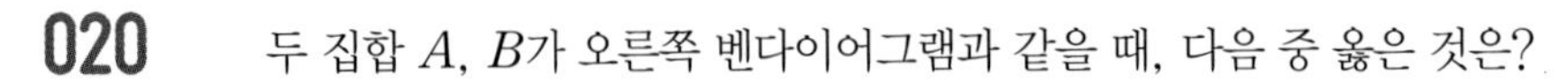

020

두 집합 A, B가 오른쪽 벤다이어그램과 같을 때, 다음 중 옳은 것은?

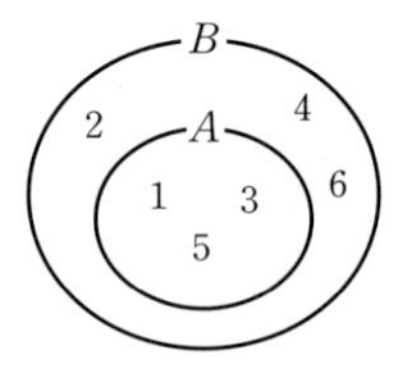

① $4 \in A$ ② $5 \notin B$
③ $\{1, 2\} \subset A$ ④ $\{3, 6\} \not\subset B$
⑤ $A \subset \{x \mid x$는 홀수인 자연수$\}$

021

집합 $A=\{a, b, \{a, b\}\}$에 대하여 옳은 것만을 **보기**에서 있는 대로 고르시오.

보기
ㄱ. $a \in A$ ㄴ. $\{b\} \not\subset A$ ㄷ. $\{a, b\} \in A$ ㄹ. $\{a, \{a, b\}\} \subset A$

022

집합 $A=\{\varnothing, 1, \{2, 3\}, 4\}$에 대하여 다음 중 옳지 않은 것은?

① $\varnothing \in A$ ② $2 \in A$ ③ $\{\varnothing\} \subset A$
④ $\{2, 3\} \in A$ ⑤ $\{1, 4\} \subset A$

출제 빈도

부분집합과 진부분집합

개념 04, 05

023 대표

집합 $A=\{x|x=2n-1,\ n$은 3 이하의 자연수$\}$에 대하여 옳은 것만을 **보기**에서 있는 대로 고르시오.

보기
ㄱ. $\{1,\ 3,\ 5\}\subset A$
ㄴ. 원소가 하나뿐인 A의 부분집합은 3개이다.
ㄷ. 원소가 2개인 A의 부분집합은 4개이다.

유형 분석

집합 X가 집합 A의 부분집합이면 집합 X의 모든 원소가 집합 A에 속한다. 즉, $X\subset A$이면 $x\in X$일 때 $x\in A$이다. 부분집합과 진부분집합의 뜻을 정확히 이해하고 문제 해결에 활용할 수 있도록 하자.

연구 ① $X\subset A$ → 집합 X의 모든 원소가 집합 A에 속한다
→ 집합 X가 집합 A의 부분집합이다
② $X\subset A,\ X\neq A$ → 집합 X가 집합 A의 부분집합이지만 서로 같지 않다
→ 집합 X가 집합 A의 진부분집합이다

풀이 >>

024

집합 $A=\{x|x$는 $|x|\leq 2$인 정수$\}$의 부분집합인 것만을 **보기**에서 있는 대로 고르시오.

보기
ㄱ. $\varnothing$
ㄴ. $\{-1,\ 0,\ 1\}$
ㄷ. $\{x|x$는 2 이하의 정수$\}$
ㄹ. $\{x|x$는 2의 양의 약수$\}$

025

집합 $A=\{x|x$는 20 미만의 4의 양의 배수$\}$에 대하여 $B\subset A$이고 $n(B)=2$를 만족시키는 집합 B의 개수를 구하시오.

026

집합 $A=\{x|x$는 $x^2-8x+12<0$인 정수$\}$에 대하여 $X\subset A$이고 $X\neq A$인 집합 X를 모두 구하시오.

유형 08 출제 빈도

집합 사이의 포함 관계를 이용하여 미지수 구하기

개념 04

027 대표

두 집합 $A=\{1, a^2-1\}$, $B=\{3, a-1, 3a+4\}$에 대하여 $A\subset B$가 성립할 때, 상수 a의 값을 구하시오.

유형 분석

두 집합 A, B에 대하여 $A\subset B$이면 A의 모든 원소가 B에 속하므로, $x\in A$이면 $x\in B$이다.
이를 이용하면 집합의 원소에 포함된 미지수의 값을 구할 수 있다.
위의 문제에서 $A\subset B$이므로 집합 A의 원소 1은 집합 B에도 속한다. 따라서 집합 B의 원소 중 $a-1$ 또는 $3a+4$가 1임을 이용하면 a의 값을 구할 수 있다.

연구 $A\subset B$이면 → 집합 A의 모든 원소가 집합 B에 속한다
→ $x\in A$이면 $x\in B$이다

풀이 ≫

028

두 집합 $A=\{5, a+1, a^2+2\}$, $B=\{3, a^2+1\}$에 대하여 $B\subset A$가 성립할 때, 모든 상수 a의 값의 합을 구하시오.

029

세 집합 $A=\{x|x\geq 1\}$, $B=\{x|x\geq a\}$, $C=\{x|x\geq -3\}$에 대하여 $A\subset B\subset C$가 성립하도록 하는 정수 a의 개수를 구하시오.

030

두 집합 $A=\{x|-1\leq x<3\}$, $B=\{x|a-4<x<2a+1\}$에 대하여 $A\subset B$가 성립하도록 하는 실수 a의 값의 범위를 구하시오.

출제 빈도

유형 09 서로 같은 집합

개념 05

031 대표

두 집합 A, B에 대하여 $A=B$인 것만을 **보기**에서 있는 대로 고르시오.

보기

ㄱ. $A=\{0, 1, 2, 4\}$, $B=\{x|x$는 4의 양의 약수$\}$

ㄴ. $A=\varnothing$, $B=\{x|x$는 1 이하의 자연수$\}$

ㄷ. $A=\{x|x$는 한 자리 자연수$\}$, $B=\{x|x$는 $x<10$인 자연수$\}$

ㄹ. $A=\{5\}$, $B=\{x||x|=5\}$

유형 분석

두 집합 A, B에 대하여 $A=B$이면 A와 B의 모든 원소가 같다. 즉, 집합 A의 모든 원소가 집합 B의 원소이어야 하고, 집합 B의 모든 원소가 집합 A의 원소이어야 한다.

따라서 서로 같은 집합에 대한 유형은 조건제시법으로 나타내어진 집합을 원소나열법으로 나타내어 두 집합 A, B의 모든 원소가 같은지 비교하여 해결한다.

연구 **$A\subset B$이고 $B\subset A$이면 → $A=B$**

→ 두 집합 A, B의 모든 원소가 같다

풀이 ≫

032

두 집합 A, B에 대하여 $A\subset B$이고 $B\subset A$이다. $A=\{x|x$는 15보다 작은 소수$\}$일 때, $n(B)$를 구하시오.

033

두 집합 $A=\{8, x-3, 10\}$, $B=\{5, 8, y-1\}$에 대하여 $A=B$일 때, $x+y$의 값을 구하시오. (단, x, y는 상수이다.)

034

두 집합 $A=\{3, a^2-a\}$, $B=\{a^2-2a, 6\}$에 대하여 $A\subset B$이고 $B\subset A$일 때, 상수 a의 값을 구하시오.

Lecture

03 부분집합의 개수

개념 06 부분집합의 개수

유형 10, 11

어떤 집합의 부분집합의 개수는 부분집합을 직접 구하여 그 개수를 파악할 수도 있지만, 그 집합의 원소의 개수를 이용하면 좀더 간단히 구할 수 있다.

집합 $A=\{a, b, c\}$의 부분집합의 개수를 원소의 개수를 이용하여 구해 보자.

집합 A의 부분집합에는 세 원소 a, b, c가 속하거나 속하지 않으므로 속하는 경우를 ○, 속하지 않는 경우를 ×로 나타내면 A의 부분집합은 오른쪽 그림과 같다.

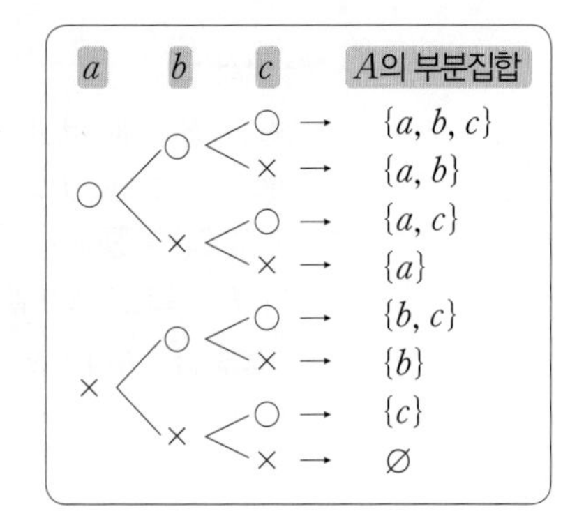

즉, 집합 A의 부분집합에 원소 a가 속하거나 속하지 않는 2가지 경우가 있고, 그 각각에 대하여 원소 b가 속하거나 속하지 않는 2가지 경우가 있으며, 이들 각각에 대하여 원소 c가 속하거나 속하지 않는 2가지 경우가 있다.

따라서 원소의 개수가 3인 집합 A의 부분집합의 개수는

$$2\times2\times2=2^3=8$$

임을 알 수 있다.

또, 집합 A의 진부분집합은 집합 A의 부분집합에서 자기 자신을 제외한 집합이므로 그 개수는 $2^3-1=7$이다.

일반적으로 원소의 개수가 n인 집합의 부분집합과 진부분집합의 개수는 다음과 같다.

중심 개념 (부분집합의 개수)

집합 $A=\{a_1, a_2, a_3, \cdots, a_n\}$에 대하여

(1) 집합 A의 부분집합의 개수 ➡ $\underbrace{2\times2\times2\times\cdots\times2}_{n\text{개}}=2^n$

(2) 집합 A의 진부분집합의 개수 ➡ 2^n-1

확인 집합 $A=\{1, 2, 3, 4\}$의 원소의 개수는 4이므로

(1) 집합 A의 부분집합의 개수는 $2^4=16$

(2) 집합 A의 진부분집합의 개수는 $2^4-1=15$

특정한 원소를 갖거나 갖지 않는 부분집합의 개수

유형 10, 11

집합 $A=\{a, b, c\}$의 부분집합은

$\varnothing$, $\{a\}$, $\{b\}$, $\{c\}$, $\{a, b\}$, $\{a, c\}$, $\{b, c\}$, $\{a, b, c\}$

이다. 이 중에서 a를 원소로 갖지 않는 부분집합은 $\varnothing$, $\{b\}$, $\{c\}$, $\{b, c\}$이다.

이것은 집합 A에서 원소 a를 제외한 집합 $\{b, c\}$의 부분집합과 같다.

따라서 a를 원소로 갖지 않는 A의 부분집합의 개수는

$2^{3-1}=2^2=4$

→ 부분집합에 속하지 않는 원소의 개수

이다. 또, 집합 $A=\{a, b, c\}$의 부분집합 중에서 a를 반드시 원소로 갖는 부분집합은 $\{a\}$, $\{a, b\}$, $\{a, c\}$, $\{a, b, c\}$이다.

이것은 집합 A에서 원소 a를 제외한 집합 $\{b, c\}$의 부분집합 $\varnothing$, $\{b\}$, $\{c\}$, $\{b, c\}$에 각각 원소 a를 넣은 것과 같다.

따라서 a를 반드시 원소로 갖는 A의 부분집합의 개수는

$2^{3-1}=2^2=4$

→ 부분집합에 반드시 속하는 원소의 개수

이다.

한편, 집합 $A=\{a, b, c\}$의 부분집합 중에서 a는 반드시 원소로 갖고, b는 원소로 갖지 않는 부분집합은 $\{a\}$, $\{a, c\}$이다.

이것은 집합 A에서 원소 a, b를 제외한 집합 $\{c\}$의 부분집합 $\varnothing$, $\{c\}$에 각각 원소 a를 넣은 것과 같다.

따라서 a는 반드시 원소로 갖고, b는 원소로 갖지 않는 A의 부분집합의 개수는

$2^{3-1-1}=2$

→ 부분집합에 속하지 않는 원소의 개수

→ 부분집합에 반드시 속하는 원소의 개수

이다.

어떤 집합에 대하여 특정한 원소를 갖거나 갖지 않는 부분집합의 개수는 다음과 같다.

중심 개념 — 특정한 원소를 갖거나 갖지 않는 부분집합의 개수

집합 $A=\{a_1, a_2, a_3, \cdots, a_n\}$에 대하여

(1) 특정한 원소 k개를 반드시 원소로 갖는 A의 부분집합의 개수 ➡ 2^{n-k} (단, $k<n$)

(2) 특정한 원소 l개를 원소로 갖지 않는 A의 부분집합의 개수 ➡ 2^{n-l} (단, $l<n$)

(3) 특정한 원소 k개는 반드시 원소로 갖고, l개는 원소로 갖지 않는 A의 부분집합의 개수
➡ 2^{n-k-l} (단, $k+l<n$)

확인 집합 $A=\{1, 3, 5, 7, 9\}$에 대하여

(1) 3, 7을 원소로 갖지 않는 A의 부분집합의 개수는 $2^{5-2}=2^3=8$

(2) 1은 반드시 원소로 갖고, 5, 7은 원소로 갖지 않는 A의 부분집합의 개수는 $2^{5-1-2}=2^2=4$

출제 빈도

특정한 원소를 갖거나 갖지 않는 부분집합의 개수

개념 06, 07

035 대표

집합 $A=\{2, 4, 6, 8, 10\}$에 대하여 다음을 구하시오.

(1) 집합 A의 진부분집합 중 2, 4를 반드시 원소로 갖는 집합의 개수

(2) 집합 A의 부분집합 중 6은 반드시 원소로 갖고, 4, 10은 원소로 갖지 않는 집합의 개수

(3) 집합 A의 부분집합 중 적어도 한 개의 4의 배수를 원소로 갖는 집합의 개수

유형 분석

특정한 원소를 갖거나 갖지 않는 부분집합의 개수는 특정한 원소를 제외한 원소로 이루어진 부분집합의 개수와 같고, 다음을 이용하면 편리하다.

연구 집합 A의 원소의 개수가 n일 때,
A의 특정한 원소 k개를 반드시 원소로 갖는(또는 갖지 않는) 부분집합의 개수는
→ 2^{n-k} (단, $k<n$)

(3) '적어도 ~인' 경우는 전체의 경우에서 '~가 아닌' 경우를 제외한 것과 같다.
따라서 적어도 한 개의 4의 배수를 원소로 갖는 부분집합의 개수는 전체 부분집합의 개수에서 4의 배수를 원소로 갖지 않는 부분집합의 개수를 빼면 된다.

풀이 ≫

036

집합 $X=\{a, b, c, d, e, f\}$의 진부분집합 중 모든 모음을 반드시 원소로 갖는 집합의 개수를 구하시오.

037

집합 $S=\{3, 5, 7, 9, 11, 13\}$에 대하여 $3\in X$, $7\in X$, $9\notin X$를 모두 만족시키는 집합 S의 부분집합 X의 개수를 구하시오.

038

집합 $A=\{x|x$는 15 이하의 3의 양의 배수$\}$의 부분집합 중 적어도 한 개의 홀수를 원소로 갖는 집합의 개수를 구하시오.

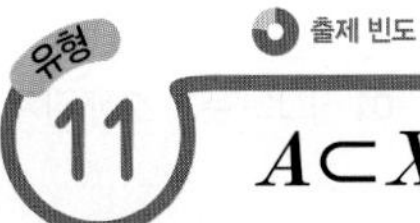

출제 빈도

$A \subset X \subset B$를 만족시키는 집합 X의 개수

개념 06, 07

039 대표

두 집합 $A=\{3, 4\}$, $B=\{1, 2, 3, 4, 5\}$에 대하여 $A \subset X \subset B$를 만족시키는 집합 X의 개수를 구하시오.

유형 분석

유형 10에서 학습한 특정한 원소를 갖거나 갖지 않는 부분집합의 개수를 구하는 문제를 변형한 유형이다. 먼저 주어진 조건 $A \subset X \subset B$의 뜻을 파악해야 하는데, $A \subset X \subset B$를 만족시키는 집합 X는 집합 B의 부분집합 중 집합 A의 모든 원소를 반드시 원소로 갖는 집합이다.

연구 $A \subset X \subset B$를 만족시키는 집합 X의 개수는
→ 집합 B의 부분집합 중 집합 A의 모든 원소를 반드시 원소로 갖는 집합의 개수와 같다

풀이 ≫

040

다음 중 $\{a, c\} \subset X \subset \{a, b, c, d\}$를 만족시키는 집합 X가 될 수 없는 것은?

① $\{a, c\}$ ② $\{a, b, c\}$ ③ $\{a, c, d\}$
④ $\{b, c, d\}$ ⑤ $\{a, b, c, d\}$

041

두 집합

$$A=\{x \mid x^3-9x^2+14x=0\}, \quad B=\{x \mid x\text{는 } 0 \le x < 10\text{인 정수}\}$$

에 대하여 $A \subset X \subset B$를 만족시키는 집합 X의 개수를 구하시오.

042

두 집합

$$A=\{x \mid x\text{는 13 이하의 소수}\}, \quad B=\{2, 5\}$$

에 대하여 $B \subset X \subset A$, $X \neq A$, $X \neq B$를 만족시키는 집합 X의 개수를 구하시오.

STEP 1 표준

043 집합인 것만을 **보기**에서 있는 대로 고르시오.

보기	
ㄱ. 서울에서 가장 높은 건물의 모임	ㄴ. 8 이하의 수 중 큰 수의 모임
ㄷ. 인기 있는 연예인의 모임	ㄹ. $2x-10>0$인 양수 x의 모임
ㅁ. 우리 반에서 혈액형이 B형인 학생의 모임	

044 집합 $A=\{x\mid ax-x\le 9\}$에 대하여 $3\in A$가 되도록 하는 실수 a의 최댓값을 구하시오. (단, $a\neq 1$)

045 다음 집합 중 나머지 넷과 다른 하나는?

① $\{2, 4, 6, 8, 10\}$
② $\{x\mid x$는 11 이하의 2의 양의 배수$\}$
③ $\{x\mid x$는 $0<x\le 10$인 짝수$\}$
④ $\{x\mid x=2n$, n은 5 이하의 자연수$\}$
⑤ $\{x\mid x$는 2로 나누어떨어지는 한 자리 자연수$\}$

046 두 집합 $A=\{1, 2, 3, 6\}$, $B=\{0, 6, 12\}$에 대하여 $C=\left\{\frac{b}{a}\,\middle|\, a\in A,\ b\in B\right\}$일 때, 집합 C의 원소의 개수를 구하시오.

047 집합 $A=\{x|x$는 $x<m$인 3의 양의 배수$\}$가 공집합이 되도록 하는 자연수 m의 최댓값을 구하시오.

서술형

048 세 집합

$A=\{x|x$는 12의 양의 약수$\}$,

$B=\{x|x$는 12보다 작은 짝수인 자연수$\}$,

$C=\{x|x$는 $12x=4$인 자연수$\}$

에 대하여 $n(A)+n(B)+n(C)$의 값을 구하시오.

049 집합 $A=\{1, 3, \{1\}, \{1, 3\}\}$에 대하여 다음 중 옳지 않은 것은?

① $1\in A$
② $\{1, 3\}\in A$
③ $\{\{1\}\}\subset A$
④ $\{1, 3\}\subset A$
⑤ $\{\{1\}, 3\}\not\subset A$

050 집합 $A=\{x|x=n+2, n=1, 2, 3, 4\}$에 대하여 $B\subset A$이고 $n(B)=3$을 만족시키는 집합 B를 모두 구하시오.

기출

051 자연수 전체의 집합의 두 부분집합

$A=\{1, 2a\}$, $B=\{x|x$는 8의 약수$\}$

에 대하여 $A\subset B$를 만족시키는 모든 자연수 a의 값의 합을 구하시오.

052 세 집합

$$A=\{x|-2\le x<a+3\},\quad B=\{x|-4<x<6\},\quad C=\{x|x\le a+10\}$$

에 대하여 $A\subset B\subset C$가 성립하도록 하는 정수 a의 개수를 구하시오. (단, $A\neq\varnothing$)

기출

053 두 집합 $A=\{a+2,\ a^2-2\}$, $B=\{2,\ 6-a\}$에 대하여 $A=B$일 때, 상수 a의 값은?

① -2 ② -1 ③ 0
④ 1 ⑤ 2

054 집합 $A=\{x|x$는 $3x^2-4x-7<0$인 정수$\}$에 대하여 $X\subset A$, $X\neq A$, $X\neq\varnothing$인 집합 X의 개수를 구하시오.

055 집합 $A=\{x|x$는 한 자리 자연수$\}$의 부분집합 중 짝수가 한 개 이상 속해 있는 집합의 개수를 구하시오.

056 두 집합 $A=\{1,\ 2,\ 3,\ \cdots,\ k\}$, $B=\{1,\ 2,\ 3\}$에 대하여 $B\subset X\subset A$를 만족시키는 집합 X의 개수가 64일 때, 자연수 k의 값을 구하시오.

STEP 2 실력

057 두 집합 $A=\{0, 1\}$, $B=\{1, 2\}$에 대하여 집합 $A \otimes B$를

$$A \otimes B=\{ab \mid a \in A,\ b \in B\}$$

라 할 때, 집합 $B \otimes (A \otimes B)$의 모든 원소의 합을 구하시오.

기출

058 두 집합 $A=\{1, 2, 3, 4, a\}$, $B=\{1, 3, 5\}$에 대하여 집합 X를

$$X=\{x+y \mid x \in A,\ y \in B\}$$

라 할 때, $n(X)=10$이 되도록 하는 자연수 a의 최댓값을 구하시오.

059 자연수 전체의 집합의 부분집합 중 '$x \in A$이면 $(7-x) \in A$이다.'를 만족시키는 집합 A의 개수를 구하시오. (단, $A \neq \varnothing$)

서술형

060 집합 $A=\left\{x \,\middle|\, x=\dfrac{21}{n}\text{이고 } x,\ n\text{은 정수}\right\}$의 진부분집합의 개수를 구하시오.

061 두 집합 $A=\{4, 8\}$, $B=\{x \mid x\text{는 } 2<x<16\text{인 짝수}\}$에 대하여 다음 조건을 만족시키는 집합 X의 개수를 구하시오.

> (가) $A \subset X \subset B$
> (나) 집합 X의 원소의 개수는 4 이상이다.

02
집합의 연산

드모르간(De Morgan, A., 1806~1871)은 기호논리학의 기반을 다진 수학자로 유명하다. 일반논리학이 언어를 사용하는 데 반해 기호논리학은 기호를 사용하여 설명하는 것으로, 컴퓨터 기초이론을 만드는 데 큰 역할을 하였다. 또, '드모르간의 법칙'은 합집합과 교집합, 여집합 사이의 관계를 나타낸 것으로, 집합 및 논리와 관련된 내용을 수학적으로 설명하는 데 널리 이용된다.

개념&유형 CHECK

- 완전 학습을 위해 스스로 학습 계획을 세워 실천하세요.
- 이해가 부족한 개념이나 유형은 □ 안에 표시하고 반복하여 학습하세요.
- 출제 빈도가 매우 높은 유형에는 *고빈출 표시를 하였습니다. 시험 직전에 이 유형을 반복하여 풀어 보세요.

Lecture
04 집합의 연산

1st 월 일 | 2nd 월 일

- 개념 01 합집합과 교집합 □ □
- 개념 02 합집합과 교집합에 대한 성질 □ □
- 개념 03 여집합과 차집합 □ □
- 개념 04 여집합과 차집합에 대한 성질 □ □
- 유형 01 / 집합의 연산 □ □
- 유형 02 / 연산을 만족시키는 집합 구하기 □ □
- 유형 03 / 집합의 연산에서 미지수 구하기 *고빈출 □ □
- 유형 04 / 집합의 연산에 대한 여러 가지 성질 □ □
- 유형 05 / 집합의 연산과 포함 관계 □ □
- 유형 06 / 집합의 연산과 부분집합의 개수 *고빈출 □ □

Lecture
05 집합의 연산 법칙

1st 월 일 | 2nd 월 일

- 개념 05 집합의 연산 법칙 □ □
- 개념 06 드모르간의 법칙 □ □
- 유형 07 / 집합의 연산 법칙과 드모르간의 법칙 □ □
- 유형 08 / 집합의 연산 법칙과 포함 관계 □ □

Lecture
06 집합의 원소의 개수

1st 월 일 | 2nd 월 일

- 개념 07 합집합과 교집합의 원소의 개수 □ □
- 개념 08 여집합과 차집합의 원소의 개수 □ □
- 유형 09 / 집합의 원소의 개수 *고빈출 □ □
- 유형 10 / 집합의 원소의 개수의 활용 *고빈출 □ □
- 유형 11 / 집합의 원소의 개수의 최댓값과 최솟값 □ □

Lecture

04 집합의 연산

합집합과 교집합

유형 01~03, 06

두 집합 A, B에 대하여 A에 속하거나 B에 속하는 모든 원소로 이루어진 집합을 A와 B의 **합집합**이라 하고, 기호 $\boldsymbol{A \cup B}$로 나타낸다.

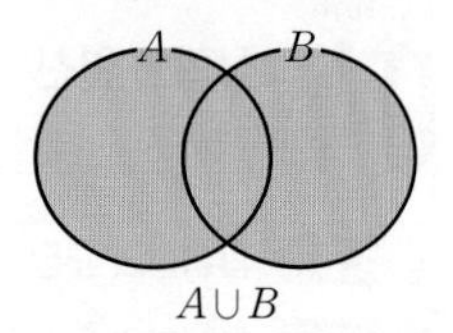

A와 B의 합집합을 조건제시법으로 나타내면 다음과 같다.

$A \cup B=\{x \mid x \in A$ 또는 $x \in B\}$

또, 두 집합 A, B에 대하여 A에도 속하고 B에도 속하는 모든 원소로 이루어진 집합을 A와 B의 **교집합**이라 하고, 기호 $\boldsymbol{A \cap B}$로 나타낸다.

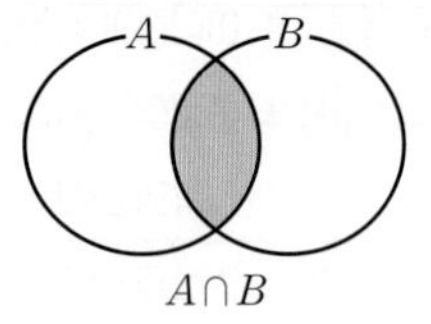

A와 B의 교집합을 조건제시법으로 나타내면 다음과 같다.

$A \cap B=\{x \mid x \in A$ 그리고 $x \in B\}$

특히 두 집합 A, B에서 공통인 원소가 하나도 없을 때, 즉

$A \cap B=\varnothing$

일 때, A와 B는 **서로소**라 한다.

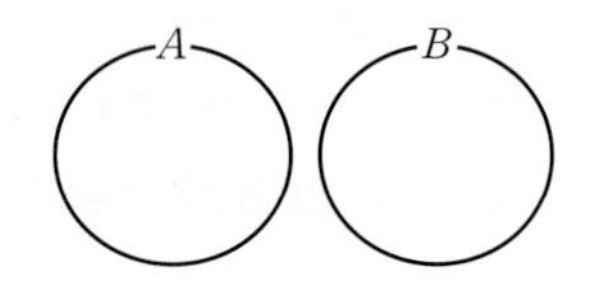

합집합과 교집합

중심 개념 두 집합 A, B에 대하여

(1) **합집합**: $A \cup B=\{x \mid x \in A$ 또는 $x \in B\}$

(2) **교집합**: $A \cap B=\{x \mid x \in A$ 그리고 $x \in B\}$

(3) **서로소**: $A \cap B=\varnothing$일 때, A와 B는 서로소이다.

| 참고 | 집합 A에 대하여 $A \cap \varnothing=\varnothing$이므로 공집합 $\varnothing$은 모든 집합과 서로소이다.

확인 (1) 두 집합 $A=\{2, 3, 5\}$, $B=\{1, 2, 3, 6\}$에 대하여

$A \cup B=\{1, 2, 3, 5, 6\}$, $\quad A \cap B=\{2, 3\}$

(2) 두 집합 $A=\{2, 4\}$, $B=\{1, 3, 5\}$에 대하여 $A \cap B=\varnothing$이므로 A와 B는 서로소이다.

• 바른답 · 알찬풀이 12쪽

문제 1 세 집합 $A=\{1, 2, 4\}$, $B=\{1, 3, 4, 5, 6\}$, $C=\{3, 5, 7\}$에 대하여 다음을 구하시오.

(1) $A \cap B$ (2) $B \cup C$ (3) $A \cap C$

답 (1) $\{1, 4\}$ (2) $\{1, 3, 4, 5, 6, 7\}$ (3) $\varnothing$

합집합과 교집합에 대한 성질

유형 04~06

일반적으로 합집합과 교집합에 대하여 다음이 성립한다.

합집합과 교집합에 대한 성질

중심 개념 두 집합 A, B에 대하여

(1) $A\cup\varnothing=A$,　$A\cup A=A$,　$A\cap\varnothing=\varnothing$,　$A\cap A=A$

(2) $A\subset(A\cup B)$,　$B\subset(A\cup B)$,　$(A\cap B)\subset A$,　$(A\cap B)\subset B$

(3) $A\cup(A\cap B)=A$,　$A\cap(A\cup B)=A$

(4) $A\subset B$이면　$A\cup B=B$, $A\cap B=A$

합집합과 교집합에 대한 성질 (1), (2)가 성립함은 모두 벤다이어그램을 이용하여 쉽게 알 수 있는 내용이다.

여기서는 (3), (4)가 성립함을 벤다이어그램을 이용하여 확인해 보자.

(3)

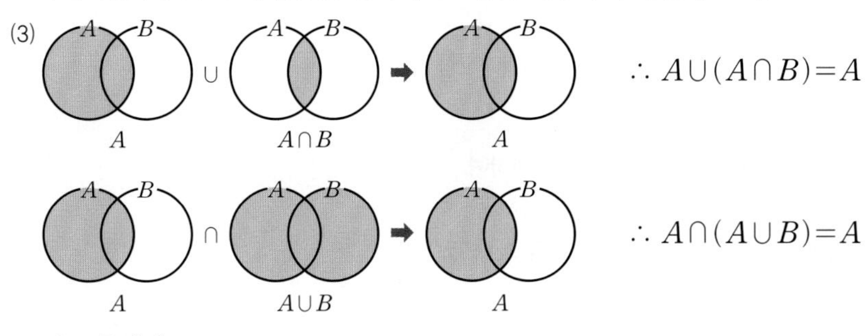

(4) $A\subset B$이면

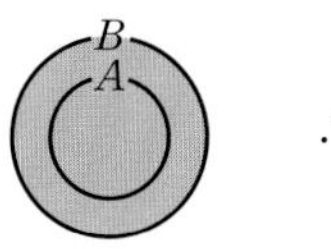

$\therefore A\cup B=B$

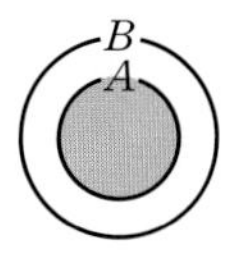

$\therefore A\cap B=A$

확인 두 집합 A, B에 대하여 $B\subset(A\cup B)$이므로 다음이 성립한다.

$$(A\cup B)\cap B=B,\quad (A\cup B)\cup B=A\cup B$$

• 바른답 · 알찬풀이 12쪽

문제 ❷ 두 집합 A, B에 대하여 항상 옳은 것만을 **보기**에서 있는 대로 고르시오.

보기

ㄱ. $B\subset(A\cap B)$　　ㄴ. $A\cup(A\cap\varnothing)=A$　　ㄷ. $B\subset A$이면 $A\cap B=B$

답 ㄴ, ㄷ

개념 03

여집합과 차집합

유형 01~03, 06

어떤 집합에 대하여 그 부분집합을 생각할 때, 처음의 집합을 **전체집합**이라 하고, 기호 $\boldsymbol{U}$로 나타낸다.

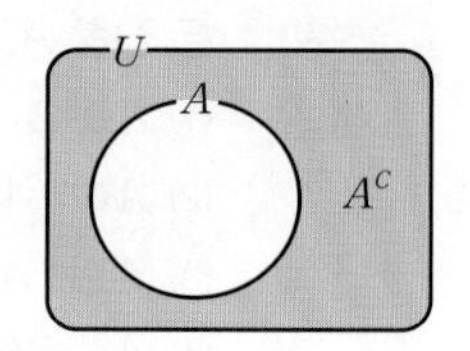

전체집합 U의 부분집합 A에 대하여 U의 원소 중에서 A에 속하지 않는 모든 원소로 이루어진 집합을 U에 대한 A의 **여집합**이라 하고, 기호 $\boldsymbol{A^C}$로 나타낸다.

A의 여집합을 조건제시법으로 나타내면 다음과 같다.

$A^C=\{x|x\in U \text{ 그리고 } x\notin A\}$

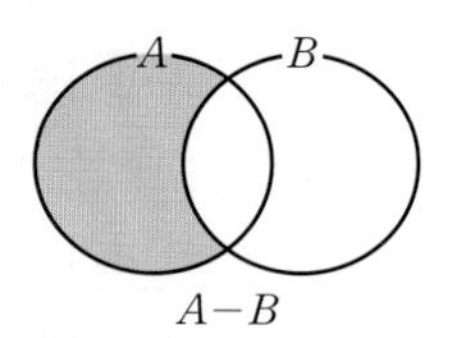

$A-B$

또, 두 집합 A, B에 대하여 A에 속하지만 B에는 속하지 않는 모든 원소로 이루어진 집합을 A에 대한 B의 **차집합**이라 하고, 기호 $\boldsymbol{A-B}$로 나타낸다.

A에 대한 B의 차집합을 조건제시법으로 나타내면 다음과 같다.

$A-B=\{x|x\in A \text{ 그리고 } x\notin B\}$

중심 개념 여집합과 차집합

전체집합 U의 두 부분집합 A, B에 대하여

(1) **여집합**: $A^C=\{x|x\in U \text{ 그리고 } x\notin A\}$

(2) **차집합**: $A-B=\{x|x\in A \text{ 그리고 } x\notin B\}$

| 참고 | ① 전체집합 U는 전체를 뜻하는 universal의 첫 글자이고, A^C의 C는 여집합을 뜻하는 complement의 첫 글자이다.

② 집합 A의 여집합 A^C는 전체집합 U에 대한 A의 차집합과 같다. 즉, $A^C=U-A$이다.

| 주의 | 일반적으로 서로 다른 두 집합 A, B에 대하여 $A-B\neq B-A$이다.

확인 전체집합 $U=\{x|x$는 8 이하의 자연수$\}$의 두 부분집합 $A=\{1, 2, 3\}$, $B=\{1, 3, 4, 6\}$에 대하여

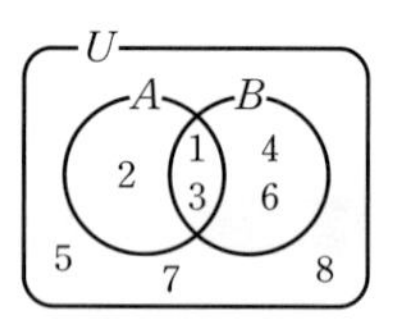

(1) $A^C=\{4, 5, 6, 7, 8\}$, $B^C=\{2, 5, 7, 8\}$

(2) $A-B=\{2\}$, $B-A=\{4, 6\}$

• 바른답 · 알찬풀이 12쪽

문제 3 전체집합 $U=\{1, 2, 4, 6, 8, 10\}$의 두 부분집합 $A=\{2, 4, 8\}$, $B=\{6, 8, 10\}$에 대하여 다음을 구하시오.

(1) A^C (2) B^C (3) $A-B$ (4) $B-A$

답 (1) $\{1, 6, 10\}$ (2) $\{1, 2, 4\}$ (3) $\{2, 4\}$ (4) $\{6, 10\}$

여집합과 차집합에 대한 성질

유형 02~06

일반적으로 여집합과 차집합에 대하여 다음이 성립한다.

중심 개념 여집합과 차집합에 대한 성질

전체집합 U의 두 부분집합 A, B에 대하여

(1) $U^C=\varnothing$, $\varnothing^C=U$

(2) $(A^C)^C=A$

(3) $A\cup A^C=U$, $A\cap A^C=\varnothing$

(4) $A-B=A\cap B^C=A-(A\cap B)=(A\cup B)-B$

여집합과 차집합에 대한 성질 (2), (4)를 벤다이어그램을 이용하여 확인해 보자.

(2)

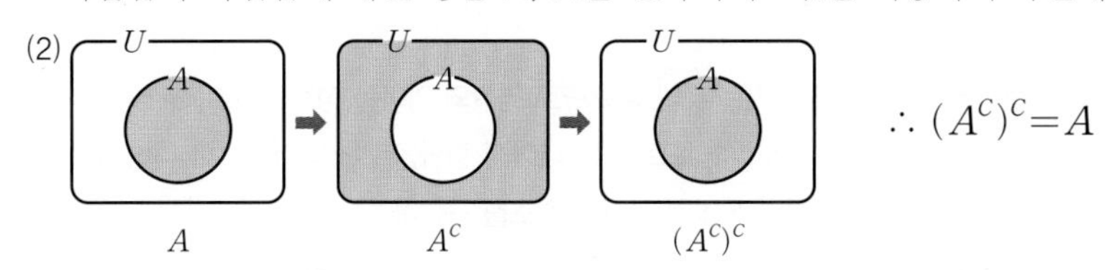

$\therefore (A^C)^C=A$

(4) $A-B=A\cap B^C$

[좌변] $A-B$

[우변] $A \cap B^C \Rightarrow A\cap B^C$

한편, 전체집합 U의 두 부분집합 A, B에 대하여 다음은 모두 같은 표현이다.

(1) $A\subset B \Longleftrightarrow A\cup B=B \Longleftrightarrow A\cap B=A$
$\Longleftrightarrow A-B=\varnothing \Longleftrightarrow A\cap B^C=\varnothing$
$\Longleftrightarrow B^C\subset A^C \Longleftrightarrow A^C\cup B=U$

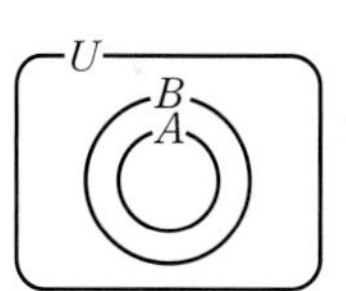

(2) $A\cap B=\varnothing \Longleftrightarrow A-B=A \Longleftrightarrow B-A=B$
$\Longleftrightarrow A\subset B^C \Longleftrightarrow B\subset A^C$

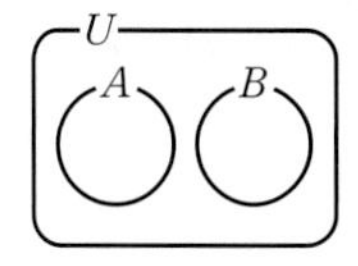

• 바른답 · 알찬풀이 12쪽

문제 4 전체집합 U의 두 부분집합 A, B에 대하여 항상 옳은 것만을 **보기**에서 있는 대로 고르시오.

보기

ㄱ. $A\cap U^C=A$

ㄴ. $(\varnothing^C)^C=\varnothing$

ㄷ. $A\cup(B\cup B^C)=A$

ㄹ. $B\cap A^C=B-A$

답 ㄴ, ㄹ

유형 01 출제 빈도

집합의 연산

개념 01, 03

062 대표

전체집합 $U=\{x|x$는 9 이하의 자연수$\}$의 세 부분집합

$A=\{x|x$는 소수$\}$, $B=\{x|x$는 3의 배수$\}$, $C=\{x|x$는 6의 약수$\}$

에 대하여 다음을 구하시오.

(1) $A\cup B$ (2) $B\cap C$ (3) A^C

(4) $A-C$ (5) $(A\cap B)\cup C$ (6) $C-(A\cap B^C)$

유형 분석

집합의 연산은 새로운 약속을 익히는 것과 같으므로 연산의 의미를 정확하게 이해해야 한다.

집합의 연산을 하려면 먼저 조건제시법으로 나타내어진 집합을 원소나열법으로 나타내어 각 집합의 원소를 구한 후, 집합의 연산의 의미에 맞게 각각의 원소를 구한다.

연구 집합의 연산을 하려면 → 먼저 조건제시법을 원소나열법으로 나타낸다

풀이 »

063 세 집합 $A=\{x||x|=1\}$, $B=\{x|x$는 $-1\le x\le 1$인 정수$\}$, $C=\{x|x^2-2x-3=0\}$에 대하여 다음을 구하시오.

(1) $A\cap B$ (2) $B-C$

(3) $(A\cup B)\cap C$ (4) $(B\cup C)-B$

064 세 집합 $A=\{x|x$는 10 이하의 소수$\}$, $B=\{x|x$는 4의 양의 배수$\}$, $C=\{x|x$는 12의 양의 약수$\}$에 대하여 서로소인 두 집합을 말하시오.

065 전체집합 $U=\{x|x$는 $1\le x\le 12$인 자연수$\}$의 두 부분집합 $A=\{x|x$는 짝수$\}$, $B=\{x|x$는 10의 약수$\}$에 대하여 오른쪽 벤다이어그램에서 색칠한 부분이 나타내는 집합의 모든 원소의 합을 구하시오.

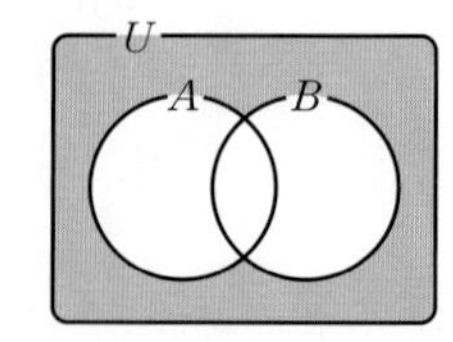

출제 빈도

유형 02 연산을 만족시키는 집합 구하기

개념 01, 03, 04

066 대표

전체집합 $U=\{1, 2, 3, \cdots, 10\}$의 두 부분집합 A, B에 대하여

$$A-B=\{1, 10\},\quad A\cap B=\{2, 4, 8\},\quad (A\cup B)^C=\{3, 5, 7\}$$

일 때, 집합 B를 구하시오.

유형 분석

집합의 연산에 대한 문제를 해결할 때 벤다이어그램을 이용하면 문제를 직관적으로 이해하고 해결할 수 있다.

위의 문제와 같이 전체집합 U와 두 집합 A, B가 주어지면 오른쪽과 같이 벤다이어그램으로 나타낸 후, 주어진 조건에 맞도록 벤다이어그램의 각 영역에 원소를 써넣으면 구하고자 하는 집합을 쉽게 구할 수 있다.

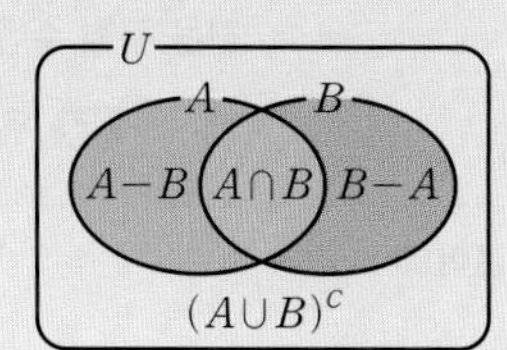

연구 집합의 연산 문제는 → 벤다이어그램을 이용한다

풀이 ≫

067

두 집합 A, B에 대하여

$$B=\{2, 3, 5, 6, 8\},\quad A\cap B=\{5, 6\},\quad A\cup B=\{1, 2, 3, 4, 5, 6, 7, 8\}$$

일 때, 집합 A를 구하시오.

068

전체집합 $U=\{x\,|\,x\text{는 } 0<x<10\text{인 홀수}\}$의 두 부분집합 A, B에 대하여

$$A-B=\{1\},\quad B-A=\{3, 9\},\quad A^C\cap B^C=\varnothing$$

일 때, 집합 $A\cap B$를 구하시오.

069

전체집합 U의 두 부분집합 A, B에 대하여

$$A\cup B=\{2, 4, 6, 8, 9\},\quad A^C=\{4, 7, 9, 11\}$$

일 때, 집합 $B-A$의 모든 원소의 곱을 구하시오.

유형 03 출제 빈도

집합의 연산에서 미지수 구하기

개념 01, 03, 04

070 대표

두 집합 $A=\{1, 2, a^2+a\}$, $B=\{a, a+3, a^2-5\}$에 대하여 $A-B=\{1, 6\}$일 때, 집합 $A\cup B$를 구하시오. (단, a는 상수이다.)

유형 분석

집합의 원소에 포함된 미지수의 값을 구하는 문제로, 집합의 연산의 의미를 정확하게 이해하고 있으면 쉽게 해결할 수 있다.

위의 문제에서 $A-B=\{1, 6\}$이므로 $1\in A$, $6\in A$임을 이용하면 미지수 a에 대한 방정식을 얻어 그 값을 구할 수 있다. 이때 구한 a의 값이 주어진 조건을 만족시키는지 반드시 확인한다.

연구 집합의 원소에 미지수가 있을 때 ➔ 연산의 뜻을 정확히 적용하여 원소를 구한다

풀이 ≫

071

두 집합 $A=\{0, a-1, a+1\}$, $B=\{3, a-4, a+2\}$에 대하여 $A\cap B=\{3\}$일 때, 집합 $A\cup B$를 구하시오. (단, a는 상수이다.)

072

두 집합 $A=\{2, 4, 5, 2a+b\}$, $B=\{2, 6, 3a-b\}$에 대하여 $A\cap B^C=\{5\}$일 때, $a+b$의 값을 구하시오. (단, a, b는 상수이다.)

073

두 집합 $A=\{1, 3, -a+3\}$, $B=\{3, 2a, a^2\}$에 대하여 $A\cup B=\{-2, 1, 3, 4\}$일 때, 집합 A를 구하시오. (단, a는 상수이다.)

집합의 연산에 대한 여러 가지 성질

개념 02, 04

074 대표

전체집합 U의 두 부분집합 A, B에 대하여 항상 옳은 것만을 **보기**에서 있는 대로 고르시오.

보기

ㄱ. $A \subset (A \cup B)$　　ㄴ. $U - A^C = U$

ㄷ. $(A-B) \cap (B-A) = \varnothing$　　ㄹ. $(U-A)-B = A^C \cup B^C$

유형 분석

앞에서 학습한 **개념 02, 04**의 집합의 연산에 대한 성질을 이용하면 집합의 연산이나 두 집합 사이의 포함 관계를 여러 가지로 표현할 수 있다. 여러 가지 집합의 표현 중 옳은 것을 찾는 문제는 집합의 연산에 대한 성질을 이용하거나 벤다이어그램으로 나타내어 확인한다.

연구 집합 사이의 포함 관계는 → 집합의 연산에 대한 성질 또는 벤다이어그램을 이용한다

풀이 ≫

075

전체집합 U의 서로 다른 두 부분집합 A, B에 대하여 다음 중 옳지 않은 것은?

① $(A \cup B) \subset U$　② $U^C \subset A$　③ $A - A^C = A$
④ $A \cap (A \cup B) = B$　⑤ $(A \cap B) \subset (A \cup B)$

076

전체집합 U의 서로 다른 두 부분집합 A, B에 대하여 다음 중 나머지 넷과 다른 하나는?

① $A \cap B^C$　② $A - B$　③ $B^C - A^C$
④ $(U \cap A) - B$　⑤ $(U \cap A^C) \cap B$

077

전체집합 U의 두 부분집합 A, B가 서로소일 때, 항상 옳은 것만을 **보기**에서 있는 대로 고르시오.

보기

ㄱ. $A^C \subset B$　　ㄴ. $B - A = B$

ㄷ. $A \cup B^C = B^C$　　ㄹ. $(A \cap B^C) \cup (A^C \cap B) = U$

출제 빈도

유형 05

집합의 연산과 포함 관계

개념 02, 04

078 대표

전체집합 U의 두 부분집합 A, B에 대하여 $A\cap B=A$일 때, 항상 옳은 것만을 **보기**에서 있는 대로 고르시오.

보기

ㄱ. $A\cup B=B$　　ㄴ. $B-A=\varnothing$　　ㄷ. $A^C\cup B=U$　　ㄹ. $A^C\subset B^C$

유형 분석

앞의 **유형 04**와 마찬가지로 주어진 조건에서 두 집합 사이의 포함 관계를 파악하고 여러 가지 집합의 표현 중 옳은 것을 찾는 문제로, 집합의 연산에 대한 성질을 이용하거나 벤다이어그램으로 나타내어 해결한다. 여러 가지 집합의 표현은 외우지 말고 논리적으로 벤다이어그램을 이용하여 확인해야 문제를 풀 때 실수하는 것을 줄일 수 있다.

연구 **여러 가지 집합의 표현은 ➜ 집합의 연산에 대한 성질 또는 벤다이어그램을 이용한다**

풀이 ≫

079

전체집합 U의 서로 다른 두 부분집합 A, B에 대하여 $B-(A\cap B)=\varnothing$일 때, 다음 중 나머지 넷과 다른 하나는?

① $A\cup B$　② $(A\cup B)\cap B$　③ $(A\cap B)\cup A$
④ $(B-A)\cup A$　⑤ $(A\cup B)\cup(A\cap B)$

080

전체집합 U의 두 부분집합 A, B에 대하여 $(A\cap B^C)\cup(B\cap A^C)=\varnothing$일 때, 다음 중 항상 옳은 것은?

① $A=B$　② $A^C=\varnothing$　③ $A\cap B=\varnothing$
④ $A\cap B^C=A$　⑤ $A^C\cup B^C=U$

출제 빈도

집합의 연산과 부분집합의 개수

개념 01~04

081 대표

두 집합 $A=\{2, 3, 4, 5\}$, $B=\{1, 2, 4, 8\}$에 대하여

$$A\cap X=X,\quad (A-B)\cup X=X$$

를 만족시키는 집합 X의 개수를 구하시오.

유형 분석

이 유형은 집합 X와 주어진 집합 사이의 포함 관계를 이용하여 집합 X가 반드시 갖는 원소와 갖지 않는 원소를 찾는 것이 핵심이다.

위의 문제에서는 $A\cap X=X$에서 집합 X는 집합 A의 부분집합이고, $(A-B)\cup X=X$에서 집합 $A-B$는 집합 X의 부분집합이므로 이를 이용하여 세 집합 A, X, $A-B$ 사이의 포함 관계를 생각해 본다.

연구 $P\cap X=X$, $Q\cup X=X$이면

→ $Q\subset X\subset P$

→ 집합 X는 집합 P의 부분집합 중 집합 Q의 모든 원소를 반드시 원소로 갖는 집합이다

풀이 »

082

두 집합 $A=\{x|x$는 10 이하의 소수$\}$, $B=\{x|x$는 10 이하의 홀수인 자연수$\}$에 대하여

$$(A\cap B)\subset X\subset(A\cup B)$$

를 만족시키는 집합 X의 개수를 구하시오.

083

전체집합 $U=\{a, b, c, d, e\}$의 두 부분집합 $A=\{a, b, c\}$, $B=\{a, b, d, e\}$에 대하여

$$(A\cup B)\cap X=X,\quad (A\cap B^C)\cup X=X$$

를 만족시키는 집합 U의 부분집합 X의 개수를 구하시오.

084

전체집합 $U=\{x|x$는 12의 양의 약수$\}$의 두 부분집합 $A=\{2, 3\}$, $B=\{2, 4, 6\}$에 대하여

$$A\subset X,\quad (B-A)\subset X^C$$

를 만족시키는 집합 U의 부분집합 X의 개수를 구하시오.

Lecture

집합의 연산 법칙

개념 05 집합의 연산 법칙

유형 07, 08

일반적으로 집합에서는 다음과 같은 연산 법칙이 성립한다.

중심 개념 집합의 연산 법칙

세 집합 A, B, C에 대하여

(1) **교환법칙**: $A\cup B=B\cup A$, $A\cap B=B\cap A$

(2) **결합법칙**: $(A\cup B)\cup C=A\cup (B\cup C)$

$(A\cap B)\cap C=A\cap (B\cap C)$

(3) **분배법칙**: $A\cap (B\cup C)=(A\cap B)\cup (A\cap C)$

$A\cup (B\cap C)=(A\cup B)\cap (A\cup C)$

| **참고** | 세 집합의 연산에서 결합법칙이 성립하므로 보통 $A\cup B\cup C$, $A\cap B\cap C$로 나타낸다.

합집합과 교집합의 교환법칙과 결합법칙이 성립함은 쉽게 알 수 있으므로, 여기서는 분배법칙이 성립함을 벤다이어그램을 이용하여 확인해 보자.

① $A\cap (B\cup C)=(A\cap B)\cup (A\cap C)$

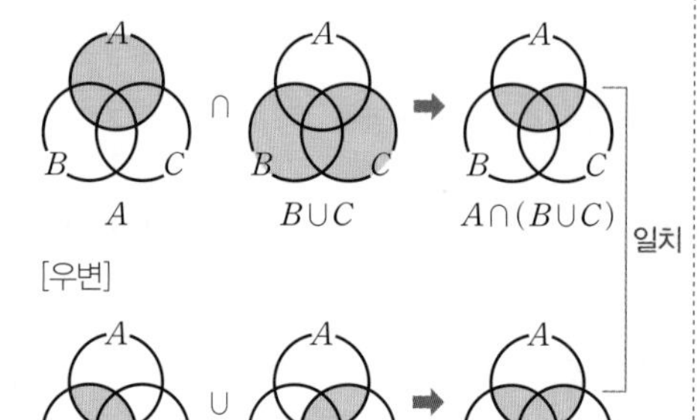

② $A\cup (B\cap C)=(A\cup B)\cap (A\cup C)$

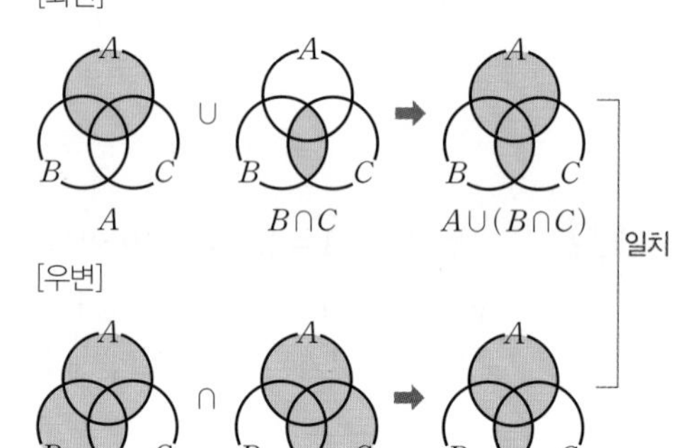

확인 전체집합 U의 두 부분집합 A, B에 대하여 $A\cup (A^C\cap B)$를 간단히 하면

$$\begin{aligned}A\cup (A^C\cap B)&=(A\cup A^C)\cap (A\cup B) \quad \leftarrow \text{분배법칙}\\&=U\cap (A\cup B)\\&=A\cup B\end{aligned}$$

개념 06 드모르간의 법칙

유형 07, 08

일반적으로 집합에서는 다음이 성립하는데, 이것을 **드모르간의 법칙**이라 한다.

드모르간의 법칙

중심 개념 전체집합 U의 두 부분집합 A, B에 대하여
① $(A\cup B)^C=A^C\cap B^C$
② $(A\cap B)^C=A^C\cup B^C$

| 참고 | $(A\cup B)^C=A^C\cap B^C$, $(A\cap B)^C=A^C\cup B^C$

드모르간의 법칙이 성립함을 벤다이어그램을 이용하여 확인해 보자.

① $(A\cup B)^C=A^C\cap B^C$

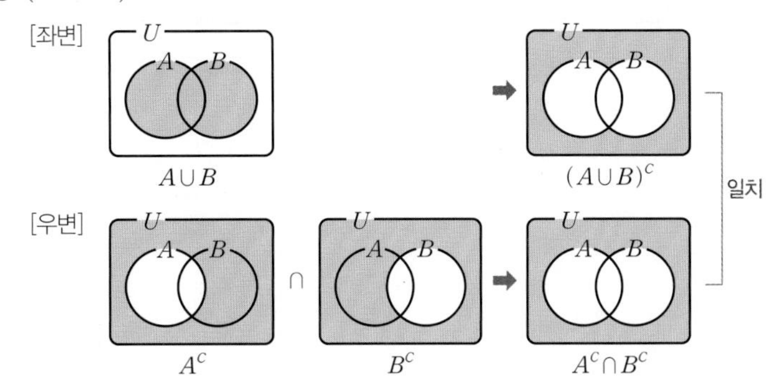

② $(A\cap B)^C=A^C\cup B^C$

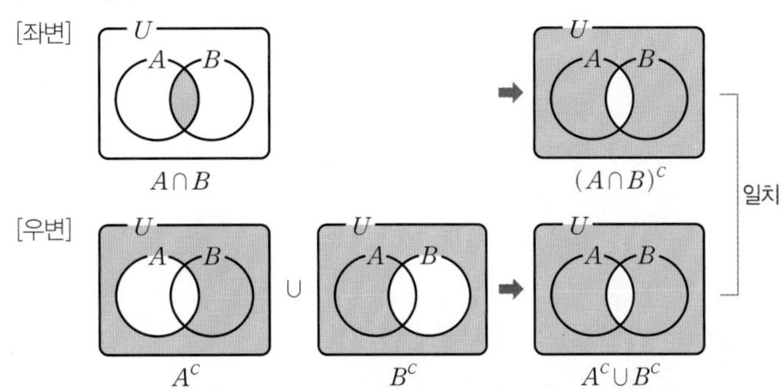

확인 전체집합 U의 두 부분집합 A, B에 대하여 $(A-B)^C\cap A$를 간단히 하면

$$
\begin{aligned}
(A-B)^C\cap A&=(A\cap B^C)^C\cap A\\
&=(A^C\cup B)\cap A && \leftarrow \text{드모르간의 법칙}\\
&=(A^C\cap A)\cup(B\cap A) && \leftarrow \text{분배법칙}\\
&=\varnothing\cup(A\cap B) && \leftarrow \text{교환법칙}\\
&=A\cap B
\end{aligned}
$$

유형 07

집합의 연산 법칙과 드모르간의 법칙

개념 05, 06

085 대표

전체집합 $U=\{x|x$는 10 이하의 자연수$\}$의 세 부분집합

$A=\{1, 2, 3, 4\}$, $B=\{4, 5, 6, 7\}$, $C=\{7, 8, 9, 10\}$

에 대하여 집합 $(A\cup B^C)\cap(A\cup C^C)$의 모든 원소의 합을 구하시오.

유형 분석

간단한 집합의 연산은 벤다이어그램을 이용하는 것이 편리하지만 연산이 복잡해지면 집합을 벤다이어그램으로 나타내기 어렵다.

따라서 집합의 연산 법칙과 드모르간의 법칙을 이용하여 주어진 집합을 간단히 나타내어야 한다.

연구 복잡한 집합의 연산은 → 집합의 연산 법칙과 드모르간의 법칙을 이용한다

풀이 ≫

086

전체집합 U의 두 부분집합 A, B에 대하여 다음을 간단히 하시오.

(1) $(A-B)\cup(A^C\cup B^C)^C$ (2) $A\cup(B\cap A)^C$

087

전체집합 $U=\{x|x$는 자연수$\}$의 세 부분집합

$A=\{x|x$는 소수$\}$, $B=\{x|x$는 홀수$\}$, $C=\{x|x$는 한 자리의 자연수$\}$

에 대하여 집합 $(C^C\cup A)^C-B$를 구하시오.

088

전체집합 $U=\{1, 2, 3, 4, 5\}$의 두 부분집합 A, B에 대하여 $A=\{1, 2\}$일 때,

$A\cap(A^C\cup B^C)=A$

를 만족시키는 집합 B의 개수를 구하시오.

집합의 연산 법칙과 포함 관계

개념 05, 06

089 대표

전체집합 U의 두 부분집합 A, B에 대하여 $A\cap(A^C\cup B)=B$가 성립할 때, 항상 옳은 것만을 **보기**에서 있는 대로 고르시오.

보기

ㄱ. $A\cup B=B$　　ㄴ. $A\cap B^C=\varnothing$　　ㄷ. $A^C\cap B^C=A^C$

유형 분석

두 집합의 연산에서 두 집합 사이의 포함 관계를 파악하는 유형이다.

주어진 조건에서 집합의 연산 법칙과 집합의 연산에 대한 성질을 이용하여 좌변을 간단히 한 후, 두 집합 A, B 사이에 성립하는 가장 간단한 관계식을 구하면 두 집합 사이의 포함 관계를 파악할 수 있다.

연구 **두 집합의 교집합 또는 합집합이 둘 중 한 집합이면 → 포함 관계가 성립한다**

① $\boldsymbol{A\cap B=A}$**이면** $\boldsymbol{A\subset B}$　　② $\boldsymbol{A\cup B=B}$**이면** $\boldsymbol{A\subset B}$

풀이 ≫

090

전체집합 U의 두 부분집합 A, B에 대하여 $\{(A\cap B)\cup(A-B)\}\cap B^C=\varnothing$이 성립할 때, 다음 중 항상 옳은 것은?

① $A\subset B$　　② $B\subset A$　　③ $A=B$

④ $A\cap B=\varnothing$　　⑤ $A\cup B=U$

091

전체집합 U의 두 부분집합 A, B에 대하여 $\{A\cap(A\cup B^C)\}\cup\{(B-A)\cap A\}=B^C$가 성립할 때, 항상 옳은 것만을 **보기**에서 있는 대로 고르시오.

보기

ㄱ. $A\cap B=\varnothing$　　ㄴ. $A\cup B=U$

ㄷ. $A\subset B$　　ㄹ. $A^C\cup B=A$

Lecture

06 집합의 원소의 개수

개념 07 합집합과 교집합의 원소의 개수

유형 09~11

합집합과 교집합의 원소의 개수 사이의 관계를 알아보자.

두 유한집합 A, B에 대하여 오른쪽과 같이 벤다이어그램의 각 영역에 속하는 원소의 개수를 a, b, c라 하면

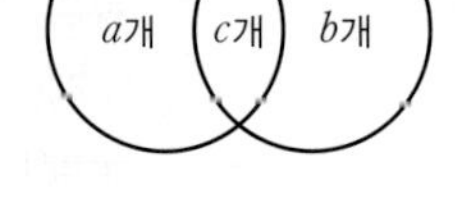

$$\begin{aligned} n(A\cup B)&=a+b+c\\ &=(a+c)+(b+c)-c\\ &=n(A)+n(B)-n(A\cap B)\end{aligned}$$

이다. 특히 A와 B가 서로소이면 $n(A\cap B)=0$이므로 다음이 성립한다.

$$n(A\cup B)=n(A)+n(B)$$

또, 세 유한집합 A, B, C에 대하여 오른쪽과 같이 벤다이어그램의 각 영역에 속하는 원소의 개수를 a, b, c, d, e, f, g라 하면

$$\begin{aligned} &n(A\cup B\cup C)\\ &=a+b+c+d+e+f+g\\ &=(a+b+f+g)+(c+b+d+g)+(e+d+f+g)\\ &\quad-(b+g)-(d+g)-(f+g)+g\\ &=n(A)+n(B)+n(C)-n(A\cap B)-n(B\cap C)-n(C\cap A)+n(A\cap B\cap C)\end{aligned}$$

이다.

일반적으로 합집합과 교집합의 원소의 개수 사이에는 다음이 성립한다.

중심 개념 합집합과 교집합의 원소의 개수

세 유한집합 A, B, C에 대하여

(1) $n(A\cup B)=n(A)+n(B)-n(A\cap B)$

특히 $A\cap B=\varnothing$이면 $n(A\cup B)=n(A)+n(B)$

(2) $n(A\cup B\cup C)=n(A)+n(B)+n(C)-n(A\cap B)-n(B\cap C)$
$-n(C\cap A)+n(A\cap B\cap C)$

확인 (1) 두 집합 A, B에 대하여 $n(A)=8$, $n(B)=6$, $n(A\cap B)=4$일 때,

$n(A\cup B)=8+6-4=10$

(2) 세 집합 A, B, C에 대하여 $n(A)=12$, $n(B)=10$, $n(C)=11$, $n(A\cap B)=7$, $n(B\cap C)=4$, $n(C\cap A)=5$, $n(A\cap B\cap C)=3$일 때,

$n(A\cup B\cup C)=12+10+11-7-4-5+3=20$

여집합과 차집합의 원소의 개수

유형 09~11

여집합과 차집합의 원소의 개수를 구하는 방법을 알아보자.

전체집합 U가 유한집합일 때, 그 부분집합 A에 대하여

$$n(A\cup A^C)=n(A)+n(A^C)-n(A\cap A^C)$$

이다. 이때 $A\cup A^C=U$, $A\cap A^C=\varnothing$이므로

$$n(U)=n(A)+n(A^C)$$

$$\therefore n(A^C)=n(U)-n(A)$$

또, 두 유한집합 A, B에 대하여 오른쪽과 같이 벤다이어그램의 각 영역에 속하는 원소의 개수를 a, b, c라 하면

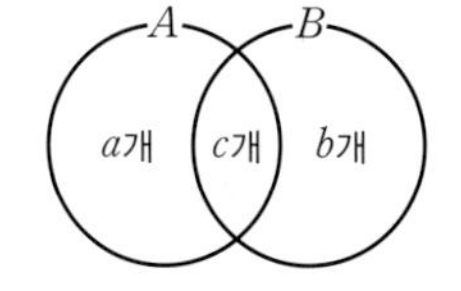

$$\begin{aligned}n(A-B)&=a\\&=(a+c)-c\\&=n(A)-n(A\cap B)\end{aligned}$$

이고

$$\begin{aligned}n(A-B)&=a\\&=(a+b+c)-(b+c)\\&=n(A\cup B)-n(B)\end{aligned}$$

이므로

$$n(A-B)=n(A)-n(A\cap B)=n(A\cup B)-n(B)$$

특히 $B\subset A$이면 $A\cap B=B$, $A\cup B=A$이므로 다음이 성립한다.

$$n(A-B)=n(A)-n(B)$$

일반적으로 여집합과 차집합의 원소의 개수는 다음과 같다.

여집합과 차집합의 원소의 개수

중심 개념 전체집합 U가 유한집합일 때, 두 부분집합 A, B에 대하여

(1) $n(A^C)=n(U)-n(A)$

(2) $n(A-B)=n(A)-n(A\cap B)=n(A\cup B)-n(B)$

특히 $B\subset A$이면 $n(A-B)=n(A)-n(B)$

| 주의 | 일반적으로는 $n(A-B)\neq n(A)-n(B)$임에 유의한다.

확인 전체집합 U의 두 부분집합 A, B에 대하여 $n(U)=14$, $n(A)=6$, $n(A\cap B)=2$일 때,

(1) $n(A^C)=n(U)-n(A)=14-6=8$

(2) $n(A-B)=n(A)-n(A\cap B)=6-2=4$

(3) $n((A\cap B)^C)=n(U)-n(A\cap B)=14-2=12$

익힘 01 합집합과 교집합의 원소의 개수

개념 07

[092~093] 두 집합 A, B에 대하여 다음 물음에 답하시오.

092 $n(A)=12$, $n(B)=18$, $n(A\cap B)=9$일 때, $n(A\cup B)$를 구하시오.

093 $n(A)=15$, $n(B)=13$, $n(A\cup B)=20$일 때, $n(A\cap B)$를 구하시오.

[094~095] 세 집합 A, B, C에 대하여 다음 물음에 답하시오.

094 $n(A)=14$, $n(B)=17$, $n(C)=12$, $n(A\cap B)=8$, $n(B\cap C)=6$, $n(C\cap A)=7$, $n(A\cap B\cap C)=3$일 때, $n(A\cup B\cup C)$를 구하시오.

095 $n(A)=8$, $n(B)=13$, $n(C)=11$, $n(A\cap B)=4$, $n(B\cap C)=6$, $n(C\cap A)=5$, $n(A\cup B\cup C)=19$일 때, $n(A\cap B\cap C)$를 구하시오.

익힘 02 여집합과 차집합의 원소의 개수

개념 08

[096~097] 두 집합 A, B에 대하여 $n(A)=16$, $n(B)=28$, $n(A\cap B)=11$일 때, 다음을 구하시오.

096 $n(A-B)$

097 $n(B-A)$

[098~103] 전체집합 U의 두 부분집합 A, B에 대하여

$$n(U)=50,\quad n(A)=24,\quad n(B)=33,\quad n(A\cup B)=45$$

일 때, 다음을 구하시오.

098 $n(A^C)$

099 $n(B^C)$

100 $n(A^C\cap B^C)$

101 $n((A\cap B)^C)$

102 $n(B-A)$

103 $n(A\cap B^C)$

출제 빈도

유형 09 집합의 원소의 개수

개념 07, 08

104 대표

전체집합 U의 두 부분집합 A, B에 대하여

$$n(U)=30,\quad n(A\cap B)=8,\quad n(A^C\cap B^C)=6$$

일 때, $n(A)+n(B)$의 값을 구하시오.

유형 분석

전체집합 U의 두 부분집합 A, B에서 원소의 개수를 구하는 문제는 **개념 07, 08**의 공식을 이용할 수 있도록 주어진 조건에서 $n(A\cup B)$, $n(A)$, $n(B)$, $n(A\cap B)$를 파악하는 것이 문제 해결의 핵심이다. 위의 문제에서는 $n(A)+n(B)$의 값을 구해야 하므로 $n(A\cup B)$를 주어진 조건에서 찾아내야 한다.

연구 **원소의 개수에 관한 문제는 ➡ $n(A\cup B)=n(A)+n(B)-n(A\cap B)$를 이용한다**

풀이 ≫

105

두 집합 A, B에 대하여 $n(A)=15$, $n(B)=10$, $n(A-B)=10$일 때, $n(A\cup B)$를 구하시오.

106

전체집합 U의 두 부분집합 A, B에 대하여

$$n(U)=30,\quad n(A)=18,\quad n(B)=20,\quad n(A\cup B)=26$$

일 때, 오른쪽 벤다이어그램에서 색칠한 부분이 나타내는 집합의 원소의 개수를 구하시오.

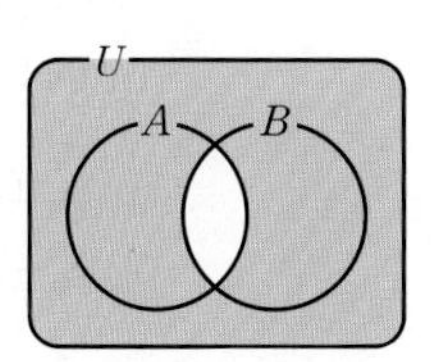

107

세 집합 A, B, C에 대하여 A와 C가 서로소이고,

$$n(A)=12,\quad n(B)=14,\quad n(C)=16,\quad n(A\cup B)=20,\quad n(B\cup C)=25$$

일 때, $n(A\cup B\cup C)$를 구하시오.

출제 빈도

집합의 원소의 개수의 활용

개념 07, 08

108 대표

어느 고등학교 학생 30명을 대상으로 제주도와 부산에 가 본 적이 있는지 조사하였더니 제주도에 가 본 적이 있는 학생은 14명, 부산에 가 본 적이 있는 학생은 12명, 제주도와 부산 중 어느 한 곳도 가 본 적이 없는 학생은 11명이었다. 다음 물음에 답하시오.

(1) 제주도와 부산 중 적어도 한 곳에 가 본 적이 있는 학생 수를 구하시오.

(2) 제주도와 부산에 모두 가 본 적이 있는 학생 수를 구하시오.

유형 분석

조건이 문장으로 복잡하게 주어졌을 때는 각각의 조건을 집합으로 표현하고, 집합의 원소의 개수에 대한 식으로 나타내면 문제를 쉽게 해결할 수 있다.

연구 **원소의 개수의 활용 문제는 → 주어진 조건을 집합으로 나타낸다**

POINT 전체집합 U의 두 부분집합 A, B에 대하여

① 둘 다, 모두 ➡ $A\cap B$ ② 또는, 둘 중 적어도 하나 ➡ $A\cup B$

③ ~만, ~뿐 ➡ $A-B$ 또는 $B-A$ ④ 둘 중 하나만 ➡ $(A-B)\cup(B-A)$

풀이 ≫

109

어느 스포츠동호회 회원을 대상으로 야구와 농구에 대한 선호도를 조사하였더니 야구를 좋아하는 회원이 32명, 농구를 좋아하는 회원이 24명, 야구와 농구를 모두 좋아하는 회원이 18명이었다. 다음 물음에 답하시오.

(1) 농구만 좋아하는 회원 수를 구하시오.

(2) 야구나 농구를 좋아하는 회원 수를 구하시오.

실력+

110

40명의 학생에게 세 개의 문제 A, B, C를 풀게 하였더니 A 문제, B 문제, C 문제를 맞힌 학생은 각각 20명, 14명, 17명이었고, 세 문제를 모두 맞힌 학생은 5명, 한 문제도 맞히지 못한 학생은 2명이었다. 이때 세 문제 중 두 문제만 맞힌 학생 수를 구하시오.

해결 전략 / 주어진 조건을 집합으로 표현하고, 각 집합의 원소의 개수를 벤다이어그램을 이용하여 나타낸다.

출제 빈도

집합의 원소의 개수의 최댓값과 최솟값

개념 07, 08

111 대표

전체집합 $U=\{x|x$는 15 이하의 자연수$\}$의 두 부분집합 A, B에 대하여 $n(A)=10$, $n(B)=7$일 때, $n(A\cap B)$의 최댓값과 최솟값의 합을 구하시오.

유형 분석

집합의 원소의 개수를 추론하는 유형이다.

전체집합 U의 두 부분집합 A, B에 대하여 $n(A\cup B)=n(A)+n(B)-n(A\cap B)$이고 문제에서 $n(A)$, $n(B)$가 정해져 있으므로 $n(A\cap B)$의 최대, 최소는 다음과 같이 $n(A\cup B)$에 따라 결정된다.

연구 **$n(A)$, $n(B)$가 정해져 있을 때,**

① $n(A\cup B)$가 최대이면 ➔ $n(A\cap B)$는 최소

② $n(A\cup B)$가 최소이면 ➔ $n(A\cap B)$는 최대

풀이 ≫

112

두 집합 A, B에 대하여 $n(A)=12$, $n(B)=20$, $n(A\cap B)\geq 5$일 때, $n(A\cup B)$의 최댓값과 최솟값을 각각 구하시오.

113

전체집합 U의 두 부분집합 A, B에 대하여 $n(U)=20$, $n(A)=14$, $n(B)=12$일 때, $n(A-B)$의 최댓값을 구하시오.

114

준수네 반 학생 28명을 대상으로 스마트폰과 노트북의 소유 여부를 조사하였더니 스마트폰을 소유한 학생은 22명, 노트북을 소유한 학생은 9명이었다. 이때 스마트폰과 노트북을 모두 소유한 학생 수의 최댓값을 M, 최솟값을 m이라 할 때, $M-m$의 값을 구하시오.

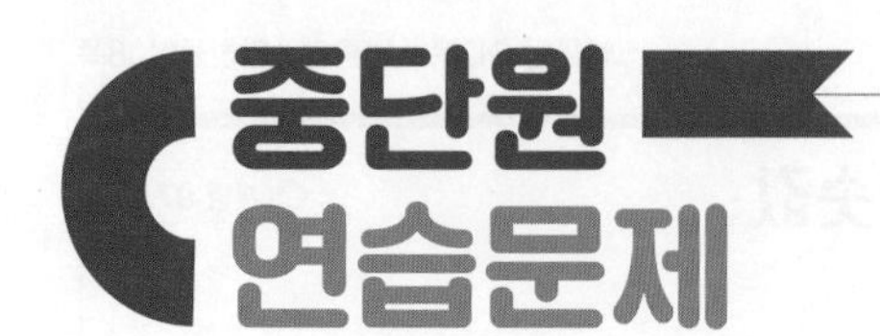

STEP 1 표준

115 전체집합 $U=\{1, 2, 3, 4, 5, 6, 7\}$의 두 부분집합 $A=\{1, 3, 5\}$, $B=\{3, 5, 7\}$에 대하여 집합 A^C-B를 구하시오.

116 다음 중 오른쪽 벤다이어그램에서 색칠한 부분을 나타내는 집합은?

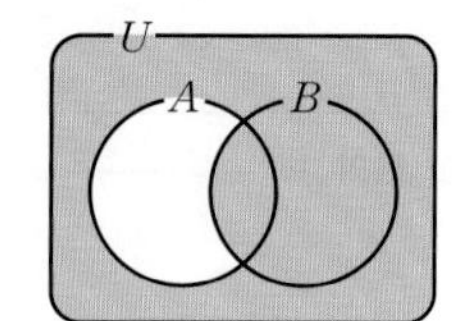

① $U-A$　② $A\cap B^C$
③ $A^C\cup B$　④ $U-(A\cup B)$
⑤ $(A\cup B)-(A\cap B)$

서술형

117 자연수 k에 대하여 전체집합 $U=\{x|x$는 100 이하의 자연수$\}$의 부분집합 A_k를 $A_k=\{x|x$는 k의 배수$\}$라 할 때, 집합 $A_3\cup A_6$의 원소의 개수를 구하시오.

118 전체집합 $U=\{1, 2, 3, \cdots, 10\}$의 두 부분집합 A, B에 대하여

$$A=\{1, 2, 3, 4, 5\},\quad (A\cup B)-(A\cap B)=\{1, 3, 5, 7, 9\}$$

일 때, 집합 B의 모든 원소의 합을 구하시오.

기출

119 전체집합 $U=\{x|x$는 20 이하의 자연수$\}$의 두 부분집합

$$A=\{1, 3, a-1\},\quad B=\{a^2-4a-7, a+2\}$$

에 대하여 $(A\cap B^C)\cup(A^C\cap B)=\{1, 3, 8\}$일 때, 상수 a의 값은?

① 5　② 6　③ 7
④ 8　⑤ 9

120 전체집합 U의 두 부분집합 A, B에 대하여 항상 옳은 것만을 **보기**에서 있는 대로 고르시오.

보기
ㄱ. $A\cap(B\cup B^C)=A$
ㄴ. $(A\cap B)^C\subset(A\cup B)^C$
ㄷ. $\{(A\cap B)\cup(A\cap A^C)\}\subset A$

121 전체집합 U의 두 부분집합 A, B에 대하여 $A\subset B$일 때, 다음 중 집합 $\{(A-B)\cup B^C\}\cap A^C$와 항상 같은 집합은?

① $\varnothing$
② $A\cap B$
③ $A^C\cap B$
④ A^C
⑤ B^C

122 전체집합 $U=\{1, 2, 3, 4, 5, 6\}$의 두 부분집합 A, B에 대하여 $A=\{2, 4, 5\}$일 때, $A\cap B^C=\{5\}$를 만족시키는 집합 B의 개수를 구하시오.

기출

123 전체집합 $U=\{1, 2, 3, 4\}$의 부분집합 A에 대하여 $\{1, 2\}\cap A\neq\varnothing$을 만족시키는 모든 집합 A의 개수는?

① 6
② 8
③ 10
④ 12
⑤ 14

124 전체집합 $U=\{x|x$는 12의 양의 약수$\}$의 두 부분집합 $A=\{1, 2, 4\}$, $B=\{4, 6, 12\}$에 대하여

$$(A-B)\cup X=(B-A)\cup X$$

를 만족시키는 집합 U의 부분집합 X의 개수를 구하시오.

125 전체집합 $U=\{x|x$는 한 자리의 자연수$\}$의 세 부분집합

$$A=\{1, 2, 3\},\quad B=\{1, 4, 5, 6\},\quad C=\{3, 6, 7, 8\}$$

에 대하여 집합 $(A\cup B)\cap(A^C\cap C^C)^C$의 모든 원소의 합을 구하시오.

126 전체집합 U의 두 부분집합 A, B에 대하여 연산 $\triangle$를

$$A\triangle B=(A\cup B)-(A\cap B)$$

라 할 때, 옳은 것만을 **보기**에서 있는 대로 고르시오.

보기

ㄱ. $A\triangle B=B\triangle A$
ㄴ. $A\triangle\varnothing=A$
ㄷ. $A\triangle U=U$
ㄹ. $A\triangle A^C=U$

127 전체집합 U의 두 부분집합 A, B에 대하여

$$n(U)=40,\quad n(B)=25,\quad n(A^C\cap B^C)=10$$

일 때, $n(A\cap B^C)$를 구하시오.

128 미래네 반 학생 25명을 대상으로 영화와 연극에 대한 선호도를 조사하였더니 영화를 좋아하는 학생이 15명, 연극을 좋아하는 학생이 11명, 영화와 연극을 모두 좋아하는 학생이 9명이었다. 이때 영화와 연극 중 어떤 것도 좋아하지 않는 학생 수를 구하시오.

기출

129 어느 학급 전체 학생 30명이 있다. 이 학급의 학생들 중 방과 후 수업으로 수학을 신청한 학생이 24명, 영어를 신청한 학생이 15명이라 하자. 이 학급의 학생 중에서 수학과 영어를 모두 신청한 학생 수의 최댓값과 최솟값의 합은?

① 20　② 21　③ 22　④ 23　⑤ 24

STEP 2 실력

130 두 집합 $A=\{x|(x+4)(x-25)<0\}$, $B=\{x|(x-a)(x-a^2)\geq 0\}$에 대하여 A와 B가 서로소가 되도록 하는 실수 a의 최댓값을 구하시오.

기출

131 전체집합 $U=\{x|x$는 자연수$\}$의 부분집합 A는 원소의 개수가 4이고, 모든 원소의 합이 21이다. 상수 k에 대하여 집합 $B=\{x+k|x\in A\}$가 다음 조건을 만족시킨다.

(가) $A\cap B=\{4, 6\}$	(나) 집합 $A\cup B$의 모든 원소의 합이 40이다.

집합 A의 모든 원소의 곱을 구하시오.

서술형

132 전체집합 $U=\{x|x$는 $-2\leq x\leq 5$인 정수$\}$의 두 부분집합 $A=\{-2, 0, 2\}$, $B=\{-1, 5\}$에 대하여 $X-A=X\cup B$를 만족시키는 집합 U의 부분집합 X의 개수를 구하시오.

133 자연수 n의 양의 배수의 집합을 A_n이라 하고, 두 집합 X, Y에 대하여 연산 ◎를

$$X◎Y=X-(X-Y)$$

라 할 때, $A_3◎A_4=A_k$를 만족시키는 자연수 k의 값을 구하시오.

134 놀이공원에 다녀온 50명의 학생 중 놀이기구 A를 이용한 학생이 37명, 놀이기구 B를 이용한 학생이 35명이었다. 이 50명의 학생 중에서 놀이기구 A, B 중 한 개만을 이용한 학생 수의 최댓값을 M, 최솟값을 m이라 할 때, Mm의 값을 구하시오.

03 명제

아리스토텔레스(Aristoteles, B.C. 384?~B.C. 322?)는 논리학을 하나의 학문으로 체계화하였다. 새로운 판단을 이끌어내는 추론의 기본적인 형태인 '삼단논법'은 아리스토텔레스가 제시한 것으로, 대전제, 소전제, 결론의 세 단계를 거치는 추론 방법을 말한다. 그는 논리학과 밀접한 관계가 있는 수학의 발전에 지대한 공헌을 하였다.

개념&유형 CHECK

- 완전 학습을 위해 스스로 학습 계획을 세워 실천하세요.
- 이해가 부족한 개념이나 유형은 □ 안에 표시하고 반복하여 학습하세요.
- 출제 빈도가 매우 높은 유형에는 *고빈출 표시를 하였습니다. 시험 직전에 이 유형을 반복하여 풀어 보세요.

Lecture 07 명제와 진리집합

1st 월 일 | 2nd 월 일

- 개념 01 명제와 그 부정 □ □
- 개념 02 조건과 진리집합 □ □
- 개념 03 조건 'p 또는 q'와 'p 그리고 q' □ □
- 유형 01 / 명제 □ □
- 유형 02 / 명제와 조건의 부정 □ □
- 유형 03 / 조건의 진리집합 □ □

Lecture 08 명제의 참, 거짓

1st 월 일 | 2nd 월 일

- 개념 04 명제 $p \longrightarrow q$ □ □
- 개념 05 '모든'이나 '어떤'을 포함한 명제 □ □
- 개념 06 '모든'이나 '어떤'을 포함한 명제의 부정 □ □
- 개념 07 정의, 증명, 정리 □ □
- 유형 04 / 명제 $p \longrightarrow q$의 참, 거짓 *고빈출 □ □
- 유형 05 / 명제의 참, 거짓과 진리집합의 포함 관계 □ □
- 유형 06 / 명제가 참이 되도록 하는 조건 *고빈출 □ □
- 유형 07 / '모든'이나 '어떤'을 포함한 명제의 참, 거짓 □ □

Lecture 09 명제의 역과 대우

1st 월 일 | 2nd 월 일

- 개념 08 명제의 역과 대우 □ □
- 개념 09 귀류법과 삼단논법 □ □
- 유형 08 / 명제의 역과 대우의 참, 거짓 *고빈출 □ □
- 유형 09 / 대우를 이용한 증명 □ □
- 유형 10 / 귀류법을 이용한 증명 □ □
- 유형 11 / 명제의 대우와 삼단논법 *고빈출 □ □

Lecture 10 충분조건과 필요조건

1st 월 일 | 2nd 월 일

- 개념 10 충분조건과 필요조건 □ □
- 개념 11 충분조건, 필요조건과 진리집합의 관계 □ □
- 유형 12 / 충분조건, 필요조건, 필요충분조건 *고빈출 □ □
- 유형 13 / 충분조건, 필요조건을 만족시키는 미지수 구하기 *고빈출 □ □
- 유형 14 / 충분조건, 필요조건과 진리집합의 관계 □ □
- 유형 15 / 충분조건, 필요조건과 삼단논법 □ □

Lecture

명제와 진리집합

개념 01 명제와 그 부정

유형 01, 02

문장이나 식 중에는 참, 거짓을 명확하게 판별할 수 있는 것과 그렇지 않은 것이 있다.
예를 들어 '1은 자연수이다.'는 참이고, '$1+2=4$'는 거짓이다.
이와 같이 참 또는 거짓을 명확하게 판별할 수 있는 문장이나 식을 **명제**라 한다.

명제

중심 개념 **명제**: 참 또는 거짓을 명확하게 판별할 수 있는 문장이나 식

| 참고 | 명제는 보통 알파벳 소문자 p, q, r, …로 나타낸다.

확인 (1) '$5<6$'은 참인 명제이다.
(2) '9는 짝수이다.'는 거짓인 명제이다.
(3) '100은 큰 수이다.'는 크다의 기준이 명확하지 않아서 참인지 거짓인지 판별할 수 없으므로 명제가 아니다.

명제 '1은 자연수이다.'에 대하여 '1은 자연수가 아니다.'라는 명제를 생각할 수 있다.
이와 같이 명제 p에 대하여 'p가 아니다.'를 명제 p의 **부정**이라 하고, 기호 $\boldsymbol{\sim p}$로 나타낸다.
이때 p가 참인 명제이면 $\sim p$는 거짓인 명제이고, p가 거짓인 명제이면 $\sim p$는 참인 명제이다.
또, 명제 $\sim p$의 부정은 p, 즉 $\sim(\sim p)$는 p이다.

명제의 부정

중심 개념
(1) **명제 $\boldsymbol{p}$의 부정**: p가 아니다. ➡ $\sim p$
(2) 명제 p가 참이면 $\sim p$는 거짓이고, p가 거짓이면 $\sim p$는 참이다.

| 참고 | $\sim p$는 'p가 아니다.' 또는 'not p'라 읽는다.

확인 (1) 명제 '8은 4의 배수이다.'의 부정은 '8은 4의 배수가 아니다.'이다.
(2) 명제 '$3+5=7$'의 부정은 '$3+5\neq7$'이다.

조건과 진리집합

유형 02, 03

변수 x를 포함하는 문장 'x는 6의 약수이다.'는 그 자체로는 참, 거짓을 판별할 수 없지만, x의 값이 정해지면 참, 거짓을 판별할 수 있다.

예를 들어 $x=2$이면 참이고, $x=4$이면 거짓이다.

이와 같이 변수를 포함하는 문장이나 식 중에서 변수의 값에 따라 참, 거짓을 판별할 수 있는 것을 **조건**이라 한다. 조건 p에 대하여 'p가 아니다.'를 조건 p의 **부정**이라 하고, 기호 $\sim \boldsymbol{p}$로 나타낸다.

또, 조건 $\sim p$의 부정은 p, 즉 $\sim(\sim p)$는 p이다.

조건

중심 개념
(1) **조건**: 변수의 값에 따라 참, 거짓을 판별할 수 있는 문장이나 식
(2) **조건 p의 부정**: p가 아니다. ➡ $\sim p$

| 참고 | 변수 x를 포함하는 조건을 $p(x)$, $q(x)$, $r(x)$, …로 나타내는데, 이를 간단히 p, q, r, …로 나타내기도 한다.

전체집합 U가 자연수 전체의 집합일 때,

조건 'p: x는 6의 약수이다.'

를 참이 되게 하는 모든 x의 값의 집합은 $\{1, 2, 3, 6\}$이다.

이와 같이 전체집합 U의 원소 중에서 조건 p를 참이 되게 하는 모든 원소의 집합을 조건 p의 **진리집합**이라 한다.

이때 조건 p의 진리집합을 P라 하면 $\sim p$의 진리집합은 P^C이다.

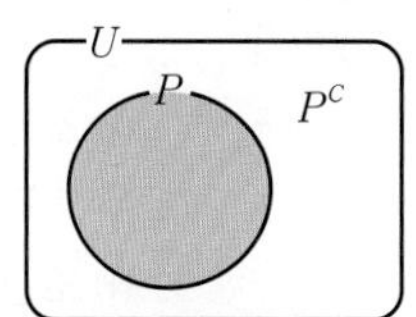

진리집합

중심 개념
진리집합: 전체집합 U에서의 조건 p에 대하여 조건 p를 참이 되게 하는 전체집합 U의 모든 원소의 집합

| 참고 | 조건 p, q, r, …의 진리집합은 보통 알파벳 대문자 P, Q, R, …로 나타내고, 특별한 언급이 없으면 전체집합을 실수 전체의 집합으로 본다.

확인 전체집합 $U=\{x|x$는 10 이하의 자연수$\}$에 대하여 조건 'p: x는 소수이다.'의 진리집합을 P라 하면

(1) $P=\{2, 3, 5, 7\}$

(2) $\sim p$의 진리집합은 P^C이므로 $P^C=\{1, 4, 6, 8, 9, 10\}$

조건 'p 또는 q'와 'p 그리고 q'

유형 02, 03

전체집합 U에서의 두 조건 p, q의 진리집합을 각각 P, Q라 할 때,
조건 'p 또는 q'의 진리집합은 $P\cup Q$,
조건 'p 또는 q'의 부정의 진리집합은

$$(P\cup Q)^C=P^C\cap Q^C$$ ← 드모르간의 법칙

이다. 즉, 조건 'p 또는 q'의 부정의 진리집합은 조건 '$\sim p$ 그리고 $\sim q$'의 진리집합과 같으므로

$\sim(p$ 또는 $q)$ ➡ '$\sim p$ 그리고 $\sim q$'

이다.

p 또는 q ➡ $\sim(p$ 또는 $q)$

또, 조건 'p 그리고 q'의 진리집합은 $P\cap Q$,
조건 'p 그리고 q'의 부정의 진리집합은

$$(P\cap Q)^C=P^C\cup Q^C$$ ← 드모르간의 법칙

이다. 즉, 조건 'p 그리고 q'의 부정의 진리집합은 조건 '$\sim p$ 또는 $\sim q$'의 진리집합과 같으므로

$\sim(p$ 그리고 $q)$ ➡ '$\sim p$ 또는 $\sim q$'

이다.

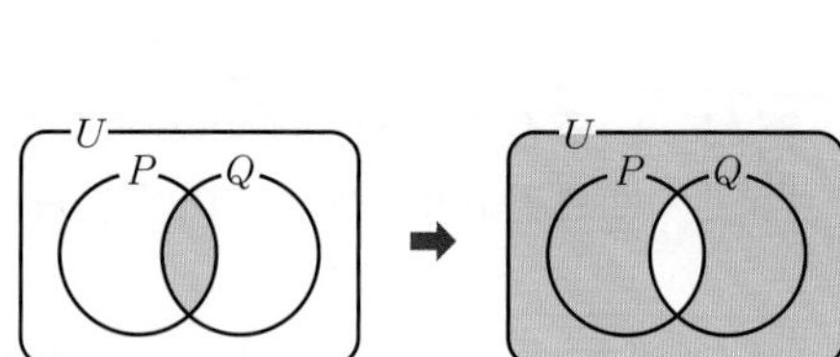

p 그리고 q ➡ $\sim(p$ 그리고 $q)$

이를 정리하면 다음과 같다.

중심 개념 조건 'p 또는 q'와 'p 그리고 q'

(1) 전체집합 U에서의 두 조건 p, q의 진리집합을 각각 P, Q라 할 때,
① 조건 'p 또는 q'의 진리집합 ➡ $P\cup Q$
② 조건 'p 그리고 q'의 진리집합 ➡ $P\cap Q$

(2) 두 조건 p, q에 대하여
① 조건 'p 또는 q'의 부정 ➡ '$\sim p$ 그리고 $\sim q$'
② 조건 'p 그리고 q'의 부정 ➡ '$\sim p$ 또는 $\sim q$'

확인 (1) 조건 '$x=-1$ 또는 $x=1$'의 부정은 '$x\neq-1$이고 $x\neq1$'
(2) 조건 '$0<x\leq5$'는 '$x>0$이고 $x\leq5$'이므로 그 부정은 '$x\leq0$ 또는 $x>5$'

• 바른답 · 알찬풀이 24쪽

문제 1 다음 조건의 부정을 말하시오.

(1) $x\neq-3$이고 $x\neq2$　　(2) $x\leq-4$ 또는 $x>1$

답 (1) $x=-3$ 또는 $x=2$　(2) $-4<x\leq1$

유형 01 출제 빈도

명제

개념 01

135 대표

다음 중 명제를 모두 찾고, 명제인 것은 참, 거짓을 판별하시오.

(1) π는 3보다 작다.

(2) $x=0$이면 $xy=0$이다.

(3) $2x-1>x+5$

(4) 삼각형의 세 내각의 크기의 합은 $180°$이다.

유형 분석

주어진 문장이나 식이 명제이려면 참 또는 거짓을 판별할 수 있어야 한다. 이때 문장이나 식이 항상 참이면 참인 명제이고, 한 가지라도 참이 아닌 경우가 있으면 거짓인 명제이다.

간혹 거짓인 문장이나 식은 명제가 아니라고 혼동하기도 하는데 이를 특히 주의하자.

연구 문장이나 식 → 참 또는 거짓을 판별할 수 있으면 → 명제이다
참 또는 거짓을 판별할 수 없으면 → 명제가 아니다

풀이 ≫

136

명제인 것만을 **보기**에서 있는 대로 고르시오.

보기

ㄱ. 소수는 홀수이다.
ㄴ. 한라산은 높은 산이다.
ㄷ. $x^2=1$
ㄹ. $x\le x+5$
ㅁ. a는 5의 배수이다.
ㅂ. $ab>0$이면 $a>0$이고 $b>0$이다.

137

다음 중 참인 명제를 모두 찾으시오.

(1) 서울의 인구는 많다.

(2) 두 집합 A, B에 대하여 $(A\cap B)\subset B$이다.

(3) 모든 정사각형은 합동이다.

(4) $x=-2$이면 $x^2=4$이다.

유형 02 출제 빈도

명제와 조건의 부정

개념 01~03

138 대표

다음 명제 또는 조건의 부정을 말하시오.

(1) 평행사변형은 마름모이다.

(2) 3은 9보다 작다.

(3) $x \neq -2$ 또는 $y=1$

(4) $-4 \leq x < 3$

유형 분석

명제 또는 조건 p의 부정은 'p가 아니다.'이므로 다음과 같이 부정의 표현으로 바꾸면 된다.

연구 ① ~이다 $\xleftrightarrow{\text{부정}}$ ~가 아니다 ② 또는 $\xleftrightarrow{\text{부정}}$ 그리고

③ $x=a \xleftrightarrow{\text{부정}} x \neq a$ ④ $x<a \xleftrightarrow{\text{부정}} x \geq a$

풀이 »

139

보기의 명제 중 그 부정이 참인 것만을 있는 대로 고르시오.

보기

ㄱ. $\sqrt{2}$는 무리수이다.

ㄴ. 6은 16의 약수이다.

ㄷ. $2\sqrt{3}>4$

ㄹ. 10은 3의 배수 또는 4의 배수이다.

140

다음 조건의 부정을 말하시오. (단, A, B는 집합이다.)

(1) $x \in A$이고 $x \in B$

(2) $x < -3$ 또는 $2 \leq x < 5$

141

실수 x, y에 대하여 조건 '$x^2+y^2=0$'의 부정과 서로 같은 것은?

① $xy=0$ ② $xy \neq 0$ ③ $x=0$이고 $y=0$

④ $x \neq 0$이고 $y \neq 0$ ⑤ $x \neq 0$ 또는 $y \neq 0$

출제 빈도

조건의 진리집합

개념 02, 03

142 대표

전체집합 $U=\{1, 2, 3, \cdots, 10\}$에 대하여 두 조건 p, q가

p: x는 10의 약수이다., q: x는 2의 배수이다.

일 때, 다음 조건의 진리집합을 구하시오.

(1) $\sim p$ (2) $\sim p$ 또는 q (3) p 그리고 $\sim q$

유형 분석

두 조건 p, q의 진리집합을 각각 P, Q라 하고 구하는 조건의 진리집합을 P, Q로 나타내어 본다. 이때

$\sim p \Rightarrow P^C$, p 또는 $q \Rightarrow P\cup Q$, p 그리고 $q \Rightarrow P\cap Q$

임을 이용한다.

연구 조건의 진리집합 —집합의 연산 이용→ 부정 → 여집합 / 또는 → 합집합 / 그리고 → 교집합

풀이 ≫

143

전체집합 $U=\{1, 2, 3, 4, 5, 6\}$에 대하여 조건 p가

p: $x^2-7x+10=0$

일 때, 조건 p의 진리집합을 구하시오.

144

전체집합 $U=\{x \mid |x|\le 2$인 정수$\}$에 대하여 두 조건 p, q가

p: $x^2=1$, q: $x^2-2<0$

일 때, 다음 조건의 진리집합을 구하시오.

(1) $\sim q$ (2) p 그리고 q (3) p 또는 $\sim q$

145

전체집합 U가 정수 전체의 집합일 때, 두 조건

p: $x<1$ 또는 $x\ge 5$, q: $|x|\le 3$

에 대하여 조건 '$\sim p$ 그리고 q'의 진리집합의 모든 원소의 합을 구하시오.

08 명제의 참, 거짓

명제 $p \longrightarrow q$

유형 04~06

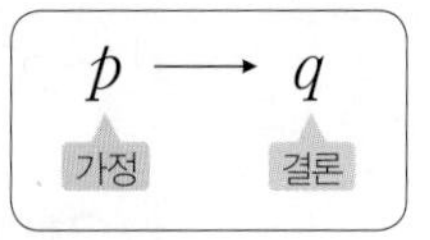

두 조건 p, q로 이루어진 명제 'p이면 q이다.'를 기호

$$p \longrightarrow q$$

로 나타내고, p를 **가정**, q를 **결론**이라 한다.

예를 들어 명제 '$x=1$이면 $x^2-1=0$이다.'에서 가정은 '$x=1$'이고, 결론은 '$x^2-1=0$'이다.

한편, 명제 $p \longrightarrow q$에서 조건 p가 참이 되는 모든 경우에 조건 q도 참이 되면 그 명제는 참이고, 조건 p는 참이 되지만 조건 q가 거짓이 되면 그 명제는 거짓이다.

즉, 두 조건 p, q의 진리집합을 각각 P, Q라 할 때,

$P \subset Q$이면 명제 $p \longrightarrow q$는 참,

$P \not\subset Q$이면 명제 $p \longrightarrow q$는 거짓

이다.

중심 개념 (명제 $p \longrightarrow q$의 참, 거짓)

명제 $p \longrightarrow q$에 대하여 두 조건 p, q의 진리집합을 각각 P, Q라 할 때,

(1) $P \subset Q$이면 명제 $p \longrightarrow q$는 참이다.

(2) $P \not\subset Q$이면 명제 $p \longrightarrow q$는 거짓이다.

| 참고 | 명제가 거짓임을 보이는 예를 **반례**라 한다. 즉, 두 조건 p, q의 진리집합을 각각 P, Q라 할 때, $x \in P$이지만 $x \notin Q$인 x가 존재하면 x는 명제 $p \longrightarrow q$가 거짓임을 보이는 반례이다.

확인

(1) 명제 '$x=3$이면 $x^2=9$이다.'에서 가정을 p, 결론을 q, 각각의 진리집합을 P, Q라 할 때,

'p: $x=3$', 'q: $x^2=9$'

이므로

$P=\{3\}$, $Q=\{-3, 3\}$

따라서 $P \subset Q$이므로 주어진 명제는 참이다.

(2) 명제 'x가 소수이면 x는 홀수이다.'에서 가정을 p, 결론을 q, 각각의 진리집합을 P, Q라 할 때,

'p: x가 소수이다.', 'q: x가 홀수이다.'

이므로

$P=\{2, 3, 5, \cdots\}$, $Q=\{1, 3, 5, \cdots\}$

따라서 $P \not\subset Q$이므로 주어진 명제는 거짓이다.

'모든'이나 '어떤'을 포함한 명제

유형 07

08

일반적으로 조건 p는 참, 거짓을 판별할 수 없지만, 조건 p 앞에 '모든'이나 '어떤'이 있으면 참, 거짓을 판별할 수 있으므로 명제이다.

'모든'이나 '어떤'을 포함한 명제의 참, 거짓에 대하여 알아보자.

전체집합 U에 대하여 조건 p의 진리집합을 P라 할 때, 전체집합 U에서 명제

'모든 x에 대하여 p이다.' …… ㉠

가 참이라는 것은 전체집합 U에 속하는 모든 원소 x에 대하여 p가 참임을 뜻한다.

따라서 명제 ㉠은 $P=U$이면 참이고, $P \neq U$이면 거짓이다.

또, 전체집합 U에서 명제

'어떤 x에 대하여 p이다.' …… ㉡

가 참이라는 것은 전체집합 U의 원소 중에서 p가 참이 되게 하는 x가 존재함을 뜻한다.

따라서 명제 ㉡은 $P \neq \varnothing$이면 참이고, $P=\varnothing$이면 거짓이다.

'모든'이나 '어떤'을 포함한 명제의 참, 거짓

중심 개념

전체집합 U에 대하여 조건 p의 진리집합을 P라 할 때,

(1) $P=U$이면 '모든 x에 대하여 p이다.'는 참이고,
$P \neq U$이면 '모든 x에 대하여 p이다.'는 거짓이다.

(2) $P \neq \varnothing$이면 '어떤 x에 대하여 p이다.'는 참이고,
$P=\varnothing$이면 '어떤 x에 대하여 p이다.'는 거짓이다.

| 참고 | ① '모든'을 포함한 명제는 성립하지 않는 예가 하나만 있어도 거짓인 명제이다.
② '어떤'을 포함한 명제는 성립하는 예가 하나만 있어도 참인 명제이다.

확인 전체집합 U가 실수 전체의 집합일 때,

(1) 명제 '모든 x에 대하여 $x^2-1=0$이다.'에서 조건 '$x^2-1=0$'의 진리집합을 P라 하면

$P=\{-1, 1\}$이고 $P \neq U$

이므로 이 명제는 거짓이다.

(2) 명제 '어떤 x에 대하여 $x^2-1=0$이다.'에서 조건 '$x^2-1=0$'의 진리집합을 P라 하면

$P=\{-1, 1\}$이고 $P \neq \varnothing$

이므로 이 명제는 참이다.

• 바른답 · 알찬풀이 25쪽

문제 1 다음 명제의 참, 거짓을 판별하시오.

(1) 모든 실수 x에 대하여 $x^2 \geq 0$이다.

(2) 어떤 실수 x에 대하여 $x^2 < 0$이다.

답 (1) 참 (2) 거짓

'모든'이나 '어떤'을 포함한 명제의 부정

유형 07

'모든'이나 '어떤'을 포함한 명제의 부정에 대하여 알아보자.

명제 '모든 x에 대하여 p이다.'의 부정은 'p가 아닌 x가 있다.', 즉

'어떤 x에 대하여 $\sim p$이다.'

이다. 또, 명제 '어떤 x에 대하여 p이다.'의 부정은 'p인 x가 없다.', 즉

'모든 x에 대하여 $\sim p$이다.'

이다.

중심 개념 '모든'이나 '어떤'을 포함한 명제의 부정

(1) '모든 x에 대하여 p이다.'의 부정 ➡ '어떤 x에 대하여 $\sim p$이다.'

(2) '어떤 x에 대하여 p이다.'의 부정 ➡ '모든 x에 대하여 $\sim p$이다.'

'모든'이나 '어떤'을 포함한 명제의 부정을 예를 들어 알아보자.

자연수 a, b에서 a, b는 짝수 또는 홀수이므로 순서쌍 (a, b)를 이루는 수는 오른쪽과 같이 네 가지 경우 중 하나이다.

(a, b)
(짝수, 짝수)
(홀수, 짝수)
(짝수, 홀수)
(홀수, 홀수)

이때 명제 '순서쌍 (a, b)를 이루는 모든 자연수 a, b는 짝수이다.'의 부정은

'a가 홀수이거나 b가 홀수이거나 a, b가 모두 홀수'

인 경우이고, 이를 한 문장으로 나타내면 '순서쌍 (a, b)를 이루는 자연수 a, b 중에는 홀수가 있다.', 즉

'순서쌍 (a, b)를 이루는 어떤 자연수 a, b는 홀수이다.'

가 된다.

확인 (1) 명제 '모든 실수 x에 대하여 $x^2+3>0$이다.'의 부정은

'어떤 실수 x에 대하여 $x^2+3\le 0$이다.'

(2) 명제 '어떤 실수 x에 대하여 $x^2=-1$이다.'의 부정은

'모든 실수 x에 대하여 $x^2\ne -1$이다.'

• 바른답 · 알찬풀이 25쪽

문제 2 다음 명제의 부정을 말하고, 그것의 참, 거짓을 판별하시오.

(1) 모든 실수 x에 대하여 $x+5=0$이다.

(2) 어떤 평행사변형은 정사각형이다.

답 (1) 어떤 실수 x에 대하여 $x+5\ne 0$이다. (참)
(2) 모든 평행사변형은 정사각형이 아니다. (거짓)

정의, 증명, 정리

용어의 뜻은 여러 가지로 나타낼 수 있으나, 제각기 다른 방법으로 나타내면 의사소통에 혼란이 생길 수 있으므로 용어의 뜻을 한 가지로 정하여 사용해야 한다.

08

예를 들어 마름모의 뜻을

'네 변의 길이가 모두 같은 사각형',

'마주 보는 내각의 크기가 같은 사각형',

'두 대각선이 서로를 수직이등분하는 사각형'

과 같이 여러 가지로 정하면 혼란스러울 수 있으므로 마름모의 뜻은

'네 변의 길이가 모두 같은 사각형'

으로 정한다.

이와 같이 용어의 뜻을 명확하게 정한 것을 그 용어의 **정의**라 한다.

한편, 정의나 명제의 가정 또는 이미 옳다고 밝혀진 성질을 이용하여 어떤 명제가 참임을 설명하는 것을 **증명**이라 한다.

또, '마름모의 두 대각선은 서로를 수직이등분한다.'와 같이 참임이 증명된 명제 중에서 기본이 되는 것이나 다른 명제를 증명할 때 이용할 수 있는 것을 **정리**라 한다.

어떤 명제를 증명할 때는 주어진 명제의 가정과 결론을 구분한 후, 가정과 그에 관련된 정의 또는 기본 성질, 이미 알고 있는 정리 등을 이용하여 결론을 이끌어 낸다.

정의, 증명, 정리

중심 개념

(1) **정의**: 용어의 뜻을 명확하게 정한 것

(2) **증명**: 정의나 명제의 가정 또는 이미 옳다고 밝혀진 성질을 이용하여 어떤 명제가 참임을 설명하는 것

(3) **정리**: 참임이 증명된 명제 중에서 기본이 되는 것이나 다른 명제를 증명할 때 이용할 수 있는 것

| 참고 | ① 정의와 정리는 참인 명제이다.

② 정의는 용어의 뜻을 한 가지로 정한 것이므로 증명이 필요하지 않지만 정리는 증명이 필요하다.

확인 (1) 이등변삼각형은 두 변의 길이가 같은 삼각형이다. (정의)

이등변삼각형의 두 밑각의 크기는 같다. (정리)

(2) 맞꼭지각은 두 직선이 한 점에서 만날 때 생기는 네 각 중 서로 마주 보는 각이다. (정의)

맞꼭지각의 크기는 서로 같다. (정리)

출제 빈도

유형 04 명제 $p \longrightarrow q$의 참, 거짓

개념 04

146 대표

두 조건 p, q가 다음과 같을 때, 명제 $p \longrightarrow q$의 참, 거짓을 판별하시오. (단, x는 실수이다.)

(1) p: x는 12의 양의 배수이다. q: x는 4의 양의 배수이다.
(2) p: $x^2-3x+2=0$ q: x는 짝수인 자연수이다.
(3) p: $x^2 \leq 4$ q: $x<2$

유형 분석

명제 $p \longrightarrow q$의 참, 거짓은 두 조건 p, q의 진리집합 P, Q를 각각 구한 후, 집합 사이의 포함 관계를 이용하여 판별할 수 있다. 만일 주어진 명제가 명확하게 거짓이면 진리집합 사이의 포함 관계를 이용하는 것보다 반례를 찾아 거짓임을 보인다.

연구 두 조건 p, q의 진리집합을 각각 P, Q라 할 때,
① $P \subset Q$이면 ➔ 명제 $p \longrightarrow q$는 참이다
② $P \not\subset Q$이면 ➔ 명제 $p \longrightarrow q$는 거짓이다

풀이 ≫

147

두 조건 p, q가 다음과 같을 때, 명제 $p \longrightarrow q$의 참, 거짓을 판별하시오. (단, x는 실수이다.)

(1) p: x는 소수이다. q: $x+1$은 짝수이다.
(2) p: $-1 \leq x \leq 1$ q: $-1 \leq x \leq 0$
(3) p: $2x^2+3x-2=0$ q: $-3<x<1$
(4) p: a, b가 무리수이다. q: $a+b$가 무리수이다.

148

참인 명제만을 **보기**에서 있는 대로 고르시오. (단, x, y는 실수이다.)

보기

ㄱ. $x^3=1$이면 $x^2=1$이다.
ㄴ. xy가 정수이면 x, y는 정수이다.
ㄷ. $x \leq 3$이고 $y \leq 3$이면 $x+y \leq 6$이다.

출제 빈도

유형 05 명제의 참, 거짓과 진리집합의 포함 관계

개념 04

149 대표

전체집합 U에 대하여 두 조건 p, q의 진리집합을 각각 P, Q라 하자. 명제 $p \longrightarrow \sim q$가 참일 때, 항상 옳은 것만을 **보기**에서 있는 대로 고르시오.

보기
ㄱ. $P \cap Q = P$ ㄴ. $P \cup Q = Q$ ㄷ. $P - Q = P$

유형 분석

두 조건 p, q의 진리집합이 각각 P, Q일 때, 명제 $p \longrightarrow q$의 참, 거짓을 알면 두 집합 P, Q 사이의 포함 관계를 알 수 있고, 거꾸로 두 집합 P, Q 사이의 포함 관계를 이용하면 명제 $p \longrightarrow q$의 참, 거짓을 판별할 수 있다.

따라서 명제의 참, 거짓과 진리집합 사이의 포함 관계 중 하나만 주어지더라도 문제를 해결할 수 있다.

연구 두 조건 p, q의 진리집합을 각각 P, Q라 할 때,
① 명제 $p \longrightarrow q$가 참이면 ➔ $P \subset Q$
② 명제 $p \longrightarrow q$가 거짓이면 ➔ $P \not\subset Q$

풀이 ≫

150

전체집합 U에 대하여 두 조건 p, q의 진리집합을 각각 P, Q라 하자. 명제 $\sim p \longrightarrow q$가 참일 때, 다음 중 항상 옳은 것은?

① $P \subset Q^C$ ② $Q \subset P^C$ ③ $Q^C \subset P$
④ $P \cap Q = \varnothing$ ⑤ $P \cup Q = Q$

151

전체집합 U에 대하여 세 조건 p, q, r의 진리집합이 각각 P, Q, R이고, $Q \subset P$, $Q \cap R = \varnothing$이 성립할 때, 항상 참인 명제만을 **보기**에서 있는 대로 고르시오.

보기
ㄱ. $p \longrightarrow q$ ㄴ. $q \longrightarrow \sim r$
ㄷ. $r \longrightarrow p$ ㄹ. $r \longrightarrow \sim q$

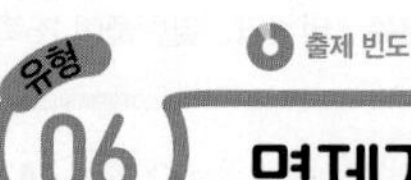

출제 빈도

유형 06 명제가 참이 되도록 하는 조건

개념 04

152 대표

두 조건 p, q가

p: $-2 \le x < 5$, q: $a-9 < x < a$

일 때, 명제 $p \longrightarrow q$가 참이 되도록 하는 실수 a의 값의 범위를 구하시오.

유형 분석

두 조건 p, q가 x에 대한 부등식으로 주어졌으므로 수직선을 이용하여 두 조건의 진리집합 사이의 포함 관계를 생각해 볼 수 있다.

두 조건 p, q의 진리집합을 각각 P, Q라 할 때, 명제 $p \longrightarrow q$가 참이 되려면 $P \subset Q$이어야 한다.

따라서 $P \subset Q$를 만족시키도록 P, Q를 수직선 위에 나타내어 미지수의 값의 범위를 구한다.

연구 두 조건 p, q의 진리집합을 각각 P, Q라 할 때,
$P \subset Q$이면 ➡ 명제 $p \longrightarrow q$가 참이다

풀이 ≫

153

명제 '$a < x < 3$이면 $x \ge -4$이다.'가 참이 되도록 하는 정수 a의 개수를 구하시오.

(단, $a < 3$)

154

두 조건 p, q가

p: $x \le -3$ 또는 $x \ge -3k-4$, q: $k \le x \le 7$

일 때, 명제 $q \longrightarrow p$가 참이 되도록 하는 실수 k의 값의 범위를 구하시오. $\left(단, k < -\frac{1}{3}\right)$

155

두 조건 p, q가

p: $x \le -1$ 또는 $x \ge 1$, q: $|x+a| < 2$

일 때, 명제 $\sim p \longrightarrow q$가 참이 되도록 하는 실수 a의 최댓값과 최솟값의 합을 구하시오.

출제 빈도

유형 07 '모든'이나 '어떤'을 포함한 명제의 참, 거짓

개념 05, 06

156 대표

전체집합 $U=\{x|-3\leq x\leq 3\}$에 대하여 $x\in U$일 때, 참인 명제만을 **보기**에서 있는 대로 고르시오.

보기

ㄱ. 모든 x에 대하여 $2x-6\leq 0$이다.　　ㄴ. 어떤 x에 대하여 $x^2=2x$이다.
ㄷ. 모든 x에 대하여 $x^2>0$이다.　　ㄹ. 어떤 x에 대하여 $|x|>x$이다.

유형 분석

명제 '모든 x에 대하여 p이다.'가 참이려면 전체집합에 속하는 모든 원소 x에 대하여 p가 참이어야 하고, 명제 '어떤 x에 대하여 p이다.'가 참이려면 전체집합에 속하는 원소 중 p가 참이 되도록 하는 x가 하나라도 있으면 된다.

연구 전체집합 U에 대하여 $x\in U$이고 조건 p의 진리집합을 P라 할 때,
① '모든 x에 대하여 p이다' → $P=U$이면 참, $P\neq U$이면 거짓
② '어떤 x에 대하여 p이다' → $P\neq\varnothing$이면 참, $P=\varnothing$이면 거짓

풀이 ≫

157

전체집합 $U=\{x|x$는 10 이하의 자연수$\}$에 대하여 $x\in U$일 때, 다음 명제의 참, 거짓을 판별하시오.

(1) 어떤 x에 대하여 $\frac{x}{4}\in U$이다.　　(2) 모든 x에 대하여 $2x\in U$이다.

158

명제 '어떤 실수 x, y에 대하여 $x^2+y^2<0$이다.'의 부정을 말하고, 그것의 참, 거짓을 판별하시오.

실력+

159

명제 '모든 실수 x에 대하여 $x^2+6x+k\geq 0$이다.'가 참이 되도록 하는 실수 k의 최솟값을 구하시오.

해결 전략 / 이차부등식이 항상 성립할 조건을 이용한다.

Lecture

09 명제의 역과 대우

개념 08 명제의 역과 대우

유형 08, 09, 11

■ 명제의 역과 대우

명제 $p \longrightarrow q$에서 가정과 결론을 서로 바꾸거나 가정과 결론을 각각 부정하여 서로 바꾸어서 다음과 같은 새로운 명제를 만들 수 있다.

중심 개념 (명제의 역과 대우)

(1) 명제 $q \longrightarrow p$를 명제 $p \longrightarrow q$의 **역**이라 한다.

(2) 명제 $\sim q \longrightarrow \sim p$를 명제 $p \longrightarrow q$의 **대우**라 한다.

명제 $p \longrightarrow q$와 그 역, 대우 사이의 관계를 그림으로 나타내면 다음과 같다.

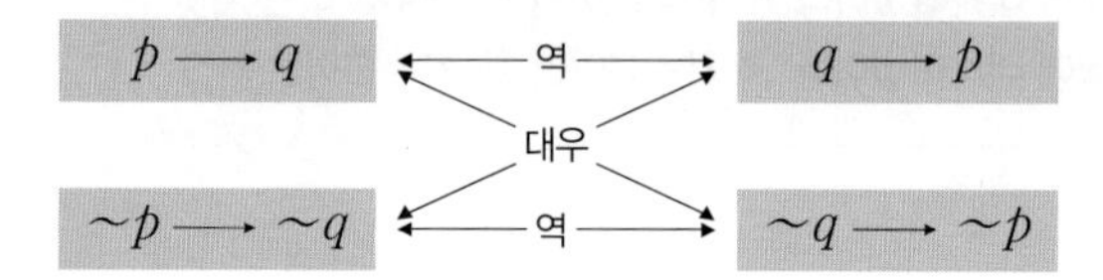

■ 대우를 이용한 증명법

전체집합 U에 대하여 두 조건 p, q의 진리집합을 각각 P, Q라 할 때, $\sim p$, $\sim q$의 진리집합은 각각 P^C, Q^C이다. 명제 $p \longrightarrow q$가 참이면

$P \subset Q$이므로 $Q^C \subset P^C$

이다. 따라서 명제 $p \longrightarrow q$의 대우인 $\sim q \longrightarrow \sim p$도 참이다. 또, 명제 $p \longrightarrow q$가 거짓이면

$P \not\subset Q$이므로 $Q^C \not\subset P^C$

이다. 따라서 명제 $p \longrightarrow q$의 대우인 $\sim q \longrightarrow \sim p$도 거짓이다.

즉, 명제와 그 대우의 참, 거짓은 항상 일치한다.

중심 개념 (명제와 그 대우의 참, 거짓)

(1) 명제 $p \longrightarrow q$가 참이면 그 대우 $\sim q \longrightarrow \sim p$도 참이다. → 어떤 명제가 참임을 증명할 때는 그 대우가 참임을 증명해도 된다.

(2) 명제 $p \longrightarrow q$가 거짓이면 그 대우 $\sim q \longrightarrow \sim p$도 거짓이다.

| 참고 | $P \subset Q$이더라도 $Q \subset P$가 아닐 수 있으므로 명제 $p \longrightarrow q$가 참이더라도 그 역 $q \longrightarrow p$는 참이 아닌 경우가 있다.

확인 참인 명제 '$x=-1$이면 $x^2=1$이다.'에 대하여

(1) 주어진 명제의 역은 '$x^2=1$이면 $x=-1$이다.'이고 이 명제는 거짓이다.

[반례] $x=1$이면 $x^2=1$이지만 $x \neq -1$이다.

(2) 주어진 명제의 대우는 '$x^2 \neq 1$이면 $x \neq -1$이다.'이고 주어진 명제가 참이므로 그 대우도 참이다.

귀류법과 삼단논법

유형 10, 11

어떤 명제가 참임을 증명할 때, 다음 방법으로 증명할 수 있다.

귀류법

중심 개념 명제 또는 그 명제의 결론을 부정하여 모순이 생긴다는 것을 보임으로써 주어진 명제가 참임을 보일 수 있다. 이와 같이 증명하는 방법을 **귀류법**이라 한다.

확인 명제 '$\sqrt{2}$는 유리수가 아니다.'가 참임을 귀류법으로 증명해 보자.

$\sqrt{2}$가 유리수라 가정하면

$\sqrt{2}=\frac{n}{m}$ (m, n은 서로소인 자연수)

으로 나타낼 수 있다. 위의 식의 양변을 제곱하면

$2=\frac{n^2}{m^2}$ $\quad\therefore n^2=2m^2$ $\quad\cdots\cdots$ ㉠

이때 n^2이 2의 배수이므로 n도 2의 배수이다.

즉, $n=2k$ (k는 자연수)로 놓고 ㉠에 대입하면

$(2k)^2=2m^2$ $\quad\therefore m^2=2k^2$

이때 m^2이 2의 배수이므로 m도 2의 배수이다.

그런데 m, n이 모두 2의 배수이므로 m, n이 서로소라는 가정에 모순이다.

따라서 $\sqrt{2}$는 유리수가 아니다.

한편, 다음과 같이 두 개의 참인 명제에서 또 다른 참인 명제를 얻을 수 있다.

삼단논법

중심 개념 세 조건 p, q, r에 대하여 명제 $p \longrightarrow q$가 참이고 명제 $q \longrightarrow r$가 참이면 명제 $p \longrightarrow r$가 참이라고 결론짓는 방법을 **삼단논법**이라 한다.

세 조건 p, q, r의 진리집합을 각각 P, Q, R라 할 때, 명제 $p \longrightarrow q$가 참이고 명제 $q \longrightarrow r$가 참이면 $P\subset Q$, $Q\subset R$이므로

$P\subset Q\subset R$

이다. 즉, $P\subset R$이므로 명제 $p \longrightarrow r$는 참이다.

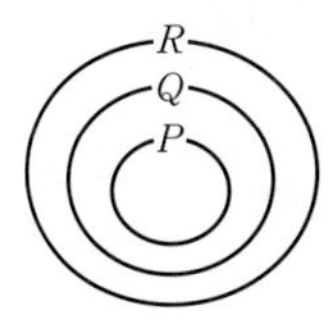

확인 참인 명제 '소크라테스는 인간이다.', '인간은 죽는다.'로부터 세 조건 p, q, r를 각각

p: 소크라테스이다., q: 인간이다., r: 죽는다.

라 하면 명제 $p \longrightarrow q$가 참이고 명제 $q \longrightarrow r$가 참이므로 명제 $p \longrightarrow r$가 참이다.

즉, 명제 '소크라테스는 죽는다.'가 참이라고 결론짓는 방법이 삼단논법이다.

출제 빈도

명제의 역과 대우의 참, 거짓

개념 08

160 대표

다음 명제의 역과 대우를 말하고, 그것의 참, 거짓을 각각 판별하시오.

(단, x, y는 실수이다.)

(1) $x^2=y^2$이면 $x=y$이다.

(2) $x\geq0$이고 $y\geq0$이면 $x+y\geq0$이다.

유형 분석

먼저 주어진 명제를 가정과 결론으로 구분하여 명제의 역과 대우를 구한다.

명제의 역과 대우의 참, 거짓을 판별할 때는 진리집합 사이의 포함 관계를 따져 보거나 반례를 찾아봐야 한다. 이때 대우는 주어진 명제와 그 대우의 참, 거짓이 항상 일치함을 이용하여 참, 거짓을 판별할 수도 있다.

연구 ① 명제가 참이면 ➔ 그 대우도 참이다
② 명제가 거짓이면 ➔ 그 대우도 거짓이다

풀이 ≫

161

두 조건 p, q에 대하여 명제 $p \longrightarrow \sim q$가 참일 때, 다음 중 항상 참인 명제는?

① $p \longrightarrow q$ ② $\sim p \longrightarrow q$ ③ $q \longrightarrow p$
④ $q \longrightarrow \sim p$ ⑤ $\sim q \longrightarrow p$

162

역과 대우가 모두 참인 명제만을 **보기**에서 있는 대로 고르시오. (단, x, y는 실수이다.)

보기

ㄱ. $xy<0$이면 $x^2+y^2>0$이다.

ㄴ. $|x|+|y|=0$이면 $x=0$이고 $y=0$이다.

ㄷ. 마름모이면 정사각형이다.

163

명제 '$x^2+2kx+4\neq0$이면 $x\neq2$이다.'가 참이 되도록 하는 상수 k의 값을 구하시오.

출제 빈도

대우를 이용한 증명

개념 08

164 대표

자연수 n에 대하여 명제

'n^2이 홀수이면 n도 홀수이다.'

가 참임을 그 대우를 이용하여 증명하려고 한다. 다음 물음에 답하시오.

(1) 주어진 명제의 대우를 말하시오.

(2) (1)을 이용하여 주어진 명제가 참임을 증명하시오.

유형 분석

명제와 그 대우의 참, 거짓은 항상 일치한다. 따라서 명제 $p \longrightarrow q$가 참임을 직접 증명하기 어려울 때는 그 대우인 $\sim q \longrightarrow \sim p$가 참임을 증명해도 된다.

연구 명제가 참임을 직접 증명하기 어려우면 ➜ 명제의 대우가 참임을 증명한다

풀이 ≫

165

다음은 자연수 a, b에 대하여 명제

'$a+b$가 홀수이면 a, b 중 적어도 하나는 짝수이다.'

가 참임을 그 대우를 이용하여 증명하는 과정이다. (가)~(라)에 알맞은 것을 각각 써넣으시오.

증명

자연수 a, b에 대하여 주어진 명제의 대우는

'a, b가 모두 홀수이면 $a+b$는 (가) 이다.'

이다. a, b가 모두 홀수이면

$a=2m-1$, $b=2n-1$ (m, n은 자연수)

로 나타낼 수 있다. 이때 $a+b=(2m-1)+(2n-1)=$ (나) 이고,

(나) 이 (다) 이므로 $a+b$도 (라) 이다.

따라서 주어진 명제의 대우가 참이므로 주어진 명제도 참이다.

166

자연수 a, b, c에 대하여 명제

'$a^2+b^2=c^2$이면 a, b, c 중 적어도 하나는 짝수이다.'

가 참임을 그 대우를 이용하여 증명하시오.

출제 빈도

귀류법을 이용한 증명

개념 09

167 대표

$\sqrt{2}$가 유리수가 아님을 이용하여 명제 '$\sqrt{2}+1$은 유리수가 아니다.'가 참임을 귀류법으로 증명하려고 한다. 다음 물음에 답하시오.

(1) 주어진 명제의 부정을 말하시오.

(2) (1)을 이용하여 주어진 명제가 참임을 증명하시오.

유형 분석

주어진 명제 또는 그 대우가 참임을 직접 증명하기 어려울 때는 귀류법을 이용하여 증명한다.

연구 **귀류법을 이용한 증명은 ➔ 명제 또는 그 명제의 결론을 부정하여 모순이 생김을 보인다**

위의 문제에서 $\sqrt{2}+1$이 유리수가 아님을 직접 증명하기는 어려우므로 귀류법을 이용하여 $\sqrt{2}+1$이 유리수라 가정하고, 증명하는 과정에서 모순이 생김을 보인다.

풀이 ≫

168

다음은 자연수 n에 대하여 명제 'n^2이 3의 배수이면 n도 3의 배수이다.'가 참임을 귀류법으로 증명하는 과정이다. (가)~(다)에 알맞은 것을 각각 써넣으시오.

증명

n^2이 3의 배수일 때, n이 3의 배수가 아니라고 가정하면

$n=3k-1$ 또는 $n=3k-2$ (k는 자연수)

로 나타낼 수 있다.

(i) $n=3k-1$일 때, $n^2=(3k-1)^2=3($ (가) $)+1$

(ii) $n=3k-2$일 때, $n^2=(3k-2)^2=3($ (나) $)+1$

(i), (ii)에서 n^2을 3으로 나누었을 때의 나머지가 1이므로 n^2이 (다) 라는 가정에 모순이다.

따라서 n^2이 3의 배수이면 n도 3의 배수이다.

169

실수 a, b에 대하여 명제 '$a+b>0$이면 $a>0$ 또는 $b>0$이다.'가 참임을 귀류법으로 증명하시오.

명제의 대우와 삼단논법

개념 08, 09

170 대표

세 조건 p, q, r에 대하여 항상 옳은 것만을 **보기**에서 있는 대로 고르시오.

보기
ㄱ. 두 명제 $p \longrightarrow \sim q$, $r \longrightarrow q$가 모두 참이면 명제 $p \longrightarrow \sim r$도 참이다.
ㄴ. 두 명제 $p \longrightarrow q$, $\sim r \longrightarrow \sim q$가 모두 참이면 명제 $p \longrightarrow r$도 참이다.
ㄷ. 두 명제 $p \longrightarrow r$, $q \longrightarrow r$가 모두 참이면 명제 $p \longrightarrow q$도 참이다.

유형 분석

세 조건에 대한 대부분의 추론 문제는 명제의 대우와 삼단논법을 이용한다.
주어진 명제가 참일 때 그 대우도 참임을 이용하면 다른 참인 명제를 찾을 수 있다. 또, 참인 두 명제에 공통으로 들어 있는 조건을 찾아 삼단논법으로 새로운 참인 명제를 찾을 수도 있다.

연구 **두 명제 $p \longrightarrow q$, $q \longrightarrow r$가 모두 참이면 ➔ 명제 $p \longrightarrow r$도 참이다**

풀이 ≫

171

세 조건 p, q, r에 대하여 두 명제 $p \longrightarrow q$, $q \longrightarrow \sim r$가 모두 참일 때, 항상 참인 명제만을 **보기**에서 있는 대로 고르시오.

보기
ㄱ. $p \longrightarrow \sim r$
ㄴ. $q \longrightarrow p$
ㄷ. $r \longrightarrow p$
ㄹ. $r \longrightarrow \sim q$

실력+

172

네 조건 p, q, r, s에 대하여 세 명제 $p \longrightarrow r$, $q \longrightarrow \sim r$, $r \longrightarrow s$가 모두 참일 때, 다음 명제 중 항상 참이라고 할 수 없는 것은?

① $p \longrightarrow s$
② $q \longrightarrow \sim p$
③ $q \longrightarrow r$
④ $r \longrightarrow \sim q$
⑤ $\sim s \longrightarrow \sim p$

해결 전략 / 각 명제의 대우를 구한 후, 참인 두 명제 ● ⟶ ▲, ▲ ⟶ ■를 찾아 삼단논법을 이용한다.

Lecture

10 충분조건과 필요조건

개념 10 충분조건과 필요조건

유형 12~15

명제 $p \longrightarrow q$가 참일 때, 기호

$\boldsymbol{p \Longrightarrow q}$

로 나타낸다. 이때

p는 q이기 위한 **충분조건**, q는 p이기 위한 **필요조건**

이라 한다.

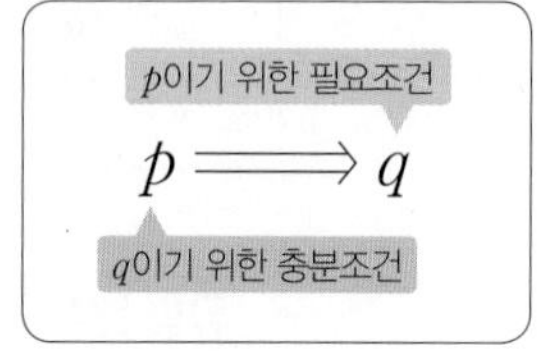

예를 들어 두 조건 p: $x=5$, q: $x^2=25$에 대하여 $p \Longrightarrow q$이므로 p는 q이기 위한 충분조건이고, q는 p이기 위한 필요조건이다.

또, 명제 $p \longrightarrow q$에 대하여 $p \Longrightarrow q$이고 $q \Longrightarrow p$일 때, 기호

$\boldsymbol{p \Longleftrightarrow q}$

로 나타낸다. 이때

p는 q이기 위한 **필요충분조건**

이라 한다. 이 경우에 q도 p이기 위한 필요충분조건이다.

예를 들어 두 조건 p: $x=0$, q: $x^2=0$에 대하여 $p \Longrightarrow q$이고 $q \Longrightarrow p$, 즉 $p \Longleftrightarrow q$이므로 p는 q이기 위한 필요충분조건(q는 p이기 위한 필요충분조건)이다.

중심 개념 (충분조건과 필요조건)

두 조건 p, q에 대하여
(1) $p \Longrightarrow q$일 때, p는 q이기 위한 충분조건이고, q는 p이기 위한 필요조건이다.
(2) $p \Longleftrightarrow q$일 때, p는 q이기 위한 필요충분조건이다.

| 참고 | ① 명제 $p \longrightarrow q$가 거짓일 때, 기호 $p \not\Longrightarrow q$로 나타낸다.
② $p \Longrightarrow q$에서 주는 쪽 p는 충분조건, 받는 쪽 q는 필요조건으로 기억하면 충분조건과 필요조건을 쉽게 구분할 수 있다. (주는 쪽 → 충분해서 준다. / 받는 쪽 → 필요해서 받는다.)

• 바른답 · 알찬풀이 30쪽

문제 1 두 조건 p, q가 다음과 같을 때, p는 q이기 위한 어떤 조건인지 말하시오. (단, x, y는 실수이다.)

(1) p: $x=1$, $y=-1$ $\quad$ q: $x+y=0$

(2) p: $xy=1$ $\quad$ q: $x=1$, $y=1$

(3) p: $x>y$ $\quad$ q: $x-y>0$

답 (1) 충분조건 (2) 필요조건 (3) 필요충분조건

충분조건, 필요조건과 진리집합의 관계

유형 12~14

두 조건 p, q에 대하여 p, q 사이의 충분조건, 필요조건을 알아볼 때, p, q의 진리집합 사이의 포함 관계를 이용하면 편리하다.

예를 들어 두 조건

p: x는 3의 양의 약수이다., q: x는 6의 양의 약수이다.

의 진리집합을 각각 P, Q라 하면

$P=\{1, 3\}$, $Q=\{1, 2, 3, 6\}$

이므로 $P\subset Q$이다.

Q, P, 1, 3, 2, 6

따라서 $p \Longrightarrow q$이므로 p는 q이기 위한 충분조건이고, q는 p이기 위한 필요조건이다.

또, 두 조건 p, q의 진리집합을 각각 P, Q라 할 때, $P=Q$이면

$P\subset Q$이므로 $p \Longrightarrow q$이고, $Q\subset P$이므로 $q \Longrightarrow p$

이다.

즉, $p \Longleftrightarrow q$이므로 p는 q이기 위한 필요충분조건(q는 p이기 위한 필요충분조건)이다.

충분조건, 필요조건과 진리집합의 관계

중심 개념 두 조건 p, q의 진리집합을 각각 P, Q라 할 때,

(1) $P\subset Q$이면 p는 q이기 위한 충분조건이고, q는 p이기 위한 필요조건이다.

(2) $P=Q$이면 p는 q이기 위한 필요충분조건이다.

확인 두 조건 p: $|x|\le 3$, q: $x<7$에 대하여 두 조건 p, q의 진리집합을 각각 P, Q라 하면

$P=\{x|-3\le x\le 3\}$, $Q=\{x|x<7\}$

따라서 $P\subset Q$, 즉 $p \Longrightarrow q$이므로 p는 q이기 위한 충분조건이고, q는 p이기 위한 필요조건이다.

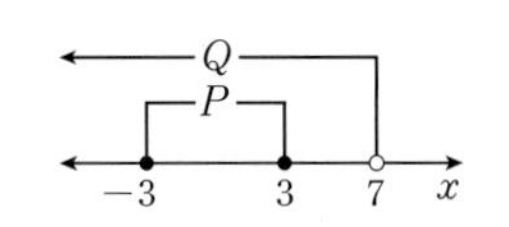

• 바른답 · 알찬풀이 30쪽

문제 2 두 조건 p, q가 다음과 같을 때, p는 q이기 위한 어떤 조건인지 말하시오. (단, x는 실수이다.)

(1) p: $x=-2$ q: $|x|=2$

(2) p: $x=3$ q: $5x=15$

(3) p: $x>1$ q: $x>4$

답 (1) 충분조건 (2) 필요충분조건 (3) 필요조건

출제 빈도

12 충분조건, 필요조건, 필요충분조건

개념 10, 11

173 대표

두 조건 p, q에 대하여 p가 q이기 위한 충분조건이지만 필요조건은 아닌 것만을 **보기**에서 있는 대로 고르시오. (단, x, y, z는 실수이다.)

보기

ㄱ. $p: x=-2$ $\quad q: x^2-4=0$

ㄴ. $p: x^2>0$ $\quad q: x>0$

ㄷ. $p: x=y=0$ $\quad q: |x|+|y|=0$

ㄹ. $p: x=y$ $\quad q: xz=yz$

유형 분석

충분조건, 필요조건, 필요충분조건을 판별하는 기본 유형이다.

위의 문제에서 p가 q이기 위한 충분조건이지만 필요조건은 아닌 것을 찾아야 하므로 $p \Longrightarrow q$이지만 $q \not\Longrightarrow p$인 것을 찾는다. 이때 진리집합을 이용하면 편리하다.

연구 ① $p \Longrightarrow q$ → p는 q이기 위한 충분조건, q는 p이기 위한 필요조건

② $p \Longleftrightarrow q$ → p는 q이기 위한 필요충분조건

풀이 ≫

174

다음 □ 안에 충분, 필요, 필요충분 중에서 알맞은 것을 써넣으시오. (단, x는 실수이다.)

(1) $-2<x<2$는 $-5<x-2<1$이기 위한 □ 조건이다.

(2) x가 4의 양의 배수인 것은 x가 8의 양의 배수이기 위한 □ 조건이다.

(3) $x^2=1$은 $|x|=1$이기 위한 □ 조건이다.

(4) $x<0$은 $x+|x|=0$이기 위한 □ 조건이다.

175

두 조건 p, q에 대하여 p가 q이기 위한 필요충분조건인 것만을 **보기**에서 있는 대로 고르시오.

(단, x, y, z는 실수이고, A, B는 집합이다.)

보기

ㄱ. $p: x>1$이고 $y>1$ $\quad q: xy>1$

ㄴ. $p: A\cap B=A$ $\quad q: A-B=\varnothing$

ㄷ. $p: x+y$가 짝수이다. $\quad q: x$, y가 모두 짝수이다.

ㄹ. $p: (x-y)(y-z)=0$ $\quad q: x=y=z$

충분조건, 필요조건을 만족시키는 미지수 구하기

개념 10, 11

176 대표

다음 물음에 답하시오.

(1) 두 조건 p: $-1 \le x < 4$, q: $|x-k| < 8$에 대하여 p가 q이기 위한 충분조건이 되도록 하는 정수 k의 개수를 구하시오.

(2) $x+5 \neq 0$이 $x^2+kx-k-1 \neq 0$이기 위한 필요조건일 때, 실수 k의 값을 구하시오.

유형 분석

두 조건 사이의 충분조건 또는 필요조건을 만족시키는 미지수를 구하는 문제이므로 진리집합 사이의 포함 관계를 이용한다.

위의 문제에서 (1)은 조건이 부등식으로 주어졌으므로 각각의 부등식의 해를 수직선 위에 나타내고, (2)는 조건이 기호 '$\neq$'를 포함한 식이므로 대우를 이용하는 것이 편리하다.

연구 ① 조건이 부등식으로 주어졌을 때 → 진리집합 사이의 포함 관계를 이용한다
② 조건에 '$\neq$'를 포함한 식이 주어졌을 때 → 대우를 이용한다

풀이 ≫

177 두 조건 p: $x^2+x-6<0$, q: $-\frac{k}{2}<x\le 1$에 대하여 p가 q이기 위한 필요조건일 때, 실수 k의 값의 범위를 구하시오. (단, $k>-2$)

178 두 조건 p: $x^2-2ax+3=0$, q: $(x-1)^2(x-3)=0$에 대하여 p가 q이기 위한 필요충분조건일 때, 실수 a의 값을 구하시오.

179 세 조건

p: $-3<x<1$ 또는 $x>4$, q: $x>a$, r: $x\ge b$

에 대하여 p는 q이기 위한 필요조건이고, p는 r이기 위한 충분조건일 때, a의 최솟값과 b의 최댓값의 합을 구하시오. (단, a, b는 실수이다.)

출제 빈도

유형 14 충분조건, 필요조건과 진리집합의 관계

개념 10, 11

180 대표

전체집합 U에 대하여 두 조건 p, q의 진리집합을 각각 P, Q라 하자. $\sim p$가 q이기 위한 필요조건일 때, 다음 중 항상 옳은 것은?

① $P \subset Q$ ② $Q \subset P$ ③ $P \cap Q = \varnothing$
④ $P \cup Q = U$ ⑤ $Q - P = \varnothing$

유형 분석

두 조건 p, q의 진리집합을 각각 P, Q라 할 때, p가 q이기 위한 어떤 조건인지를 알면 P, Q 사이의 포함 관계를 알 수 있고, 거꾸로 P, Q 사이의 포함 관계를 알면 p가 q이기 위한 어떤 조건인지를 알 수 있다.

연구 두 조건 p, q의 진리집합을 각각 P, Q라 할 때,
① p가 q이기 위한 충분조건이면 ➔ $p \Longrightarrow q$ ➔ $P \subset Q$
② p가 q이기 위한 필요조건이면 ➔ $q \Longrightarrow p$ ➔ $Q \subset P$

위의 문제에서 $\sim p$가 q이기 위한 필요조건임을 진리집합 P^C, Q 사이의 포함 관계로 나타내어 본다.

풀이 >>

181

전체집합 U에 대하여 세 조건 p, q, r의 진리집합을 각각 P, Q, R라 할 때, 세 집합 P, Q, R 사이의 포함 관계는 오른쪽 벤다이어그램과 같다. 다음 □ 안에 충분, 필요 중에서 알맞은 것을 써넣으시오.

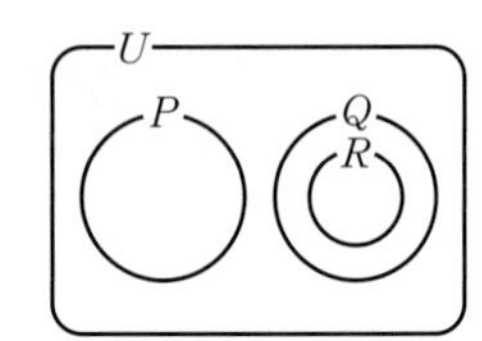

(1) p는 $\sim r$이기 위한 □ 조건이다.
(2) q는 $\sim p$이기 위한 □ 조건이다.
(3) $\sim r$는 $\sim q$이기 위한 □ 조건이다.

182

전체집합 U에 대하여 세 조건 p, q, r의 진리집합을 각각 P, Q, R라 할 때,

$$P \cap Q^C = \varnothing, \quad Q \cup R = R, \quad Q \cap R = R$$

가 성립한다. 항상 옳은 것만을 **보기**에서 있는 대로 고르시오.

보기

ㄱ. p는 q이기 위한 필요조건이다.
ㄴ. r는 p이기 위한 충분조건이다.
ㄷ. q는 r이기 위한 필요충분조건이다.

충분조건, 필요조건과 삼단논법

개념 10

183 대표

세 조건 p, q, r에 대하여 p는 q이기 위한 충분조건이고, $\sim r$는 q이기 위한 필요조건일 때, 다음 명제 중 항상 참이라고 할 수 <u>없는</u> 것은?

① $p \longrightarrow \sim r$　② $\sim p \longrightarrow \sim q$　③ $\sim q \longrightarrow \sim p$
④ $r \longrightarrow \sim p$　⑤ $r \longrightarrow \sim q$

유형 분석

세 조건 p, q, r 사이의 충분조건, 필요조건이 주어지면 참인 명제를 찾을 수 있고, 참인 명제의 대우도 참임을 이용하여 또 다른 참인 명제를 찾을 수 있다.
이렇게 찾은 참인 명제와 삼단논법을 이용하면 문제에서 주어진 세 조건 p, q, r 사이의 관계 외에 새로운 관계를 파악할 수 있다.

연구 $p \Longrightarrow q$이고 $q \Longrightarrow r$이면 ➔ $p \Longrightarrow r$

풀이 ≫

184

세 조건 p, q, r에 대하여 p는 $\sim q$이기 위한 충분조건이고, q는 r이기 위한 필요조건일 때, $\sim r$는 p이기 위한 어떤 조건인지 말하시오.

185

세 조건 p, q, r에 대하여 두 명제 $\sim p \longrightarrow \sim q$, $r \longrightarrow q$가 모두 참일 때, 항상 옳은 것만을 **보기**에서 있는 대로 고르시오.

보기

ㄱ. p는 q이기 위한 필요조건이다.
ㄴ. $\sim q$는 $\sim r$이기 위한 필요조건이다.
ㄷ. r는 p이기 위한 충분조건이다.

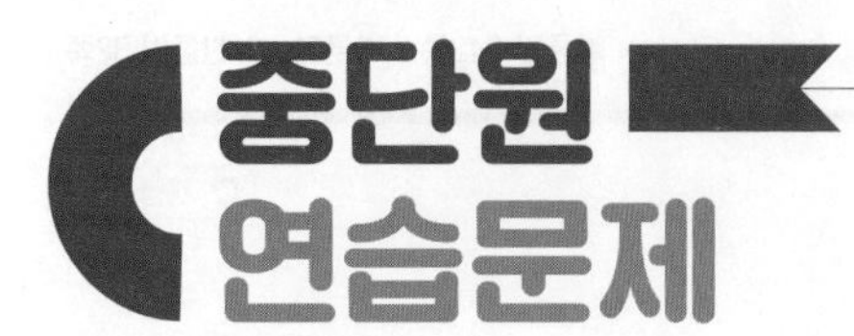

STEP 1 표준

186 조건 p에 대하여 그 부정 $\sim p$를 옳게 나타낸 것만을 **보기**에서 있는 대로 고르시오.

보기

ㄱ. p: $x=1$이고 $x=2$ $\sim p$: $x\neq1$이고 $x\neq2$

ㄴ. p: x^2은 4보다 크다. $\sim p$: x^2은 4보다 작다.

ㄷ. p: x, y 중 적어도 하나는 0이 아니다. $\sim p$: x, y는 모두 0이다.

서술형

187 전체집합 $U=\{x|x$는 12 이하의 자연수$\}$에 대하여 두 조건 p, q가

p: x는 6의 약수, q: x는 8의 약수

일 때, 조건 '$\sim p$ 그리고 $\sim q$'의 진리집합을 구하시오.

188 다음 중 거짓인 명제는? (단, x, y는 실수이다.)

① $x=-2$이면 $|x|=2$이다.
② $x=3$이면 $x^2=9$이다.
③ $xy=0$이면 $x^2+y^2=0$이다.
④ $x(x-1)=0$이면 $0\leq x\leq2$이다.
⑤ x, y가 자연수이면 $x+y\geq2$이다.

189 다음 중 명제 '자연수 n의 각 자리 숫자의 합이 짝수이면 n은 짝수이다.'가 거짓임을 보이는 반례로 알맞은 것은?

① 12
② 20
③ 33
④ 46
⑤ 58

190 전체집합 U에 대하여 세 조건 p, q, r의 진리집합을 각각 P, Q, R라 할 때, 세 집합 P, Q, R 사이의 포함 관계는 오른쪽 벤다이어그램과 같다. 항상 참인 명제만을 **보기**에서 있는 대로 고르시오.

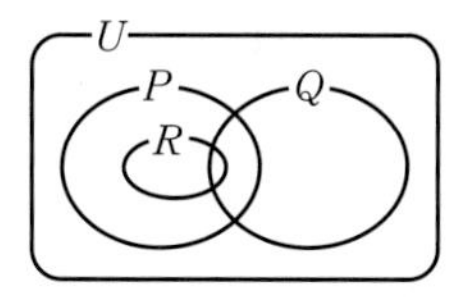

보기

ㄱ. $p \longrightarrow \sim q$ ㄴ. $\sim p \longrightarrow \sim r$ ㄷ. $q \longrightarrow \sim r$

191 전체집합 U에 대하여 세 조건 p, q, r의 진리집합이 각각 P, Q, R이고, $P \cup Q = Q$, $P \cap R = R$가 성립할 때, 다음 명제 중 항상 참이라고 할 수 없는 것은?

① $\sim p \longrightarrow \sim r$ ② $q \longrightarrow r$ ③ $\sim q \longrightarrow \sim p$
④ $\sim q \longrightarrow \sim r$ ⑤ $r \longrightarrow p$

기출

192 실수 x에 대하여 두 조건 p, q가 p: $|x-2|<2$, q: $5-k<x<k$일 때, 명제 $p \longrightarrow q$가 참이 되도록 하는 실수 k의 최솟값은?

① 3 ② 5 ③ 7
④ 9 ⑤ 11

기출

193 명제 '모든 실수 x에 대하여 $2x^2+6x+a \geq 0$이다.'가 거짓이 되도록 하는 정수 a의 최댓값은?

① 0 ② 2 ③ 4
④ 6 ⑤ 8

194 두 조건 p, q에 대하여 명제 $\sim p \longrightarrow q$의 역이 참일 때, 다음 중 항상 참인 명제는?

① $p \longrightarrow q$ ② $p \longrightarrow \sim q$ ③ $\sim p \longrightarrow \sim q$
④ $q \longrightarrow p$ ⑤ $\sim q \longrightarrow p$

195 다음은 $\sqrt{3}$이 무리수임을 이용하여 명제

'유리수 a, b에 대하여 $a+b\sqrt{3}=0$이면 $a=b=0$이다.'

가 참임을 귀류법으로 증명하는 과정이다. (가)~(다)에 알맞은 것을 각각 써넣으시오.

증명

$b\neq0$이라 가정하면 $a+b\sqrt{3}=0$에서 $\sqrt{3}=-\frac{a}{b}$

이때 a, b가 유리수이므로 $-\frac{a}{b}$, 즉 $\sqrt{3}$도 (가) 이다.

그런데 이것은 $\sqrt{3}$이 (나) 라는 사실에 모순이므로 $b=0$이다.

$b=0$을 $a+b\sqrt{3}=0$에 대입하면 $a=$ (다) 이다.

따라서 유리수 a, b에 대하여 $a+b\sqrt{3}=0$이면 $a=b=0$이다.

196 네 조건 p, q, r, s에 대하여 두 명제 $q \longrightarrow \sim r$, $\sim s \longrightarrow p$가 모두 참일 때, 다음 중 명제 $q \longrightarrow s$가 참임을 보이기 위해 필요한 참인 명제는?

① $\sim p \longrightarrow q$ ② $p \longrightarrow r$ ③ $q \longrightarrow p$
④ $r \longrightarrow p$ ⑤ $r \longrightarrow \sim s$

197 실수 x에 대하여 두 조건 p, q가 p: $x+1>0$, q: $x^2+1>0$일 때, p는 q이기 위한 어떤 조건인지 말하시오.

서술형

198 두 조건 p: $x^3-7x^2+7x+15=0$, q: $2x-a=0$에 대하여 p가 q이기 위한 필요조건이 되도록 하는 모든 실수 a의 값의 합을 구하시오.

199 네 조건 p, q, r, s가 다음을 만족시킬 때, p는 s이기 위한 어떤 조건인지 말하시오.

(가) p는 r이기 위한 필요충분조건이다. (나) q는 r이기 위한 충분조건이다.
(다) q는 s이기 위한 필요조건이다. (라) r는 s이기 위한 충분조건이다.

STEP 2 실력

200 전체집합 $U=\{1, 2, 3, \cdots, 10\}$에 대하여 세 조건 p, q, r가

p: $3\le x\le 8$, q: x는 소수이다., r: $2x^2-15x+18>0$

일 때, 세 조건 p, q, r의 진리집합을 각각 P, Q, R라 하자. 집합 $(P^C\cup Q^C)\cap R$의 모든 원소의 합을 구하시오.

기출

201 전체집합 U의 공집합이 아닌 세 부분집합 P, Q, R가 각각 세 조건 p, q, r의 진리집합이라 하자. 세 명제

$\sim p \longrightarrow r$, $r \longrightarrow \sim q$, $\sim r \longrightarrow q$

가 모두 참일 때, 항상 옳은 것만을 **보기**에서 있는 대로 고른 것은?

보기
ㄱ. $P^C\subset R$ ㄴ. $P\subset Q$ ㄷ. $P\cap Q=R^C$

① ㄱ ② ㄴ ③ ㄱ, ㄷ
④ ㄴ, ㄷ ⑤ ㄱ, ㄴ, ㄷ

202 a가 2 이상의 자연수일 때, 두 조건 p: $-2<x<a^2-5$, q: $|x-3|\ge 2a$에 대하여 p가 $\sim q$이기 위한 충분조건이 되도록 하는 모든 a의 값의 합을 구하시오.

203 전체집합 U의 공집합이 아닌 세 부분집합 P, Q, R가 각각 세 조건 p, q, r의 진리집합이라 하자. $P\cap Q=\varnothing$, $P\cap R\ne\varnothing$, $Q\cap R\ne\varnothing$일 때, 항상 옳은 것만을 **보기**에서 있는 대로 고르시오.

보기
ㄱ. $r \Longrightarrow (p$ 또는 $q)$
ㄴ. p는 $\sim q$이기 위한 충분조건이다.
ㄷ. $x\in R$인 어떤 원소 x에 대하여 $x\in(P^C\cap Q)$

04
절대부등식

코시(Cauchy, A. L., 1789~1857)는 수학의 다양한 분야를 연구하며 근대 수학의 발전에 기여하였다. 특히 그의 연구를 통해 수학적 엄밀성이 중요하게 인식되었는데 수학적 엄밀성이 대두되면서 수학에서 단순히 직관에만 의존하는 증명은 더 이상 받아들여지지 않게 되었다.

개념&유형 CHECK

- 완전 학습을 위해 스스로 학습 계획을 세워 실천하세요.
- 이해가 부족한 개념이나 유형은 □ 안에 표시하고 반복하여 학습하세요.
- 출제 빈도가 매우 높은 유형에는 ***고빈출** 표시를 하였습니다. 시험 직전에 이 유형을 반복하여 풀어 보세요.

Lecture 11

절대부등식

1st 월 일 | 2nd 월 일

- 개념 01 절대부등식 □ □
- 개념 02 여러 가지 절대부등식 □ □
- 유형 01 / 수 또는 식의 대소 비교 □ □
- 유형 02 / 절대부등식의 증명 □ □

Lecture 12

특별한 절대부등식

1st 월 일 | 2nd 월 일

- 개념 03 특별한 절대부등식 □ □
- 유형 03 / 산술평균과 기하평균의 관계 *고빈출 □ □
- 유형 04 / 산술평균과 기하평균의 관계 ; 합 또는 곱이 일정한 경우 *고빈출 □ □
- 유형 05 / 코시-슈바르츠의 부등식 □ □
- 유형 06 / 절대부등식의 활용 □ □

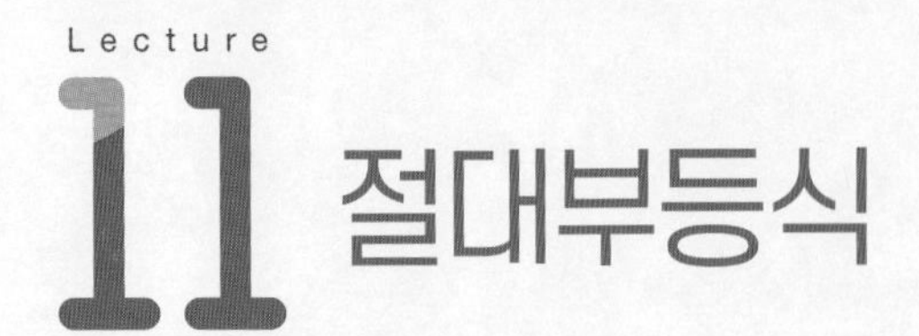

절대부등식

절대부등식

유형 01, 02

전체집합이 실수 전체의 집합일 때, 부등식 $x^2+2\ge0$은 전체집합에 속하는 모든 x에 대하여 성립한다.

이와 같이 전체집합에 속한 모든 값에 대하여 성립하는 부등식을 **절대부등식**이라 한다.

절대부등식을 증명할 때는 다음과 같은 실수의 성질이 자주 이용된다.

중심 개념 부등식의 증명에 이용되는 실수의 성질

a, b가 실수일 때,

(1) $a>b \Longleftrightarrow a-b>0$

(2) $a^2\ge0$, $a^2+b^2\ge0$

(3) $a^2+b^2=0 \Longleftrightarrow a=b=0$

(4) $|a|^2=a^2$, $|ab|=|a||b|$, $|a|\ge a$

(5) $a>b \Longleftrightarrow a^2>b^2 \Longleftrightarrow \sqrt{a}>\sqrt{b}$ (단, $a>0$, $b>0$)

또, 두 수 또는 두 식 A, B의 대소를 비교할 때는 다음과 같은 방법을 이용한다.

(1) 차 $A-B$의 부호를 조사한다.

① $A-B>0 \Longleftrightarrow A>B$

② $A-B=0 \Longleftrightarrow A=B$

③ $A-B<0 \Longleftrightarrow A<B$

(2) 제곱의 차 A^2-B^2의 부호를 조사한다. ← 근호나 절댓값 기호를 포함한 경우에 이용한다.

$A>0$, $B>0$일 때,

① $A^2-B^2>0 \Longleftrightarrow A^2>B^2 \Longleftrightarrow A>B$

② $A^2-B^2=0 \Longleftrightarrow A^2=B^2 \Longleftrightarrow A=B$

③ $A^2-B^2<0 \Longleftrightarrow A^2<B^2 \Longleftrightarrow A<B$

(3) 비 $\frac{A}{B}$와 1의 대소를 비교한다. ← 거듭제곱으로 표현되거나 비가 간단히 정리되는 경우에 이용한다.

$A>0$, $B>0$일 때,

① $\frac{A}{B}>1 \Longleftrightarrow A>B$

② $\frac{A}{B}=1 \Longleftrightarrow A=B$

③ $\frac{A}{B}<1 \Longleftrightarrow A<B$

개념 02 여러 가지 절대부등식

유형 02

다음은 문제를 해결하는 데 자주 이용되는 기본적인 절대부등식이다.

중심 개념 기본적인 절대부등식

a, b, c가 실수일 때,

(1) $a^2 \pm ab + b^2 \ge 0$ (단, 등호는 $a=b=0$일 때 성립)

(2) $a^2+b^2+c^2-ab-bc-ca \ge 0$ (단, 등호는 $a=b=c$일 때 성립)

(3) $|a|+|b| \ge |a+b|$ (단, 등호는 $ab \ge 0$일 때 성립)

(4) $|a|-|b| \le |a-b|$ (단, 등호는 $ab \ge 0$, $|a| \ge |b|$일 때 성립)

| 참고 | 등호가 포함된 부등식이 성립함을 증명할 때는 특별한 말이 없더라도 등호가 성립하는 조건을 찾는다.

앞의 개념 01의 실수의 성질을 이용하여 위의 절대부등식을 증명해 보자.

(1) $a^2 \pm ab + b^2 = \left(a \pm \frac{b}{2}\right)^2 + \frac{3}{4}b^2 \ge 0$ (복부호 동순)

여기서 등호는 $a \pm \frac{b}{2} = 0$, $b=0$, 즉 $a=b=0$일 때 성립한다.

(2) $a^2+b^2+c^2-ab-bc-ca = \frac{1}{2}(2a^2+2b^2+2c^2-2ab-2bc-2ca)$

$= \frac{1}{2}\{(a-b)^2+(b-c)^2+(c-a)^2\} \ge 0$

여기서 등호는 $a-b=0$, $b-c=0$, $c-a=0$, 즉 $a=b=c$일 때 성립한다.

(3) $(|a|+|b|)^2 - |a+b|^2 = (|a|^2+2|a||b|+|b|^2)-(a+b)^2$

$=(a^2+2|ab|+b^2)-(a^2+2ab+b^2)$

$=2(|ab|-ab) \ge 0$ ($\because$ $|ab| \ge ab$)

$\therefore$ $(|a|+|b|)^2 \ge |a+b|^2$

그런데 $|a|+|b| \ge 0$, $|a+b| \ge 0$이므로 $|a|+|b| \ge |a+b|$

여기서 등호는 $|ab|=ab$, 즉 $ab \ge 0$일 때 성립한다.

(4) (i) $|a| \ge |b|$일 때,

$(|a|-|b|)^2 - |a-b|^2 = (|a|^2-2|a||b|+|b|^2)-(a-b)^2$

$=(a^2-2|ab|+b^2)-(a^2-2ab+b^2)$

$=2(ab-|ab|) \le 0$ ($\because$ $ab \le |ab|$)

$\therefore$ $(|a|-|b|)^2 \le |a-b|^2$

그런데 $|a|-|b| \ge 0$, $|a-b| \ge 0$이므로

$|a|-|b| \le |a-b|$

(ii) $|a| < |b|$일 때,

$|a|-|b| < 0$, $|a-b| > 0$이므로

$|a|-|b| < |a-b|$

(i), (ii)에서 $|a|-|b| \le |a-b|$

여기서 등호는 $ab=|ab|$, $|a| \ge |b|$, 즉 $ab \ge 0$, $|a| \ge |b|$일 때 성립한다.

유형 출제 빈도

유형 01 수 또는 식의 대소 비교

개념 01

204 대표

다음 물음에 답하시오.

(1) $a>1$, $b>1$일 때, $ab+1$, $a+b$의 대소를 비교하시오.

(2) $a>0$일 때, $\sqrt{a+1}$, $\frac{a}{2}+1$의 대소를 비교하시오.

(3) 두 수 6^{12}, 3^{20}의 대소를 비교하시오.

유형 분석

두 수 또는 두 식의 대소를 비교할 때는 주어진 수나 식의 특징을 살펴보고, 차, 제곱의 차, 비 중에서 어떤 것을 이용할지 판단하여 적용한다.

연구 A, B의 대소를 비교할 때는 ➜ $A-B$ 또는 A^2-B^2 또는 $\frac{A}{B}$를 조사한다

(1) 두 식의 차의 부호를 조사한다.

(2) 두 식의 값이 모두 양수이고 근호를 포함한 식이 있으므로 제곱의 차의 부호를 조사한다.

(3) 두 수가 모두 양수이고 거듭제곱으로 표현되어 있으므로 두 수의 비를 조사한다.

풀이 ≫

205

다음 물음에 답하시오.

(1) $a>b>0$일 때, $\frac{a}{1+a}$, $\frac{b}{1+b}$의 대소를 비교하시오.

(2) a가 실수일 때, $|a+3|$, $|a|+3$의 대소를 비교하시오.

206

다음 세 수 A, B, C의 대소를 비교하시오.

$$A=\sqrt{3}+\sqrt{11},\quad B=3+\sqrt{5},\quad C=\sqrt{6}+2\sqrt{2}$$

절대부등식의 증명

개념 01, 02

207 대표

a, b가 실수일 때, 다음 부등식이 성립함을 증명하시오.

(1) $(a+b)^2 \geq 4ab$

(2) $\sqrt{a}+\sqrt{b} > \sqrt{a+b}$ (단, $a>0$, $b>0$)

유형 분석

부등식이 성립함을 증명할 때는 90쪽 **개념 01**에서 학습한 두 수 또는 두 식의 대소 비교 방법과 실수의 성질을 이용한다.

연구 $A \geq B$를 증명할 때는 ➔ $A-B \geq 0$ 또는 $A^2-B^2 \geq 0$ 또는 $\frac{A}{B} \geq 1$임을 보인다

POINT 실수의 성질 중에서 특히 다음이 자주 이용된다.

a, b가 실수일 때, $a^2 \geq 0$, $|a|^2=a^2$, $|ab|=|a||b|$, $|a| \geq a$

풀이 >>

208

다음은 a, b가 실수일 때, 부등식

$$|a|+|b| \geq |a-b|$$

가 성립함을 증명하는 과정이다. (가), (나)에 알맞은 것을 각각 써넣으시오.

증명

$(|a|+|b|)^2-|a-b|^2=2($ (가) $) \geq 0$이므로 $(|a|+|b|)^2 \geq |a-b|^2$

그런데 $|a|+|b| \geq 0$, $|a-b| \geq 0$이므로 $|a|+|b| \geq |a-b|$

여기서 등호는 ab (나) 0일 때 성립한다.

209

a, b가 실수일 때, 다음 부등식이 성립함을 증명하시오.

(1) $\sqrt{a-b} > \sqrt{a}-\sqrt{b}$ (단, $a>b>0$)

(2) $a^2+b^2+1 \geq ab+a+b$

Lecture

12 특별한 절대부등식

특별한 절대부등식

유형 03~06

양수 a, b에 대하여 $\frac{a+b}{2}$를 **산술평균**, $\sqrt{ab}$를 **기하평균**, $\frac{2ab}{a+b}$를 **조화평균**이라 한다.

산술평균, 기하평균, 조화평균의 관계는 다음과 같다.

산술평균, 기하평균, 조화평균의 관계

중심 개념 $a>0$, $b>0$일 때,

$$\frac{a+b}{2} \geq \sqrt{ab} \geq \frac{2ab}{a+b} \text{ (단, 등호는 } a=b\text{일 때 성립)}$$

산술평균, 기하평균, 조화평균의 관계를 나타내는 부등식이 성립함을 증명해 보자.

(i) $\frac{a+b}{2}-\sqrt{ab}=\frac{a+b-2\sqrt{ab}}{2}=\frac{(\sqrt{a}-\sqrt{b})^2}{2}\geq 0 \qquad \therefore \frac{a+b}{2}\geq\sqrt{ab}$

(ii) $\sqrt{ab}-\frac{2ab}{a+b}=\frac{(a+b)\sqrt{ab}-2ab}{a+b}=\frac{\sqrt{ab}}{a+b}(a+b-2\sqrt{ab})=\frac{\sqrt{ab}}{a+b}(\sqrt{a}-\sqrt{b})^2\geq 0$

$\therefore \sqrt{ab}\geq\frac{2ab}{a+b}$

(i), (ii)에서 $\frac{a+b}{2}\geq\sqrt{ab}\geq\frac{2ab}{a+b}$

여기서 등호는 $\sqrt{a}=\sqrt{b}$, 즉 $a=b$일 때 성립한다.

확인 $a>0$일 때, $a+\frac{1}{a}$의 최솟값을 구해 보자.

$a>0$, $\frac{1}{a}>0$이므로 산술평균과 기하평균의 관계에 의하여

$$a+\frac{1}{a}\geq 2\sqrt{a\times\frac{1}{a}}=2 \left(\text{단, 등호는 } a=\frac{1}{a}\text{, 즉 } a=1\text{일 때 성립}\right)$$

따라서 $a+\frac{1}{a}$의 최솟값은 2이다.

한편, 다음 절대부등식을 **코시-슈바르츠의 부등식**이라 한다.

코시-슈바르츠의 부등식

중심 개념 a, b, x, y가 실수일 때,

$$(a^2+b^2)(x^2+y^2)\geq(ax+by)^2 \left(\text{단, 등호는 } \frac{x}{a}=\frac{y}{b}\text{일 때 성립}\right)$$

산술평균과 기하평균의 관계

개념 03

210 대표

다음 물음에 답하시오.

(1) $x>0$, $y>0$일 때, $\frac{16y}{x}+\frac{x}{y}$의 최솟값을 구하시오.

(2) $a>0$, $b>0$일 때, $\left(a+\frac{1}{b}\right)\left(9b+\frac{1}{a}\right)$의 최솟값을 구하시오.

유형 분석

산술평균과 기하평균의 관계는 양수 조건이 주어지고 식의 최댓값 또는 최솟값을 구할 때 주로 이용한다. 양수 조건이 주어지고 복잡한 식의 최솟값을 구해야 하는 경우에는 최솟값을 구하는 식을 전개하거나 변형한 후, 산술평균과 기하평균의 관계를 이용한다.

연구 양수로 이루어진 복잡한 식의 최솟값은
→ 식을 전개하거나 변형한 후, 산술평균과 기하평균의 관계를 이용한다

풀이 ≫

211 $a>0$, $b>0$일 때, $\frac{b}{a}+\frac{a}{25b}$의 최솟값을 구하시오.

212 $x>0$, $y>0$일 때, $(3x+4y)\left(\frac{3}{x}+\frac{4}{y}\right)$의 최솟값을 구하시오.

실력

213 $x>1$일 때, $2x+\frac{8}{x-1}$의 최솟값을 구하시오.

해결 전략 / $x>1$, 즉 $x-1>0$이므로 $2x+\frac{8}{x-1}$을 ■$\times(x-1)+\frac{8}{x-1}+$▲ 꼴로 변형하여 해결한다.

유형 04 · 출제 빈도

산술평균과 기하평균의 관계; 합 또는 곱이 일정한 경우

개념 03

214 대표

$a>0$, $b>0$일 때, 다음 물음에 답하시오.

(1) $ab=10$일 때, $2a+5b$의 최솟값을 구하시오.

(2) $3a+b=12$일 때, ab의 최댓값을 구하시오.

유형 분석

산술평균과 기하평균의 관계를 이용하면 두 양수의 곱이 일정할 때 두 수의 합의 최솟값을 구할 수 있고, 두 양수의 합이 일정할 때 두 수의 곱의 최댓값을 구할 수 있다.

연구 **두 양수의 합의 최솟값 또는 곱의 최댓값은**
→ 산술평균과 기하평균의 관계를 이용한다

풀이 ≫

215 양수 a, b에 대하여 $ab=8$일 때, $a+2b$의 최솟값을 m, 그때의 a, b의 값을 각각 α, β라 하자. $m+\alpha+\beta$의 값을 구하시오.

216 양수 x, y에 대하여 $x^2+9y^2=18$일 때, xy의 최댓값을 구하시오.

실력+

217 $x>0$, $y>0$이고 $4x+y=12$일 때, $\frac{1}{x}+\frac{4}{y}$의 최솟값을 구하시오.

해결 전략 / $\frac{1}{x}+\frac{4}{y}=\frac{4x+y}{xy}$와 산술평균과 기하평균의 관계를 이용하여 xy의 값의 범위를 구한다.

코시-슈바르츠의 부등식

개념 03

218 대표

a, b, x, y가 실수일 때, 다음 물음에 답하시오.

(1) 부등식 $(a^2+b^2)(x^2+y^2)\geq(ax+by)^2$이 성립함을 증명하시오.

(2) $x^2+y^2=9$일 때, $3x+4y$의 최댓값을 구하시오.

유형 분석

코시-슈바르츠의 부등식은 실수 a, b, x, y가 주어지고 x^2+y^2의 최솟값 또는 $ax+by$의 최댓값과 최솟값을 구할 때 이용한다.

연구 **a, b, x, y가 실수일 때, x^2+y^2의 최솟값 또는 $ax+by$의 최댓값과 최솟값은**
➜ 코시-슈바르츠의 부등식 $(a^2+b^2)(x^2+y^2)\geq(ax+by)^2$을 이용한다

(2) 코시-슈바르츠의 부등식의 a, b에 적당한 수를 대입하여 최댓값을 구한다.

풀이 ≫

219 실수 x, y에 대하여 $x^2+y^2=10$일 때, $4x+2y$의 최댓값을 구하시오.

220 실수 x, y에 대하여 $2x+3y=13$일 때, x^2+y^2의 최솟값을 구하시오.

221 $x^2+y^2=k$를 만족시키는 실수 x, y에 대하여 $3x+y$의 최댓값을 M, 최솟값을 m이라 할 때, $M-m=20$이다. 양수 k의 값을 구하시오.

유형 06 절대부등식의 활용

개념 03

222 대표

오른쪽 그림과 같이 수직인 두 벽면 사이를 길이가 10 m인 철망으로 막아서 밑면이 삼각형 모양인 창고를 만들려고 한다. 창고의 밑면에서 직각을 낀 두 변의 길이를 각각 x m, y m라 할 때, 다음 물음에 답하시오. (단, 철망의 두께는 무시한다.)

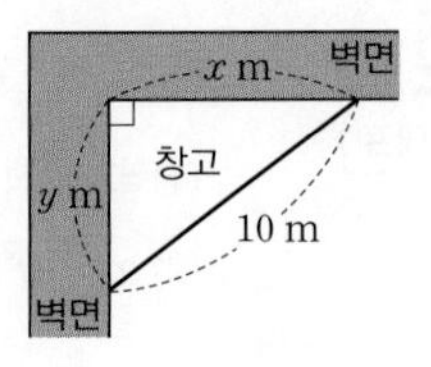

(1) 창고의 밑면의 넓이를 x, y에 대한 식으로 나타내시오.
(2) 산술평균과 기하평균의 관계를 이용하여 창고의 밑면의 넓이의 최댓값을 구하시오.

유형 분석

최대, 최소를 구하는 활용 문제는 미지수가 대부분 양수 조건이므로 산술평균과 기하평균의 관계를 이용하는 경우가 많다. 따라서 산술평균과 기하평균의 관계를 이용하여 구하는 것이 두 양수의 합의 꼴이면 최솟값을, 두 양수의 곱의 꼴이면 최댓값을 구할 수 있다.

연구 **두 양수의 합의 꼴의 최솟값, 두 양수의 곱의 꼴의 최댓값은**
→ 산술평균과 기하평균의 관계를 이용한다

풀이 ≫

223

오른쪽 그림과 같이 대각선의 길이가 12 m인 직사각형 모양의 분수대의 밑면의 넓이의 최댓값을 구하시오.

(단, 테두리의 두께는 무시한다.)

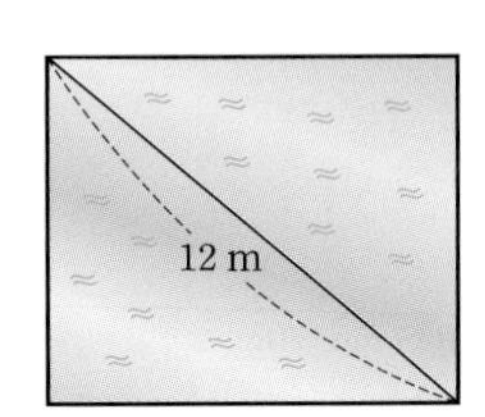

실력+

224

오른쪽 그림과 같이 좌표평면 위의 점 A(3, 4)를 지나는 직선 $\frac{x}{a}+\frac{y}{b}=1$이 x축, y축과 만나는 점을 각각 B, C라 할 때, 삼각형 OBC의 넓이의 최솟값을 구하시오.

(단, O는 원점이고, $a>0$, $b>0$이다.)

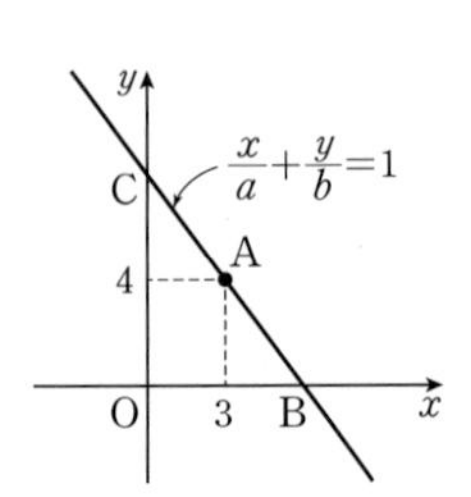

해결 전략 / 삼각형 OBC의 넓이를 a, b에 대한 식으로 나타내고, 점 A(3, 4)가 직선 위의 점이므로 $\frac{3}{a}+\frac{4}{b}=1$임을 이용한다.

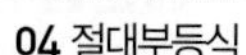

중단원 연습문제

STEP 1 표준

225 x가 실수일 때, 절대부등식인 것만을 **보기**에서 있는 대로 고르시오.

보기
ㄱ. $x^2 \ge x+6$　　ㄴ. $x^2+4 \ge 4x$　　ㄷ. $9x^2 > 6x-2$

226 세 수 $A=2\sqrt{2}+\sqrt{14}$, $B=\sqrt{3}+\sqrt{21}$, $C=2\sqrt{7}+1$의 대소 관계를 바르게 나타낸 것은?

① $A<B<C$　② $A<C<B$　③ $B<A<C$
④ $C<A<B$　⑤ $C<B<A$

227 실수 a, b에 대하여 부등식 $a^2+b^2+2 \ge 4a+2b-3$이 성립함을 증명하시오.

기출

228 $x>0$인 실수 x에 대하여 $4x+\frac{a}{x}$ $(a>0)$의 최솟값이 2일 때, 상수 a의 값은?

① $\frac{1}{4}$　② $\frac{1}{2}$　③ $\frac{3}{4}$
④ 1　⑤ $\frac{5}{4}$

서술형

229 양수 x, y에 대하여 $\left(x+\frac{2}{y}\right)\left(y+\frac{8}{x}\right)$은 $xy=\alpha$일 때 최솟값 m을 갖는다. $\alpha+m$의 값을 구하시오.

230 $x>2$일 때, $x+5+\frac{9}{x-2}$의 최솟값을 m, 그때의 x의 값을 α라 하자. $m-\alpha$의 값을 구하시오.

231 a, b, c가 양수일 때, $\frac{b+c}{a}+\frac{c+a}{b}+\frac{a+b}{c}$의 최솟값을 구하시오.

232 $x>0$, $y>0$이고 $xy=3$일 때, $4x+3y$의 최솟값을 구하시오.

233 실수 x, y에 대하여 $x^2+y^2=45$일 때, $(x+2y)^2$의 값이 최대가 되도록 하는 양수 x의 값을 구하시오.

234 길이가 60 m인 철사를 겹치는 부분 없이 모두 사용하여 오른쪽 그림과 같이 네 개의 작은 직사각형 모양으로 이루어진 잔디밭의 경계를 만들려고 한다. 이때 잔디밭 전체의 넓이의 최댓값을 구하시오. (단, 철사의 두께는 무시한다.)

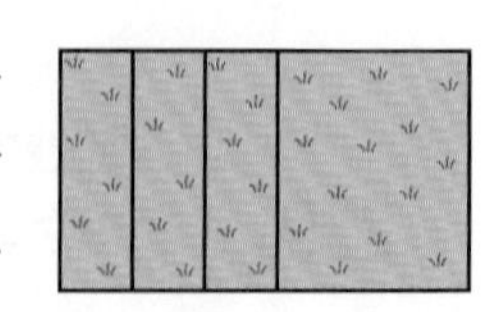

STEP 2 실력

서술형

235 모든 실수 x에 대하여 부등식 $(a-1)x^2+4(a-1)x+8>0$이 성립하도록 하는 실수 a의 값의 범위를 구하시오.

236 0이 아닌 실수 a, b에 대하여 옳은 것만을 **보기**에서 있는 대로 고르시오.

보기

ㄱ. $\sqrt{a}+\sqrt{b}>\sqrt{2(a+b)}$ (단, $a>b>0$)

ㄴ. $\left(a^2+\frac{1}{b^2}\right)\left(b^2+\frac{1}{a^2}\right)\geq 4$

ㄷ. $||a|-|b||\leq|a-b|$

237 $a>1$, $b>2$일 때, $(a+b-3)\left(\frac{1}{a-1}+\frac{1}{b-2}\right)$의 최솟값을 구하시오.

238 $a>0$, $b>0$이고 $3a+2b=24$일 때, $\sqrt{3a}+\sqrt{2b}$의 최댓값을 구하시오.

기출

239 그림과 같이 양수 a에 대하여 이차함수 $f(x)=x^2-2ax$의 그래프와 직선 $g(x)=\frac{1}{a}x$가 두 점 O, A에서 만난다. 이차함수 $y=f(x)$의 그래프의 꼭짓점을 B라 하고 선분 AB의 중점을 C라 하자. 점 C에서 y축에 내린 수선의 발을 H라 할 때, 선분 CH의 길이의 최솟값은?

(단, O는 원점이다.)

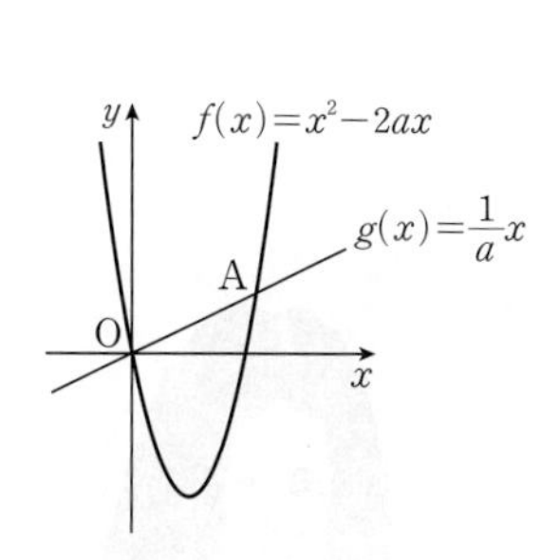

① $\sqrt{3}$ ② 2 ③ $\sqrt{5}$
④ $\sqrt{6}$ ⑤ $\sqrt{7}$

Ⅱ
함수

05
함수

라이프니츠(Leibniz, G. W., 1646~1716)는 법학, 역사학, 신학, 언어학 등 여러 방면에 업적을 남긴 수학자로, 함수, 즉 'function'이라는 용어를 처음으로 사용하였다. 함수는 변화하는 두 양 사이의 관계를 나타내는 개념으로, 사회현상이나 자연현상에서 볼 수 있는 두 양 사이의 변화 관계를 탐구하는 중요한 수학적 도구이다.

개념&유형 CHECK

- 완전 학습을 위해 스스로 학습 계획을 세워 실천하세요.
- 이해가 부족한 개념이나 유형은 □ 안에 표시하고 반복하여 학습하세요.
- 출제 빈도가 매우 높은 유형에는 *고빈출 표시를 하였습니다. 시험 직전에 이 유형을 반복하여 풀어 보세요.

Lecture 13 함수

1st 월 일 | 2nd 월 일

- 개념 01 함수 □ □
- 개념 02 정의역, 공역, 치역과 서로 같은 함수 □ □
- 개념 03 함수의 그래프 □ □
- 개념 04 절댓값 기호를 포함한 함수의 그래프 □ □
- 유형 01 / 함수의 뜻 □ □
- 유형 02 / 함숫값 구하기 *고빈출 □ □
- 유형 03 / 함수의 정의역, 공역, 치역 □ □
- 유형 04 / 서로 같은 함수 □ □
- 유형 05 / 함수의 그래프 □ □
- 유형 06 / 절댓값 기호를 포함한 함수의 그래프 □ □

Lecture 14 여러 가지 함수

1st 월 일 | 2nd 월 일

- 개념 05 일대일함수 □ □
- 개념 06 일대일대응 □ □
- 개념 07 항등함수와 상수함수 □ □
- 유형 07 / 여러 가지 함수 □ □
- 유형 08 / 일대일대응이 되기 위한 조건 *고빈출 □ □
- 유형 09 / 항등함수와 상수함수 □ □
- 유형 10 / 여러 가지 함수의 개수 □ □

Lecture 13 함수

개념 01 함수

유형 01

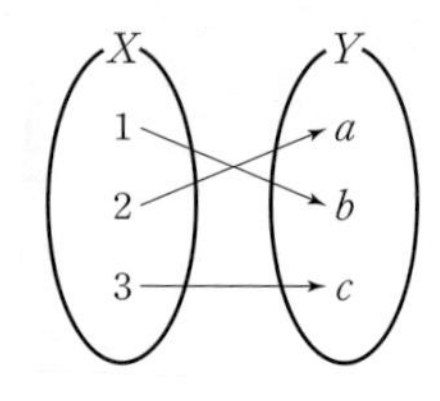

오른쪽 그림과 같이 공집합이 아닌 두 집합 X, Y에 대하여 X의 원소에 Y의 원소를 짝 지어 주는 것을 집합 X에서 집합 Y로의 **대응**이라 한다.

이때 X의 원소 x에 Y의 원소 y가 대응하는 것을 기호

$$x \longrightarrow y$$

로 나타낸다.

또, 두 집합 X, Y에 대하여 X의 각 원소에 Y의 원소가 오직 하나씩 대응할 때, 이 대응을 X에서 Y로의 **함수**라 하고, 기호

$$f : X \longrightarrow Y$$ ← 함수를 나타낼 때, 보통 f, g, h와 같은 알파벳 소문자를 사용한다.

로 나타낸다.

중심 개념 (함수)

(1) **대응**: 집합 X의 원소에 집합 Y의 원소를 짝 지어 주는 것을 집합 X에서 집합 Y로의 대응이라 한다.

(2) **함수**: 집합 X의 각 원소에 집합 Y의 원소가 오직 하나씩 대응할 때, 이 대응을 X에서 Y로의 함수라 하고, 기호 $f : X \longrightarrow Y$로 나타낸다.

| 참고 | 집합 X에서 집합 Y로의 대응에서
① X의 각 원소에 대응하는 Y의 원소가 1개씩이면 함수이다.
② X의 어떤 원소에 대응하는 Y의 원소가 없거나 2개 이상이면 함수가 아니다.

확인 주어진 대응이 함수인지 아닌지를 판별해 보자.

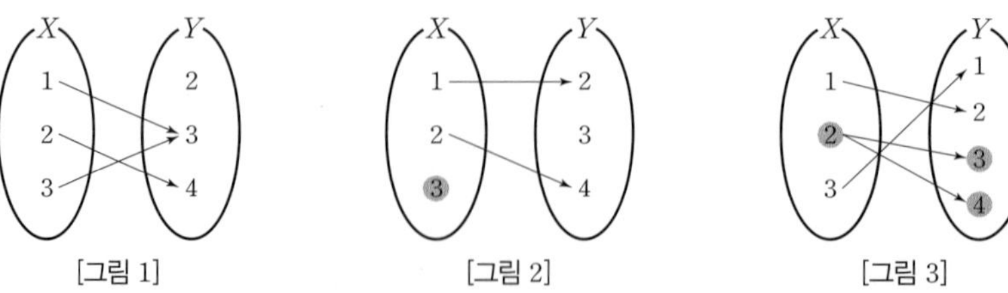

[그림 1]은 집합 X의 각 원소에 집합 Y의 원소가 오직 하나씩 대응하므로 함수이다.
[그림 2]는 집합 X의 원소 3에 대응하는 집합 Y의 원소가 없으므로 함수가 아니다.
[그림 3]은 집합 X의 원소 2에 대응하는 집합 Y의 원소가 3, 4의 2개이므로 함수가 아니다.

정의역, 공역, 치역과 서로 같은 함수

유형 02~04

함수 $f: X \longrightarrow Y$에서 집합 X를 함수 f의 **정의역**, 집합 Y를 함수 f의 **공역**이라 한다. 또, 정의역 X의 원소 x에 공역 Y의 원소 y가 대응할 때, 기호

$$y=f(x)$$

로 나타낸다. 이때 $f(x)$를 x에서의 **함숫값**이라 하고, 함숫값 전체의 집합

$$\{f(x) \mid x \in X\}$$

를 함수 f의 **치역**이라고 한다. 함수의 치역은 공역의 부분집합이다.

중심 개념 (정의역, 공역, 치역)

집합 X에서 집합 Y로의 함수 f에 대하여

(1) 함수 f의 정의역: X

(2) 함수 f의 공역: Y

(3) 함수 f의 치역: $\{f(x) \mid x \in X\}$

| 참고 | 함수 $y=f(x)$의 정의역이나 공역이 주어져 있지 않은 경우에 정의역은 함수가 정의되는 실수 x의 값 전체의 집합으로, 공역은 실수 전체의 집합으로 생각한다.

오른쪽 그림과 같은 함수 $f: X \longrightarrow Y$에서

(1) 정의역: $X=\{1, 2, 3\}$

(2) 공역: $Y=\{a, b, c, d\}$

(3) 정의역 X의 각 원소에 대한 함숫값: $f(1)=b$, $f(2)=d$, $f(3)=a$

➡ 치역: $\{a, b, d\}$

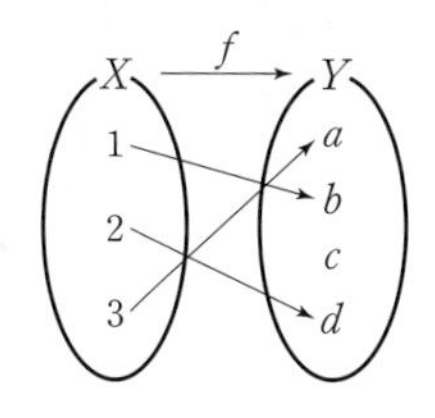

정의역과 공역이 각각 같은 두 함수에서 정의역의 모든 원소에 대한 두 함수의 함숫값이 서로 같을 때, 두 함수는 서로 같은 함수이다.

중심 개념 (서로 같은 함수)

두 함수 $f: X \longrightarrow Y$, $g: X \longrightarrow Y$에서 정의역의 모든 원소 x에 대하여 $f(x)=g(x)$일 때, 두 함수 f와 g는 서로 같다고 하고, 기호 $f=g$로 나타낸다.

| 참고 | 두 함수 f와 g가 서로 같지 않을 때, 기호 $f \neq g$로 나타낸다.

확인 정의역이 $\{-1, 0\}$인 두 함수 $f(x)=x$, $g(x)=x^3$에 대하여

$f(-1)=-1$, $g(-1)=-1$ $\quad \therefore f(-1)=g(-1)$

$f(0)=0$, $g(0)=0$ $\quad \therefore f(0)=g(0)$

따라서 두 함수 f와 g는 서로 같다. 즉, $f=g$이다.

개념 03

함수의 그래프

유형 05

함수 $f:X \longrightarrow Y$에서 정의역 X의 원소 x와 이에 대응하는 함숫값 $f(x)$의 순서쌍 $(x, f(x))$ 전체의 집합 $\{(x, f(x))\,|\,x \in X\}$를 **함수 f의 그래프**라 한다.

함수 $y=f(x)$의 정의역과 공역이 모두 실수 전체의 부분집합일 때, 함수 $y=f(x)$의 그래프는 순서쌍 $(x, f(x))$를 좌표평면에 점으로 나타내어 그릴 수 있다.

예를 들어 집합 $X=\{1, 2, 3, 4\}$에서 집합 $Y=\{1, 2, 3, 4\}$로의 함수 f의 대응 관계가 [그림 1]과 같을 때, 함수 f의 그래프는

$\{(1, 4), (2, 1), (3, 2), (4, 4)\}$

이고, 이 함수의 그래프를 좌표평면 위에 나타내면 [그림 2]와 같다.

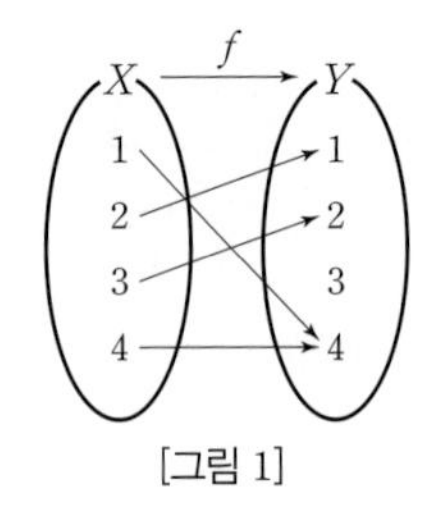

[그림 1]

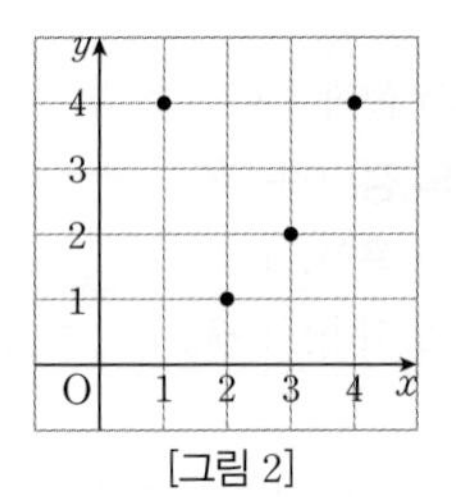

[그림 2]

함수의 그래프

중심 개념

(1) **함수의 그래프**: 함수 $f:X \longrightarrow Y$에서 정의역 X의 원소 x와 이에 대응하는 함숫값 $f(x)$의 순서쌍 $(x, f(x))$ 전체의 집합 $\{(x, f(x))\,|\,x \in X\}$를 함수 f의 그래프라 한다.

(2) 정의역과 공역이 모두 실수 전체의 부분집합인 함수의 그래프는 좌표평면 위에 나타낼 수 있다.

| 참고 | 함수의 그래프는 순서쌍의 집합으로 나타내기보다 주로 좌표평면에 나타낸다.

한편, 함수의 정의에 의하여 함수 $f:X \longrightarrow Y$는 정의역 X의 각 원소에 공역 Y의 원소가 오직 하나씩 대응한다.

따라서 함수의 그래프는 정의역의 각 원소 a에 대하여 y축에 평행한 직선 $x=a$와 오직 한 점에서 만난다.

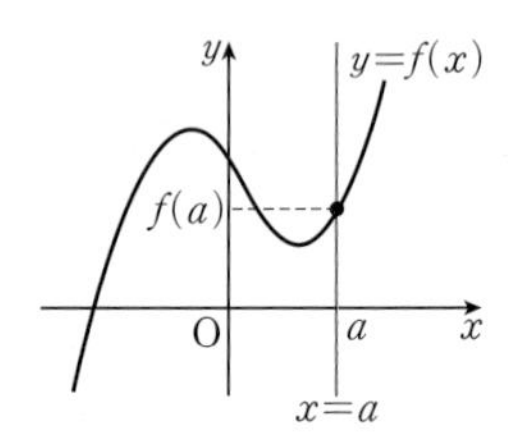

확인 [그림 1]은 정의역의 각 원소 a에 대하여 직선 $x=a$와 오직 한 점에서 만나므로 함수의 그래프이다.
[그림 2]는 정의역의 원소 a에 대하여 직선 $x=a$와 두 점에서 만나는 경우가 있으므로 함수의 그래프가 아니다.

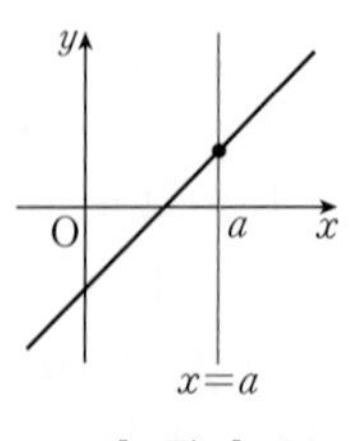

[그림 1]

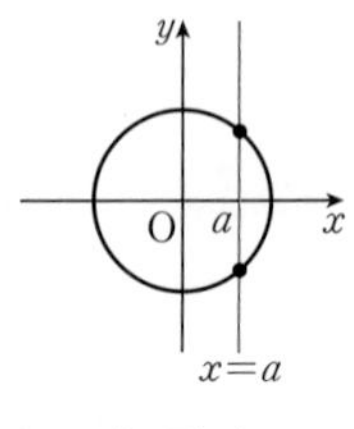

[그림 2]

절댓값 기호를 포함한 함수의 그래프

유형 06

절댓값 기호를 포함한 식은 다음을 이용하여 절댓값 기호를 포함하지 않은 식으로 나타낸다.

$$|A|=\begin{cases} A & (A\geq 0) \\ -A & (A<0) \end{cases}$$

절댓값 기호를 포함한 함수의 그래프는 일반적으로 다음과 같은 순서로 그린다.

중심 개념 절댓값 기호를 포함한 함수의 그래프

(i) 절댓값 기호 안의 식의 값이 0이 되는 x의 값을 구한다.
(ii) 구한 x의 값을 경계로 범위를 나누어 절댓값 기호를 포함하지 않은 함수의 식으로 나타낸다.
(iii) 각 범위에서 구한 함수의 그래프를 그린다.

| 참고 | 절댓값 기호를 포함한 함수의 그래프는 절댓값 기호 안의 식의 값을 0으로 하는 x의 값에서 꺾인다.

확인 함수 $y=|x-2|$의 그래프를 그려 보자.
절댓값 기호 안의 식 $x-2$의 값이 0이 되는 x의 값은

$x=2$

(i) $x<2$일 때, $y=-(x-2)$, 즉 $y=-x+2$
(ii) $x\geq 2$일 때, $y=x-2$
(i), (ii)에서 주어진 함수의 그래프는 오른쪽 그림과 같다.

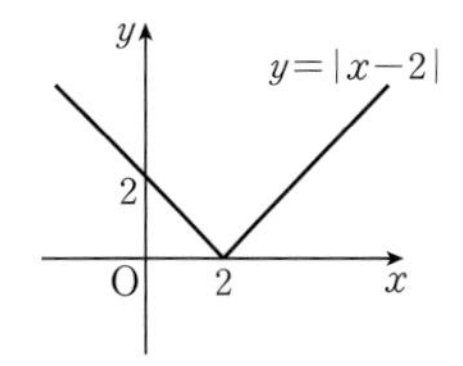

또, 절댓값 기호를 포함한 두 함수 $y=|f(x)|$와 $y=f(|x|)$의 그래프는 대칭이동을 이용하여 다음과 같은 방법으로 그릴 수 있다.

(1) **함수 $y=|f(x)|$의 그래프:** $y=f(x)$의 그래프를 그린 후, x축 아랫부분을 x축에 대하여 대칭이동한다.
(2) **함수 $y=f(|x|)$의 그래프:** $x\geq 0$일 때의 $y=f(x)$의 그래프를 그린 후, y축에 대하여 대칭이동한다.

확인 함수 $y=x-2$의 그래프를 이용하여 두 함수 $y=|x-2|$, $y=|x|-2$의 그래프를 그려 보자.

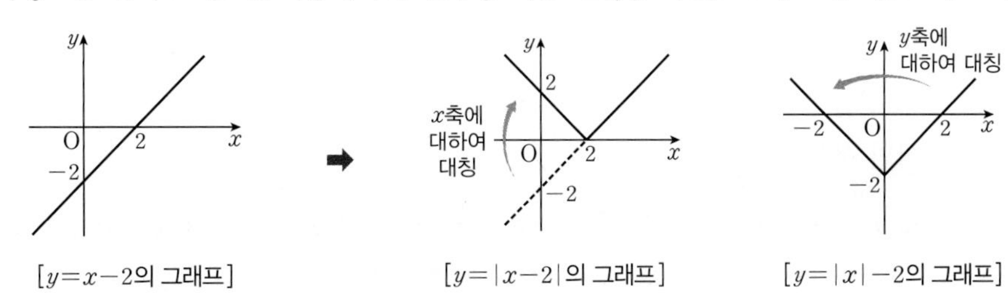

[$y=x-2$의 그래프] [$y=|x-2|$의 그래프] [$y=|x|-2$의 그래프]

유형 01 출제 빈도

함수의 뜻

개념 01

240 대표

집합 $X=\{-1, 0, 1\}$에서 집합 $Y=\{-1, 0, 1, 2\}$로의 함수인 것만을 **보기**에서 있는 대로 고르시오.

보기

ㄱ. $x \longrightarrow 1-x$ ㄴ. $x \longrightarrow x^3$ ㄷ. $x \longrightarrow x^2-2$ ㄹ. $x \longrightarrow |2x|$

유형 분석

주어진 대응 중에서 함수인 것을 찾는 가장 쉬운 방법은 집합 X에서 집합 Y로의 대응 관계를 그림으로 나타내는 것이다. 이때 집합 X의 각 원소에 대응하는 집합 Y의 원소가 1개씩이면 함수이고, 집합 X의 어떤 원소에 대응하는 집합 Y의 원소가 없거나 2개 이상인 경우가 있으면 함수가 아니다.

연구 **집합 X에서 집합 Y로의 함수는 ➔ X의 각 원소에 Y의 원소가 오직 하나씩 대응한다**

풀이 ≫

241 다음 대응 중 집합 X에서 집합 Y로의 함수인 것을 모두 찾으시오.

(1)
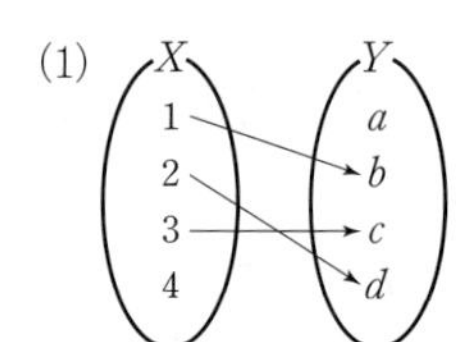

(2)
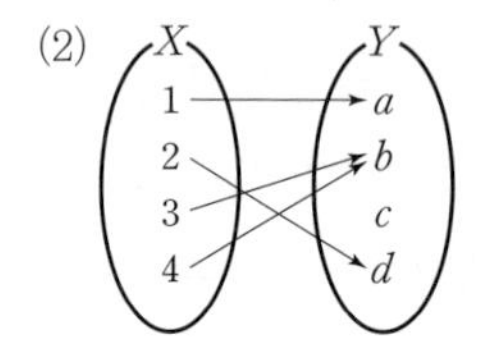

(3)
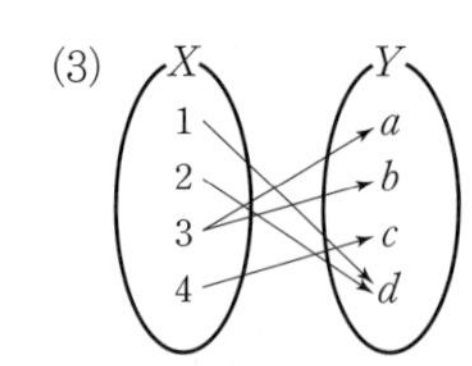

(4)
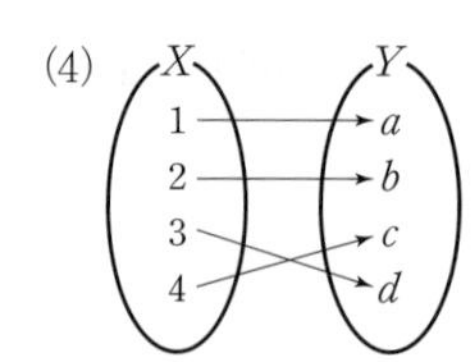

242 두 집합 $X=\{-1, 1\}$, $Y=\{-3, -1, 1\}$에 대하여 다음 대응 중 X에서 Y로의 함수가 아닌 것은?

① $x \longrightarrow -1$ ② $x \longrightarrow -2x-1$ ③ $x \longrightarrow |x-3|-7$
④ $x \longrightarrow x^2$ ⑤ $x \longrightarrow x^3-2$

출제 빈도

함숫값 구하기

개념 02

243 대표

실수 전체의 집합 R에서 R로의 함수 f가

$$f(x)=\begin{cases} -x+1 & (x<0) \\ 2x+1 & (x\geq 0) \end{cases}$$

일 때, $f(-\sqrt{5})+f(\sqrt{5}-1)$의 값을 구하시오.

유형 분석

함수 $f(x)$에서 함숫값 $f(k)$는 $f(x)$의 x 대신 k를 대입한 값이다.

위의 문제에서는 x의 값의 범위에 따라 함수식이 나누어져 있으므로 x의 값에 맞게 함수식을 골라 함숫값을 각각 구한다.

연구 $f(x)=ax+b \Rightarrow f(k)=ak+b$

x 대신 k 대입

풀이 ≫

244 실수 전체의 집합에서 정의된 함수 $f(x)=\begin{cases} x+1 & (x\geq 3) \\ x^2-5 & (x<3) \end{cases}$에 대하여 $f(4)+f(-1)$의 값을 구하시오.

245 실수 전체의 집합에서 정의된 함수 $f(x)$가 $f(x-3)=x^2-5$를 만족시킬 때, $f(-1)+f(2)$의 값을 구하시오.

실력+

246 함수 f가 임의의 실수 x, y에 대하여 $f(x+y)=f(x)+f(y)$를 만족시키고 $f(2)=6$일 때, $f(3)$의 값을 구하시오.

해결 전략 / $f(x+y)=f(x)+f(y)$의 x, y에 적당한 값을 대입하여 $f(1)$, $f(3)$의 값을 구한다.

13

유형 03 출제 빈도

함수의 정의역, 공역, 치역

개념 02

247 대표

집합 $X=\{x|-1\le x\le 4\}$를 정의역으로 하는 함수 $f(x)=ax+b$의 치역이 $\{y|-1\le y\le 4\}$일 때, 실수 a, b에 대하여 $a+b$의 값을 구하시오. (단, $ab\ne 0$)

유형 분석

함수 $f:X\longrightarrow Y$의 치역은 정의역 X의 원소에 대한 함숫값 전체의 집합이다.

위의 문제에서 $f(x)$는 일차함수이므로 $-1\le x\le 4$에서의 $y=f(x)$의 그래프는 직선의 일부이다.

따라서 $a>0$, $a<0$인 경우로 나누어 함숫값을 만족시키는 a, b의 값을 구한다.

연구 정의역이 X인 함수 f의 치역은 ➔ $\{f(x)|x\in X\}$

풀이 ≫

248

집합 $X=\{-2, -1, 0, 1, 2\}$를 정의역으로 하는 함수 $f(x)=|x-1|-1$의 치역의 모든 원소의 합을 구하시오.

249

집합 $X=\{0, 1, 2, 3, 4, 5, 6\}$에 대하여 함수 $f:X\longrightarrow X$를

$f(x)=$(x^2을 4로 나누었을 때의 나머지)

로 정의할 때, 함수 f의 치역을 구하시오.

실력+

250

정의역이 $\{x|-1\le x\le 2\}$인 일차함수 $f(x)=ax+1$의 공역이 $\{y|-2\le y\le 7\}$일 때, 실수 a의 값의 범위를 구하시오.

해결 전략 / 치역은 공역의 부분집합이므로 $a>0$, $a<0$일 때로 나누어 함숫값 $f(-1)$, $f(2)$의 범위를 생각한다.

출제 빈도

서로 같은 함수

개념 02

251 대표

집합 $\{-1, 1\}$을 정의역으로 하는 두 함수

$$f(x)=x^2-2x+a, \quad g(x)=bx-3$$

에 대하여 $f=g$일 때, ab의 값을 구하시오. (단, a, b는 상수이다.)

유형 분석

두 함수의 정의역과 공역이 각각 같을 때, 두 함수가 서로 같다는 것은 정의역의 모든 원소에 대한 두 함수의 함숫값이 서로 같다는 뜻이다.

따라서 위의 문제에서 a, b의 값을 구하려면 정의역의 두 원소에 대한 함숫값이 서로 같음을 이용한다.

연구 $f=g$ → (i) 두 함수의 정의역과 공역이 각각 같다
(ii) 정의역의 모든 원소 x에 대하여 $f(x)=g(x)$이다

풀이 ≫

252 집합 $X=\{-1, 0, 1\}$에 대하여 X에서 X로의 두 함수 f, g가 **보기**와 같을 때, $f=g$인 것만을 있는 대로 고르시오.

보기

ㄱ. $f(x)=x$, $g(x)=-x$

ㄴ. $f(x)=x^2$, $g(x)=|x|$

ㄷ. $f(x)=x+2$, $g(x)=\dfrac{x^2-4}{x-2}$

253 집합 $X=\{-2, a\}$를 정의역으로 하는 두 함수 $f(x)=-3x+1$, $g(x)=x^2-4x-b$에 대하여 $f=g$일 때, 함수 g의 치역을 구하시오. (단, $a\neq-2$이고 b는 상수이다.)

254 공집합이 아닌 집합 X를 정의역으로 하는 두 함수 $f(x)=x^2$, $g(x)=2x$에 대하여 $f=g$가 되도록 하는 집합 X의 개수를 구하시오.

출제 빈도

함수의 그래프

⟳ 개념 03

255 대표

다음 중 함수의 그래프인 것을 모두 찾으시오.

(1)

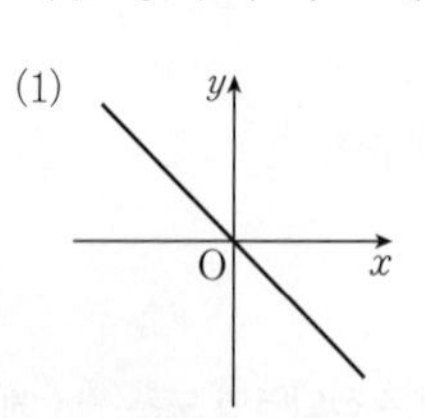

(2)

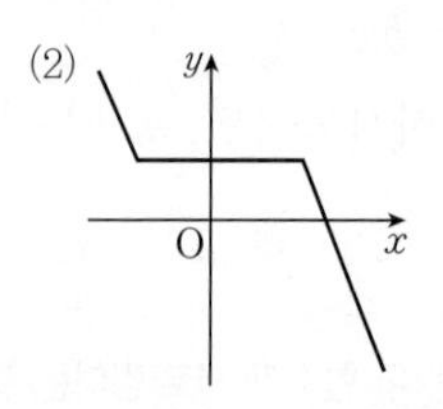

(3)

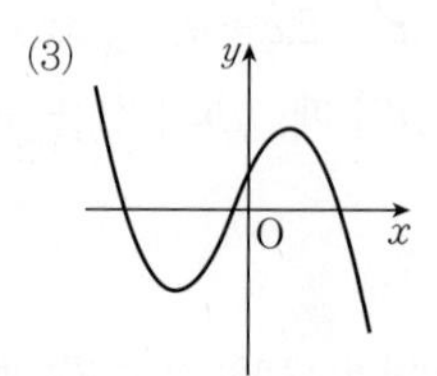

(4)

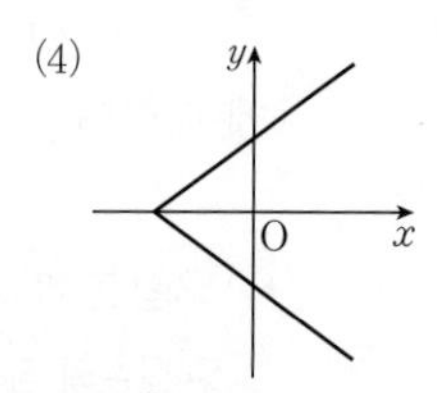

유형 분석

오른쪽 그림과 같이 정의역의 각 원소 a에 대하여 y축에 평행한 직선 $x=a$를 그었을 때, 주어진 $y=f(x)$의 그래프와 오직 한 점에서 만나면 그 그래프는 함수의 그래프이고, 만나지 않거나 2개 이상의 점에서 만나는 경우가 있으면 그 그래프는 함수의 그래프가 아니다.

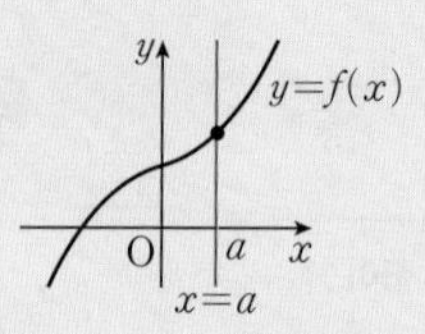

연구 함수의 그래프는 ➔ 정의역의 각 원소 a에 대하여 직선 $x=a$와 오직 한 점에서 만난다

풀이 ≫

256

다음은 집합 $X=\{-1, 0, 1, 2, 3\}$에서 정의된 대응을 그래프로 나타낸 것이다. 이 중 함수의 그래프인 것을 찾으시오.

(1)

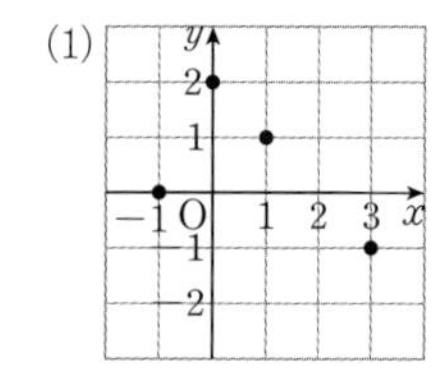

(2)

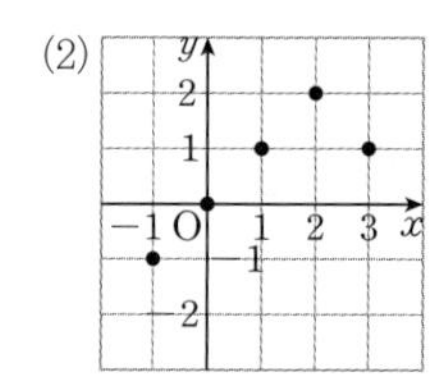

(3)

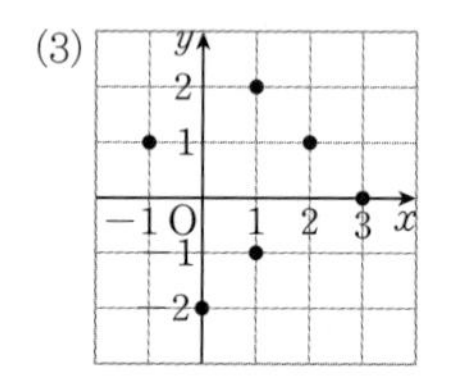

257

함수의 그래프인 것만을 **보기**에서 있는 대로 고르시오.

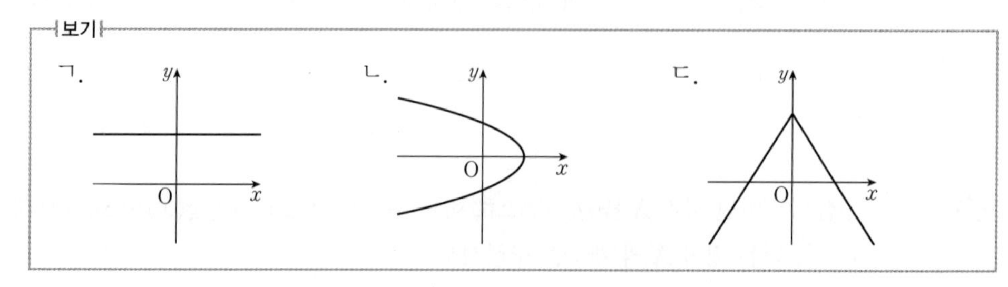

유형 06

절댓값 기호를 포함한 함수의 그래프

개념 04

258 대표

다음 함수의 그래프를 그리시오.

(1) $y=-2|x-4|-2$

(2) $y=|x-1|+|x-5|$

유형 분석

절댓값 기호를 포함한 함수의 그래프는 절댓값 기호 안의 식의 값을 0으로 하는 x의 값을 기준으로 하여 x의 값의 범위를 나눈 후, 절댓값 기호를 포함하지 않은 식으로 나타내어 그 그래프를 그린다.

연구 절댓값 기호를 포함한 함수의 그래프는 ➔ $|A|=\begin{cases} A & (A\geq 0) \\ -A & (A<0) \end{cases}$를 이용한다

풀이 ≫

259

다음 함수의 그래프를 그리시오.

(1) $y=x+|x+1|$

(2) $y=|x-2|+|2x-1|$

260

함수 $y=f(x)$의 그래프가 오른쪽 그림과 같을 때, 다음 함수의 그래프를 그리시오.

(1) $y=|f(x)|$

(2) $y=f(|x|)$

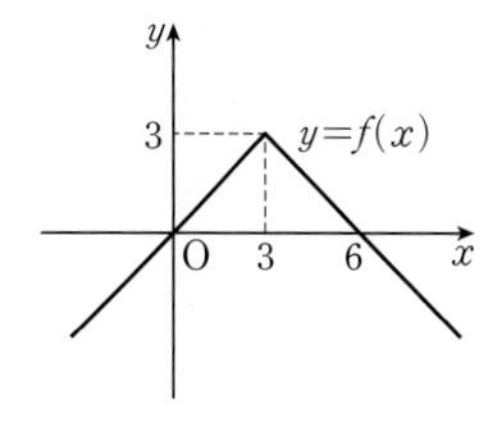

261

함수 $y=a|x+b|+c$의 그래프가 오른쪽 그림과 같을 때, 상수 a, b, c에 대하여 $a+b+c$의 값을 구하시오.

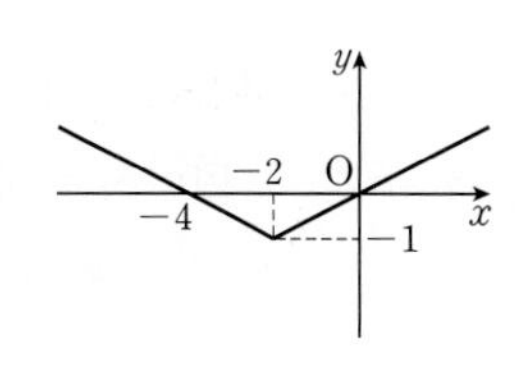

Lecture 14 여러 가지 함수

개념 05 일대일함수

유형 07, 10

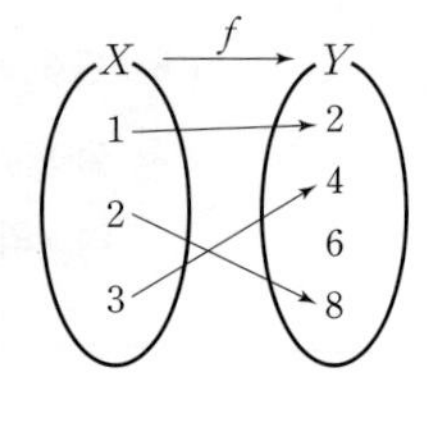

오른쪽 그림의 함수 $f:X \longrightarrow Y$는 정의역의 서로 다른 두 원소에 대한 함숫값이 서로 다르다.

이와 같이 함수 $f:X \longrightarrow Y$에서 정의역 X의 서로 다른 두 원소에 대응하는 공역 Y의 원소가 항상 서로 다를 때, 즉 정의역 X의 원소 x_1, x_2에 대하여

$$x_1 \neq x_2 \text{이면 } f(x_1) \neq f(x_2)$$

가 성립할 때, 이 함수 f를 **일대일함수**라 한다.

중심 개념 (일대일함수)

함수 $f:X \longrightarrow Y$가 일대일함수이다.
$\Longleftrightarrow$ 정의역 X의 원소 x_1, x_2에 대하여 $x_1 \neq x_2$이면 $f(x_1) \neq f(x_2)$가 성립한다.

| 참고 | '$x_1 \neq x_2$이면 $f(x_1) \neq f(x_2)$'의 대우인 '$f(x_1)=f(x_2)$이면 $x_1=x_2$'가 성립할 때도 함수 f는 일대일함수이다.

확인 주어진 함수가 일대일함수인지 알아보자.

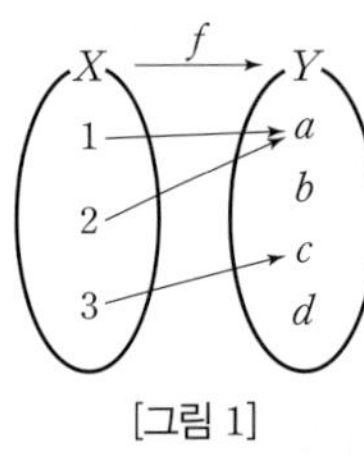

[그림 1]

[그림 2]

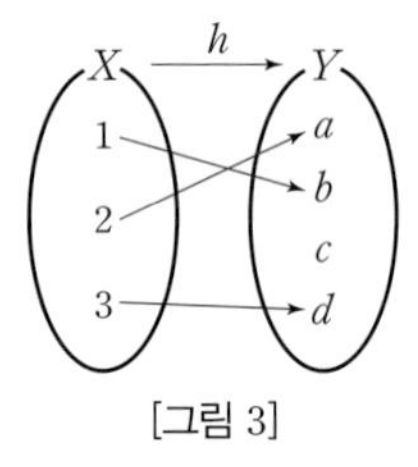

[그림 3]

[그림 1]의 함수 f에서 정의역의 원소 1, 2는 서로 다르지만 $f(1)=f(2)$이므로 함수 f는 일대일함수가 아니다.

[그림 2]의 함수 g에서 정의역의 원소 1, 2, 3의 함숫값이 각각 a, c, b로 서로 다르므로 함수 g는 일대일함수이다.

[그림 3]의 함수 h에서 정의역의 원소 1, 2, 3의 함숫값이 각각 b, a, d로 서로 다르므로 함수 h는 일대일함수이다.

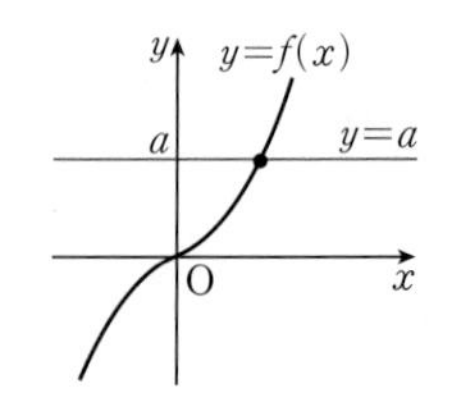

한편, 일대일함수 $f:X \longrightarrow Y$는 정의역 X의 서로 다른 두 원소에 대응하는 공역 Y의 원소가 항상 서로 다르다.

따라서 일대일함수의 그래프는 치역의 각 원소 a에 대하여 x축에 평행한 직선 $y=a$와 오직 한 점에서 만난다.

일대일대응

유형 07, 08, 10

오른쪽 그림의 함수 $f:X \longrightarrow Y$는 정의역의 서로 다른 두 원소에 대한 함숫값이 서로 다르므로 일대일함수이다. 또, 함수 f의 공역과 치역이 모두 $\{2, 4, 6, 8\}$로 서로 같다.

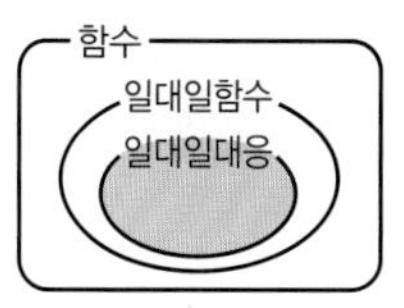

이와 같이 함수 $f:X \longrightarrow Y$가 일대일함수이고 치역과 공역이 같을 때, 즉

(i) 정의역 X의 원소 x_1, x_2에 대하여 $x_1 \neq x_2$이면 $f(x_1) \neq f(x_2)$

(ii) $\{f(x) | x \in X\} = Y$

일 때, 이 함수 f를 **일대일대응**이라 한다.

중심 개념 (일대일대응)

함수 $f: X \longrightarrow Y$가 일대일대응이다.

$\Longleftrightarrow$ (i) 일대일함수이다.
(ii) 치역과 공역이 같다.

| 참고 | 일대일대응이면 일대일함수이지만, 일대일함수라고 해서 모두 일대일대응인 것은 아니다.

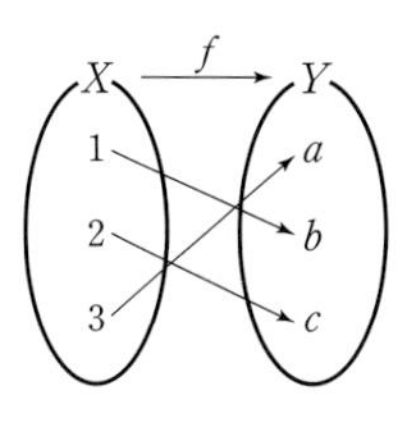

확인 오른쪽 그림의 함수 f에서

(i) 정의역의 원소 1, 2, 3의 함숫값이 각각 서로 다르므로 일대일함수이다.

(ii) (치역)=(공역)이다.

(i), (ii)에서 함수 f는 일대일대응이다.

한편, 일대일대응의 그래프인지 판별할 때는 일대일함수의 그래프인지를 먼저 확인한 후 치역과 공역이 같은지 알아본다.

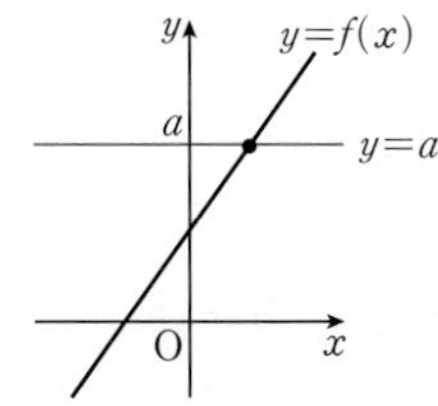

(i) 치역의 각 원소 a에 대하여 직선 $y=a$와 오직 한 점에서 만난다.

(ii) (치역)=(공역)

➡ 일대일대응이다.

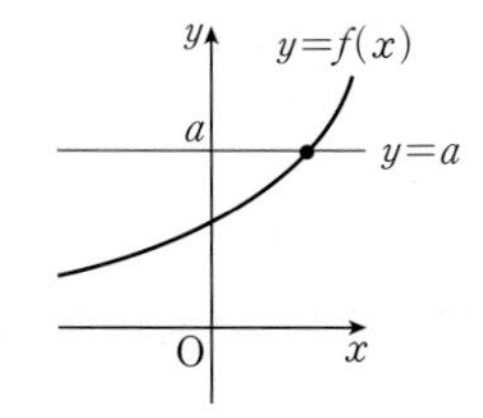

(i) 치역의 각 원소 a에 대하여 직선 $y=a$와 오직 한 점에서 만난다.

(ii) (치역)$\neq$(공역)

➡ 일대일함수이지만 일대일대응은 아니다.

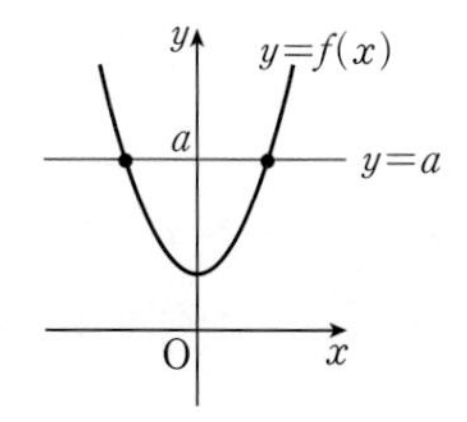

치역의 원소 a에 대하여 직선 $y=a$와 두 점에서 만나는 경우가 있다.

➡ 일대일함수가 아니므로 일대일대응도 아니다.

항등함수와 상수함수

유형 07, 09, 10

오른쪽 그림의 함수 $f:X \longrightarrow X$는 정의역과 공역이 같고,

$f(1)=1,\ \ f(2)=2,\ \ f(3)=3$

이다. 이와 같이 함수 $f:X \longrightarrow X$에서 정의역 X의 각 원소 x에 그 자신인 x가 대응할 때, 즉

$f(x)=x$

일 때, 이 함수 f를 집합 X에서의 **항등함수**라 한다. ← 항등함수는 일대일대응이다.

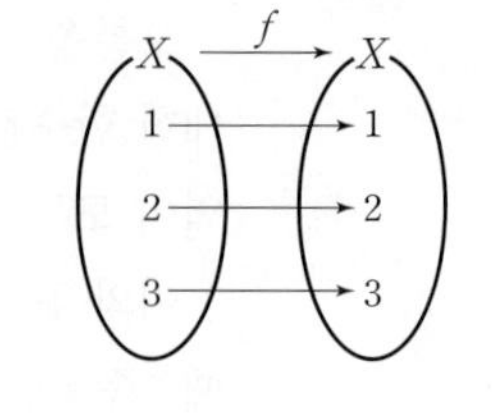

항등함수

중심 개념 함수 $f:X \longrightarrow X$가 항등함수이다.
$\Longleftrightarrow$ 정의역의 각 원소 x에 대하여 $f(x)=x$이다.

| 참고 | 항등함수 $f(x)=x$의 그래프는 직선 $y=x$ 위에 나타난다. 이때 정의역 X에 따라 그 그래프는 각각 다음과 같다.

(i) $X=\{1, 2, 3\}$

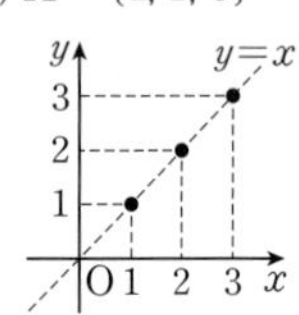

(ii) $X=\{x \mid 1\le x\le 3\}$

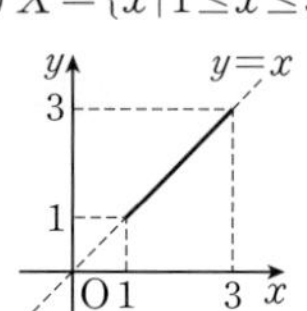

(iii) $X=\{x \mid x$는 실수$\}$

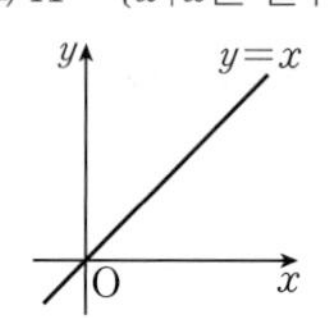

오른쪽 그림의 함수 $f:X \longrightarrow Y$는

$f(1)=2,\ \ f(2)=2,\ \ f(3)=2$

이다. 이와 같이 함수 $f:X \longrightarrow Y$에서 정의역 X의 모든 원소 x에 공역 Y의 단 하나의 원소가 대응할 때, 즉

$f(x)=c$ (c는 상수)

일 때, 이 함수 f를 **상수함수**라 한다. ← 상수함수의 치역은 원소가 1개인 집합이다.

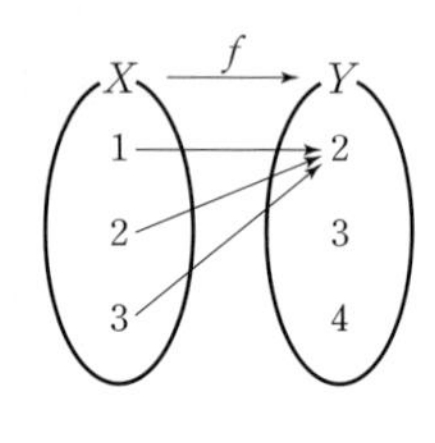

상수함수

중심 개념 함수 $f:X \longrightarrow Y$가 상수함수이다.
$\Longleftrightarrow$ 정의역의 모든 원소 x에 대하여 $f(x)=c$ (c는 $c\in Y$인 상수)이다.

| 참고 | 상수함수 $f(x)=c$ (c는 상수)의 그래프는 x축에 평행한 직선 $y=c$ (c는 상수) 위에 나타난다. 이때 정의역 X에 따라 그 그래프는 각각 다음과 같다.

(i) $X=\{1, 2, 3\}$

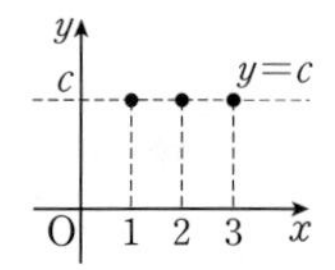

(ii) $X=\{x \mid 1\le x\le 3\}$

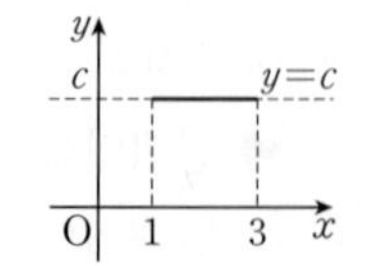

(iii) $X=\{x \mid x$는 실수$\}$

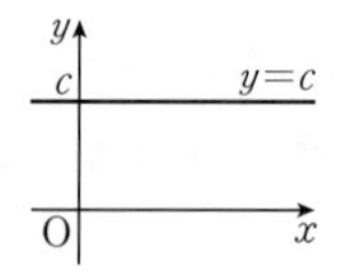

익힘 01 대응 관계가 주어진 여러 가지 함수

개념 05~07

[262~265] 다음에 해당하는 것만을 **보기**에서 있는 대로 고르시오.

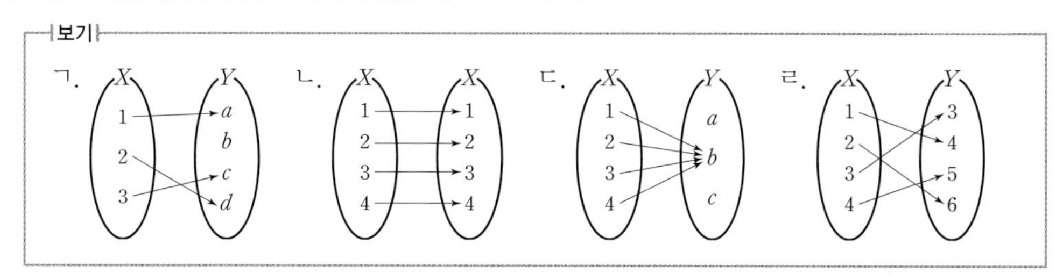

262 일대일함수

263 일대일대응

264 항등함수

265 상수함수

익힘 02 그래프가 주어진 여러 가지 함수

개념 05~07

[266~269] 아래는 집합 $X=\{1, 2, 3, 4\}$에 대하여 X에서 X로의 함수의 그래프를 좌표평면 위에 나타낸 것이다. 다음에 해당하는 것만을 **보기**에서 있는 대로 고르시오.

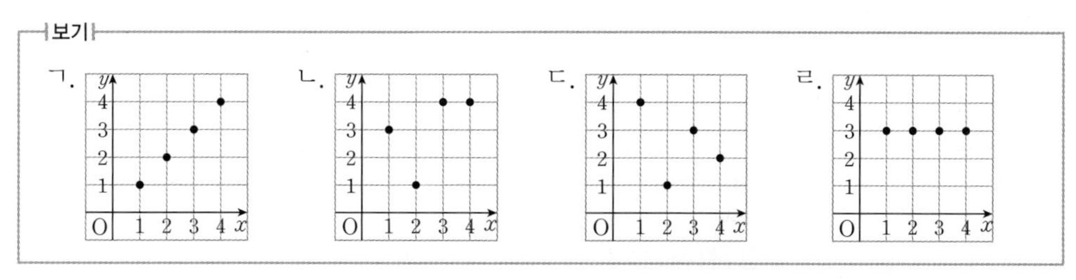

266 일대일함수

267 일대일대응

268 항등함수

269 상수함수

익힘 03 일대일대응

개념 06

270 일대일대응인 것만을 **보기**에서 있는 대로 고르시오.

(단, 정의역과 공역은 모두 실수 전체의 집합이다.)

보기

ㄱ. $y=x+1$　　ㄴ. $y=4$　　ㄷ. $y=|x|$　　ㄹ. $y=x^2+3$

출제 빈도

유형 07

여러 가지 함수

개념 05~07

271 대표

다음에 해당하는 그래프인 것만을 **보기**에서 있는 대로 고르시오.

(단, 정의역과 공역은 모두 실수 전체의 집합이다.)

보기

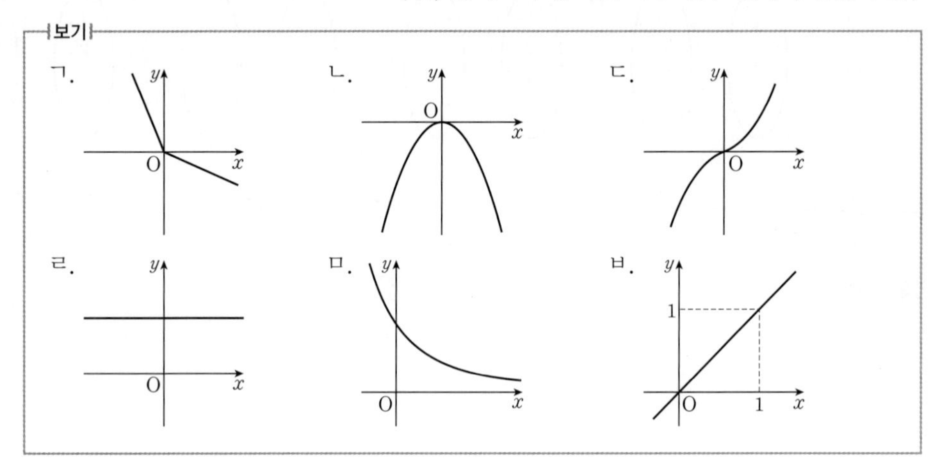

(1) 일대일함수
(2) 일대일대응
(3) 항등함수
(4) 상수함수

유형 분석

각 함수의 그래프의 특징을 파악하고, 주어진 그래프 중 그 특징을 만족시키는 것을 찾는다.

연구 ① 일대일함수의 그래프 → 치역의 각 원소 a에 대하여 직선 $y=a$와의 교점이 1개인 그래프 즉, 계속 증가하거나 계속 감소하는 그래프

② 일대일대응의 그래프 → 일대일함수의 그래프 중 치역과 공역이 같은 것

③ 항등함수의 그래프 → 직선 $y=x$

④ 상수함수의 그래프 → x축에 평행한 직선

풀이 »

272

다음에 해당하는 함수인 것만을 **보기**에서 있는 대로 고르시오.

(단, 정의역과 공역은 모두 실수 전체의 집합이다.)

보기

ㄱ. $y=-3$　　ㄴ. $y=2x-1$　　ㄷ. $y=x$　　ㄹ. $y=|x|+1$

(1) 일대일함수
(2) 일대일대응
(3) 항등함수
(4) 상수함수

출제 빈도

일대일대응이 되기 위한 조건

개념 06

273 대표

두 집합 $X=\{x|0\leq x\leq 2\}$, $Y=\{y|3\leq y\leq 9\}$에 대하여 X에서 Y로의 함수 $f(x)=ax+b\ (a>0)$가 일대일대응일 때, 상수 a, b의 값을 각각 구하시오.

유형 분석

함수 f가 일대일대응이면 일대일함수이면서 치역과 공역이 같다.

위의 문제에서 $a>0$일 때, 함수 $f(x)=ax+b$의 그래프는 x의 값이 증가할 때 y의 값도 증가하는 직선이므로 f는 일대일함수이다. 따라서 함수 f가 일대일대응이려면 치역과 공역이 같아야 하므로 정의역 $\{x|0\leq x\leq 2\}$의 양 끝 값에서의 함숫값이 공역 $\{y|3\leq y\leq 9\}$의 양 끝 값과 일치하면 된다.

연구 일대일대응 ➔ (i) 일대일함수이다 (ii) 치역과 공역이 같다

풀이 ≫

274

두 집합 $X=\{x|-2\leq x\leq 3\}$, $Y=\{y|-7\leq y\leq 3\}$에 대하여 X에서 Y로의 함수 $f(x)=ax+b\ (a<0)$가 일대일대응일 때, $f(-1)$의 값을 구하시오.

(단, a, b는 상수이다.)

275

두 집합 $X=\{x|x\geq 3\}$, $Y=\{y|y\geq 7\}$에 대하여 X에서 Y로의 함수 $f(x)=x^2-2x+a$가 일대일대응일 때, 상수 a의 값을 구하시오.

276

정의역과 공역이 모두 실수 전체의 집합인 함수

$$f(x)=\begin{cases} -2x+1 & (x\geq 3) \\ ax+b & (x<3) \end{cases}$$

가 일대일대응이 되도록 하는 정수 b의 최솟값을 구하시오. (단, a는 상수이다.)

출제 빈도

유형 09

항등함수와 상수함수

개념 07

277 대표

실수 전체의 집합에서 정의된 두 함수 f, g에 대하여 f는 항등함수이고, 모든 실수 x에 대하여 $g(x)=4$일 때, $f(-3)+g(6)$의 값을 구하시오.

유형 분석

항등함수는 정의역과 공역이 같으면서 정의역의 각 원소에 자기 자신이 대응하는 함수이고, 상수함수는 정의역의 모든 원소에 공역의 단 하나의 원소가 대응하는 함수이다. 따라서 각 함수의 정의에 맞게 함수식을 구하고 각 함숫값을 구하면 된다.

연구 ① 항등함수 → $f: X \longrightarrow X$, $f(x)=x$
② 상수함수 → $f: X \longrightarrow Y$, $f(x)=c$ (c는 $c \in Y$인 상수)

풀이 ≫

278

자연수 전체의 집합에서 정의된 함수 f는 상수함수이고 $f(12)=2$일 때, $f(1)+f(2)+f(3)+\cdots+f(12)$의 값을 구하시오.

279

실수 전체의 집합에서 정의된 두 함수 f, g에 대하여 f는 항등함수이고, g는 상수함수이다. $f(1)+g(1)=10$일 때, $f(10)+g(20)$의 값을 구하시오.

280

집합 $X=\{1, 2, 3\}$에 대하여 X에서 X로의 세 함수 f, g, h가 각각 일대일대응, 항등함수, 상수함수이고 다음 조건을 만족시킬 때, $f(3)+g(2)+h(2)$의 값을 구하시오.

(가) $f(1)=g(1)=h(1)$	(나) $f(2)=g(2)+h(3)$

출제 빈도

여러 가지 함수의 개수

개념 05~07

281 대표

집합 $X=\{0,\ 1,\ 2\}$에 대하여 다음을 구하시오.

(1) X에서 X로의 함수의 개수
(2) X에서 X로의 함수 중 일대일대응의 개수
(3) X에서 X로의 함수 중 상수함수의 개수
(4) X에서 X로의 함수 중 항등함수의 개수

유형 분석

함수의 개수를 구할 때는 주어진 함수의 정의에 맞게 정의역의 각 원소에 대하여 함숫값이 될 수 있는 경우를 모두 구한다.

(1) 함수가 되려면 정의역 X의 원소 0, 1, 2 각각에 공역 X의 원소 0, 1, 2 중 하나가 대응해야 한다.
(2) 일대일대응이 되려면 정의역 X의 원소 0, 1, 2 각각에 대응하는 공역 X의 원소가 모두 달라야 한다.
(3) 상수함수가 되려면 치역의 원소가 0, 1, 2 중 하나뿐이어야 한다.

연구 함수의 개수를 구하려면
→ 정의역의 각 원소에 대하여 함숫값이 될 수 있는 경우를 모두 생각한다

POINT 함수 $f: X \longrightarrow Y$에서 두 집합 X, Y의 원소의 개수가 각각 m, n일 때,
① 함수 f의 개수 → n^m
② 일대일함수 f의 개수 → $n(n-1)(n-2)\times\cdots\times(n-m+1)$ (단, $n\geq m$)
③ 일대일대응 f의 개수 → $n(n-1)(n-2)\times\cdots\times2\times1$ (단, $m=n$)
④ 상수함수 f의 개수 → n

풀이 ≫

282

두 집합 $X=\{1,\ 2,\ 3\}$, $Y=\{1,\ 2,\ 3,\ 4,\ 5\}$에 대하여 다음을 구하시오.

(1) X에서 Y로의 함수의 개수
(2) X에서 Y로의 함수 중 일대일함수의 개수

283

집합 $X=\{x|x$는 7 이하의 자연수$\}$에 대하여 X에서 X로의 함수 중 상수함수의 개수를 a, 항등함수의 개수를 b라 할 때, $a+b$의 값을 구하시오.

STEP 1 표준

284 두 집합 $X=\{-1, 0, 1\}$, $Y=\{-1, 0, 1, 2, 3\}$에 대하여 X에서 Y로의 함수인 것만을 **보기**에서 있는 대로 고르시오.

|보기|

ㄱ. $f(x)=x+2$　　ㄴ. $g(x)=|x|-1$
ㄷ. $h(x)=x^2-3x$　　ㄹ. $i(x)=3$

285 두 집합 $X=\{a, b, 1\}$, $Y=\{c, 0, 6, 9\}$에 대하여 X에서 Y로의 함수 f가 오른쪽 그림과 같다. $f(x)=-3x$일 때, $a+b+c$의 값을 구하시오. (단, a, b, c는 상수이다.)

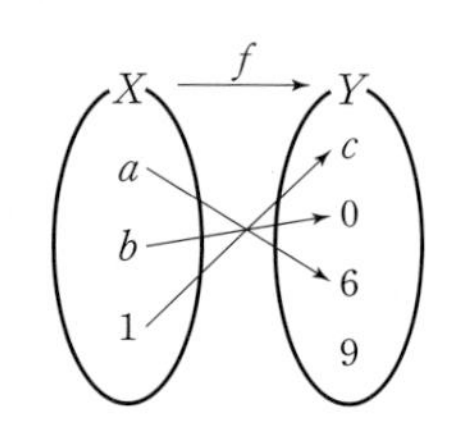

286 실수 전체의 집합에서 정의된 함수 $f(x)=\begin{cases} x-3 & (x\text{는 유리수}) \\ -x & (x\text{는 무리수}) \end{cases}$에 대하여 $f(1)-f(2+\sqrt{3})$의 값을 구하시오.

서술형

287 집합 $X=\{2, 4, 6, 8, 10\}$을 정의역으로 하는 함수

$f(x)=(x$보다 작은 소수의 개수$)$

의 치역의 원소의 개수를 구하시오.

288 집합 $X=\{1, 2\}$를 정의역으로 하는 두 함수

$f(x)=x^2+2x-1$, $g(x)=ax+b$

에 대하여 $f=g$일 때, $a-b$의 값을 구하시오. (단, a, b는 상수이다.)

289 함수 $y=|x^2-2x|$의 그래프와 직선 $y=a$가 서로 다른 세 점에서 만날 때, 상수 a의 값을 구하시오.

290 일대일함수이지만 일대일대응이 아닌 함수의 그래프인 것만을 **보기**에서 있는 대로 고르시오. (단, 정의역과 공역은 모두 실수 전체의 집합이다.)

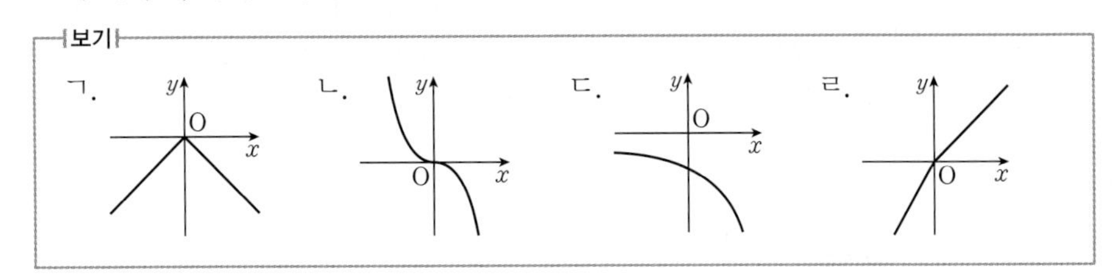

기출

291 두 집합 $X=\{1, 2, 3\}$, $Y=\{1, 2, 3, 4\}$에 대하여 X에서 Y로의 일대일함수를 $f(x)$라 하자. $f(2)=4$일 때, $f(1)+f(3)$의 최댓값은?

① 3 ② 4 ③ 5
④ 6 ⑤ 7

292 두 집합 $X=\{a, b, c\}$, $Y=\{4, 8, 11\}$에 대하여 X에서 Y로의 함수 $f(x)=-2x+1$이 일대일대응일 때, $a+b+c$의 값을 구하시오. (단, a, b, c는 상수이다.)

기출

293 두 집합 $X=\{1, 2, 3, 4\}$, $Y=\{5, 6, 7, 8\}$에 대하여 함수 f는 X에서 Y로의 일대일대응이다. $f(1)=7$, $f(2)-f(3)=3$일 때, $f(3)+f(4)$의 값은?

① 11 ② 12 ③ 13
④ 14 ⑤ 15

294 두 집합 $X=\{x|-1\le x\le 1\}$, $Y=\{y|-14\le y\le 2\}$에 대하여 X에서 Y로의 함수 $f(x)=a(x+2)^2+b$가 일대일대응일 때, ab의 값을 모두 구하시오.

(단, a, b는 상수이다.)

295 실수 전체의 집합에서 정의된 두 함수 f, g에 대하여 f는 항등함수이고, g는 상수함수이다. $f(6)=g(6)$일 때, $f(9)+g(9)$의 값을 구하시오.

서술형

296 집합 $X=\{a, b, c\}$를 정의역으로 하는 함수

$$f(x)=\begin{cases} -2 & (x<0) \\ 3x-6 & (0\le x<4) \\ 5 & (x\ge 4) \end{cases}$$

가 항등함수일 때, abc의 값을 구하시오. (단, a, b, c는 상수이다.)

297 집합 $X=\{0, 1, 2, 3\}$에 대하여 X에서 X로의 일대일대응 중 $f(0)>1$을 만족시키는 함수 f의 개수를 구하시오.

298 두 집합 $X=\{1, 2, 3, 4\}$, $Y=\{-2, -1, 0, 1, 2\}$에 대하여 다음 조건을 만족시키는 함수 $f: X \longrightarrow Y$의 개수를 구하시오.

(가) 집합 X의 임의의 두 원소 x_1, x_2에 대하여 $x_1\ne x_2$이면 $f(x_1)\ne f(x_2)$이다.
(나) $f(1)=2$
(다) $f(3)\ne 0$

STEP 2 실력

299 두 집합 $X=\{-3, 0, 3\}$, $Y=\{0, a, a+2\}$에 대하여

$$f(x)=\frac{x^2-|x|}{2}$$

가 X에서 Y로의 함수가 되도록 하는 상수 a의 값을 모두 구하시오.

300 실수 전체의 집합을 정의역으로 하는 함수 $f(x)=[2x]-2[x]$의 치역을 구하시오.
(단, $[x]$는 x보다 크지 않은 최대의 정수이다.)

301 집합 $X=\{1, 2, 3\}$에 대하여 X에서 X로의 상수함수인 것만을 **보기**에서 있는 대로 고르시오. (단, $[x]$는 x보다 크지 않은 최대의 정수이다.)

보기
ㄱ. $f(x)=$(x를 4로 나누었을 때의 나머지)
ㄴ. $g(x)=|x+1|-x$
ㄷ. $h(x)=\left[\frac{x^2}{10}\right]$

기출

302 실수 전체의 집합 R에 대하여 함수 $f: R \longrightarrow R$가

$$f(x)=a|x+2|-4x$$

로 정의될 때, 이 함수가 일대일대응이 되도록 하는 정수 a의 개수를 구하시오.

303 집합 $X=\{0, 1, 2\}$에 대하여 $f(0)=p$, $f(1)=q$, $f(2)=r$이고 $p+q+r=3$을 만족시키는 X에서 X로의 함수 f의 개수를 구하시오.

Ⅱ
함수

06
합성함수와 역함수

디리클레(Dirichlet, J. P. G. L., 1805~1859)는 집합 사이의 대응 관계로 함수 개념을 확립하였다. 그는 '함수는 수의 특수한 대응 관계이고 함수를 표현하는 식이나 규칙은 본질적인 것이 아니며 수식으로 나타내어지지 않는 관계도 함수가 될 수 있다'고 하였다. 이와 같은 그의 해석은 당시 함수 이론가들 사이에서는 매우 혁신적인 발상이었다.

개념&유형 CHECK

- 완전 학습을 위해 스스로 학습 계획을 세워 실천하세요.
- 이해가 부족한 개념이나 유형은 □ 안에 표시하고 반복하여 학습하세요.
- 출제 빈도가 매우 높은 유형에는 ***고빈출** 표시를 하였습니다. 시험 직전에 이 유형을 반복하여 풀어 보세요.

Lecture 15

합성함수

1st 월 일 | 2nd 월 일

- 개념 01 합성함수 □ □
- 개념 02 합성함수의 성질 □ □
- 유형 01 / 합성함수 *고빈출 □ □
- 유형 02 / $f \circ g = g \circ f$가 성립하도록 미지수 정하기 □ □
- 유형 03 / $f \circ g = h$를 만족시키는 함수 구하기 □ □
- 유형 04 / f^n 꼴의 합성함수 □ □
- 유형 05 / 그래프를 이용하여 합성함수의 함숫값 구하기 □ □
- 유형 06 / 합성함수의 그래프 □ □

Lecture 16

역함수

1st 월 일 | 2nd 월 일

- 개념 03 역함수 □ □
- 개념 04 역함수 구하기 □ □
- 개념 05 역함수의 성질 □ □
- 개념 06 역함수의 그래프 □ □
- 유형 07 / 역함수 □ □
- 유형 08 / 역함수가 존재하기 위한 조건 □ □
- 유형 09 / 역함수 구하기 *고빈출 □ □
- 유형 10 / 역함수의 성질 *고빈출 □ □
- 유형 11 / 그래프를 이용하여 역함수의 함숫값 구하기 □ □
- 유형 12 / 역함수의 그래프 □ □

Lecture

15 합성함수

합성함수

유형 01~06

세 집합 X, Y, Z에 대하여 두 함수 $f: X \longrightarrow Y$, $g: Y \longrightarrow Z$가 주어질 때, X의 각 원소 x에 대하여 $f(x)$는 Y의 원소이고, Y의 원소 $f(x)$에 대하여 $g(f(x))$는 Z의 원소이다.

따라서 집합 X의 각 원소 x에 집합 Z의 원소 $g(f(x))$를 대응시키면 X를 정의역, Z를 공역으로 하는 새로운 함수를 정의할 수 있다.

이 새로운 함수를 f와 g의 **합성함수**라 하고, 기호

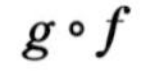

$$\boldsymbol{g \circ f}$$

로 나타낸다. 또, 합성함수 $g \circ f: X \longrightarrow Z$에 대하여 x에서의 함숫값을 기호

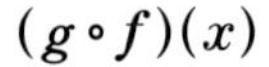

$$\boldsymbol{(g \circ f)(x)}$$

로 나타낸다. 이때 X의 원소 x에 Z의 원소 $g(f(x))$가 대응하므로

$$(g \circ f)(x) = g(f(x))$$

이고, f와 g의 합성함수를 다음과 같이 나타낼 수 있다.

$$\boldsymbol{y = g(f(x))}$$

합성함수

중심 개념 두 함수 $f: X \longrightarrow Y$, $g: Y \longrightarrow Z$의 합성함수는

$$g \circ f: X \longrightarrow Z, \quad (g \circ f)(x) = g(f(x))$$

| 참고 | 합성함수 $g \circ f$가 정의되려면 f의 치역이 g의 정의역에 포함되어야 한다.

확인 두 함수 $f: X \longrightarrow Y$, $g: Y \longrightarrow Z$가 오른쪽 그림과 같을 때,

$(g \circ f)(1) = g(f(1)) = g(a) = 5$

$(g \circ f)(2) = g(f(2)) = g(a) = 5$

$(g \circ f)(3) = g(f(3)) = g(c) = 6$

합성함수 $g \circ f$의 치역: $\{5, 6\}$

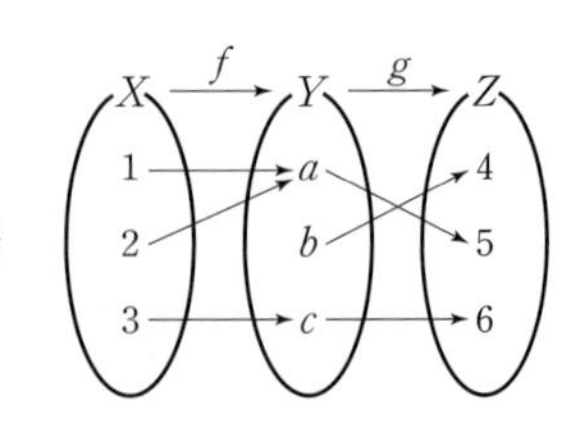

• 바른답 · 알찬풀이 55쪽

문제 1 두 함수 $f(x) = 2x + 3$, $g(x) = -x + 2$에 대하여 다음을 구하시오.

(1) $(g \circ f)(0)$

(2) $(f \circ g)(-1)$

답 (1) -1 (2) 9

합성함수의 성질

유형 01~03

일반적으로 합성함수는 다음과 같은 성질을 갖는다.

합성함수의 성질

중심 개념 세 함수 f, g, h에 대하여

(1) $g \circ f \neq f \circ g$ ← 교환법칙이 성립하지 않는다.

(2) $h \circ (g \circ f) = (h \circ g) \circ f$ ← 결합법칙이 성립한다.

(3) $f: X \longrightarrow X$일 때, $f \circ I = I \circ f = f$ (단, I는 X에서의 항등함수이다.)

| 참고 | 결합법칙 $h \circ (g \circ f) = (h \circ g) \circ f$가 성립하므로 $h \circ g \circ f$로 표현할 수 있다. 즉,
$(h \circ (g \circ f))(x) = ((h \circ g) \circ f)(x) = (h \circ g \circ f)(x) = h(g(f(x)))$이다.

15

위의 합성함수의 성질을 예를 들어 확인해 보자.

(1) 두 함수 $f(x) = x-1$, $g(x) = 4x+2$에 대하여

$$(g \circ f)(x) = g(f(x)) = g(x-1) = 4(x-1)+2 = 4x-2$$
$$(f \circ g)(x) = f(g(x)) = f(4x+2) = (4x+2)-1 = 4x+1$$
$$\therefore (g \circ f)(x) \neq (f \circ g)(x)$$

(2) 세 함수 $f(x) = x+3$, $g(x) = -3x+2$, $h(x) = 2x-1$에 대하여

$(g \circ f)(x) = g(f(x)) = g(x+3) = -3(x+3)+2 = -3x-7$이므로

$$(h \circ (g \circ f))(x) = h((g \circ f)(x)) = h(-3x-7)$$
$$= 2(-3x-7)-1 = -6x-15 \quad \cdots\cdots ㉠$$

또, $(h \circ g)(x) = h(g(x)) = h(-3x+2) = 2(-3x+2)-1 = -6x+3$이므로

$$((h \circ g) \circ f)(x) = (h \circ g)(f(x)) = (h \circ g)(x+3)$$
$$= -6(x+3)+3 = -6x-15 \quad \cdots\cdots ㉡$$

㉠, ㉡에서 $(h \circ (g \circ f))(x) = ((h \circ g) \circ f)(x)$

(3) 함수 $f: X \longrightarrow X$와 X에서의 항등함수 I에 대하여 $I(x) = x$이므로

$$(f \circ I)(x) = f(I(x)) = f(x), \quad (I \circ f)(x) = I(f(x)) = f(x)$$
$$\therefore (f \circ I)(x) = (I \circ f)(x) = f(x)$$

• 바른답 · 알찬풀이 55쪽

문제 ❷ 세 함수 $f(x)$, $g(x)$, $h(x)$가 다음과 같을 때, 물음에 답하시오.

$$f(x) = 2x, \quad g(x) = x+1, \quad h(x) = x^2$$

(1) $(g \circ f)(x)$와 $(f \circ g)(x)$를 각각 구하고, 그 결과를 비교하시오.

(2) $(h \circ (g \circ f))(x)$와 $((h \circ g) \circ f)(x)$를 각각 구하고, 그 결과를 비교하시오.

답 (1) $(g \circ f)(x) = 2x+1$, $(f \circ g)(x) = 2x+2$, 서로 같지 않다.
(2) $(h \circ (g \circ f))(x) = (2x+1)^2$, $((h \circ g) \circ f)(x) = (2x+1)^2$, 서로 같다.

출제 빈도

합성함수

개념 01, 02

304 대표

세 함수 $f(x)=3x$, $g(x)=-x+1$, $h(x)=x^2+4$에 대하여 다음을 구하시오.

(1) $(f\circ g)(3)$

(2) $(h\circ f)(-1)$

(3) $(h\circ(g\circ f))(x)$

(4) $(f\circ f\circ f)(x)$

유형 분석

합성함수의 정의를 이용하여 함숫값 또는 함수식을 구하는 유형이다.
합성함수를 구할 때는 순서에 주의해야 한다. 예를 들어 $g\circ f$는 먼저 함수 f에 대응하고 나중에 함수 g에 대응하는 함수이다. 따라서 다음을 이용한다.

연구 ① 두 함수의 합성함수는 ➡ $(g\circ f)(x)=g(f(x))$임을 이용한다
② 세 함수의 합성함수는 ➡ $(h\circ g\circ f)(x)=h(g(f(x)))$임을 이용한다

풀이 ≫

305

두 함수 $f: X \longrightarrow Y$, $g: Y \longrightarrow Z$가 오른쪽 그림과 같을 때, 다음을 구하시오.

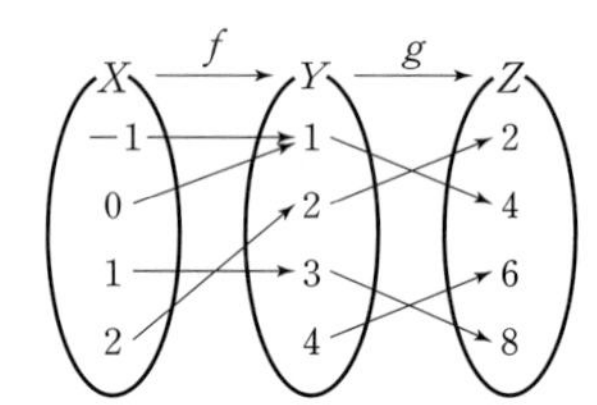

(1) $(g\circ f)(0)$

(2) $(g\circ f)(2)$

(3) 함수 $g\circ f$의 치역

306

세 함수 $f(x)=2x^2$, $g(x)=4x-1$, $h(x)=x+3$에 대하여 다음을 구하시오.

(1) $(g\circ h)(2)$

(2) $(h\circ h)(-4)$

(3) $((h\circ g)\circ f)(x)$

307

두 함수 $f(x)=\begin{cases} x-3 & (x\geq 1) \\ -x^2+5 & (x<1) \end{cases}$, $g(x)=x+2$에 대하여 $(f\circ g)(3)+(g\circ f)(-2)$의 값을 구하시오.

$f\circ g=g\circ f$가 성립하도록 미지수 정하기

개념 01, 02

308 대표

두 함수 $f(x)=2x-1$, $g(x)=-3x+k$에 대하여 $f\circ g=g\circ f$가 성립할 때, 다음을 구하시오.

(1) 상수 k의 값

(2) $(g\circ f)(2)$의 값

유형 분석

일반적으로 합성함수에 대한 교환법칙이 성립하지 않으므로 $f\circ g\neq g\circ f$이지만 특정한 경우에 한하여 $f\circ g=g\circ f$가 성립하기도 한다.

두 합성함수가 서로 같도록 하는 미지수의 값을 구할 때는 $(f\circ g)(x)$와 $(g\circ f)(x)$를 각각 구한 후, 각 항의 계수를 비교한다.

연구 $f\circ g=g\circ f$가 성립하면 → $f(g(x))=g(f(x))$임을 이용한다

풀이 ≫

309

두 함수 $f(x)=-4x+k$, $g(x)=-9x-2$에 대하여 $f\circ g=g\circ f$가 성립할 때, 상수 k의 값을 구하시오.

310

두 함수 $f(x)=ax+1$, $g(x)=-x+4$에 대하여 $f\circ g=g\circ f$가 성립할 때, $f(-1)+f(-3)$의 값을 구하시오. (단, a는 상수이다.)

311

두 함수 $f(x)=3x+a$, $g(x)=5x+b$에 대하여 $f(1)=4$이고 $f\circ g=g\circ f$가 성립할 때, $a+b$의 값을 구하시오. (단, a, b는 상수이다.)

출제 빈도

유형 03

$f \circ g = h$를 만족시키는 함수 구하기

개념 01, 02

312 대표

두 함수 $f(x)=x-4$, $g(x)=-2x+7$에 대하여 다음을 만족시키는 함수 $h(x)$를 구하시오.

(1) $(f \circ h)(x)=g(x)$ (2) $(h \circ f)(x)=g(x)$ (3) $(h \circ g \circ f)(x)=f(x)$

유형 분석

주어진 조건을 만족시키는 함수 $h(x)$를 구하려면 $h(x)$의 위치에 따라 구하는 방법을 다르게 생각해야 한다. 특히 (2), (3)은 $f(x)$, $g(x)$를 대입해도 $h(x)$를 바로 구할 수 없으므로 각각 $f(x)$, $g(f(x))$를 한 문자로 치환하는 것이 중요한 해결의 실마리이다.

연구 두 함수 $f(x)$, $g(x)$가 주어졌을 때,

① $(f \circ h)(x)=g(x)$이면 ➔ $f(h(x))=g(x)$임을 이용한다

② $(h \circ f)(x)=g(x)$이면 ➔ $h(f(x))=g(x)$에서 $f(x)=t$로 놓는다

③ $(h \circ g \circ f)(x)=f(x)$이면 ➔ $h(g(f(x)))=f(x)$에서 $g(f(x))=t$로 놓는다

풀이 ≫

313

두 함수 $f(x)=-x+3$, $g(x)=4x-1$에 대하여 다음을 만족시키는 함수 $h(x)$를 구하시오.

(1) $(g \circ h)(x)=f(x)$ (2) $(h \circ f)(x)=g(x)$ (3) $(h \circ g \circ f)(x)=g(x)$

314

두 함수 f, g에 대하여 $f(x)=2x-8$, $(f \circ g)(x)=3x+2$일 때, $g(2)$의 값을 구하시오.

315

실수 전체의 집합에서 정의된 함수 f가 $f\left(\frac{x+1}{2}\right)=x^2+1$을 만족시킬 때, $f(-1)+f(1)$의 값을 구하시오.

f^n 꼴의 합성함수

개념 01

316 대표

함수 $f(x)=x+2$에 대하여

$$f^1=f,\quad f^{n+1}=f\circ f^n\ (n\text{은 자연수})$$

으로 정의할 때, $f^{10}(a)=23$을 만족시키는 a의 값을 구하시오.

유형 분석

함수 f가 주어지면 f^n 꼴의 합성함수를 추정할 수 있다.
일반적으로 f^n 꼴의 합성함수를 구할 때, 함수 f를 연속적으로 합성하여 f^2, f^3, f^4, …를 구해 보면 규칙성을 찾아 f^n을 추정할 수 있다.

연구 f^n 꼴의 합성함수는 → $f^2(x)$, $f^3(x)$, $f^4(x)$, …를 구하여 $f^n(x)$를 추정한다

풀이 ≫

317

함수 $f(x)=x-1$에 대하여

$$f^1=f,\quad f^{n+1}=f\circ f^n\ (n\text{은 자연수})$$

으로 정의할 때, $f^{25}(40)$의 값을 구하시오.

318

함수 $f(x)=-x+5$에 대하여

$$f^1=f,\quad f^{n+1}=f\circ f^n\ (n\text{은 자연수})$$

으로 정의할 때, $f^8(9)+f^{13}(12)$의 값을 구하시오.

실력+

319

집합 $X=\{1, 2, 3\}$에 대하여 X에서 X로의 함수 f가 오른쪽 그림과 같다.

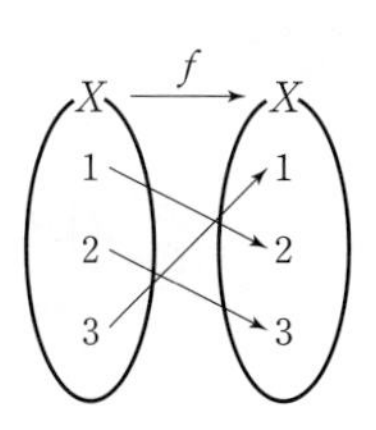

$$f^1=f,\quad f^{n+1}=f\circ f^n\ (n\text{은 자연수})$$

으로 정의할 때, $f^{20}(3)+f^{25}(1)$의 값을 구하시오.

해결 전략 / 주어진 함수 f를 연속적으로 합성하여 $f^n(x)=x$인 n의 값을 찾는다.

출제 빈도

그래프를 이용하여 합성함수의 함숫값 구하기

개념 01

320 대표

오른쪽 그림은 함수 $y=f(x)$의 그래프와 직선 $y=x$를 나타낸 것이다. 다음 물음에 답하시오.

(단, 모든 점선은 x축 또는 y축에 평행하다.)

(1) $(f\circ f)(e)$의 값을 구하시오.

(2) $(f\circ f)(k)=b$를 만족시키는 k의 값을 구하시오.

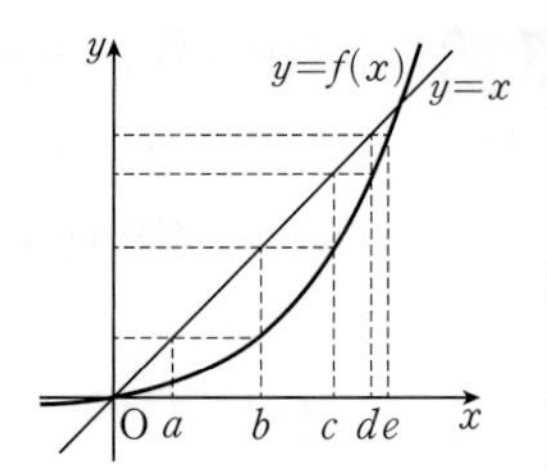

유형 분석

그래프에서 함수 $f(x)$의 함숫값을 찾아 합성함수의 함숫값을 구하는 유형이다.

위의 문제와 같이 그래프에 함수 $f(x)$의 함숫값이 주어지지 않은 경우에는 직선 $y=x$를 이용하여 함숫값을 구한 후, 합성함수의 정의를 이용하여 문제를 해결한다.

연구 함수 $y=f(x)$의 그래프와 직선 $y=x$가 주어지면

→ 직선 $y=x$ 위의 점은 x좌표와 y좌표가 서로 같음을 이용한다

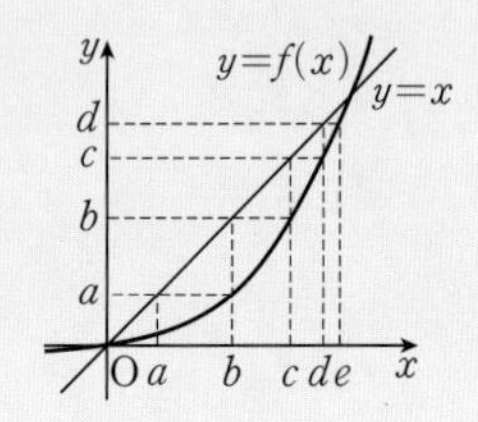

위의 문제에서 직선 $y=x$ 위의 점의 x좌표와 y좌표가 서로 같음을 이용하면 $f(b)=a$, $f(c)=b$, $f(d)=c$, $f(e)=d$임을 알 수 있다.

풀이 >>

321

오른쪽 그림은 함수 $y=f(x)$의 그래프와 직선 $y=x$를 나타낸 것이다. 다음 물음에 답하시오.

(단, 모든 점선은 x축 또는 y축에 평행하다.)

(1) $(f\circ f\circ f)(1)$의 값을 구하시오.

(2) $(f\circ f)(k)=9$를 만족시키는 k의 값을 구하시오.

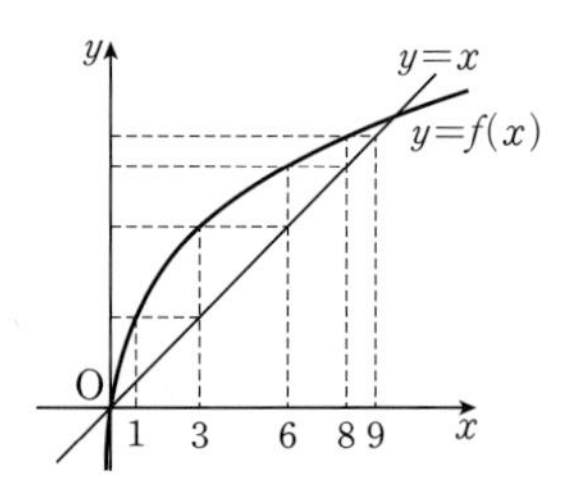

322

$0\le x\le 4$에서 정의된 함수 $y=f(x)$의 그래프가 오른쪽 그림과 같을 때, $(f\circ f)(a)=3$을 만족시키는 모든 a의 값의 합을 구하시오.

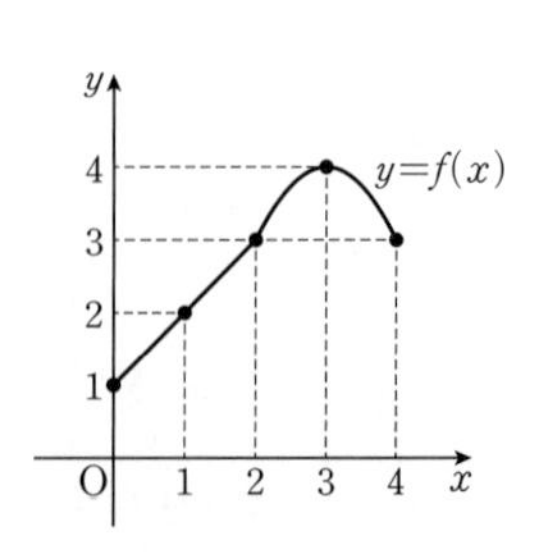

출제 빈도

합성함수의 그래프

개념 01

323 대표

두 함수 $y=f(x)$와 $y=g(x)$의 그래프가 다음 그림과 같을 때, 함수 $y=(f\circ g)(x)$의 그래프를 그리시오.

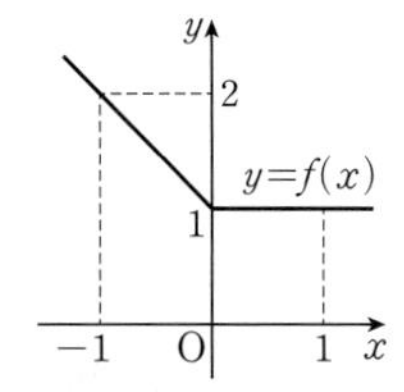

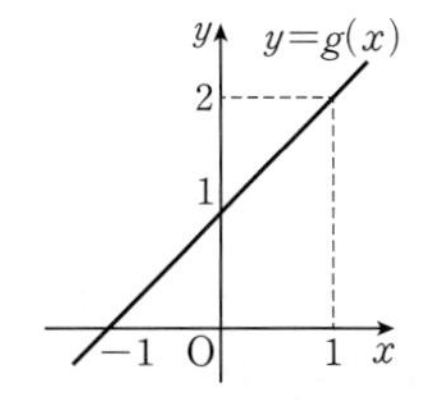

유형 분석

두 함수의 그래프가 주어지면 합성함수의 그래프를 그릴 수 있다.
합성함수의 그래프를 그리려면 먼저 주어진 두 그래프에서 각각 함수 $f(x)$와 함수 $g(x)$의 식을 구한다.
위의 문제에서 함수 $y=f(x)$의 그래프는 하나의 식으로 나타낼 수 없으므로 $x<0$일 때와 $x\geq0$일 때의 함수식을 각각 구한 후, x의 값의 범위에 따라 합성함수의 식을 구한다.

연구 **합성함수 $y=(f\circ g)(x)$의 그래프를 그리려면 → 먼저 $f(x)$, $g(x)$의 식을 각각 구한다**

풀이 ≫

324

두 함수 $y=f(x)$와 $y=g(x)$의 그래프가 오른쪽 그림과 같을 때, 함수 $y=(g\circ f)(x)$의 그래프를 그리시오.

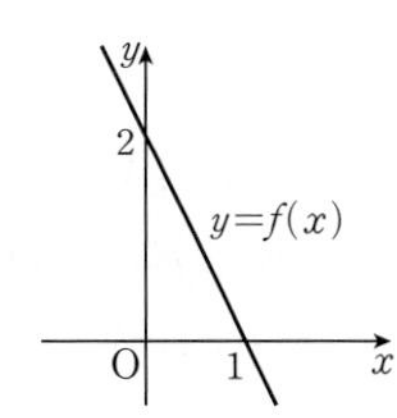

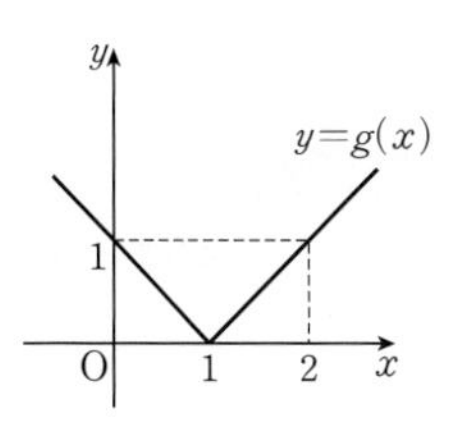

325

$0\leq x\leq1$에서 정의된 함수 $y=f(x)$의 그래프가 오른쪽 그림과 같을 때, 함수 $y=(f\circ f)(x)$의 그래프를 그리시오.

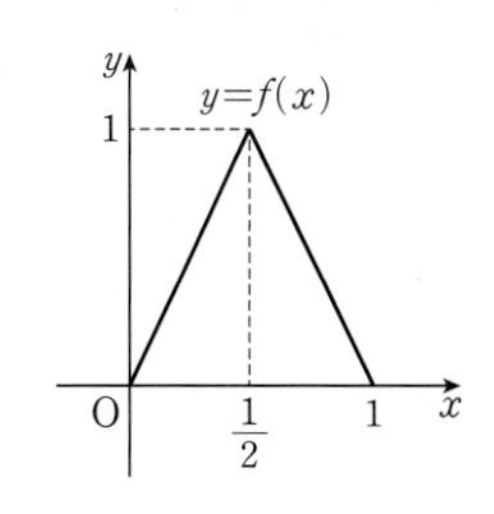

16 역함수

역함수

유형 07, 08

함수 $f: X \longrightarrow Y$가 일대일대응이면 Y의 각 원소 y에 대하여 $f(x)=y$인 X의 원소 x가 오직 하나씩 존재한다.

따라서 Y의 각 원소 y에 $f(x)=y$인 X의 원소 x를 대응시키면 Y를 정의역, X를 공역으로 하는 새로운 함수를 정의할 수 있다.

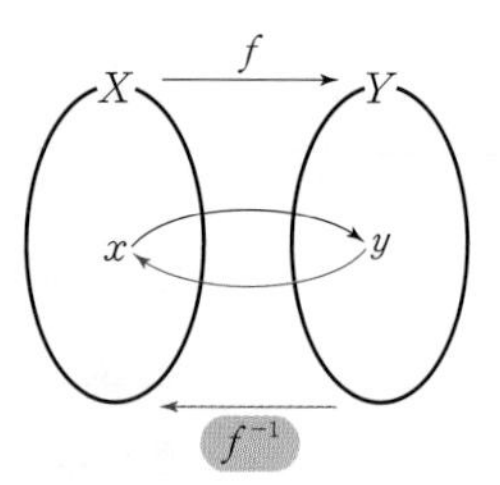

이 새로운 함수를 f의 **역함수**라 하고, 기호

$$\boldsymbol{f^{-1}}$$

로 나타낸다. 즉, $f^{-1}: Y \longrightarrow X$, $x=f^{-1}(y)$이므로 함수 f와 그 역함수 f^{-1} 사이에는 다음이 성립한다.

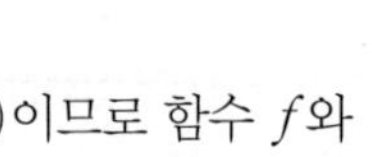

$$y=f(x) \Longleftrightarrow x=f^{-1}(y)$$

중심 개념 (역함수)

함수 $f: X \longrightarrow Y$가 일대일대응일 때,

(1) f의 역함수 $f^{-1}: Y \longrightarrow X$가 존재한다. — 함수 f의 역함수 f^{-1}가 존재할 필요충분조건은 f가 일대일대응인 것이다.

(2) $y=f(x) \Longleftrightarrow x=f^{-1}(y)$

| 참고 | 함수 f의 역함수 f^{-1}가 존재하면 f는 일대일대응이고, 그 역함수 f^{-1}도 일대일대응이다.

확인 오른쪽 그림에서 함수 f는 일대일대응이므로 역함수 f^{-1}가 존재한다.
이때 $f(1)=a$, $f(2)=c$, $f(3)=b$이므로

$$f^{-1}(a)=1,\ f^{-1}(c)=2,\ f^{-1}(b)=3$$

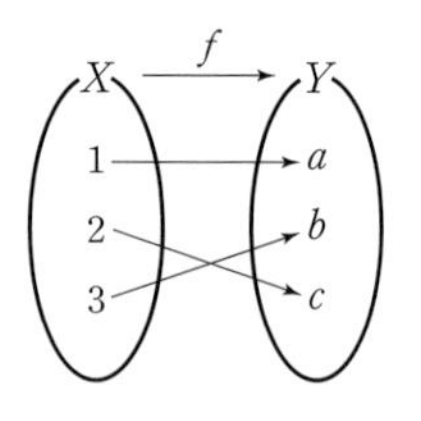

• 바른답 · 알찬풀이 60쪽

문제 1 함수 $f: X \longrightarrow Y$가 오른쪽 그림과 같을 때, 다음을 구하시오.

(1) $f^{-1}(a)$ (2) $f^{-1}(b)$

(3) $f^{-1}(c)$ (4) $f^{-1}(d)$

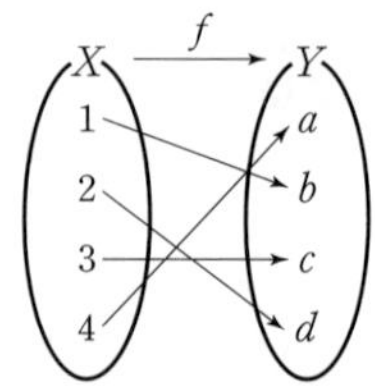

답 (1) 4 (2) 1 (3) 3 (4) 2

역함수 구하기

유형 09

함수를 나타낼 때는 보통 정의역의 원소를 x, 치역의 원소를 y로 나타내므로 함수 $y=f(x)$의 역함수 $x=f^{-1}(y)$에서도 x와 y를 서로 바꾸어

$$\boldsymbol{y=f^{-1}(x)}$$

와 같이 나타낸다.

일반적으로 함수 $y=f(x)$의 역함수 $y=f^{-1}(x)$는 다음과 같은 순서로 구한다.

역함수 구하기

중심 개념

(i) 함수 $y=f(x)$가 일대일대응인지 확인한다.

(ii) $y=f(x)$를 x에 대하여 푼다. 즉, $x=f^{-1}(y)$ 꼴로 변형한다.

(iii) $x=f^{-1}(y)$에서 x와 y를 서로 바꾸어 $y=f^{-1}(x)$로 나타낸다.

$y=f(x)$ —(x에 대하여 푼다.)→ $x=f^{-1}(y)$ —(x와 y를 서로 바꾼다.)→ $y=f^{-1}(x)$

이때 함수 f의 치역은 역함수 f^{-1}의 정의역이 되고, f의 정의역은 f^{-1}의 치역이 된다.

| 참고 | 역함수의 정의역이 실수 전체의 집합이 아닌 경우에는 함수 f의 치역을 구하여 반드시 역함수 f^{-1}의 정의역을 나타내 주어야 한다.

확인 함수 $y=2x+4$의 역함수를 구해 보자.

(i) 함수 $y=2x+4$는 실수 전체의 집합에서 일대일대응이므로 역함수가 존재한다.

(ii) $y=2x+4$를 x에 대하여 풀면

$$2x=y-4 \qquad \therefore x=\frac{1}{2}y-2$$

(iii) x와 y를 서로 바꾸면 구하는 역함수는

$$y=\frac{1}{2}x-2$$

• 바른답 · 알찬풀이 60쪽

문제 2 다음 함수의 역함수를 구하시오.

(1) $y=x+5$

(2) $y=\frac{1}{4}x+2$

답 (1) $y=x-5$ (2) $y=4x-8$

개념 05

역함수의 성질

유형 09, 10

일반적으로 역함수는 다음과 같은 성질을 갖는다.

중심 개념 역함수의 성질

(1) 함수 $f:X \longrightarrow Y$가 일대일대응이고 그 역함수가 f^{-1}일 때,

① $(f^{-1} \circ f)(x)=x\ (x \in X)$, $(f \circ f^{-1})(y)=y\ (y \in Y)$

② $(f^{-1})^{-1}(x)=f(x)\ (x \in X)$ ← f^{-1}의 역함수는 f이다.

(2) 두 함수 $f:X \longrightarrow Y$, $g:Y \longrightarrow X$에 대하여

$(g \circ f)(x)=x$, $(f \circ g)(y)=y\ (x \in X,\ y \in Y) \Longleftrightarrow g=f^{-1}$ ← 두 함수를 합성한 결과가 항등함수이면 두 함수는 서로 역함수이다.

(3) 두 함수 f, g의 역함수 f^{-1}, g^{-1}가 각각 존재할 때,

$(g \circ f)^{-1}=f^{-1} \circ g^{-1}$

| 참고 | (3)은 3개 이상의 함수를 합성한 합성함수에서도 성립한다. 즉,

$(h \circ g \circ f)^{-1}=f^{-1} \circ g^{-1} \circ h^{-1}$

위의 역함수의 성질을 확인해 보자.

(1) 함수 $f:X \longrightarrow Y$와 그 역함수 $f^{-1}:Y \longrightarrow X$ 사이에

$$y=f(x) \Longleftrightarrow x=f^{-1}(y)$$

가 성립하므로 이로부터 다음을 알 수 있다.

$$(f^{-1} \circ f)(x)=f^{-1}(f(x))=f^{-1}(y)=x\ (x \in X)$$

$$(f \circ f^{-1})(y)=f(f^{-1}(y))=f(x)=y\ (y \in Y)$$

즉, 합성함수 $f^{-1} \circ f$는 X에서의 항등함수, 합성함수 $f \circ f^{-1}$는 Y에서의 항등함수이다.

또, 역함수의 정의에 의하여 $(f^{-1})^{-1}=f$임을 알 수 있다.

(2) $\Longleftarrow$은 (1)에 의하여 성립하므로 $\Longrightarrow$만 알아보자.

$(g \circ f)(x)=x$이므로 f는 일대일함수이다.

또, $(f \circ g)(y)=y$이므로 f의 치역과 공역은 서로 같다.

따라서 f는 일대일대응이고 역함수 f^{-1}가 존재하므로

$$g=g \circ I_Y=g \circ (f \circ f^{-1})=(g \circ f) \circ f^{-1}=I_X \circ f^{-1}=f^{-1}$$

← I_Y는 Y에서의 항등함수, I_X는 X에서의 항등함수

$$\therefore g=f^{-1}$$

(3) 두 함수 $f:X \longrightarrow Y$, $g:Y \longrightarrow Z$가 모두 일대일대응이고, 그 역함수가 각각 f^{-1}, g^{-1}일 때, $g \circ f:X \longrightarrow Z$, $f^{-1} \circ g^{-1}:Z \longrightarrow X$에 대하여

$(f^{-1} \circ g^{-1}) \circ (g \circ f)=f^{-1} \circ (g^{-1} \circ g) \circ f$ ← 함수의 합성에 대한 결합법칙

$=f^{-1} \circ I_Y \circ f$ ← I_Y는 Y에서의 항등함수

$=f^{-1} \circ f=I_X$ ← I_X는 X에서의 항등함수

$(g \circ f) \circ (f^{-1} \circ g^{-1})=g \circ (f \circ f^{-1}) \circ g^{-1}$ ← 함수의 합성에 대한 결합법칙

$=g \circ I_Y \circ g^{-1}$ ← I_Y는 Y에서의 항등함수

$=g \circ g^{-1}=I_Z$ ← I_Z는 Z에서의 항등함수

따라서 $f^{-1} \circ g^{-1}$는 함수 $g \circ f$의 역함수이다. 즉, $(g \circ f)^{-1}=f^{-1} \circ g^{-1}$이다.

역함수의 그래프

유형 11, 12

함수 $y=f(x)$의 그래프와 그 역함수 $y=f^{-1}(x)$의 그래프 사이에는 어떤 관계가 있는지 알아보자.

함수 $y=f(x)$의 역함수 $y=f^{-1}(x)$가 존재할 때, 함수 $y=f(x)$의 그래프 위의 점을 (a, b)라 하면

$$b=f(a)$$

이고, 역함수에 의하여

$$a=f^{-1}(b)$$

가 성립한다.

따라서 점 (a, b)가 함수 $y=f(x)$의 그래프 위의 점이면 점 (b, a)는 역함수 $y=f^{-1}(x)$의 그래프 위의 점이다.

이때 점 (a, b)와 점 (b, a)는 직선 $y=x$에 대하여 대칭이므로 함수 $y=f(x)$의 그래프와 그 역함수 $y=f^{-1}(x)$의 그래프도 직선 $y=x$에 대하여 대칭이다.

중심 개념 (함수와 그 역함수의 그래프)

함수 $y=f(x)$의 그래프와 그 역함수 $y=f^{-1}(x)$의 그래프는
➡ 직선 $y=x$에 대하여 대칭이다.

| 참고 | 함수 $y=f(x)$의 그래프와 직선 $y=x$의 교점은 함수 $y=f(x)$의 그래프와 그 역함수 $y=f^{-1}(x)$의 그래프의 교점이다.

확인 함수 $y=\frac{1}{2}x-1$의 역함수는 $y=2x+2$이고, 이 두 함수의 그래프는 오른쪽 그림과 같이 직선 $y=x$에 대하여 대칭이다.

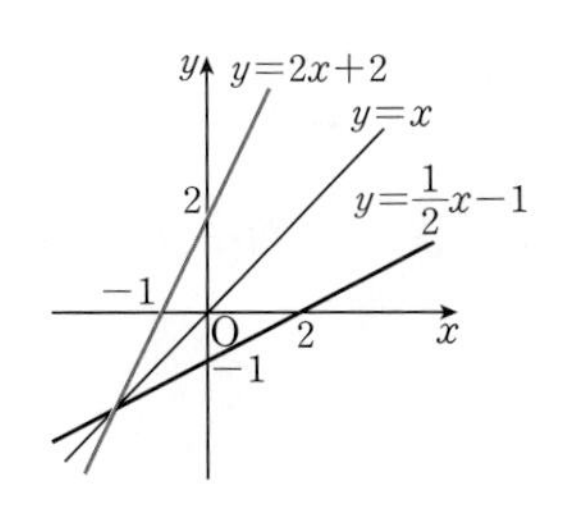

• 바른답 · 알찬풀이 60쪽

문제 3 다음 함수와 그 역함수의 그래프를 그리시오.

(1) $y=3x-2$ (2) $y=-\frac{1}{4}x+1$

답 (1) 풀이 참조 (2) 풀이 참조

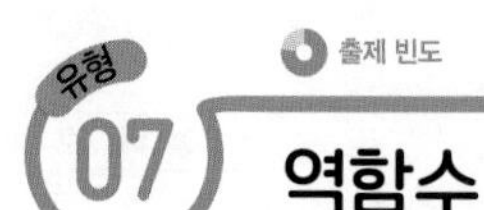

출제 빈도

역함수

개념 03

326 대표

다음 물음에 답하시오.

(1) 함수 $f(x)=-x+3$에 대하여 $f^{-1}(k)=2$를 만족시키는 k의 값을 구하시오.

(2) 함수 $f(x)=ax+b$에 대하여 $f^{-1}(2)=-1$, $(f\circ f)(-1)=8$일 때, $f(4)$의 값을 구하시오. (단, a, b는 상수이다.)

유형 분석

역함수의 함숫값을 구하는 기본 유형이다. 이 유형은 역함수를 직접 구한 후 함숫값을 구할 수도 있지만, 역함수를 직접 구하지 않아도 다음을 이용하여 쉽게 함숫값을 구할 수 있다.

연구 함수 f와 그 역함수 f^{-1}에 대하여 → $f(a)=b \Longleftrightarrow f^{-1}(b)=a$

풀이 ≫

327 함수 $f(x)=ax+b$에 대하여 $f^{-1}(1)=-1$, $f^{-1}(11)=4$일 때, $a+b$의 값을 구하시오.
(단, a, b는 상수이다.)

328 함수 $f(x)=kx-5$에 대하여 $f(6)=7$일 때, $f^{-1}(-1)$의 값을 구하시오.
(단, k는 상수이다.)

329 함수 $f(x)=3x-4$의 역함수를 $g(x)$라 할 때, $g(5)+g^{-1}(4)$의 값을 구하시오.

역함수가 존재하기 위한 조건

개념 03

330 대표

실수 전체의 집합에서 정의된 함수

$$f(x)=\begin{cases} x+2 & (x\geq 1) \\ (a-1)x-a+4 & (x<1) \end{cases}$$

의 역함수가 존재할 때, 실수 a의 값의 범위를 구하시오.

유형 분석

함수의 역함수가 존재하려면 그 함수는 일대일대응이어야 한다. 따라서 일대일대응이 되도록 함수의 그래프의 개형을 그려서 역함수가 존재하도록 하는 조건을 찾는다.

연구 함수 f의 역함수 f^{-1}가 존재하면 ➔ f는 일대일대응이다

풀이 ≫

331

정의역이 $X=\{x|-1\leq x\leq a\}$, 공역이 $Y=\{y|b\leq y\leq 7\}$인 함수 $f(x)=2x-1$의 역함수가 존재할 때, 상수 a, b에 대하여 $a+b$의 값을 구하시오.

332

다음 중 역함수가 존재하는 함수의 개수를 구하시오.

(단, 정의역과 공역은 모두 실수 전체의 집합이다.)

$y=3x+1$, $y=x^2+2$, $y=\|x\|$, $y=-3$

333

집합 $X=\{x|x\geq a\}$에 대하여 X에서 X로의 함수 $f(x)=x^2+4x-4$의 역함수가 존재할 때, 상수 a의 값을 구하시오.

출제 빈도

유형 09

역함수 구하기

개념 04, 05

334 대표

다음 물음에 답하시오.

(1) 함수 $f(x)=\frac{1}{2}x+a$의 역함수가 $f^{-1}(x)=bx+8$일 때, 상수 a, b에 대하여 $a+b$의 값을 구하시오.

(2) 두 함수 $f(x)=2x-3$, $g(x)$에 대하여 $f\circ g=g\circ f=I$가 성립할 때, 함수 $g(x)$를 구하시오. (단, I는 항등함수이다.)

유형 분석

함수의 역함수 구하는 방법을 이용하여 역함수를 직접 구한다.

함수 $f(x)$의 역함수는 $y=f(x)$를 x에 대하여 풀어 $x=f^{-1}(y)$ 꼴로 변형한 후, x와 y를 서로 바꾸어 $y=f^{-1}(x)$로 나타낸다.

연구 **함수 $f(x)$의 역함수는 → $y=f(x)$를 x에 대하여 푼 후, x와 y를 서로 바꾼다**

풀이 ≫

335 함수 $f(x)=ax+b$의 역함수가 $f^{-1}(x)=\frac{3}{4}x+1$일 때, 상수 a, b에 대하여 $a-b$의 값을 구하시오.

336 두 함수 $f(x)=5x-4$, $g(x)=\frac{1}{4}x-1$에 대하여 함수 $h(x)=(g\circ f)(x)$의 역함수 $h^{-1}(x)$를 구하시오.

337 실수 전체의 집합에서 정의된 함수 f에 대하여 $f(2x-1)=6x+5$이고 $f^{-1}(x)=ax+b$일 때, ab의 값을 구하시오. (단, a, b는 상수이다.)

출제 빈도

역함수의 성질

개념 05

338 대표

두 함수 $f(x)=4x-2$, $g(x)=3x-5$에 대하여 다음을 구하시오.

(1) $(f\circ g)^{-1}(2)$

(2) $(g\circ(f\circ g)^{-1}\circ g)(1)$

유형 분석

합성함수와 역함수로 나타내어진 함수의 함숫값을 구할 때, 함수식을 직접 구하는 것은 복잡하므로 먼저 합성함수와 역함수의 성질을 이용하여 주어진 식을 간단히 정리한다.

연구 두 함수 f, g의 역함수를 각각 f^{-1}, g^{-1}라 할 때,

① $f^{-1}\circ f=I$, $f\circ f^{-1}=I$ (단, I는 항등함수)

② $(g\circ f)^{-1}=f^{-1}\circ g^{-1}$

풀이 >>

339

역함수가 존재하는 두 함수 $f(x)=\frac{1}{2}x+6$, $g(x)$에 대하여 $((g\circ f)^{-1}\circ g)(-3)$의 값을 구하시오.

340

두 함수 $f(x)=-x+7$, $g(x)=2x-1$에 대하여 다음 물음에 답하시오.

(1) $(g^{-1}\circ f)^{-1}(a)=4$를 만족시키는 a의 값을 구하시오.

(2) $(f\circ(g\circ f)^{-1}\circ f)(5)$의 값을 구하시오.

341

함수 $f(x)=ax-1$에 대하여 $f=f^{-1}$일 때, 상수 a의 값을 구하시오.

유형 11 출제 빈도

그래프를 이용하여 역함수의 함숫값 구하기

개념 06

342 대표

함수 $y=f(x)$의 그래프와 직선 $y=x$가 오른쪽 그림과 같을 때, 다음을 구하시오.

(단, 모든 점선은 x축 또는 y축에 평행하다.)

(1) $f^{-1}(c)$　　(2) $(f^{-1}\circ f^{-1})(c)$

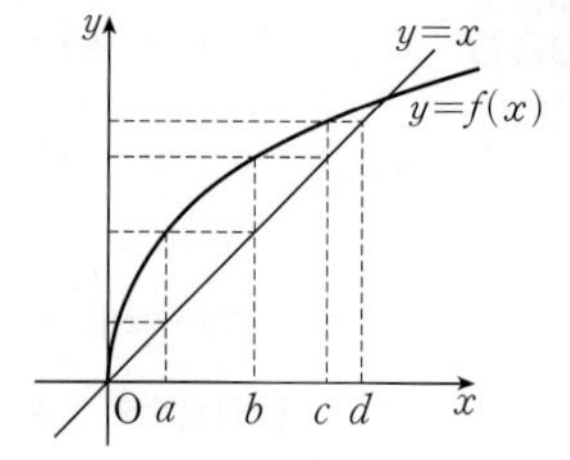

유형 분석

함수 $y=f(x)$의 그래프를 이용하여 역함수의 함숫값을 구하려면 134쪽 **유형 05**에서 적용한 해결 방법을 이용한다.

이때 역함수 $y=f^{-1}(x)$의 그래프를 그리면 복잡해지므로 $y=f(x)$의 그래프가 점 (a, b)를 지나면 그 역함수 $y=f^{-1}(x)$의 그래프는 점 (b, a)를 지남을 이용한다.

연구 **함수 f의 역함수 f^{-1}가 존재하면 → $f(a)=b \iff f^{-1}(b)=a$임을 이용한다**

풀이 ≫

343

집합 $X=\{1, 2, 3, 4, 5\}$에 대하여 X에서 X로의 함수 $y=f(x)$의 그래프가 오른쪽 그림과 같을 때, $(f^{-1}\circ f^{-1}\circ f^{-1})(2)$의 값을 구하시오.

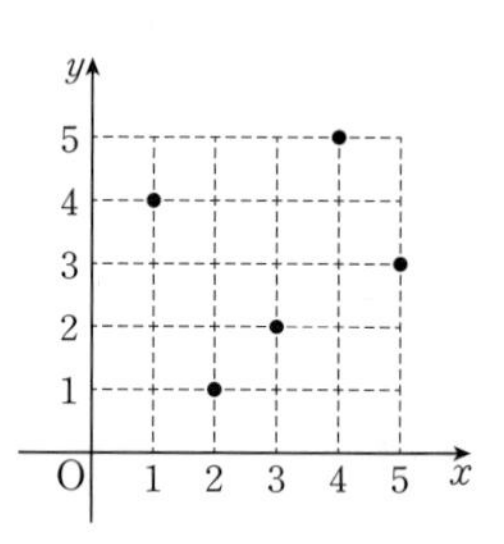

344

두 함수 $y=f(x)$, $y=g(x)$의 그래프와 직선 $y=x$가 오른쪽 그림과 같을 때, 다음을 구하시오.

(단, 모든 점선은 x축 또는 y축에 평행하다.)

(1) $(f\circ f)^{-1}(e)$　　(2) $(g\circ f)^{-1}(d)$

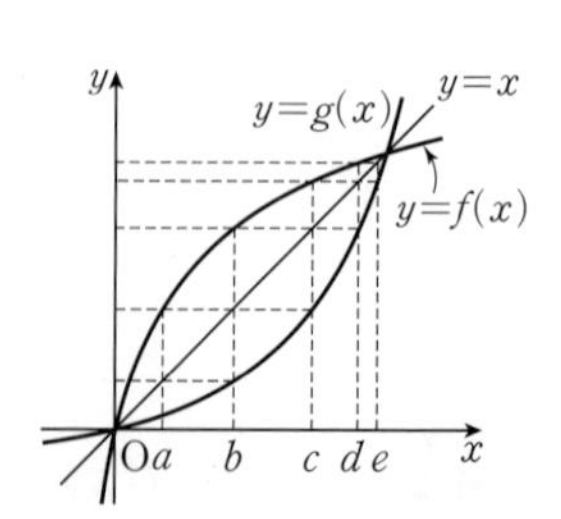

역함수의 그래프

개념 06

345 대표

함수 $f(x)=-2x+4$의 그래프와 그 역함수 $y=f^{-1}(x)$의 그래프의 교점의 좌표가 (a, b)일 때, $a+b$의 값을 구하시오.

유형 분석

함수의 그래프와 그 역함수의 그래프는 직선 $y=x$에 대하여 대칭임을 이용하는 유형이다.
함수 $y=f(x)$의 그래프와 직선 $y=x$의 교점이 존재하면 그 교점은 함수 $y=f(x)$의 그래프와 역함수 $y=f^{-1}(x)$의 그래프의 교점이다.
위의 문제와 같이 두 함수 $y=f(x)$, $y=f^{-1}(x)$의 그래프의 교점의 좌표를 구할 때, 이 성질을 이용하여 해결할 수 있다.

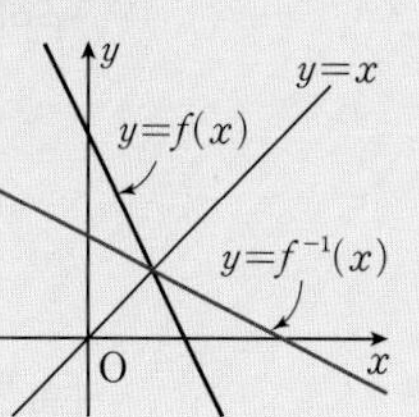

연구 **함수 $y=f(x)$와 그 역함수 $y=f^{-1}(x)$의 그래프는**
→ 직선 $y=x$에 대하여 대칭이다

풀이 ≫

346

함수 $f(x)=\frac{1}{5}x+4$의 그래프와 그 역함수 $y=f^{-1}(x)$의 그래프의 교점을 P라 할 때, 선분 OP의 길이를 구하시오. (단, O는 원점이다.)

347

일차함수 $f(x)=ax+b$의 그래프가 점 $(-3, 1)$을 지나고, 그 역함수의 그래프가 점 $(4, 6)$을 지날 때, 상수 a, b에 대하여 ab의 값을 구하시오.

실력+

348

함수 $f(x)=x^2+2x\ (x\geq -1)$의 역함수를 $g(x)$라 할 때, 두 함수 $y=f(x)$, $y=g(x)$의 그래프가 서로 다른 두 점 P, Q에서 만난다. 선분 PQ의 길이를 구하시오.

해결 전략 / 함수 $y=f(x)$의 그래프와 그 역함수의 그래프가 만나는 서로 다른 두 점은 함수 $y=f(x)$의 그래프와 직선 $y=x$가 만나는 서로 다른 두 점임을 이용한다.

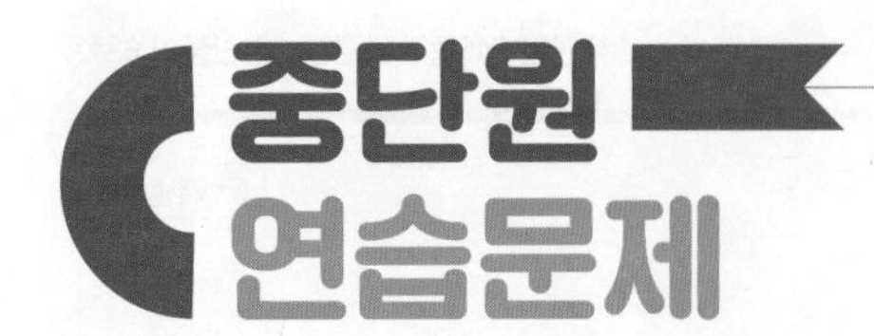

STEP 1 표준

349 두 함수 $f(x)=x+a$, $g(x)=x^2-2$에 대하여 $(g\circ f)(a)=2$일 때, 양수 a의 값을 구하시오.

기출

350 그림은 두 함수 $f : X \longrightarrow X$, $g : X \longrightarrow X$를 나타낸 것이다. 함수 $h : X \longrightarrow X$가 $f\circ h=g$를 만족시킬 때, $(h\circ f)(3)$의 값은?

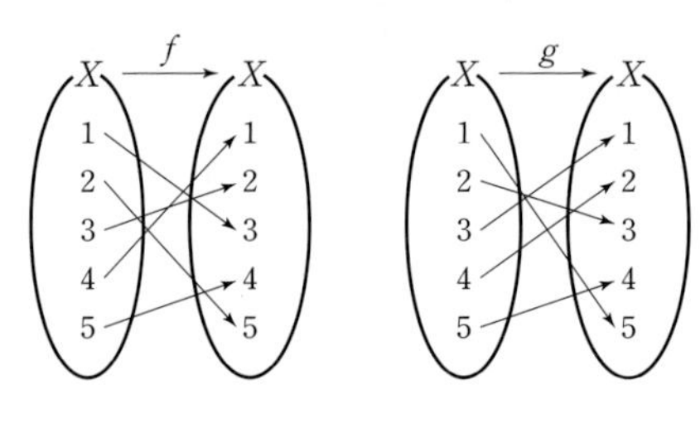

① 1　② 2　③ 3　④ 4　⑤ 5

351 함수 $f(x)=ax+b$에 대하여 $f(0)=1$, $(f\circ f\circ f)(0)=\frac{3}{4}$일 때, $f(8)$의 값을 구하시오. (단, a, b는 상수이다.)

서술형

352 두 함수 $f(x)=ax+b$, $g(x)=-x+4$에 대하여 $f\circ g=g\circ f$가 성립할 때, 함수 $y=f(x)$의 그래프는 a의 값에 관계없이 항상 점 P를 지난다. 점 P의 좌표를 구하시오. (단, a, b는 상수이다.)

353 세 함수 f, g, h에 대하여 $(h \circ g)(x)=3x+2$, $(h \circ (g \circ f))(x)=6x-1$일 때, $f(-1)$의 값을 구하시오.

354 함수 $f(x)=\begin{cases} -x+1 & (x \ge 0) \\ x+3 & (x<0) \end{cases}$에 대하여

$$f^1=f,\quad f^{n+1}=f \circ f^n \ (n\text{은 자연수})$$

으로 정의할 때, $f^{50}(2)$의 값을 구하시오.

355 집합 $A=\{1, 2, 3, 4\}$에 대하여 A에서 A로의 두 함수 $y=f(x)$, $y=g(x)$의 그래프가 다음 그림과 같을 때, $(g \circ f)(2)+(f \circ g)(2)$의 값을 구하시오.

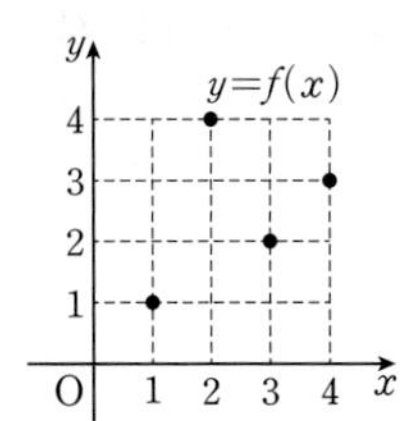

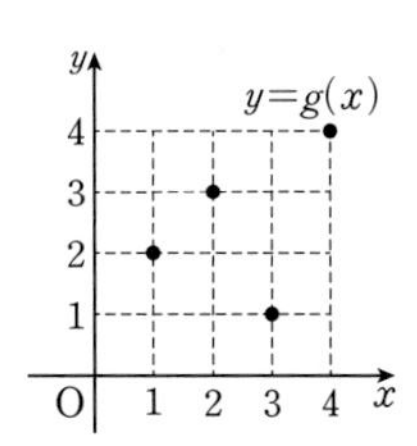

기출

356 두 함수 $f(x)=4x-5$, $g(x)=3x+1$에 대하여 $(f \circ g^{-1})(k)=7$을 만족시키는 실수 k의 값은?

① 4 ② 7 ③ 10
④ 13 ⑤ 16

357 함수 $f(x)=ax+b$에 대하여 $f^{-1}(-5)=-2$, $(f \circ f)(-2)=1$일 때, $f^{-1}(-1)$의 값을 구하시오. (단, a, b는 상수이다.)

358 실수 전체의 집합에서 정의된 함수 f가 $f\left(\frac{x-1}{2}\right)=-4x+3$을 만족시킬 때, $f^{-1}(7)$의 값을 구하시오.

359 실수 전체의 집합에서 정의된 함수 $f(x)=|x-2|+kx+3$의 역함수가 존재할 때, 실수 k의 값의 범위를 구하시오.

기출

360 일차함수 $f(x)$의 역함수를 $g(x)$라 할 때, 함수 $y=f(2x+3)$의 역함수를 $g(x)$에 대한 식으로 나타내면 $y=ag(x)+b$이다. 상수 a, b에 대하여 $a+b$의 값은?

① $-\frac{5}{2}$ ② -2 ③ $-\frac{3}{2}$

④ -1 ⑤ $-\frac{1}{2}$

361 두 함수 $f(x)=2x+1$, $g(x)=x-3$에 대하여 $(f\circ(f\circ g)^{-1}\circ f)(x)=ax+b$라 할 때, a^2+b^2의 값을 구하시오. (단, a, b는 상수이다.)

362 일차함수 $f(x)=ax+\frac{1}{2}$의 그래프와 그 역함수 $y=f^{-1}(x)$의 그래프의 교점의 y좌표가 $\frac{2}{3}$일 때, $f^{-1}(1)$의 값을 구하시오. (단, a는 상수이다.)

STEP 2 실력

기출

363 집합 $X=\{1, 2, 3, 4, 5, 6, 7\}$에 대하여 함수 $f : X \longrightarrow X$가 다음 조건을 만족시킨다. $f(2)+f(3)+f(4)$의 값을 구하시오.

> (가) 집합 X의 임의의 두 원소 x_1, x_2에 대하여 $x_1 \neq x_2$이면 $f(x_1) \neq f(x_2)$이다.
> (나) $1 \leq x \leq 3$일 때, $(f \circ f)(x)=f(x)-2x$이다.

364 정의역이 $\{x | 0 \leq x \leq 2\}$인 함수 $y=f(x)$의 그래프가 오른쪽 그림과 같다.

$$f^1=f, \quad f^{n+1}=f \circ f^n \ (n\text{은 자연수})$$

으로 정의할 때, $f^{100}\left(\frac{3}{2}\right)$의 값을 구하시오.

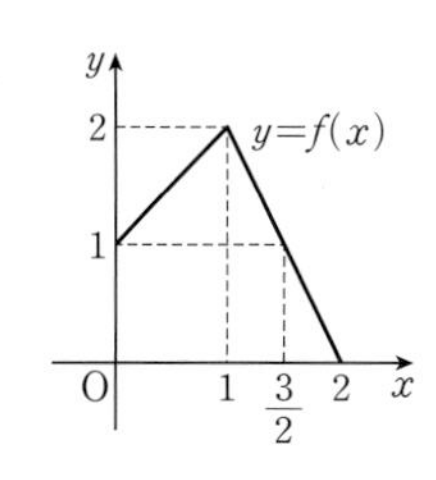

서술형

365 실수 전체의 집합에서 정의된 세 함수 $f(x)=\frac{1}{3}x+1$, $g(x)=-x+4$, $h(x)$에 대하여 $(h \circ f)(x)=g(x)$가 성립한다. $h^{-1}(x)=ax+b$일 때, 상수 a, b의 값을 각각 구하시오.

366 집합 $A=\{x | 0 \leq x \leq 1\}$에 대하여 A에서 A로의 함수 $y=f(x)$의 그래프가 오른쪽 그림과 같다. 함수 $f(x)$의 역함수를 $g(x)$라 할 때, $(g \circ g \circ g)\left(\frac{1}{3}\right)$의 값을 구하시오. (단, 모든 점선은 x축 또는 y축에 평행하다.)

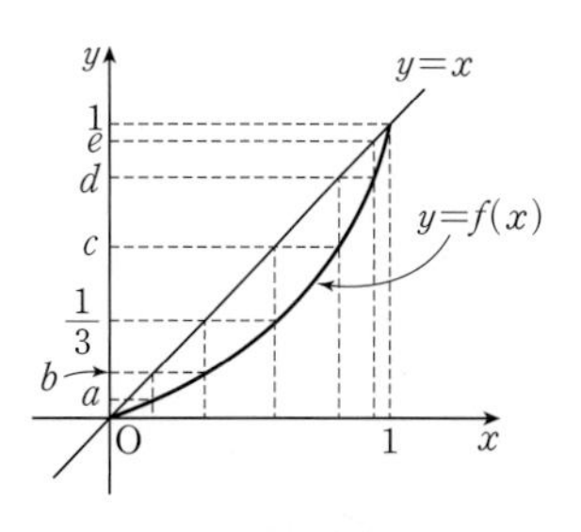

367 $x \geq 1$에서 정의된 함수 $f(x)=\frac{1}{2}x^2-x+a$에 대하여 함수 $y=f(x)$의 그래프와 그 역함수 $y=f^{-1}(x)$의 그래프는 서로 다른 두 점 A, B에서 만난다. $\overline{\text{AB}}=2\sqrt{2}$일 때, 상수 a의 값을 구하시오.

Ⅱ
함수

07 유리함수

오일러(Euler, L., 1707~1783)는 함수를 나타내는 기호 $y=f(x)$를 처음으로 사용하였고, 수학 기호 및 법칙을 만들면서 다방면에 걸쳐 현대 수학을 체계화시키는 데 큰 역할을 하였다. 오일러는 시력을 잃어 17년을 시각 장애인으로 살았지만, 천부적인 기억력과 강인한 정신력으로 연구를 계속하여 시력이 좋았을 때보다 더 많은 업적을 남겼다.

개념&유형 CHECK

- 완전 학습을 위해 스스로 학습 계획을 세워 실천하세요.
- 이해가 부족한 개념이나 유형은 □ 안에 표시하고 반복하여 학습하세요.
- 출제 빈도가 매우 높은 유형에는 ***고빈출** 표시를 하였습니다. 시험 직전에 이 유형을 반복하여 풀어 보세요.

Lecture 17 유리식

1st 월 일 | 2nd 월 일

- 개념 01 유리식 □ □
- 개념 02 유리식의 사칙연산 □ □
- 유형 01 / 유리식의 사칙연산 □ □
- 유형 02 / 유리식과 항등식 *고빈출 □ □
- 유형 03 / 여러 가지 유리식의 계산 □ □
- 유형 04 / 부분분수로의 변형 *고빈출 □ □
- 유형 05 / 번분수식의 계산 □ □
- 유형 06 / 비례식 □ □

Lecture 18 유리함수

1st 월 일 | 2nd 월 일

- 개념 03 유리함수 $y=\frac{k}{x}$의 그래프 □ □
- 개념 04 유리함수 $y=\frac{ax+b}{cx+d}$의 그래프 □ □
- 유형 07 / 유리함수의 그래프 □ □
- 유형 08 / 유리함수의 그래프의 평행이동 *고빈출 □ □
- 유형 09 / 유리함수의 식 구하기 *고빈출 □ □
- 유형 10 / 유리함수의 최대 · 최소 □ □
- 유형 11 / 유리함수의 그래프의 대칭성 □ □
- 유형 12 / 유리함수의 그래프와 직선의 위치 관계 □ □
- 유형 13 / 유리함수의 역함수 *고빈출 □ □
- 유형 14 / 유리함수의 합성함수와 역함수 □ □

Lecture

17 유리식

개념 01 유리식

유형 01~06

두 다항식 A, B $(B\neq0)$에 대하여 $\frac{A}{B}$ 꼴로 나타낸 식을 **유리식**이라 한다.

특히 다항식 A는 $\frac{A}{1}$로 나타낼 수 있으므로 다항식도 유리식이다.

또, 다항식이 아닌 유리식을 **분수식**이라 한다.

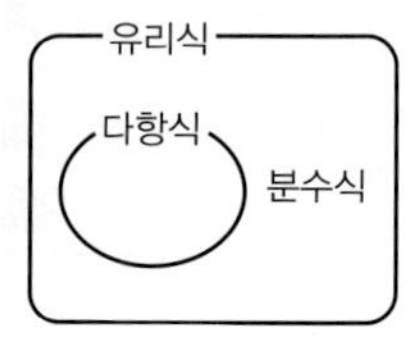

확인 $\frac{1}{2x-1}$, $x-5$, $\frac{x-1}{x+1}$, $\frac{x^2-4}{3}$는 모두 유리식이고, 이 중에서

$x-5$, $\frac{x^2-4}{3}$는 다항식, $\frac{1}{2x-1}$, $\frac{x-1}{x+1}$은 분수식

이다.

유리식의 분자, 분모에 0이 아닌 같은 다항식을 곱하거나 분자, 분모를 0이 아닌 같은 다항식으로 나누어도 그 값은 변하지 않는다.

따라서 유리식에 대하여 다음과 같은 성질이 성립한다.

중심 개념 (유리식의 성질)

세 다항식 A, B, C $(B\neq0, C\neq0)$에 대하여

(1) $\frac{A}{B}=\frac{A\times C}{B\times C}$ (2) $\frac{A}{B}=\frac{A\div C}{B\div C}$

| 참고 | ① 유리식의 성질 (1)을 이용하여 두 개 이상의 유리식을 분모가 같은 유리식으로 고치는 것을 **통분**한다고 한다.

또, 유리식의 분자와 분모에 공통인 인수가 있을 때, 유리식의 성질 (2)를 이용하여 분자, 분모를 공통인 인수로 나누어 식을 간단히 하는 것을 **약분**한다고 한다.

② 분자, 분모를 더 이상 약분할 수 없는 분수식을 **기약분수식**이라 한다.

확인 (1) 두 유리식 $\frac{1}{x}$, $\frac{3}{x+2}$을 통분하면

$$\frac{1}{x}=\frac{x+2}{x(x+2)},\quad \frac{3}{x+2}=\frac{3x}{x(x+2)}$$

(2) 유리식 $\frac{x}{x(x+1)}$를 약분하면

$$\frac{x}{x(x+1)}=\frac{1}{x+1}$$

개념 02 유리식의 사칙연산

유형 01~06

유리식의 덧셈과 뺄셈은 유리수의 덧셈과 뺄셈에서처럼 분모를 통분하여 계산한다.

유리식의 덧셈과 뺄셈

중심 개념

네 다항식 A, B, C, D $(C\neq0,\ D\neq0)$에 대하여

(1) **덧셈**

① $\dfrac{A}{C}+\dfrac{B}{C}=\dfrac{A+B}{C}$

② $\dfrac{A}{C}+\dfrac{B}{D}=\dfrac{AD+BC}{CD}$

(2) **뺄셈**

① $\dfrac{A}{C}-\dfrac{B}{C}=\dfrac{A-B}{C}$

② $\dfrac{A}{C}-\dfrac{B}{D}=\dfrac{AD-BC}{CD}$

확인

(1) $\dfrac{x}{x^2-4}+\dfrac{2}{x^2-4}=\dfrac{x+2}{x^2-4}=\dfrac{x+2}{(x+2)(x-2)}=\dfrac{1}{x-2}$ ← 계산 결과는 기약분수식으로 나타낸다.

(2) $\dfrac{3}{x-1}-\dfrac{2}{x+1}=\dfrac{3(x+1)}{(x-1)(x+1)}-\dfrac{2(x-1)}{(x-1)(x+1)}$

$=\dfrac{(3x+3)-(2x-2)}{(x-1)(x+1)}=\dfrac{x+5}{(x-1)(x+1)}$

유리식의 곱셈은 유리수의 곱셈에서처럼 분모는 분모끼리, 분자는 분자끼리 곱하여 계산한다. 또, 유리식의 나눗셈은 유리수의 나눗셈에서처럼 나누는 식의 분자와 분모를 바꾼 식을 곱하여 계산한다.

유리식의 곱셈과 나눗셈

중심 개념

네 다항식 A, B, C, D $(C\neq0,\ D\neq0)$에 대하여

(1) **곱셈**: $\dfrac{A}{C}\times\dfrac{B}{D}=\dfrac{AB}{CD}$

(2) **나눗셈**: $\dfrac{A}{C}\div\dfrac{B}{D}=\dfrac{A}{C}\times\dfrac{D}{B}=\dfrac{AD}{BC}$ (단, $B\neq0$)

| 참고 | 유리식의 곱셈과 나눗셈을 할 때는 먼저 각 유리식의 분모, 분자를 인수분해하고 공통인 인수가 있으면 약분한 후, 계산한다.

확인

(1) $\dfrac{x^2-x}{x+4}\times\dfrac{2}{x-1}=\dfrac{x(x-1)}{x+4}\times\dfrac{2}{x-1}=\dfrac{2x}{x+4}$ ← 계산 결과는 기약분수식으로 나타낸다.

(2) $\dfrac{x^2-9}{x+2}\div\dfrac{x+3}{x-4}=\dfrac{(x+3)(x-3)}{x+2}\div\dfrac{x+3}{x-4}$

$=\dfrac{(x+3)(x-3)}{x+2}\times\dfrac{x-4}{x+3}$

$=\dfrac{(x-3)(x-4)}{x+2}$

출제 빈도

유형 01 유리식의 사칙연산

개념 01, 02

368 대표

다음 식을 계산하시오.

(1) $\dfrac{x^2}{x^3-1}+\dfrac{x+1}{x^3-1}$

(2) $\dfrac{2x+1}{x^2+3x}-\dfrac{1}{x+3}$

(3) $\dfrac{x-2}{(x-3)^2}\times\dfrac{x^2-x-6}{x^2-4}$

(4) $\dfrac{x^2-3x-10}{x^2+x-2}\div\dfrac{x^2-5x}{x-1}$

유형 분석

유리식의 사칙연산은 유리수의 사칙연산과 같은 방법으로 계산한다.

이때 덧셈과 뺄셈은 분모를 인수분해할 수 있으면 인수분해하고 분모를 통분한 후, 계산한다. 또, 곱셈과 나눗셈은 분모, 분자를 인수분해할 수 있으면 인수분해하고 약분하여 기약분수식으로 만든 후, 계산한다.

연구 유리식의 사칙연산은 ➔ 유리수의 사칙연산과 같은 방법으로 계산한다

풀이 ≫

369 다음 식을 계산하시오.

(1) $\dfrac{1}{x(x+5)}+\dfrac{3}{x^2+2x-15}$

(2) $\dfrac{x-3}{x^2+2x}\times\dfrac{x^3+2x^2+4x}{x^2-5x+6}$

370 $\dfrac{1}{a-1}-\dfrac{1}{a+1}-\dfrac{2}{a^2+1}-\dfrac{4}{a^4+1}$를 계산하시오.

371 $\dfrac{x-y}{x^2-xy+y^2}\div\dfrac{(x+y)^2}{x^3+y^3}\times\dfrac{x+y}{x^2-y^2}$를 계산하시오.

유형 02 유리식과 항등식

개념 01, 02

372 대표

다음 식의 분모를 0으로 만들지 않는 모든 실수 x에 대하여

$$\frac{a}{x+1}+\frac{x+b}{x^2-x+1}=\frac{6x+c}{x^3+1}$$

가 성립할 때, $a+b+c$의 값을 구하시오. (단, a, b, c는 상수이다.)

유형 분석

주어진 등식이 x에 대한 항등식이므로 항등식의 성질(고등 수학(상) 38쪽 **개념 01** 참고)을 이용하여 미정계수를 구하는 유형이다. 다만 주어진 식이 유리식이므로 등식의 좌변과 우변의 분모가 같도록 통분한 후, 양변의 분자의 동류항의 계수를 비교한다.

연구 **유리식으로 이루어진 항등식은 ➔ 분모를 통분하여 분자의 동류항의 계수를 비교한다**

풀이 >>

373

다음 식의 분모를 0으로 만들지 않는 모든 실수 x에 대하여

$$\frac{a}{x+2}+\frac{b}{x-5}=\frac{7x}{x^2-3x-10}$$

가 성립할 때, 상수 a, b의 값을 각각 구하시오.

374

$x\neq-3$, $x\neq2$인 모든 실수 x에 대하여

$$\frac{3x-a}{x^2+x-6}=\frac{2}{x-2}+\frac{b}{x+3}$$

가 성립할 때, $a+b$의 값을 구하시오. (단, a, b는 상수이다.)

375

$\frac{x^2}{(x-1)^3}=\frac{a}{x-1}+\frac{b}{(x-1)^2}+\frac{c}{(x-1)^3}$가 x에 대한 항등식이 되도록 하는 상수 a, b, c에 대하여 $a^2+b^2+c^2$의 값을 구하시오. (단, $x\neq1$)

유형 03 여러 가지 유리식의 계산

개념 01, 02

376 대표

다음 식을 계산하시오.

(1) $\frac{x^2+2x-1}{x+2}-\frac{x^2-2x-1}{x-2}$

(2) $\frac{x+2}{x+1}-\frac{x+3}{x+2}-\frac{x+4}{x+3}+\frac{x+5}{x+4}$

유형 분석

주어진 식에서 각각의 유리식을 살펴보면 분자의 차수가 분모의 차수보다 높거나 같다. 이와 같은 경우에 분모를 통분하면 분자의 차수가 높아져서 계산이 복잡해진다.

따라서 유리식의 계산에서 분자의 차수가 분모의 차수보다 높거나 같을 때는 분자를 분모로 나누어 분자의 차수를 분모의 차수보다 낮게 변형한 후, 계산한다.

연구 (분자의 차수) ≥ (분모의 차수)이면 → (분자의 차수) < (분모의 차수)가 되도록 변형한다

풀이 ≫

377

다음 식을 계산하시오.

(1) $\frac{3x^2+1}{x}-\frac{x^2+x+2}{x+1}+\frac{1+2x-2x^2}{x-1}$

(2) $\frac{x-2}{x-3}-\frac{x+3}{x+2}+\frac{x}{x-1}-\frac{x+1}{x}$

378

$\frac{x-4}{x-2}+\frac{x-3}{x-1}-\frac{x-1}{x+1}-\frac{x}{x+2}=-\frac{12(\square)}{(x+1)(x+2)(x-1)(x-2)}$ 일 때, □ 안에 알맞은 식을 구하시오.

379

$\frac{4x^2+2x+1}{2x^2+x}-\frac{x^2-3x+1}{x^2-3x}-1$을 계산하시오.

출제 빈도

부분분수로의 변형

개념 01, 02

380 대표

다음 물음에 답하시오.

(1) $\frac{2}{x(x+2)}+\frac{2}{(x+2)(x+4)}+\frac{2}{(x+4)(x+6)}+\frac{2}{(x+6)(x+8)}$를 계산하시오.

(2) $\frac{1}{1\times2}+\frac{1}{2\times3}+\frac{1}{3\times4}+\cdots+\frac{1}{11\times12}$의 값을 구하시오.

유형 분석

유리식의 분모가 두 인수의 곱으로 되어 있으면 하나의 유리식을 두 유리식의 차의 꼴로 나타낼 수 있다. 이와 같이 변형하는 것을 '부분분수로 변형한다'고 한다. 보통 부분분수로 변형하면 항끼리 서로 소거되어 계산이 간단해진다. 또, 수에서도 마찬가지로 부분분수로의 변형을 이용하면 간단히 계산할 수 있다.

연구 분모가 두 인수의 곱의 꼴인 유리식은

➔ $\frac{1}{AB}=\frac{1}{B-A}\left(\frac{1}{A}-\frac{1}{B}\right)$ $(A\neq B)$과 같이 변형한다

풀이 ≫

381

다음 물음에 답하시오.

(1) $\frac{1}{x(x+1)}+\frac{3}{(x+1)(x+4)}+\frac{5}{(x+4)(x+9)}$를 계산하시오.

(2) $\frac{1}{1\times3}+\frac{1}{2\times4}+\frac{1}{3\times5}+\cdots+\frac{1}{9\times11}$의 값을 구하시오.

382

$\frac{b}{a(a+b)}+\frac{c}{(a+b)(a+b+c)}+\frac{d}{(a+b+c)(a+b+c+d)}$를 계산하시오.

383

$f(x)=4x^2-1$일 때, $\frac{2}{f(1)}+\frac{2}{f(2)}+\frac{2}{f(3)}+\cdots+\frac{2}{f(10)}$의 값을 구하시오.

17

출제 빈도

번분수식의 계산

개념 01, 02

384 대표

다음 식을 간단히 하시오.

(1) $\dfrac{\dfrac{1}{1-x}-\dfrac{1}{1+x}}{\dfrac{1}{1-x}+\dfrac{1}{1+x}}$

(2) $1+\dfrac{1}{1+\dfrac{1}{1+\dfrac{1}{x}}}$

유형 분석

유리식의 분자 또는 분모에 분수식이 포함되어 있을 때, 이러한 유리식을 '번분수식'이라 한다. 번분수식은 다음과 같이 분자에 분모의 역수를 곱하여 분수식으로 나타낼 수 있다.

연구 $\dfrac{\dfrac{A}{B}}{\dfrac{C}{D}}=\dfrac{A}{B}\div\dfrac{C}{D}=\dfrac{A}{B}\times\dfrac{D}{C}=\dfrac{AD}{BC}$

주어진 문제와 같은 복잡한 번분수식을 간단히 하는 것은 어려워 보이지만 위의 연구와 같이 유리수의 성질을 차례대로 적용하면 쉽게 해결할 수 있다.

풀이 ≫

385

다음 식을 간단히 하시오.

(1) $\dfrac{1-\dfrac{x-y}{x+y}}{1+\dfrac{x-y}{x+y}}$

(2) $\dfrac{\dfrac{2a+b}{a-b}+1}{1+\dfrac{b}{a-b}}$

386

$\dfrac{52}{23}=a+\dfrac{1}{b+\dfrac{1}{c+\dfrac{1}{d}}}$을 만족시키는 자연수 a, b, c, d에 대하여 $a+b+c+d$의 값을 구하시오.

비례식

개념 01, 02

387 대표

$x:y:z=3:2:4$일 때, 다음 식의 값을 구하시오. (단, $xyz\neq0$)

(1) $\dfrac{y}{x}+\dfrac{z}{y}+\dfrac{x}{z}$

(2) $\dfrac{xy+yz+zx}{x^2+y^2+z^2}$

유형 분석

조건이 비례식으로 주어지면 비례식을 분수식으로 바꾼 후, 비의 값이 일정함을 이용하여 다음과 같이 0이 아닌 상수 k에 대한 식으로 나타낼 수 있다.

연구 $a:b:c=d:e:f \iff \dfrac{a}{d}=\dfrac{b}{e}=\dfrac{c}{f}$

$\iff a=dk,\ b=ek,\ c=fk\ (k\neq0)$

풀이 ≫

388 0이 아닌 세 실수 x, y, z에 대하여 $\dfrac{x}{2}=\dfrac{y}{4}=z$일 때, $\dfrac{xyz}{(x-y)(y-z)(z-x)}$의 값을 구하시오.

389 0이 아닌 세 실수 x, y, z에 대하여 $3x=2y$, $4y=3z$일 때, 다음 식의 값을 구하시오.

(1) $\dfrac{2x-y+z}{x+y-z}$

(2) $\dfrac{x^2-2xy+y^2}{y^2-2yz+z^2}$

390 $(x+y):(y+z):(z+x)=3:4:5$일 때, $\dfrac{xyz}{x^3+y^3+z^3}$의 값을 구하시오.

(단, $xyz\neq0$)

Lecture

18 유리함수

개념 03 유리함수 $y=\frac{k}{x}$의 그래프

유형 07

함수 $y=f(x)$에서 $f(x)$가 x에 대한 유리식일 때, 이 함수를 **유리함수**라 한다. 특히 $f(x)$가 x에 대한 다항식일 때, 이 함수를 **다항함수**라 하고, 다항식은 유리식이므로 다항함수도 유리함수이다. 예를 들어 함수 $y=\frac{3}{x}$, $y=\frac{1}{2}x^2+1$, $y=\frac{x-1}{2x+1}$은 모두 유리함수이고, 이 중에서 $y=\frac{1}{2}x^2+1$은 다항함수이다.

유리함수에서 정의역이 주어져 있지 않은 경우에는 분모가 0이 되지 않도록 하는 실수 전체의 집합을 정의역으로 한다.

확인 유리함수 $y=\frac{x+3}{x-1}$의 정의역은 $x-1\neq0$에서 $\{x\,|\,x\neq1$인 실수$\}$이다.

유리함수 $y=\frac{k}{x}$ $(k\neq0)$의 그래프는 k의 값에 따라 다음과 같은 모양의 곡선이 된다.

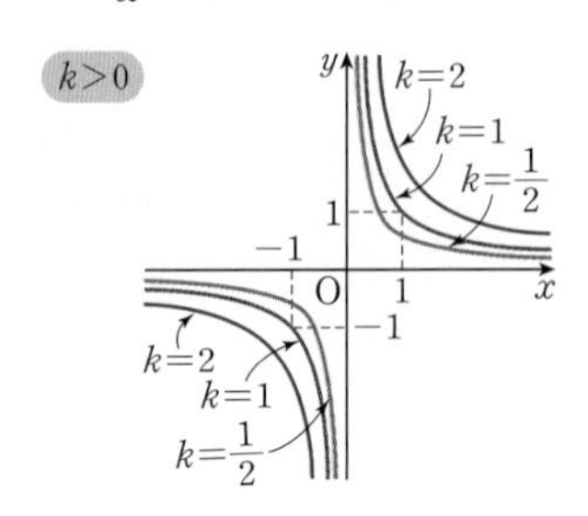

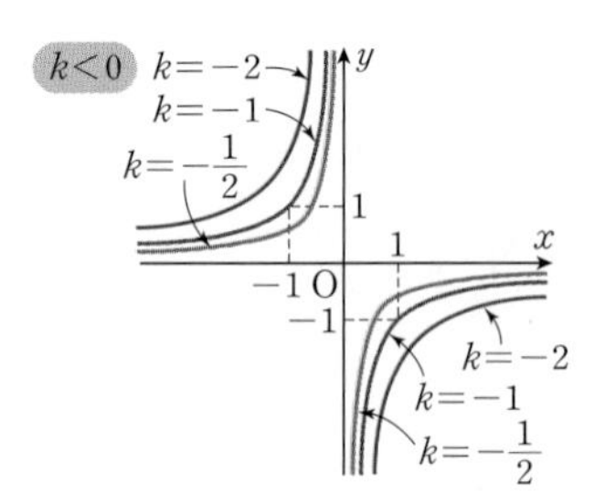

이때 함수 $y=\frac{k}{x}$의 그래프 위의 점은 x의 절댓값이 커질수록 x축에 한없이 가까워지고, x의 값이 0에 가까워질수록 y축에 한없이 가까워진다.

이와 같이 곡선이 어떤 직선에 한없이 가까워질 때, 이 직선을 그 곡선의 **점근선**이라 한다.

중심 개념

(1) 정의역과 치역은 모두 0이 아닌 실수 전체의 집합이다.
(2) $k>0$이면 그래프는 제1사분면과 제3사분면에 있고,
$k<0$이면 그래프는 제2사분면과 제4사분면에 있다.
(3) k의 절댓값이 커질수록 그래프는 원점에서 멀어진다.
(4) 원점에 대하여 대칭이다.
(5) 점근선은 x축과 y축이다.

유리함수 $y=\frac{k}{x}$ $(k\neq0)$의 그래프

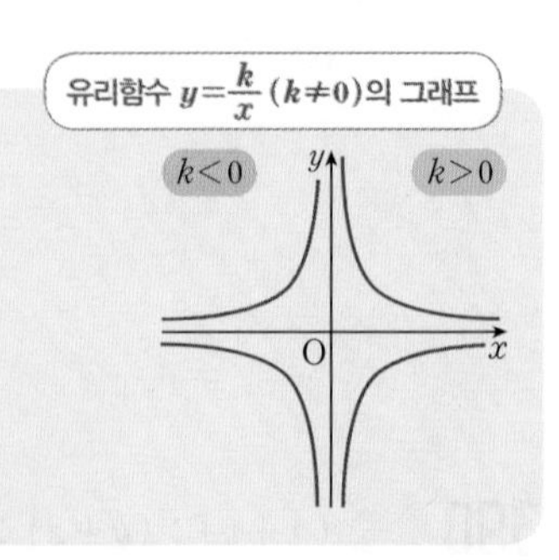

| 참고 | 유리함수 $y=\frac{k}{x}$ $(k\neq0)$의 그래프는 두 직선 $y=x$, $y=-x$에 대하여 대칭이다.

유리함수 $y=\dfrac{ax+b}{cx+d}$의 그래프

유형 07~14

유리함수 $y=\dfrac{k}{x-p}+q\ (k\neq0)$의 그래프는 유리함수 $y=\dfrac{k}{x}$의 그래프를 x축의 방향으로 p만큼, y축의 방향으로 q만큼 평행이동한 것이다.

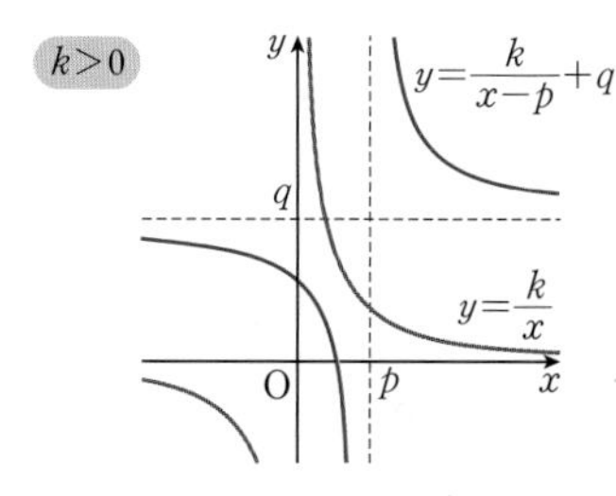

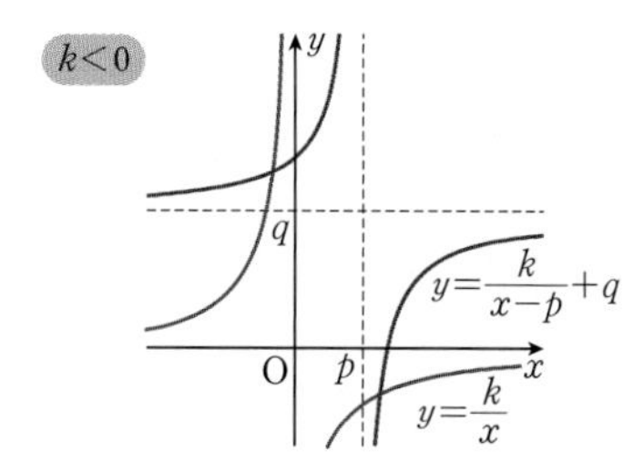

이 함수의 정의역은 $\{x|x\neq p$인 실수$\}$이고, 치역은 $\{y|y\neq q$인 실수$\}$이다. 또, 이 그래프는 점 $(p,\ q)$에 대하여 대칭이며, 점근선은 두 직선 $x=p$와 $y=q$이다.

한편, 유리함수 $y=\dfrac{ax+b}{cx+d}\ (ad-bc\neq0,\ c\neq0)$의 그래프는 $y=\dfrac{k}{x-p}+q$ 꼴로 변형하여 그린다.

유리함수 $y=\dfrac{ax+b}{cx+d}\ (ad-bc\neq0,\ c\neq0)$의 그래프

중심 개념

(1) 유리함수 $y=\dfrac{k}{x-p}+q\ (k\neq0)$의 그래프

① 유리함수 $y=\dfrac{k}{x}$의 그래프를 x축의 방향으로 p만큼, y축의 방향으로 q만큼 평행이동한 것이다.

② 정의역은 $\{x|x\neq p$인 실수$\}$이고, 치역은 $\{y|y\neq q$인 실수$\}$이다.

③ 점 $(p,\ q)$에 대하여 대칭이다.

④ 점근선은 두 직선 $x=p$와 $y=q$이다.

(2) 유리함수 $y=\dfrac{ax+b}{cx+d}\ (ad-bc\neq0,\ c\neq0)$의 그래프는 $y=\dfrac{k}{x-p}+q$ 꼴로 변형하여 그린다.

확인 함수 $y=\dfrac{x-2}{x-3}$의 그래프에 대하여 알아보자.

$y=\dfrac{x-2}{x-3}=\dfrac{(x-3)+1}{x-3}=\dfrac{1}{x-3}+1$이므로 함수 $y=\dfrac{x-2}{x-3}$의 그래프는 함수 $y=\dfrac{1}{x}$의 그래프를 x축의 방향으로 3만큼, y축의 방향으로 1만큼 평행이동한 것이다.

따라서 그 그래프는 오른쪽 그림과 같고, 정의역은 $\{x|x\neq3$인 실수$\}$, 치역은 $\{y|y\neq1$인 실수$\}$이며 점근선은 두 직선 $x=3$과 $y=1$이다.

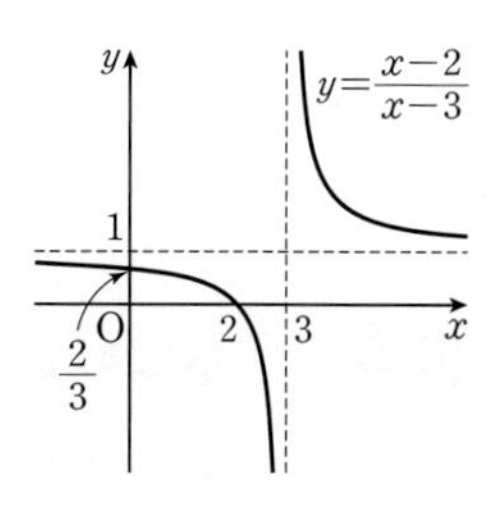

출제 빈도

유형 07 유리함수의 그래프

개념 03, 04

391 대표

다음 함수의 그래프를 그리고, 정의역, 치역, 점근선의 방정식을 각각 구하시오.

(1) $y=\frac{4}{x-2}+1$

(2) $y=\frac{2x+1}{x+1}$

유형 분석

유리함수 $y=\frac{k}{x-p}+q\ (k\neq0)$의 그래프는 유리함수 $y=\frac{k}{x}$의 그래프를 평행이동하여 그릴 수 있다.
그러나 유리함수 $y=\frac{ax+b}{cx+d}\ (ad-bc\neq0,\ c\neq0)$의 그래프는 유리함수 $y=\frac{k}{x}$의 그래프를 어떻게 평행이동한 것인지 바로 알 수 없으므로 주어진 함수의 식을 $y=\frac{k}{x-p}+q$ 꼴로 변형하여 그 그래프를 그리면 된다.

연구 유리함수 $y=\frac{ax+b}{cx+d}$의 그래프는 → $y=\frac{k}{x-p}+q$ 꼴로 변형하여 그린다

풀이 ≫

392

다음 함수의 그래프를 그리고, 정의역, 치역, 점근선의 방정식을 각각 구하시오.

(1) $y=-\frac{2}{x+3}-1$

(2) $y=\frac{-3x+4}{x-1}$

393

함수 $y=\frac{4x+5}{x+2}$의 정의역이 $\{x\mid -3\le x<-2$ 또는 $-2<x\le1\}$일 때, 치역을 구하시오.

394

두 함수 $y=-\frac{5}{2x+1}+2$, $y=\frac{bx+2}{3x-a}$의 그래프의 점근선이 같을 때, 상수 a, b에 대하여 ab의 값을 구하시오.

출제 빈도

유리함수의 그래프의 평행이동

개념 04

395
대표

함수 $y=\frac{a}{x+b}+c$의 그래프는 함수 $y=-\frac{3}{x}$의 그래프를 x축의 방향으로 2만큼, y축의 방향으로 -4만큼 평행이동한 것이다. 이때 상수 a, b, c에 대하여 abc의 값을 구하시오.

유형 분석

유리함수의 그래프의 평행이동에 대한 이해를 묻는 유형이다. 우선 유리함수의 식이 $y=\frac{ax+b}{cx+d}$ 꼴이면 $y=\frac{k}{x-p}+q$ 꼴로 변형하고, 유리함수 $y=\frac{k}{x-p}+q\ (k\neq0)$의 그래프는 유리함수 $y=\frac{k}{x}$의 그래프를 x축의 방향으로 p만큼, y축의 방향으로 q만큼 평행이동한 것임을 이용하여 미지수의 값을 구한다.

연구 **$y=\frac{k}{x}$의 그래프를 x축의 방향으로 p만큼, y축의 방향으로 q만큼 평행이동하면**

→ $y=\frac{k}{x}$에 x 대신 $x-p$를, y 대신 $y-q$를 대입한다

풀이 ≫

396

함수 $y=\frac{k}{x}$의 그래프를 x축의 방향으로 4만큼, y축의 방향으로 -1만큼 평행이동하면 점 $(5,\ 1)$을 지날 때, 상수 k의 값을 구하시오.

397

보기의 함수 중 그 그래프가 평행이동에 의하여 함수 $y=\frac{1}{x}$의 그래프와 겹쳐지는 것만을 있는 대로 고르시오.

보기

ㄱ. $y=\frac{1}{x+2}$

ㄴ. $y=\frac{4x+1}{2x}$

ㄷ. $y=\frac{3x+2}{x+1}$

ㄹ. $y=\frac{x-4}{3-x}$

출제 빈도

유형 09 유리함수의 식 구하기

개념 04

398 대표

함수 $y=\frac{ax+b}{x+c}$의 그래프가 오른쪽 그림과 같을 때, 상수 a, b, c에 대하여 $a+b+c$의 값을 구하시오.

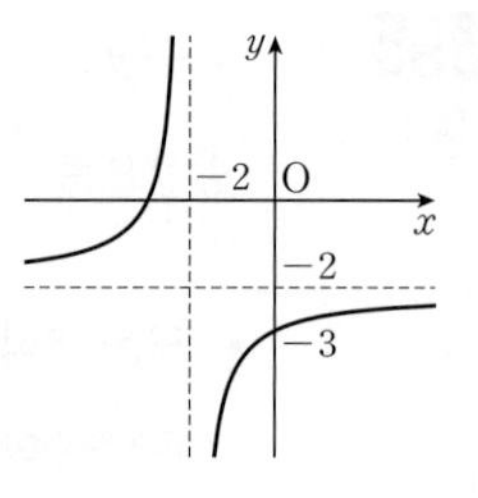

유형 분석

유리함수의 그래프가 주어지면 점근선의 방정식을 이용하여 유리함수의 식을 구할 수 있다.
다음을 이용하여 유리함수의 식을 세운 후, 그래프가 지나는 점의 좌표를 찾아 식에 대입한다.

연구 그래프의 점근선의 방정식이 $x=p$, $y=q$인 유리함수의 식은
→ $y=\frac{k}{x-p}+q\ (k\neq 0)$로 놓는다

풀이 ≫

399

함수 $y=\frac{k}{x+a}+b$의 그래프가 오른쪽 그림과 같을 때, 상수 a, b, k에 대하여 $a+b+k$의 값을 구하시오.

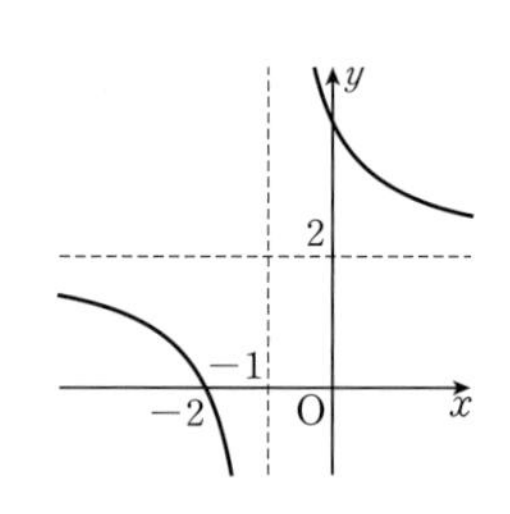

400

함수 $y=\frac{ax-b}{x-c}$의 그래프가 점 $(2,\ -4)$를 지나고 점근선의 방정식이 $x=1$, $y=-1$일 때, 상수 a, b, c의 값을 각각 구하시오.

출제 빈도

유리함수의 최대 · 최소

개념 04

401 대표

정의역이 $\{x|2\le x\le 4\}$인 함수 $y=\dfrac{2x+1}{x-1}$의 최댓값과 최솟값을 각각 구하시오.

유형 분석

제한된 범위에서 유리함수의 최댓값과 최솟값을 구할 때는 반드시 그래프를 그려서 생각한다. 이때 유리함수의 식이 $y=\dfrac{ax+b}{cx+d}$ 꼴로 주어지면 $y=\dfrac{k}{x-p}+q$ 꼴로 변형하여 그래프를 그린다.

연구 제한된 범위에서의 유리함수의 최댓값과 최솟값은
→ 주어진 범위에서 유리함수의 그래프를 그려서 구한다

풀이 ≫

402

정의역이 $\{x|-4\le x\le 1\}$인 함수 $y=\dfrac{2x+5}{2-x}$의 최댓값과 최솟값의 합을 구하시오.

403

$|x|\le 2$에서 함수 $y=\dfrac{4}{x-3}+a$의 최댓값이 2일 때, 상수 a의 값을 구하시오.

404

$a\le x\le -1$에서 함수 $y=\dfrac{6x+2}{2x+1}$의 최댓값이 b, 최솟값이 $\dfrac{7}{2}$일 때, $a+b$의 값을 구하시오. (단, $a<-1$)

유형 11

유리함수의 그래프의 대칭성

개념 04

405 대표

함수 $y=\frac{2x-3}{x-1}$의 그래프가 두 직선 $y=x+a$, $y=-x+b$에 대하여 대칭일 때, 상수 a, b의 값을 각각 구하시오.

유형 분석

유리함수 $y=\frac{k}{x-p}+q\ (k\neq0)$의 그래프는 유리함수 $y=\frac{k}{x}$의 그래프를 x축의 방향으로 p만큼, y축의 방향으로 q만큼 평행이동한 것이다. 이때 유리함수 $y=\frac{k}{x}$의 그래프는 원점과 두 직선 $y=x$, $y=-x$에 대하여 대칭이므로 $y=\frac{k}{x-p}+q$의 그래프는 원점과 두 직선 $y=x$, $y=-x$를 각각 x축의 방향으로 p만큼, y축의 방향으로 q만큼 평행이동한 점 $(p,\ q)$와 두 직선 $y-q=x-p$, $y-q=-(x-p)$에 대하여 대칭이다.

연구 유리함수 $y=\frac{k}{x-p}+q$의 그래프는

→ 점 $(p,\ q)$ 및 점 $(p,\ q)$를 지나고 기울기가 ±1인 두 직선에 대하여 대칭이다

풀이 ≫

406 함수 $y=\frac{4x-1}{x-2}$의 그래프가 점 $(m,\ n)$에 대하여 대칭일 때, $m+n$의 값을 구하시오.

407 함수 $y=\frac{2}{x-a}+b$의 그래프가 두 직선 $y=x-1$, $y=-x-3$에 대하여 대칭일 때, ab의 값을 구하시오. (단, a, b는 상수이다.)

408 함수 $y=\frac{ax+b}{x+c}$의 그래프가 점 $(3,\ -2)$에 대하여 대칭이고 점 $(0,\ 1)$을 지날 때, 상수 a, b, c에 대하여 $a+b+c$의 값을 구하시오.

출제 빈도

유리함수의 그래프와 직선의 위치 관계

개념 04

409 대표

함수 $y=\frac{x+1}{x-1}$의 그래프와 직선 $y=mx-m+1$이 만나지 않도록 하는 실수 m의 값의 범위를 구하시오.

유형 분석

유리함수의 그래프와 직선의 위치 관계는 함수의 그래프와 직선을 좌표평면 위에 나타내어 생각한다. 주어진 직선의 방정식에서 그 직선이 미지수의 값에 관계없이 항상 지나는 점의 좌표를 찾아 그 점을 지나도록 직선을 좌표평면 위에 나타내고, 함수의 그래프와 직선의 위치 관계를 알아본다.

연구 **유리함수의 그래프와 직선의 위치 관계는 ➔ 그래프를 그려서 생각한다**

| 참고 | 유리함수 $y=f(x)$의 그래프와 직선 $y=g(x)$가 한 점에서 만날 때, 방정식 $f(x)=g(x)$가 이차 방정식이면 판별식 $D=0$임을 이용한다.

풀이 ≫

410

함수 $y=\frac{4}{x}$의 그래프와 직선 $y=-x+k$가 한 점에서 만날 때, 양수 k의 값을 구하시오.

411

두 집합 $A=\left\{(x,\ y)\,\middle|\,y=\frac{x-2}{x}\right\}$, $B=\{(x,\ y)\,|\,y=ax+1\}$에 대하여 $A\cap B\neq\varnothing$일 때, 실수 a의 값의 범위를 구하시오.

412

정의역이 $\{x\,|\,0\leq x\leq 2\}$인 함수 $y=\frac{x+4}{x+1}$의 그래프와 직선 $mx-y+2m=0$이 만나도록 하는 실수 m의 최댓값과 최솟값을 각각 구하시오.

출제 빈도

유형 13 유리함수의 역함수

개념 04

413 대표

함수 $f(x)=\frac{ax}{2x-3}$에 대하여 $f=f^{-1}$일 때, 상수 a의 값을 구하시오.

유형 분석

함수의 역함수를 구하는 방법은 137쪽 **개념 04**에서 학습하였다. 유리함수의 역함수도 앞에서 학습했던 방법으로 구할 수 있다. 즉, $y=\frac{ax+b}{cx+d}$ $(ad-bc\neq0,\ c\neq0)$를 x에 대하여 푼 후, x와 y를 서로 바꾸면 역함수를 구할 수 있다.

연구 **함수 $y=\frac{ax+b}{cx+d}$ $(ad-bc\neq0,\ c\neq0)$의 역함수는**

→ 주어진 식을 x에 대하여 풀고, x와 y를 서로 바꾸어 구한다

풀이 ≫

414

함수 $f(x)=\frac{-x+5}{3x+a}$의 역함수가 $f^{-1}(x)=\frac{2x-b}{cx+1}$일 때, 상수 a, b, c의 값을 각각 구하시오.

415

함수 $f(x)=\frac{4x-1}{x-2}$에 대하여 $(f\circ g)(x)=x$를 만족시키는 함수 $g(x)$를 구하시오.

실력

416

함수 $f(x)=\frac{ax+b}{x+1}$의 그래프와 그 역함수의 그래프가 모두 점 $(-2,\ 3)$을 지날 때, 상수 a, b에 대하여 $a+b$의 값을 구하시오.

해결 전략 / 함수 $y=f(x)$의 역함수의 그래프가 점 $(-2,\ 3)$을 지나면 함수 $y=f(x)$의 그래프는 점 $(3,\ -2)$를 지남을 이용한다.

출제 빈도

유리함수의 합성함수와 역함수

개념 04

417 대표

두 함수 $f(x)=\frac{x}{x+1}$, $g(x)=\frac{x-3}{x-1}$에 대하여 다음을 구하시오.

(단, $f^1=f$, $f^{n+1}=f\circ f^n$, n은 자연수이다.)

(1) $(f\circ(g^{-1}\circ f)^{-1})(-1)$ (2) $f^{10}(1)$

유형 분석

유리함수에 대한 합성함수의 역함수와 f^n 꼴의 합성함수를 구하는 유형이다.
위의 문제 (1)은 역함수의 성질 $(g\circ f)^{-1}=f^{-1}\circ g^{-1}$를 이용하여 먼저 주어진 식을 간단히 하고, (2)는 f^2, f^3, f^4, …를 차례대로 구하여 규칙을 찾아 합성함수 f^n을 추정한다.

연구 ① 두 함수 f, g에 대하여 $(g\circ f)^{-1}=f^{-1}\circ g^{-1}$
② f^n 꼴의 합성함수는 ➔ f^2, f^3, f^4, …를 차례대로 구하여 규칙을 찾는다

풀이 ≫

18

418 두 함수 $f(x)=\frac{3x+1}{2x+3}$, $g(x)=\frac{1}{-x+1}$에 대하여 $(f^{-1}\circ g)^{-1}(2)$의 값을 구하시오.

419 함수 $f(x)=\frac{x}{x-1}$에 대하여 $(f\circ f)(k)=-k^2$을 만족시키는 실수 k의 값을 모두 구하시오.

420 함수 $f(x)=\frac{x-1}{x}$에 대하여

$f^1=f$, $f^{n+1}=f\circ f^n$ (n은 자연수)

으로 정의할 때, $f^{20}(2)$의 값을 구하시오.

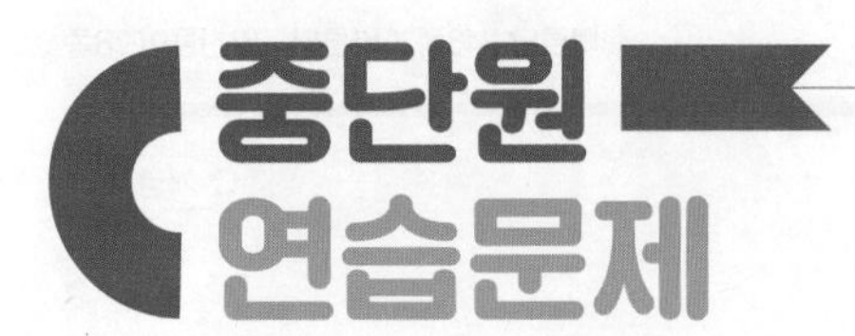

STEP 1 표준

421 $\dfrac{x^2+x-2}{x^2-9} \div \dfrac{x^2+3x+2}{x+3} \times \dfrac{x^2-3x}{x^2-x}$ 를 계산하시오.

서술형

422 다음 식의 분모를 0으로 만들지 않는 모든 실수 x에 대하여

$$\frac{1}{x(x+3)}+\frac{1}{(x+3)(x+6)}+\frac{1}{(x+6)(x+9)}=\frac{b}{x(x+a)}$$

가 성립할 때, $a-b$의 값을 구하시오. (단, a, b는 상수이다.)

423 $1-\dfrac{1}{1-\dfrac{1}{1-\dfrac{1}{1-x}}}=x$를 만족시키는 x의 값을 구하시오.

424 $\dfrac{x+2y}{2}=\dfrac{3y+z}{3}=\dfrac{z}{2}=\dfrac{2x+10y-z}{a}$ 를 만족시키는 상수 a의 값을 구하시오.

(단, $xyz\neq0$, $a\neq0$)

425 함수 $y=\dfrac{x+k-3}{x-3}$의 그래프가 모든 사분면을 지나도록 하는 실수 k의 값의 범위를 구하시오. (단, $k\neq0$)

기출

426 그림과 같이 원점을 지나는 직선 l과 함수 $y=\frac{2}{x}$의 그래프가 두 점 P, Q에서 만난다. 점 P를 지나고 x축에 수직인 직선과 점 Q를 지나고 y축에 수직인 직선이 만나는 점을 R라 할 때, 삼각형 PQR의 넓이는?

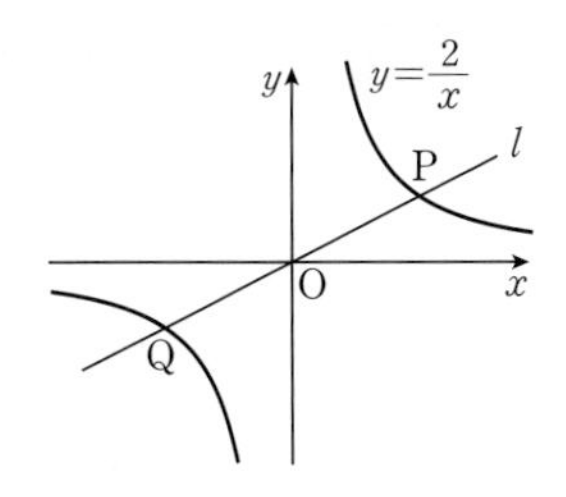

① 4 ② $\frac{9}{2}$ ③ 5
④ $\frac{11}{2}$ ⑤ 6

427 함수 $y=\frac{ax+2}{x-b}$의 그래프를 x축의 방향으로 -1만큼, y축의 방향으로 3만큼 평행이동하면 함수 $y=-\frac{1}{x}$의 그래프와 일치한다. 이때 상수 a, b에 대하여 $a+b$의 값을 구하시오.

428 함수 $y=\frac{-3x+1}{x-1}$에 대하여 옳은 것만을 **보기**에서 있는 대로 고르시오.

보기

ㄱ. 정의역은 $\{x|x\neq1$인 실수$\}$, 치역은 $\{y|y\neq-3$인 실수$\}$이다.
ㄴ. 그래프는 평행이동에 의하여 함수 $y=-\frac{3}{x+1}-1$의 그래프와 겹쳐진다.
ㄷ. 그래프는 제2사분면을 지난다.

기출

429 함수 $y=\frac{ax+1}{bx+1}$의 그래프가 점 $(2,\ 3)$을 지나고 직선 $y=2$를 한 점근선으로 가질 때, a^2+b^2의 값은? (단, a, b는 0이 아닌 상수이다.)

① 2 ② 5 ③ 8
④ 11 ⑤ 14

430 $0 \le x \le 3$에서 함수 $y=\dfrac{-2x+2}{x+1}$의 최댓값과 최솟값의 곱을 구하시오.

기출

431 함수 $y=\dfrac{3}{x-5}+k$의 그래프가 직선 $y=x$에 대하여 대칭일 때, 상수 k의 값은?

① 1 ② 2 ③ 3
④ 4 ⑤ 5

432 함수 $f(x)=\dfrac{ax+b}{x+c}$에 대하여 $f(1)=-1$이고 $y=f(x)$의 그래프가 점 $(2, 3)$에 대하여 대칭일 때, abc의 값을 구하시오. (단, a, b, c는 상수이다.)

433 함수 $y=\dfrac{3x-7}{x-2}$의 그래프와 함수 $y=\dfrac{ax+b}{x-3}$의 그래프가 직선 $y=x$에 대하여 대칭일 때, $a-b$의 값을 구하시오. (단, a, b는 상수이다.)

434 함수 $f(x)=\dfrac{ax+2}{2x+b}$에 대하여 $f^{-1}(-2)=0$, $(f \circ f)(0)=0$일 때, $f(2)$의 값을 구하시오. (단, a, b는 상수이다.)

435 오른쪽 그림과 같이 함수 $y=\dfrac{4}{x-2}$ $(x>2)$의 그래프 위의 점 P에서 x축, y축에 내린 수선의 발을 각각 Q, R라 할 때, $\overline{PQ}+\overline{PR}$의 최솟값을 구하시오.

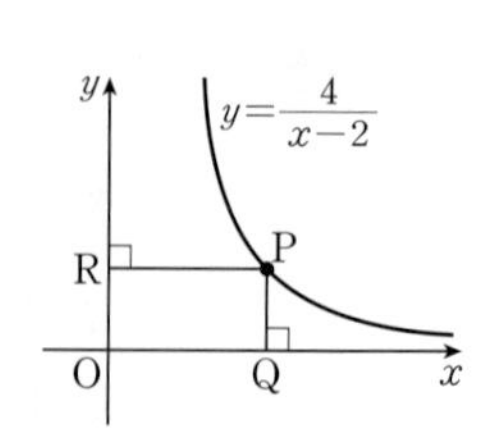

STEP 2 실력

436 0이 아닌 세 실수 a, b, c에 대하여 $a+b+c=0$일 때,

$$a\left(\frac{1}{b}+\frac{1}{c}\right)+b\left(\frac{1}{c}+\frac{1}{a}\right)+c\left(\frac{1}{a}+\frac{1}{b}\right)$$

의 값을 구하시오.

437 두 함수 $y=\frac{x+1}{x-k}$, $y=\frac{kx-1}{x+1}$의 그래프의 점근선으로 둘러싸인 부분의 넓이가 24일 때, 상수 k의 값을 구하시오. (단, $k>1$)

기출

438 함수 $f(x)=\frac{3x+k}{x+4}$의 그래프를 x축의 방향으로 -2만큼, y축의 방향으로 3만큼 평행이동한 곡선을 $y=g(x)$라 하자. 곡선 $y=g(x)$의 두 점근선의 교점이 곡선 $y=f(x)$ 위의 점일 때, 상수 k의 값은?

① -6 ② -3 ③ 0 ④ 3 ⑤ 6

서술형

439 두 집합 $A=\left\{(x,\ y)\middle|\,y=\frac{2x-3}{x+1}\right\}$, $B=\{(x,\ y)\,|\,y=mx\}$에 대하여 $A\cap B=\varnothing$일 때, 실수 m의 값의 범위를 구하시오.

440 유리함수 $y=f(x)$의 그래프가 오른쪽 그림과 같을 때, $f^{100}(1)$의 값을 구하시오. (단, $f^1=f$, $f^{n+1}=f\circ f^n$, n은 자연수이다.)

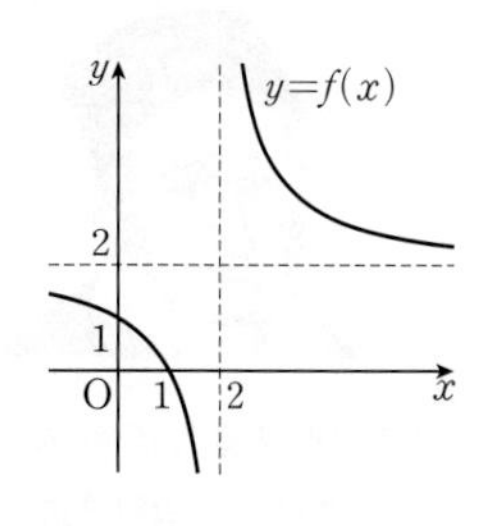

Ⅱ
함수

08
무리함수

가우스 기호, 가우스 함수로 유명한 **가우스**(Gauss, C. F., 1777~1855)는 “나는 말하는 것보다 계산하는 것을 더 먼저 배웠다.”라고 말할 정도로 어려서부터 수학 공부를 즐겨 하였다. 가우스는 여러 가지 함수를 식으로 구조화하고 그 성질을 체계화시키는 데 큰 공헌을 하였다.

개념&유형 CHECK

- 완전 학습을 위해 스스로 학습 계획을 세워 실천하세요.
- 이해가 부족한 개념이나 유형은 □안에 표시하고 반복하여 학습하세요.
- 출제 빈도가 매우 높은 유형에는 *고빈출 표시를 하였습니다. 시험 직전에 이 유형을 반복하여 풀어 보세요.

Lecture 19 무리식

1st 월 일 | 2nd 월 일

- 개념 01 무리식 □ □
- 개념 02 무리식의 계산 □ □
- 유형 01 / 무리식의 계산 □ □
- 유형 02 / 무리식의 값 구하기 *고빈출 □ □

Lecture 20 무리함수

1st 월 일 | 2nd 월 일

- 개념 03 무리함수 □ □
- 개념 04 무리함수 $y=\pm\sqrt{ax}$ 의 그래프 □ □
- 개념 05 무리함수 $y=\sqrt{ax+b}+c$ 의 그래프 □ □
- 개념 06 무리함수의 역함수 □ □
- 유형 03 / 무리함수의 그래프 *고빈출 □ □
- 유형 04 / 무리함수의 그래프의 평행이동과 대칭이동 □ □
- 유형 05 / 무리함수의 최대 • 최소 □ □
- 유형 06 / 무리함수의 식 구하기 *고빈출 □ □
- 유형 07 / 무리함수의 그래프와 직선의 위치 관계 *고빈출 □ □
- 유형 08 / 무리함수의 역함수 □ □
- 유형 09 / 무리함수의 그래프와 그 역함수의 그래프의 교점 □ □
- 유형 10 / 무리함수의 합성함수와 역함수 □ □

Lecture

무리식

개념 01 무리식

C 유형 01

근호 안에 문자가 포함되어 있는 식 중에서 유리식으로 나타낼 수 없는 식을 **무리식**이라 한다.

예를 들어 $1+\sqrt{x}$, $\sqrt{x^2-4}$, $\dfrac{x}{\sqrt{2x+1}}$는 유리식으로 나타낼 수 없는 식이므로 무리식이다.

| 참고 | 유리식과 무리식을 통틀어 식이라 하고, 식을 분류하면 오른쪽과 같다. 이때 무리식은 특별한 언급이 없어도 식의 값이 실수인 경우만 생각한다.

식 { 유리식 { 다항식, 분수식 }, 무리식 }

무리식의 값이 실수가 되려면 근호 안에 있는 식의 값이 0 이상이어야 하고, 분모가 0이 아니어야 하므로 무리식을 계산할 때는

(근호 안에 있는 식의 값)≥ 0, (분모)$\neq 0$

인 범위에서만 생각한다.

중심 개념 (무리식)

(1) **무리식**: 근호 안에 문자가 포함되어 있는 식 중에서 유리식으로 나타낼 수 없는 식

(2) **무리식의 값이 실수가 되기 위한 조건**: (근호 안에 있는 식의 값)≥ 0, (분모)$\neq 0$

확인 (1) 무리식 $\sqrt{x-1}+2$의 값이 실수가 되려면 근호 안에 있는 식의 값이 0 이상이어야 하므로

$x-1\geq 0 \quad \therefore x\geq 1$

(2) 무리식 $\dfrac{1}{\sqrt{x+3}}$의 값이 실수가 되려면 근호 안에 있는 식의 값이 0 이상이고 분모가 0이 아니어야 하므로

$x+3\geq 0,\ x+3\neq 0 \quad \therefore x>-3$

• 바른답 · 알찬풀이 86쪽

문제 1 다음 무리식의 값이 실수가 되도록 x의 값의 범위를 정하시오.

(1) $\sqrt{x-2}+\sqrt{5-x}$

(2) $\dfrac{\sqrt{x-1}}{\sqrt{4-x}}$

답 (1) $2\leq x\leq 5$ (2) $1\leq x<4$

무리식의 계산

유형 01, 02

무리식은 식의 값이 실수인 경우만 생각하므로 무리식의 계산은 무리수의 계산과 같은 방법으로 제곱근의 성질을 이용한다.

중심 개념 제곱근의 성질

$a>0$, $b>0$일 때,

(1) $\sqrt{a}\sqrt{b}=\sqrt{ab}$

(2) $\dfrac{\sqrt{a}}{\sqrt{b}}=\sqrt{\dfrac{a}{b}}$

(3) $\sqrt{a^2b}=\sqrt{a^2}\sqrt{b}=a\sqrt{b}$

(4) $\sqrt{\dfrac{a}{b^2}}=\dfrac{\sqrt{a}}{\sqrt{b^2}}=\dfrac{\sqrt{a}}{b}$

확인 $(\sqrt{x+4}-\sqrt{x})(\sqrt{x+4}+\sqrt{x})$를 간단히 하면

$$\begin{aligned}(\sqrt{x+4}-\sqrt{x})(\sqrt{x+4}+\sqrt{x})&=(\sqrt{x+4})^2-(\sqrt{x})^2\\&=x+4-x=4\end{aligned}$$

또, 분모가 무리식인 경우에는 분모를 유리화하여 그 식을 간단히 할 수 있다.
일반적으로 주어진 식의 모양에 따라 다음과 같이 분모를 유리화한다.

중심 개념 분모의 유리화

(1) $\dfrac{a}{\sqrt{b}}=\dfrac{a\sqrt{b}}{\sqrt{b}\sqrt{b}}=\dfrac{a\sqrt{b}}{b}$

(2) $\dfrac{c}{\sqrt{a}+\sqrt{b}}=\dfrac{c(\sqrt{a}-\sqrt{b})}{(\sqrt{a}+\sqrt{b})(\sqrt{a}-\sqrt{b})}=\dfrac{c(\sqrt{a}-\sqrt{b})}{a-b}$ (단, $a\neq b$)

(3) $\dfrac{c}{\sqrt{a}-\sqrt{b}}=\dfrac{c(\sqrt{a}+\sqrt{b})}{(\sqrt{a}-\sqrt{b})(\sqrt{a}+\sqrt{b})}=\dfrac{c(\sqrt{a}+\sqrt{b})}{a-b}$ (단, $a\neq b$)

| 참고 | 분모에 근호를 포함한 수 또는 식이 있을 때, 분모와 분자에 적당한 수 또는 식을 곱하여 분모에 근호가 포함되어 있지 않도록 변형하는 것을 **분모의 유리화**라 한다.

확인 $\dfrac{2}{\sqrt{x+2}-\sqrt{x}}$의 분모를 유리화하면

$$\begin{aligned}\frac{2}{\sqrt{x+2}-\sqrt{x}}&=\frac{2(\sqrt{x+2}+\sqrt{x})}{(\sqrt{x+2}-\sqrt{x})(\sqrt{x+2}+\sqrt{x})}=\frac{2(\sqrt{x+2}+\sqrt{x})}{(\sqrt{x+2})^2-(\sqrt{x})^2}\\&=\frac{2(\sqrt{x+2}+\sqrt{x})}{x+2-x}=\sqrt{x+2}+\sqrt{x}\end{aligned}$$

• 바른답 · 알찬풀이 86쪽

문제 2 다음 식을 간단히 하시오.

(1) $(\sqrt{x-1}+1)(\sqrt{x-1}-1)$

(2) $\dfrac{3x}{\sqrt{x+1}+\sqrt{x-2}}$

답 (1) $x-2$ (2) $x(\sqrt{x+1}-\sqrt{x-2})$

출제 빈도

01 무리식의 계산

개념 01, 02

441 다음 식을 간단히 하시오.
대표

(1) $\frac{x}{\sqrt{x+2}+\sqrt{x}}+\frac{x}{\sqrt{x+2}-\sqrt{x}}$

(2) $\frac{\sqrt{x}-\sqrt{x-1}}{\sqrt{x}+\sqrt{x-1}}+\frac{\sqrt{x}+\sqrt{x-1}}{\sqrt{x}-\sqrt{x-1}}$

유형 분석

일반적으로 분모에 근호를 포함한 식을 간단히 할 때, 분모를 유리화하면 계산이 쉬워진다. 그러나 이 문제는 주어진 식의 각 항의 분모가 각각 $\sqrt{a}+\sqrt{b}$, $\sqrt{a}-\sqrt{b}$ 꼴이므로 분모를 통분하면 분모를 유리화하여 계산한 것과 같은 결과를 얻는다.

분모를 유리화할 때는 곱셈 공식 $(a+b)(a-b)=a^2-b^2$이 주로 이용됨을 기억해 두자.

연구 **분모에 무리수 또는 무리식이 있으면 → 분모를 유리화한다**

풀이 ≫

442 다음 식을 간단히 하시오.

(1) $\frac{\sqrt{3}}{\sqrt{2}+1}-\frac{\sqrt{2}}{\sqrt{3}-\sqrt{2}}$

(2) $\frac{\sqrt{x}-\sqrt{5}}{\sqrt{x}+\sqrt{5}}+\frac{\sqrt{x}+\sqrt{5}}{\sqrt{x}-\sqrt{5}}$

443 $\frac{2x}{3+\sqrt{x+9}}+\frac{2x}{3-\sqrt{x+9}}=ax+b$일 때, 상수 a, b에 대하여 ab의 값을 구하시오.

(단, $x\neq 0$)

444 $f(x)=\frac{1}{\sqrt{x+1}+\sqrt{x}}$일 때, $f(1)+f(2)+f(3)+\cdots+f(15)$의 값을 구하시오.

유형 출제 빈도

유형 02 무리식의 값 구하기

개념 02

445 대표

$x=\sqrt{2}$일 때, 다음 식의 값을 구하시오.

(1) $\dfrac{1}{1-\sqrt{x}}+\dfrac{1}{1+\sqrt{x}}$

(2) $\dfrac{\sqrt{2+x}-\sqrt{2-x}}{\sqrt{2+x}+\sqrt{2-x}}$

유형 분석

주어진 x의 값을 식에 대입하면 $\sqrt{x}=\sqrt{\sqrt{2}}$와 같이 근호 안에 근호가 있는 꼴이 된다. 이런 경우에는 앞의 **유형 01**과 같이 먼저 분모를 유리화하여 주어진 식을 간단히 한 후, x의 값을 대입하면 식의 값을 쉽게 구할 수 있다.

연구 **분모에 무리수 또는 무리식이 있으면 → 분모를 유리화한다**

풀이 ≫

446

$x=2+\sqrt{3}$일 때, $\dfrac{\sqrt{x}-1}{\sqrt{x}+1}+\dfrac{\sqrt{x}+1}{\sqrt{x}-1}$의 값을 구하시오.

447

다음 물음에 답하시오.

(1) $x=\sqrt{5}+2$, $y=\sqrt{5}-2$일 때, $\dfrac{\sqrt{y}}{\sqrt{x}}+\dfrac{\sqrt{x}}{\sqrt{y}}$의 값을 구하시오.

(2) $x=\dfrac{\sqrt{2}-1}{\sqrt{2}+1}$, $y=\dfrac{\sqrt{2}+1}{\sqrt{2}-1}$일 때, x^2+xy+y^2의 값을 구하시오.

실력+

448

$x=\sqrt{3}-1$일 때, x^3+2x^2-3x+1의 값을 구하시오.

해결 전략 / $x=\sqrt{3}-1$에서 $x+1=\sqrt{3}$이므로 양변을 제곱하여 만든 이차방정식을 이용한다.

개념 03 무리함수

유형 03

함수 $y=f(x)$에서 $f(x)$가 x에 대한 무리식일 때, 이 함수를 **무리함수**라 한다.

예를 들어 함수 $y=\sqrt{x+5}$, $y=\sqrt{3-x}+1$은 모두 무리함수이다.

무리함수에서 정의역이 주어져 있지 않은 경우에는

(근호 안에 있는 식의 값)≥ 0

이 되도록 하는 실수 전체의 집합을 정의역으로 한다.

확인 (1) 무리함수 $y=\sqrt{x-4}-1$의 정의역은 $x-4\geq 0$에서 $\{x|x\geq 4\}$이다.

(2) 무리함수 $y=-\sqrt{1-2x}$의 정의역은 $1-2x\geq 0$에서 $\left\{x \middle| x\leq \frac{1}{2}\right\}$이다.

무리함수 $y=\sqrt{x}$의 그래프를 그 역함수의 그래프를 이용하여 그려 보자.

무리함수 $y=\sqrt{x}$는 정의역이 $\{x|x\geq 0\}$이고 치역이 $\{y|y\geq 0\}$인 일대일대응이므로 역함수가 존재한다.

$y=\sqrt{x}\ (x\geq 0)$를 x에 대하여 풀면

$$x=y^2\ (y\geq 0)$$

이고, 이 식에서 x와 y를 서로 바꾸면 역함수

$$y=x^2\ (x\geq 0)$$

을 얻는다.

따라서 무리함수 $y=\sqrt{x}$의 그래프는 그 역함수 $y=x^2\ (x\geq 0)$의 그래프와 직선 $y=x$에 대하여 대칭이므로 오른쪽 그림과 같다.

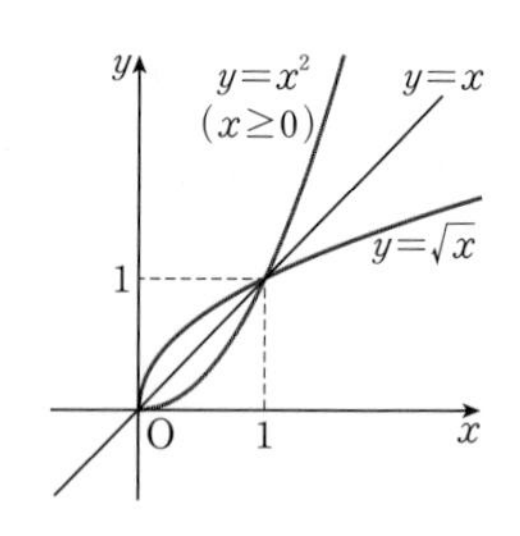

확인 함수 $y=-\sqrt{x}$, $y=\sqrt{-x}$, $y=-\sqrt{-x}$의 그래프는 함수 $y=\sqrt{x}$의 그래프를 각각 x축, y축, 원점에 대하여 대칭이동한 것과 같으므로 그 그래프는 각각 오른쪽 그림과 같다.

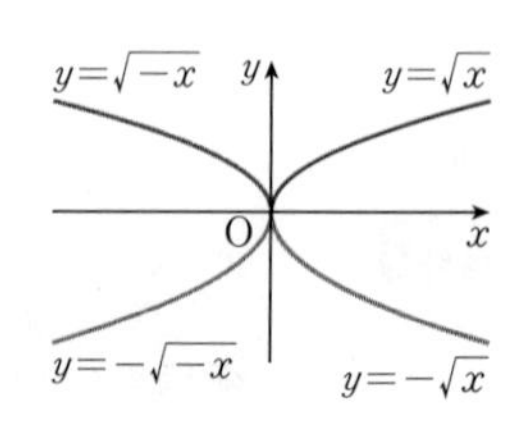

무리함수 $y=\pm\sqrt{ax}$의 그래프

유형 03~10

무리함수 $y=\sqrt{ax}\ (a\neq0)$의 그래프는 그 역함수 $y=\frac{x^2}{a}\ (x\geq0)$의 그래프와 직선 $y=x$에 대하여 대칭이므로 a의 값의 부호에 따라 다음 그림과 같다.

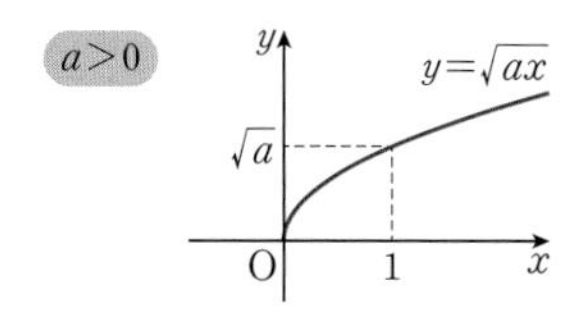

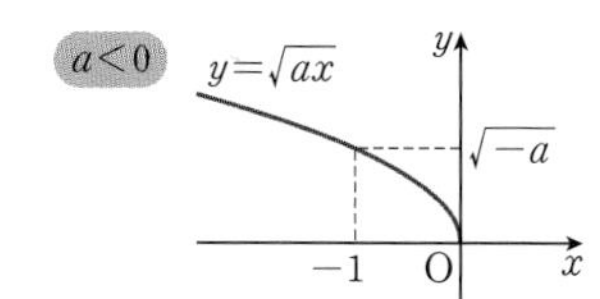

무리함수 $y=\sqrt{ax}\ (a\neq0)$의 그래프는 a의 값에 따라 오른쪽 그림과 같고, 정의역은

$a>0$일 때 $\{x|x\geq0\}$,　$a<0$일 때 $\{x|x\leq0\}$

이며, 치역은 $\{y|y\geq0\}$이다.

또, a의 절댓값이 커질수록 x축에서 멀어진다.

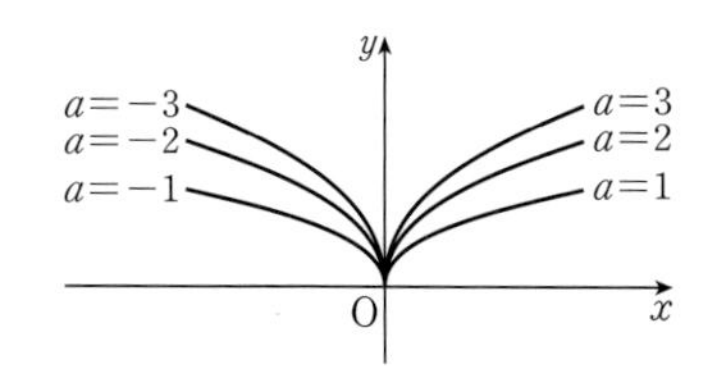

한편, 무리함수 $y=-\sqrt{ax}\ (a\neq0)$의 그래프는 무리함수 $y=\sqrt{ax}$의 그래프와 x축에 대하여 대칭이므로 a의 값의 부호에 따라 다음 그림과 같다.

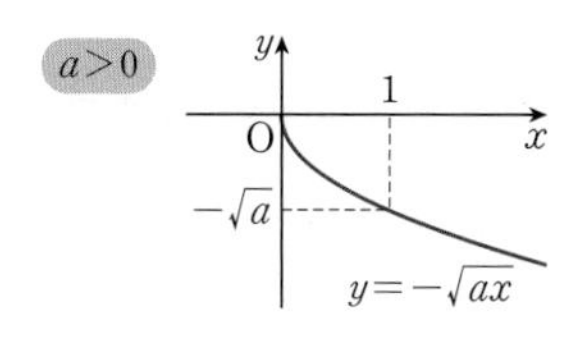

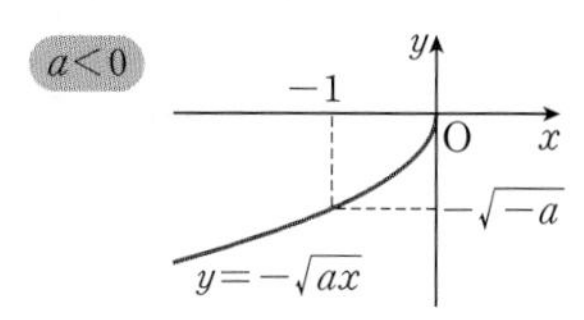

중심 개념

(1) **무리함수 $y=\sqrt{ax}\ (a\neq0)$의 그래프**

① $a>0$일 때, 정의역: $\{x|x\geq0\}$, 치역: $\{y|y\geq0\}$

② $a<0$일 때, 정의역: $\{x|x\leq0\}$, 치역: $\{y|y\geq0\}$

(2) **무리함수 $y=-\sqrt{ax}\ (a\neq0)$의 그래프**

① $a>0$일 때, 정의역: $\{x|x\geq0\}$, 치역: $\{y|y\leq0\}$

② $a<0$일 때, 정의역: $\{x|x\leq0\}$, 치역: $\{y|y\leq0\}$

(3) a의 절댓값이 커질수록 그래프는 x축에서 멀어진다.

무리함수 $y=\pm\sqrt{ax}\ (a\neq0)$의 그래프

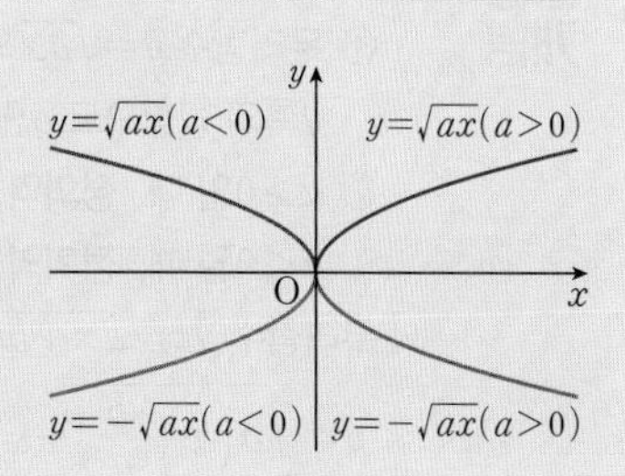

| 참고 | 함수 $y=-\sqrt{ax}$, $y=\sqrt{-ax}$, $y=-\sqrt{-ax}$의 그래프는 함수 $y=\sqrt{ax}$의 그래프를 각각 x축, y축, 원점에 대하여 대칭이동한 것과 같다.

확인 (1) 함수 $y=\sqrt{2x}$의 정의역은 $\{x|x\geq0\}$이고, 치역은 $\{y|y\geq0\}$이므로 그 그래프는 오른쪽 그림과 같다.

(2) 함수 $y=\sqrt{-2x}$의 정의역은 $\{x|x\leq0\}$이고, 치역은 $\{y|y\geq0\}$이므로 그 그래프는 오른쪽 그림과 같다.

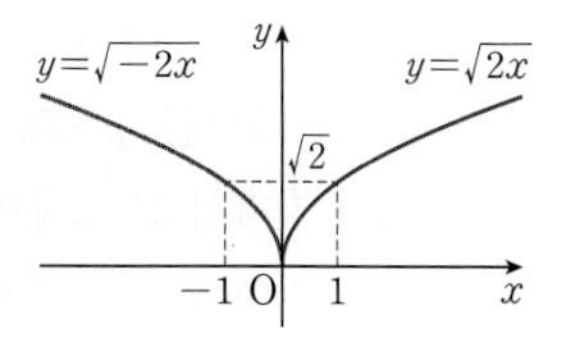

개념 05

무리함수 $y=\sqrt{ax+b}+c$의 그래프

유형 03~10

무리함수 $y=\sqrt{a(x-p)}+q\ (a\neq0)$의 그래프는 무리함수 $y=\sqrt{ax}$의 그래프를

x축의 방향으로 p만큼, y축의 방향으로 q만큼

평행이동한 것이다.

이를 이용하여 무리함수 $y=\sqrt{a(x-p)}+q$의 그래프를 그려 보면 다음과 같다.

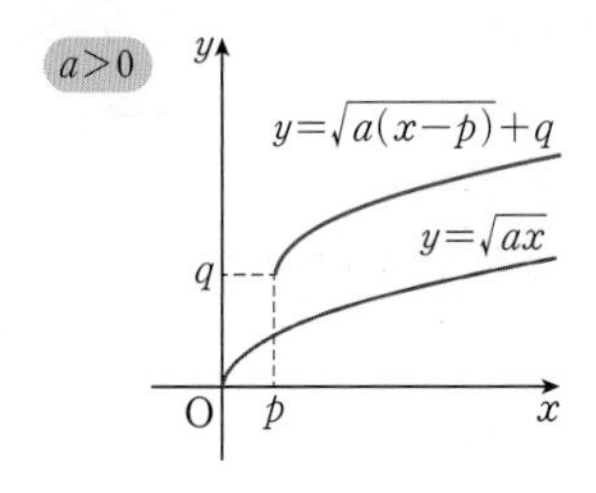

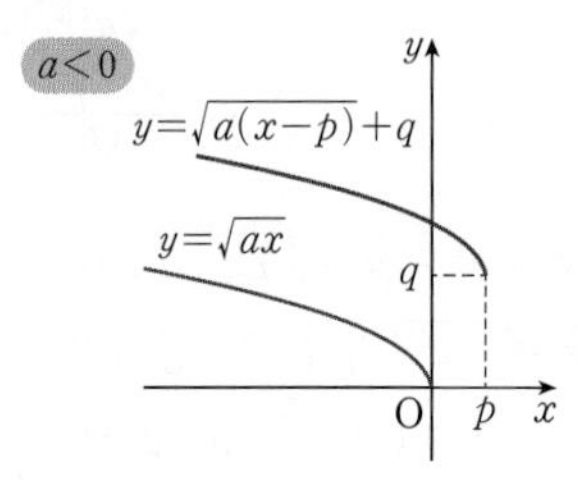

정의역은 $a>0$이면 $\{x|x\geq p\}$, $a<0$이면 $\{x|x\leq p\}$이고, 치역은 $\{y|y\geq q\}$이다.

한편, 무리함수 $y=\sqrt{ax+b}+c\ (a\neq0)$의 그래프는 $y=\sqrt{a(x-p)}+q$ 꼴로 변형하여 그린다. 이때

$$y=\sqrt{ax+b}+c=\sqrt{a\left(x+\frac{b}{a}\right)}+c$$

이므로 함수 $y=\sqrt{ax+b}+c$의 그래프는 함수 $y=\sqrt{ax}$의 그래프를 x축의 방향으로 $-\frac{b}{a}$만큼, y축의 방향으로 c만큼 평행이동한 것이다.

중심 개념 무리함수 $y=\sqrt{ax+b}+c\ (a\neq0)$의 그래프

(1) **무리함수 $y=\sqrt{a(x-p)}+q\ (a\neq0)$의 그래프**

① 무리함수 $y=\sqrt{ax}$의 그래프를 x축의 방향으로 p만큼, y축의 방향으로 q만큼 평행이동한 것이다.

② $a>0$일 때, 정의역: $\{x|x\geq p\}$, 치역: $\{y|y\geq q\}$
$a<0$일 때, 정의역: $\{x|x\leq p\}$, 치역: $\{y|y\geq q\}$

(2) 무리함수 $y=\sqrt{ax+b}+c\ (a\neq0)$의 그래프는

$y=\sqrt{a\left(x+\frac{b}{a}\right)}+c$ 꼴로 변형하여 그린다.

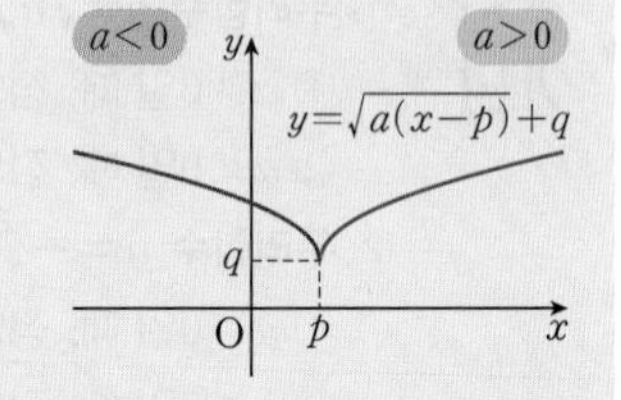

확인 함수 $y=\sqrt{3x+3}+1$의 그래프를 그려 보자.

$$y=\sqrt{3x+3}+1=\sqrt{3(x+1)}+1$$

이므로 이 함수의 그래프는 함수 $y=\sqrt{3x}$의 그래프를 x축의 방향으로 -1만큼, y축의 방향으로 1만큼 평행이동한 것이다.

따라서 그 그래프는 오른쪽 그림과 같고, 정의역은 $\{x|x\geq-1\}$, 치역은 $\{y|y\geq1\}$이다.

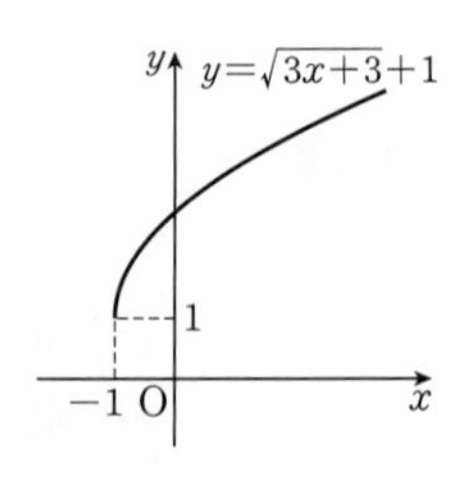

무리함수의 역함수

유형 08~10

무리함수 $y=\sqrt{ax+b}+c\ (a>0)$는 정의역이 $\left\{x \,\middle|\, x\ge -\dfrac{b}{a}\right\}$이고 치역이 $\{y\,|\,y\ge c\}$인 일대일대응이므로 역함수가 존재한다.

일반적으로 무리함수 $y=\sqrt{ax+b}+c\ (a\ne 0)$의 역함수는 다음과 같은 순서로 구한다.

중심 개념 무리함수의 역함수

(i) 역함수의 정의역을 구한다. 즉, 원래 함수 $y=\sqrt{ax+b}+c$의 치역을 구한다.
(ii) $\sqrt{ax+b}=y-c$의 양변을 제곱한 후 x에 대하여 푼다.
(iii) x와 y를 서로 바꾸어 역함수를 구한다.

| 참고 | 역함수의 정의역은 원래 함수의 치역이고, 역함수의 치역은 원래 함수의 정의역이다.

확인 무리함수 $y=\sqrt{x+1}+1$의 역함수를 구해 보자.
함수 $y=\sqrt{x+1}+1$의 치역이 $\{y\,|\,y\ge 1\}$이므로 역함수의 정의역은 $\{x\,|\,x\ge 1\}$이다.
$y=\sqrt{x+1}+1$에서 $\sqrt{x+1}=y-1$
양변을 제곱하면 $x+1=(y-1)^2$ $\quad\therefore x=(y-1)^2-1$
따라서 x와 y를 서로 바꾸면 구하는 역함수는

$$y=(x-1)^2-1\ (x\ge 1)$$ ← 무리함수의 역함수를 구할 때는 정의역에 주의한다.

139쪽의 **| 참고 |**에서 함수 $y=f(x)$의 그래프와 직선 $y=x$의 교점은 함수 $y=f(x)$의 그래프와 그 역함수 $y=f^{-1}(x)$의 그래프의 교점임을 학습하였다.

그러나 함수 $y=f(x)$의 그래프와 그 역함수 $y=f^{-1}(x)$의 그래프의 교점이 함수 $y=f(x)$의 그래프와 직선 $y=x$의 교점이 아닌 경우가 있다.

예를 들어 무리함수 $f(x)=\sqrt{1-x}$의 그래프와 그 역함수 $y=f^{-1}(x)$의 그래프의 교점은 오른쪽 그림과 같이 3개이지만 두 점 $(1,\ 0)$, $(0,\ 1)$은 직선 $y=x$ 위에 존재하지 않는다.

즉, 함수의 그래프와 그 역함수의 그래프의 교점이 직선 $y=x$ 위에 있지 않은 경우가 있다.

따라서 직선 $y=x$를 이용하여 주어진 함수의 그래프와 그 역함수의 그래프의 교점을 구할 때는 그 교점이 주어진 함수의 그래프와 직선 $y=x$의 교점과 일치하는지 확인할 필요가 있다.

유형 03 출제 빈도

무리함수의 그래프

개념 03~05

449 대표

다음 함수의 그래프를 그리고, 정의역과 치역을 각각 구하시오.

(1) $y=\sqrt{x-3}+5$

(2) $y=-\sqrt{2x+4}-1$

유형 분석

무리함수 $y=\pm\sqrt{a(x-p)}+q\ (a\neq0)$의 그래프는 무리함수 $y=\pm\sqrt{ax}$의 그래프를 평행이동하여 그릴 수 있다. 그러나 무리함수 $y=\pm\sqrt{ax+b}+c\ (a\neq0)$의 그래프는 무리함수 $y=\pm\sqrt{ax}$의 그래프를 어떻게 평행이동한 것인지 바로 알 수 없으므로 주어진 함수의 식을 $y=\pm\sqrt{a(x-p)}+q$ 꼴로 변형하여 그 그래프를 그리면 된다.

연구 **무리함수 $y=\pm\sqrt{ax+b}+c$의 그래프는 ➔ $y=\pm\sqrt{a(x-p)}+q$ 꼴로 변형하여 그린다**

풀이 >>

450

다음 함수의 그래프를 그리고, 정의역과 치역을 각각 구하시오.

(1) $y=\sqrt{-2x+1}$

(2) $y=-\sqrt{-3x-9}+2$

451

함수 $y=\sqrt{2x-10}+b$의 정의역이 $\{x|x\geq a\}$, 치역이 $\{y|y\geq4\}$일 때, 상수 a, b에 대하여 ab의 값을 구하시오.

452

함수 $y=-\sqrt{5x+a}+b$의 그래프가 점 $(4,\ 3)$을 지나고 정의역이 $\{x|x\geq-1\}$일 때, 이 함수의 치역을 구하시오. (단, a, b는 상수이다.)

출제 빈도

무리함수의 그래프의 평행이동과 대칭이동

개념 04, 05

453 대표

함수 $y=\sqrt{3x+6}+2$의 그래프는 함수 $y=\sqrt{ax}$의 그래프를 x축의 방향으로 b만큼, y축의 방향으로 c만큼 평행이동한 것이다. 이때 $a+b+c$의 값을 구하시오.

(단, a는 상수이다.)

유형 분석

무리함수의 그래프의 평행이동에 대한 이해를 묻는 문제이다. 우선 무리함수의 식이 $y=\sqrt{ax+b}+c$ 꼴이면 $y=\sqrt{a(x-p)}+q$ 꼴로 변형하고, 무리함수 $y=\sqrt{a(x-p)}+q$ $(a\neq0)$의 그래프는 무리함수 $y=\sqrt{ax}$의 그래프를 x축의 방향으로 p만큼, y축의 방향으로 q만큼 평행이동한 것임을 이용하여 미지수의 값을 구한다.

연구 $y=\sqrt{ax}$의 그래프를 x축의 방향으로 p만큼, y축의 방향으로 q만큼 평행이동하면
→ $y=\sqrt{ax}$에 x 대신 $x-p$를, y 대신 $y-q$를 대입한다

풀이 >>

454

함수 $y=-\sqrt{a(x-1)}+3$의 그래프는 함수 $y=-\sqrt{4x}$의 그래프를 x축의 방향으로 b만큼, y축의 방향으로 c만큼 평행이동한 것일 때, a, b, c의 값을 각각 구하시오.

(단, a는 상수이다.)

455

보기의 함수 중 그 그래프가 평행이동 또는 대칭이동에 의하여 함수 $y=-\sqrt{x}$의 그래프와 겹쳐지는 것만을 있는 대로 고르시오.

보기

ㄱ. $y=\sqrt{x}$ ㄴ. $y=\sqrt{-2-x}$ ㄷ. $y=-\sqrt{-4x-1}+1$

456

함수 $y=\sqrt{-2x}$의 그래프를 x축의 방향으로 1만큼, y축의 방향으로 -3만큼 평행이동한 후, 다시 y축에 대하여 대칭이동하면 함수 $y=\sqrt{ax+b}+c$의 그래프와 일치한다. 이때 상수 a, b, c에 대하여 $a+b-c$의 값을 구하시오.

출제 빈도

05 무리함수의 최대 · 최소

개념 04, 05

457 대표

$-1 \le x \le 2$에서 함수 $y=\sqrt{4x+8}+k$의 최댓값이 5일 때, 최솟값을 구하시오.

(단, k는 상수이다.)

유형 분석

제한된 범위에서 무리함수의 최댓값과 최솟값을 구할 때는 유리함수와 마찬가지로 그래프를 그려서 생각한다.

무리함수의 그래프는 x의 값이 증가할 때, y의 값이 계속 증가하거나 감소하는 형태이므로 무리함수는 주어진 x의 값의 범위의 양 끝 점에서 최댓값과 최솟값을 갖는다.

연구 정의역이 $\{x \mid p \le x \le q\}$인 무리함수 $f(x)=\sqrt{ax+b}+c$에 대하여

① $a>0$일 때 ➔ 최댓값은 $f(q)$, 최솟값은 $f(p)$

② $a<0$일 때 ➔ 최댓값은 $f(p)$, 최솟값은 $f(q)$

풀이 ≫

458

$4 \le x \le 7$에서 함수 $y=-\sqrt{x-3}+2$의 최댓값을 M, 최솟값을 m이라 할 때, M, m의 값을 각각 구하시오.

459

$-15 \le x \le -6$에서 함수 $y=-\sqrt{-3x+a}+2$의 최솟값이 -4일 때, 최댓값을 구하시오.

(단, a는 상수이다.)

460

$a \le x \le -1$에서 함수 $y=\sqrt{-2x+2}-1$의 최댓값이 3, 최솟값이 b일 때, a^2+b^2의 값을 구하시오.

출제 빈도

무리함수의 식 구하기

개념 04, 05

461 대표

함수 $y=\sqrt{ax+b}+c$의 그래프가 오른쪽 그림과 같을 때, 상수 a, b, c에 대하여 $a+b+c$의 값을 구하시오.

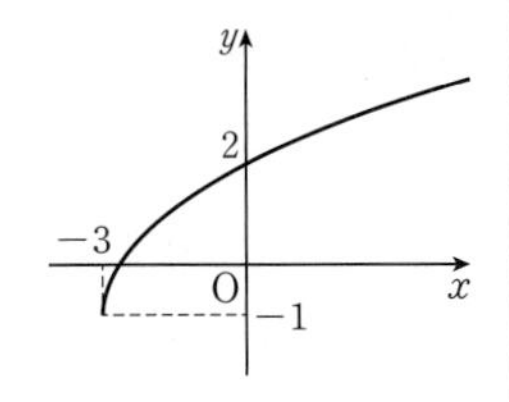

유형 분석

무리함수의 그래프가 주어지면 그래프의 평행이동을 이용하여 무리함수의 식을 구할 수 있다.
무리함수 $y=\sqrt{a(x-p)}+q$ $(a\neq0)$의 그래프는 무리함수 $y=\sqrt{ax}$의 그래프를 x축의 방향으로 p만큼, y축의 방향으로 q만큼 평행이동한 것이므로 다음을 이용하여 무리함수의 식을 세운 후, 그래프가 지나는 점의 좌표를 찾아 식에 대입한다.

연구 그래프가 시작하는 점의 좌표가 (p, q)인 무리함수의 식은
→ $y=\pm\sqrt{a(x-p)}+q$ $(a\neq0)$로 놓는다

풀이 ≫

462

함수 $y=-\sqrt{ax+b}+c$의 그래프가 오른쪽 그림과 같을 때, 상수 a, b, c에 대하여 abc의 값을 구하시오.

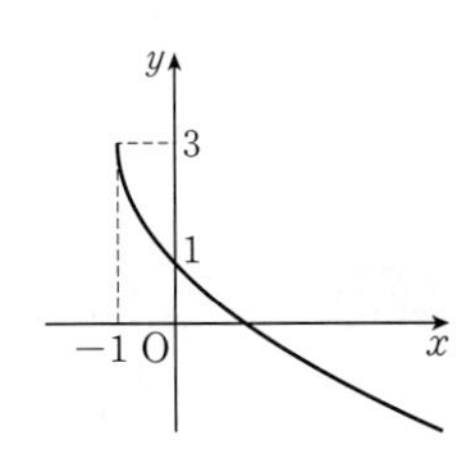

463

함수 $y=a\sqrt{-x+b}+c$의 그래프가 오른쪽 그림과 같을 때, 함수 $y=\dfrac{cx+5}{ax+b}$의 그래프의 두 점근선의 교점의 좌표를 구하시오.

(단, a, b, c는 상수이다.)

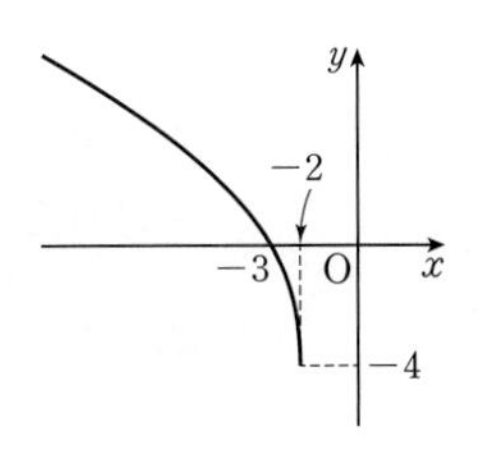

출제 빈도

무리함수의 그래프와 직선의 위치 관계

개념 04, 05

464 대표

함수 $y=\sqrt{2x+1}$의 그래프와 직선 $y=x+k$의 위치 관계가 다음과 같을 때, 실수 k의 값 또는 k의 값의 범위를 구하시오.

(1) 서로 다른 두 점에서 만난다.

(2) 한 점에서 만난다.

(3) 만나지 않는다.

유형 분석

유리함수에서와 마찬가지로 무리함수의 그래프와 직선의 위치 관계도 함수의 그래프와 직선을 좌표평면 위에 나타내어 생각한다. 즉, 무리함수의 그래프를 그린 후, 직선 $y=x+k$를 y절편인 k의 값에 따라 y축의 방향으로 평행이동하면서 함수의 그래프와 직선의 위치 관계를 살펴본다.

이때 실수 k의 값 또는 k의 값의 범위는 무리함수의 그래프와 직선의 교점의 개수가 변하는 k의 값을 기준으로 구한다.

연구 무리함수의 그래프와 직선의 위치 관계는 → 그래프를 그려서 생각한다

풀이 ≫

465

함수 $y=-\sqrt{3x-2}$의 그래프와 직선 $y=-x+k$가 한 점에서 만나도록 하는 실수 k의 최솟값을 구하시오.

실력+

466

함수 $y=\sqrt{x-3}$의 그래프와 직선 $y=mx+1$이 만나도록 하는 실수 m의 값의 범위를 구하시오.

해결 전략 / m의 값에 관계없이 직선 $y=mx+1$이 항상 지나는 점을 찾은 후, 주어진 함수의 그래프와 직선이 만나도록 그려 본다.

무리함수의 역함수

개념 04~06

467 대표

함수 $y=\sqrt{3x+1}-2$의 역함수를 구하고, 이 역함수의 정의역과 치역을 각각 구하시오.

유형 분석

함수의 역함수를 구하는 방법은 이제 익숙할 것이다.

무리함수의 역함수는 $y=\sqrt{ax+b}+c\ (a\neq0)$를 변형한 $y-c=\sqrt{ax+b}$의 양변을 제곱하여 x에 대하여 푼 후, x와 y를 서로 바꾸어 구한다. 이때 역함수가 정의되도록 원래 함수의 치역을 구하여 역함수의 정의역으로 나타낸다.

연구 무리함수의 역함수를 구할 때는 → 역함수의 정의역에 주의한다

풀이 ≫

468

함수 $y=x^2-4x+5\ (x\geq2)$의 역함수가 $y=\sqrt{ax+b}+c\ (x\geq d)$일 때, 상수 a, b, c, d에 대하여 $a+b+c+d$의 값을 구하시오.

469

함수 $f(x)=-\sqrt{2k-x}$의 역함수를 $f^{-1}(x)$라 할 때, $f^{-1}(-1)=-5$이다. $f^{-1}(-3)$의 값을 구하시오. (단, k는 상수이다.)

470

함수 $y=\sqrt{x-a}+b$의 역함수를 $g(x)$라 할 때, 함수 $g(x)$는 $x=5$에서 최솟값 -3을 갖는다. 상수 a, b에 대하여 $a-b$의 값을 구하시오.

출제 빈도

무리함수의 그래프와 그 역함수의 그래프의 교점

개념 04~06

471 대표

함수 $y=\sqrt{2x-4}+2$의 그래프와 그 역함수의 그래프가 서로 다른 두 점에서 만날 때, 이 두 점 사이의 거리를 구하시오.

유형 분석

함수의 그래프와 직선 $y=x$의 교점이 존재하면 그 점이 함수의 그래프와 그 역함수의 그래프의 교점임을 학습하였다.
위의 문제에서 함수 $y=\sqrt{2x-4}+2$의 그래프와 직선 $y=x$의 교점이 존재하면 그 점이 함수 $y=\sqrt{2x-4}+2$의 그래프와 그 역함수의 그래프의 교점이므로 두 그래프의 교점의 x좌표는 함수 $y=\sqrt{2x-4}+2$의 그래프와 직선 $y=x$의 교점의 x좌표, 즉 방정식 $\sqrt{2x-4}+2=x$의 해임을 이용하여 구한다.

연구 **함수 $y=f(x)$의 그래프와 그 역함수 $y=f^{-1}(x)$의 그래프의 교점은**
→ 함수 $y=f(x)$의 그래프와 직선 $y=x$의 교점을 이용하여 구한다

풀이 ≫

472

함수 $f(x)=\sqrt{x+3}-1$의 그래프와 그 역함수 $y=f^{-1}(x)$의 그래프의 교점의 좌표를 (a, b)라 할 때, $a+b$의 값을 구하시오.

473

오른쪽 그림은 함수 $f(x)=-\sqrt{-2x+k}$의 그래프이다. 함수 $y=f(x)$의 그래프와 그 역함수 $y=f^{-1}(x)$의 그래프가 접할 때, 상수 k의 값을 구하시오.

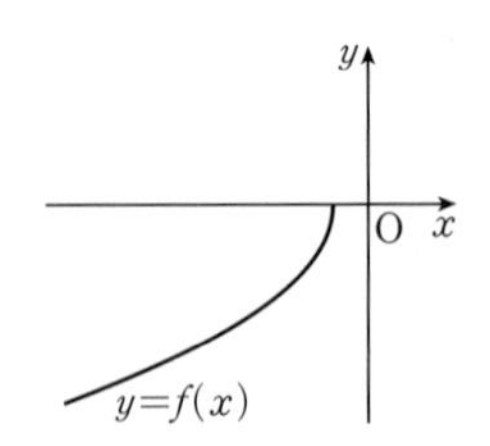

유형 10 출제 빈도

무리함수의 합성함수와 역함수

개념 04~06

474 대표

정의역이 $\{x|x>1\}$인 두 함수

$$f(x)=\frac{x+1}{x-1},\quad g(x)=\sqrt{4x-1}$$

에 대하여 $(f\circ(g\circ f)^{-1}\circ f)(3)$의 값을 구하시오.

유형 분석

두 함수 $f(x)$, $g(x)$를 이용하여 합성함수 $(f\circ(g\circ f)^{-1}\circ f)(x)$의 식을 구한 후, 함숫값을 구하는 것은 매우 복잡하다. 이와 같이 합성함수와 역함수로 복잡하게 주어진 함수는 다음을 이용하여 주어진 식을 간단히 한 후, 함숫값을 구한다.

연구 ① 역함수가 존재하는 두 함수 f, g에 대하여 $(g\circ f)^{-1}=f^{-1}\circ g^{-1}$
② $f: X \longrightarrow Y$가 일대일대응일 때 ➔ $f^{-1}\circ f=I$, $f\circ f^{-1}=I$ (단, I는 항등함수)

풀이 ≫

475

함수 $f(x)=\sqrt{2x-8}$에 대하여 함수 $g(x)$가 $(f\circ g)(x)=x$를 만족시킬 때, $(g\circ g)(2)$의 값을 구하시오.

476

정의역이 $\{x|x>3\}$인 두 함수 $f(x)=\sqrt{3x-2}$, $g(x)=\dfrac{x+3}{x-3}$에 대하여 $(g\circ(f\circ g)^{-1}\circ g)(5)$의 값을 구하시오.

477

두 함수 $f(x)=\sqrt{2-x}+3$, $g(x)=\sqrt{5x-1}+1$에 대하여 $(f\circ g^{-1})^{-1}(4)$의 값을 구하시오.

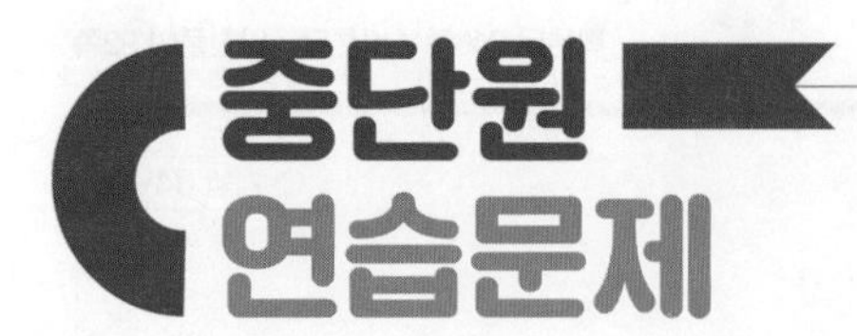

STEP 1 표준

478 $\dfrac{\sqrt{x+4}}{\sqrt{3-x}}$의 값이 실수가 되도록 하는 정수 x의 개수를 구하시오.

479 $x=\sqrt{2}+1$일 때, $x^3+\dfrac{1}{x^3}$의 값을 구하시오.

서술형

480 $x=\sqrt{5}$일 때, 등식 $\dfrac{\sqrt{x-2}}{\sqrt{x+2}}+\dfrac{\sqrt{x+2}}{\sqrt{x-2}}=ax+b$를 만족시키는 유리수 a, b에 대하여 $a+b$의 값을 구하시오.

481 함수 $y=\sqrt{-3x+a}+2b$의 정의역이 $\{x|x\leq 1\}$, 치역이 $\{y|y\geq 4\}$일 때, 상수 a, b에 대하여 a^2+b^2의 값을 구하시오.

기출

482 함수 $y=\sqrt{ax}$의 그래프를 x축의 방향으로 1만큼, y축의 방향으로 -2만큼 평행이동한 그래프가 원점을 지난다. 상수 a의 값은?

① -7　② -4　③ -1
④ 2　⑤ 5

483 $-2\le x\le 1$에서 함수 $y=-\sqrt{2-x}+5$의 최댓값을 a, 최솟값을 b라 할 때, $a-b$의 값을 구하시오.

484 함수 $y=\sqrt{3-2x}+1$에 대하여 옳은 것만을 **보기**에서 있는 대로 고르시오.

보기

ㄱ. 정의역은 $\left\{x \middle| x\ge\frac{3}{2}\right\}$이다.
ㄴ. 최솟값은 1이고, 최댓값은 없다.
ㄷ. 그래프는 제2사분면과 제3사분면을 지난다.
ㄹ. 그래프를 평행이동하면 함수 $y=\sqrt{4-2x}-3$의 그래프와 겹쳐진다.

485 함수 $f(x)=-\sqrt{ax+b}+c$의 그래프가 오른쪽 그림과 같을 때, $f(-5)$의 값을 구하시오. (단, a, b, c는 상수이다.)

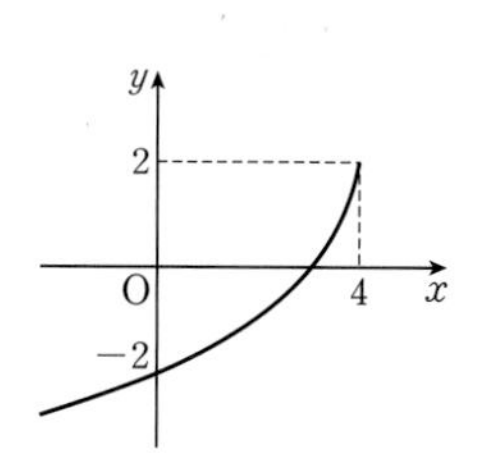

기출

486 함수 $y=\sqrt{a(6-x)}$ $(a>0)$의 그래프와 함수 $y=\sqrt{x}$의 그래프가 만나는 점을 A라 하자. 원점 O와 점 B(6, 0)에 대하여 삼각형 AOB의 넓이가 6일 때, 상수 a의 값은?

① 1 ② 2 ③ 3
④ 4 ⑤ 5

487 함수 $y=\sqrt{-x+2}-1$의 그래프와 직선 $y=mx$가 서로 다른 두 점에서 만나도록 하는 실수 m의 값의 범위를 구하시오.

488 두 집합 $A=\{(x, y)\,|\,y=\sqrt{4-2x}\}$, $B=\{(x, y)\,|\,y=-x+a\}$에 대하여 $A\cap B=\varnothing$일 때, 실수 a의 값의 범위를 구하시오.

489 함수 $f(x)=\sqrt{x+a}+b$의 역함수를 $g(x)$라 할 때, 함수 $y=f(x)$의 정의역은 $\{x\,|\,x\geq -3\}$이고, 함수 $y=g(x)$의 정의역은 $\{x\,|\,x\geq 1\}$이다. 상수 a, b에 대하여 ab의 값을 구하시오.

490 두 함수 $y=\sqrt{x-5}+5$, $x=\sqrt{y-5}+5$의 그래프가 서로 다른 두 점 P, Q에서 만날 때, 선분 PQ의 길이를 구하시오.

서술형

491 $x>3$인 실수 전체의 집합을 정의역과 치역으로 하는 두 함수

$$f(x)=\frac{3x-1}{x-3},\quad g(x)=\sqrt{x-3}+3$$

에 대하여 $(f^{-1}\circ g)(4)+(g^{-1}\circ f)(5)$의 값을 구하시오.

492 함수 $f(x)=\begin{cases} -\sqrt{x}+2 & (x\geq 4) \\ \sqrt{4-x} & (x<4) \end{cases}$에 대하여 $(f^{-1}\circ f^{-1})(a)=16$을 만족시키는 a의 값을 구하시오.

STEP 2 실력

493 $\frac{1}{\sqrt{1}+\sqrt{3}}+\frac{1}{\sqrt{3}+\sqrt{5}}+\frac{1}{\sqrt{5}+\sqrt{7}}+\cdots+\frac{1}{\sqrt{2n-1}+\sqrt{2n+1}}=6$을 만족시키는 자연수 n의 값을 구하시오.

기출

494 두 함수 $f(x)$, $g(x)$가 $f(x)=\sqrt{x+1}$, $g(x)=\frac{p}{x-1}+q$ $(p>0,\ q>0)$이다. 두 집합 $A=\{f(x)\,|\,-1\le x\le 0\}$과 $B=\{g(x)\,|\,-1\le x\le 0\}$이 서로 같을 때, 상수 p, q에 대하여 $p+q$의 값을 구하시오.

495 함수 $y=\sqrt{ax+b}+c$의 그래프가 오른쪽 그림과 같을 때, 함수 $y=\frac{b}{x+a}+c$의 그래프가 지나지 않는 사분면을 구하시오. (단, a, b, c는 상수이다.)

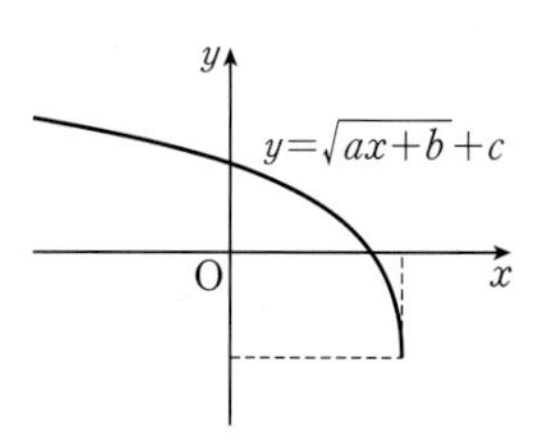

496 두 함수 $f(x)=4x^2+k$ $(x\ge 0)$, $g(x)=\frac{1}{2}\sqrt{x-k}$의 그래프가 만나도록 하는 실수 k의 최댓값을 구하시오.

497 세 무리함수 $y=f(x)$, $y=g(x)$, $y=h(x)$의 그래프가 오른쪽 그림과 같을 때, $(f\circ g^{-1}\circ h)(9)$의 값을 구하시오.

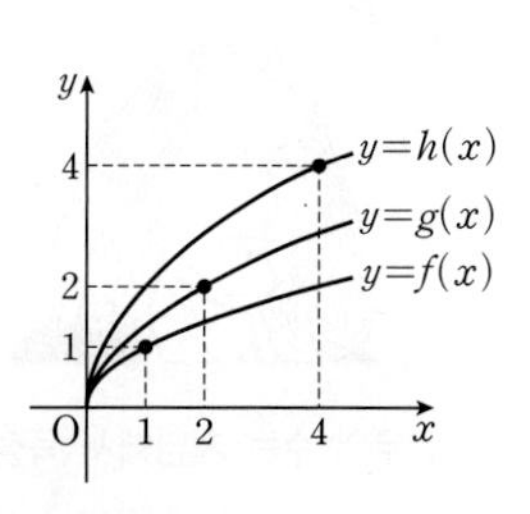

09
경우의 수

경우의 수는 게임에서 득점 가능성을 예측하는 문제를 해결하는 과정에서 본격적으로 연구되기 시작하였는데, **페르마**(Fermat, P., 1601~1665)가 이것을 이론으로 체계화하였다. 페르마는 수학을 취미로 하는 아마추어 수학자였으나 여러 방면에 획기적인 업적을 남겨 17세기 최고의 수학자로 손꼽힌다.

개념&유형 CHECK

- 완전 학습을 위해 스스로 학습 계획을 세워 실천하세요.
- 이해가 부족한 개념이나 유형은 □ 안에 표시하고 반복하여 학습하세요.
- 출제 빈도가 매우 높은 유형에는 *고빈출 표시를 하였습니다. 시험 직전에 이 유형을 반복하여 풀어 보세요.

Lecture 21

경우의 수

1st 월 일 | 2nd 월 일

개념 01	합의 법칙	□	□
개념 02	곱의 법칙	□	□
유형 01 /	합의 법칙	□	□
유형 02 /	방정식, 부등식을 만족시키는 순서쌍의 개수	□	□
유형 03 /	곱의 법칙	□	□
유형 04 /	곱의 법칙의 활용; 약수의 개수 *고빈출	□	□
유형 05 /	곱의 법칙과 합의 법칙의 활용 : 도로망에서의 방법의 수 *고빈출	□	□
유형 06 /	곱의 법칙의 활용; 색칠하는 방법의 수	□	□
유형 07 /	곱의 법칙의 활용; 지불하는 방법의 수	□	□

Lecture

21 경우의 수

개념 01 합의 법칙

유형 01, 02, 05

동일한 조건에서 반복할 수 있는 실험이나 관찰에 의하여 일어나는 결과를 **사건**이라 하고, 사건이 일어나는 모든 가짓수를 **경우의 수**라 한다.

동시에 일어나지 않는 두 사건에 대한 경우의 수를 알아보자.

서로 다른 두 개의 주사위를 동시에 던질 때, 나오는 눈의 수의 합이 2 또는 5인 경우의 수를 구해 보자.

두 개의 주사위를 던져서 나오는 눈의 수를 각각 x, y라 하고 이를 순서쌍 (x, y)로 나타내면 눈의 수의 합이 2인 경우는

$(1, 1)$의 1가지

이고, 눈의 수의 합이 5인 경우는

$(1, 4)$, $(2, 3)$, $(3, 2)$, $(4, 1)$의 4가지

이다. 이때 눈의 수의 합이 2이면서 5인 경우는 없으므로 두 사건은 동시에 일어나지 않는다.

따라서 구하는 경우의 수는

$1+4=5$

이다.

일반적으로 동시에 일어나지 않는 두 사건에 대하여 다음과 같은 **합의 법칙**이 성립한다.

중심 개념 (합의 법칙)

두 사건 A, B가 동시에 일어나지 않을 때, 사건 A와 사건 B가 일어나는 경우의 수가 각각 m, n이면 사건 A 또는 사건 B가 일어나는 경우의 수는

$m+n$

| 참고 | 합의 법칙은 어느 두 사건도 동시에 일어나지 않는 셋 이상의 사건에 대해서도 성립한다.

| 주의 | 사건 A와 사건 B가 일어나는 경우의 수가 각각 m, n이고, 두 사건 A, B가 동시에 일어나는 경우의 수가 l이면 사건 A 또는 사건 B가 일어나는 경우의 수는

$m+n-l$

• 바른답 · 알찬풀이 98쪽

문제 1 1부터 10까지의 자연수가 각각 하나씩 적힌 10장의 카드에서 임의로 1장의 카드를 뽑을 때, 3의 배수 또는 4의 배수가 적힌 카드가 나오는 경우의 수를 구하시오.

답 5

곱의 법칙

유형 03~07

동시에(잇달아) 일어나는 두 사건에 대한 경우의 수를 알아보자.

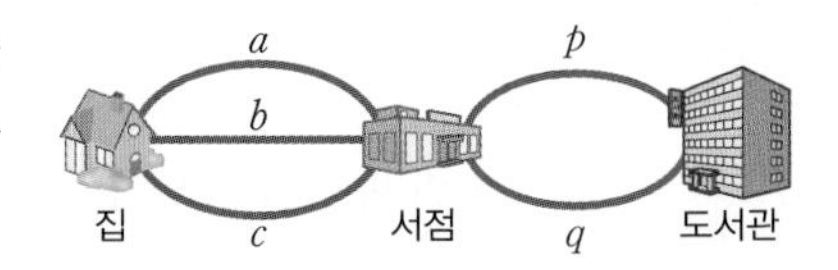

오른쪽 그림과 같이 집, 서점, 도서관을 연결하는 도로가 있을 때, 집에서 서점을 거쳐 도서관으로 가는 방법의 수를 구해 보자.

집에서 서점으로 가는 방법은

a, b, c의 3가지

이고, 그 각각에 대하여 서점에서 도서관으로 가는 방법은

p, q의 2가지

이다. 따라서 집에서 서점을 거쳐 도서관으로 가는 방법의 수는

$3\times2=6$

이다. 이와 같은 사실은 오른쪽 그림과 같이 수형도를 그려서 확인할 수도 있다.

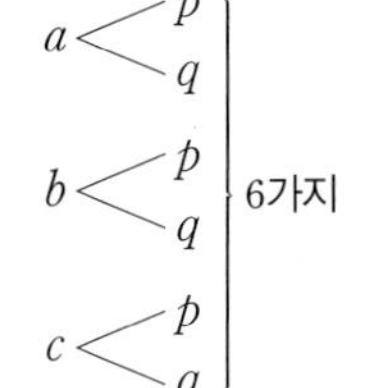

| 참고 | ① 사건이 일어나는 모든 경우를 나뭇가지 모양의 그림으로 나타낸 것을 수형도(tree graph)라 한다.
② 수형도 또는 순서쌍을 이용하면 모든 경우의 수를 빠짐없이, 중복되지 않게 구할 수 있다.

일반적으로 동시에(잇달아) 일어나는 두 사건에 대하여 다음과 같은 **곱의 법칙**이 성립한다.

중심 개념 (곱의 법칙)

두 사건 A, B에 대하여 사건 A가 일어나는 경우의 수가 m이고 그 각각에 대하여 사건 B가 일어나는 경우의 수가 n이면 두 사건 A, B가 동시에(잇달아) 일어나는 경우의 수는

$m\times n$

| 참고 | 곱의 법칙은 동시에(잇달아) 일어나는 셋 이상의 사건에 대해서도 성립한다.

• 바른답 · 알찬풀이 98쪽

문제 2 다음 물음에 답하시오.

(1) 4종류의 티셔츠와 3종류의 바지가 있을 때, 티셔츠와 바지를 각각 하나씩 택하여 입는 방법의 수를 구하시오.

(2) 서로 다른 주사위 A, B를 동시에 던질 때, A는 짝수의 눈이 나오고 B는 홀수의 눈이 나오는 경우의 수를 구하시오.

답 (1) 12 (2) 9

출제 빈도

유형 01

합의 법칙

개념 01

498 대표

다음 물음에 답하시오.

(1) 서로 다른 두 개의 주사위를 동시에 던질 때, 나오는 눈의 수의 합이 4의 배수 또는 5의 배수인 경우의 수를 구하시오.

(2) 1부터 50까지의 자연수 중 3의 배수 또는 7의 배수인 수의 개수를 구하시오.

유형 분석

두 사건 A, B가 동시에 일어나지 않을 때, A 또는 B(A이거나 B)가 일어나는 경우에는 합의 법칙을 이용한다.

위의 문제 (2)에서는 1부터 50까지의 자연수 중 3과 7의 최소공배수인 21의 배수가 존재한다. 따라서 사건 A와 사건 B가 일어나는 경우의 수가 각각 m, n이고 두 사건 A, B가 동시에 일어나는 경우의 수가 l이면 사건 A 또는 사건 B가 일어나는 경우의 수는 $m+n-l$임을 이용한다.

연구 'A 또는 B', 'A이거나 B'가 일어나는 경우의 수는 → 합의 법칙을 이용한다

풀이 ≫

499 서로 다른 두 개의 주사위를 동시에 던질 때, 나오는 눈의 수의 차가 3 또는 4인 경우의 수를 구하시오.

500 서로 다른 두 상자에 1부터 5까지의 자연수가 하나씩 적힌 5장의 카드가 각각 들어 있다. 각 상자에서 카드를 한 장씩 꺼낼 때, 꺼낸 카드에 적힌 수의 곱이 15 이상인 경우의 수를 구하시오.

501 1부터 100까지의 자연수 중 5 또는 9로 나누어떨어지는 수의 개수를 구하시오.

출제 빈도

방정식, 부등식을 만족시키는 순서쌍의 개수

개념 01

502 대표

자연수 x, y, z에 대하여 방정식 $x+2y+3z=15$를 만족시키는 순서쌍 (x, y, z)의 개수를 구하시오.

유형 분석

방정식 또는 부등식을 만족시키는 자연수의 순서쌍의 개수를 구할 때는 계수가 가장 큰 문자를 기준으로 경우를 나누어 생각해야 한다.
위의 문제에서는 주어진 방정식에서 계수가 가장 큰 문자는 z이므로 z에 자연수 $1, 2, 3, \cdots$을 대입하여 각 경우의 순서쌍의 개수를 구해 본다. 이때 각 경우는 동시에 일어나지 않으므로 합의 법칙을 이용한다.

연구 방정식 또는 부등식을 만족시키는 순서쌍의 개수는
→ 계수가 가장 큰 문자를 기준으로 수를 대입한다

풀이 »

503

자연수 x, y, z에 대하여 방정식 $4x+y+3z=16$을 만족시키는 순서쌍 (x, y, z)의 개수를 구하시오.

504

자연수 x, y에 대하여 부등식 $x+3y\leq 8$을 만족시키는 순서쌍 (x, y)의 개수를 구하시오.

실력+

505

음이 아닌 정수 x, y, z에 대하여 방정식 $3x+4y+2z=12$를 만족시키는 순서쌍 (x, y, z)의 개수를 구하시오.

해결 전략 / x, y, z가 음이 아닌 정수이므로 $x\geq 0$, $y\geq 0$, $z\geq 0$임을 생각한다.

출제 빈도

03 곱의 법칙

개념 02

506 대표

다음 물음에 답하시오.

(1) 백의 자리의 숫자는 짝수이고 십의 자리의 숫자와 일의 자리의 숫자는 모두 소수인 세 자리 자연수의 개수를 구하시오.

(2) 다항식 $(x+y+z)(a+b)$를 전개하였을 때, 항의 개수를 구하시오.

유형 분석

두 사건 A, B가 동시에(잇달아) 일어나는 경우에는 곱의 법칙을 이용한다.

위의 문제 (2)에서 $(x+y+z)(a+b)$를 전개할 때, 곱해지는 각 항이 모두 서로 다른 문자이므로 전개식의 각 항은 x, y, z 중 하나와 a, b 중 하나를 택하여 곱한 것이다. 따라서 항의 개수는 x, y, z 각각에 대하여 a, b를 택하는 경우의 수와 같으므로 곱의 법칙을 이용한다.

연구 'A, B가 동시에', 'A, B가 잇달아' 일어나는 경우의 수는 → 곱의 법칙을 이용한다

풀이 ≫

507 십의 자리의 숫자가 홀수인 두 자리 자연수 중 짝수의 개수를 구하시오.

508 다항식 $(x+y)(a+b+c+d)(p+q)$를 전개하였을 때, 항의 개수를 구하시오.

509 두 집합 $A=\{1,\ 2,\ 3,\ 4,\ 5\}$, $B=\{1,\ 3,\ 5\}$에 대하여 집합 C가
$C=\{(a,\ b)\,|\,a\in A,\ b\in B\}$일 때, $n(C)$를 구하시오.

출제 빈도

곱의 법칙의 활용; 약수의 개수

개념 02

510 대표

다음 물음에 답하시오.

(1) 144의 양의 약수의 개수를 구하시오.

(2) 144와 360의 양의 공약수의 개수를 구하시오.

유형 분석

자연수의 양의 약수의 개수를 구하려면 우선 그 수를 소인수분해해야 한다.
위의 문제 (1)에서 $144=2^4\times3^2$이므로 144의 양의 약수는 2^4의 양의 약수 중 하나와 3^2의 양의 약수 중 하나를 택하여 곱한 것이다. 따라서 144의 양의 약수의 개수는 2^4의 양의 약수 각각에 대하여 3^2의 양의 약수를 택하는 경우의 수와 같으므로 곱의 법칙을 이용한다.

연구 **자연수의 양의 약수의 개수는 ➔ 곱의 법칙을 이용한다**

POINT 자연수 N이 $N=p^l q^m r^n$ (p, q, r는 서로 다른 소수, l, m, n은 자연수) 꼴로 소인수분해될 때, N의 양의 약수의 개수는 $(l+1)(m+1)(n+1)$이다.

풀이 ≫

511 108의 양의 약수의 개수를 a, 204의 양의 약수의 개수를 b라 할 때, $a+b$의 값을 구하시오.

512 480과 540의 양의 공약수의 개수를 구하시오.

513 336의 양의 약수 중 짝수의 개수를 구하시오.

출제 빈도

곱의 법칙과 합의 법칙의 활용; 도로망에서의 방법의 수

개념 01, 02

514 대표

오른쪽 그림과 같이 입구, 약수터, 쉼터, 정상을 연결하는 등산로가 있을 때, 입구에서 출발하여 약수터 또는 쉼터를 거쳐 정상으로 가는 방법의 수를 구하시오.

(단, 같은 지점을 두 번 이상 지나지 않는다.)

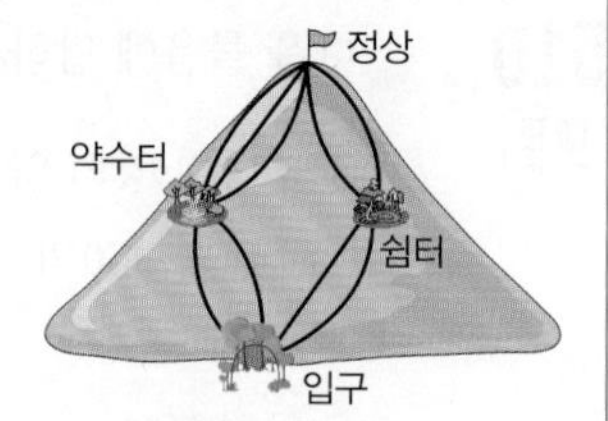

유형 분석

입구에서 정상으로 가려면 중간 지점인 약수터 또는 쉼터를 거쳐야 한다. 이때 입구에서 중간 지점을 거쳐 정상에 이르는 것은 잇달아 가는 길이고, 각각의 중간 지점을 거쳐 정상에 이르는 것은 동시에 갈 수 없는 길이다. 따라서 입구에서 정상으로 가는 방법의 수는 다음 연구와 같이 곱의 법칙과 합의 법칙을 모두 이용하여 구한다.

연구 ① 잇달아 가는 길이면 → 곱의 법칙을 이용한다
② 동시에 갈 수 없는 길이면 → 합의 법칙을 이용한다

풀이 ≫

515

오른쪽 그림과 같이 집, 학교, 수영장을 연결하는 도로망이 있을 때, 성규가 집에서 출발하여 학교를 거쳐 수영장에 갔다가 다시 집으로 돌아오는 방법의 수를 구하시오.

(단, 같은 지점을 두 번 이상 지나지 않는다.)

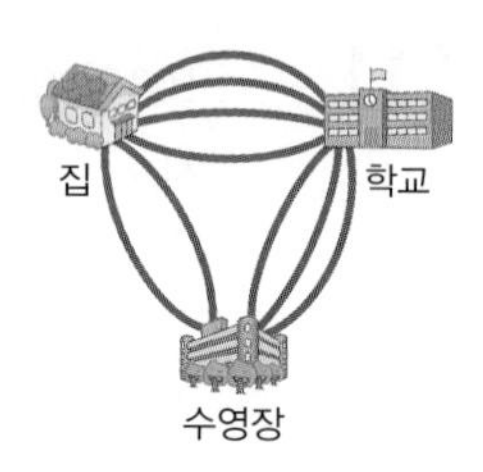

516

오른쪽 그림과 같이 네 지점 A, B, C, D를 연결하는 길이 있을 때, A 지점에서 출발하여 D 지점으로 가는 방법의 수를 구하시오.

(단, 같은 지점을 두 번 이상 지나지 않는다.)

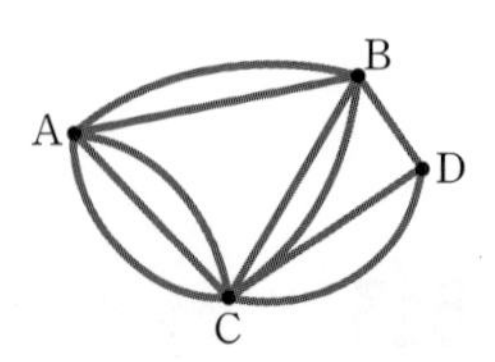

출제 빈도

곱의 법칙의 활용; 색칠하는 방법의 수

개념 02

517 대표

오른쪽 그림과 같이 4개의 영역 A, B, C, D를 서로 다른 4가지 색을 사용하여 칠하려고 한다. 한 가지 색을 여러 번 사용해도 좋으나 인접한 영역은 서로 다른 색으로 칠하여 구분할 때, 칠하는 방법의 수를 구하시오.

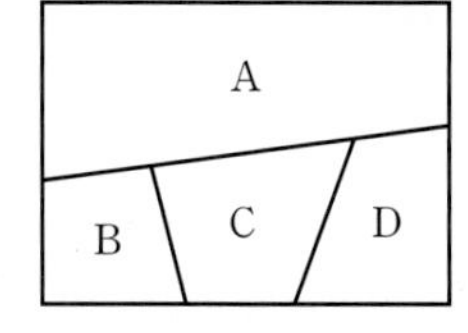

유형 분석

도형의 각 영역에 칠할 수 있는 색의 개수를 구할 때는 먼저 인접한 영역이 가장 많은 영역에 칠할 색의 가짓수를 구한 후, 이 영역과 인접해 있는 나머지 영역에 칠할 색의 가짓수를 차례대로 구한다.
이때 각 영역에 색을 칠하는 사건은 잇달아 일어나므로 곱의 법칙을 이용하여 구할 수 있다.

연구 각 영역에 색을 칠하는 방법의 수는 → 곱의 법칙을 이용한다

풀이 ≫

518

오른쪽 그림과 같이 5개의 영역 A, B, C, D, E를 서로 다른 4가지 색을 사용하여 칠하려고 한다. 한 가지 색을 여러 번 사용해도 좋으나 인접한 영역은 서로 다른 색으로 칠하여 구분할 때, 칠하는 방법의 수를 구하시오.

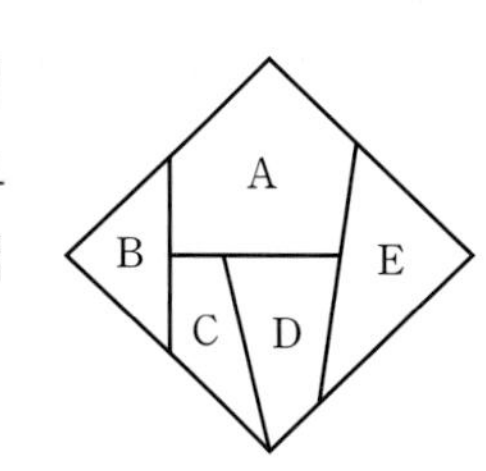

실력+

519

오른쪽 그림과 같이 4개의 영역 A, B, C, D를 서로 다른 4가지 색을 사용하여 칠하려고 한다. 한 가지 색을 여러 번 사용해도 좋으나 인접한 영역은 서로 다른 색으로 칠하여 구분할 때, 칠하는 방법의 수를 구하시오.

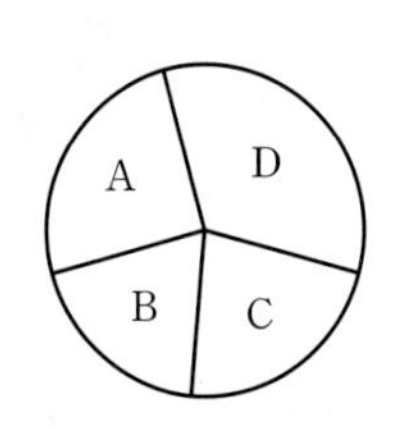

해결 전략 / A와 C에 같은 색을 칠하는 경우와 A와 C에 다른 색을 칠하는 경우로 나누어 생각한다.

유형 07 곱의 법칙의 활용; 지불하는 방법의 수

개념 02

520 대표

100원짜리 동전 3개, 50원짜리 동전 3개, 10원짜리 동전 2개의 일부 또는 전부를 사용하여 지불할 때, 다음을 구하시오. (단, 0원을 지불하는 경우는 제외한다.)

(1) 지불할 수 있는 방법의 수

(2) 지불할 수 있는 금액의 수

유형 분석

위의 문제 (1)에서는 a원짜리 동전 n개로 지불할 수 있는 방법의 수가 $n+1$(0개, 1개, …, n개)임을 이용하여 각각의 동전으로 지불할 수 있는 방법의 수를 구한 후, 곱의 법칙을 이용한다.

(2)에서는 100원짜리 동전 1개로 지불할 수 있는 금액과 50원짜리 동전 2개로 지불할 수 있는 금액이 같으므로 100원짜리 동전 3개를 50원짜리 동전 6개로 바꾸어서 생각한다.

연구 **a원짜리 동전 n개로 지불할 수 있는 방법의 수 → $n+1$**

풀이 ≫

521

500원짜리 동전 2개, 100원짜리 동전 3개, 10원짜리 동전 7개의 일부 또는 전부를 사용하여 지불할 수 있는 방법의 수를 구하시오. (단, 0원을 지불하는 경우는 제외한다.)

522

10000원짜리 지폐 1장, 5000원짜리 지폐 4장, 1000원짜리 지폐 3장이 있다. 이 지폐의 일부 또는 전부를 사용하여 지불할 수 있는 방법의 수를 a, 지불할 수 있는 금액의 수를 b라 할 때, $a+b$의 값을 구하시오. (단, 0원을 지불하는 경우는 제외한다.)

STEP 1 표준

523 1부터 100까지의 자연수가 각각 하나씩 적힌 100개의 구슬이 들어 있는 주머니가 있다. 이 주머니에서 한 개의 구슬을 꺼낼 때, 구슬에 적힌 수가 6의 배수 또는 7의 배수인 경우의 수를 구하시오.

524 한 개에 100원, 600원, 1000원인 세 종류의 사탕이 있다. 이 사탕을 종류별로 한 개 이상 포함하여 총금액이 4000원이 되도록 사는 방법의 수를 구하시오.

서술형

525 자연수 x, y에 대하여 부등식 $4 \le x+2y \le 6$을 만족시키는 순서쌍 (x, y)의 개수를 구하시오.

기출

526 두 집합 $A=\{1, 3, 5\}$, $B=\{0, 1, 2, 3\}$에 대하여 $a \in A$, $b \in B$일 때, x에 대한 이차방정식 $x^2+ax+b=0$이 서로 다른 두 실근을 갖는 경우의 수를 구하시오.

527 오른쪽 그림과 같은 정사면체가 있다. 점 P가 꼭짓점 A에서 출발하여 모서리를 따라 움직여 꼭짓점 D에 도착하는 방법의 수를 구하시오. (단, 같은 꼭짓점을 두 번 이상 지나지 않는다.)

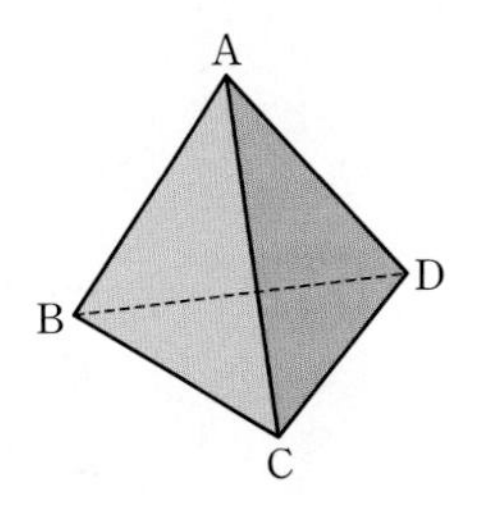

기출

528 학생 A, B, C, D가 봉사 활동을 하는 4일 동안 하루에 한 명씩 네 명 모두 식사 당번을 하려고 한다. 식사 당번 순서를 정할 때, A가 셋째 날에 식사 당번을 하도록 하는 경우의 수를 구하시오.

529 다항식 $(x-y)^2(a+b-c)$를 전개하였을 때, 항의 개수를 구하시오.

530 $a\times7^2$의 양의 약수의 개수가 18일 때, 다음 중 a의 값이 될 수 없는 것은?

① 12 ② 18 ③ 20
④ 35 ⑤ 50

서술형

531 오른쪽 그림과 같이 대구, 창원, 부산, 경주를 연결하는 도로가 있다. 대구에서 출발하여 경주까지 가는 방법의 수를 구하시오. (단, 같은 지역을 두 번 이상 지나지 않는다.)

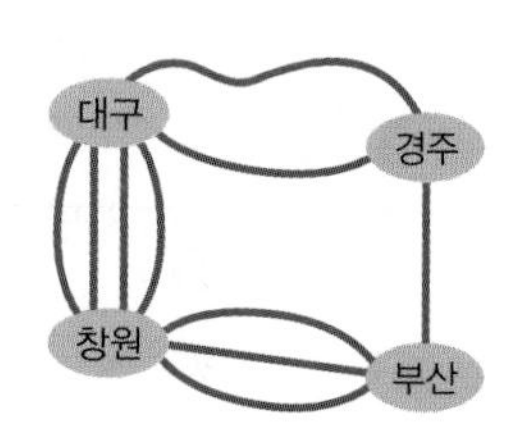

532 50원, 100원, 500원짜리 동전이 각각 5개, 2개, 3개가 있다. 이 동전의 일부 또는 전부를 사용하여 지불할 수 있는 방법의 수를 a, 지불할 수 있는 금액의 수를 b라 할 때, $a-b$의 값을 구하시오. (단, 0원을 지불하는 경우는 제외한다.)

STEP 2 실력

기출

533 장미 8송이, 카네이션 6송이, 백합 8송이가 있다. 이 중 1송이를 골라 꽃병 A에 꽂고, 이 꽃과는 다른 종류의 꽃들 중 꽃병 B에 꽂을 꽃 9송이를 고르는 경우의 수를 구하시오.
(단, 같은 종류의 꽃은 서로 구분하지 않는다.)

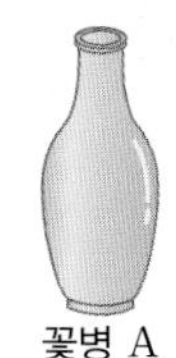
꽃병 A

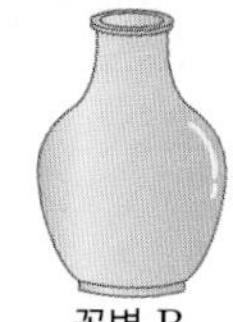
꽃병 B

534 두 집합 $A=\{x|x$는 10 이하의 자연수$\}$, $B=\{2, 3, 4, 5, 6, 7, 8\}$에 대하여 $a\in A$, $b\in B$일 때, ab가 짝수가 되도록 하는 순서쌍 (a, b)의 개수를 구하시오.

535 오른쪽 그림과 같이 어느 놀이동산에 놀이기구가 있는 네 지점 A, B, C, D를 연결하는 길이 있다. B 지점과 C 지점을 직접 연결하는 길을 추가하여 A 지점에서 출발하여 D 지점으로 가는 방법의 수가 32가 되도록 하려고 한다. 추가해야 하는 길의 개수를 구하시오. (단, 같은 지점을 두 번 이상 지나지 않고, 길끼리는 서로 만나지 않는다.)

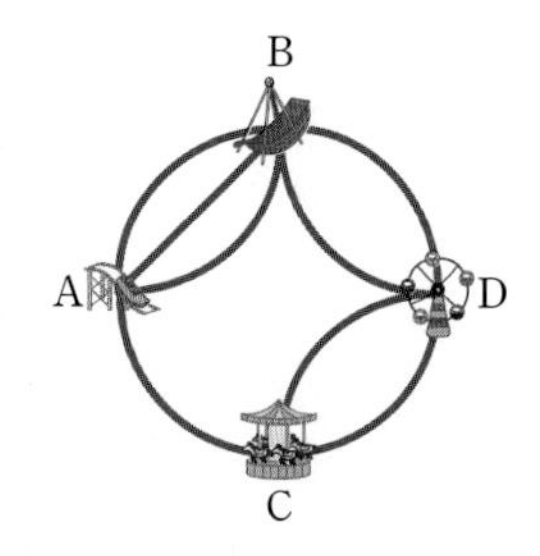

536 오른쪽 그림과 같이 5개의 영역 A, B, C, D, E를 서로 다른 5가지 색을 사용하여 칠하려고 한다. 한 가지 색을 여러 번 사용해도 좋으나 인접한 영역은 서로 다른 색으로 칠하여 구분할 때, 칠하는 방법의 수를 구하시오.

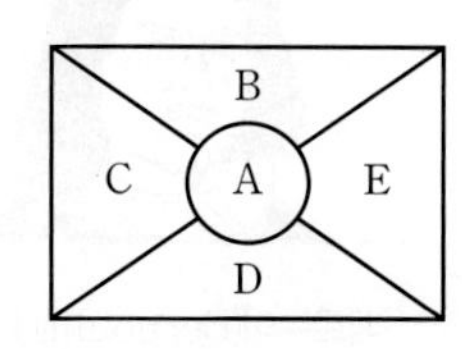

10 순열

베르누이(Bernoulli, J., 1654~1705)는 17세기~18세기에 걸쳐 여러 명의 수학자와 과학자를 배출한 베르누이 가문 출신으로, 여러 연구를 통해 근대 수학의 발전에 큰 공헌을 하였다. 그의 저서 『추측술(Ars Conjectandi)』에서 순열과 조합에 대한 내용을 확인할 수 있으며, 이 내용은 훗날 확률론의 기초가 되었다.

개념&유형 CHECK

- 완전 학습을 위해 스스로 학습 계획을 세워 실천하세요.
- 이해가 부족한 개념이나 유형은 □ 안에 표시하고 반복하여 학습하세요.
- 출제 빈도가 매우 높은 유형에는 ***고빈출** 표시를 하였습니다. 시험 직전에 이 유형을 반복하여 풀어 보세요.

Lecture

22 순열

1st	월	일	2nd	월	일

- 개념 01 순열 □ □
- 개념 02 순열의 수 □ □
- 개념 03 계승과 순열의 수 □ □
- 개념 04 이웃하거나 이웃하지 않는 순열의 수 □ □
- 유형 01 / ${}_{n}\mathrm{P}_{r}$의 계산 □ □
- 유형 02 / 순열의 수 □ □
- 유형 03 / 이웃하거나 이웃하지 않는 순열의 수 *고빈출 □ □
- 유형 04 / 특정한 조건이 있는 순열의 수 *고빈출 □ □
- 유형 05 / 순열을 이용하여 자연수의 개수 구하기 *고빈출 □ □
- 유형 06 / 사전식 배열에서의 순열 □ □

Lecture

22 순열

순열

유형 01~06

서로 다른 것에서 순서를 생각하여 택하는 경우의 수에 대하여 알아보자.

예를 들어 네 개의 숫자 1, 2, 3, 4에서 서로 다른 두 개를 택하여 만들 수 있는 두 자리 자연수의 개수를 구해 보자.

십의 자리에 올 수 있는 숫자는 1, 2, 3, 4의 4가지이고, 그 각각에 대하여 일의 자리에 올 수 있는 숫자는 십의 자리에 온 숫자를 제외한 나머지 3가지이다.

따라서 구하는 두 자리 자연수의 개수는 곱의 법칙에 의하여

$$4\times3=12$$

이다.

오른쪽 수형도에서와 같이 구하는 두 자리 자연수를 모두 나열하면 12개가 있음을 알 수 있다.

- 1 — 2 → 12, 3 → 13, 4 → 14
- 2 — 1 → 21, 3 → 23, 4 → 24
- 3 — 1 → 31, 2 → 32, 4 → 34
- 4 — 1 → 41, 2 → 42, 3 → 43

일반적으로 서로 다른 n개에서 $r\,(0<r\leq n)$개를 택하여 일렬로 나열하는 것을 n개에서 r개를 택하는 **순열**이라 하고, 이 순열의 수를 기호

$$_{n}\mathrm{P}_{r}$$

로 나타낸다.

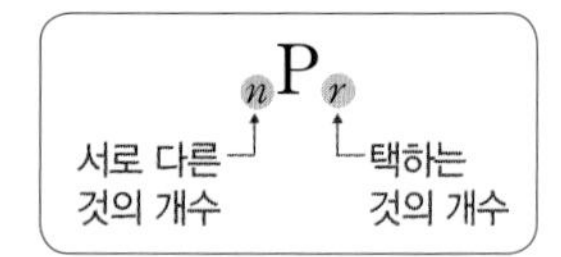

중심 개념 (순열)

순열: 서로 다른 n개에서 $r\,(0<r\leq n)$개를 택하여 일렬로 나열하는 것을 n개에서 r개를 택하는 순열이라 하고, $_{n}\mathrm{P}_{r}$로 나타낸다.

| 참고 | $_{n}\mathrm{P}_{r}$의 P는 순열을 뜻하는 permutation의 첫 글자이다.

위의 예와 같이 서로 다른 네 개에서 두 개를 택하여 일렬로 나열하는 것을 서로 다른 4개에서 2개를 택하는 순열이라 하고, 이 순열의 수를

$$_{4}\mathrm{P}_{2}$$

로 나타낸다.

순열의 수

유형 01~06

순열의 수 $_{n}\mathrm{P}_{r}$를 구하는 방법에 대하여 알아보자.

서로 다른 n개에서 r $(0<r\le n)$개를 택하여 일렬로 나열할 때, 첫 번째 자리에 올 수 있는 것은 n가지이고 그 각각에 대하여 두 번째 자리에 올 수 있는 것은 첫 번째 자리에 놓인 것을 제외한 $(n-1)$가지, 세 번째 자리에 올 수 있는 것은 앞의 두 자리에 놓인 것을 제외한 $(n-2)$가지이다.

이와 같이 차례대로 생각하면 r번째 자리에 올 수 있는 것은 이미 앞에 놓인 $(r-1)$가지를 제외한 $n-(r-1)$, 즉 $(n-r+1)$가지이다.

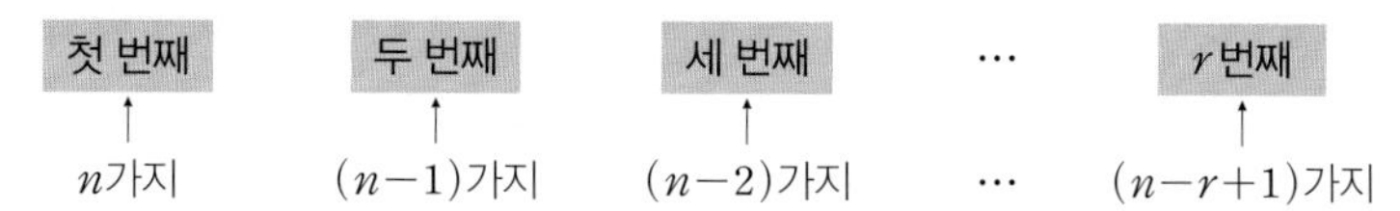

따라서 곱의 법칙에 의하여

$$_{n}\mathrm{P}_{r}=\underbrace{n(n-1)(n-2)\times\cdots\times(n-r+1)}_{r\text{개}}$$

이 성립한다.

즉, 서로 다른 n개에서 r개를 택하는 순열의 수 $_{n}\mathrm{P}_{r}$는 다음과 같다.

중심 개념 (순열의 수)

서로 다른 n개에서 r $(0<r\le n)$개를 택하는 순열의 수는

$$_{n}\mathrm{P}_{r}=n(n-1)(n-2)\times\cdots\times(n-r+1)$$

| 참고 | $_{n}\mathrm{P}_{r}$는 n부터 1씩 작아지는 r개의 자연수를 차례대로 곱한 것이다.

확인

(1) $_{4}\mathrm{P}_{3}=4\times3\times2=24$

(2) $_{7}\mathrm{P}_{1}=7$

(3) $_{5}\mathrm{P}_{5}=5\times4\times3\times2\times1=120$

• 바른답 · 알찬풀이 107쪽

문제 1 다음 값을 구하시오.

(1) $_{3}\mathrm{P}_{2}$ (2) $_{8}\mathrm{P}_{1}$ (3) $_{6}\mathrm{P}_{6}$

답 (1) 6 (2) 8 (3) 720

개념 03

계승과 순열의 수

유형 01~06

서로 다른 n개에서 n개를 모두 택하는 순열의 수는

$${}_{n}\mathrm{P}_{n}=n(n-1)(n-2)\times\cdots\times3\times2\times1$$

이다. 이때 1부터 n까지의 자연수를 차례대로 곱한 것을 n의 **계승**이라 하고, 기호

$$\boldsymbol{n!}$$

로 나타낸다. 즉,

$$n!=n(n-1)(n-2)\times\cdots\times3\times2\times1$$

이다. 따라서 ${}_{n}\mathrm{P}_{n}=n!$이다.

한편, $0<r<n$일 때 순열의 수 ${}_{n}\mathrm{P}_{r}$를 계승을 이용하여 다음과 같이 나타낼 수 있다.

$$\begin{aligned}{}_{n}\mathrm{P}_{r}&=n(n-1)(n-2)\times\cdots\times(n-r+1)\\&=\frac{n(n-1)(n-2)\times\cdots\times(n-r+1)(n-r)\times\cdots\times3\times2\times1}{(n-r)\times\cdots\times3\times2\times1}\\&=\frac{n!}{(n-r)!}\qquad\cdots\cdots ㉠\end{aligned}$$

이때 $0!=1$로 정의하면

$${}_{n}\mathrm{P}_{n}=n!=\frac{n!}{0!}$$

이므로 ㉠은 $r=n$일 때도 성립한다.

또, ${}_{n}\mathrm{P}_{0}=1$로 정의하면

$${}_{n}\mathrm{P}_{0}=1=\frac{n!}{n!}$$

이므로 ㉠은 $r=0$일 때도 성립한다.

계승과 순열의 수

중심 개념

(1) **n의 계승**: $n!=n(n-1)(n-2)\times\cdots\times3\times2\times1$

(2) **$n!$을 이용한 순열의 수**

① ${}_{n}\mathrm{P}_{r}=\dfrac{n!}{(n-r)!}$ (단, $0\le r\le n$)

② ${}_{n}\mathrm{P}_{n}=n!$, $0!=1$, ${}_{n}\mathrm{P}_{0}=1$

| 참고 | $n!$은 'n의 계승(階乘)' 또는 'n 팩토리얼(factorial)'이라 읽는다.

확인

(1) ${}_{6}\mathrm{P}_{2}=\dfrac{6!}{(6-2)!}=\dfrac{6!}{4!}=\dfrac{6\times5\times\cancel{4}\times\cancel{3}\times\cancel{2}\times\cancel{1}}{\cancel{4}\times\cancel{3}\times\cancel{2}\times\cancel{1}}=30$

(2) ${}_{3}\mathrm{P}_{3}=3!=3\times2\times1=6$

(3) ${}_{7}\mathrm{P}_{0}=1$

이웃하거나 이웃하지 않는 순열의 수

유형 03, 04

이웃하거나 이웃하지 않는 순열의 수를 구하는 방법을 알아보자.

■ 이웃하는 순열의 수

남학생 3명과 여학생 2명을 일렬로 세울 때, 여학생끼리 이웃하도록 세우는 방법의 수를 구해 보자.

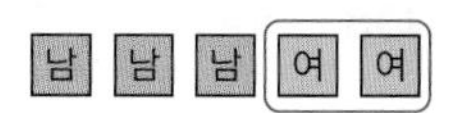

여학생 2명을 한 묶음으로 생각하여 4명을 일렬로 세우는 방법의 수는 $4!$이고, 그 각각에 대하여 여학생끼리 서로 자리를 바꾸는 방법의 수는 $2!$이다.

따라서 구하는 방법의 수는

$$4! \times 2! = 24 \times 2 = 48$$

이다.

일반적으로 이웃하는 순열의 수는 다음과 같은 순서로 구한다.

중심 개념 (이웃하는 순열의 수)

(i) 이웃하는 것을 한 묶음으로 생각하여 일렬로 세우는 방법의 수를 구한다.
(ii) 이웃하는 것끼리 자리를 바꾸는 방법의 수를 구한다.
(iii) (i)과 (ii)의 결과를 곱한다.

■ 이웃하지 않는 순열의 수

남학생 3명과 여학생 2명을 일렬로 세울 때, 여학생끼리 이웃하지 않도록 세우는 방법의 수를 구해 보자.

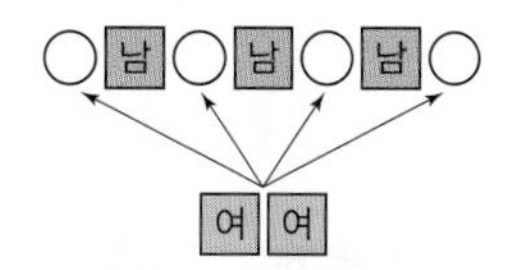

남학생 3명을 일렬로 세우는 방법의 수는 $3!$이고, 그 각각에 대하여 남학생들 사이사이와 양 끝의 4개의 자리 중 2개의 자리에 여학생 2명을 세우는 방법의 수는 ${}_4P_2$이다.

따라서 구하는 방법의 수는

$$3! \times {}_4P_2 = 6 \times 12 = 72$$

이다.

일반적으로 이웃하지 않는 순열의 수는 다음과 같은 순서로 구한다.

중심 개념 (이웃하지 않는 순열의 수)

(i) 이웃해도 되는 것을 일렬로 세우는 방법의 수를 구한다.
(ii) (i)에서 세운 것 사이사이와 양 끝에 이웃하지 않는 것을 세우는 방법의 수를 구한다.
(iii) (i)과 (ii)의 결과를 곱한다.

익힘 01 순열

개념 01

[537~539] 다음을 기호를 사용하여 ${}_{n}\mathrm{P}_{r}$ 꼴로 나타내시오.

537 서로 다른 3개에서 2개를 택하여 일렬로 나열하는 경우의 수

538 서로 다른 5개의 문자 중 3개를 택하여 일렬로 나열하는 경우의 수

539 서로 다른 8장의 카드에서 5장을 뽑아 일렬로 나열하는 경우의 수

익힘 02 순열의 계산

개념 02, 03

[540~545] 다음 값을 구하시오.

540 ${}_{5}\mathrm{P}_{2}$

541 ${}_{10}\mathrm{P}_{1}$

542 ${}_{4}\mathrm{P}_{4}$

543 $5!$

544 $0!$

545 ${}_{6}\mathrm{P}_{0}$

[546~548] 다음 등식을 만족시키는 자연수 n의 값을 구하시오.

546 ${}_{n}\mathrm{P}_{2}=42$

547 ${}_{n}\mathrm{P}_{4}=120$

548 ${}_{n}\mathrm{P}_{1}=5$

익힘 03 순열을 이용한 경우의 수

개념 01~04

549 7명의 학생을 일렬로 세우는 방법의 수를 구하시오.

550 9명의 학생 중 2명을 뽑아 일렬로 세우는 방법의 수를 구하시오.

551 A, B, C, D 4명을 일렬로 세울 때, 다음을 구하시오.

(1) A와 B가 이웃하도록 세우는 방법의 수

(2) A와 B가 이웃하지 않도록 세우는 방법의 수

출제 빈도

유형 01 ${}_{n}\mathrm{P}_{r}$의 계산

개념 01~03

552 대표

다음 등식을 만족시키는 자연수 n 또는 r의 값을 구하시오.

(1) ${}_{n}\mathrm{P}_{2}=4n$

(2) ${}_{7}\mathrm{P}_{r}=210$

(3) ${}_{5}\mathrm{P}_{r}\times 4!=480$

(4) ${}_{n+2}\mathrm{P}_{3}=10\times {}_{n+1}\mathrm{P}_{2}$

유형 분석

순열의 수를 이용하여 주어진 식을 n 또는 r에 대한 방정식으로 나타내면 n 또는 r의 값을 구할 수 있다.
즉, ${}_{n}\mathrm{P}_{r}=n(n-1)(n-2)\times \cdots \times(n-r+1)$임을 이용하고, 이때 $n\geq r$임에 주의한다.

연구 ${}_{n}\mathrm{P}_{r}$ → n부터 1씩 작아지는 r개의 자연수의 곱

풀이 >>

553

다음 등식을 만족시키는 자연수 n 또는 r의 값을 구하시오.

(1) ${}_{8}\mathrm{P}_{r}=\frac{8!}{5!}$

(2) ${}_{n}\mathrm{P}_{n}=24$

(3) ${}_{n}\mathrm{P}_{3}:{}_{n+1}\mathrm{P}_{2}=6:5$

(4) ${}_{n}\mathrm{P}_{2}+2\times {}_{n}\mathrm{P}_{1}=30$

554

${}_{n+1}\mathrm{P}_{3}:{}_{n+2}\mathrm{P}_{2}=14:3$을 만족시키는 자연수 n에 대하여 ${}_{n+3}\mathrm{P}_{2}$의 값을 구하시오.

555

부등식 ${}_{6}\mathrm{P}_{r}\leq 2\times {}_{6}\mathrm{P}_{r-2}$를 만족시키는 자연수 r의 값을 구하시오.

유형 ◐ 출제 빈도

02 순열의 수

개념 01~03

556 대표

다음을 구하시오.

(1) 8명의 학생 중 3명을 뽑아 일렬로 세우는 방법의 수

(2) 8명의 학생 중 대표 1명, 부대표 1명을 뽑는 방법의 수

(3) 남학생 3명과 여학생 3명을 일렬로 세울 때, 남학생과 여학생을 번갈아 세우는 방법의 수

유형 분석

n명에서 r명을 뽑아 일렬로 세우는 방법의 수는 서로 다른 n개에서 r개를 택하는 순열의 수와 같다. 일렬로 세우는 문제뿐만 아니라 순서를 생각하여 뽑는 문제나 자격이 다른 대표를 뽑는 문제도 일반적으로 순열의 수를 이용하여 해결할 수 있다.

연구 **일렬로 세우는 방법, 순서를 생각하여 뽑는 방법, 자격이 다른 대표를 뽑는 방법의 수는 ➜ 순열을 이용한다**

풀이 ≫

557

서로 다른 6권의 소설책이 있을 때, 다음을 구하시오.

(1) 6권의 소설책을 책꽂이에 일렬로 꽂는 방법의 수

(2) 6권 중 3권의 책을 뽑아 책꽂이에 일렬로 꽂는 방법의 수

558

한 음악 앨범에 수록된 서로 다른 12곡의 노래 중 서로 다른 3곡을 택하여 순서대로 들으려고 할 때, 노래 순서를 정하는 방법의 수를 구하시오.

559

회원 수가 9명인 동아리에서 r명을 뽑아 일렬로 세우는 방법의 수가 504일 때, r의 값을 구하시오.

출제 빈도

유형 03 이웃하거나 이웃하지 않는 순열의 수

개념 01~04

560 대표

핸드볼 선수 4명과 배구 선수 3명을 일렬로 세울 때, 다음을 구하시오.

(1) 배구 선수 3명이 이웃하도록 세우는 방법의 수

(2) 배구 선수끼리 이웃하지 않도록 세우는 방법의 수

유형 분석

이웃하거나 이웃하지 않는 순열의 수를 구할 때는 일렬로 세우는 순서를 정하는 것이 해결의 핵심이다.
이웃하도록 세울 때는 먼저 이웃해야 하는 것을 한 묶음으로 생각하여 일렬로 세운다.
또, 이웃하지 않도록 세울 때는 이웃해도 되는 것을 먼저 일렬로 세운 후 이웃하지 않아야 하는 것을 일렬로 세운 것의 사이사이와 양 끝에 세우면 된다.

연구 ① 이웃하는 순열의 수는 → 이웃해야 하는 것을 한 묶음으로 생각한다
② 이웃하지 않는 순열의 수는 → 이웃해도 되는 것을 먼저 일렬로 세운다

풀이 ≫

561

5개의 문자 a, b, c, d, e를 일렬로 나열할 때, 다음을 구하시오.

(1) a와 b가 이웃하도록 나열하는 방법의 수

(2) c, d, e가 이웃하지 않도록 나열하는 방법의 수

562

1반 학생 2명과 2반 학생 5명을 일렬로 세울 때, 같은 반 학생끼리 이웃하게 세우는 방법의 수를 구하시오.

563

고등학생 n명과 중학생 3명이 일렬로 서서 버스를 탈 때, 중학생끼리 이웃하게 서는 방법의 수는 144이다. 이때 n의 값을 구하시오.

유형 04 출제 빈도

특정한 조건이 있는 순열의 수

개념 01~04

564 대표

careful의 7개의 문자를 일렬로 나열할 때, 다음을 구하시오.

(1) a가 맨 앞에, f가 맨 뒤에 오도록 나열하는 방법의 수

(2) e와 r 사이에 2개의 문자가 들어가도록 나열하는 방법의 수

(3) 적어도 한쪽 끝에 모음이 오도록 나열하는 방법의 수

유형 분석

순열의 수를 구할 때, 특정한 조건이 주어지면 조건에 맞게 나열하는 방법의 수를 빠짐없이 생각해야 한다.

(1) '맨 앞', '양 끝'과 같이 특정한 자리에 대한 조건이 있으면 특정한 자리에 오는 것을 먼저 나열한 후 나머지를 나열한다.

(2) 두 문자 사이에 n개의 문자가 들어가면 $(n+2)$개를 한 묶음으로 생각한다.

(3) '적어도 ~'라는 조건이 있으면 전체 경우에서 '~가 아닌' 경우를 제외한다.

연구 ① **특정한 자리에 대한 조건이 있으면 → 먼저 조건에 맞게 나열하고 나머지를 나열한다**

② **(적어도 ~인 방법의 수) = (전체 방법의 수) − (~가 아닌 방법의 수)**

풀이 ≫

565 여학생 3명과 종민이와 민규를 포함한 남학생 3명을 일렬로 세울 때, 다음을 구하시오.

(1) 양 끝에 남학생이 오도록 세우는 방법의 수

(2) 종민이와 민규 사이에 여학생 1명이 오도록 세우는 방법의 수

566 ocean의 5개의 문자를 일렬로 나열할 때, 자음이 홀수 번째에 오도록 나열하는 방법의 수를 구하시오.

567 남학생 5명, 여학생 5명 중 회장 1명, 부회장 1명을 뽑을 때, 회장, 부회장 중 적어도 한 명은 남학생을 뽑는 방법의 수를 구하시오.

출제 빈도

빠른답 247쪽 / 바른답 · 알찬풀이 110쪽

순열을 이용하여 자연수의 개수 구하기

개념 01~03

568 대표

6개의 숫자 0, 1, 2, 3, 4, 5에서 서로 다른 3개의 숫자를 택하여 세 자리 자연수를 만들 때, 다음을 구하시오.

(1) 세 자리 자연수의 개수　　(2) 짝수의 개수

유형 분석

세 자리 자연수를 만들려면 주어진 숫자를 차례대로 나열해야 하므로 순열을 이용한다.

(1) 백의 자리, 십의 자리, 일의 자리에 올 수 있는 숫자의 개수를 구해 모두 곱하면 되는데, 맨 앞자리인 백의 자리에는 0이 올 수 없음에 주의한다.

(2) 짝수는 일의 자리의 숫자가 0 또는 2 또는 4이어야 하므로 일의 자리의 숫자가 0, 2, 4인 경우로 나누어서 각 자리에 올 수 있는 숫자의 개수를 구한다.

연구 ① **자연수의 개수를 구할 때 → 맨 앞자리에 0이 올 수 없다**
② **짝수의 개수를 구할 때 → 일의 자리의 숫자가 0 또는 짝수**

풀이 >>

569

5개의 숫자 1, 2, 3, 4, 5에서 서로 다른 4개의 숫자를 택하여 네 자리 자연수를 만들 때, 다음을 구하시오.

(1) 네 자리 자연수의 개수　　(2) 5의 배수의 개수

570

5개의 숫자 0, 1, 2, 3, 4를 모두 사용하여 다섯 자리 자연수를 만들 때, 십의 자리와 일의 자리의 숫자가 모두 홀수인 자연수의 개수를 구하시오.

실력+

571

1, 2, 3, 4, 5, 6의 숫자가 각각 하나씩 적힌 6장의 카드에서 서로 다른 3장을 택하여 만든 세 자리 자연수 중 3의 배수의 개수를 구하시오.

해결 전략 / 3의 배수는 각 자리의 숫자의 합이 3의 배수임을 이용한다.

사전식 배열에서의 순열

개념 01~03

572 대표

5개의 문자 a, b, c, d, e를 모두 한 번씩 사용하여 사전식으로 abcde에서 edcba까지 배열할 때, 다음 물음에 답하시오.

(1) cbdae는 몇 번째에 오는 문자열인지 구하시오.

(2) 68번째에 오는 문자열을 구하시오.

유형 분석

사전식 배열은 문자를 사전식으로 배열하거나 숫자를 크기순으로 나열하는 것이므로 순열을 이용해야 한다.

(1) cbdae까지의 문자열의 총개수를 구하면 된다. 즉, a로 시작하는 문자열의 개수, b로 시작하는 문자열의 개수, ca로 시작하는 문자열의 개수, cb로 시작하는 문자열의 개수, …를 차례대로 구한다.

(2) a로 시작하는 문자열의 개수, b로 시작하는 문자열의 개수, …를 각각 구하여 그 개수의 합이 68이 되는 문자열을 찾는다.

연구 사전식 배열에서 문자열의 개수는 ➔ 순열을 이용한다

풀이 ≫

573 5개의 문자 A, M, R, S, T를 모두 한 번씩 사용하여 사전식으로 배열할 때, SMART는 몇 번째에 오는 문자열인지 구하시오.

574 6개의 숫자 1, 2, 3, 4, 5, 6에서 서로 다른 4개의 숫자를 택하여 네 자리 자연수를 만들 때, 4500보다 큰 수의 개수를 구하시오.

575 6개의 숫자 0, 1, 2, 3, 4, 5를 모두 한 번씩 사용하여 만든 여섯 자리 자연수를 큰 수부터 순서대로 나열할 때, 277번째에 오는 수를 구하시오.

STEP 1 표준

576 등식 ${}_{n}\mathrm{P}_{2}+{}_{n+1}\mathrm{P}_{2}={}_{n+3}\mathrm{P}_{2}$를 만족시키는 자연수 n의 값을 구하시오.

577 7개의 문자 L, I, B, E, R, T, Y 중 서로 다른 4개를 택하여 일렬로 나열하는 방법의 수를 구하시오.

578 여학생 3명과 남학생 4명이 한 명씩 차례대로 박물관에 입장하려고 한다. 모든 여학생이 먼저 입장한 다음 남학생이 입장하는 방법의 수를 구하시오.

서술형

579 세 쌍의 부부가 영화관에서 6개의 좌석에 일렬로 앉을 때, 부부끼리 이웃하게 앉는 방법의 수를 구하시오.

580 A, B, C, D, E, F 6명을 일렬로 세울 때, A와 C는 이웃하고, D와 F는 이웃하지 않도록 세우는 방법의 수를 구하시오.

581 선생님 4명과 학생 5명을 일렬로 세울 때, 선생님과 학생을 교대로 세우는 방법의 수를 구하시오.

582 2명의 여자 배우와 3명의 남자 배우가 일렬로 서서 무대 인사를 할 때, 적어도 한쪽 끝에 여자 배우가 서는 방법의 수를 구하시오.

기출

583 그림과 같이 한 줄에 3개씩 모두 6개의 좌석이 있는 케이블카가 있다. 두 학생 A, B를 포함한 5명의 학생이 이 케이블카에 탑승하여 A, B는 같은 줄의 좌석에 앉고 나머지 세 명은 맞은편 줄의 좌석에 앉는 경우의 수는?

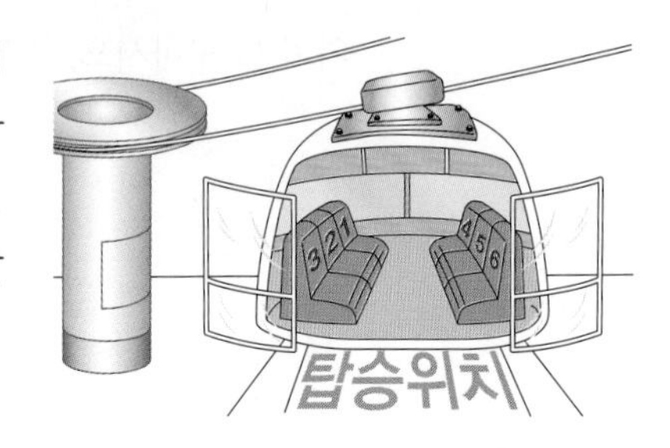

① 48 ② 54
③ 60 ④ 66
⑤ 72

584 6개의 숫자 1, 2, 3, 4, 5, 6을 모두 사용하여 만든 여섯 자리 자연수 중 일의 자리와 천의 자리의 숫자가 모두 3의 배수인 수의 개수를 구하시오.

585 5개의 문자 A, E, K, O, R를 모두 한 번씩 사용하여 사전식으로 배열할 때, 65번째에 오는 문자열의 마지막 문자는?

① A ② E ③ K
④ O ⑤ R

STEP 2 실력

기출

586 어느 관광지에서 7명의 관광객 A, B, C, D, E, F, G가 마차를 타려고 한다. 그림과 같이 이 마차에는 4개의 2인용 의자가 있고, 마부는 가장 앞에 있는 2인용 의자의 오른쪽 좌석에 앉는다. 7명의 관광객이 다음 조건을 만족시키도록 비어 있는 7개의 좌석에 앉는 경우의 수를 구하시오.

(가) A와 B는 같은 2인용 의자에 이웃하여 앉는다.
(나) C와 D는 같은 2인용 의자에 이웃하여 앉지 않는다.

587 a, b, c, d, e, f의 6개의 문자를 일렬로 나열할 때, e와 f 사이에 적어도 2개의 문자가 오도록 나열하는 방법의 수를 구하시오.

서술형

588 집합 $X=\{1, 2, 3, 4, 5, 6\}$에 대하여 다음 조건을 만족시키는 함수 $f: X \longrightarrow X$의 개수를 구하시오.

(가) $f(2) \neq 2$
(나) $x_1 \in X$, $x_2 \in X$일 때, $x_1 \neq x_2$이면 $f(x_1) \neq f(x_2)$
(다) 치역과 공역이 일치한다.

589 0, 1, 2, 3, 4의 숫자가 각각 하나씩 적힌 5장의 카드에서 서로 다른 4장을 택하여 만든 네 자리 자연수 중 4의 배수의 개수를 구하시오.

590 5개의 숫자 1, 2, 3, 4, 5를 모두 사용하여 다섯 자리 자연수를 만들 때, 34000보다 큰 짝수의 개수를 구하시오.

11
조합

파스칼(Pascal, B., 1623~1662)은 세 개의 주사위를 던져서 나오는 눈의 수의 합에 대한 많은 연구를 페르마와 함께하면서 경우의 수, 순열, 조합을 확률론으로 발전시켰다. 이 연구를 통해 사람들은 정확히 알 수 없는 일에 대해서 구체적인 정보를 얻기 시작했고, 이 연구는 자연현상이나 사회현상 등을 예견하는 데 기초가 되는 역할을 하고 있다.

개념&유형 CHECK

- 완전 학습을 위해 스스로 학습 계획을 세워 실천하세요.
- 이해가 부족한 개념이나 유형은 □ 안에 표시하고 반복하여 학습하세요.
- 출제 빈도가 매우 높은 유형에는 *고빈출 표시를 하였습니다. 시험 직전에 이 유형을 반복하여 풀어 보세요.

Lecture 23 조합

1st 월 일 | 2nd 월 일

Lecture

23 조합

개념 01 조합

유형 01~06

순열에서는 서로 다른 것에서 순서를 생각하여 택하는 경우의 수를 학습하였다.
이제 서로 다른 것에서 순서를 생각하지 않고 택하는 경우의 수에 대하여 알아보자.

예를 들어 세 개의 문자 a, b, c에서 순서를 생각하지 않고 두 개를 택하는 경우의 수를 생각해 보자.
a를 먼저 택하고 b를 택하는 경우와 b를 먼저 택하고 a를 택하는 경우는 모두 a와 b를 택하는 것으로 서로 같다.
따라서 세 개의 문자 a, b, c에서 순서를 생각하지 않고 두 개를 택하는 경우는

$\{a, b\}$, $\{b, c\}$, $\{c, a\}$

의 3가지이다.

일반적으로 서로 다른 n개에서 순서를 생각하지 않고 r $(0<r\leq n)$개를 택하는 것을 n개에서 r개를 택하는 **조합**이라 하고, 이 조합의 수를 기호

$${}_n\mathrm{C}_r$$

로 나타낸다.

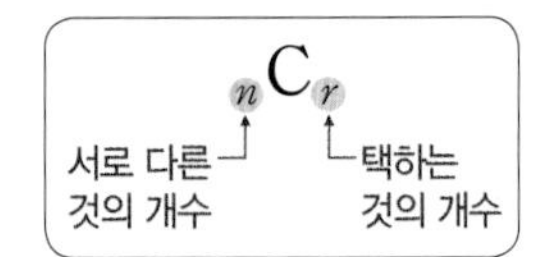

조합

중심 개념 **조합**: 서로 다른 n개에서 순서를 생각하지 않고 r $(0<r\leq n)$개를 택하는 것을 n개에서 r개를 택하는 조합이라 하고, ${}_n\mathrm{C}_r$로 나타낸다.

| 참고 | ① ${}_n\mathrm{C}_r$의 C는 조합을 뜻하는 combination의 첫 글자이다.
② 서로 다른 것에서 순서를 생각하지 않고 택하는 것은 조합이고, 순서를 생각하여 택하는 것은 순열이다. 예를 들어 어떤 학급에서 대표 2명을 뽑는 것은 조합이고, 회장과 부회장을 각각 1명씩 뽑는 것은 순열이다.

위의 예와 같이 세 개의 문자 a, b, c에서 순서를 생각하지 않고 두 개를 택하는 것을 서로 다른 3개에서 2개를 택하는 조합이라 하고, 이 조합의 수를

$${}_3\mathrm{C}_2$$

로 나타낸다.

개념 02

조합의 수

유형 01~06

순열과 조합의 관계를 이용하여 조합의 수 ${}_nC_r$를 구하는 방법을 알아보자.

네 개의 문자 a, b, c, d에서 세 개를 택하는 조합의 수는 ${}_4C_3$이고, 그 각각에 대하여 다음과 같이 $3!$가지의 순열을 만들 수 있다.

조합		순열
$\{a, b, c\}$	$\xrightarrow{\times 3!}$	abc, acb, bac, bca, cab, cba
$\{a, b, d\}$	$\xrightarrow{\times 3!}$	abd, adb, bad, bda, dab, dba
$\{a, c, d\}$	$\xrightarrow{\times 3!}$	acd, adc, cad, cda, dac, dca
$\{b, c, d\}$	$\xrightarrow{\times 3!}$	bcd, bdc, cbd, cdb, dbc, dcb

그런데 서로 다른 네 개에서 세 개를 택하는 순열의 수는 ${}_4P_3$이므로 곱의 법칙에 의하여 다음이 성립함을 알 수 있다.

$${}_4C_3 \times 3! = {}_4P_3$$

일반적으로 서로 다른 n개에서 r $(0<r\le n)$개를 택하는 조합의 수는 ${}_nC_r$이고, 그 각각에 대하여 r개를 일렬로 나열하는 경우의 수는 $r!$이다.

그런데 서로 다른 n개에서 r개를 택하는 순열의 수는 ${}_nP_r$이므로 곱의 법칙에 의하여

$${}_nC_r \times r! = {}_nP_r$$

이다. 즉, 다음이 성립한다.

$${}_nC_r = \frac{{}_nP_r}{r!} = \frac{n!}{r!(n-r)!}$$

또, $0!=1$, ${}_nP_0=1$이므로 ${}_nC_0=1$로 정의하면 위의 등식은 $r=0$일 때도 성립한다.

중심 개념 (조합의 수)

(1) 서로 다른 n개에서 r $(0\le r\le n)$개를 택하는 조합의 수는

$${}_nC_r = \frac{{}_nP_r}{r!} = \frac{n!}{r!(n-r)!}$$

(2) ${}_nC_0=1$, ${}_nC_n=1$ $\leftarrow {}_nC_n = \frac{n!}{n!(n-n)!} = \frac{n!}{n!0!} = 1$

확인 (1) ${}_5C_2 = \frac{{}_5P_2}{2!} = \frac{5\times 4}{2\times 1} = 10$ (2) ${}_7C_3 = \frac{{}_7P_3}{3!} = \frac{7\times 6\times 5}{3\times 2\times 1} = 35$

• 바른답 · 알찬풀이 117쪽

문제 1 다음 값을 구하시오.

(1) ${}_6C_3$ (2) ${}_4C_1$ (3) ${}_9C_0$ (4) ${}_8C_8$

답 (1) 20 (2) 4 (3) 1 (4) 1

조합의 수의 성질

유형 01~06

서로 다른 n개에서 r $(0\le r\le n)$개를 택하는 조합의 수는

$${}_{n}\mathrm{C}_{r}=\frac{n!}{r!(n-r)!} \quad \cdots\cdots \text{㉠}$$

이때 ㉠에서 r 대신 $n-r$를 대입하면

$${}_{n}\mathrm{C}_{n-r}=\frac{n!}{(n-r)!\{n-(n-r)\}!}=\frac{n!}{(n-r)!r!}={}_{n}\mathrm{C}_{r}$$

$$\therefore {}_{n}\mathrm{C}_{r}={}_{n}\mathrm{C}_{n-r}$$

또, ㉠에서 n 대신 $n-1$을 대입하면

$${}_{n-1}\mathrm{C}_{r}=\frac{(n-1)!}{r!\{(n-1)-r\}!}=\frac{(n-1)!}{r!(n-r-1)!} \ (0\le r<n)$$

이고, ㉠에서 n 대신 $n-1$, r 대신 $r-1$을 대입하면

$${}_{n-1}\mathrm{C}_{r-1}=\frac{(n-1)!}{(r-1)!\{(n-1)-(r-1)\}!}=\frac{(n-1)!}{(r-1)!(n-r)!} \ (1\le r\le n)$$

이므로 $1\le r<n$일 때,

$$\begin{aligned}{}_{n-1}\mathrm{C}_{r}+{}_{n-1}\mathrm{C}_{r-1}&=\frac{(n-1)!}{r!(n-r-1)!}+\frac{(n-1)!}{(r-1)!(n-r)!}\\&=\frac{(n-r)(n-1)!}{r!(n-r)!}+\frac{r(n-1)!}{r!(n-r)!}\\&=\frac{n!}{r!(n-r)!}={}_{n}\mathrm{C}_{r}\end{aligned}$$

$$\therefore {}_{n}\mathrm{C}_{r}={}_{n-1}\mathrm{C}_{r}+{}_{n-1}\mathrm{C}_{r-1}$$

즉, 조합의 수에서 다음이 성립한다.

중심 개념 조합의 수의 성질

(1) ${}_{n}\mathrm{C}_{r}={}_{n}\mathrm{C}_{n-r}$ (단, $0\le r\le n$)

(2) ${}_{n}\mathrm{C}_{r}={}_{n-1}\mathrm{C}_{r}+{}_{n-1}\mathrm{C}_{r-1}$ (단, $1\le r<n$)

| 참고 | (1) 서로 다른 n개에서 r개를 택하는 조합의 수는 남아 있을 $(n-r)$개를 택하는 조합의 수와 같으므로 ${}_{n}\mathrm{C}_{r}={}_{n}\mathrm{C}_{n-r}$가 성립한다.
즉, ${}_{n}\mathrm{C}_{r}$의 값을 구할 때, $r>n-r$인 경우 ${}_{n}\mathrm{C}_{r}={}_{n}\mathrm{C}_{n-r}$를 이용하면 간단히 계산할 수 있다.

r개를 택한다.

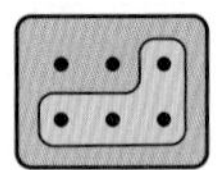

$(n-r)$개를 택한다.

확인 (1) ${}_{6}\mathrm{C}_{4}={}_{6}\mathrm{C}_{2}=\frac{6\times5}{2\times1}=15$

(2) ${}_{3}\mathrm{C}_{2}+{}_{3}\mathrm{C}_{1}={}_{4}\mathrm{C}_{2}=\frac{4\times3}{2\times1}=6$

익힘 01 조합

개념 01

[591~593] 다음을 기호를 사용하여 $_{n}C_{r}$ 꼴로 나타내시오.

591 서로 다른 4개에서 2개를 택하는 경우의 수

592 서로 다른 5장의 카드에서 3장을 뽑는 경우의 수

593 서로 다른 7개의 문자 중 4개를 택하는 경우의 수

익힘 02 조합의 계산

개념 02, 03

[594~597] 다음 값을 구하시오.

594 $_{8}C_{3}$

595 $_{7}C_{5}$

596 $_{5}C_{1}$

597 $_{9}C_{9}$

[598~599] 다음 등식을 만족시키는 자연수 n 또는 r의 값을 모두 구하시오.

598 $_{n}C_{3}=120$

599 $_{8}C_{r}=28$

익힘 03 조합을 이용한 경우의 수

개념 01~03

600 서로 다른 10개의 사탕 중 2개를 택하는 방법의 수를 구하시오.

601 12명의 선수 중 9명을 선발하는 방법의 수를 구하시오.

602 서로 다른 공책 6권과 서로 다른 색연필 4자루 중 공책 1권과 색연필 2자루를 택하는 방법의 수를 구하시오.

$_nC_r$의 계산

개념 01~03

603 대표

다음 등식을 만족시키는 자연수 n 또는 r의 값을 구하시오.

(1) ${}_{n+1}C_2=21$

(2) ${}_{10}C_r={}_{10}C_{r-6}$

(3) ${}_nC_3={}_nC_6$

(4) ${}_{n+3}C_2={}_{n+1}C_2+{}_nC_2$

유형 분석

조합의 수를 이용하여 주어진 식을 n 또는 r에 대한 방정식으로 나타내면 n 또는 r의 값을 구할 수 있다.

즉, ${}_nC_r=\frac{{}_nP_r}{r!}=\frac{n(n-1)(n-2)\times\cdots\times(n-r+1)}{1\times2\times3\times\cdots\times r}$임을 이용한다.

연구 ${}_nC_r=\frac{{}_nP_r}{r!}$, ${}_nC_r={}_nC_{n-r}$ $(0\le r\le n)$임을 이용한다

풀이 >>

604

다음 등식을 만족시키는 자연수 n 또는 r의 값을 모두 구하시오.

(1) ${}_{n+3}C_n=20$

(2) ${}_7C_{r+1}={}_7C_{2r}$

(3) ${}_5C_3+{}_5C_1={}_6C_r$

(4) ${}_{n+1}C_3={}_nC_2$

605

등식 ${}_nP_3=8\times{}_{n-1}C_2$를 만족시키는 자연수 n의 값을 구하시오.

606

자연수 n, r에 대하여 ${}_nP_r=120$, ${}_nC_r=20$이 성립할 때, $n+r$의 값을 구하시오.

유형 02 조합의 수

개념 01~03

607 대표

A반 학생 4명과 B반 학생 6명 중 4명의 대표를 뽑을 때, 다음을 구하시오.

(1) 4명의 대표를 뽑는 방법의 수

(2) A반 학생 1명과 B반 학생 3명을 뽑는 방법의 수

(3) 4명의 대표를 모두 같은 반에서 뽑는 방법의 수

유형 분석

n명 중에서 대표 r명을 뽑는 방법의 수는 순서를 생각하지 않고 r명을 뽑는 방법의 수와 같으므로 조합을 이용해야 한다.

이때 두 사건이 동시에 일어나면 곱의 법칙, 동시에 일어나지 않으면 합의 법칙을 이용한다.

(1) 전체 10명의 학생 중 4명을 뽑는 방법의 수를 구하는 것이다.

(2) A반에서 1명, B반에서 3명을 각각 뽑는데, 이 두 사건은 동시에 일어난다.

(3) A반에서 4명을 뽑거나 B반에서 4명을 뽑는데, 이 두 사건은 동시에 일어나지 않는다.

연구 순서를 생각하지 않고 뽑는 방법의 수는 → 조합을 이용한다

풀이 ≫

608 봉사부 학생 10명 중 회장 1명과 부회장 2명을 뽑는 방법의 수를 구하시오.

609 외교관 9명과 소방관 n명 중 2명을 뽑을 때, 2명의 직업이 같은 경우의 수가 64이다. 이때 n의 값을 구하시오.

610 어떤 동아리에서 각 회원이 나머지 모든 회원과 한 번씩 악수를 하였을 때, 전체 회원이 악수한 총횟수는 66이다. 이 동아리의 전체 회원 수를 구하시오.

출제 빈도

유형 03 특정한 조건이 있는 조합의 수

개념 01~03

611 대표

농구 선수 5명과 배구 선수 6명 중 4명을 뽑을 때, 다음을 구하시오.

(1) 농구 선수 중 특정한 2명을 포함하여 뽑는 방법의 수
(2) 농구 선수와 배구 선수를 각각 적어도 1명씩 포함하여 뽑는 방법의 수

유형 분석

조합의 수를 구할 때, 특정한 조건이 주어지면 조건에 맞게 뽑는 방법의 수를 빠짐없이 생각해야 한다.
(1) 특정한 것을 포함하여 뽑을 때는 특정한 것을 이미 뽑았다고 생각하고 나머지에서 필요한 것을 뽑는다.
(2) '적어도 ~'라는 조건이 있으면 전체 경우에서 '~가 아닌' 경우를 제외한다.

연구 ① 서로 다른 n개에서 r개를 뽑을 때
특정한 k개를 포함하여 뽑는 방법의 수는 → ${}_{n-k}C_{r-k}$
특정한 k개를 제외하고 뽑는 방법의 수는 → ${}_{n-k}C_{r}$
② (적어도 ~인 방법의 수) = (전체 방법의 수) − (~가 아닌 방법의 수)

풀이 ≫

612

어느 학교에서 A, B, C를 포함한 9명의 학생 중 4명의 선거 위원을 선출할 때, 다음을 구하시오.

(1) A, B, C가 모두 선출되는 방법의 수
(2) A는 선출되고 B, C는 모두 선출되지 않는 방법의 수
(3) A, B, C 중 적어도 1명이 선출되는 방법의 수

613

집합 $A=\{1, 2, 3, 4, 5, 6, 7, 8\}$의 부분집합 중 가장 작은 원소가 3이고, 원소의 개수는 4인 집합의 개수를 구하시오.

614

서로 다른 볼펜 6자루와 서로 다른 연필 4자루가 들어 있는 필통에서 5자루를 꺼낼 때, 연필이 적어도 2자루 포함되도록 꺼내는 방법의 수를 구하시오.

빠른답 247쪽 / 바른답 · 알찬풀이 119쪽

유형 04

뽑아서 나열하는 방법의 수

개념 01~03

615 대표

어른 4명과 어린이 3명 중 어른 2명, 어린이 2명을 뽑아서 일렬로 세울 때, 다음을 구하시오.

(1) 일렬로 세우는 방법의 수

(2) 어린이 2명을 이웃하게 세우는 방법의 수

유형 분석

여러 집단에서 각각 몇 개를 뽑아 일렬로 나열하는 유형이다.

뽑는 방법의 수는 조합을 이용하고, 일렬로 나열하는 방법의 수는 순열을 이용하여 구한다.

연구 뽑아서 나열하는 방법의 수는 ➔ (조합의 수) × (순열의 수)

풀이 >>

616

남학생 4명과 여학생 4명 중 남학생 3명, 여학생 2명을 뽑아서 일렬로 세울 때, 다음을 구하시오.

(1) 일렬로 세우는 방법의 수

(2) 여학생 2명을 양 끝에 세우는 방법의 수

617

A, B를 포함한 10명 중 5명을 뽑아서 일렬로 앉힐 때, A, B가 모두 포함되고 이들이 이웃하도록 앉히는 방법의 수를 구하시오.

618

1부터 9까지의 9개의 자연수 중 서로 다른 3개의 숫자를 뽑아서 세 자리 자연수를 만들 때, 5를 포함하는 자연수의 개수를 구하시오.

출제 빈도

조합을 이용하여 직선, 삼각형의 개수 구하기

개념 01~03

619 대표

오른쪽 그림과 같이 반원 위에 9개의 점이 있을 때, 다음을 구하시오.

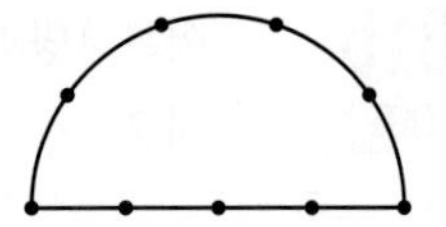

(1) 두 점을 이어서 만들 수 있는 서로 다른 직선의 개수

(2) 세 점을 꼭짓점으로 하는 삼각형의 개수

유형 분석

직선을 만들려면 두 점을, 삼각형을 만들려면 세 점을 택해야 하므로 조합을 이용한다.

위의 문제는 다음에 유의하여 풀어야 한다.

(1) 두 점을 이어서 만들 수 있는 직선은 오직 하나뿐이다. 또, 일직선 위에 있는 여러 개의 점으로 만들 수 있는 직선도 1개뿐이다.

(2) 일직선 위에 있는 세 점으로는 삼각형을 만들 수 없다.

연구 어느 세 점도 일직선 위에 있지 않은 서로 다른 n개의 점에서

① 두 점을 이어서 만들 수 있는 직선의 개수는 ➔ ${}_nC_2$

② 세 점을 꼭짓점으로 하는 삼각형의 개수는 ➔ ${}_nC_3$

풀이 ≫

620

오른쪽 그림과 같이 평행한 두 직선 l, m 위에 8개의 점이 있을 때, 다음을 구하시오.

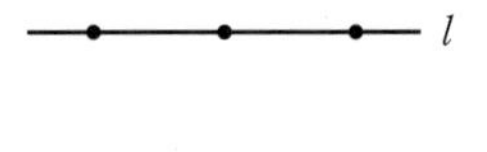

(1) 두 점을 이어서 만들 수 있는 서로 다른 직선의 개수

(2) 세 점을 꼭짓점으로 하는 삼각형의 개수

621

오른쪽 그림과 같이 좌표평면 위에 9개의 점이 놓여 있다. 두 점을 이어서 만들 수 있는 서로 다른 직선의 개수를 m, 세 점을 꼭짓점으로 하는 삼각형의 개수를 n이라 할 때, $m+n$의 값을 구하시오.

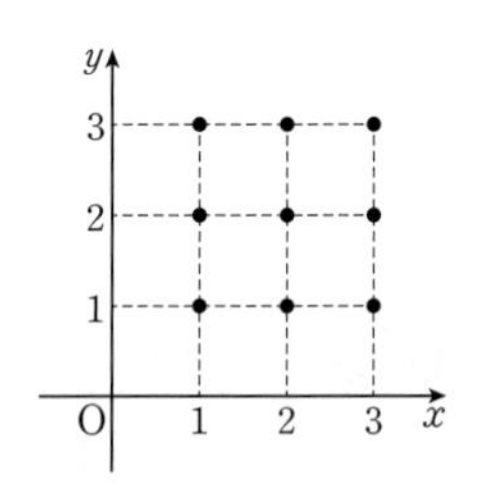

유형 06 출제 빈도

조합을 이용하여 사각형의 개수 구하기

개념 01~03

622 대표

오른쪽 그림은 정사각형의 각 변을 3등분 하여 얻은 도형이다. 이 도형의 선들로 만들 수 있는 사각형 중 다음을 구하시오.

(1) 직사각형의 개수

(2) 정사각형이 아닌 직사각형의 개수

유형 분석

한 개의 직사각형을 만들려면 가로 방향의 평행선 2개, 세로 방향의 평행선 2개를 택해야 하므로 조합을 이용한다.

즉, 직사각형의 개수는 4개의 가로 방향의 평행선 중 2개를 택하고, 4개의 세로 방향의 평행선 중 2개를 택하는 방법의 수와 같다.

연구 m개의 평행선과 n개의 평행선이 서로 만날 때 만들 수 있는 사각형의 개수는

➔ ${}_{m}C_{2} \times {}_{n}C_{2}$

풀이 ≫

623

오른쪽 그림과 같이 4개의 평행선과 6개의 평행선이 서로 만날 때, 이 평행선으로 만들어지는 평행사변형의 개수를 구하시오.

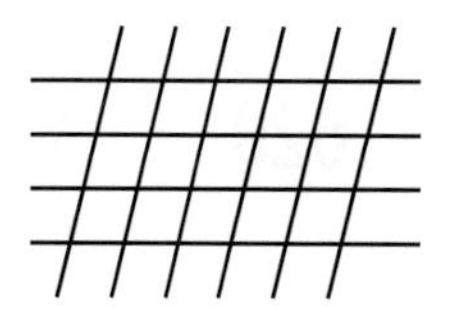

실력+

624

오른쪽 그림과 같이 원 위에 같은 간격으로 놓인 10개의 점이 있다. 이 중 4개의 점을 꼭짓점으로 하는 직사각형의 개수를 구하시오.

해결 전략 / 직사각형의 네 내각의 크기는 모두 90°임을 이용한다.

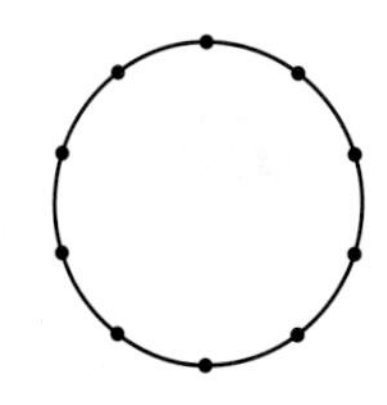

STEP 1 표준

625 등식 ${}_{n}\mathrm{P}_{2}+10\times{}_{n}\mathrm{C}_{2}=18\times{}_{n-1}\mathrm{C}_{3}$을 만족시키는 자연수 n의 값을 구하시오.

기출

626 어느 학교 동아리 회원은 1학년이 6명, 2학년이 4명이다. 이 동아리에서 7명을 뽑을 때, 1학년에서 4명, 2학년에서 3명을 뽑는 경우의 수를 구하시오.

서술형

627 1부터 10까지의 10개의 자연수 중 서로 다른 3개의 수를 뽑을 때, 뽑은 세 수의 합이 짝수가 되는 경우의 수를 구하시오.

628 두 집합 $X=\{1, 2, 3\}$, $Y=\{1, 2, 3, 4, 5\}$에 대하여 다음 조건을 만족시키는 함수 $f: X \longrightarrow Y$의 개수를 구하시오.

X의 임의의 두 원소 x_1, x_2에 대하여 $x_1<x_2$이면 $f(x_1)<f(x_2)$이다.

629 서로 다른 소설책 6권과 서로 다른 만화책 5권 중 4권을 고를 때, 소설책이 3권 이상 포함되도록 고르는 방법의 수를 구하시오.

630 A, B를 포함한 10명의 볼링 선수 중 시합에 출전할 5명의 선수를 선발하려고 한다. A, B 중 적어도 1명을 포함하여 선발하는 방법의 수를 구하시오.

기출

631 할머니, 아버지, 어머니, 아들, 딸로 구성된 5명의 가족이 있다. 이 가족이 그림과 같이 번호가 적힌 5개의 의자에 모두 앉을 때, 아버지, 어머니가 모두 홀수 번호가 적힌 의자에 앉는 경우의 수는?

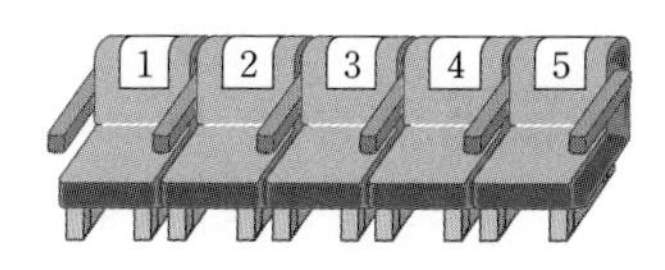

① 28　　② 30　　③ 32
④ 34　　⑤ 36

632 어떤 합창단의 학생 중 특정한 3명을 포함하여 5명을 뽑아 일렬로 세우는 방법의 수가 1200일 때, 이 합창단의 전체 학생 수를 구하시오.

633 다음 물음에 답하시오.

(1) 서로 다른 과일 5개와 서로 다른 채소 4개 중 과일 2개, 채소 3개를 택하여 일렬로 진열할 때, 과일끼리 이웃하지 않게 진열하는 방법의 수를 구하시오.
(2) 회장 1명과 총무 1명을 포함한 7명의 학생 중 4명을 뽑아서 일렬로 세울 때, 회장은 포함되고 총무는 포함되지 않는 방법의 수를 구하시오.

634 오른쪽 그림과 같이 정삼각형 위에 9개의 점이 같은 간격으로 놓여 있다. 이 중 3개의 점을 꼭짓점으로 하는 삼각형의 개수를 구하시오.

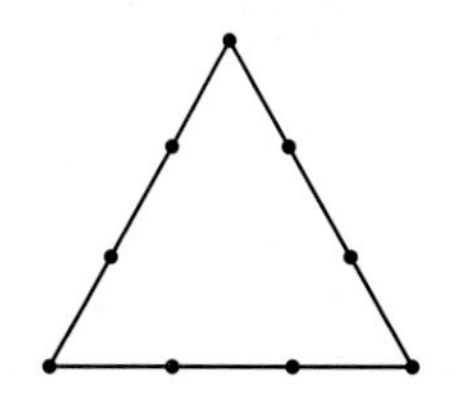

STEP 2 실력

635 x에 대한 이차방정식 ${}_{n}\mathrm{C}_{3}x^{2}-{}_{n}\mathrm{C}_{5}x+{}_{n}\mathrm{C}_{2}=0$의 두 근을 α, β라 하자. $\alpha+\beta=1$일 때, $\alpha\beta$의 값을 구하시오.

기출

636 $c<b<a<10$인 자연수 a, b, c에 대하여 백의 자리의 수, 십의 자리의 수, 일의 자리의 수가 각각 a, b, c인 세 자리 자연수 중 500보다 크고 700보다 작은 자연수의 개수는?

① 12 ② 14 ③ 16
④ 18 ⑤ 20

637 서로 다른 국어책과 서로 다른 영어책을 합하여 총 12권의 책 중 3권을 선택하려고 한다. 영어책이 적어도 1권은 포함되도록 선택하는 방법의 수가 216일 때, 국어책은 모두 몇 권인지 구하시오.

서술형

638 1부터 9까지의 9개의 자연수 중 서로 다른 5개의 숫자를 사용하여 다섯 자리의 비밀번호를 만들 때, 서로 다른 홀수 2개와 서로 다른 짝수 3개로 만들 수 있는 비밀번호의 개수를 구하시오.

639 오른쪽 그림과 같이 2개, 4개, 3개의 평행한 직선이 서로 만나고 있을 때, 이 평행선으로 만들어지는 사각형 중 평행사변형이 아닌 사다리꼴의 개수를 구하시오.

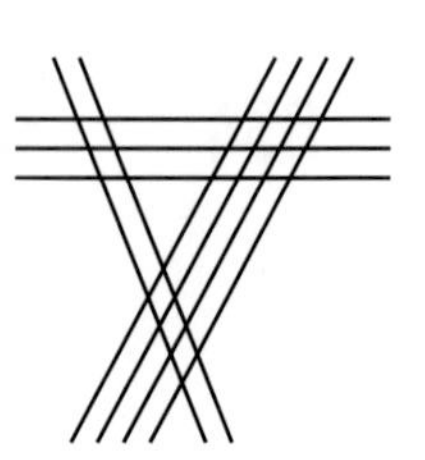

고마운 친구

항상 함께해 줘서 고마운 내 친구야.
나도 너에게 그런 친구가 되고 싶어!
혁! 미안해!
아니 이제 내릴 때도 됐잖아.. 눈치 좀..
고마운 친구일수록 소중히 대하자.

빠른답 체크 | Speed Check

01 집합의 뜻과 포함 관계

Lecture 01 11~15쪽

001 ㄴ, ㄹ **002** ③, ⑤ **003** ⑤

004 ㄷ, ㄹ

005 (1) $A=\{x|x$는 50 이상의 자연수$\}$

(2) $B=\{x|x$는 45의 양의 약수$\}$

(3) $C=\{3, 4, 5, 6, 7, 8\}$

(4) $D=\{1, 2, 3, 4\}$

006 (1) $A=\{x|x$는 30의 양의 약수$\}$

(2) $B=\{2, 3\}$ (3) 풀이 참조

007 ㄴ, ㄹ **008** 풀이 참조

009 $B=\{3, 5, 9, 13\}$ **010** 50 **011** 3

012 ㄱ, ㄷ **013** 3 **014** ②, ⑤

015 ㄹ **016** (1) 4 (2) 0 (3) 5 **017** 3

018 5

Lecture 02 18~21쪽

019 ㄱ, ㅁ **020** ⑤ **021** ㄱ, ㄷ, ㄹ

022 ② **023** ㄱ, ㄴ **024** ㄱ, ㄴ, ㄹ

025 6

026 $\varnothing$, $\{3\}$, $\{4\}$, $\{5\}$, $\{3, 4\}$, $\{3, 5\}$, $\{4, 5\}$

027 2 **028** 3 **029** 5 **030** $1\le a<3$

031 ㄷ **032** 6 **033** 19 **034** 3

Lecture 03 24~25쪽

035 (1) 7 (2) 4 (3) 24 **036** 15 **037** 8

038 28 **039** 8 **040** ④ **041** 128 **042** 14

중단원 연습문제 26~29쪽

043 ㄱ, ㄹ, ㅁ **044** 4 **045** ⑤ **046** 7

047 3 **048** 11 **049** ⑤

050 $\{3, 4, 5\}$, $\{3, 4, 6\}$, $\{3, 5, 6\}$, $\{4, 5, 6\}$

051 7 **052** 8 **053** ⑤ **054** 6 **055** 480

056 9 **057** 7 **058** 8 **059** 7 **060** 255

061 11

02 집합의 연산

Lecture 04 36~41쪽

062 (1) $\{2, 3, 5, 6, 7, 9\}$ (2) $\{3, 6\}$

(3) $\{1, 4, 6, 8, 9\}$ (4) $\{5, 7\}$

(5) $\{1, 2, 3, 6\}$ (6) $\{1, 3, 6\}$

063 (1) $\{-1, 1\}$ (2) $\{0, 1\}$ (3) $\{-1\}$ (4) $\{3\}$

064 A와 B **065** 30 **066** $\{2, 4, 6, 8, 9\}$

067 $\{1, 4, 5, 6, 7\}$ **068** $\{5, 7\}$ **069** 36

070 $\{-1, 1, 2, 5, 6\}$

071 $\{-2, 0, 1, 3, 4\}$ **072** 4

073 $\{1, 3, 4\}$ **074** ㄱ, ㄷ **075** ④

076 ⑤ **077** ㄴ, ㄷ **078** ㄱ, ㄷ

079 ② **080** ① **081** 4 **082** 8 **083** 16

084 4

Lecture 05 44~45쪽

085 10 **086** (1) A (2) U **087** $\{4, 6, 8\}$

088 8 **089** ㄷ **090** ① **091** ㄱ, ㄴ

Lecture 06 48~51쪽

092 21 **093** 8 **094** 25 **095** 2 **096** 5

097 17 **098** 26 **099** 17 **100** 5 **101** 38

102 21　**103** 12　**104** 32　**105** 20　**106** 18
107 31　**108** (1) 19　(2) 7　**109** (1) 6　(2) 38
110 3　**111** 9　**112** 최댓값: 27, 최솟값: 20
113 8　**114** 6

중단원 연습문제 52~55쪽

115 $\{2, 4, 6\}$　**116** ③　**117** 33　**118** 22
119 ②　**120** ㄱ, ㄷ　**121** ⑤　**122** 8
123 ④　**124** 4　**125** 12　**126** ㄱ, ㄴ, ㄹ
127 5　**128** 8　**129** ⑤　**130** -5　**131** 432
132 8　**133** 12　**134** 56

03 명제

135 명제: (1), (2), (4)
(1) 거짓　(2) 참　(4) 참
136 ㄱ, ㄹ, ㅂ　**137** (2), (4)
138 (1) 평행사변형은 마름모가 아니다.
(2) 3은 9보다 크거나 같다.
(3) $x=-2$이고 $y\neq1$
(4) $x<-4$ 또는 $x\geq3$
139 ㄴ, ㄷ, ㄹ
140 (1) $x\notin A$ 또는 $x\notin B$
(2) $-3\leq x<2$ 또는 $x\geq5$
141 ⑤
142 (1) $\{3, 4, 6, 7, 8, 9\}$
(2) $\{2, 3, 4, 6, 7, 8, 9, 10\}$　(3) $\{1, 5\}$
143 $\{2, 5\}$
144 (1) $\{-2, 2\}$　(2) $\{-1, 1\}$
(3) $\{-2, -1, 1, 2\}$
145 6

146 (1) 참　(2) 거짓　(3) 거짓
147 (1) 거짓　(2) 거짓　(3) 참　(4) 거짓
148 ㄱ, ㄷ　**149** ㄷ　**150** ③　**151** ㄴ, ㄹ
152 $5\leq a<7$　**153** 7　**154** $-1\leq k<-\frac{1}{3}$
155 0　**156** ㄱ, ㄴ, ㄹ　**157** (1) 참　(2) 거짓
158 모든 실수 x, y에 대하여 $x^2+y^2\geq0$이다. (참)
159 9

160 (1) 풀이 참조　(2) 풀이 참조　**161** ④
162 ㄴ　**163** -2
164 (1) n이 짝수이면 n^2도 짝수이다.
(2) 풀이 참조
165 (가): 짝수, (나): $2(m+n-1)$, (다): 짝수,
(라): 짝수
166 풀이 참조
167 (1) $\sqrt{2}+1$은 유리수이다.　(2) 풀이 참조
168 (가): $3k^2-2k$, (나): $3k^2-4k+1$, (다): 3의 배수
169 풀이 참조　**170** ㄱ, ㄴ　**171** ㄱ, ㄹ
172 ③

173 ㄱ, ㄹ
174 (1) 충분　(2) 필요　(3) 필요충분　(4) 충분
175 ㄴ　**176** (1) 11　(2) 4　**177** $-2<k\leq6$
178 2　**179** 1　**180** ③
181 (1) 충분　(2) 충분　(3) 필요　**182** ㄷ
183 ②　**184** 필요조건　**185** ㄱ, ㄷ

빠른답 체크 | Speed Check

중단원 연습문제 84~87쪽

186 ㄷ **187** $\{5, 7, 9, 10, 11, 12\}$ **188** ③
189 ③ **190** ㄴ **191** ② **192** ② **193** ③
194 ② **195** (가): 유리수, (나): 무리수, (다): 0
196 ② **197** 충분조건 **198** 14
199 필요충분조건 **200** 28 **201** ③ **202** 7
203 ㄴ, ㄷ

04 절대부등식

Lecture 11 92~93쪽

204 (1) $ab+1>a+b$ (2) $\sqrt{a+1}<\frac{a}{2}+1$
(3) $6^{12}<3^{20}$
205 (1) $\frac{a}{1+a}>\frac{b}{1+b}$ (2) $|a+3|\le|a|+3$
206 $A<B<C$
207 (1) 풀이 참조 (2) 풀이 참조
208 (가): $|ab|+ab$, (나): $\le$
209 (1) 풀이 참조 (2) 풀이 참조

Lecture 12 95~98쪽

210 (1) 8 (2) 16 **211** $\frac{2}{5}$ **212** 49 **213** 10
214 (1) 20 (2) 12 **215** 14 **216** 3 **217** $\frac{4}{3}$
218 (1) 풀이 참조 (2) 15 **219** $10\sqrt{2}$
220 13 **221** 10 **222** (1) $\frac{1}{2}xy\ \text{m}^2$ (2) $25\ \text{m}^2$
223 $72\ \text{m}^2$ **224** 24

중단원 연습문제 99~101쪽

225 ㄴ, ㄷ **226** ⑤ **227** 풀이 참조
228 ① **229** 22 **230** 8 **231** 6 **232** 12
233 3 **234** $90\ \text{m}^2$ **235** $1\le a<3$
236 ㄴ, ㄷ **237** 4 **238** $4\sqrt{3}$ **239** ①

05 함수

Lecture 13 108~113쪽

240 ㄱ, ㄴ, ㄹ **241** (2), (4) **242** ③
243 $3\sqrt{5}$ **244** 1 **245** 19 **246** 9 **247** 2
248 2 **249** $\{0, 1\}$
250 $-\frac{3}{2}\le a<0$ 또는 $0<a\le3$ **251** 8
252 ㄴ, ㄷ **253** $\{-8, 7\}$ **254** 3
255 (1), (2), (3) **256** (2) **257** ㄱ, ㄷ
258 (1) 풀이 참조 (2) 풀이 참조
259 (1) 풀이 참조 (2) 풀이 참조
260 (1) 풀이 참조 (2) 풀이 참조 **261** $\frac{3}{2}$

Lecture 14 117~121쪽

262 ㄱ, ㄴ, ㄹ **263** ㄴ, ㄹ **264** ㄴ
265 ㄷ **266** ㄱ, ㄷ **267** ㄱ, ㄷ
268 ㄱ **269** ㄹ **270** ㄱ
271 (1) ㄱ, ㄷ, ㅁ, ㅂ (2) ㄱ, ㄷ, ㅂ (3) ㅂ (4) ㄹ
272 (1) ㄴ, ㄷ (2) ㄴ, ㄷ (3) ㄷ (4) ㄱ
273 $a=3, b=3$ **274** 1 **275** 4 **276** -4
277 1 **278** 24 **279** 19 **280** 5
281 (1) 27 (2) 6 (3) 3 (4) 1
282 (1) 125 (2) 60 **283** 8

중단원 연습문제 122~125쪽

284 ㄱ, ㄴ, ㄹ **285** -5 **286** $\sqrt{3}$ **287** 4

288 8　**289** 1　**290** ㄷ　**291** ③　**292** -10
293 ①　**294** -32, -8　**295** 15　**296** -30
297 12　**298** 18　**299** 1, 3　**300** $\{0, 1\}$
301 ㄴ　**302** 7　**303** 7

06 합성함수와 역함수

130~135쪽

304 (1) -6　(2) 13
(3) $(h\circ(g\circ f))(x)=9x^2-6x+5$
(4) $(f\circ f\circ f)(x)=27x$
305 (1) 4　(2) 2　(3) $\{2, 4, 8\}$
306 (1) 19　(2) 2　(3) $((h\circ g)\circ f)(x)=8x^2+2$
307 5　**308** (1) 4　(2) -5　**309** -1　**310** 0
311 3
312 (1) $h(x)=-2x+11$　(2) $h(x)=-2x-1$
(3) $h(x)=-\frac{1}{2}x+\frac{7}{2}$
313 (1) $h(x)=-\frac{1}{4}x+1$　(2) $h(x)=-4x+11$
(3) $h(x)=-x+10$
314 8　**315** 12　**316** 3　**317** 15　**318** 2
319 4　**320** (1) c　(2) d　**321** (1) 8　(2) 6
322 4　**323** 풀이 참조　**324** 풀이 참조
325 풀이 참조

Lecture 16　140~145쪽

326 (1) 1　(2) 12　**327** 5　**328** 2　**329** 11
330 $a>1$　**331** 1　**332** 1　**333** 1
334 (1) -2　(2) $g(x)=\frac{1}{2}x+\frac{3}{2}$　**335** $\frac{8}{3}$
336 $h^{-1}(x)=\frac{4}{5}x+\frac{8}{5}$　**337** $-\frac{8}{9}$
338 (1) 2　(2) 0　**339** -18

340 (1) 2　(2) $\frac{3}{2}$　**341** -1　**342** (1) b　(2) a
343 4　**344** (1) c　(2) d　**345** $\frac{8}{3}$　**346** $5\sqrt{2}$
347 $\frac{2}{3}$　**348** $\sqrt{2}$

중단원 연습문제 146~149쪽

349 1　**350** ①　**351** -3　**352** $(2, 2)$
353 -3　**354** 2　**355** 6　**356** ③　**357** -4
358 -1　**359** $k<-1$ 또는 $k>1$　**360** ④
361 53　**362** 2　**363** 17　**364** 1
365 $a=-\frac{1}{3}$, $b=\frac{7}{3}$　**366** e　**367** $\frac{3}{2}$

07 유리함수

154~159쪽

368 (1) $\frac{1}{x-1}$　(2) $\frac{x+1}{x(x+3)}$　(3) $\frac{1}{x-3}$　(4) $\frac{1}{x}$
369 (1) $\frac{4x-3}{x(x+5)(x-3)}$　(2) $\frac{x^2+2x+4}{(x+2)(x-2)}$
370 $\frac{8}{a^8-1}$　**371** $\frac{1}{x+y}$　**372** 6
373 $a=2$, $b=5$　**374** -3　**375** 6
376 (1) $\frac{4}{(x+2)(x-2)}$
(2) $\frac{2(2x+5)}{(x+1)(x+2)(x+3)(x+4)}$
377 (1) $\frac{3x-1}{x(x+1)(x-1)}$
(2) $\frac{6(x^2-x-1)}{x(x+2)(x-1)(x-3)}$
378 x^2-2　**379** $-\frac{x+4}{x(2x+1)(x-3)}$
380 (1) $\frac{8}{x(x+8)}$　(2) $\frac{11}{12}$

381 (1) $\frac{9}{x(x+9)}$ (2) $\frac{36}{55}$

382 $\frac{b+c+d}{a(a+b+c+d)}$ **383** $\frac{20}{21}$

384 (1) x (2) $\frac{3x+2}{2x+1}$ **385** (1) $\frac{y}{x}$ (2) 3

386 11 **387** (1) $\frac{41}{12}$ (2) $\frac{26}{29}$ **388** $\frac{4}{3}$

389 (1) 5 (2) 1 **390** $\frac{1}{6}$

Lecture 18 162~169쪽

391 (1) 풀이 참조 (2) 풀이 참조

392 (1) 풀이 참조 (2) 풀이 참조

393 $\{y \mid y \le 3$ 또는 $y \ge 7\}$ **394** -9 **395** -24

396 2 **397** ㄱ, ㄹ **398** -6 **399** 5

400 $a=-1$, $b=2$, $c=1$

401 최댓값: 5, 최솟값: 3 **402** $\frac{13}{2}$ **403** $\frac{14}{5}$

404 $\frac{5}{2}$ **405** $a=1$, $b=3$ **406** 6 **407** 2

408 -8 **409** $m \le 0$ **410** 4 **411** $a<0$

412 최댓값: 2, 최솟값: $\frac{1}{2}$ **413** 3

414 $a=-2$, $b=-5$, $c=3$ **415** $g(x)=\frac{2x-1}{x-4}$

416 -6 **417** (1) 2 (2) $\frac{1}{11}$ **418** 0

419 -1, 0 **420** -1

중단원 연습문제 170~173쪽

421 $\frac{1}{x+1}$ **422** 6 **423** $\frac{1}{2}$ **424** 4

425 $k>3$ **426** ① **427** -2 **428** ㄱ

429 ② **430** -2 **431** ⑤ **432** 12 **433** 9

434 $\frac{4}{3}$ **435** 6 **436** -3 **437** 5 **438** ⑤

439 $8-2\sqrt{15}<m<8+2\sqrt{15}$ **440** 1

08 무리함수

Lecture 19 178~179쪽

441 (1) $x\sqrt{x+2}$ (2) $4x-2$

442 (1) $-2-\sqrt{3}$ (2) $\frac{2(x+5)}{x-5}$ **443** 0

444 3 **445** (1) $-2-2\sqrt{2}$ (2) $\sqrt{2}-1$

446 $2\sqrt{3}$ **447** (1) $2\sqrt{5}$ (2) 35

448 $2-\sqrt{3}$

Lecture 20 184~191쪽

449 (1) 풀이 참조 (2) 풀이 참조

450 (1) 풀이 참조 (2) 풀이 참조 **451** 20

452 $\{y \mid y \le 8\}$ **453** 3

454 $a=4$, $b=1$, $c=3$ **455** ㄱ, ㄴ

456 7 **457** 3 **458** $M=1$, $m=0$ **459** -1

460 50 **461** 11 **462** 48 **463** $\left(\frac{1}{2}, -1\right)$

464 (1) $\frac{1}{2} \le k < 1$ (2) $k<\frac{1}{2}$ 또는 $k=1$ (3) $k>1$

465 $-\frac{1}{12}$ **466** $-\frac{1}{3} \le m \le \frac{1}{6}$

467 $y=\frac{1}{3}(x+2)^2-\frac{1}{3}$ $(x \ge -2)$,

정의역: $\{x \mid x \ge -2\}$, 치역: $\left\{y \,\middle|\, y \ge -\frac{1}{3}\right\}$

468 3 **469** -13 **470** -8 **471** $2\sqrt{2}$

472 2 **473** -1 **474** $\frac{5}{4}$ **475** 22 **476** 6

477 3

중단원 연습문제 192~195쪽

478 7 **479** $10\sqrt{2}$ **480** 2 **481** 13

482 ② **483** 1 **484** ㄴ, ㄹ **485** -4

486 ② **487** $-\frac{1}{2} \le m < 0$ **488** $a>\frac{5}{2}$

489 3　**490** $\sqrt{2}$　**491** 30　**492** $\sqrt{6}$　**493** 84

494 4　**495** 제2사분면　**496** $\frac{1}{16}$　**497** $3\sqrt{2}$

09 경우의 수

Lecture 21 200~206쪽

498 (1) 16　(2) 21　**499** 10　**500** 6　**501** 29

502 12　**503** 6　**504** 7　**505** 7

506 (1) 64　(2) 6　**507** 25　**508** 16　**509** 15

510 (1) 15　(2) 12　**511** 24　**512** 12　**513** 16

514 10　**515** 24　**516** 22　**517** 48　**518** 96

519 84　**520** (1) 47　(2) 29　**521** 95　**522** 66

중단원 연습문제 207~209쪽

523 28　**524** 8　**525** 5　**526** 8　**527** 5

528 6　**529** 9　**530** ④　**531** 14　**532** 32

533 20　**534** 55　**535** 3　**536** 420

10 순열

216~222쪽

537 ${}_3P_2$　**538** ${}_5P_3$　**539** ${}_8P_5$　**540** 20　**541** 10

542 24　**543** 120　**544** 1　**545** 1　**546** 7

547 5　**548** 5　**549** 5040　**550** 72

551 (1) 12　(2) 12　**552** (1) 5　(2) 3　(3) 2　(4) 8

553 (1) 3　(2) 4　(3) 4　(4) 5　**554** 90　**555** 6

556 (1) 336　(2) 56　(3) 72　**557** (1) 720　(2) 120

558 1320　**559** 3

560 (1) 720　(2) 1440　**561** (1) 48　(2) 12

562 480　**563** 3　**564** (1) 120　(2) 960　(3) 3600

565 (1) 144　(2) 144　**566** 36　**567** 70

568 (1) 100　(2) 52　**569** (1) 120　(2) 24

570 8　**571** 48　**572** (1) 57번째　(2) ceadb

573 79번째　**574** 144　**575** 341520

중단원 연습문제 223~225쪽

576 6　**577** 840　**578** 144　**579** 48　**580** 144

581 2880　**582** 84　**583** ⑤　**584** 48

585 ②　**586** 576　**587** 288　**588** 600　**589** 30

590 24

11 조합

231~237쪽

591 ${}_4C_2$　**592** ${}_5C_3$　**593** ${}_7C_4$　**594** 56　**595** 21

596 5　**597** 1　**598** 10　**599** 2 또는 6

600 45　**601** 220　**602** 36

603 (1) 6　(2) 8　(3) 9　(4) 6

604 (1) 3　(2) 1 또는 2　(3) 2 또는 4　(4) 2

605 4　**606** 9　**607** (1) 210　(2) 80　(3) 16

608 360　**609** 8　**610** 12　**611** (1) 36　(2) 310

612 (1) 6　(2) 20　(3) 111　**613** 10　**614** 186

615 (1) 432　(2) 216

616 (1) 2880　(2) 288　**617** 2688

618 168　**619** (1) 27　(2) 74　**620** (1) 17　(2) 45

621 96　**622** (1) 36　(2) 22　**623** 90　**624** 10

중단원 연습문제 238~240쪽

625 6　**626** 60　**627** 60　**628** 10　**629** 115

630 196　**631** ⑤　**632** 8

633 (1) 2880　(2) 240　**634** 72　**635** $\frac{1}{2}$

636 ③　**637** 4권　**638** 4800　**639** 72

MEMO

수학중심

고등 수학(하)

1 **개념 완전 학습**
교과서 개념을 세분화하고 개념별 한 쪽으로 간결하게 설명하여 개념 이해에 대한 완전 학습이 가능합니다.

2 **유형 완전 학습**
유형별 대표 문제와 다양한 유사·변형 유제를 꼼꼼하게 게재하여 유형에 대한 완벽한 훈련이 가능합니다.

3 **수준별 마무리 학습**
시험에서 출제율이 높은 유형과 수준별 문제로 촘촘하게 마무리를 구성하여 자신 있는 실전 대비가 가능합니다.

Mirae N 에듀

신뢰받는 미래엔
미래엔은 "Better Content, Better Life" 미션 실행을 위해 탄탄한 콘텐츠의 교과서와 참고서를 발간합니다.

소통하는 미래엔
미래엔의 [도서 오류] [정답 및 해설] [도서 내용 문의] 등은 홈페이지를 통해서 확인이 가능합니다.

Contact Mirae-N
www.mirae-n.com
(우)06532 서울시 서초구 신반포로 321
1800-8890

바른답·알찬풀이

01 집합의 뜻과 포함 관계

Lecture 8~15쪽

01 집합의 뜻과 표현

문제 ❶

집합 A의 원소는 2, 3, 5, 7이므로

(1) $1 \notin A$ (2) $5 \in A$

(3) $7 \in A$ (4) $9 \notin A$

문제 ❷

14의 양의 약수는 1, 2, 7, 14이므로

(1) $A=\{1, 2, 7, 14\}$

(2) $A=\{x \mid x$는 14의 양의 약수$\}$

문제 ❸

(1) 집합 A는 유한집합이다.

(2) $B=\{12, 14, 16, \cdots\}$이므로 집합 B는 무한집합이다.

(3) 1보다 작은 자연수는 없으므로 집합 C는 공집합이다. 따라서 집합 C는 유한집합이다.

(4) $D=\{3, 6, 9, \cdots\}$이므로 집합 D는 무한집합이다.

문제 ❹

(1) $n(A)=3$

(2) 1, 3, 5, $\cdots$, 19는 20보다 작은 홀수인 자연수이므로 $n(A)=10$

(3) $x^2=3$을 만족시키는 자연수 x는 존재하지 않으므로 $A=\varnothing$ $\therefore n(A)=0$

(4) $(x+1)^2=0$에서 $x=-1$이므로 $A=\{-1\}$ $\therefore n(A)=1$

001 하

ㄱ. 착하다의 기준이 명확하지 않아 그 대상을 분명하게 정할 수 없으므로 집합이 아니다.

ㄴ. 두 자리 자연수는 10, 11, 12, $\cdots$, 99이므로 집합이다.

ㄷ. 가깝다의 기준이 명확하지 않아 그 대상을 분명하게 정할 수 없으므로 집합이 아니다.

ㄹ. 'dream'에 들어 있는 알파벳은 d, r, e, a, m이므로 집합이다.

이상에서 집합인 것은 ㄴ, ㄹ이다. 답 ㄴ, ㄹ

002 하

① 태양계 행성은 수성, 금성, 지구, 화성, 목성, 토성, 천왕성, 해왕성이므로 집합이다.

② 1보다 크고 3보다 작은 자연수는 2이므로 집합이다.

③ 잘하다의 기준이 명확하지 않아 그 대상을 분명하게 정할 수 없으므로 집합이 아니다.

④ 우리 학교에서 6월에 태어난 학생의 모임은 그 대상을 분명하게 정할 수 있으므로 집합이다.

⑤ 예쁘다의 기준이 명확하지 않아 그 대상을 분명하게 정할 수 없으므로 집합이 아니다.

따라서 집합이 아닌 것은 ③, ⑤이다. 답 ③, ⑤

003 하

집합 A의 원소는 1, 3, 5, 15이고, 집합 B의 원소는 2, 4, 6, 8이므로

① $1 \in A$ ② $4 \notin A$ ③ $3 \notin B$

④ $5 \notin B$ ⑤ $9 \notin B$

따라서 옳은 것은 ⑤이다. 답 ⑤

004 중

ㄱ. 0.7은 유리수이므로
$0.7 \notin A$ (거짓)

ㄴ. $\frac{2}{\sqrt{2}}=\sqrt{2}$는 3보다 작은 무리수이므로
$\frac{2}{\sqrt{2}} \in A$ (거짓)

ㄷ. $\sqrt{3}$은 3보다 작은 무리수이므로
$\sqrt{3} \in A$ (참)

ㄹ. $\sqrt{4}=2$는 유리수이므로
$\sqrt{4} \notin A$ (참)

이상에서 옳은 것은 ㄷ, ㄹ이다. 답 ㄷ, ㄹ

005 하

(1) 50, 51, 52, $\cdots$는 50 이상의 자연수이므로
$A=\{x \mid x$는 50 이상의 자연수$\}$

(2) 1, 3, 5, 9, 15, 45는 45의 양의 약수이므로
$B=\{x \mid x$는 45의 양의 약수$\}$

(3) 3 이상 9 미만의 자연수는 3, 4, 5, 6, 7, 8이므로
$C=\{3, 4, 5, 6, 7, 8\}$

(4) $2x-3<6$에서 $2x<9$ $\quad\therefore x<\frac{9}{2}$

이때 x는 자연수이므로
$D=\{1, 2, 3, 4\}$

답 (1) $A=\{x|x$는 50 이상의 자연수$\}$
(2) $B=\{x|x$는 45의 양의 약수$\}$
(3) $C=\{3, 4, 5, 6, 7, 8\}$
(4) $D=\{1, 2, 3, 4\}$

006 하

(1) 1, 2, 3, 5, 6, 10, 15, 30은 30의 양의 약수이므로
$A=\{x|x$는 30의 양의 약수$\}$

(2) $x^2-5x+6=0$에서 $(x-2)(x-3)=0$
$\therefore x=2$ 또는 $x=3$
$\therefore B=\{2, 3\}$

(3) 10보다 크고 20보다 작은 홀수는 11, 13, 15, 17, 19이므로 집합 C를 벤다이어그램으로 나타내면 오른쪽 그림과 같다.

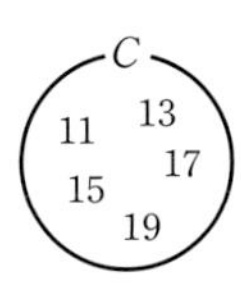

답 (1) $A=\{x|x$는 30의 양의 약수$\}$
(2) $B=\{2, 3\}$
(3) 풀이 참조

007 중

주어진 그림에서 $A=\{5, 10, 15, 20, 25\}$
ㄱ. $A=\{5, 10, 15, 20, 25, 30, \cdots\}$
ㄴ. $A=\{5, 10, 15, 20, 25\}$
ㄷ. $A=\{1, 5, 25\}$
ㄹ. $A=\{5, 10, 15, 20, 25\}$
이상에서 집합 A를 조건제시법으로 바르게 나타낸 것은 ㄴ, ㄹ이다.

답 ㄴ, ㄹ

008 중

(1) 집합 X의 두 원소 a, b에 대하여 순서쌍 (a, b)는 다음 표와 같다.

a \ b	-2	0	2
-2	$(-2, -2)$	$(-2, 0)$	$(-2, 2)$
0	$(0, -2)$	$(0, 0)$	$(0, 2)$
2	$(2, -2)$	$(2, 0)$	$(2, 2)$

$\therefore A=\{(-2, -2), (-2, 0), (-2, 2), (0, -2), (0, 0), (0, 2), (2, -2), (2, 0), (2, 2)\}$

(2) 집합 X의 두 원소 a, b에 대하여 $a+b$의 값을 구하면 다음 표와 같다.

a \ b	-2	0	2
-2	-4	-2	0
0	-2	0	2
2	0	2	4

$\therefore B=\{-4, -2, 0, 2, 4\}$

답 (1) 풀이 참조
(2) $B=\{-4, -2, 0, 2, 4\}$

009 중

$A=\{2, 3, 5, 7\}$이므로
$x=2$일 때, $2x-1=2\times2-1=3$
$x=3$일 때, $2x-1=2\times3-1=5$
$x=5$일 때, $2x-1=2\times5-1=9$
$x=7$일 때, $2x-1=2\times7-1=13$
$\therefore B=\{3, 5, 9, 13\}$

답 $B=\{3, 5, 9, 13\}$

010 중

$A=\{2, 4, 6\}$, $B=\{1, 2, 3\}$이고 집합 A의 원소 x와 집합 B의 원소 y에 대하여 xy의 값을 구하면 다음 표와 같다.

x \ y	1	2	3
2	2	4	6
4	4	8	12
6	6	12	18

$\therefore C=\{2, 4, 6, 8, 12, 18\}$
따라서 집합 C의 모든 원소의 합은
$2+4+6+8+12+18=50$

답 50

011 중

집합 S의 두 원소 a, b $(a>b)$에 대하여 $a-b$의 값을 구하면 다음 표와 같다.

a \ b	1	3	9
1			
3	2		
9	8	6	

$\therefore A=\{2, 6, 8\}$

따라서 집합 A의 원소의 개수는 3이다. 답 3

012 중

ㄱ. $A=\{100, 101, 102, \cdots, 999\}$이므로 집합 A는 유한집합이다.

ㄴ. 0보다 크고 1보다 작은 기약분수는 무수히 많으므로 집합 B는 무한집합이다.

ㄷ. $x^2<0$을 만족시키는 실수 x는 존재하지 않으므로 집합 C는 공집합이다.
따라서 집합 C는 유한집합이다.

ㄹ. $D=\{22, 24, 26, \cdots\}$이므로 집합 D는 무한집합이다.

이상에서 유한집합인 것은 ㄱ, ㄷ이다. 답 ㄱ, ㄷ

013 중

$A=\{1, 4, 9, 16, 25, \cdots\}$이므로 집합 A는 무한집합이다.

$B=\{1, 4, 7, 10, 13, \cdots\}$이므로 집합 B는 무한집합이다.

1보다 작은 무리수는 무수히 많으므로 집합 C는 무한집합이다.

$D=\left\{1, \frac{1}{2}, \frac{1}{3}, \cdots, \frac{1}{10}\right\}$이므로 집합 D는 유한집합이다.

따라서 무한집합은 A, B, C의 3개이다. 답 3

014 중

① 주어진 집합은 $\varnothing$을 원소로 갖는 집합이므로 공집합이 아니다.

② $x^2+2=0$, 즉 $x^2=-2$를 만족시키는 실수 x는 존재하지 않으므로 주어진 집합은 공집합이다.

③ 주어진 집합은 $\{2\}$이므로 공집합이 아니다.

④ 4보다 큰 4의 배수는 8, 12, 16, 20, $\cdots$으로 무수히 많다.
즉, 주어진 집합은 공집합이 아니다.

⑤ $x^2+3x-4<0$에서 $(x+4)(x-1)<0$
$\therefore -4<x<1$
이때 $-4<x<1$을 만족시키는 자연수 x는 존재하지 않으므로 주어진 집합은 공집합이다.

따라서 공집합인 것은 ②, ⑤이다. 답 ②, ⑤

015 중

ㄱ. $n(\{1, 2, 3\})-n(\{1, 2\})=3-2=1$ (거짓)

ㄴ. $n(\{1\})=1$, $n(\{5\})=1$이므로
$n(\{1\})=n(\{5\})$ (거짓)

ㄷ. $n(\{\varnothing, 3, 4\})=3$ (거짓)

ㄹ. $x^2-4x+4=0$에서 $(x-2)^2=0$
$\therefore x=2$
즉, $A=\{2\}$이므로 $n(A)=1$ (참)

이상에서 옳은 것은 ㄹ뿐이다. 답 ㄹ

016 중

(1) $n(\{a, b\})+n(\{a, c\})=2+2=4$

(2) $n(\varnothing)+n(\{0\})-n(\{\varnothing\})=0+1-1=0$

(3) 6의 양의 약수는 1, 2, 3, 6이므로
$n(\{x|x$는 6의 양의 약수$\})=n(\{1, 2, 3, 6\})=4$
$x^2=1$에서 $x=\pm1$
이때 x는 음수이므로 $x=-1$
$\therefore n(\{x|x$는 $x^2=1$인 음수$\})=n(\{-1\})=1$
따라서 구하는 값은
$4+1=5$

답 (1) 4 (2) 0 (3) 5

017 중

$2x^2-7x+3=0$에서 $(2x-1)(x-3)=0$

$\therefore x=\frac{1}{2}$ 또는 $x=3$

즉, $A=\left\{\frac{1}{2}, 3\right\}$이므로

$n(A)=2$

$|x|<1$에서 $-1<x<1$

이때 x는 정수이므로 $B=\{0\}$

$\therefore n(B)=1$

$\therefore n(A)+n(B)=2+1=3$ 답 3

018 중

$A=\{(-1, 0), (0, -1), (1, 0), (0, 1)\}$이므로

$n(A)=4$

이때 $n(A)=n(B)$이어야 하므로

$n(B)=4$

따라서 $B=\{1, 2, 3, 4\}$이므로 구하는 자연수 k의 값은 5이다. 답 5

Lecture 16~21쪽

02 집합 사이의 포함 관계

문제 ❶

(1) $\{2, 4, 6\}$ $\boxed{\subset}$ $\{2, 4, 6, 8\}$

(2) 0은 자연수가 아니므로

$\{0, 1\}$ $\boxed{\not\subset}$ $\{x|x$는 자연수$\}$

(3) $\varnothing$은 모든 집합의 부분집합이므로

$\varnothing$ $\boxed{\subset}$ $\{1\}$

(4) 3, 5는 짝수가 아니므로

$\{3, 4, 5\}$ $\boxed{\not\subset}$ $\{x|x$는 짝수$\}$

문제 ❷

(1) $\{a, b, c\}$ $\boxed{=}$ $\{c, b, a\}$

(2) 5의 양의 배수는 5, 10, 15, 20, 25, $\cdots$이므로

$\{5, 10, 15, 20\}$ $\boxed{\neq}$ $\{x|x$는 5의 양의 배수$\}$

(3) $\{\varnothing\}$ $\boxed{\neq}$ $\{0\}$

(4) $(x-1)^2=0$에서 $x=1$이므로

$\{x|(x-1)^2=0\}$ $\boxed{=}$ $\{1\}$

019 중

$A=\{2, 3, 5, 7\}$

ㄱ. $\varnothing$은 모든 집합의 부분집합이므로

$\varnothing\subset A$ (참)

ㄴ. 3은 집합 A의 원소이므로

$3\in A$, $\{3\}\subset A$ (거짓)

ㄷ. 1은 집합 A의 원소가 아니므로

$\{1\}\not\subset A$ (거짓)

ㄹ. $2\in A$, $5\in A$이므로 $\{2, 5\}\subset A$ (거짓)

ㅁ. 모든 집합은 자기 자신의 부분집합이므로

$A\subset\{2, 3, 5, 7\}$ (참)

이상에서 옳은 것은 ㄱ, ㅁ이다. 답 ㄱ, ㅁ

020 중

$A=\{1, 3, 5\}$, $B=\{1, 2, 3, 4, 5, 6\}$

① 4는 집합 A의 원소가 아니므로 $4\notin A$

② 5는 집합 B의 원소이므로 $5\in B$

③ $2\notin A$이므로 $\{1, 2\}\not\subset A$

④ $3\in B$, $6\in B$이므로 $\{3, 6\}\subset B$

⑤ $\{x|x$는 홀수인 자연수$\}=\{1, 3, 5, 7, \cdots\}$이므로

$A\subset\{x|x$는 홀수인 자연수$\}$

따라서 옳은 것은 ⑤이다. 답 ⑤

021 중

ㄱ. a는 집합 A의 원소이므로 $a\in A$ (참)

ㄴ. b는 집합 A의 원소이므로 $\{b\}\subset A$ (거짓)

ㄷ. $\{a, b\}$는 집합 A의 원소이므로 $\{a, b\}\in A$ (참)

ㄹ. $a\in A$, $\{a, b\}\in A$이므로 $\{a, \{a, b\}\}\subset A$ (참)

이상에서 옳은 것은 ㄱ, ㄷ, ㄹ이다. 답 ㄱ, ㄷ, ㄹ

참고 집합 $A=\{a, b, \{a, b\}\}$는 집합을 원소로 갖는 집합이다.
이때 집합 A의 원소는 a, b, $\{a, b\}$이므로
$a\in A$, $b\in A$, $\{a, b\}\in A$
$\varnothing\subset A$, $\{a\}\subset A$, $\{b\}\subset A$, $\{\{a, b\}\}\subset A$,
$\{a, b\}\subset A$, $\{a, \{a, b\}\}\subset A$, $\{b, \{a, b\}\}\subset A$,
$\{a, b, \{a, b\}\}\subset A$

022 중

①, ③ $\varnothing$은 집합 A의 원소이므로 $\varnothing\in A$, $\{\varnothing\}\subset A$

② 2는 집합 A의 원소가 아니므로 $2\notin A$

④ $\{2, 3\}$은 집합 A의 원소이므로 $\{2, 3\}\in A$

⑤ $1\in A$, $4\in A$이므로 $\{1, 4\}\subset A$

따라서 옳지 않은 것은 ②이다. 답 ②

023 중

$A=\{1, 3, 5\}$

ㄱ. 모든 집합은 자기 자신의 부분집합이므로

$\{1, 3, 5\}\subset A$ (참)

ㄴ. 원소가 하나뿐인 A의 부분집합은 $\{1\}$, $\{3\}$, $\{5\}$의 3개이다. (참)

ㄷ. 원소가 2개인 A의 부분집합은 $\{1, 3\}$, $\{1, 5\}$, $\{3, 5\}$의 3개이다. (거짓)

이상에서 옳은 것은 ㄱ, ㄴ이다. 답 ㄱ, ㄴ

024 중

$A=\{-2, -1, 0, 1, 2\}$

ㄱ. $\varnothing$은 모든 집합의 부분집합이므로

$\varnothing\subset A$

ㄴ. $\{-1, 0, 1\}\subset A$

ㄷ. $\{x|x$는 2 이하의 정수$\}=\{2, 1, 0, -1, -2, \cdots\}$ 이므로

$\{x|x$는 2 이하의 정수$\}\not\subset A$

ㄹ. $\{x|x$는 2의 양의 약수$\}=\{1, 2\}$이므로

$\{x|x$는 2의 양의 약수$\}\subset A$

이상에서 집합 A의 부분집합인 것은 ㄱ, ㄴ, ㄹ이다.

답 ㄱ, ㄴ, ㄹ

025 중

$A=\{4, 8, 12, 16\}$

집합 B는 집합 A의 부분집합 중 원소의 개수가 2인 집합이므로

$\{4, 8\}$, $\{4, 12\}$, $\{4, 16\}$, $\{8, 12\}$, $\{8, 16\}$, $\{12, 16\}$의 6개이다.

답 6

026 중

$X\subset A$이고 $X\neq A$인 집합 X는 집합 A의 진부분집합이다.

$x^2-8x+12<0$에서 $(x-2)(x-6)<0$

$\therefore 2<x<6$

이때 x는 정수이므로

$A=\{3, 4, 5\}$

따라서 집합 X는

$\varnothing$, $\{3\}$, $\{4\}$, $\{5\}$, $\{3, 4\}$, $\{3, 5\}$, $\{4, 5\}$

이다.

답 $\varnothing$, $\{3\}$, $\{4\}$, $\{5\}$, $\{3, 4\}$, $\{3, 5\}$, $\{4, 5\}$

027 중

$A\subset B$이고 $1\in A$이므로 $1\in B$이어야 한다.

즉, $a-1=1$ 또는 $3a+4=1$이므로

$a=2$ 또는 $a=-1$

(i) $a=2$일 때,

$A=\{1, 3\}$, $B=\{1, 3, 10\}$

$\therefore A\subset B$

(ii) $a=-1$일 때,

$A=\{0, 1\}$, $B=\{-2, 1, 3\}$

$\therefore A\not\subset B$

(i), (ii)에서 $a=2$

답 2

028 중

$B\subset A$이고 $3\in B$이므로 $3\in A$이어야 한다.

즉, $a+1=3$ 또는 $a^2+2=3$이므로

$a=2$ 또는 $a=\pm1$

(i) $a=2$일 때,

$A=\{3, 5, 6\}$, $B=\{3, 5\}$

$\therefore B\subset A$

(ii) $a=1$일 때,

$A=\{2, 3, 5\}$, $B=\{2, 3\}$

$\therefore B\subset A$

(iii) $a=-1$일 때,

$A=\{0, 3, 5\}$, $B=\{2, 3\}$

$\therefore B\not\subset A$

이상에서 $a=1$ 또는 $a=2$

따라서 모든 상수 a의 값의 합은

$1+2=3$

답 3

029 중

$A\subset B\subset C$가 성립하도록 세 집합 A, B, C를 수직선 위에 나타내면 다음 그림과 같다.

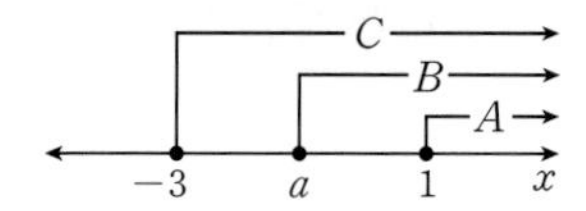

$\therefore -3\le a\le1$

따라서 정수 a는 -3, -2, -1, 0, 1의 5개이다.

답 5

030 중

$A\subset B$가 성립하도록 두 집합 A, B를 수직선 위에 나타내면 다음 그림과 같다.

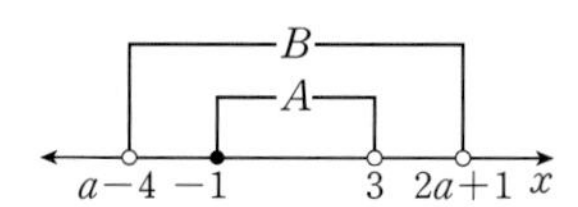

$\therefore a-4<-1$, $2a+1\ge3$

$a-4<-1$에서 $a<3$

$2a+1\ge3$에서 $2a\ge2$ $\quad\therefore a\ge1$

따라서 구하는 실수 a의 값의 범위는

$1\le a<3$

답 $1\le a<3$

개념 보충 **부등식으로 표현된 두 집합 사이의 포함 관계**

집합이 부등식으로 표현되어 있으면 각 집합을 수직선 위에 나타내어 포함 관계가 성립할 조건을 찾는다. 이때 경계에서의 등호의 포함 여부에 주의한다.

즉, 두 집합 P, Q에 대하여 $P\subset Q$가 성립하도록 하는 실수 a의 값의 범위는 다음과 같이 구한다.

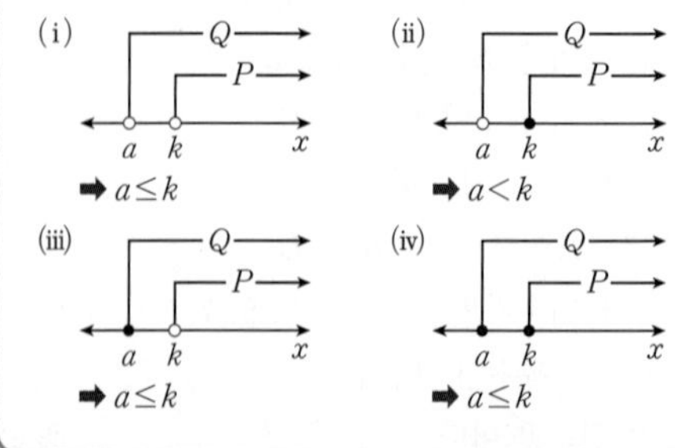

031 하

ㄱ. $A=\{0, 1, 2, 4\}$, $B=\{1, 2, 4\}$이므로
$A \neq B$

ㄴ. $A=\varnothing$, $B=\{1\}$이므로 $A \neq B$

ㄷ. $A=\{1, 2, 3, \cdots, 9\}$, $B=\{1, 2, 3, \cdots, 9\}$이므로
$A=B$

ㄹ. $A=\{5\}$, $B=\{-5, 5\}$이므로 $A \neq B$

이상에서 $A=B$인 것은 ㄷ뿐이다. 답 ㄷ

032 하

$A \subset B$이고 $B \subset A$이므로 $A=B$

이때 $A=\{2, 3, 5, 7, 11, 13\}$이므로

$n(A)=6$

$A=B$이면 두 집합 A, B의 모든 원소가 같으므로 원소의 개수도 같다.

$\therefore n(B)=n(A)=6$ 답 6

033 중

$A=B$이면 두 집합 A, B의 모든 원소가 같으므로

$x-3=5$, $y-1=10$ $\quad\therefore x=8$, $y=11$

$\therefore x+y=19$ 답 19

034 중

$A \subset B$이고 $B \subset A$이므로 $A=B$

$A=B$이고 $6 \in B$이므로 $6 \in A$이어야 한다.

즉, $a^2-a=6$이므로 $a^2-a-6=0$

$(a+2)(a-3)=0$ $\quad\therefore a=-2$ 또는 $a=3$

(i) $a=-2$일 때,

$A=\{3, 6\}$, $B=\{6, 8\}$

$\therefore A \neq B$

(ii) $a=3$일 때,

$A=\{3, 6\}$, $B=\{3, 6\}$

$\therefore A=B$

(i), (ii)에서 $a=3$ 답 3

다른 풀이 $A \subset B$이고 $B \subset A$이므로 $A=B$

$A=B$이고 $3 \in A$이므로 $3 \in B$이어야 한다.

즉, $a^2-2a=3$이므로 $a^2-2a-3=0$

$(a+1)(a-3)=0$ $\quad\therefore a=-1$ 또는 $a=3$

(i) $a=-1$일 때,

$A=\{2, 3\}$, $B=\{3, 6\}$

$\therefore A \neq B$

(ii) $a=3$일 때,

$A=\{3, 6\}$, $B=\{3, 6\}$

$\therefore A=B$

(i), (ii)에서 $a=3$

Lecture 24~25쪽

03 부분집합의 개수

035 중

(1) 진부분집합은 자기 자신이 아닌 부분집합이다.
따라서 구하는 집합의 개수는 2, 4를 반드시 원소로 갖는 부분집합의 개수에서 집합 A의 개수 1을 뺀 것과 같으므로
$2^{5-2}-1=8-1=7$

(2) 집합 A의 부분집합 중 6은 반드시 원소로 갖고, 4, 10은 원소로 갖지 않는 집합의 개수는
$2^{5-1-2}=2^2=4$

(3) 구하는 집합의 개수는 전체 부분집합의 개수에서 4의 배수, 즉 4, 8을 원소로 갖지 않는 부분집합의 개수를 뺀 것과 같으므로
$2^5-2^{5-2}=32-8=24$

답 (1) 7 (2) 4 (3) 24

참고 (1)에서 조건을 만족시키는 집합 A의 진부분집합을 구해 보면
$\{2, 4\}$, $\{2, 4, 6\}$, $\{2, 4, 8\}$, $\{2, 4, 10\}$, $\{2, 4, 6, 8\}$, $\{2, 4, 6, 10\}$, $\{2, 4, 8, 10\}$
(2)에서 조건을 만족시키는 집합 A의 부분집합을 구해 보면
$\{6\}$, $\{2, 6\}$, $\{6, 8\}$, $\{2, 6, 8\}$

036 중

집합 X의 원소 중 모음은 a, e이고, 진부분집합은 자기 자신이 아닌 부분집합이다.

따라서 구하는 집합의 개수는 a, e를 반드시 원소로 갖는 부분집합의 개수에서 집합 X의 개수 1을 뺀 것과 같으므로

$2^{6-2}-1=16-1=15$ 답 15

037 중

집합 X는 집합 S의 부분집합 중 3, 7은 반드시 원소로 갖고, 9는 원소로 갖지 않는 집합이다.

따라서 집합 X의 개수는

$2^{6-2-1}=2^3=8$ 답 8

038 중

$A=\{3, 6, 9, 12, 15\}$

구하는 집합의 개수는 전체 부분집합의 개수에서 홀수, 즉 3, 9, 15를 원소로 갖지 않는 부분집합의 개수를 뺀 것과 같으므로

$2^5-2^{5-3}=32-4=28$ 답 28

039 중

집합 X는 집합 B의 부분집합 중 3, 4를 반드시 원소로 갖는 집합이다.

따라서 집합 X의 개수는

$2^{5-2}=2^3=8$ 답 8

참고 $A\subset X\subset B$를 만족시키는 집합 X는 집합 B의 부분집합 중 집합 A의 모든 원소를 반드시 원소로 갖는 집합이다.
따라서 $A\subset B$이고 $n(A)=p$, $n(B)=q$일 때, $A\subset X\subset B$를 만족시키는 집합 X의 개수는
2^{q-p} (단, $p<q$)

040 하

집합 X는 집합 $\{a, b, c, d\}$의 부분집합 중 a, c를 반드시 원소로 갖는 집합이므로

$\{a, c\}$, $\{a, b, c\}$, $\{a, c, d\}$, $\{a, b, c, d\}$

따라서 집합 X가 될 수 없는 것은 ④이다. 답 ④

041 중

$x^3-9x^2+14x=0$에서 $x(x^2-9x+14)=0$

$x(x-2)(x-7)=0$

$\therefore x=0$ 또는 $x=2$ 또는 $x=7$

$\therefore A=\{0, 2, 7\}$

또, $B=\{0, 1, 2, \cdots, 9\}$

집합 X는 집합 B의 부분집합 중 0, 2, 7을 반드시 원소로 갖는 집합이다.

따라서 집합 X의 개수는

$2^{10-3}=2^7=128$ 답 128

042 중

$A=\{2, 3, 5, 7, 11, 13\}$, $B=\{2, 5\}$

집합 X는 집합 A의 부분집합 중 2, 5를 반드시 원소로 갖는 집합에서 두 집합 A, B를 제외한 것과 같다.

따라서 집합 X의 개수는

$2^{6-2}-2=16-2=14$ 답 14

중단원 연습문제

26~29쪽

043 집합의 뜻

전략 주어진 기준에 따라 그 대상을 분명하게 정할 수 있는지 파악한다.

ㄱ. 서울에서 가장 높은 건물의 모임은 그 대상을 분명하게 정할 수 있으므로 집합이다.

ㄴ. 크다의 기준이 명확하지 않아 그 대상을 분명하게 정할 수 없으므로 집합이 아니다.

ㄷ. 인기 있다의 기준이 명확하지 않아 그 대상을 분명하게 정할 수 없으므로 집합이 아니다.

ㄹ. $2x-10>0$을 만족시키는 양수 x는 그 대상을 분명하게 정할 수 있으므로 집합이다.

ㅁ. 우리 반에서 혈액형이 B형인 학생은 그 대상을 분명하게 정할 수 있으므로 집합이다.

이상에서 집합인 것은 ㄱ, ㄹ, ㅁ이다.

답 ㄱ, ㄹ, ㅁ

참고 ㄱ에서 높다의 기준은 명확하지 않아서 그 대상을 분명하게 정할 수 없지만, 가장 높다는 대상을 분명하게 정할 수 있다.

044 집합과 원소

전략 3이 집합 A의 원소가 되도록 하는 실수 a의 값의 범위를 구한다.

집합 $A=\{x|ax-x\le 9\}$에 대하여 $3\in A$, 즉 3이 집합 A의 원소가 되려면 $3a-3\le 9$이어야 하므로

$3a\le 12$ $\quad\therefore a\le 4$

따라서 실수 a의 최댓값은 4이다. 답 4

045 집합을 나타내는 방법

전략 조건제시법으로 나타내어진 집합을 원소나열법으로 나타낸다.

①, ②, ③, ④ $\{2, 4, 6, 8, 10\}$

⑤ $\{2, 4, 6, 8\}$

따라서 나머지 넷과 다른 하나는 ⑤이다. 답 ⑤

046 조건제시법으로 나타내어진 집합

전략 집합 C의 원소는 $\dfrac{(\text{집합 } B\text{의 원소})}{(\text{집합 } A\text{의 원소})}$ 꼴임을 파악한다.

집합 A의 원소 a와 집합 B의 원소 b에 대하여 $\dfrac{b}{a}$의 값을 구하면 다음 표와 같다.

a \ b	0	6	12
1	0	6	12
2	0	3	6
3	0	2	4
6	0	1	2

$\therefore C=\{0, 1, 2, 3, 4, 6, 12\}$

따라서 집합 C의 원소의 개수는 7이다. 답 7

047 집합의 분류

[전략] 집합 A의 원소가 하나도 없도록 하는 자연수 m의 값을 구한다.

집합 A가 공집합이 되려면 집합 A의 원소가 하나도 없어야 하므로 $x<m$인 3의 양의 배수 x가 존재하지 않아야 한다.

3의 양의 배수는 3, 6, 9, …이므로 m의 값이 될 수 있는 자연수는 1, 2, 3이다.

따라서 자연수 m의 최댓값은 3이다. 답 3

048 집합의 원소의 개수

[전략] 세 집합의 원소를 각각 찾아 각 집합의 원소의 개수를 구한다.

[해결 과정]

$A=\{1, 2, 3, 4, 6, 12\}$이므로

$n(A)=6$ … 30% 배점

$B=\{2, 4, 6, 8, 10\}$이므로

$n(B)=5$ … 30% 배점

$12x=4$에서 $x=\frac{1}{3}$

즉, $12x=4$를 만족시키는 자연수 x는 없으므로

$C=\varnothing$ $\therefore n(C)=0$ … 30% 배점

[답 구하기]

$\therefore n(A)+n(B)+n(C)=6+5+0$

$=11$ … 10% 배점

답 11

049 기호 ∈, ⊂의 사용

[전략] 기호 ∈은 원소와 집합, 기호 ⊂은 집합과 집합 사이의 관계를 나타낼 때 사용함을 이용한다.

① 1은 집합 A의 원소이므로 $1\in A$

② $\{1, 3\}$은 집합 A의 원소이므로 $\{1, 3\}\in A$

③ $\{1\}\in A$이므로 $\{\{1\}\}\subset A$

④ $1\in A$, $3\in A$이므로 $\{1, 3\}\subset A$

⑤ $\{1\}\in A$, $3\in A$이므로 $\{\{1\}, 3\}\subset A$

따라서 옳지 않은 것은 ⑤이다. 답 ⑤

050 부분집합

[전략] $B\subset A$이고 $n(B)=3$이므로 집합 B는 집합 A의 부분집합 중 원소의 개수가 3인 집합임을 이용한다.

$A=\{3, 4, 5, 6\}$

이때 $B\subset A$이고 $n(B)=3$이므로 집합 B는 집합 A의 부분집합 중 원소의 개수가 3인 집합이다.

따라서 집합 B는

$\{3, 4, 5\}$, $\{3, 4, 6\}$, $\{3, 5, 6\}$, $\{4, 5, 6\}$

이다. 답 $\{3, 4, 5\}$, $\{3, 4, 6\}$, $\{3, 5, 6\}$, $\{4, 5, 6\}$

참고 원소의 개수가 3인 집합 A의 부분집합은 다음과 같이 집합 A에서 1개의 원소를 제외하는 방법으로도 구할 수 있다.

(i) 원소 3을 제외 ➡ $\{4, 5, 6\}$

(ii) 원소 4를 제외 ➡ $\{3, 5, 6\}$

(iii) 원소 5를 제외 ➡ $\{3, 4, 6\}$

(iv) 원소 6을 제외 ➡ $\{3, 4, 5\}$

051 집합 사이의 포함 관계를 이용하여 미지수 구하기

[전략] 집합 B를 원소나열법으로 나타내고 $A\subset B$를 만족시키는 $2a$의 값을 구한다.

자연수인 8의 약수는 1, 2, 4, 8이므로

$B=\{1, 2, 4, 8\}$

$A\subset B$이려면

$2a=2$ 또는 $2a=4$ 또는 $2a=8$ ← a는 자연수이므로 $2a\neq 1$

$\therefore a=1$ 또는 $a=2$ 또는 $a=4$

따라서 모든 자연수 a의 값의 합은

$1+2+4=7$ 답 7

052 집합 사이의 포함 관계를 이용하여 미지수 구하기

[전략] 각 집합을 수직선 위에 나타내어 포함 관계가 성립할 조건을 찾는다.

$A\subset B\subset C$가 성립하도록 세 집합 A, B, C를 수직선 위에 나타내면 다음 그림과 같다.

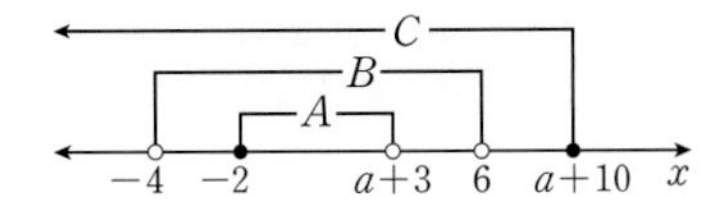

$\therefore -2<a+3\leq 6$, $a+10\geq 6$

$-2<a+3\leq 6$에서 $-5<a\leq 3$

$a+10\geq 6$에서 $a\geq -4$

따라서 $-4\leq a\leq 3$이므로 정수 a는 -4, -3, -2, …, 3의 8개이다. 답 8

053 서로 같은 집합

전략 $A=B$이면 두 집합 A, B의 모든 원소가 같음을 이용한다.

$A=B$이고 $2\in B$이므로 $2\in A$이어야 한다.

즉, $a+2=2$ 또는 $a^2-2=2$이므로

$a=0$ 또는 $a=\pm2$

(i) $a=0$일 때,

$A=\{-2, 2\}$, $B=\{2, 6\}$ $\quad\therefore A\neq B$

(ii) $a=-2$일 때,

$A=\{0, 2\}$, $B=\{2, 8\}$ $\quad\therefore A\neq B$

(iii) $a=2$일 때,

$A=\{2, 4\}$, $B=\{2, 4\}$ $\quad\therefore A=B$

이상에서 $a=2$

답 ⑤

다른 풀이 $A=B$이고 $a+2\in A$이므로 $a+2\in B$이어야 한다.

즉, $a+2=2$ 또는 $a+2=6-a$이므로

$a=0$ 또는 $a=2$

(i) $a=0$일 때,

$A=\{-2, 2\}$, $B=\{2, 6\}$ $\quad\therefore A\neq B$

(ii) $a=2$일 때,

$A=\{2, 4\}$, $B=\{2, 4\}$ $\quad\therefore A=B$

(i), (ii)에서 $a=2$

054 진부분집합의 개수

전략 $X\subset A$, $X\neq A$인 집합 X는 집합 A의 진부분집합임을 이용한다.

$X\subset A$, $X\neq A$, $X\neq\varnothing$인 집합 X는 집합 A의 진부분집합에서 공집합을 제외한 것이다.

$3x^2-4x-7<0$에서 $(x+1)(3x-7)<0$

$\therefore -1<x<\frac{7}{3}$

이때 x는 정수이므로 $A=\{0, 1, 2\}$

따라서 집합 X의 개수는

$2^3-1-1=6$

답 6

참고 $A=\{0, 1, 2\}$이므로 집합 A의 진부분집합을 직접 구해 보면 $\varnothing$, $\{0\}$, $\{1\}$, $\{2\}$, $\{0, 1\}$, $\{0, 2\}$, $\{1, 2\}$이다.
이때 집합 X는 공집합이 아니므로 주어진 조건을 만족시키는 집합 X의 개수는 6이다.

055 특정한 원소를 갖거나 갖지 않는 부분집합의 개수

전략 짝수가 한 개 이상 속해 있는 부분집합은 전체 부분집합에서 짝수가 하나도 속해 있지 않은 부분집합을 제외하면 된다.

$A=\{1, 2, 3, \cdots, 9\}$

구하는 집합의 개수는 전체 부분집합의 개수에서 짝수, 즉 2, 4, 6, 8을 원소로 갖지 않는 부분집합의 개수를 뺀 것과 같으므로

$2^9-2^{9-4}=512-32=480$

답 480

056 $A\subset X\subset B$를 만족시키는 집합 X의 개수

전략 집합 X의 개수를 k에 대한 식으로 나타낸다.

$A=\{1, 2, 3, \cdots, k\}$에서 $n(A)=k$

집합 X의 개수, 즉 집합 A의 부분집합 중 1, 2, 3을 반드시 원소로 갖는 집합의 개수가 64이므로

$2^{k-3}=64=2^6$

$k-3=6$ $\quad\therefore k=9$

답 9

057 조건제시법으로 나타내어진 집합

전략 집합 $A\otimes B$와 집합 $B\otimes(A\otimes B)$의 원소를 차례대로 구하여 원소나열법으로 나타낸다.

$a\in A$, $b\in B$일 때, ab의 값을 구하면 다음 표와 같다.

a \ b	1	2
0	0	0
1	1	2

$\therefore A\otimes B=\{0, 1, 2\}$

$c\in B$, $d\in(A\otimes B)$일 때, cd의 값을 구하면 다음 표와 같다.

c \ d	0	1	2
1	0	1	2
2	0	2	4

$\therefore B\otimes(A\otimes B)=\{0, 1, 2, 4\}$

따라서 집합 $B\otimes(A\otimes B)$의 모든 원소의 합은

$0+1+2+4=7$

답 7

058 조건제시법으로 나타내어진 집합 ⊕ 집합의 원소의 개수

전략 집합 X의 원소를 구하여 원소나열법으로 나타내고, 조건을 만족시키는 a의 값의 범위를 구한다.

$x\in A$, $y\in B$일 때, $x+y$의 값을 구하면 다음 표와 같다.

x \ y	1	3	5
1	2	4	6
2	3	5	7
3	4	6	8
4	5	7	9
a	$a+1$	$a+3$	$a+5$

$\therefore X=\{2, 3, 4, 5, 6, 7, 8, 9, a+1, a+3, a+5\}$
이때 $n(X)=10$이 되려면 $a+1$, $a+3$, $a+5$ 중에서 하나는 2 이상 9 이하이고, 나머지 둘은 10 이상이어야 한다.
$a+1<a+3<a+5$이므로
$2\le a+1\le 9$, $a+3\ge 10$에서
$1\le a\le 8$, $a\ge 7$ $\quad\therefore 7\le a\le 8$
따라서 자연수 a의 최댓값은 8이다. 답 8

참고 $a=6$이면 $X=\{2, 3, 4, 5, 6, 7, 8, 9, 11\}$ $\quad\therefore n(X)=9$
$a=7$이면 $X=\{2, 3, 4, 5, 6, 7, 8, 9, 10, 12\}$ $\quad\therefore n(X)=10$
$a=8$이면 $X=\{2, 3, 4, 5, 6, 7, 8, 9, 11, 13\}$ $\quad\therefore n(X)=10$
$a=9$이면 $X=\{2, 3, 4, 5, 6, 7, 8, 9, 10, 12, 14\}$ $\quad\therefore n(X)=11$

059 부분집합

전략 집합 A의 원소가 될 수 있는 수를 구한 후, 주어진 조건을 이용하여 집합 A를 구한다.

x와 $7-x$가 모두 자연수이므로
$x\ge 1$, $7-x\ge 1$ $\quad\therefore 1\le x\le 6$
따라서 집합 A의 원소가 될 수 있는 자연수는 1, 2, 3, 4, 5, 6이다.
이때 $x\in A$이면 $(7-x)\in A$이므로
$1\in A$이면 $7-1=6\in A$
$2\in A$이면 $7-2=5\in A$
$3\in A$이면 $7-3=4\in A$
$4\in A$이면 $7-4=3\in A$
$5\in A$이면 $7-5=2\in A$
$6\in A$이면 $7-6=1\in A$
즉, 1과 6, 2와 5, 3과 4는 동시에 집합 A의 원소이거나 원소가 아니다.
원소의 개수에 따라 집합 A를 구해 보면 다음과 같다.
(i) 원소의 개수가 2일 때, 집합 A는
$\{1, 6\}$, $\{2, 5\}$, $\{3, 4\}$
(ii) 원소의 개수가 4일 때, 집합 A는
$\{1, 2, 5, 6\}$, $\{1, 3, 4, 6\}$, $\{2, 3, 4, 5\}$
(iii) 원소의 개수가 6일 때, 집합 A는
$\{1, 2, 3, 4, 5, 6\}$
이상에서 주어진 조건을 만족시키는 집합 A의 개수는
$3+3+1=7$ 답 7

060 진부분집합의 개수

전략 원소의 개수가 k인 집합의 진부분집합의 개수는 2^k-1임을 이용한다.

[문제 이해]
$\frac{21}{n}$이 정수이려면 $|n|$이 21의 양의 약수이어야 한다. … 20% 배점
[해결 과정]
(i) $n=-21$일 때, $x=\frac{21}{-21}=-1$
(ii) $n=-7$일 때, $x=\frac{21}{-7}=-3$
(iii) $n=-3$일 때, $x=\frac{21}{-3}=-7$
(iv) $n=-1$일 때, $x=\frac{21}{-1}=-21$
(v) $n=1$일 때, $x=\frac{21}{1}=21$
(vi) $n=3$일 때, $x=\frac{21}{3}=7$
(vii) $n=7$일 때, $x=\frac{21}{7}=3$
(viii) $n=21$일 때, $x=\frac{21}{21}=1$
이상에서
$A=\{-21, -7, -3, -1, 1, 3, 7, 21\}$ … 50% 배점
[답 구하기]
따라서 집합 A의 진부분집합의 개수는
$2^8-1=255$ … 30% 배점
답 255

061 $A\subset X\subset B$를 만족시키는 집합 X의 개수

전략 집합 X는 원소의 개수가 4 이상인 집합 B의 부분집합임을 이용한다.

$A=\{4, 8\}$, $B=\{4, 6, 8, 10, 12, 14\}$
조건 (가), (나)를 만족시키는 집합 X는 집합 B의 부분집합 중 4, 8을 반드시 원소로 갖고, 나머지 원소 6, 10, 12, 14 중 2개 이상을 원소로 갖는 집합이다.
즉, 집합 X는 집합 $\{6, 10, 12, 14\}$의 부분집합 중 원소의 개수가 2 이상인 부분집합에 각각 원소 4, 8을 넣은 것과 같다.
따라서 구하는 집합 X의 개수는 집합 $\{6, 10, 12, 14\}$의 부분집합의 개수에서 원소의 개수가 1인 부분집합 4개와 공집합 1개를 뺀 것과 같으므로
$2^4-4-1=11$ 답 11

참고 집합 X를 직접 구해 보면
$\{4, 6, 8, 10\}$, $\{4, 6, 8, 12\}$, $\{4, 6, 8, 14\}$, $\{4, 8, 10, 12\}$, $\{4, 8, 10, 14\}$, $\{4, 8, 12, 14\}$, $\{4, 6, 8, 10, 12\}$, $\{4, 6, 8, 10, 14\}$, $\{4, 6, 8, 12, 14\}$, $\{4, 8, 10, 12, 14\}$, $\{4, 6, 8, 10, 12, 14\}$
의 11개이다.

02 집합의 연산

Lecture 32~41쪽

04 집합의 연산

문제 ❶

(1) $A\cap B=\{1, 2, 4\}\cap\{1, 3, 4, 5, 6\}$
$=\{1, 4\}$

(2) $B\cup C=\{1, 3, 4, 5, 6\}\cup\{3, 5, 7\}$
$=\{1, 3, 4, 5, 6, 7\}$

(3) $A\cap C=\{1, 2, 4\}\cap\{3, 5, 7\}$
$=\varnothing$

문제 ❷

ㄱ. $(A\cap B)\subset B$ (거짓)

ㄴ. $A\cup(A\cap\varnothing)=A\cup\varnothing=A$ (참)

ㄷ. $B\subset A$이면 $A\cap B=B$ (참)

이상에서 항상 옳은 것은 ㄴ, ㄷ이다.

문제 ❸

(1) $A^C=\{1, 6, 10\}$

(2) $B^C=\{1, 2, 4\}$

(3) $A-B=\{2, 4\}$

(4) $B-A=\{6, 10\}$

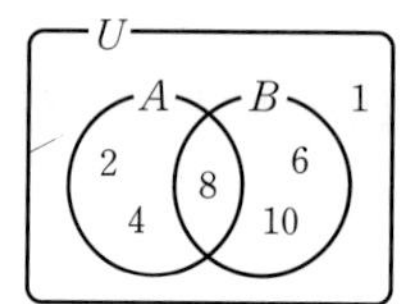

문제 ❹

ㄱ. $A\cap U^C=A\cap\varnothing=\varnothing$ (거짓)

ㄴ. $(\varnothing^C)^C=U^C=\varnothing$ (참)

ㄷ. $A\cup(B\cup B^C)=A\cup U=U$ (거짓)

ㄹ. $B\cap A^C=B-A$ (참)

이상에서 항상 옳은 것은 ㄴ, ㄹ이다.

062 하

$U=\{1, 2, 3, \cdots, 9\}$, $A=\{2, 3, 5, 7\}$,
$B=\{3, 6, 9\}$, $C=\{1, 2, 3, 6\}$이므로

(1) $A\cup B=\{2, 3, 5, 6, 7, 9\}$

(2) $B\cap C=\{3, 6\}$

(3) $A^C=\{1, 4, 6, 8, 9\}$

(4) $A-C=\{5, 7\}$

(5) $(A\cap B)\cup C=\{3\}\cup\{1, 2, 3, 6\}$
$=\{1, 2, 3, 6\}$

(6) $A\cap B^C=\{2, 3, 5, 7\}\cap\{1, 2, 4, 5, 7, 8\}$
$=\{2, 5, 7\}$

이므로

$C-(A\cap B^C)=\{1, 2, 3, 6\}-\{2, 5, 7\}$
$=\{1, 3, 6\}$

답 (1) $\{2, 3, 5, 6, 7, 9\}$ (2) $\{3, 6\}$
(3) $\{1, 4, 6, 8, 9\}$ (4) $\{5, 7\}$
(5) $\{1, 2, 3, 6\}$ (6) $\{1, 3, 6\}$

다른 풀이 (6) $C-(A\cap B^C)=C-(A-B)$
$=\{1, 2, 3, 6\}-\{2, 5, 7\}$
$=\{1, 3, 6\}$

참고 오른쪽과 같이 전체집합 U에 대하여 세 집합 A, B, C를 벤다이어그램으로 나타내어 구하는 집합의 원소를 찾을 수도 있다.

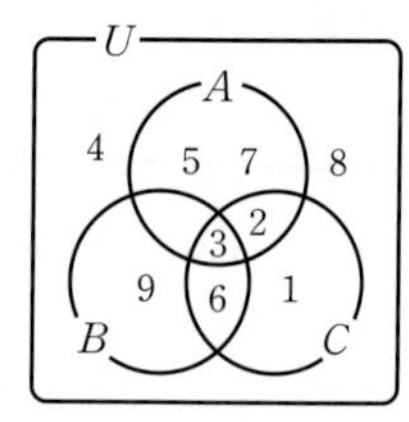

063 하

$|x|=1$에서 $x=\pm1$이므로

$A=\{-1, 1\}$

$-1\le x\le 1$인 정수 x는 -1, 0, 1이므로

$B=\{-1, 0, 1\}$

$x^2-2x-3=0$에서 $(x+1)(x-3)=0$이므로

$x=-1$ 또는 $x=3$

$\therefore C=\{-1, 3\}$

(1) $A\cap B=\{-1, 1\}$

(2) $B-C=\{0, 1\}$

(3) $(A\cup B)\cap C=\{-1, 0, 1\}\cap\{-1, 3\}$
$=\{-1\}$

(4) $(B\cup C)-B=\{-1, 0, 1, 3\}-\{-1, 0, 1\}$
$=\{3\}$

답 (1) $\{-1, 1\}$ (2) $\{0, 1\}$
(3) $\{-1\}$ (4) $\{3\}$

064 하

$A=\{2, 3, 5, 7\}$, $B=\{4, 8, 12, \cdots\}$,
$C=\{1, 2, 3, 4, 6, 12\}$이므로

$A\cap B=\varnothing$, $A\cap C=\{2, 3\}$, $B\cap C=\{4, 12\}$

따라서 서로소인 두 집합은 A와 B이다.

답 A와 B

065 중

$U=\{1, 2, 3, \cdots, 12\}$,

$A=\{2, 4, 6, 8, 10, 12\}$,

$B=\{1, 2, 5, 10\}$

이므로 색칠한 부분이 나타내는 집합은

$(A\cup B)^C$

$=U-(A\cup B)$

$=\{1, 2, 3, \cdots, 12\}-\{1, 2, 4, 5, 6, 8, 10, 12\}$

$=\{3, 7, 9, 11\}$

따라서 구하는 모든 원소의 합은

$3+7+9+11=30$ 답 30

066 중

전체집합 U에 대하여 주어진 조건을 만족시키도록 두 집합 A, B를 벤다이어그램으로 나타내면 오른쪽과 같다.

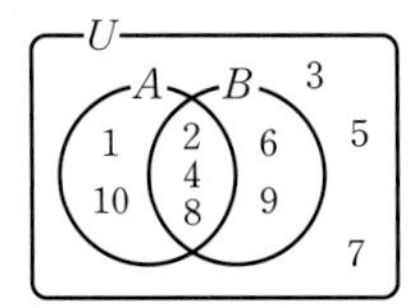

$\therefore B=\{2, 4, 6, 8, 9\}$ 답 $\{2, 4, 6, 8, 9\}$

067 하

주어진 조건을 만족시키도록 두 집합 A, B를 벤다이어그램으로 나타내면 오른쪽과 같다.

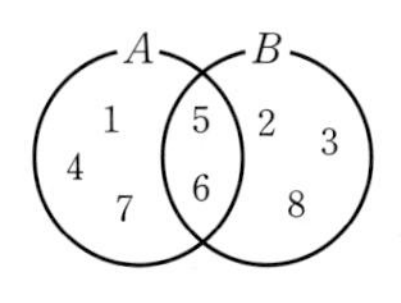

$\therefore A=\{1, 4, 5, 6, 7\}$

답 $\{1, 4, 5, 6, 7\}$

068 중

전체집합 $U=\{1, 3, 5, 7, 9\}$에 대하여 주어진 조건을 만족시키도록 두 집합 A, B를 벤다이어그램으로 나타내면 오른쪽과 같다.

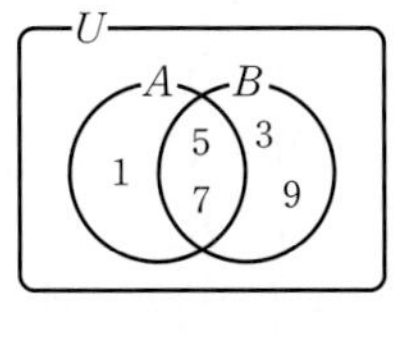

$\therefore A\cap B=\{5, 7\}$ 답 $\{5, 7\}$

069 중

$A\cup B=\{2, 4, 6, 8, 9\}$, $A^C=\{4, 7, 9, 11\}$에서

$B-A=(A\cup B)-A$

$=(A\cup B)\cap A^C$

$=\{2, 4, 6, 8, 9\}\cap\{4, 7, 9, 11\}$

$=\{4, 9\}$

따라서 구하는 모든 원소의 곱은

$4\times 9=36$ 답 36

070 중

$A-B=\{1, 6\}$이므로 $6\in A$

즉, $a^2+a=6$이므로

$a^2+a-6=0$, $(a+3)(a-2)=0$

$\therefore a=-3$ 또는 $a=2$

(i) $a=-3$일 때,

$A=\{1, 2, 6\}$, $B=\{-3, 0, 4\}$이므로

$A-B=\{1, 2, 6\}$

따라서 주어진 조건을 만족시키지 않는다.

(ii) $a=2$일 때,

$A=\{1, 2, 6\}$, $B=\{-1, 2, 5\}$이므로

$A-B=\{1, 6\}$

(i), (ii)에서 $A=\{1, 2, 6\}$, $B=\{-1, 2, 5\}$이므로

$A\cup B=\{-1, 1, 2, 5, 6\}$

답 $\{-1, 1, 2, 5, 6\}$

071 중

$A\cap B=\{3\}$이므로 $3\in A$

즉, $a-1=3$ 또는 $a+1=3$이므로

$a=4$ 또는 $a=2$

(i) $a=4$일 때,

$A=\{0, 3, 5\}$, $B=\{0, 3, 6\}$이므로

$A\cap B=\{0, 3\}$

따라서 주어진 조건을 만족시키지 않는다.

(ii) $a=2$일 때,

$A=\{0, 1, 3\}$, $B=\{-2, 3, 4\}$이므로

$A\cap B=\{3\}$

(i), (ii)에서 $A=\{0, 1, 3\}$, $B=\{-2, 3, 4\}$이므로

$A\cup B=\{-2, 0, 1, 3, 4\}$

답 $\{-2, 0, 1, 3, 4\}$

072 중

$A\cap B^C=A-B=\{5\}$이므로

$2\in B$, $4\in B$, $2a+b\in B$

즉, $3a-b=4$, $2a+b=6$

위의 두 식을 연립하여 풀면 $a=2$, $b=2$

$\therefore a+b=4$ 답 4

073 상

$A=\{1, 3, -a+3\}$, $A\cup B=\{-2, 1, 3, 4\}$이므로

$-a+3=-2$ 또는 $-a+3=4$

$\therefore a=5$ 또는 $a=-1$

(i) $a=5$일 때,

$A=\{-2, 1, 3\}$, $B=\{3, 10, 25\}$이므로

$A\cup B=\{-2, 1, 3, 10, 25\}$

따라서 주어진 조건을 만족시키지 않는다.

(ii) $a=-1$일 때,

$A=\{1, 3, 4\}$, $B=\{-2, 1, 3\}$이므로

$A\cup B=\{-2, 1, 3, 4\}$

(i), (ii)에서 $A=\{1, 3, 4\}$ 답 $\{1, 3, 4\}$

074 중

ㄱ. $A\subset(A\cup B)$ (참)

ㄴ. $U-A^C=A$ (거짓)

ㄷ. 오른쪽 벤다이어그램에서

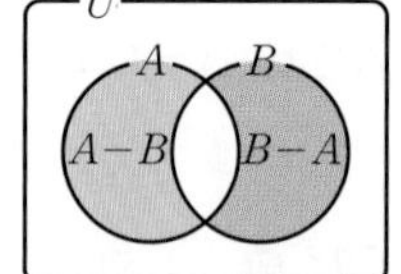

$(A-B)\cap(B-A)$

$=\varnothing$ (참)

ㄹ. $(U-A)-B$

$=A^C-B$

$=A^C\cap B^C$ (거짓)

이상에서 항상 옳은 것은 ㄱ, ㄷ이다. 답 ㄱ, ㄷ

075 중

① $(A\cup B)\subset U$

② $U^C=\varnothing$이므로 $U^C\subset A$

③ $A-A^C=A\cap(A^C)^C=A\cap A=A$

④ $A\subset(A\cup B)$이므로 $A\cap(A\cup B)=A$

⑤ $(A\cap B)\subset(A\cup B)$

따라서 옳지 않은 것은 ④이다. 답 ④

076 중

① $A\cap B^C=A-B$

③ $B^C-A^C=B^C\cap(A^C)^C=B^C\cap A=A-B$

④ $(U\cap A)-B=A-B$

⑤ $(U\cap A^C)\cap B=A^C\cap B=B-A$

따라서 나머지 넷과 다른 하나는 ⑤이다. 답 ⑤

077 중

두 집합 A, B가 서로소이므로

$A\cap B=\varnothing$

전체집합 U에 대하여 두 부분집합 A, B를 벤다이어그램으로 나타내면 오른쪽과 같다.

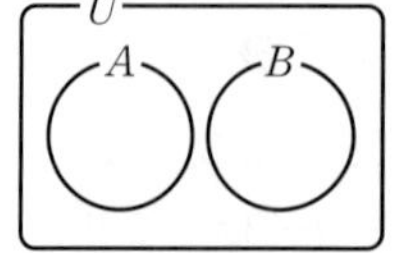

ㄱ. $A^C\not\subset B$ (거짓)

ㄴ. $B-A=B$ (참)

ㄷ. $A\cup B^C=B^C$ (참)

ㄹ. $A\cap B^C=A$, $A^C\cap B=B$이므로

$(A\cap B^C)\cup(A^C\cap B)=A\cup B$

이때 $(A\cup B)^C\neq\varnothing$이면 $A\cup B\neq U$ (거짓)

이상에서 항상 옳은 것은 ㄴ, ㄷ이다. 답 ㄴ, ㄷ

078 중

$A\cap B=A$이므로 $A\subset B$

전체집합 U에 대하여 두 부분집합 A, B를 벤다이어그램으로 나타내면 오른쪽과 같다.

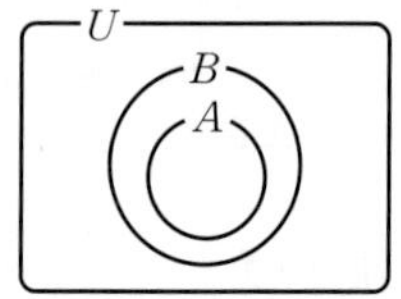

ㄱ. $A\cup B=B$ (참)

ㄴ. $B-A\neq\varnothing$ (거짓)

ㄷ. $A^C\cup B=U$ (참)

ㄹ. $A^C\not\subset B^C$ (거짓)

이상에서 항상 옳은 것은 ㄱ, ㄷ이다. 답 ㄱ, ㄷ

079 중

$B-(A\cap B)=\varnothing$이므로 $B\subset(A\cap B)$

$\therefore B\subset A$

전체집합 U에 대하여 두 부분집합 A, B를 벤다이어그램으로 나타내면 오른쪽과 같다.

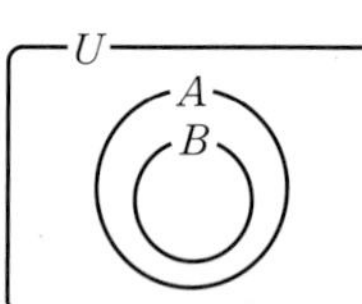

① $A\cup B=A$

② $(A\cup B)\cap B=A\cap B=B$

③ $(A\cap B)\cup A=B\cup A=A$

④ $(B-A)\cup A=\varnothing\cup A=A$

⑤ $(A\cup B)\cup(A\cap B)=A\cup B=A$

따라서 나머지 넷과 다른 하나는 ②이다. 답 ②

> **개념 보충** 집합의 포함 관계에 따른 성질
>
> 전체집합 U의 두 부분집합 A, B에 대하여 $B\subset A$일 때, 다음이 성립한다.
>
> $B\subset A \Longleftrightarrow A\cap B=B \Longleftrightarrow A\cup B=A$
>
> $\Longleftrightarrow B-A=\varnothing \Longleftrightarrow B\cap A^C=\varnothing$
>
> $\Longleftrightarrow A^C\subset B^C \Longleftrightarrow A\cup B^C=U$

080 상

$(A\cap B^C)\cup(B\cap A^C)=(A-B)\cup(B-A)=\varnothing$

이므로

$A-B=\varnothing$, $B-A=\varnothing$
따라서 $A\subset B$, $B\subset A$이므로
$A=B$ 답 ①

081 중

$A\cap X=X$에서 $X\subset A$
$(A-B)\cup X=X$에서 $(A-B)\subset X$
$\therefore (A-B)\subset X\subset A$
이때 $A-B=\{3, 5\}$이므로
$\{3, 5\}\subset X\subset\{2, 3, 4, 5\}$
따라서 집합 X는 집합 $\{2, 3, 4, 5\}$의 부분집합 중 3, 5를 반드시 원소로 갖는 집합이므로 집합 X의 개수는
$2^{4-2}=2^2=4$ 답 4

개념 보충 **특정한 원소를 갖는 부분집합의 개수**
원소의 개수가 n인 집합 A에 대하여 특정한 원소 k개를 반드시 원소로 갖는 A의 부분집합의 개수는
➡ 2^{n-k} (단, $k<n$)

082 중

$A=\{2, 3, 5, 7\}$, $B=\{1, 3, 5, 7, 9\}$이므로
$A\cap B=\{3, 5, 7\}$, $A\cup B=\{1, 2, 3, 5, 7, 9\}$
$\therefore \{3, 5, 7\}\subset X\subset\{1, 2, 3, 5, 7, 9\}$
따라서 집합 X는 집합 $\{1, 2, 3, 5, 7, 9\}$의 부분집합 중 3, 5, 7을 반드시 원소로 갖는 집합이므로 집합 X의 개수는
$2^{6-3}=2^3=8$ 답 8

083 중

$(A\cup B)\cap X=X$에서 $X\subset(A\cup B)$
$(A\cap B^C)\cup X=X$에서 $(A\cap B^C)\subset X$
$\therefore (A\cap B^C)\subset X\subset(A\cup B)$
이때 $A\cap B^C=A-B=\{c\}$, $A\cup B=\{a, b, c, d, e\}$이므로
$\{c\}\subset X\subset\{a, b, c, d, e\}$
따라서 집합 X는 집합 $\{a, b, c, d, e\}$의 부분집합 중 c를 반드시 원소로 갖는 집합이므로 집합 X의 개수는
$2^{5-1}=2^4=16$ 답 16

084 중

$U=\{1, 2, 3, 4, 6, 12\}$, $A=\{2, 3\}$, $B=\{2, 4, 6\}$이므로
$A\subset X$에서 $\{2, 3\}\subset X$
$(B-A)\subset X^C$에서 $\{4, 6\}\subset X^C$
따라서 집합 X는 집합 $\{1, 2, 3, 4, 6, 12\}$의 부분집합 중 2, 3은 반드시 원소로 갖고, 4, 6은 원소로 갖지 않는 집합이므로 집합 X의 개수는
$2^{6-2-2}=2^2=4$ 답 4

참고 원소의 개수가 n인 집합 A에 대하여 특정한 원소 k개는 반드시 원소로 갖고, l개는 원소로 갖지 않는 A의 부분집합의 개수는 2^{n-k-l}이다. (단, $k+l<n$)

44~45쪽

Lecture
05 집합의 연산 법칙

085 중

$U=\{1, 2, 3, \cdots, 10\}$이고
$(A\cup B^C)\cap(A\cup C^C)=A\cup(B^C\cap C^C)$
$=A\cup(B\cup C)^C$
이때 $B\cup C=\{4, 5, 6, 7, 8, 9, 10\}$이므로
$(B\cup C)^C=\{1, 2, 3\}$
$\therefore A\cup(B\cup C)^C=\{1, 2, 3, 4\}\cup\{1, 2, 3\}$
$=\{1, 2, 3, 4\}$
따라서 구하는 모든 원소의 합은
$1+2+3+4=10$ 답 10

086 하

(1) $(A-B)\cup(A^C\cup B^C)^C=(A\cap B^C)\cup(A\cap B)$
$=A\cap(B^C\cup B)$
$=A\cap U$
$=A$

(2) $A\cup(B\cap A)^C=A\cup(B^C\cup A^C)$
$=A\cup(A^C\cup B^C)$
$=(A\cup A^C)\cup B^C$
$=U\cup B^C$
$=U$

답 (1) A (2) U

087 중

$A=\{2, 3, 5, 7, 11, \cdots\}$, $B=\{1, 3, 5, 7, 9, \cdots\}$, $C=\{1, 2, 3, \cdots, 9\}$이므로

$(C^C \cup A)^C - B$
$= (C \cap A^C) - B$
$= (C - A) - B$
$= \{1, 4, 6, 8, 9\} - \{1, 3, 5, 7, 9, \cdots\}$
$= \{4, 6, 8\}$

답 $\{4, 6, 8\}$

참고 $C - A = \{1, 2, 3, 4, 5, 6, 7, 8, 9\} - \{2, 3, 5, 7, 11, \cdots\}$
$= \{1, 4, 6, 8, 9\}$

088 중

$A \cap (A^C \cup B^C) = A \cap (A \cap B)^C$
$= A - (A \cap B)$
$= A - B$

즉, $A - B = A$이므로 두 집합 A와 B는 서로소이다.
따라서 집합 B는 집합 $\{1, 2, 3, 4, 5\}$의 부분집합 중 1, 2를 원소로 갖지 않는 집합이므로 집합 B의 개수는
$2^{5-2} = 2^3 = 8$

답 8

089 중

$A \cap (A^C \cup B) = (A \cap A^C) \cup (A \cap B)$
$= \varnothing \cup (A \cap B)$
$= A \cap B$

즉, $A \cap B = B$이므로 $B \subset A$
전체집합 U에 대하여 두 부분집합 A, B를 벤다이어그램으로 나타내면 오른쪽과 같다.

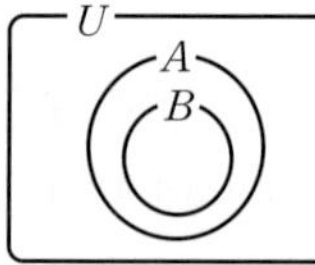

ㄱ. $A \cup B = A$ (거짓)
ㄴ. $A \cap B^C = A - B \neq \varnothing$ (거짓)
ㄷ. $A^C \subset B^C$이므로 $A^C \cap B^C = A^C$ (참)
이상에서 항상 옳은 것은 ㄷ뿐이다.

답 ㄷ

090 중

$\{(A \cap B) \cup (A - B)\} \cap B^C$
$= \{(A \cap B) \cup (A \cap B^C)\} \cap B^C$
$= \{A \cap (B \cup B^C)\} \cap B^C$
$= (A \cap U) \cap B^C$
$= A \cap B^C$
$= A - B$

즉, $A - B = \varnothing$이므로 $A \subset B$
따라서 항상 옳은 것은 ①이다.

답 ①

참고 $A \subset B$이면
④ $A \cap B = A$ ⑤ $A \cup B = B$

091 중

$A \cap (A \cup B^C) = (A \cap A) \cup (A \cap B^C)$
$= A \cup (A - B)$
$= A$

$(B - A) \cap A = (B \cap A^C) \cap A$
$= B \cap (A^C \cap A)$
$= B \cap \varnothing$
$= \varnothing$

$\therefore \{A \cap (A \cup B^C)\} \cup \{(B - A) \cap A\} = A \cup \varnothing$
$= A$

즉, $A = B^C$이다.
ㄱ. $A \cap B = B^C \cap B = \varnothing$ (참)
ㄴ. $A \cup B = B^C \cup B = U$ (참)
ㄷ. $B^C \not\subset B$이므로 $A \not\subset B$ (거짓)
ㄹ. $A^C \cup B = (B^C)^C \cup B = B \cup B = B$ (거짓)
이상에서 항상 옳은 것은 ㄱ, ㄴ이다.

답 ㄱ, ㄴ

Lecture 48~51쪽

06 집합의 원소의 개수

092 하

$n(A \cup B) = n(A) + n(B) - n(A \cap B)$
$= 12 + 18 - 9 = 21$

답 21

093 하

$n(A \cup B) = n(A) + n(B) - n(A \cap B)$에서
$n(A \cap B) = n(A) + n(B) - n(A \cup B)$
$= 15 + 13 - 20 = 8$

답 8

094 하

$n(A \cup B \cup C)$
$= n(A) + n(B) + n(C) - n(A \cap B) - n(B \cap C) - n(C \cap A) + n(A \cap B \cap C)$
$= 14 + 17 + 12 - 8 - 6 - 7 + 3$
$= 25$

답 25

095 하

$n(A\cup B\cup C)$
$=n(A)+n(B)+n(C)-n(A\cap B)-n(B\cap C)$
$-n(C\cap A)+n(A\cap B\cap C)$

에서

$19=8+13+11-4-6-5+n(A\cap B\cap C)$

$\therefore n(A\cap B\cap C)=2$ 답 2

096 하

$n(A-B)=n(A)-n(A\cap B)$
$=16-11=5$ 답 5

097 하

$n(B-A)=n(B)-n(A\cap B)$
$=28-11=17$ 답 17

098 하

$n(A^C)=n(U)-n(A)$
$=50-24=26$ 답 26

099 하

$n(B^C)=n(U)-n(B)$
$=50-33=17$ 답 17

100 하

$n(A^C\cap B^C)=n((A\cup B)^C)$
$=n(U)-n(A\cup B)$
$=50-45=5$ 답 5

101 하

$n((A\cap B)^C)=n(U)-n(A\cap B)$

이때 $n(A\cup B)=n(A)+n(B)-n(A\cap B)$에서

$n(A\cap B)=n(A)+n(B)-n(A\cup B)$
$=24+33-45=12$

$\therefore n((A\cap B)^C)=n(U)-n(A\cap B)$
$=50-12=38$

답 38

102 하

$n(B-A)=n(A\cup B)-n(A)$
$=45-24=21$ 답 21

103 하

$n(A\cap B^C)=n(A-B)$
$=n(A\cup B)-n(B)$
$=45-33=12$ 답 12

104 중

$n(A^C\cap B^C)=n((A\cup B)^C)$
$=n(U)-n(A\cup B)$

이므로 $6=30-n(A\cup B)$

$\therefore n(A\cup B)=24$

$n(A\cup B)=n(A)+n(B)-n(A\cap B)$에서

$24=n(A)+n(B)-8$

$\therefore n(A)+n(B)=32$ 답 32

105 하

$n(A-B)=n(A)-n(A\cap B)$에서

$10=15-n(A\cap B)$ $\therefore n(A\cap B)=5$

$\therefore n(A\cup B)=n(A)+n(B)-n(A\cap B)$
$=15+10-5=20$

답 20

다른 풀이 $n(A-B)=n(A\cup B)-n(B)$에서

$10=n(A\cup B)-10$ $\therefore n(A\cup B)=20$

106 중

주어진 벤다이어그램에서 색칠한 부분이 나타내는 집합은 $(A\cap B)^C$이다.

$n(A\cup B)=n(A)+n(B)-n(A\cap B)$에서

$n(A\cap B)=n(A)+n(B)-n(A\cup B)$
$=18+20-26=12$

따라서 구하는 원소의 개수는

$n((A\cap B)^C)=n(U)-n(A\cap B)$
$=30-12=18$

답 18

107 중

$n(A\cup B)=n(A)+n(B)-n(A\cap B)$에서

$n(A\cap B)=n(A)+n(B)-n(A\cup B)$
$=12+14-20=6$

$n(B\cup C)=n(B)+n(C)-n(B\cap C)$에서

$n(B\cap C)=n(B)+n(C)-n(B\cup C)$
$=14+16-25=5$

한편, A와 C가 서로소이므로 $A\cap C=\varnothing$이고
$A\cap B\cap C=(A\cap C)\cap B=\varnothing\cap B=\varnothing$이므로
$n(A\cap C)=0$, $n(A\cap B\cap C)=0$

$\therefore n(A\cup B\cup C)$
$=n(A)+n(B)+n(C)-n(A\cap B)-n(B\cap C)$
$\qquad -n(C\cap A)+n(A\cap B\cap C)$
$=12+14+16-6-5-0+0$
$=31$

답 31

108 중

학생 전체의 집합을 U, 제주도에 가 본 적이 있는 학생의 집합을 A, 부산에 가 본 적이 있는 학생의 집합을 B라 하면

$n(U)=30$, $n(A)=14$, $n(B)=12$

제주도와 부산 중 어느 한 곳도 가 본 적이 없는 학생의 집합은 $A^C\cap B^C$, 즉 $(A\cup B)^C$이므로

$n(A^C\cap B^C)=n((A\cup B)^C)=11$

(1) 제주도와 부산 중 적어도 한 곳에 가 본 적이 있는 학생의 집합은 $A\cup B$이므로
$n(A\cup B)=n(U)-n((A\cup B)^C)$
$\qquad =30-11=19$
따라서 제주도와 부산 중 적어도 한 곳에 가 본 적이 있는 학생은 19명이다.

(2) 제주도와 부산에 모두 가 본 적이 있는 학생의 집합은 $A\cap B$이므로
$n(A\cup B)=n(A)+n(B)-n(A\cap B)$에서
$n(A\cap B)=n(A)+n(B)-n(A\cup B)$
$\qquad =14+12-19=7$
따라서 제주도와 부산에 모두 가 본 적이 있는 학생은 7명이다.

답 (1) 19 (2) 7

109 중

야구를 좋아하는 회원의 집합을 A, 농구를 좋아하는 회원의 집합을 B라 하면

$n(A)=32$, $n(B)=24$

야구와 농구를 모두 좋아하는 회원의 집합은 $A\cap B$이므로

$n(A\cap B)=18$

(1) 농구만 좋아하는 회원의 집합은 $B-A$이므로
$n(B-A)=n(B)-n(A\cap B)$
$\qquad =24-18=6$
따라서 농구만 좋아하는 회원은 6명이다.

(2) 야구나 농구를 좋아하는 회원의 집합은 $A\cup B$이므로
$n(A\cup B)=n(A)+n(B)-n(A\cap B)$
$\qquad =32+24-18=38$
따라서 야구나 농구를 좋아하는 회원은 38명이다.

답 (1) 6 (2) 38

110 상

학생 전체의 집합을 U, A 문제를 맞힌 학생의 집합을 A, B 문제를 맞힌 학생의 집합을 B, C 문제를 맞힌 학생의 집합을 C라 하면

$n(U)=40$, $n(A)=20$, $n(B)=14$, $n(C)=17$

세 문제를 모두 맞힌 학생의 집합은 $A\cap B\cap C$이고, 한 문제도 맞히지 못한 학생의 집합은 $(A\cup B\cup C)^C$이므로

$n(A\cap B\cap C)=5$, $n((A\cup B\cup C)^C)=2$

이때 오른쪽 벤다이어그램과 같이 세 문제 중 두 문제만 맞힌 학생 수를 각각 a, b, c라 하면

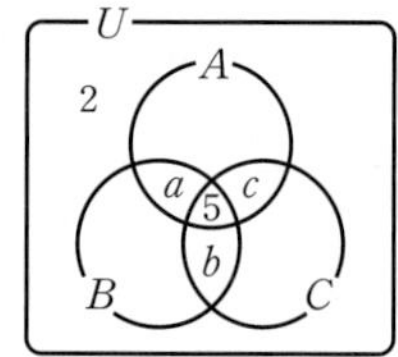

$n(A\cup B\cup C)$
$=n(A)+n(B)+n(C)$
$\quad -n(A\cap B)-n(B\cap C)-n(C\cap A)$
$\quad +n(A\cap B\cap C)$

에서 ($n(A\cup B\cup C)=n(U)-n((A\cup B\cup C)^C)$)
$40-2=20+14+17-(a+5)-(b+5)-(c+5)+5$
$38=51-(a+b+c)-10$
$\therefore a+b+c=3$

따라서 세 문제 중 두 문제만 맞힌 학생은 3명이다.

답 3

111 중

$n(A\cup B)=n(A)+n(B)-n(A\cap B)$에서
$n(A\cap B)=n(A)+n(B)-n(A\cup B)$
$\qquad =10+7-n(A\cup B)$
$\qquad =17-n(A\cup B)$

(i) $n(A\cap B)$가 최대인 경우는 $n(A\cup B)$가 최소일 때이므로 $B\subset A$일 때이다.
즉, $n(A\cup B)\ge n(A)=10$에서
$n(A\cap B)$의 최댓값은 $n(A\cup B)=10$일 때,

$17-10=7$

(ii) $n(A\cap B)$가 최소인 경우는 $n(A\cup B)$가 최대일 때이므로 $A\cup B=U$일 때이다.

즉, $n(A\cup B)\le n(U)=15$에서

$n(A\cap B)$의 최솟값은 $n(A\cup B)=15$일 때,

$17-15=2$

(i), (ii)에서 $n(A\cap B)$의 최댓값과 최솟값의 합은

$7+2=9$ 답 9

참고 (i) $n(A\cap B)$가 최대인 경우는 $n(A)>n(B)$이면 $B\subset A$일 때이다.

(ii) $n(A\cap B)$가 최소인 경우는 $n(A)+n(B)\le n(U)$이면 $A\cap B=\varnothing$일 때이므로 $n(A\cap B)$의 최솟값은 0이고, $n(A)+n(B)>n(U)$이면 $n(A\cap B)$의 최솟값은 $n(A)+n(B)-n(U)$이다.

다른 풀이 $n(A\cup B)=n(A)+n(B)-n(A\cap B)$에서

$n(A\cap B)=n(A)+n(B)-n(A\cup B)$

$=10+7-n(A\cup B)$

$=17-n(A\cup B)$ ...... ㉠

$A\subset(A\cup B)$, $B\subset(A\cup B)$이므로

$n(A)\le n(A\cup B)$, $n(B)\le n(A\cup B)$

$\therefore 10\le n(A\cup B)$ ...... ㉡

$(A\cup B)\subset U$이므로 $n(A\cup B)\le n(U)$

$\therefore n(A\cup B)\le 15$ ...... ㉢

㉡, ㉢에서 $10\le n(A\cup B)\le 15$이므로

$-15\le -n(A\cup B)\le -10$

$2\le 17-n(A\cup B)\le 7$

$\therefore 2\le n(A\cap B)\le 7$ ($\because$ ㉠)

따라서 $n(A\cap B)$의 최댓값은 7, 최솟값은 2이므로

구하는 합은 $7+2=9$

112 중

$n(A\cup B)=n(A)+n(B)-n(A\cap B)$

$=12+20-n(A\cap B)$

$=32-n(A\cap B)$

(i) $n(A\cup B)$가 최대인 경우는 $n(A\cap B)$가 최소일 때이다.

즉, $n(A\cap B)\ge 5$에서

$n(A\cup B)$의 최댓값은 $n(A\cap B)=5$일 때,

$32-5=27$

(ii) $n(A\cup B)$가 최소인 경우는 $n(A\cap B)$가 최대일 때이므로 $A\subset B$일 때이다.

즉, $n(A\cap B)\le n(A)=12$에서

$n(A\cup B)$의 최솟값은 $n(A\cap B)=12$일 때,

$32-12=20$

(i), (ii)에서 $n(A\cup B)$의 최댓값은 27, 최솟값은 20이다. 답 최댓값: 27, 최솟값: 20

113 중

$n(A-B)=n(A)-n(A\cap B)$

$=14-n(A\cap B)$ ...... ㉠

이므로 $n(A-B)$가 최대인 경우는 $n(A\cap B)$가 최소일 때이다.

$n(A\cup B)=n(A)+n(B)-n(A\cap B)$에서

$n(A\cap B)=n(A)+n(B)-n(A\cup B)$

$=14+12-n(A\cup B)$

$=26-n(A\cup B)$

이므로 $n(A\cap B)$가 최소인 경우는 $n(A\cup B)$가 최대일 때이다. ($A\cup B=U$일 때)

즉, $n(A\cup B)\le n(U)=20$에서

$n(A\cap B)$의 최솟값은 $n(A\cup B)=20$일 때,

$26-20=6$

따라서 $n(A\cap B)=6$을 ㉠에 대입하면 $n(A-B)$의 최댓값은

$14-6=8$ 답 8

114 상

학생 전체의 집합을 U, 스마트폰을 소유한 학생의 집합을 A, 노트북을 소유한 학생의 집합을 B라 하면

$n(U)=28$, $n(A)=22$, $n(B)=9$

스마트폰과 노트북을 모두 소유한 학생의 집합은 $A\cap B$이므로 $n(A\cup B)=n(A)+n(B)-n(A\cap B)$에서

$n(A\cap B)=n(A)+n(B)-n(A\cup B)$

$=22+9-n(A\cup B)$

$=31-n(A\cup B)$

(i) $n(A\cap B)$가 최대인 경우는 $n(A\cup B)$가 최소일 때이므로 $B\subset A$일 때이다.

즉, $n(A\cup B)\ge n(A)=22$에서

$n(A\cap B)$의 최댓값은 $n(A\cup B)=22$일 때,

$31-22=9$

(ii) $n(A\cap B)$가 최소인 경우는 $n(A\cup B)$가 최대일 때이므로 $A\cup B=U$일 때이다.

즉, $n(A\cup B)\le n(U)=28$에서

$n(A\cap B)$의 최솟값은 $n(A\cup B)=28$일 때,

$31-28=3$

(i), (ii)에서 $M=9$, $m=3$이므로

$M-m=6$ 답 6

중단원 연습문제

52~55쪽

115 집합의 연산

전략 먼저 집합 A^C를 구한 후, 집합 A^C-B를 구한다.

$A^C=\{2, 4, 6, 7\}$이므로

$A^C-B=\{2, 4, 6, 7\}-\{3, 5, 7\}=\{2, 4, 6\}$

답 $\{2, 4, 6\}$

다른 풀이 $A^C-B=A^C\cap B^C=(A\cup B)^C$이고

$A\cup B=\{1, 3, 5, 7\}$이므로

$(A\cup B)^C=\{2, 4, 6\}$ $\therefore A^C-B=\{2, 4, 6\}$

116 집합의 연산

전략 각 집합을 벤다이어그램으로 나타내어 주어진 벤다이어그램과 비교한다.

각 집합을 벤다이어그램으로 나타내면 다음과 같다.

①
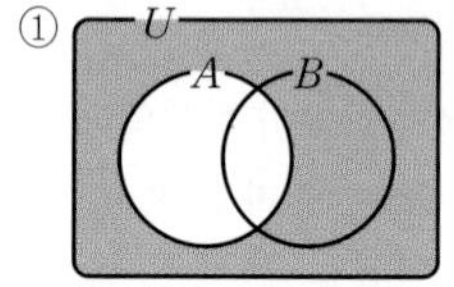

②
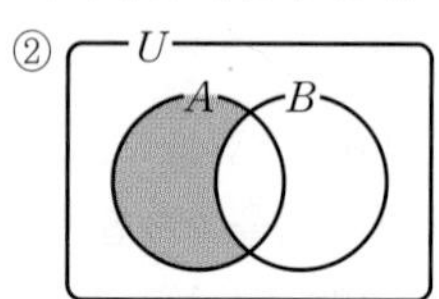

③
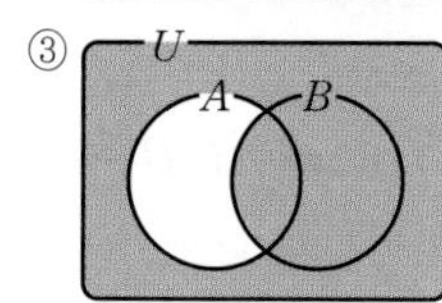

④
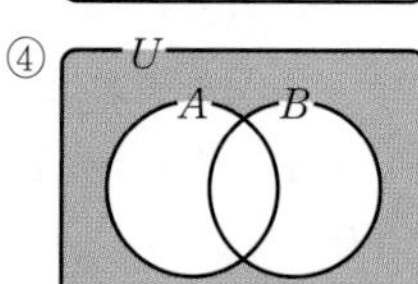

⑤
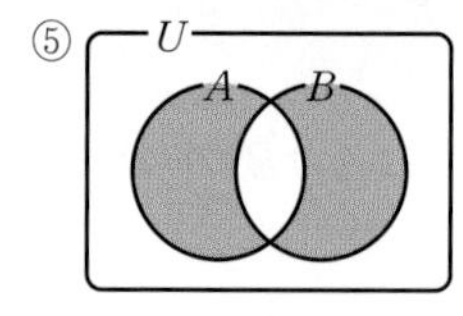

따라서 주어진 벤다이어그램에서 색칠한 부분을 나타내는 집합은 ③이다. 답 ③

117 집합의 연산

전략 n이 m의 배수이면 $A_n\subset A_m$, 즉 $A_m\cup A_n=A_m$임을 이용한다.

[해결 과정]

$A_3=\{3, 6, 9, 12, \cdots, 99\}$

$A_6=\{6, 12, 18, \cdots, 96\}$ … 30% 배점

$\therefore A_3\cup A_6=A_3$ … 30% 배점

[답 구하기]

따라서 집합 $A_3\cup A_6$의 원소의 개수는 집합 A_3의 원소의 개수와 같으므로 33이다. … 40% 배점

답 33

118 연산을 만족시키는 집합 구하기

전략 벤다이어그램을 이용하여 집합 B를 구한다.

전체집합 U에 대하여 주어진 조건을 만족시키도록 두 집합 A, B를 벤다이어그램으로 나타내면 오른쪽과 같다.

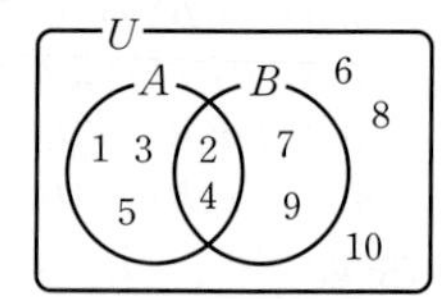

$\therefore B=\{2, 4, 7, 9\}$

따라서 구하는 모든 원소의 합은

$2+4+7+9=22$ 답 22

119 집합의 연산에서 미지수 구하기

전략 주어진 조건을 만족시키도록 벤다이어그램으로 나타내어 본다.

$(A\cap B^C)\cup(A^C\cap B)=(A-B)\cup(B-A)$

$=\{1, 3, 8\}$

이고 $A=\{1, 3, a-1\}$이므로 이를 만족시키도록 두 집합 A, B를 벤다이어그램으로 나타내면 오른쪽과 같다.

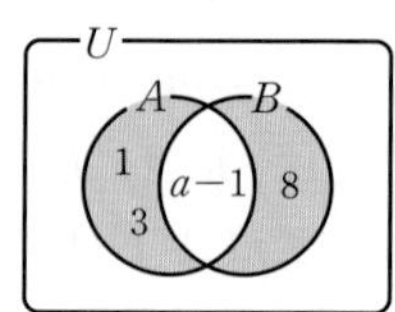

즉, $a-1\in B$이므로

(i) $a^2-4a-7=a-1$일 때,

$a^2-5a-6=0$, $(a+1)(a-6)=0$

$\therefore a=-1$ 또는 $a=6$

$A=\{1, 3, a-1\}$, $B=\{a^2-4a-7, a+2\}$에서

$a=-1$이면 $A=\{-2, 1, 3\}$, $B=\{-2, 1\}$이므로

$(A-B)\cup(B-A)=\{3\}$

$a=6$이면 $A=\{1, 3, 5\}$, $B=\{5, 8\}$이므로

$(A-B)\cup(B-A)=\{1, 3, 8\}$

(ii) $a+2=a-1$일 때,

$0\times a=-3$이므로 이를 만족시키는 a의 값은 존재하지 않는다.

(i), (ii)에서 $a=6$ 답 ②

참고 위의 벤다이어그램에서 $8\in(A-B)$이면

$a-1=8$이므로 $a=9$
이때 $A=\{1, 3, 8\}$, $B=\{11, 38\}$이므로 $B \not\subset U$
즉, 조건을 만족시키지 않는다.
따라서 $8 \in (B-A)$이어야 한다.

120 집합의 연산에 대한 여러 가지 성질

전략> 집합의 연산에 대한 성질을 이용하여 주어진 집합을 간단히 한다.

ㄱ. $A \cap (B \cup B^C) = A \cap U = A$ (참)
ㄴ. $(A \cap B) \subset (A \cup B)$이므로
$(A \cup B)^C \subset (A \cap B)^C$ (거짓)
ㄷ. $(A \cap B) \cup (A \cap A^C) = (A \cap B) \cup \varnothing$
$= (A \cap B) \subset A$ (참)
이상에서 항상 옳은 것은 ㄱ, ㄷ이다. 답 ㄱ, ㄷ

121 집합의 연산과 포함 관계

전략> $A \subset B$임을 이용하여 주어진 집합을 간단히 한다.

$A \subset B$에서 $A-B=\varnothing$이므로
$\{(A-B) \cup B^C\} \cap A^C = (\varnothing \cup B^C) \cap A^C$
$= B^C \cap A^C$
이때 $A \subset B$에서 $B^C \subset A^C$이므로
$B^C \cap A^C = B^C$
따라서 집합 $\{(A-B) \cup B^C\} \cap A^C$와 항상 같은 집합은 B^C이다. 답 ⑤

122 집합의 연산과 부분집합의 개수

전략> 집합 B가 반드시 갖는 원소와 갖지 않는 원소를 찾는다.

$A=\{2, 4, 5\}$이고 $A \cap B^C = A-B = \{5\}$이므로
$A \cap B = \{2, 4\}$
$\therefore 2 \in B,\ 4 \in B,\ 5 \notin B$
따라서 집합 B는 집합 $\{1, 2, 3, 4, 5, 6\}$의 부분집합 중 2, 4는 반드시 원소로 갖고, 5는 원소로 갖지 않는 집합이므로 집합 B의 개수는
$2^{6-2-1} = 2^3 = 8$ 답 8

123 집합의 연산과 부분집합의 개수

전략> $\{1, 2\} \cap A \neq \varnothing$이면 집합 A는 1, 2 중 적어도 하나를 원소로 갖는 집합임을 이용한다.

$\{1, 2\} \cap A \neq \varnothing$을 만족시키려면 집합 A는 1, 2 중 적어도 하나를 원소로 가져야 한다.
따라서 구하는 집합 A의 개수는 전체 부분집합의 개수에서 1, 2를 원소로 갖지 않는 부분집합의 개수를 뺀 것과 같으므로
$2^4 - 2^{4-2} = 16 - 4 = 12$ 답 ④

124 집합의 연산과 부분집합의 개수

전략> 두 집합 $A-B$, $B-A$의 원소를 구하여 집합 X가 반드시 갖는 원소를 찾는다.

$U=\{1, 2, 3, 4, 6, 12\}$이고
$A-B=\{1, 2\}$, $B-A=\{6, 12\}$이므로
$(A-B) \cup X = (B-A) \cup X$에서
$\{1, 2\} \cup X = \{6, 12\} \cup X$
따라서 집합 X는 집합 $\{1, 2, 3, 4, 6, 12\}$의 부분집합 중 1, 2, 6, 12를 반드시 원소로 갖는 집합이므로 집합 X의 개수는
$2^{6-4} = 2^2 = 4$ 답 4

125 집합의 연산 법칙과 드모르간의 법칙

전략> 드모르간의 법칙과 분배법칙을 이용하여 주어진 집합을 간단히 한다.

$(A \cup B) \cap (A^C \cap C^C)^C = (A \cup B) \cap (A \cup C)$
$= A \cup (B \cap C)$
$= \{1, 2, 3\} \cup \{6\}$
$= \{1, 2, 3, 6\}$
따라서 구하는 모든 원소의 합은
$1+2+3+6=12$ 답 12

126 새롭게 약속된 집합의 연산

전략> 집합의 연산 법칙을 이용하여 식을 간단히 한다.

ㄱ. $A \triangle B = (A \cup B) - (A \cap B)$
$= (B \cup A) - (B \cap A)$
$= B \triangle A$ (참)
ㄴ. $A \triangle \varnothing = (A \cup \varnothing) - (A \cap \varnothing)$
$= A - \varnothing$
$= A$ (참)
ㄷ. $A \triangle U = (A \cup U) - (A \cap U)$
$= U - A$
$= A^C$ (거짓)
ㄹ. $A \triangle A^C = (A \cup A^C) - (A \cap A^C)$
$= U - \varnothing$
$= U$ (참)
이상에서 옳은 것은 ㄱ, ㄴ, ㄹ이다. 답 ㄱ, ㄴ, ㄹ

127 집합의 원소의 개수

전략> $A^C \cap B^C = (A \cup B)^C$, $A \cap B^C = A - B$임을 이용하여 집합 $A \cap B^C$의 원소의 개수를 구한다.

$n(A^C \cap B^C) = n((A \cup B)^C)$
$= n(U) - n(A \cup B)$

이므로 $10=40-n(A\cup B)$

$\therefore n(A\cup B)=30$

$\therefore n(A\cap B^C)=n(A-B)$

$=n(A\cup B)-n(B)$

$=30-25=5$

답 5

128 집합의 원소의 개수의 활용

전략 주어진 조건을 집합으로 나타내고, 집합의 원소의 개수에 대한 식을 세운다.

미래네 반 학생 전체의 집합을 U, 영화를 좋아하는 학생의 집합을 A, 연극을 좋아하는 학생의 집합을 B라 하면

$n(U)=25,\ n(A)=15,\ n(B)=11$

영화와 연극을 모두 좋아하는 학생의 집합은 $A\cap B$이므로

$n(A\cap B)=9$

이때 영화와 연극 중 어떤 것도 좋아하지 않는 학생의 집합은 $A^C\cap B^C$, 즉 $(A\cup B)^C$이고

$n(A\cup B)=n(A)+n(B)-n(A\cap B)$

$=15+11-9=17$

이므로

$n(A^C\cap B^C)=n((A\cup B)^C)$

$=n(U)-n(A\cup B)$

$=25-17=8$

따라서 영화와 연극 중 어떤 것도 좋아하지 않는 학생은 8명이다.

답 8

129 집합의 원소의 개수의 최댓값과 최솟값

전략 방과 후 수업으로 수학과 영어를 신청한 학생의 집합을 각각 A, B라 하고, $n(A\cap B)$의 최댓값과 최솟값을 구한다.

학생 전체의 집합을 U, 방과 후 수업으로 수학을 신청한 학생의 집합을 A, 영어를 신청한 학생의 집합을 B라 하면

$n(U)=30,\ n(A)=24,\ n(B)=15$

수학과 영어를 모두 신청한 학생의 집합은 $A\cap B$이므로

$n(A\cup B)=n(A)+n(B)-n(A\cap B)$에서

$n(A\cap B)=n(A)+n(B)-n(A\cup B)$

$=24+15-n(A\cup B)$

$=39-n(A\cup B)$

(i) $n(A\cap B)$가 최대인 경우는 $n(A\cup B)$가 최소일 때이므로 $B\subset A$일 때이다.

즉, $n(A\cup B)\geq n(A)=24$에서

$n(A\cap B)$의 최댓값은 $n(A\cup B)=24$일 때,

$39-24=15$

(ii) $n(A\cap B)$가 최소인 경우는 $n(A\cup B)$가 최대일 때이므로 $A\cup B=U$일 때이다.

즉, $n(A\cup B)\leq n(U)=30$에서

$n(A\cap B)$의 최솟값은 $n(A\cup B)=30$일 때,

$39-30=9$

(i), (ii)에서 구하는 합은

$15+9=24$

답 ⑤

130 집합의 연산

전략 각 부등식을 푼 후, $A\cap B=\varnothing$이 되도록 두 집합 A, B를 수직선 위에 나타내어 본다.

$(x+4)(x-25)<0$에서 $-4<x<25$

$\therefore A=\{x\mid -4<x<25\}$

$(x-a)(x-a^2)\geq 0$에서 $a\geq 0$이면 $A\cap B\neq\varnothing$이 되어 A와 B가 서로소가 아니므로 $a<0$이어야 한다.

$\therefore x\leq a$ 또는 $x\geq a^2$

$\therefore B=\{x\mid x\leq a \text{ 또는 } x\geq a^2\}$

이때 A와 B가 서로소가 되도록, 즉 $A\cap B=\varnothing$이 되도록 두 집합 A, B를 수직선 위에 나타내면 다음 그림과 같다.

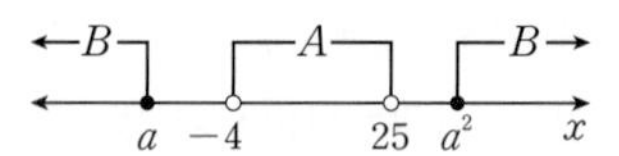

즉, $a\leq -4$, $a^2\geq 25$이어야 하므로

$a^2\geq 25$에서 $a^2-25\geq 0$

$(a+5)(a-5)\geq 0\quad \therefore a\leq -5$ 또는 $a\geq 5$

그런데 $a\leq -4$이므로 $a\leq -5$

따라서 실수 a의 최댓값은 -5이다.

답 -5

참고 $(x-a)(x-a^2)\geq 0$에서

(i) $0\leq a\leq 1$일 때, $a^2\leq a$이므로

$B=\{x\mid x\leq a^2 \text{ 또는 } x\geq a\}$

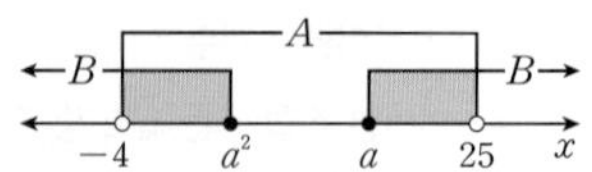

위의 그림에서 $A\cap B\neq\varnothing$

(ii) $a>1$일 때, $a<a^2$이므로

$B=\{x\mid x\leq a \text{ 또는 } x\geq a^2\}$

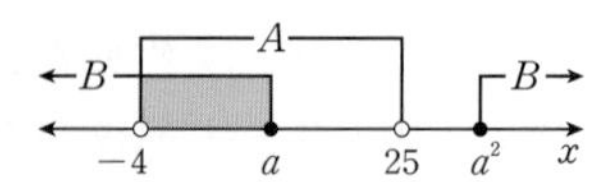

위의 그림에서 $A\cap B\neq\varnothing$

(i), (ii)에서 $a\geq 0$이면 $A\cap B\neq\varnothing$이다.

131 집합의 연산에서 미지수 구하기

전략〉 집합 $A\cup B$의 모든 원소의 합은
(집합 A의 모든 원소의 합)+(집합 B의 모든 원소의 합)
−(집합 $A\cap B$의 모든 원소의 합)
임을 이용한다.

집합 A는 원소의 개수가 4이고, 조건 (가)에서
$A\cap B=\{4, 6\}$이므로 $A=\{a, b, 4, 6\}$이라 하면
$B=\{a+k, b+k, 4+k, 6+k\}$
이때 집합 A의 모든 원소의 합이 21이므로
$a+b+4+6=21 \quad \therefore a+b=11$ …… ㉠
한편, 집합 $A\cup B$의 모든 원소의 합은 두 집합 A, B 각각의 모든 원소의 합에서 집합 $A\cap B$의 모든 원소의 합을 뺀 것과 같으므로 조건 (나)에서
$40=21+(21+4k)-10$
$40=32+4k \quad \therefore k=2$
$\therefore B=\{a+2, b+2, 6, 8\}$
$A\cap B=\{4, 6\}$에서 $4\in B$이므로
$a+2=4$ 또는 $b+2=4$
$a+2=4$이면 $a=2 \quad \therefore b=9$ ($\because$ ㉠)
$b+2=4$이면 $b=2 \quad \therefore a=9$ ($\because$ ㉠)
따라서 $A=\{2, 4, 6, 9\}$이므로 집합 A의 모든 원소의 곱은
$2\times4\times6\times9=432$

답 432

132 집합의 연산과 부분집합의 개수

전략〉 집합 X가 반드시 갖는 원소와 갖지 않는 원소를 찾는다.

[해결 과정]

$X-A=X\cup B$를 만족시키려면
$X-A=X\cup B=X$이어야 하므로
$B\subset X$, $X\cap A=\varnothing$ … 40% 배점
즉, 집합 X는 집합 $\{-2, -1, 0, \cdots, 5\}$의 부분집합 중 집합 B의 원소 -1, 5는 반드시 원소로 갖고, 집합 A의 원소 -2, 0, 2는 원소로 갖지 않는 집합이다.
… 40% 배점

[답 구하기]

따라서 집합 X의 개수는
$2^{8-2-3}=2^3=8$ … 20% 배점

답 8

133 새롭게 약속된 집합의 연산

전략〉 먼저 $X◎Y$를 간단히 하여 $A_3◎A_4$를 집합의 연산으로 나타낸다.

$X◎Y=X-(X-Y)=X\cap(X\cap Y^C)^C$
$=X\cap(X^C\cup Y)=(X\cap X^C)\cup(X\cap Y)$
$=\varnothing\cup(X\cap Y)=X\cap Y$
$\therefore A_3◎A_4=A_3\cap A_4$
$A_3=\{3, 6, 9, 12, 15, 18, 21, 24, \cdots\}$,
$A_4=\{4, 8, 12, 16, 20, 24, 28, 32, \cdots\}$
이므로 $A_3\cap A_4=\{12, 24, \cdots\}=A_{12}$
따라서 $A_3◎A_4=A_{12}$이므로 $k=12$

답 12

> **개념 보충** 배수의 집합
> 자연수 k의 양의 배수의 집합을 A_k라 할 때, 자연수 m, n에 대하여
> (1) $A_m\cap A_n$ ➡ m, n의 공배수의 집합
> ➡ m, n의 최소공배수가 l이면 $A_m\cap A_n=A_l$
> (2) m이 n의 배수일 때, $A_m\subset A_n$이므로
> ➡ $A_m\cap A_n=A_m$, $A_m\cup A_n=A_n$

134 집합의 원소의 개수의 최댓값과 최솟값

전략〉 놀이기구 A, B를 이용한 학생의 집합을 각각 A, B라 하고, $n(A-B)+n(B-A)$의 최댓값과 최솟값을 구한다.

학생 전체의 집합을 U, 놀이기구 A를 이용한 학생의 집합을 A, 놀이기구 B를 이용한 학생의 집합을 B라 하면
$n(U)=50$, $n(A)=37$, $n(B)=35$
놀이기구 A, B 중 한 개만을 이용한 학생의 집합은
$(A-B)\cup(B-A)$이므로
$n(A-B)+n(B-A)$
$=\{n(A\cup B)-n(B)\}+\{n(A\cup B)-n(A)\}$
$=n(A\cup B)-35+n(A\cup B)-37$
$=2\times n(A\cup B)-72$ …… ㉠
(i) ㉠이 최대인 경우는 $n(A\cup B)$가 최대일 때이므로 $A\cup B=U$일 때이다.
즉, $n(A\cup B)\le n(U)=50$에서
㉠의 최댓값은 $n(A\cup B)=50$일 때,
$2\times50-72=28$
(ii) ㉠이 최소인 경우는 $n(A\cup B)$가 최소일 때이므로 $B\subset A$일 때이다.
즉, $n(A\cup B)\ge n(A)=37$에서
㉠의 최솟값은 $n(A\cup B)=37$일 때,
$2\times37-72=2$
(i), (ii)에서 $M=28$, $m=2$이므로
$Mm=56$

답 56

03 명제

Lecture 07 명제와 진리집합

60~63쪽

문제 ❶

(1) '이고'의 부정은 '또는'이므로
주어진 조건의 부정은
$x=-3$ 또는 $x=2$

(2) '또는'의 부정은 '이고'이므로
주어진 조건의 부정은
$x>-4$이고 $x\leq1$
$\therefore\ -4<x\leq1$

135 하

(1) $\pi=3.14\cdots$는 3보다 크므로 거짓인 명제이다.
(2) 참인 명제이다.
(3) $2x-1>x+5$에서 $x>6$이면 참이고, $x\leq6$이면 거짓이므로 x의 값에 따라 참, 거짓이 달라진다.
따라서 명제가 아니다.
(4) 참인 명제이다.

답 명제: (1), (2), (4)
(1) 거짓 (2) 참 (4) 참

136 하

ㄱ. 소수 중에서 2는 짝수이므로 거짓인 명제이다.
ㄴ. 높다의 기준이 명확하지 않아서 참인지 거짓인지 판별할 수 없으므로 명제가 아니다.
ㄷ. $x^2=1$에서 $x=-1$ 또는 $x=1$이면 참이고,
$x\neq-1$이고 $x\neq1$이면 거짓이므로 x의 값에 따라 참, 거짓이 달라진다.
따라서 명제가 아니다.
ㄹ. $0\leq5$이므로 참인 명제이다.
ㅁ. a의 값에 따라 참, 거짓이 달라지므로 명제가 아니다.
ㅂ. $ab>0$이면 '$a>0$이고 $b>0$' 또는 '$a<0$이고 $b<0$'이므로 거짓인 명제이다.
이상에서 명제인 것은 ㄱ, ㄹ, ㅂ이다.

답 ㄱ, ㄹ, ㅂ

137 하

(1) 많다의 기준이 명확하지 않아서 참인지 거짓인지 판별할 수 없으므로 명제가 아니다.
(2) 참인 명제이다.
(3) 크기가 다른 정사각형은 합동이 아니므로 거짓인 명제이다.
(4) 참인 명제이다.
따라서 참인 명제는 (2), (4)이다.

답 (2), (4)

개념 보충 여러 가지 사각형의 뜻
① 평행사변형: 두 쌍의 대변이 각각 평행한 사각형
② 직사각형: 네 각의 크기가 모두 같은 사각형
③ 마름모: 네 변의 길이가 모두 같은 사각형
④ 정사각형: 네 변의 길이가 모두 같고, 네 각의 크기가 모두 같은 사각형

138 하

(1) 주어진 명제의 부정은
'평행사변형은 마름모가 아니다.'이다.
(2) '작다.'의 부정은 '크거나 같다.'이므로 주어진 명제의 부정은 '3은 9보다 크거나 같다.'이다.
(3) '또는'의 부정은 '이고'이므로 주어진 조건의 부정은
'$x=-2$이고 $y\neq1$'이다.
(4) '$-4\leq x<3$'은 '$x\geq-4$이고 $x<3$'이다.
이때 '이고'의 부정은 '또는'이므로 주어진 조건의 부정은 '$x<-4$ 또는 $x\geq3$'이다.

답 (1) 평행사변형은 마름모가 아니다.
(2) 3은 9보다 크거나 같다.
(3) $x=-2$이고 $y\neq1$
(4) $x<-4$ 또는 $x\geq3$

139 하

각 명제의 부정과 그것의 참, 거짓은 다음과 같다.
ㄱ. $\sqrt{2}$는 무리수가 아니다. (거짓)
ㄴ. 6은 16의 약수가 아니다. (참)
ㄷ. $2\sqrt{3}\leq4$ (참)
ㄹ. 10은 3의 배수도 아니고 4의 배수도 아니다. (참)
이상에서 명제의 부정이 참인 것은 ㄴ, ㄷ, ㄹ이다.

답 ㄴ, ㄷ, ㄹ

140 중

(1) '이고'의 부정은 '또는'이므로 주어진 조건의 부정은
$x\notin A$ 또는 $x\notin B$

(2) 주어진 조건은 '$x<-3$ 또는 ($x\ge2$이고 $x<5$)'이므로 그 부정은

$x\ge-3$이고 ($x<2$ 또는 $x\ge5$)

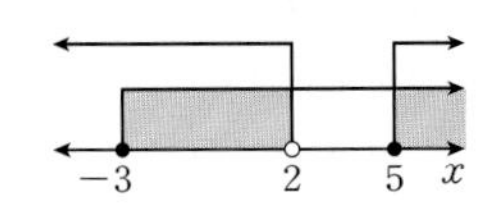

$\therefore -3\le x<2$ 또는 $x\ge5$

답 (1) $x\notin A$ 또는 $x\notin B$
(2) $-3\le x<2$ 또는 $x\ge5$

141 중

실수 x, y에 대하여 '$x^2+y^2=0$'은 '$x=0$이고 $y=0$'이므로 주어진 조건의 부정은 '$x\neq0$ 또는 $y\neq0$'과 같다.

답 ⑤

142 하

두 조건 p, q의 진리집합을 각각 P, Q라 하면

$P=\{1, 2, 5, 10\}$

$Q=\{2, 4, 6, 8, 10\}$

(1) 조건 $\sim p$의 진리집합은 P^C이므로 구하는 진리집합은

$P^C=\{3, 4, 6, 7, 8, 9\}$

(2) 조건 '$\sim p$ 또는 q'의 진리집합은 $P^C\cup Q$이므로 구하는 진리집합은

$P^C\cup Q=\{2, 3, 4, 6, 7, 8, 9, 10\}$

(3) 조건 'p 그리고 $\sim q$'의 진리집합은 $P\cap Q^C$이고

$Q^C=\{1, 3, 5, 7, 9\}$

이므로 구하는 진리집합은

$P\cap Q^C=\{1, 5\}$

답 (1) $\{3, 4, 6, 7, 8, 9\}$
(2) $\{2, 3, 4, 6, 7, 8, 9, 10\}$
(3) $\{1, 5\}$

다른 풀이 (3) 조건 'p 그리고 $\sim q$'의 진리집합은 $P\cap Q^C$이므로

$P\cap Q^C=P-Q=\{1, 5\}$

143 하

$x^2-7x+10=0$에서 $(x-2)(x-5)=0$

$\therefore x=2$ 또는 $x=5$

따라서 조건 p의 진리집합은 $\{2, 5\}$이다. 답 $\{2, 5\}$

144 중

$U=\{x\mid |x|\le2$인 정수$\}=\{-2, -1, 0, 1, 2\}$

p: $x^2=1$에서 $x=\pm1$

q: $x^2-2<0$에서 $-\sqrt{2}<x<\sqrt{2}$

두 조건 p, q의 진리집합을 각각 P, Q라 하면

$P=\{-1, 1\}$, $Q=\{-1, 0, 1\}$

(1) 조건 $\sim q$의 진리집합은 Q^C이므로 구하는 진리집합은

$Q^C=\{-2, 2\}$

(2) 조건 'p 그리고 q'의 진리집합은 $P\cap Q$이므로 구하는 진리집합은

$P\cap Q=\{-1, 1\}$

(3) 조건 'p 또는 $\sim q$'의 진리집합은 $P\cup Q^C$이므로 구하는 진리집합은

$P\cup Q^C=\{-2, -1, 1, 2\}$

답 (1) $\{-2, 2\}$ (2) $\{-1, 1\}$ (3) $\{-2, -1, 1, 2\}$

145 중

$\sim p$: $1\le x<5$

q: $|x|\le3$에서 $-3\le x\le3$

두 조건 p, q의 진리집합을 각각 P, Q라 하면

조건 $\sim p$의 진리집합은 P^C이므로

$P^C=\{1, 2, 3, 4\}$

$Q=\{-3, -2, -1, 0, 1, 2, 3\}$

이때 조건 '$\sim p$ 그리고 q'의 진리집합은 $P^C\cap Q$이므로

$P^C\cap Q=\{1, 2, 3\}$

따라서 구하는 모든 원소의 합은

$1+2+3=6$ 답 6

65~71쪽

Lecture 08 명제의 참, 거짓

문제 ❶

(1) 모든 실수 x에 대하여 $x^2\ge0$이므로 주어진 명제는 참이다.

(2) $x^2<0$을 만족시키는 실수 x는 존재하지 않으므로 주어진 명제는 거짓이다.

문제 ❷

(1) 주어진 명제의 부정은

'어떤 실수 x에 대하여 $x+5\neq0$이다.'이다.

이때 $x+5\neq0$인 실수 x가 존재하므로 참이다.

(2) 주어진 명제의 부정은

'모든 평행사변형은 정사각형이 아니다.'이다.

따라서 주어진 명제의 부정은 거짓이다.

146 중

두 조건 p, q의 진리집합을 각각 P, Q라 하자.

(1) $P=\{12, 24, 36, 48, 60, \cdots\}$

$Q=\{4, 8, 12, 16, 20, 24, \cdots\}$

따라서 $P\subset Q$이므로 명제 $p \longrightarrow q$는 참이다.

(2) p: $x^2-3x+2=0$에서

$(x-1)(x-2)=0$ $\therefore x=1$ 또는 $x=2$

$\therefore P=\{1, 2\}$

또, $Q=\{2, 4, 6, 8, 10, \cdots\}$

따라서 $P\not\subset Q$이므로 명제 $p \longrightarrow q$는 거짓이다.

(3) p: $x^2\le 4$에서 $x^2-4\le 0$

$(x+2)(x-2)\le 0$ $\therefore -2\le x\le 2$

$\therefore P=\{x|-2\le x\le 2\}$

또, $Q=\{x|x<2\}$

따라서 $P\not\subset Q$이므로 명제 $p \longrightarrow q$는 거짓이다.

답 (1) 참 (2) 거짓 (3) 거짓

147 중

(1) [반례] $x=2$이면 x는 소수이지만 $x+1=3$은 홀수이다.

따라서 명제 $p \longrightarrow q$는 거짓이다.

(2) 두 조건 p, q의 진리집합을 각각 P, Q라 하면

$P=\{x|-1\le x\le 1\}$

$Q=\{x|-1\le x\le 0\}$

따라서 $P\not\subset Q$이므로 명제 $p \longrightarrow q$는 거짓이다.

(3) 두 조건 p, q의 진리집합을 각각 P, Q라 하면

p: $2x^2+3x-2=0$에서

$(x+2)(2x-1)=0$ $\therefore x=-2$ 또는 $x=\frac{1}{2}$

$\therefore P=\left\{-2, \frac{1}{2}\right\}$

또, $Q=\{x|-3<x<1\}$

따라서 $P\subset Q$이므로 명제 $p \longrightarrow q$는 참이다.

(4) [반례] $a=-\sqrt{2}$, $b=\sqrt{2}$이면 a, b는 모두 무리수이지만 $a+b=0$은 유리수이다.

따라서 명제 $p \longrightarrow q$는 거짓이다.

답 (1) 거짓 (2) 거짓 (3) 참 (4) 거짓

148 중

ㄱ. p: $x^3=1$, q: $x^2=1$이라 하고, 두 조건 p, q의 진리집합을 각각 P, Q라 하면

$P=\{1\}$, $Q=\{-1, 1\}$

따라서 $P\subset Q$이므로 주어진 명제는 참이다.

ㄴ. [반례] $x=-\sqrt{2}$, $y=\sqrt{2}$이면

$xy=(-\sqrt{2})\times\sqrt{2}=-2$이므로 xy는 정수이지만 x, y는 정수가 아니다.

따라서 주어진 명제는 거짓이다.

ㄷ. $x\le 3$이고 $y\le 3$이면

$x+y\le 3+3$, 즉 $x+y\le 6$이다.

따라서 주어진 명제는 참이다.

이상에서 참인 명제는 ㄱ, ㄷ이다.

답 ㄱ, ㄷ

149 중

명제 $p \longrightarrow \sim q$가 참이므로 $P\subset Q^C$이다.

따라서 두 집합 P, Q 사이의 포함 관계를 벤다이어그램으로 나타내면 오른쪽 그림과 같다.

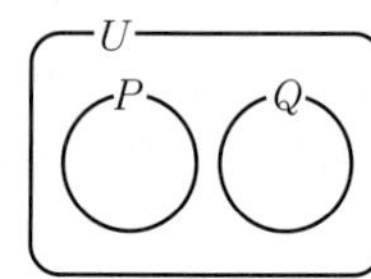

ㄱ. $P\cap Q=\varnothing$ (거짓)

ㄴ. $P\cup Q\ne Q$ (거짓)

ㄷ. $P-Q=P$ (참)

이상에서 항상 옳은 것은 ㄷ뿐이다.

답 ㄷ

150 중

명제 $\sim p \longrightarrow q$가 참이므로 $P^C\subset Q$이다.

따라서 항상 옳은 것은 ③ $Q^C\subset P$이다.

답 ③

참고 전체집합 U에 대하여 두 집합 P^C, Q 사이의 포함 관계를 벤다이어그램으로 나타내면 오른쪽 그림과 같다.

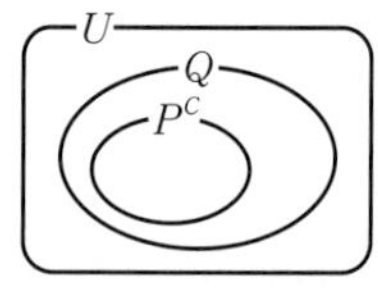

151 중

$Q\subset P$, $Q\cap R=\varnothing$을 만족시키도록 세 집합 P, Q, R 사이의 포함 관계를 벤다이어그램으로 나타내면 오른쪽 그림과 같다.

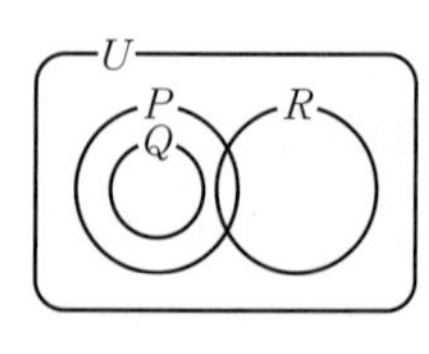

ㄱ. $P\not\subset Q$이므로 명제 $p \longrightarrow q$는 거짓이다.

ㄴ. $Q\subset R^C$이므로 명제 $q \longrightarrow \sim r$는 참이다.

ㄷ. $R\not\subset P$이므로 명제 $r \longrightarrow p$는 거짓이다.

ㄹ. $R \subset Q^C$이므로 명제 $r \longrightarrow \sim q$는 참이다.
이상에서 항상 참인 명제는 ㄴ, ㄹ이다.

답 ㄴ, ㄹ

152 중

두 조건 p, q의 진리집합을 각각 P, Q라 하면
$P=\{x \mid -2 \le x < 5\}$
$Q=\{x \mid a-9 < x < a\}$
이때 명제 $p \longrightarrow q$가 참이 되려면 $P \subset Q$이어야 하므로 다음 그림에서

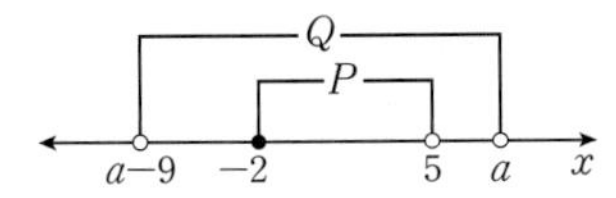

$a-9 < -2$, $a \ge 5$
$\therefore 5 \le a < 7$

답 $5 \le a < 7$

153 하

$p: a < x < 3$, $q: x \ge -4$라 하고, 두 조건 p, q의 진리집합을 각각 P, Q라 하면
$P=\{x \mid a < x < 3\}$
$Q=\{x \mid x \ge -4\}$
이때 명제 $p \longrightarrow q$가 참이 되려면 $P \subset Q$이어야 하므로 다음 그림에서

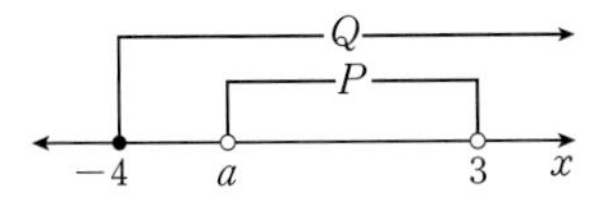

$a \ge -4$
그런데 $a < 3$이므로 $-4 \le a < 3$
따라서 정수 a는 -4, -3, -2, $\cdots$, 2의 7개이다.

답 7

154 중

두 조건 p, q의 진리집합을 각각 P, Q라 하면
$P=\{x \mid x \le -3$ 또는 $x \ge -3k-4\}$
$Q=\{x \mid k \le x \le 7\}$
이때 명제 $q \longrightarrow p$가 참이 되려면 $Q \subset P$이어야 하므로 다음 그림에서

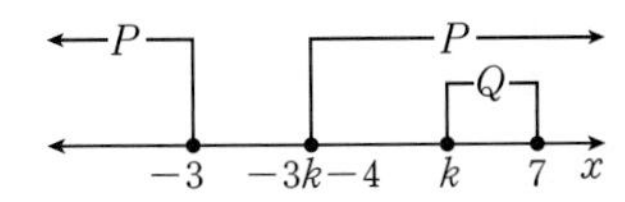

$-3k-4 \le k$
$-4k \le 4$ $\quad \therefore k \ge -1$
그런데 $k < -\frac{1}{3}$이므로
$-1 \le k < -\frac{1}{3}$

답 $-1 \le k < -\frac{1}{3}$

155 중

두 조건 p, q의 진리집합을 각각 P, Q라 하면
$p: x \le -1$ 또는 $x \ge 1$에서 $\sim p: -1 < x < 1$
$\therefore P^C=\{x \mid -1 < x < 1\}$
$q: |x+a| < 2$에서 $-2 < x+a < 2$
$\therefore -2-a < x < 2-a$
$\therefore Q=\{x \mid -2-a < x < 2-a\}$
이때 명제 $\sim p \longrightarrow q$가 참이 되려면 $P^C \subset Q$이어야 하므로 다음 그림에서

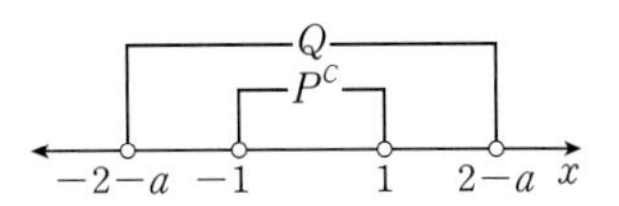

$-2-a \le -1$, $2-a \ge 1$
$a \ge -1$, $a \le 1$ $\quad \therefore -1 \le a \le 1$
따라서 실수 a의 최댓값은 1, 최솟값은 -1이므로 그 합은
$1+(-1)=0$

답 0

156 중

ㄱ. $2x-6 \le 0$에서 $x \le 3$
따라서 $-3 \le x \le 3$인 모든 x에 대하여 $2x-6 \le 0$이므로 주어진 명제는 참이다.
ㄴ. $x=2$이면 $x^2=2x$이므로 주어진 명제는 참이다.
ㄷ. [반례] $x=0$이면 $x^2=0$이다.
따라서 주어진 명제는 거짓이다.
ㄹ. $x=-1$이면 $|x| > x$이므로 주어진 명제는 참이다.
이상에서 참인 명제는 ㄱ, ㄴ, ㄹ이다.

답 ㄱ, ㄴ, ㄹ

157 중

$U=\{1, 2, 3, 4, 5, 6, 7, 8, 9, 10\}$
(1) $x=4$이면 $\frac{x}{4}=1$이므로 $\frac{x}{4} \in U$
따라서 주어진 명제는 참이다.
(2) [반례] $x=6$이면 $2x=12$이므로 $2x \notin U$
따라서 주어진 명제는 거짓이다.

답 (1) 참 (2) 거짓

158 중

주어진 명제의 부정은

'모든 실수 x, y에 대하여 $x^2+y^2\ge0$이다.'이다.

이때 모든 실수 x, y에 대하여 $x^2\ge0$, $y^2\ge0$이므로

$x^2+y^2\ge0$이다.

따라서 주어진 명제의 부정은 참이다.

답 모든 실수 x, y에 대하여 $x^2+y^2\ge0$이다. (참)

159 상

주어진 명제가 참이 되려면 모든 실수 x에 대하여 이차부등식 $x^2+6x+k\ge0$이 성립해야 하므로 이차방정식 $x^2+6x+k=0$의 판별식을 D라 할 때,

$\frac{D}{4}=3^2-k\le0$ $\therefore k\ge9$

따라서 실수 k의 최솟값은 9이다.

답 9

개념 보충 이차부등식이 항상 성립할 조건

이차방정식 $ax^2+bx+c=0$의 판별식을 D라 할 때, 모든 실수 x에 대하여

(1) 이차부등식 $ax^2+bx+c>0$이 성립 ➡ $a>0$, $D<0$

(2) 이차부등식 $ax^2+bx+c\ge0$이 성립 ➡ $a>0$, $D\le0$

(3) 이차부등식 $ax^2+bx+c<0$이 성립 ➡ $a<0$, $D<0$

(4) 이차부등식 $ax^2+bx+c\le0$이 성립 ➡ $a<0$, $D\le0$

74~77쪽

Lecture

09 명제의 역과 대우

160 중

(1) 역: $x=y$이면 $x^2=y^2$이다. (참)

대우: $x\ne y$이면 $x^2\ne y^2$이다. (거짓)

[반례] $x=-1$, $y=1$이면 $x\ne y$이지만 $x^2=y^2$이다.

(2) 역: $x+y\ge0$이면 $x\ge0$이고 $y\ge0$이다. (거짓)

[반례] $x=-1$, $y=2$이면 $x+y\ge0$이지만 $x<0$이고 $y\ge0$이다.

대우: $x+y<0$이면 $x<0$ 또는 $y<0$이다. (참)

답 (1) 풀이 참조 (2) 풀이 참조

161 하

명제와 그 대우는 참, 거짓이 항상 일치하므로 명제 $p \longrightarrow \sim q$가 참이면 그 대우 $q \longrightarrow \sim p$도 참이다.

답 ④

162 중

ㄱ. 역: $x^2+y^2>0$이면 $xy<0$이다. (거짓)

[반례] $x=1$, $y=2$이면 $x^2+y^2>0$이지만 $xy>0$이다.

대우: $x^2+y^2\le0$이면 $xy\ge0$이다. (참)

ㄴ. 역: $x=0$이고 $y=0$이면 $|x|+|y|=0$이다. (참)

대우: $x\ne0$ 또는 $y\ne0$이면 $|x|+|y|\ne0$이다. (참)

ㄷ. 역: 정사각형이면 마름모이다. (참)

대우: 정사각형이 아니면 마름모가 아니다. (거짓)

[반례] 오른쪽 그림과 같은 사각형은 정사각형이 아니지만 마름모이다.

120° 60° 60° 120°

이상에서 역과 대우가 모두 참인 명제는 ㄴ뿐이다.

답 ㄴ

163 중

주어진 명제가 참이 되려면 그 대우

'$x=2$이면 $x^2+2kx+4=0$이다.'

가 참이 되어야 한다.

따라서 $x=2$를 $x^2+2kx+4=0$에 대입하면 등식이 성립해야 하므로

$4+4k+4=0$ $\therefore k=-2$

답 -2

164 중

(1) 자연수 n에 대하여 주어진 명제의 대우는

'n이 홀수가 아니면 n^2도 홀수가 아니다.'이다.

즉, 'n이 짝수이면 n^2도 짝수이다.'이다.

(2) n이 짝수이면 $n=2k$ (k는 자연수)로 나타낼 수 있다.

이때 $n^2=(2k)^2=4k^2$이므로 n^2도 짝수이다.

따라서 주어진 명제의 대우가 참이므로 주어진 명제도 참이다.

답 (1) n이 짝수이면 n^2도 짝수이다.
(2) 풀이 참조

165 중

자연수 a, b에 대하여 주어진 명제의 대우는

'a, b가 모두 홀수이면 $a+b$는 [짝수]이다.'

이다. a, b가 모두 홀수이면

$a=2m-1$, $b=2n-1$ (m, n은 자연수)

로 나타낼 수 있다. 이때

$a+b=(2m-1)+(2n-1)$
$\quad=\boxed{2(m+n-1)}$
이고, $\boxed{2(m+n-1)}$이 $\boxed{\text{짝수}}$이므로 $a+b$도 $\boxed{\text{짝수}}$이다.
따라서 주어진 명제의 대우가 참이므로 주어진 명제도 참이다.

답 (가): 짝수, (나): $2(m+n-1)$, (다): 짝수, (라): 짝수

166 중

자연수 a, b, c에 대하여 주어진 명제의 대우는
'a, b, c가 모두 홀수이면 $a^2+b^2 \neq c^2$이다.'
이다. a, b, c가 모두 홀수이면
$a=2k-1$, $b=2l-1$, $c=2m-1$
(k, l, m은 자연수)
로 나타낼 수 있다. 이때
$a^2+b^2=(2k-1)^2+(2l-1)^2$
$\quad=(4k^2-4k+1)+(4l^2-4l+1)$
$\quad=2(2k^2-2k+2l^2-2l+1)$
$c^2=(2m-1)^2$
$\quad=4m^2-4m+1$
$\quad=2(2m^2-2m)+1$
이므로 a^2+b^2은 짝수, c^2은 홀수이다.
즉, $a^2+b^2 \neq c^2$이다.
따라서 주어진 명제의 대우가 참이므로 주어진 명제도 참이다. 답 풀이 참조

167 중

(1) 주어진 명제의 부정은 '$\sqrt{2}+1$은 유리수이다.'이다.
(2) $\sqrt{2}+1$이 유리수라 가정하면
$\sqrt{2}+1=a$ (a는 유리수)
로 나타낼 수 있다.
이때 $\sqrt{2}=a-1$이고, 유리수끼리의 뺄셈은 유리수이므로 $a-1$은 유리수이다.
그런데 이것은 $\sqrt{2}$가 유리수가 아니라는 사실에 모순이다.
따라서 $\sqrt{2}+1$은 유리수가 아니다.

답 (1) $\sqrt{2}+1$은 유리수이다. (2) 풀이 참조

168 중

n^2이 3의 배수일 때, n이 3의 배수가 아니라고 가정하면
$n=3k-1$ 또는 $n=3k-2$ (k는 자연수)
로 나타낼 수 있다.
(i) $n=3k-1$일 때,
$n^2=(3k-1)^2$
$\quad=9k^2-6k+1$
$\quad=3(\boxed{3k^2-2k})+1$
(ii) $n=3k-2$일 때,
$n^2=(3k-2)^2$
$\quad=9k^2-12k+4$
$\quad=3(\boxed{3k^2-4k+1})+1$
(i), (ii)에서 n^2을 3으로 나누었을 때의 나머지가 1이므로 n^2이 $\boxed{\text{3의 배수}}$라는 가정에 모순이다.
따라서 n^2이 3의 배수이면 n도 3의 배수이다.

답 (가): $3k^2-2k$, (나): $3k^2-4k+1$, (다): 3의 배수

169 중

실수 a, b에 대하여 $a+b>0$일 때, $a \leq 0$이고 $b \leq 0$이라고 가정하자.
$a \leq 0$이고 $b \leq 0$이면 $a+b \leq 0$이므로 $a+b>0$이라는 가정에 모순이다.
따라서 $a+b>0$이면 $a>0$ 또는 $b>0$이다.

답 풀이 참조

170 중

ㄱ. 명제 $r \longrightarrow q$가 참이므로 그 대우인 $\sim q \longrightarrow \sim r$도 참이다.
따라서 두 명제 $p \longrightarrow \sim q$, $\sim q \longrightarrow \sim r$가 모두 참이므로 삼단논법에 의하여 $p \longrightarrow \sim r$도 참이다. (참)
ㄴ. 명제 $\sim r \longrightarrow \sim q$가 참이므로 그 대우인 $q \longrightarrow r$도 참이다.
따라서 두 명제 $p \longrightarrow q$, $q \longrightarrow r$가 모두 참이므로 삼단논법에 의하여 $p \longrightarrow r$도 참이다. (참)
ㄷ. 두 명제 $p \longrightarrow r$, $q \longrightarrow r$가 모두 참이므로 각각의 대우인 $\sim r \longrightarrow \sim p$, $\sim r \longrightarrow \sim q$도 참이다.
그러나 $p \longrightarrow q$가 참인지는 알 수 없다. (거짓)
이상에서 항상 옳은 것은 ㄱ, ㄴ이다. 답 ㄱ, ㄴ

171 중

ㄱ. 두 명제 $p \longrightarrow q$, $q \longrightarrow \sim r$가 모두 참이므로 삼단논법에 의하여 $p \longrightarrow \sim r$도 참이다.

ㄴ. 명제 $p \longrightarrow q$가 참이지만 $q \longrightarrow p$가 참인지는 알 수 없다.

ㄷ. 명제 $p \longrightarrow \sim r$가 참이므로 그 대우인 $r \longrightarrow \sim p$도 참이지만 $r \longrightarrow p$가 참인지는 알 수 없다.

ㄹ. 명제 $q \longrightarrow \sim r$가 참이므로 그 대우인 $r \longrightarrow \sim q$도 참이다.

이상에서 항상 참인 명제는 ㄱ, ㄹ이다. 답 ㄱ, ㄹ

172 상

① 두 명제 $p \longrightarrow r$, $r \longrightarrow s$가 모두 참이므로 삼단논법에 의하여 $p \longrightarrow s$도 참이다.

② 명제 $p \longrightarrow r$가 참이므로 그 대우인 $\sim r \longrightarrow \sim p$도 참이다.
즉, 두 명제 $q \longrightarrow \sim r$, $\sim r \longrightarrow \sim p$가 모두 참이므로 삼단논법에 의하여 $q \longrightarrow \sim p$도 참이다.

③ 명제 $q \longrightarrow \sim r$가 참이지만 $q \longrightarrow r$가 참인지는 알 수 없다.

④ 명제 $q \longrightarrow \sim r$가 참이므로 그 대우인 $r \longrightarrow \sim q$도 참이다.

⑤ ①에서 명제 $p \longrightarrow s$가 참이므로 그 대우인 $\sim s \longrightarrow \sim p$도 참이다.

따라서 항상 참이라고 할 수 없는 것은 ③이다.

답 ③

Lecture 78~83쪽

10 충분조건과 필요조건

문제 ❶

(1) $x=1$, $y=-1$이면 $x+y=0$이므로
$p \Longrightarrow q$
또, $x=0$, $y=0$이면 $x+y=0$이지만 $x\neq 1$, $y\neq -1$이므로
$q \not\Longrightarrow p$
따라서 p는 q이기 위한 충분조건이다.

(2) $x=2$, $y=\frac{1}{2}$이면 $xy=1$이지만 $x\neq 1$, $y\neq 1$이므로
$p \not\Longrightarrow q$
또, $x=1$, $y=1$이면 $xy=1$이므로
$q \Longrightarrow p$
따라서 p는 q이기 위한 필요조건이다.

(3) $x>y$이면 $x-y>0$이므로
$p \Longrightarrow q$
또, $x-y>0$이면 $x>y$이므로
$q \Longrightarrow p$
따라서 $p \Longleftrightarrow q$이므로 p는 q이기 위한 필요충분조건이다.

문제 ❷

두 조건 p, q의 진리집합을 각각 P, Q라 하자.

(1) $P=\{-2\}$, $Q=\{-2, 2\}$
이때 $P\subset Q$이므로 p는 q이기 위한 충분조건이다.

(2) $P=\{3\}$, $Q=\{3\}$
이때 $P=Q$이므로 p는 q이기 위한 필요충분조건이다.

(3) $P=\{x|x>1\}$, $Q=\{x|x>4\}$
이때 $Q\subset P$이므로 p는 q이기 위한 필요조건이다.

173 중

ㄱ. 두 조건 p, q의 진리집합을 각각 P, Q라 하면
$P=\{-2\}$
q: $x^2-4=0$에서 $(x+2)(x-2)=0$
$\therefore x=-2$ 또는 $x=2$
$\therefore Q=\{-2, 2\}$
이때 $P\subset Q$, $Q\not\subset P$이므로 p는 q이기 위한 충분조건이지만 필요조건은 아니다.

ㄴ. 두 조건 p, q의 진리집합을 각각 P, Q라 하자.
p: $x^2>0$에서 $x<0$ 또는 $x>0$
$\therefore P=\{x|x<0$ 또는 $x>0\}$
또, $Q=\{x|x>0\}$
이때 $P\not\subset Q$, $Q\subset P$이므로 p는 q이기 위한 필요조건이지만 충분조건은 아니다.

ㄷ. $x=y=0$이면 $|x|+|y|=0$이므로
$p \Longrightarrow q$
또, $|x|+|y|=0$이면 $|x|=0$, $|y|=0$이므로
$x=0$, $y=0$
$\therefore q \Longrightarrow p$
따라서 $p \Longleftrightarrow q$이므로 p는 q이기 위한 필요충분조건이다.

ㄹ. $x=y$이면 $xz=yz$이므로
$p \Longrightarrow q$
또, $x=1$, $y=2$, $z=0$이면

$xz=yz$이지만 $x \neq y$이므로

$q \not\Longrightarrow p$

따라서 p는 q이기 위한 충분조건이지만 필요조건은 아니다.

이상에서 p가 q이기 위한 충분조건이지만 필요조건은 아닌 것은 ㄱ, ㄹ이다.

답 ㄱ, ㄹ

174 중

(1) p: $-2<x<2$, q: $-5<x-2<1$이라 하고, 두 조건 p, q의 진리집합을 각각 P, Q라 하면

$P=\{x \mid -2<x<2\}$

q: $-5<x-2<1$에서 $-3<x<3$

$\therefore Q=\{x \mid -3<x<3\}$

이때 $P \subset Q$, $Q \not\subset P$이므로

$p \Longrightarrow q$

따라서 p는 q이기 위한 충분조건이다.

(2) p: x가 4의 양의 배수이다.

q: x가 8의 양의 배수이다.

라 하고, 두 조건 p, q의 진리집합을 각각 P, Q라 하면

$P=\{4, 8, 12, 16, \cdots\}$

$Q=\{8, 16, 24, 32, \cdots\}$

이때 $P \not\subset Q$, $Q \subset P$이므로

$q \Longrightarrow p$

따라서 p는 q이기 위한 필요조건이다.

(3) p: $x^2=1$, q: $|x|=1$이라 하고, 두 조건 p, q의 진리집합을 각각 P, Q라 하면

$P=\{-1, 1\}$, $Q=\{-1, 1\}$

이때 $P=Q$이므로

$p \Longleftrightarrow q$

따라서 p는 q이기 위한 필요충분조건이다.

(4) p: $x<0$, q: $x+|x|=0$이라 하고, 두 조건 p, q의 진리집합을 각각 P, Q라 하면

$P=\{x \mid x<0\}$

q: $x+|x|=0$에서

$|x|=-x \qquad \therefore x \leq 0$

$\therefore Q=\{x \mid x \leq 0\}$

이때 $P \subset Q$, $Q \not\subset P$이므로

$p \Longrightarrow q$

따라서 p는 q이기 위한 충분조건이다.

답 (1) 충분 (2) 필요 (3) 필요충분 (4) 충분

175 중

ㄱ. $x>1$이고 $y>1$이면 $xy>1$이므로

$p \Longrightarrow q$

또, $x=4$, $y=\frac{1}{2}$이면 $xy>1$이지만 $x>1$이고 $y<1$이므로

$q \not\Longrightarrow p$

따라서 p는 q이기 위한 충분조건이다.

ㄴ. $A \cap B=A$이면 $A \subset B$이므로 $A-B=\varnothing$

$\therefore p \Longrightarrow q$

또, $A-B=\varnothing$이면 $A \subset B$이므로 $A \cap B=A$

$\therefore q \Longrightarrow p$

따라서 $p \Longleftrightarrow q$이므로 p는 q이기 위한 필요충분조건이다.

ㄷ. $x=1$, $y=3$이면 $x+y=4$는 짝수이지만 x, y는 모두 홀수이므로

$p \not\Longrightarrow q$

또, x, y가 모두 짝수이면 $x+y$도 짝수이므로

$q \Longrightarrow p$

따라서 p는 q이기 위한 필요조건이다.

ㄹ. $x=1$, $y=2$, $z=2$이면 $(x-y)(y-z)=0$이지만 $x=y=z$가 아니므로

$p \not\Longrightarrow q$

또, $x=y=z$이면 $(x-y)(y-z)=0$이므로

$q \Longrightarrow p$

따라서 p는 q이기 위한 필요조건이다.

이상에서 p가 q이기 위한 필요충분조건인 것은 ㄴ뿐이다.

답 ㄴ

176 중

(1) q: $|x-k|<8$에서 $-8<x-k<8$

$\therefore k-8<x<k+8$

두 조건 p, q의 진리집합을 각각 P, Q라 하면

$P=\{x \mid -1 \leq x<4\}$

$Q=\{x \mid k-8<x<k+8\}$

이때 p가 q이기 위한 충분조건이 되려면 $P \subset Q$이어야 하므로 다음 그림에서

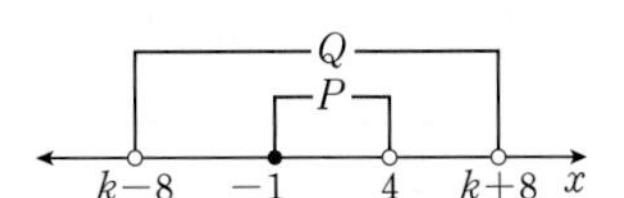

$k-8<-1$, $k+8 \geq 4$

$k<7$, $k \geq -4$

$\therefore -4 \le k < 7$

따라서 정수 k는 $-4, -3, -2, \cdots, 6$의 11개이다.

(2) $x+5 \ne 0$이 $x^2+kx-k-1 \ne 0$이기 위한 필요조건이므로 명제

'$x^2+kx-k-1 \ne 0$이면 $x+5 \ne 0$이다.'

가 참이다. 따라서 그 대우

'$x+5=0$이면 $x^2+kx-k-1=0$이다.'

도 참이므로 $x=-5$를 $x^2+kx-k-1=0$에 대입하면

$25-5k-k-1=0$

$24-6k=0 \qquad \therefore k=4$

답 (1) 11 (2) 4

177 중

두 조건 p, q의 진리집합을 각각 P, Q라 하면

$p: x^2+x-6<0$에서 $(x+3)(x-2)<0$

$\therefore -3<x<2$

$\therefore P=\{x \mid -3<x<2\}$

또, $Q=\left\{x \,\middle|\, -\frac{k}{2}<x\le 1\right\}$

이때 p가 q이기 위한 필요조건이므로 $Q \subset P$이어야 한다.

오른쪽 그림에서

$-3 \le -\frac{k}{2} \qquad \therefore k \le 6$

그런데 $k>-2$이므로

$-2<k\le 6$

답 $-2<k\le 6$

178 중

$q: (x-1)^2(x-3)=0$에서 $x=1$ 또는 $x=3$

p가 q이기 위한 필요충분조건이므로 이차방정식 $x^2-2ax+3=0$의 두 근이 1, 3이다.

따라서 이차방정식의 근과 계수의 관계에 의하여

$1+3=2a \qquad \therefore a=2$

답 2

개념 보충 이차방정식의 근과 계수의 관계

이차방정식 $ax^2+bx+c=0$의 두 근을 α, β라 하면

(1) $\alpha+\beta=-\frac{b}{a}$ (2) $\alpha\beta=\frac{c}{a}$

179 상

세 조건 p, q, r의 진리집합을 각각 P, Q, R라 하면

$P=\{x \mid -3<x<1 \text{ 또는 } x>4\}$,

$Q=\{x \mid x>a\}$, $R=\{x \mid x \ge b\}$

이때 p는 q이기 위한 필요조건이고 p는 r이기 위한 충분조건이므로

$Q \subset P$, $P \subset R$

$\therefore Q \subset P \subset R$

이를 만족시키도록 세 집합 P, Q, R를 수직선 위에 나타내면 다음 그림과 같다.

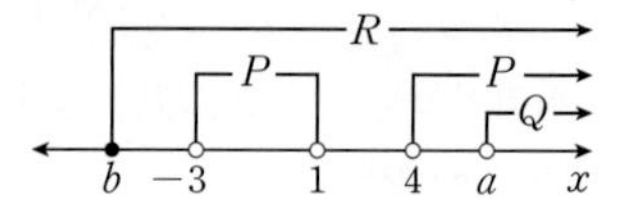

$\therefore a \ge 4, b \le -3$

따라서 a의 최솟값은 4, b의 최댓값은 -3이므로 구하는 합은

$4+(-3)=1$

답 1

180 중

$\sim p$가 q이기 위한 필요조건이므로

$q \Longrightarrow \sim p \qquad \therefore Q \subset P^C$

이때 두 집합 P, Q 사이의 포함 관계를 벤다이어그램으로 나타내면 오른쪽 그림과 같다.

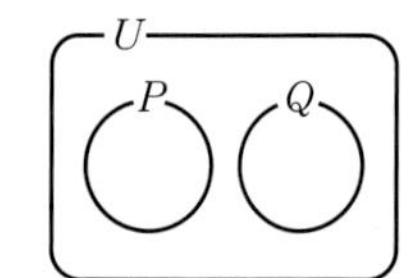

① $P \not\subset Q$

② $Q \not\subset P$

③ $P \cap Q = \varnothing$

④ $P \cup Q \ne U$

⑤ $Q-P=Q$

따라서 항상 옳은 것은 ③이다.

답 ③

181 중

(1) $P \subset R^C$이므로 $p \Longrightarrow \sim r$

따라서 p는 $\sim r$이기 위한 충분조건이다.

(2) $Q \subset P^C$이므로 $q \Longrightarrow \sim p$

따라서 q는 $\sim p$이기 위한 충분조건이다.

(3) $Q^C \subset R^C$이므로 $\sim q \Longrightarrow \sim r$

따라서 $\sim r$는 $\sim q$이기 위한 필요조건이다.

답 (1) 충분 (2) 충분 (3) 필요

182 중

$P \cap Q^C = \varnothing$에서 $P-Q=\varnothing$

$\therefore P \subset Q$

$Q\cup R=R$이므로 $Q\subset R$ ...... ㉠

$Q\cap R=R$이므로 $R\subset Q$ ...... ㉡

㉠, ㉡에서 $Q=R$

ㄱ. $P\subset Q$이므로 $p \Longrightarrow q$

따라서 p는 q이기 위한 충분조건이다. (거짓)

ㄴ. $P\subset Q$, $Q=R$이므로 $P\subset R$

$\therefore p \Longrightarrow r$

따라서 r는 p이기 위한 필요조건이다. (거짓)

ㄷ. $Q=R$이므로 $q \Longleftrightarrow r$

따라서 q는 r이기 위한 필요충분조건이다. (참)

이상에서 항상 옳은 것은 ㄷ뿐이다. 답 ㄷ

183 중

p는 q이기 위한 충분조건이므로

$p \Longrightarrow q$

$\sim r$는 q이기 위한 필요조건이므로

$q \Longrightarrow \sim r$

① $p \Longrightarrow q$, $q \Longrightarrow \sim r$이므로 삼단논법에 의하여

$p \Longrightarrow \sim r$

③ $p \Longrightarrow q$이므로 $\sim q \Longrightarrow \sim p$

④ ①에서 $p \Longrightarrow \sim r$이므로 $r \Longrightarrow \sim p$

⑤ $q \Longrightarrow \sim r$이므로 $r \Longrightarrow \sim q$

답 ②

184 중

p는 $\sim q$이기 위한 충분조건이므로

$p \Longrightarrow \sim q$

q는 r이기 위한 필요조건이므로

$r \Longrightarrow q$

$r \Longrightarrow q$이므로 $\sim q \Longrightarrow \sim r$

$p \Longrightarrow \sim q$, $\sim q \Longrightarrow \sim r$이므로 삼단논법에 의하여

$p \Longrightarrow \sim r$

따라서 $\sim r$는 p이기 위한 필요조건이다.

답 필요조건

185 중

ㄱ. $\sim p \Longrightarrow \sim q$이므로 $q \Longrightarrow p$

따라서 p는 q이기 위한 필요조건이다. (참)

ㄴ. $r \Longrightarrow q$이므로 $\sim q \Longrightarrow \sim r$

따라서 $\sim q$는 $\sim r$이기 위한 충분조건이다. (거짓)

ㄷ. $r \Longrightarrow q$, $q \Longrightarrow p$이므로 삼단논법에 의하여

$r \Longrightarrow p$

따라서 r는 p이기 위한 충분조건이다. (참)

이상에서 항상 옳은 것은 ㄱ, ㄷ이다. 답 ㄱ, ㄷ

중단원 연습문제

84~87쪽

186 조건의 부정

전략 '이고'의 부정은 '또는', '$=$'의 부정은 '$\neq$', '크다.'의 부정은 '작거나 같다.'임을 이용한다.

주어진 조건 p에 대하여 그 부정 $\sim p$를 각각 구하면 다음과 같다.

ㄱ. $x\neq 1$ 또는 $x\neq 2$

ㄴ. x^2은 4보다 작거나 같다.

ㄷ. x, y는 모두 0이다.

이상에서 $\sim p$를 옳게 나타낸 것은 ㄷ뿐이다. 답 ㄷ

187 조건의 진리집합

전략 조건 p의 진리집합을 P라 하면 $\sim p$의 진리집합은 P^C임을 이용한다.

[문제 이해]

두 조건 p, q의 진리집합을 각각 P, Q라 하면

$P=\{1, 2, 3, 6\}$

$Q=\{1, 2, 4, 8\}$ ··· 30% 배점

[해결 과정]

조건 '$\sim p$ 그리고 $\sim q$'의 진리집합은 $P^C\cap Q^C$이고,

$P^C=\{4, 5, 7, 8, 9, 10, 11, 12\}$

$Q^C=\{3, 5, 6, 7, 9, 10, 11, 12\}$ ··· 40% 배점

[답 구하기]

따라서 구하는 진리집합은

$P^C\cap Q^C=\{5, 7, 9, 10, 11, 12\}$ ··· 30% 배점

답 $\{5, 7, 9, 10, 11, 12\}$

188 명제 $p \longrightarrow q$의 참, 거짓

전략 명제 $p \longrightarrow q$에서 조건 p는 만족시키지만 조건 q는 만족시키지 않는 예가 있는 것을 찾는다.

① p: $x=-2$, q: $|x|=2$라 하고 두 조건 p, q의 진리집합을 각각 P, Q라 하면

$P=\{-2\}$

$Q=\{-2, 2\}$

따라서 $P\subset Q$이므로 명제 $p \longrightarrow q$는 참이다.

② p: $x=3$, q: $x^2=9$라 하고 두 조건 p, q의 진리집합을 각각 P, Q라 하면

$P=\{3\}$

$Q=\{-3, 3\}$

따라서 $P\subset Q$이므로 명제 $p \longrightarrow q$는 참이다.

③ [반례] $x=1$, $y=0$이면 $xy=0$이지만 $x^2+y^2\neq 0$이다.

따라서 주어진 명제는 거짓이다.

④ p: $x(x-1)=0$, q: $0\le x\le 2$라 하고 두 조건 p, q의 진리집합을 각각 P, Q라 하면

p: $x(x-1)=0$에서 $x=0$ 또는 $x=1$

$\therefore P=\{0, 1\}$

또, $Q=\{x\,|\,0\le x\le 2\}$

따라서 $P\subset Q$이므로 명제 $p \longrightarrow q$는 참이다.

⑤ x, y가 자연수이면 $x\ge 1$, $y\ge 1$이므로 $x+y\ge 2$이다.

따라서 주어진 명제는 참이다.

이상에서 거짓인 명제는 ③이다. 답 ③

189 명제 $p \longrightarrow q$의 참, 거짓

전략 명제 $p \longrightarrow q$에서 조건 p는 만족시키지만 조건 q는 만족시키지 않는 예를 찾는다.

$n=33$이면 각 자리 숫자의 합이 6으로 짝수이지만 n은 홀수이므로 주어진 명제는 거짓이다.

따라서 반례로 알맞은 것은 ③이다. 답 ③

190 명제의 참, 거짓과 진리집합의 포함 관계

전략 벤다이어그램을 이용하여 P와 Q^C, P^C와 R^C, Q와 R^C 사이의 포함 관계를 각각 파악한다.

ㄱ. $P\not\subset Q^C$이므로 명제 $p \longrightarrow \sim q$는 거짓이다.

ㄴ. $P^C\subset R^C$이므로 명제 $\sim p \longrightarrow \sim r$는 참이다.

ㄷ. $Q\not\subset R^C$이므로 명제 $q \longrightarrow \sim r$는 거짓이다.

이상에서 항상 참인 명제는 ㄴ뿐이다. 답 ㄴ

191 명제의 참, 거짓과 진리집합의 포함 관계

전략 세 집합 P, Q, R 사이의 포함 관계를 먼저 구한다.

$P\cup Q=Q$에서 $P\subset Q$

$P\cap R=R$에서 $R\subset P$

이므로 $R\subset P\subset Q$

① $R\subset P$에서 $P^C\subset R^C$이므로 명제 $\sim p \longrightarrow \sim r$는 참이다.

② 명제 $q \longrightarrow r$는 $R=P=Q$일 때만 참이므로 항상 참이라고 할 수 없다.

③ $P\subset Q$에서 $Q^C\subset P^C$이므로 명제 $\sim q \longrightarrow \sim p$는 참이다.

④ $R\subset P\subset Q$에서 $R\subset Q$이므로 $Q^C\subset R^C$

즉, 명제 $\sim q \longrightarrow \sim r$는 참이다.

⑤ $R\subset P$이므로 명제 $r \longrightarrow p$는 참이다.

따라서 항상 참이라고 할 수 없는 것은 ②이다. 답 ②

192 명제가 참이 되도록 하는 조건

전략 명제 $p \longrightarrow q$가 참이 되도록 두 조건 p, q의 진리집합을 수직선 위에 나타낸다.

두 조건 p, q의 진리집합을 각각 P, Q라 하자.

p: $|x-2|<2$에서 $-2<x-2<2$ $\quad\therefore 0<x<4$

$\therefore P=\{x\,|\,0<x<4\}$

또, $Q=\{x\,|\,5-k<x<k\}$

이때 명제 $p \longrightarrow q$가 참이 되려면 $P\subset Q$이어야 하므로 오른쪽 그림에서

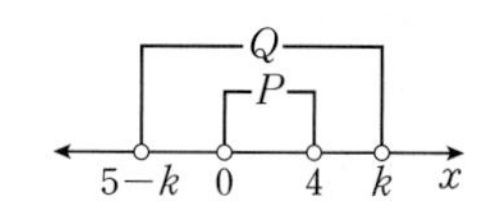

$5-k\le 0$, $k\ge 4$ $\quad\therefore k\ge 5$

따라서 실수 k의 최솟값은 5이다. 답 ②

193 '모든'을 포함한 명제의 참, 거짓

전략 주어진 명제의 부정을 구하고, 이차함수의 그래프와 x축의 위치 관계를 이용한다.

주어진 명제가 거짓이 되려면 그 부정

'어떤 실수 x에 대하여 $2x^2+6x+a<0$이다.'

가 참이 되어야 한다.

즉, 이차부등식 $2x^2+6x+a<0$을 만족시키는 실수 x가 존재해야 하므로 이차함수 $y=2x^2+6x+a$의 그래프와 x축이 서로 다른 두 점에서 만나야 한다.

이차방정식 $2x^2+6x+a=0$의 판별식을 D라 할 때,

$\frac{D}{4}=3^2-2a>0$ $\quad\therefore a<\frac{9}{2}$

따라서 정수 a의 최댓값은 4이다. 답 ③

194 명제의 역과 대우의 참, 거짓

전략 명제 $\sim p \longrightarrow q$의 역을 구한 후, 그 대우도 참임을 이용한다.

명제 $\sim p \longrightarrow q$의 역은 $q \longrightarrow \sim p$
따라서 명제 $q \longrightarrow \sim p$가 참이므로 그 대우
$p \longrightarrow \sim q$도 참이다. 답 ②

195 귀류법을 이용한 증명

〔전략〉 명제의 결론을 부정하면 모순이 생김을 보임으로써 원래의 명제가 참임을 증명한다.

$b \neq 0$이라 가정하면 $a+b\sqrt{3}=0$에서

$\sqrt{3}=-\frac{a}{b}$

이때 a, b가 유리수이므로 $-\frac{a}{b}$, 즉 $\sqrt{3}$도 [유리수]이다.
그런데 이것은 $\sqrt{3}$이 [무리수]라는 사실에 모순이므로 $b=0$이다.
$b=0$을 $a+b\sqrt{3}=0$에 대입하면 $a=$[0]이다.
따라서 유리수 a, b에 대하여 $a+b\sqrt{3}=0$이면 $a=b=0$이다.

답 (가): 유리수, (나): 무리수, (다): 0

196 명제의 대우와 삼단논법

〔전략〉 삼단논법을 이용하기 위하여 필요한 새로운 참인 명제를 찾는다.

명제 $\sim s \longrightarrow p$가 참이므로 그 대우 $\sim p \longrightarrow s$도 참이다.
두 명제 $q \longrightarrow \sim r$, $\sim p \longrightarrow s$가 참이므로 명제 $q \longrightarrow s$가 참이 되려면 명제 $\sim r \longrightarrow \sim p$가 참이어야 한다.
또, 명제 $\sim r \longrightarrow \sim p$가 참이면 그 대우 $p \longrightarrow r$도 참이다.
따라서 명제 $q \longrightarrow s$가 참임을 보이기 위해 필요한 참인 명제는 ②이다. 답 ②

197 충분조건, 필요조건, 필요충분조건

〔전략〉 두 조건 p, q의 진리집합 사이의 포함 관계를 알아본다.

p: $x+1>0$에서 $x>-1$
q: $x^2+1>0$에서 $x^2>-1$ $\quad\therefore$ x는 모든 실수
두 조건 p, q의 진리집합을 각각 P, Q라 하면
$P=\{x \mid x>-1\}$
$Q=\{x \mid x$는 모든 실수$\}$
이때 $P \subset Q$, $Q \not\subset P$이므로
$p \Longrightarrow q$
따라서 p는 q이기 위한 충분조건이다.

답 충분조건

198 필요조건을 만족시키는 미지수 구하기

〔전략〉 p가 q이기 위한 필요조건이 되려면 명제 $q \longrightarrow p$가 참이어야 함을 이용한다.

[문제 이해]

p가 q이기 위한 필요조건이 되려면 명제
'$2x-a=0$이면 $x^3-7x^2+7x+15=0$이다.'
가 참이어야 한다. … 20% 배점

[해결 과정]

따라서 $2x-a=0$, 즉 $x=\frac{a}{2}$가 방정식
$x^3-7x^2+7x+15=0$의 해이다.

-1	1	-7	7	15
		-1	8	-15
	1	-8	15	0

위와 같이 조립제법을 이용하여 $x^3-7x^2+7x+15=0$의 좌변을 인수분해하면
$(x+1)(x^2-8x+15)=0$
$(x+1)(x-3)(x-5)=0$
$\therefore$ $x=-1$ 또는 $x=3$ 또는 $x=5$ … 50% 배점

[답 구하기]

$x=\frac{a}{2}$가 방정식 $x^3-7x^2+7x+15=0$의 해이므로
$\frac{a}{2}=-1$ 또는 $\frac{a}{2}=3$ 또는 $\frac{a}{2}=5$
$\therefore$ $a=-2$ 또는 $a=6$ 또는 $a=10$
따라서 모든 실수 a의 값의 합은
$-2+6+10=14$ … 30% 배점

답 14

199 충분조건, 필요조건과 삼단논법

〔전략〉 네 조건 p, q, r, s 사이의 충분조건, 필요조건, 필요충분조건을 이용하여 새로운 관계를 파악한다.

(가)에서 $p \Longleftrightarrow r$
(나)에서 $q \Longrightarrow r$
(다)에서 $s \Longrightarrow q$
(라)에서 $r \Longrightarrow s$
$p \Longrightarrow r$, $r \Longrightarrow s$이므로 삼단논법에 의하여
$p \Longrightarrow s$
또, $s \Longrightarrow q$, $q \Longrightarrow r$, $r \Longrightarrow p$이므로 삼단논법에 의하여
$s \Longrightarrow p$
따라서 $p \Longleftrightarrow s$이므로 p는 s이기 위한 필요충분조건이다. 답 필요충분조건

200 조건의 진리집합

[전략] 세 집합 P, Q, R를 각각 구한 후, 집합의 연산을 이용하여 $(P^C \cup Q^C) \cap R$를 구한다.

p: $3 \le x \le 8$에서

$P = \{3, 4, 5, 6, 7, 8\}$

q: x는 소수에서

$Q = \{2, 3, 5, 7\}$

r: $2x^2 - 15x + 18 > 0$에서

$(2x-3)(x-6) > 0 \qquad \therefore x < \frac{3}{2}$ 또는 $x > 6$

$\therefore R = \{1, 7, 8, 9, 10\}$

$$\begin{aligned} \therefore (P^C \cup Q^C) \cap R &= (P \cap Q)^C \cap R \\ &= R \cap (P \cap Q)^C \\ &= R - (P \cap Q) \\ &= \{1, 7, 8, 9, 10\} - \{3, 5, 7\} \\ &= \{1, 8, 9, 10\} \end{aligned}$$

따라서 구하는 모든 원소의 합은

$1 + 8 + 9 + 10 = 28$ 답 28

201 명제의 참, 거짓과 진리집합의 포함 관계

[전략] 명제 $p \longrightarrow q$가 참이면 $P \subset Q$임을 이용하여 세 집합 P, Q, R 사이의 포함 관계를 파악한다.

명제 $\sim p \longrightarrow r$, $r \longrightarrow \sim q$, $\sim r \longrightarrow q$가 모두 참이므로

$P^C \subset R$, $R \subset Q^C$, $R^C \subset Q$

ㄱ. $P^C \subset R$ (참)

ㄴ. $P^C \subset R$, $R \subset Q^C$이므로 $P^C \subset Q^C$

$\therefore Q \subset P$

그러나 $P \subset Q$가 항상 옳은지는 알 수 없다. (거짓)

ㄷ. ㄴ에서 $Q \subset P$이므로 $P \cap Q = Q$

$R \subset Q^C$에서 $Q \subset R^C$ ...... ㉠

$R^C \subset Q$ ...... ㉡

㉠, ㉡에서 $Q = R^C$

$\therefore P \cap Q = Q = R^C$ (참)

이상에서 항상 옳은 것은 ㄱ, ㄷ이다. 답 ③

202 충분조건을 만족시키는 미지수 구하기

[전략] p가 $\sim q$이기 위한 충분조건이 되도록 두 조건 p, $\sim q$의 진리집합을 수직선 위에 나타내어 본다.

두 조건 p, q의 진리집합을 각각 P, Q라 하면

$P = \{x \mid -2 < x < a^2 - 5\}$

또, q: $|x-3| \ge 2a$에서

$x - 3 \le -2a$ 또는 $x - 3 \ge 2a$

$\therefore x \le 3 - 2a$ 또는 $x \ge 3 + 2a$

$\therefore Q = \{x \mid x \le 3 - 2a$ 또는 $x \ge 3 + 2a\}$

이때 p가 $\sim q$이기 위한 충분조건이 되려면 $P \subset Q^C$이어야 하고, $Q^C = \{x \mid 3 - 2a < x < 3 + 2a\}$이므로 다음 그림에서

$3 - 2a \le -2$, $a^2 - 5 \le 3 + 2a$

$3 - 2a \le -2$에서

$-2a \le -5 \qquad \therefore a \ge \frac{5}{2}$ ...... ㉠

$a^2 - 5 \le 3 + 2a$에서

$a^2 - 2a - 8 \le 0$, $(a+2)(a-4) \le 0$

$\therefore -2 \le a \le 4$ ...... ㉡

㉠, ㉡에서 $\frac{5}{2} \le a \le 4$

따라서 자연수 a는 3, 4이므로 구하는 합은

$3 + 4 = 7$ 답 7

203 '어떤'을 포함한 명제의 참, 거짓

⊕ 충분조건, 필요조건과 진리집합의 관계

[전략] 주어진 조건을 이용하여 세 집합 P, Q, R 사이의 포함 관계를 파악한다.

세 집합 P, Q, R 사이의 포함 관계를 벤다이어그램으로 나타내면 다음 그림과 같다.

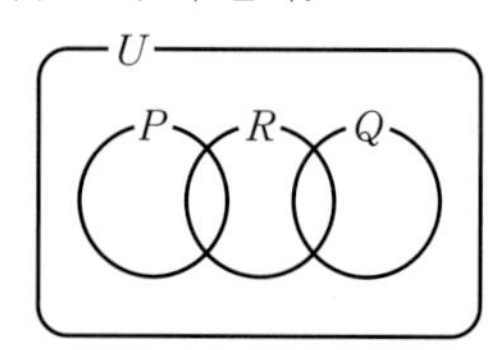

ㄱ. $R \not\subset (P \cup Q)$이므로

$r \not\Longrightarrow (p$ 또는 $q)$ (거짓)

ㄴ. $P \subset Q^C$이므로

$p \Longrightarrow \sim q$

따라서 p는 $\sim q$이기 위한 충분조건이다. (참)

ㄷ. $x \in R$인 어떤 원소 x가 $x \in (Q \cap R)$이면

$(Q \cap R) \subset Q$이므로 $x \in Q$이다.

이때 $P^C \cap Q = Q$이므로

$x \in (P^C \cap Q)$ (참)

이상에서 항상 옳은 것은 ㄴ, ㄷ이다. 답 ㄴ, ㄷ

92~93쪽

Lecture
11 절대부등식

204 중

(1) $ab+1-(a+b)=ab+1-a-b$

$=a(b-1)-(b-1)$

$=(a-1)(b-1)$

$a>1$, $b>1$에서 $a-1>0$, $b-1>0$이므로

$(a-1)(b-1)>0$

즉, $ab+1-(a+b)>0$이므로

$ab+1>a+b$

(2) $(\sqrt{a+1})^2-\left(\frac{a}{2}+1\right)^2=a+1-\left(\frac{a^2}{4}+a+1\right)$

$=-\frac{a^2}{4}<0$ ← $a^2>0$

$\therefore (\sqrt{a+1})^2<\left(\frac{a}{2}+1\right)^2$

$a>0$에서 $\sqrt{a+1}>0$, $\frac{a}{2}+1>0$이므로

$\sqrt{a+1}<\frac{a}{2}+1$

(3) $\frac{6^{12}}{3^{20}}=\frac{(2\times3)^{12}}{3^{20}}=\frac{2^{12}\times3^{12}}{3^{20}}=\frac{2^{12}}{3^8}$

$=\frac{(2^3)^4}{(3^2)^4}=\left(\frac{2^3}{3^2}\right)^4=\left(\frac{8}{9}\right)^4<1$ ← $\frac{8}{9}<1$

그런데 $6^{12}>0$, $3^{20}>0$이므로

$6^{12}<3^{20}$

답 (1) $ab+1>a+b$
(2) $\sqrt{a+1}<\frac{a}{2}+1$
(3) $6^{12}<3^{20}$

205 중

(1) $\frac{a}{1+a}-\frac{b}{1+b}=\frac{a(1+b)-b(1+a)}{(1+a)(1+b)}$

$=\frac{a-b}{(1+a)(1+b)}$

$a>b>0$에서 $a-b>0$, $(1+a)(1+b)>0$이므로

$\frac{a-b}{(1+a)(1+b)}>0$

즉, $\frac{a}{1+a}-\frac{b}{1+b}>0$이므로

$\frac{a}{1+a}>\frac{b}{1+b}$

(2) $|a+3|^2-(|a|+3)^2$

$=(a+3)^2-(|a|^2+6|a|+9)$

$=a^2+6a+9-(a^2+6|a|+9)$

$=6(a-|a|)\leq0$ ← $a\leq|a|$

$\therefore |a+3|^2\leq(|a|+3)^2$

그런데 $|a+3|\geq0$, $|a|+3>0$이므로

$|a+3|\leq|a|+3$

답 (1) $\frac{a}{1+a}>\frac{b}{1+b}$ (2) $|a+3|\leq|a|+3$

206 중

$A^2=(\sqrt{3}+\sqrt{11})^2=14+2\sqrt{33}$

$B^2=(3+\sqrt{5})^2=14+6\sqrt{5}=14+2\sqrt{45}$

$C^2=(\sqrt{6}+2\sqrt{2})^2=14+4\sqrt{12}=14+2\sqrt{48}$

이때 $\sqrt{33}<\sqrt{45}<\sqrt{48}$이므로 $A^2<B^2<C^2$

그런데 A, B, C는 모두 양수이므로

$A<B<C$

답 $A<B<C$

207 중

(1) $(a+b)^2-4ab$

$=(a^2+2ab+b^2)-4ab$

$=a^2-2ab+b^2$

$=(a-b)^2\geq0$

$\therefore (a+b)^2\geq4ab$

여기서 등호는 $a=b$일 때 성립한다.

(2) $(\sqrt{a}+\sqrt{b})^2-(\sqrt{a+b})^2$

$=(a+2\sqrt{ab}+b)-(a+b)$

$=2\sqrt{ab}>0$

$\therefore (\sqrt{a}+\sqrt{b})^2>(\sqrt{a+b})^2$

그런데 $\sqrt{a}+\sqrt{b}>0$, $\sqrt{a+b}>0$이므로

$\sqrt{a}+\sqrt{b}>\sqrt{a+b}$

답 (1) 풀이 참조 (2) 풀이 참조

208 중

$(|a|+|b|)^2-|a-b|^2$

$=(|a|^2+2|a||b|+|b|^2)-(a-b)^2$

$=(a^2+2|ab|+b^2)-(a^2-2ab+b^2)$

$=2(\boxed{|ab|+ab})\geq0$ ← $|ab|\geq-ab$

이므로 $(|a|+|b|)^2\geq|a-b|^2$

그런데 $|a|+|b|\ge 0$, $|a-b|\ge 0$이므로

$|a|+|b|\ge|a-b|$

여기서 등호는 $|ab|+ab=0$, 즉 $ab\boxed{\le}0$일 때 성립한다.

답 (가): $|ab|+ab$, (나): $\le$

209 중

(1) $(\sqrt{a-b})^2-(\sqrt{a}-\sqrt{b})^2$

$=(a-b)-(a-2\sqrt{ab}+b)$

$=2\sqrt{ab}-2b$

$=2\sqrt{b}(\sqrt{a}-\sqrt{b})$

$a>b>0$에서 $\sqrt{b}>0$, $\sqrt{a}-\sqrt{b}>0$이므로

$2\sqrt{b}(\sqrt{a}-\sqrt{b})>0$

즉, $(\sqrt{a-b})^2-(\sqrt{a}-\sqrt{b})^2>0$이므로

$(\sqrt{a-b})^2>(\sqrt{a}-\sqrt{b})^2$

그런데 $\sqrt{a-b}>0$, $\sqrt{a}-\sqrt{b}>0$이므로

$\sqrt{a-b}>\sqrt{a}-\sqrt{b}$

(2) $a^2+b^2+1-(ab+a+b)$

$=\frac{1}{2}(2a^2+2b^2+2-2ab-2a-2b)$

$=\frac{1}{2}\{(a^2-2ab+b^2)+(a^2-2a+1)+(b^2-2b+1)\}$

$=\frac{1}{2}\{(a-b)^2+(a-1)^2+(b-1)^2\}$

$(a-b)^2\ge 0$, $(a-1)^2\ge 0$, $(b-1)^2\ge 0$이므로

$\frac{1}{2}\{(a-b)^2+(a-1)^2+(b-1)^2\}\ge 0$

즉, $a^2+b^2+1-(ab+a+b)\ge 0$이므로

$a^2+b^2+1\ge ab+a+b$

여기서 등호는 $a-b=0$, $a-1=0$, $b-1=0$, 즉 $a=b=1$일 때 성립한다.

답 (1) 풀이 참조 (2) 풀이 참조

95~98쪽

Lecture

12 특별한 절대부등식

210 중

(1) $\frac{16y}{x}>0$, $\frac{x}{y}>0$이므로 산술평균과 기하평균의 관계에 의하여

$\frac{16y}{x}+\frac{x}{y}\ge 2\sqrt{\frac{16y}{x}\times\frac{x}{y}}$

$=2\times 4=8$

$\left(\text{단, 등호는 } \frac{16y}{x}=\frac{x}{y}\text{, 즉 } x=4y\text{일 때 성립}\right)$

따라서 $\frac{16y}{x}+\frac{x}{y}$의 최솟값은 8이다.

(2) $\left(a+\frac{1}{b}\right)\left(9b+\frac{1}{a}\right)=9ab+1+9+\frac{1}{ab}$

$=10+9ab+\frac{1}{ab}$

$9ab>0$, $\frac{1}{ab}>0$이므로 산술평균과 기하평균의 관계에 의하여

$10+9ab+\frac{1}{ab}\ge 10+2\sqrt{9ab\times\frac{1}{ab}}$

$=10+2\times 3=16$

$\left(\text{단, 등호는 } 9ab=\frac{1}{ab}\text{, 즉 } ab=\frac{1}{3}\text{일 때 성립}\right)$

따라서 $\left(a+\frac{1}{b}\right)\left(9b+\frac{1}{a}\right)$의 최솟값은 16이다.

답 (1) 8 (2) 16

주의 (2) $a+\frac{1}{b}\ge 2\sqrt{\frac{a}{b}}$ …… ㉠

$9b+\frac{1}{a}\ge 2\sqrt{\frac{9b}{a}}$ …… ㉡

이때 두 부등식 ㉠, ㉡을 변끼리 곱하여

$\left(a+\frac{1}{b}\right)\left(9b+\frac{1}{a}\right)\ge 2\sqrt{\frac{a}{b}}\times 2\sqrt{\frac{9b}{a}}=12$

에서 최솟값을 12라 하면 안된다.

왜냐하면 ㉠에서 등호가 성립하는 경우는 $a=\frac{1}{b}$, 즉 $ab=1$일 때이고, ㉡에서 등호가 성립하는 경우는 $9b=\frac{1}{a}$, 즉 $ab=\frac{1}{9}$일 때이므로 두 등식을 동시에 만족시키는 a, b가 존재하지 않기 때문이다.

따라서 두 식의 곱의 꼴의 최솟값을 구하는 경우에는 일반적으로 먼저 주어진 식을 전개한 후, 산술평균과 기하평균의 관계를 이용해야 한다.

211 하

$\frac{b}{a}>0$, $\frac{a}{25b}>0$이므로 산술평균과 기하평균의 관계에 의하여

$\frac{b}{a}+\frac{a}{25b}\ge 2\sqrt{\frac{b}{a}\times\frac{a}{25b}}=2\times\frac{1}{5}=\frac{2}{5}$

$\left(\text{단, 등호는 } \frac{b}{a}=\frac{a}{25b}\text{, 즉 } a=5b\text{일 때 성립}\right)$

따라서 $\frac{b}{a}+\frac{a}{25b}$의 최솟값은 $\frac{2}{5}$이다.

답 $\frac{2}{5}$

212 ㉠

$$(3x+4y)\left(\frac{3}{x}+\frac{4}{y}\right)=9+\frac{12x}{y}+\frac{12y}{x}+16$$
$$=25+\frac{12x}{y}+\frac{12y}{x}$$

$\frac{12x}{y}>0$, $\frac{12y}{x}>0$이므로 산술평균과 기하평균의 관계에 의하여

$$25+\frac{12x}{y}+\frac{12y}{x}\geq 25+2\sqrt{\frac{12x}{y}\times\frac{12y}{x}}$$
$$=25+2\times 12=49$$

$\left(\text{단, 등호는 } \frac{12x}{y}=\frac{12y}{x}\text{, 즉 } x=y\text{일 때 성립}\right)$

따라서 $(3x+4y)\left(\frac{3}{x}+\frac{4}{y}\right)$의 최솟값은 49이다.

답 49

213 ㉡

$$2x+\frac{8}{x-1}=2(x-1)+\frac{8}{x-1}+2$$

$x>1$에서 $x-1>0$이므로 산술평균과 기하평균의 관계에 의하여

$$2(x-1)+\frac{8}{x-1}+2\geq 2\sqrt{2(x-1)\times\frac{8}{x-1}}+2$$
$$=2\times 4+2=10$$

$\left(\text{단, 등호는 } 2(x-1)=\frac{8}{x-1}\text{, 즉 } x=3\text{일 때 성립}\right)$

따라서 $2x+\frac{8}{x-1}$의 최솟값은 10이다. 답 10

214 ㉠

(1) $2a>0$, $5b>0$이므로 산술평균과 기하평균의 관계에 의하여

$2a+5b\geq 2\sqrt{2a\times 5b}=2\sqrt{10ab}$

(단, 등호는 $2a=5b$일 때 성립)

이때 $ab=10$이므로

$2a+5b\geq 2\sqrt{10\times 10}=20$

따라서 $2a+5b$의 최솟값은 20이다.

(2) $3a>0$, $b>0$이므로 산술평균과 기하평균의 관계에 의하여

$3a+b\geq 2\sqrt{3a\times b}=2\sqrt{3ab}$

(단, 등호는 $3a=b$일 때 성립)

이때 $3a+b=12$이므로

$12\geq 2\sqrt{3ab}$ $\quad\therefore \sqrt{3ab}\leq 6$

양변을 제곱하면

$3ab\leq 36$ $\quad\therefore ab\leq 12$

따라서 ab의 최댓값은 12이다.

답 (1) 20 (2) 12

215 ㉠

$a>0$, $2b>0$이므로 산술평균과 기하평균의 관계에 의하여

$a+2b\geq 2\sqrt{a\times 2b}=2\sqrt{2ab}$

이때 $ab=8$이므로

$a+2b\geq 2\sqrt{2\times 8}=8$

여기서 등호는 $a=2b$일 때 성립하므로 $ab=8$에 $a=2b$를 대입하면

$2b\times b=8$, $b^2=4$ $\quad\therefore b=2$ ($\because b>0$)

$\therefore a=2b=4$

따라서 $a+2b$는 $a=4$, $b=2$일 때 최솟값 8을 가지므로

$m=8$, $\alpha=4$, $\beta=2$

$\therefore m+\alpha+\beta=14$ 답 14

216 ㉠

$x^2>0$, $9y^2>0$이므로 산술평균과 기하평균의 관계에 의하여

$x^2+9y^2\geq 2\sqrt{x^2\times 9y^2}=2\sqrt{(3xy)^2}=6xy$ $\leftarrow xy>0$

(단, 등호는 $x^2=9y^2$, 즉 $x=3y$일 때 성립)

이때 $x^2+9y^2=18$이므로

$18\geq 6xy$ $\quad\therefore xy\leq 3$

따라서 xy의 최댓값은 3이다. 답 3

217 ㉡

$$\frac{1}{x}+\frac{4}{y}=\frac{4x+y}{xy}=\frac{12}{xy}$$

$4x>0$, $y>0$이므로 산술평균과 기하평균의 관계에 의하여

$4x+y\geq 2\sqrt{4x\times y}=4\sqrt{xy}$

(단, 등호는 $4x=y$일 때 성립)

이때 $4x+y=12$이므로

$12\geq 4\sqrt{xy}$ $\quad\therefore \sqrt{xy}\leq 3$

양변을 제곱하면 $xy\leq 9$

$\therefore \frac{12}{xy}\geq\frac{12}{9}=\frac{4}{3}$

따라서 $\frac{1}{x}+\frac{4}{y}$의 최솟값은 $\frac{4}{3}$이다. 답 $\frac{4}{3}$

218 중

(1) $(a^2+b^2)(x^2+y^2)-(ax+by)^2$
$=a^2x^2+a^2y^2+b^2x^2+b^2y^2-(a^2x^2+2abxy+b^2y^2)$
$=a^2y^2-2abxy+b^2x^2$
$=(ay-bx)^2$
이때 a, b, x, y가 실수이므로
$(ay-bx)^2\geq 0$
즉, $(a^2+b^2)(x^2+y^2)-(ax+by)^2\geq 0$이므로
$(a^2+b^2)(x^2+y^2)\geq(ax+by)^2$
여기서 등호는 $ay=bx$, 즉 $\frac{x}{a}=\frac{y}{b}$일 때 성립한다.

(2) x, y가 실수이므로 코시-슈바르츠의 부등식에 의하여
$(3^2+4^2)(x^2+y^2)\geq(3x+4y)^2$
$\left(\text{단, 등호는 } \frac{x}{3}=\frac{y}{4}\text{일 때 성립}\right)$
이때 $x^2+y^2=9$이므로
$25\times 9\geq(3x+4y)^2$
$(3x+4y)^2\leq 225$
$\therefore -15\leq 3x+4y\leq 15$
따라서 $3x+4y$의 최댓값은 15이다.

답 (1) 풀이 참조 (2) 15

219 중

x, y가 실수이므로 코시-슈바르츠의 부등식에 의하여
$(4^2+2^2)(x^2+y^2)\geq(4x+2y)^2$
$\left(\text{단, 등호는 } \frac{x}{4}=\frac{y}{2}\text{일 때 성립}\right)$
이때 $x^2+y^2=10$이므로
$20\times 10\geq(4x+2y)^2$
$(4x+2y)^2\leq 200$
$\therefore -10\sqrt{2}\leq 4x+2y\leq 10\sqrt{2}$
따라서 $4x+2y$의 최댓값은 $10\sqrt{2}$이다.

답 $10\sqrt{2}$

220 중

x, y가 실수이므로 코시-슈바르츠의 부등식에 의하여
$(2^2+3^2)(x^2+y^2)\geq(2x+3y)^2$
$\left(\text{단, 등호는 } \frac{x}{2}=\frac{y}{3}\text{일 때 성립}\right)$
이때 $2x+3y=13$이므로
$13(x^2+y^2)\geq 13^2 \quad \therefore x^2+y^2\geq 13$
따라서 x^2+y^2의 최솟값은 13이다.

답 13

221 중

x, y가 실수이므로 코시-슈바르츠의 부등식에 의하여
$(3^2+1^2)(x^2+y^2)\geq(3x+y)^2$
$\left(\text{단, 등호는 } \frac{x}{3}=y\text{일 때 성립}\right)$
이때 $x^2+y^2=k$이므로
$10\times k\geq(3x+y)^2$
$(3x+y)^2\leq 10k$
$\therefore -\sqrt{10k}\leq 3x+y\leq\sqrt{10k}$
따라서 $M=\sqrt{10k}$, $m=-\sqrt{10k}$이므로
$M-m=20$에서
$\sqrt{10k}-(-\sqrt{10k})=20$
$2\sqrt{10k}=20$, $\sqrt{10k}=10$
양변을 제곱하면
$10k=100 \quad \therefore k=10$

답 10

222 중

(1) 창고의 밑면의 넓이는
$\frac{1}{2}\times x\times y=\frac{1}{2}xy(\text{m}^2)$

(2) 창고의 밑면은 빗변의 길이가 10 m인 직각삼각형이므로
$x^2+y^2=10^2=100$
$x^2>0$, $y^2>0$이므로 산술평균과 기하평균의 관계에 의하여
$x^2+y^2\geq 2\sqrt{x^2y^2}=2xy$ ($xy>0$) (단, 등호는 $x=y$일 때 성립)
이때 $x^2+y^2=100$이므로
$100\geq 2xy \quad \therefore \frac{1}{2}xy\leq 25$
따라서 창고의 밑면의 넓이의 최댓값은 25 m^2이다.

답 (1) $\frac{1}{2}xy$ m^2 (2) 25 m^2

개념 보충 피타고라스 정리
직각삼각형에서 직각을 낀 두 변의 길이를 각각 a, b라 하고 빗변의 길이를 c라 하면 $a^2+b^2=c^2$이 성립한다.

223 중

직사각형 모양의 분수대의 밑면의 가로, 세로의 길이를 각각 x m, y m라 하면 넓이는 xy m^2이고 대각선의 길이가 12 m이므로
$x^2+y^2=12^2=144$

$x^2>0$, $y^2>0$이므로 산술평균과 기하평균의 관계에 의하여

$x^2+y^2 \geq 2\sqrt{x^2y^2}=2xy$ ($xy>0$) (단, 등호는 $x=y$일 때 성립)

이때 $x^2+y^2=144$이므로

$144 \geq 2xy$ $\quad \therefore xy \leq 72$

따라서 분수대의 밑면의 넓이의 최댓값은 72 m^2이다.

답 72 m^2

224 상

$B(a, 0)$, $C(0, b)$이므로 삼각형 OBC의 넓이를 S라 하면

$S=\frac{1}{2}ab$ ...... ㉠

또, 점 $A(3, 4)$가 직선 $\frac{x}{a}+\frac{y}{b}=1$ 위의 점이므로

$\frac{3}{a}+\frac{4}{b}=1$

$a>0$, $b>0$에서 $\frac{3}{a}>0$, $\frac{4}{b}>0$이므로 산술평균과 기하평균의 관계에 의하여

$\frac{3}{a}+\frac{4}{b} \geq 2\sqrt{\frac{3}{a}\times\frac{4}{b}}=2\sqrt{\frac{12}{ab}}$

(단, 등호는 $\frac{3}{a}=\frac{4}{b}$, 즉 $4a=3b$일 때 성립)

이때 $\frac{3}{a}+\frac{4}{b}=1$이므로

$1 \geq 2\sqrt{\frac{12}{ab}}$

양변을 제곱하면

$1 \geq 4\times\frac{12}{ab}$ $\quad \therefore ab \geq 48$ ...... ㉡

㉠, ㉡에서 $S=\frac{1}{2}ab \geq \frac{1}{2}\times 48=24$

따라서 삼각형 OBC의 넓이의 최솟값은 24이다.

답 24

04 절대부등식

중단원 연습문제

99~101쪽

225 절대부등식

전략 모든 실수 x에 대하여 부등식이 성립하는지 확인한다.

ㄱ. $x^2 \geq x+6$에서 $x^2-x-6 \geq 0$

$(x+2)(x-3) \geq 0$

$\therefore x \leq -2$ 또는 $x \geq 3$

따라서 $-2<x<3$일 때는 주어진 부등식이 성립하지 않으므로 절대부등식이 아니다.

ㄴ. $x^2+4 \geq 4x$에서 $x^2-4x+4 \geq 0$

$(x-2)^2 \geq 0$

따라서 모든 실수 x에 대하여 주어진 부등식이 성립하므로 절대부등식이다.

ㄷ. $9x^2>6x-2$에서 $9x^2-6x+2>0$

$(3x-1)^2+1>0$

따라서 모든 실수 x에 대하여 주어진 부등식이 성립하므로 절대부등식이다.

이상에서 절대부등식인 것은 ㄴ, ㄷ이다.

답 ㄴ, ㄷ

226 수의 대소 비교

전략 주어진 수가 근호를 포함한 수이므로 제곱의 차를 이용하여 대소를 비교한다.

$A^2=(2\sqrt{2}+\sqrt{14})^2=22+4\sqrt{28}=22+8\sqrt{7}$

$B^2=(\sqrt{3}+\sqrt{21})^2=24+2\sqrt{63}=24+6\sqrt{7}$

$C^2=(2\sqrt{7}+1)^2=29+4\sqrt{7}$

(i) $A^2-B^2=(22+8\sqrt{7})-(24+6\sqrt{7})$

$=-2+2\sqrt{7}$

$=-\sqrt{4}+\sqrt{28}>0$

즉, $A^2>B^2$이고 A, B가 양수이므로

$A>B$

(ii) $B^2-C^2=(24+6\sqrt{7})-(29+4\sqrt{7})$

$=-5+2\sqrt{7}$

$=-\sqrt{25}+\sqrt{28}>0$

즉, $B^2>C^2$이고 B, C가 양수이므로

$B>C$

(i), (ii)에서 $C<B<A$

답 ⑤

227 절대부등식의 증명

전략 $A \geq B$가 성립함을 증명할 때는 $A-B \geq 0$임을 보인다.

$(a^2+b^2+2)-(4a+2b-3)$

$=(a^2-4a+4)+(b^2-2b+1)$

$=(a-2)^2+(b-1)^2 \geq 0$ $\leftarrow (a-2)^2 \geq 0, (b-1)^2 \geq 0$

$\therefore a^2+b^2+2 \geq 4a+2b-3$

여기서 등호는 $a-2=0$, $b-1=0$, 즉 $a=2$, $b=1$일 때 성립한다.

답 풀이 참조

228 산술평균과 기하평균의 관계

[전략] 산술평균과 기하평균의 관계를 이용한다.

$x>0$, $a>0$에서 $4x>0$, $\frac{a}{x}>0$이므로 산술평균과 기하평균의 관계에 의하여

$$4x+\frac{a}{x}\ge 2\sqrt{4x\times\frac{a}{x}}=2\sqrt{4a}=4\sqrt{a}$$

$\left(\text{단, 등호는 } 4x=\frac{a}{x}\text{일 때 성립}\right)$

따라서 $4x+\frac{a}{x}$의 최솟값이 $4\sqrt{a}$이므로

$4\sqrt{a}=2$, $\sqrt{a}=\frac{1}{2}$ $\quad\therefore a=\frac{1}{4}$

답 ①

229 산술평균과 기하평균의 관계

[전략] 주어진 식을 전개한 후, 산술평균과 기하평균의 관계를 이용한다.

[문제 이해]

$$\left(x+\frac{2}{y}\right)\left(y+\frac{8}{x}\right)=xy+8+2+\frac{16}{xy}$$

$$=10+xy+\frac{16}{xy}$$ … 30% 배점

[해결 과정]

$xy>0$, $\frac{16}{xy}>0$이므로 산술평균과 기하평균의 관계에 의하여

$$10+xy+\frac{16}{xy}\ge 10+2\sqrt{xy\times\frac{16}{xy}}$$

$$=10+2\times 4=18$$

여기서 등호는 $xy=\frac{16}{xy}$일 때 성립하므로

$(xy)^2=16$에서 $xy=4$ ($\because xy>0$) … 50% 배점

[답 구하기]

따라서 $\left(x+\frac{2}{y}\right)\left(y+\frac{8}{x}\right)$은 $xy=4$일 때 최솟값 18을 가지므로

$a=4$, $m=18$

$\therefore a+m=22$ … 20% 배점

답 22

230 산술평균과 기하평균의 관계

[전략] $x>2$에서 $x-2>0$이므로 산술평균과 기하평균의 관계를 이용할 수 있도록 식을 변형한다.

$$x+5+\frac{9}{x-2}=x-2+\frac{9}{x-2}+7$$

$x>2$에서 $x-2>0$이므로 산술평균과 기하평균의 관계에 의하여

$$x-2+\frac{9}{x-2}+7\ge 2\sqrt{(x-2)\times\frac{9}{x-2}}+7$$

$$=2\times 3+7=13$$

여기서 등호는 $x-2=\frac{9}{x-2}$일 때 성립하므로

$(x-2)^2=9$에서 $x-2=3$ ($\because x>2$)

$\therefore x=5$

따라서 $x+5+\frac{9}{x-2}$는 $x=5$일 때 최솟값 13을 가지므로

$m=13$, $a=5$

$\therefore m-a=8$

답 8

231 산술평균과 기하평균의 관계

[전략] $\frac{A+B}{C}=\frac{A}{C}+\frac{B}{C}$ $(C\neq 0)$임을 이용하여 주어진 식을 변형한 후, 산술평균과 기하평균의 관계를 이용한다.

$a>0$, $b>0$, $c>0$이므로 산술평균과 기하평균의 관계에 의하여

$$\frac{b+c}{a}+\frac{c+a}{b}+\frac{a+b}{c}$$

$$=\frac{b}{a}+\frac{c}{a}+\frac{c}{b}+\frac{a}{b}+\frac{a}{c}+\frac{b}{c}$$

$$=\left(\frac{b}{a}+\frac{a}{b}\right)+\left(\frac{c}{a}+\frac{a}{c}\right)+\left(\frac{c}{b}+\frac{b}{c}\right)$$

$$\ge 2\sqrt{\frac{b}{a}\times\frac{a}{b}}+2\sqrt{\frac{c}{a}\times\frac{a}{c}}+2\sqrt{\frac{c}{b}\times\frac{b}{c}}$$

$$=2+2+2$$

$=6$ (단, 등호는 $a=b=c$일 때 성립)

따라서 $\frac{b+c}{a}+\frac{c+a}{b}+\frac{a+b}{c}$의 최솟값은 6이다.

답 6

참고 풀이에서 등호가 성립할 조건은 $\frac{b}{a}=\frac{a}{b}$, $\frac{c}{a}=\frac{a}{c}$, $\frac{c}{b}=\frac{b}{c}$이므로 $a^2=b^2$, $a^2=c^2$, $b^2=c^2$

$\therefore a=b$, $a=c$, $b=c$ ($\because a>0, b>0, c>0$)

따라서 등호는 $a=b=c$일 때 성립한다.

232 산술평균과 기하평균의 관계; 곱이 일정한 경우

[전략] 두 양수의 곱이 일정할 때 합의 최솟값을 구하는 것이므로 산술평균과 기하평균의 관계를 이용한다.

$4x>0$, $3y>0$이므로 산술평균과 기하평균의 관계에 의하여

$4x+3y \ge 2\sqrt{4x\times 3y}=4\sqrt{3xy}$

(단, 등호는 $4x=3y$일 때 성립)

이때 $xy=3$이므로

$4x+3y \ge 4\sqrt{3\times 3}=12$

따라서 $4x+3y$의 최솟값은 12이다. 답 12

233 코시-슈바르츠의 부등식

전략 $(x+2y)^2$의 최댓값을 구하려면 $a=1$, $b=2$인 코시-슈바르츠의 부등식을 세운다.

x, y가 실수이므로 코시-슈바르츠의 부등식에 의하여

$(1^2+2^2)(x^2+y^2) \ge (x+2y)^2$

이때 $x^2+y^2=45$이므로

$5\times 45 \ge (x+2y)^2$

$\therefore (x+2y)^2 \le 225$

여기서 등호는 $x=\frac{y}{2}$, 즉 $y=2x$일 때 성립하므로

$x^2+y^2=45$에 $y=2x$를 대입하면

$x^2+4x^2=45$, $x^2=9$

$\therefore x=3$ ($\because x>0$) 답 3

234 절대부등식의 활용

전략 철사 60 m로 경계를 만드는 것임을 이용하여 식을 세운 후, 산술평균과 기하평균의 관계를 이용한다.

오른쪽 그림과 같이 잔디밭 전체의 가로의 길이를 x m, 세로의 길이를 y m라 하면 철사의 길이가 60 m이므로

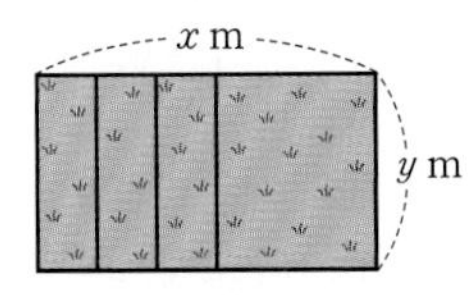

$2x+5y=60$

또, 잔디밭 전체의 넓이는 xy m^{2}이다.

$x>0$, $y>0$에서 $2x>0$, $5y>0$이므로 산술평균과 기하평균의 관계에 의하여

$2x+5y \ge 2\sqrt{2x\times 5y}=2\sqrt{10xy}$

(단, 등호는 $2x=5y$일 때 성립)

이때 $2x+5y=60$이므로

$60 \ge 2\sqrt{10xy}$, $\sqrt{10xy} \le 30$

양변을 제곱하면

$10xy \le 900$ $\quad\therefore xy \le 90$

따라서 잔디밭 전체의 넓이의 최댓값은 90 m^{2}이다.

답 90 m^2

다른 풀이 $2x+5y=60$에서 $y=-\frac{2}{5}x+12$

잔디밭 전체의 넓이를 S m^{2}라 하면

$S=xy=x\left(-\frac{2}{5}x+12\right)=-\frac{2}{5}(x-15)^2+90$

(단, $0<x<30$)

따라서 잔디밭 전체의 넓이의 최댓값은 90 m^{2}이다.

235 절대부등식이 되기 위한 조건

전략 부등식 $ax^2+bx+c>0$이 모든 실수 x에 대하여 성립하려면 $a=b=0$, $c>0$ 또는 $a>0$, $b^2-4ac<0$이어야 한다.

[해결 과정]

부등식 $(a-1)x^2+4(a-1)x+8>0$에서

(i) $a=1$일 때, $0\times x^2+0\times x+8>0$이므로

모든 실수 x에 대하여 성립한다. … 30% 배점

(ii) $a\ne 1$일 때,

$a-1>0$ $\quad\therefore a>1$ …… ㉠

이차방정식 $(a-1)x^2+4(a-1)x+8=0$의 판별식을 D라 하면

$\frac{D}{4}=\{2(a-1)\}^2-8(a-1)<0$

$a^2-4a+3<0$, $(a-1)(a-3)<0$

$\therefore 1<a<3$ …… ㉡

㉠, ㉡에서 $1<a<3$ … 50% 배점

[답 구하기]

(i), (ii)에서 $1\le a<3$ … 20% 배점

답 $1\le a<3$

236 식의 대소 비교 ⊕ 산술평균과 기하평균의 관계

전략 주어진 식의 형태에 따라 적절한 방법으로 식의 대소를 비교한다.

ㄱ. $(\sqrt{a}+\sqrt{b})^2-\{\sqrt{2(a+b)}\}^2$

$=a+2\sqrt{ab}+b-2(a+b)$

$=-a+2\sqrt{ab}-b$

$=-\{(\sqrt{a})^2-2\sqrt{a}\sqrt{b}+(\sqrt{b})^2\}$

$=-(\sqrt{a}-\sqrt{b})^2<0$ ($\because a>b>0$)

$\therefore (\sqrt{a}+\sqrt{b})^2<\{\sqrt{2(a+b)}\}^2$

그런데 $\sqrt{a}+\sqrt{b}>0$, $\sqrt{2(a+b)}>0$이므로

$\sqrt{a}+\sqrt{b}<\sqrt{2(a+b)}$ (거짓)

ㄴ. $\left(a^2+\frac{1}{b^2}\right)\left(b^2+\frac{1}{a^2}\right)=a^2b^2+1+1+\frac{1}{a^2b^2}$

$=2+a^2b^2+\frac{1}{a^2b^2}$

$a^2b^2>0$, $\frac{1}{a^2b^2}>0$이므로 산술평균과 기하평균의 관계에 의하여

$$2+a^2b^2+\frac{1}{a^2b^2}\ge 2+2\sqrt{a^2b^2\times\frac{1}{a^2b^2}}=2+2=4$$

$\left(\text{단, 등호는 } a^2b^2=\frac{1}{a^2b^2}\text{, 즉 } a^2b^2=1\text{일 때 성립}\right)$

$\therefore \left(a^2+\frac{1}{b^2}\right)\left(b^2+\frac{1}{a^2}\right)\ge 4$ (참)

ㄷ. $||a|-|b||^2-|a-b|^2$

$=(|a|-|b|)^2-(a-b)^2$

$=(|a|^2-2|a||b|+|b|^2)-(a^2-2ab+b^2)$

$=(a^2-2|ab|+b^2)-(a^2-2ab+b^2)$

$=-2(|ab|-ab)\le 0$ ($\because |ab|\ge ab$)

$\therefore ||a|-|b||^2\le |a-b|^2$

그런데 $||a|-|b||\ge 0$, $|a-b|\ge 0$이므로

$||a|-|b||\le |a-b|$

(단, 등호는 $|ab|=ab$, 즉 $ab>0$일 때 성립) (참)

이상에서 옳은 것은 ㄴ, ㄷ이다. 답 ㄴ, ㄷ

237 산술평균과 기하평균의 관계

전략> 산술평균과 기하평균의 관계를 이용할 수 있도록 주어진 식을 변형하여 전개한다.

$$(a+b-3)\left(\frac{1}{a-1}+\frac{1}{b-2}\right)$$

$$=\{(a-1)+(b-2)\}\left(\frac{1}{a-1}+\frac{1}{b-2}\right)$$

$$=1+\frac{a-1}{b-2}+\frac{b-2}{a-1}+1$$

$$=2+\frac{a-1}{b-2}+\frac{b-2}{a-1}$$

$a>1$, $b>2$에서 $a-1>0$, $b-2>0$이므로 산술평균과 기하평균의 관계에 의하여

$$2+\frac{a-1}{b-2}+\frac{b-2}{a-1}\ge 2+2\sqrt{\frac{a-1}{b-2}\times\frac{b-2}{a-1}}$$

$$=2+2=4$$

$\left(\text{단, 등호는 } \frac{a-1}{b-2}=\frac{b-2}{a-1}\text{, 즉 } a-1=b-2\text{일 때 성립}\right)$

따라서 $(a+b-3)\left(\frac{1}{a-1}+\frac{1}{b-2}\right)$의 최솟값은 4이다.

답 4

238 산술평균과 기하평균의 관계; 합이 일정한 경우

전략> 산술평균과 기하평균의 관계를 이용하여 $(\sqrt{3a}+\sqrt{2b})^2$의 최댓값을 먼저 구한다.

$(\sqrt{3a}+\sqrt{2b})^2=3a+2b+2\sqrt{3a\times 2b}$

$=24+2\sqrt{6ab}$ …… ㉠

한편, $3a>0$, $2b>0$이므로 산술평균과 기하평균의 관계에 의하여

$3a+2b\ge 2\sqrt{3a\times 2b}=2\sqrt{6ab}$

(단, 등호는 $3a=2b$일 때 성립)

이때 $3a+2b=24$이므로 $24\ge 2\sqrt{6ab}$ …… ㉡

㉠, ㉡에 의하여

$(\sqrt{3a}+\sqrt{2b})^2=24+2\sqrt{6ab}$

$\le 24+24=48$

$\therefore \sqrt{3a}+\sqrt{2b}\le 4\sqrt{3}$ ($\because a>0$, $b>0$)

따라서 $\sqrt{3a}+\sqrt{2b}$의 최댓값은 $4\sqrt{3}$이다. 답 $4\sqrt{3}$

239 절대부등식의 활용

전략> 두 점 A, B의 좌표를 이용하여 점 C의 좌표를 구한 후, 산술평균과 기하평균의 관계를 이용하여 선분의 길이의 최솟값을 구한다.

이차함수 $f(x)=x^2-2ax$의 그래프와 직선 $g(x)=\frac{1}{a}x$가 만나는 점 A의 x좌표는

$x^2-2ax=\frac{1}{a}x$에서 $x\left\{x-\left(2a+\frac{1}{a}\right)\right\}=0$

$\therefore x=2a+\frac{1}{a}$ ($\because x>0$)

$x=2a+\frac{1}{a}$을 $y=\frac{1}{a}x$에 대입하면

$y=\frac{1}{a}\left(2a+\frac{1}{a}\right)=2+\frac{1}{a^2}$

$\therefore \text{A}\left(2a+\frac{1}{a},\ 2+\frac{1}{a^2}\right)$

또, $f(x)=x^2-2ax=(x-a)^2-a^2$이므로 이차함수 $y=f(x)$의 그래프의 꼭짓점 B의 좌표는 $(a,\ -a^2)$

선분 AB의 중점 C의 좌표는

$\left(\frac{1}{2}\left(2a+\frac{1}{a}+a\right),\ \frac{1}{2}\left(2+\frac{1}{a^2}-a^2\right)\right)$

$\therefore \text{C}\left(\frac{3}{2}a+\frac{1}{2a},\ 1+\frac{1}{2a^2}-\frac{a^2}{2}\right)$

이때 $a>0$이므로 선분 CH의 길이는 점 C의 x좌표와 같다.

즉, $\overline{\text{CH}}=\frac{3}{2}a+\frac{1}{2a}$이므로 산술평균과 기하평균의 관계에 의하여

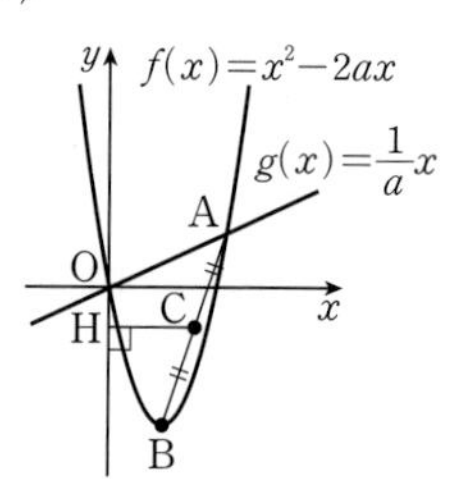

$$\overline{\text{CH}}=\frac{3}{2}a+\frac{1}{2a}\ge 2\sqrt{\frac{3}{2}a\times\frac{1}{2a}}=\sqrt{3}$$

$\left(\text{단, 등호는 } \frac{3}{2}a=\frac{1}{2a}\text{, 즉 } a=\frac{\sqrt{3}}{3}\text{일 때 성립}\right)$

따라서 선분 CH의 길이의 최솟값은 $\sqrt{3}$이다. 답 ①

05 함수

108~113쪽

Lecture 13 함수

240 하

주어진 대응을 그림으로 나타내면 다음과 같다.

ㄱ.

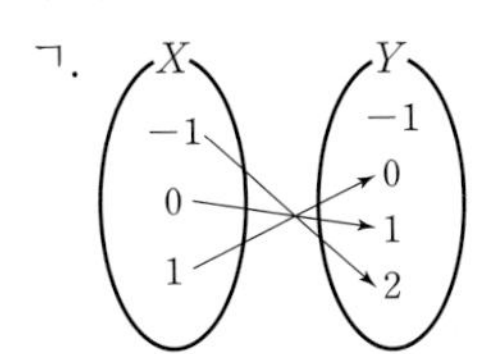

ㄴ.

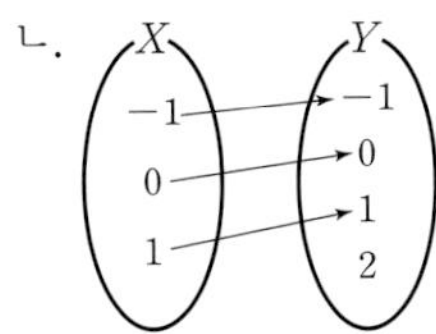

ㄷ.

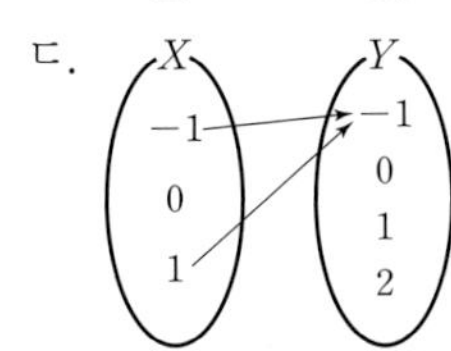

ㄹ.

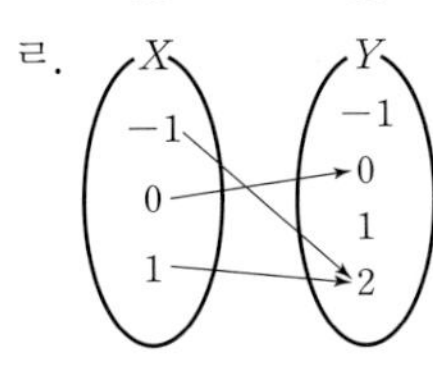

ㄱ, ㄴ, ㄹ. X의 각 원소에 Y의 원소가 오직 하나씩 대응하므로 함수이다.

ㄷ. X의 원소 0에 대응하는 Y의 원소가 없으므로 함수가 아니다.

이상에서 함수인 것은 ㄱ, ㄴ, ㄹ이다. 답 ㄱ, ㄴ, ㄹ

241 하

(1) X의 원소 4에 대응하는 Y의 원소가 없으므로 함수가 아니다.

(2), (4) X의 각 원소에 Y의 원소가 오직 하나씩 대응하므로 함수이다.

(3) X의 원소 3에 대응하는 Y의 원소가 a, b의 2개이므로 함수가 아니다.

따라서 함수인 것은 (2), (4)이다. 답 (2), (4)

242 하

주어진 대응을 그림으로 나타내면 다음과 같다.

①

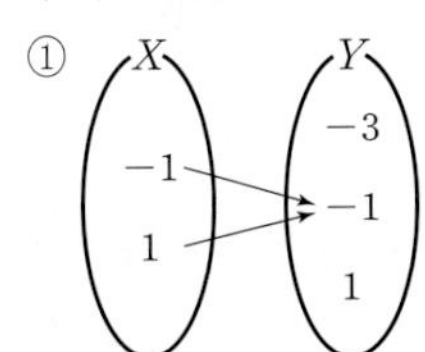

②

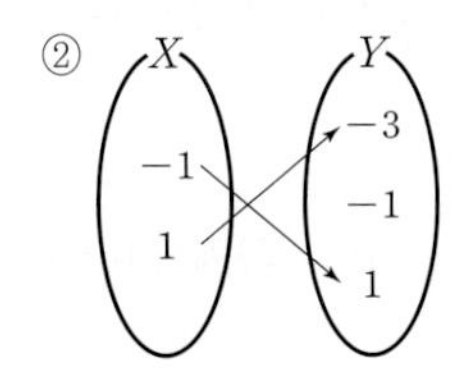

③ ④

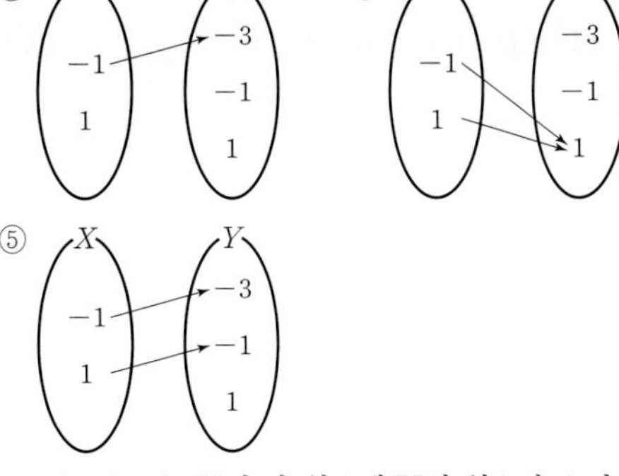

⑤

①, ②, ④, ⑤ X의 각 원소에 Y의 원소가 오직 하나씩 대응하므로 함수이다.

③ X의 원소 1에 대응하는 Y의 원소가 없으므로 함수가 아니다.

따라서 함수가 아닌 것은 ③이다. 답 ③

243 하

$-\sqrt{5}<0$이므로

$f(-\sqrt{5})=-(-\sqrt{5})+1=\sqrt{5}+1$

$\sqrt{5}-1>0$이므로

$f(\sqrt{5}-1)=2(\sqrt{5}-1)+1=2\sqrt{5}-1$

$\therefore f(-\sqrt{5})+f(\sqrt{5}-1)=(\sqrt{5}+1)+(2\sqrt{5}-1)$

$=3\sqrt{5}$

답 $3\sqrt{5}$

244 하

$4>3$이므로 $f(4)=4+1=5$

$-1<3$이므로 $f(-1)=(-1)^2-5=-4$

$\therefore f(4)+f(-1)=5+(-4)=1$ 답 1

245 중

$x-3=-1$이면 $x=2$

$f(x-3)=x^2-5$의 양변에 $x=2$를 대입하면

$f(-1)=2^2-5=-1$

$x-3=2$이면 $x=5$

$f(x-3)=x^2-5$의 양변에 $x=5$를 대입하면

$f(2)=5^2-5=20$

$\therefore f(-1)+f(2)=(-1)+20=19$ 답 19

246 상

주어진 식의 양변에 $x=1$, $y=1$을 대입하면

$f(2)=f(1)+f(1)$, $6=2f(1)$

$\therefore f(1)=3$

주어진 식의 양변에 $x=1$, $y=2$를 대입하면

$f(3)=f(1)+f(2)=3+6=9$ 답 9

247 중

(i) $a>0$일 때,

$f(-1)=-1$, $f(4)=4$이므로

$-a+b=-1$, $4a+b=4$

위의 두 식을 연립하여 풀면

$a=1$, $b=0$

그런데 $ab=0$이므로 조건을 만족시키지 않는다.

(ii) $a<0$일 때,

$f(-1)=4$, $f(4)=-1$이므로

$-a+b=4$, $4a+b=-1$

위의 두 식을 연립하여 풀면

$a=-1$, $b=3$

(i), (ii)에서 $a=-1$, $b=3$이므로

$a+b=(-1)+3=2$ 답 2

248 하

정의역이 $X=\{-2, -1, 0, 1, 2\}$이므로

$f(-2)=|-2-1|-1=2$

$f(-1)=|-1-1|-1=1$

$f(0)=|0-1|-1=0$

$f(1)=|1-1|-1=-1$

$f(2)=|2-1|-1=0$

따라서 함수 f의 치역은 $\{-1, 0, 1, 2\}$이므로 모든 원소의 합은

$(-1)+0+1+2=2$ 답 2

249 중

정의역이 $X=\{0, 1, 2, 3, 4, 5, 6\}$이므로

$f(0)=0$, $f(1)=1$, $f(2)=0$, $f(3)=1$, $f(4)=0$, $f(5)=1$, $f(6)=0$

따라서 함수 f의 치역은 $\{0, 1\}$이다. 답 $\{0, 1\}$

250 상

(i) $a>0$일 때,

$f(-1)\ge-2$, $f(2)\le7$이므로

$-a+1\ge-2$, $2a+1\le7$ $\quad\therefore a\le3$

그런데 $a>0$이므로 $0<a\le3$

(ii) $a<0$일 때,

$f(-1)\le7$, $f(2)\ge-2$이므로

$-a+1\le7$, $2a+1\ge-2$ $\quad\therefore a\ge-\frac{3}{2}$

그런데 $a<0$이므로 $-\frac{3}{2}\le a<0$

(i), (ii)에서 실수 a의 값의 범위는

$-\frac{3}{2}\le a<0$ 또는 $0<a\le3$

답 $-\frac{3}{2}\le a<0$ 또는 $0<a\le3$

참고 $f(x)$가 일차함수이므로 $a\ne0$이다.

251 중

$f(-1)=g(-1)$에서 $1+2+a=-b-3$

$\therefore a+b=-6$ ······ ㉠

$f(1)=g(1)$에서 $1-2+a=b-3$

$\therefore a-b=-2$ ······ ㉡

㉠, ㉡을 연립하여 풀면 $a=-4$, $b=-2$

$\therefore ab=(-4)\times(-2)=8$ 답 8

252 하

ㄱ. $f(-1)=-1$, $g(-1)=1$이므로

$f(-1)\ne g(-1)$

$\therefore f\ne g$

ㄴ. $f(-1)=1$, $g(-1)=1$이므로

$f(-1)=g(-1)$

$f(0)=0$, $g(0)=0$이므로

$f(0)=g(0)$

$f(1)=1$, $g(1)=1$이므로

$f(1)=g(1)$

$\therefore f=g$

ㄷ. $f(-1)=1$, $g(-1)=1$이므로

$f(-1)=g(-1)$

$f(0)=2$, $g(0)=2$이므로

$f(0)=g(0)$

$f(1)=3$, $g(1)=3$이므로

$f(1)=g(1)$

$\therefore f=g$

이상에서 $f=g$인 것은 ㄴ, ㄷ이다. 답 ㄴ, ㄷ

253 중

$f(-2)=g(-2)$에서 $6+1=4+8-b$

$\therefore b=5$

$f(a)=g(a)$에서 $-3a+1=a^2-4a-5$

$a^2-a-6=0$, $(a+2)(a-3)=0$

$\therefore a=3$ ($\because a\neq-2$)

따라서 $g(-2)=f(-2)=7$, $g(3)=f(3)=-8$이므로 함수 g의 치역은 $\{-8, 7\}$이다. 답 $\{-8, 7\}$

254 상

$f=g$가 되려면 정의역의 모든 원소 x에 대하여

$f(x)=g(x)$이어야 하므로

$x^2=2x$에서 $x^2-2x=0$

$x(x-2)=0$ $\quad\therefore x=0$ 또는 $x=2$

따라서 집합 X는 집합 $\{0, 2\}$의 공집합이 아닌 부분집합이므로 $\{0\}$, $\{2\}$, $\{0, 2\}$의 3개이다. 답 3

다른 풀이 원소의 개수가 n인 집합의 부분집합의 개수는 2^n이므로 집합 $\{0, 2\}$의 공집합이 아닌 부분집합의 개수는

$2^2-1=3$

255 하

(1)
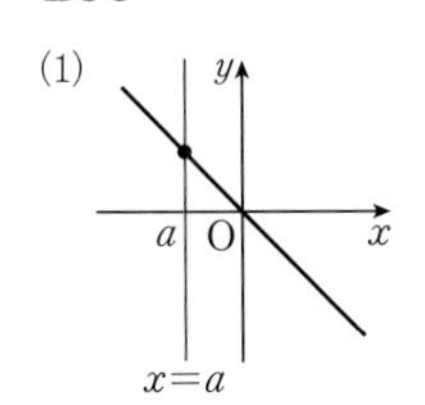

(2)
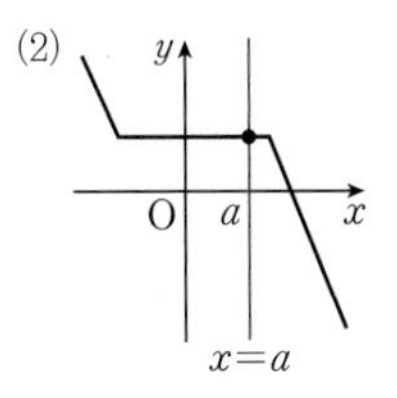

(3)
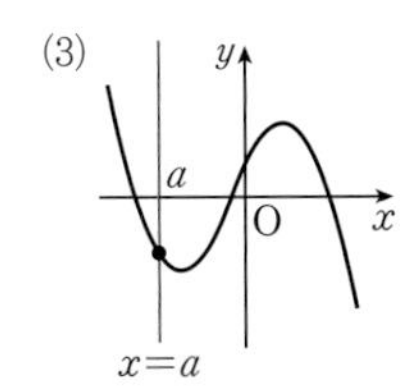

(4)
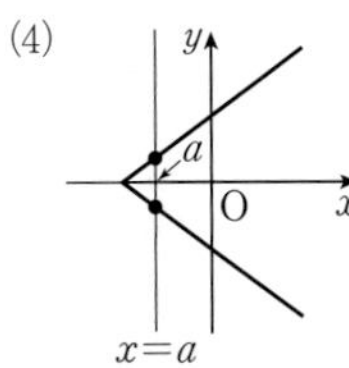

(1), (2), (3) 정의역의 각 원소 a에 대하여 직선 $x=a$와 오직 한 점에서 만나므로 함수의 그래프이다.

(4) 직선 $x=a$와 두 점에서 만나는 경우가 있으므로 함수의 그래프가 아니다.

따라서 함수의 그래프인 것은 (1), (2), (3)이다.

답 (1), (2), (3)

256 하

(1)
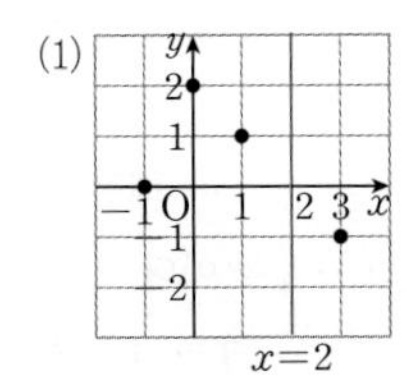

(2)
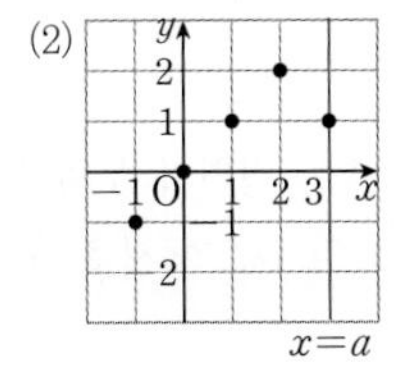

(3)
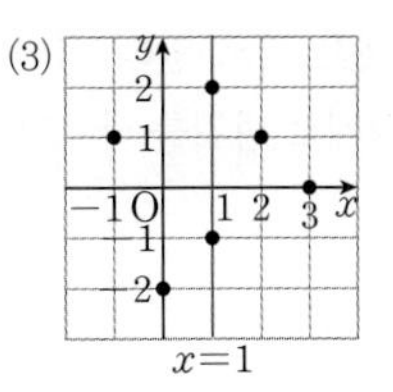

(1) 직선 $x=2$와 만나지 않으므로 함수의 그래프가 아니다.

(2) X의 각 원소 a에 대하여 직선 $x=a$와 오직 한 점에서 만나므로 함수의 그래프이다.

(3) 직선 $x=1$과 두 점에서 만나므로 함수의 그래프가 아니다.

따라서 함수의 그래프인 것은 (2)이다. 답 (2)

257 하

ㄱ.
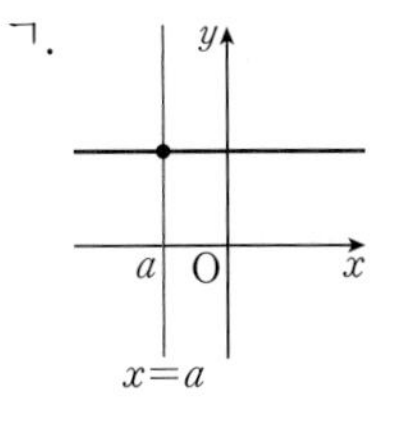

ㄴ.
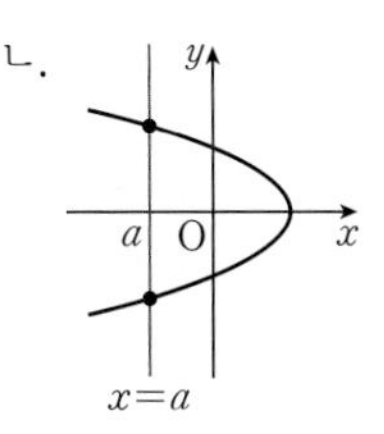

ㄷ.
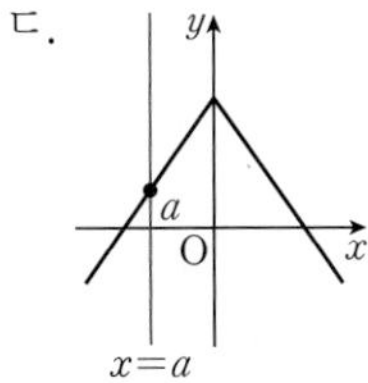

ㄱ, ㄷ. 정의역의 각 원소 a에 대하여 직선 $x=a$와 오직 한 점에서 만나므로 함수의 그래프이다.

ㄴ. 직선 $x=a$와 두 점에서 만나는 경우가 있으므로 함수의 그래프가 아니다.

이상에서 함수의 그래프인 것은 ㄱ, ㄷ이다.

답 ㄱ, ㄷ

258 중

(1) $y=-2|x-4|-2$에서 절댓값 기호 안의 식의 값이 0이 되는 x의 값 4를 경계로 범위를 나누면

(i) $x<4$일 때,

$y=2(x-4)-2=2x-10$

(ii) $x\geq4$일 때,

$y=-2(x-4)-2$

$=-2x+6$

(i), (ii)에서 그래프는 오른쪽 그림과 같다.

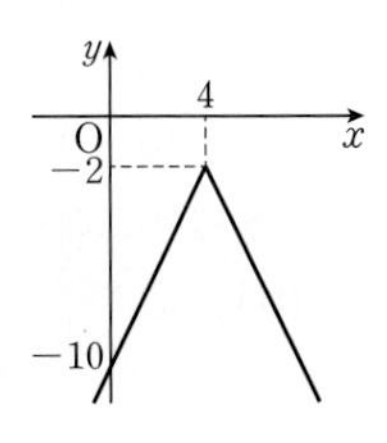

(2) $y=|x-1|+|x-5|$에서 절댓값 기호 안의 식의 값이 0이 되는 x의 값 1과 5를 경계로 범위를 나누면

(i) $x<1$일 때,

$y=-(x-1)-(x-5)$
$=-2x+6$

(ii) $1\le x<5$일 때,

$y=(x-1)-(x-5)=4$

(iii) $x\ge5$일 때,

$y=(x-1)+(x-5)$
$=2x-6$

이상에서 그래프는 오른쪽 그림과 같다.

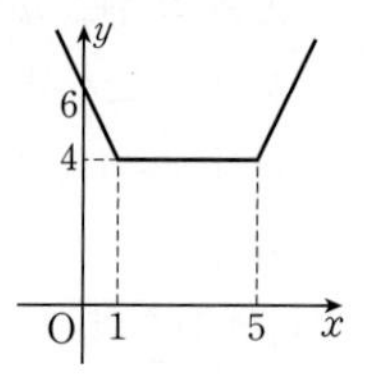

답 (1) 풀이 참조 (2) 풀이 참조

259 중

(1) $y=x+|x+1|$에서 절댓값 기호 안의 식의 값이 0이 되는 x의 값 -1을 경계로 범위를 나누면

(i) $x<-1$일 때,

$y=x-(x+1)=-1$

(ii) $x\ge-1$일 때,

$y=x+(x+1)$
$=2x+1$

(i), (ii)에서 그래프는 오른쪽 그림과 같다.

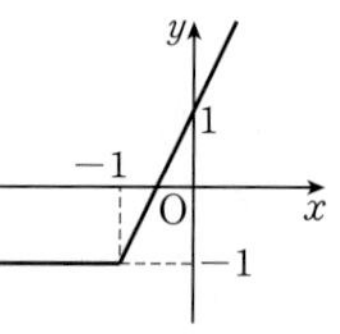

(2) $y=|x-2|+|2x-1|$에서 절댓값 기호 안의 식의 값이 0이 되는 x의 값 $\frac{1}{2}$과 2를 경계로 범위를 나누면

(i) $x<\frac{1}{2}$일 때,

$y=-(x-2)-(2x-1)$
$=-3x+3$

(ii) $\frac{1}{2}\le x<2$일 때,

$y=-(x-2)+(2x-1)$
$=x+1$

(iii) $x\ge2$일 때,

$y=(x-2)+(2x-1)$
$=3x-3$

이상에서 그래프는 오른쪽 그림과 같다.

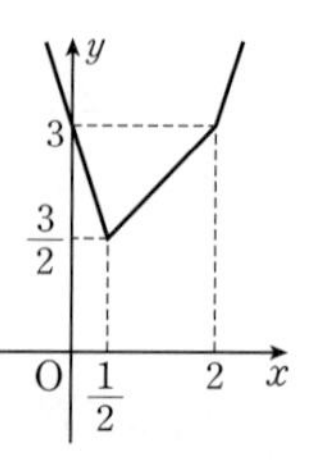

답 (1) 풀이 참조 (2) 풀이 참조

260 중

(1) $y=|f(x)|$의 그래프는 $y=f(x)$의 그래프에서 $y\ge0$인 부분은 그대로 두고, $y<0$인 부분을 x축에 대하여 대칭이동하면 되므로 다음 그림과 같다.

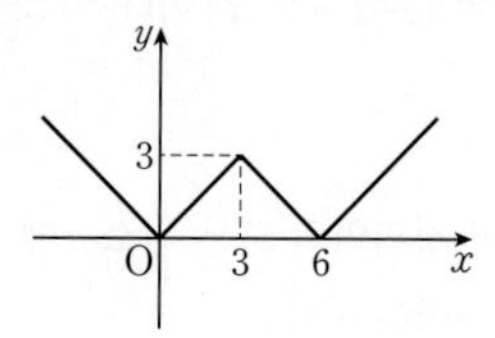

(2) $y=f(|x|)$의 그래프는 $y=f(x)$의 그래프에서 $x\ge0$인 부분만 남기고, $x<0$인 부분은 $x\ge0$인 부분을 y축에 대하여 대칭이동하면 되므로 다음 그림과 같다.

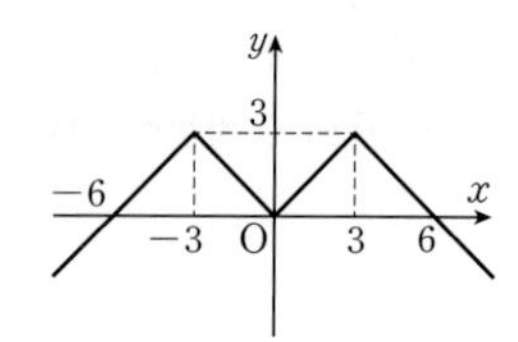

답 (1) 풀이 참조 (2) 풀이 참조

261 중

주어진 그래프에서 꺾인 점의 x좌표는 절댓값 기호 안의 식의 값이 0이 되는 x의 값이므로

$-2+b=0 \quad \therefore b=2$

$y=a|x+2|+c$의 그래프가 두 점 $(-2, -1)$, $(0, 0)$을 지나므로

$-1=c$, $0=2a+c$

위의 두 식을 연립하여 풀면

$a=\frac{1}{2}$, $c=-1$

$\therefore a+b+c=\frac{1}{2}+2+(-1)=\frac{3}{2}$

답 $\frac{3}{2}$

Lecture

14 여러 가지 함수

117~121쪽

262 하

일대일함수는 정의역 X의 서로 다른 두 원소에 대응하는 공역 Y의 원소가 서로 다르므로 ㄱ, ㄴ, ㄹ이다.

답 ㄱ, ㄴ, ㄹ

263 하

일대일대응은 일대일함수이면서 치역과 공역이 같으므로 ㄴ, ㄹ이다.

답 ㄴ, ㄹ

264 하

항등함수는 정의역 X의 각 원소에 그 자신이 대응하므로 ㄴ이다.

답 ㄴ

265 하

상수함수는 정의역 X의 모든 원소에 공역 Y의 단 하나의 원소가 대응하므로 ㄷ이다.

답 ㄷ

266 하

일대일함수는 정의역 X의 서로 다른 두 원소에 대응하는 공역 X의 원소가 서로 다르므로 ㄱ, ㄷ이다.

답 ㄱ, ㄷ

267 하

일대일대응은 일대일함수이면서 치역과 공역이 같으므로 ㄱ, ㄷ이다.

답 ㄱ, ㄷ

268 하

항등함수는 정의역 X의 각 원소에 그 자신이 대응하므로 ㄱ이다.

답 ㄱ

269 하

상수함수는 정의역 X의 모든 원소에 공역 X의 단 하나의 원소가 대응하므로 ㄹ이다.

답 ㄹ

270 하

주어진 함수의 그래프는 다음 그림과 같다.

ㄱ.
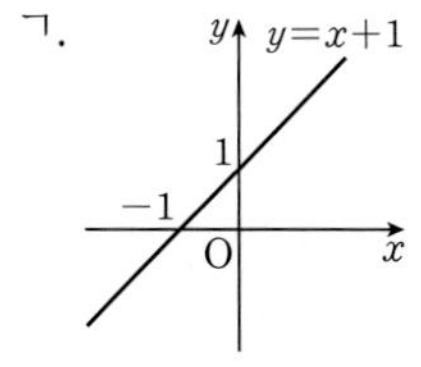

ㄴ.
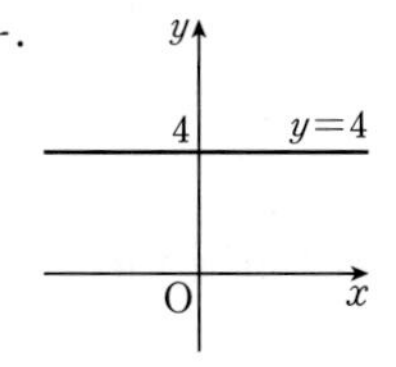

ㄷ.
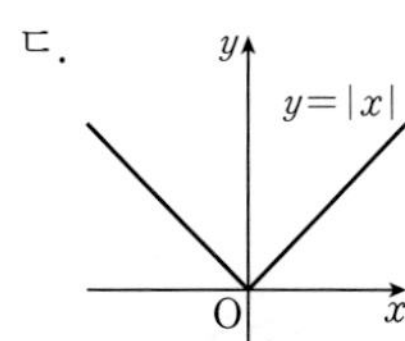

ㄹ.
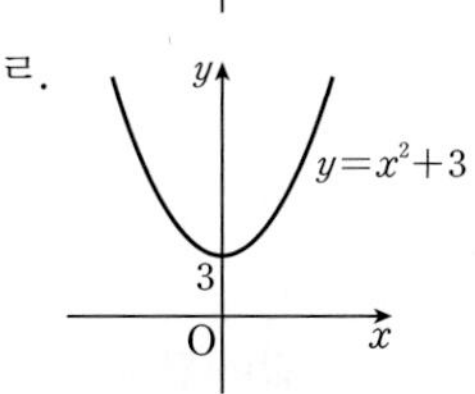

일대일대응의 그래프는 치역의 각 원소 a에 대하여 직선 $y=a$와의 교점이 1개이고, 치역과 공역이 같은 것이므로 ㄱ뿐이다.

답 ㄱ

271 중

(1) 일대일함수의 그래프는 치역의 각 원소 a에 대하여 직선 $y=a$와의 교점이 1개이므로 ㄱ, ㄷ, ㅁ, ㅂ이다.
(2) 일대일대응의 그래프는 일대일함수의 그래프 중에서 치역과 공역이 같은 것이므로 ㄱ, ㄷ, ㅂ이다.
(3) 항등함수의 그래프는 직선 $y=x$이므로 ㅂ이다.
(4) 상수함수의 그래프는 x축에 평행한 직선이므로 ㄹ이다.

답 (1) ㄱ, ㄷ, ㅁ, ㅂ (2) ㄱ, ㄷ, ㅂ (3) ㅂ (4) ㄹ

272 중

주어진 함수의 그래프는 다음 그림과 같다.

ㄱ.
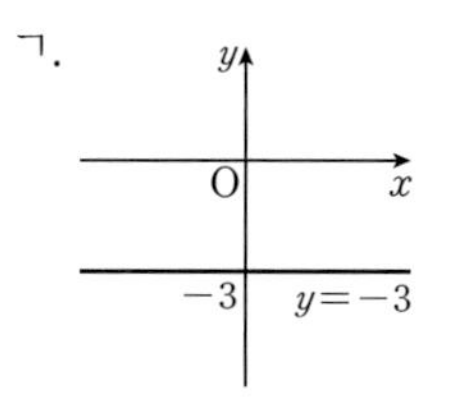

ㄴ.
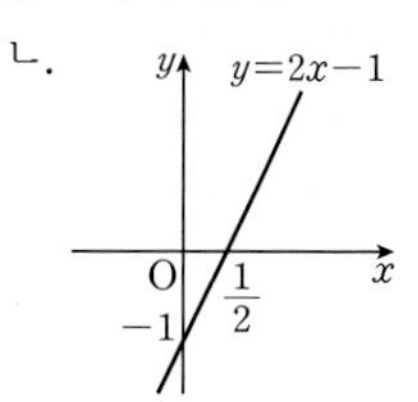

ㄷ.
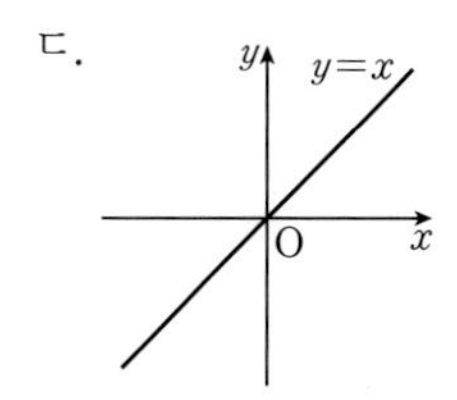

ㄹ.
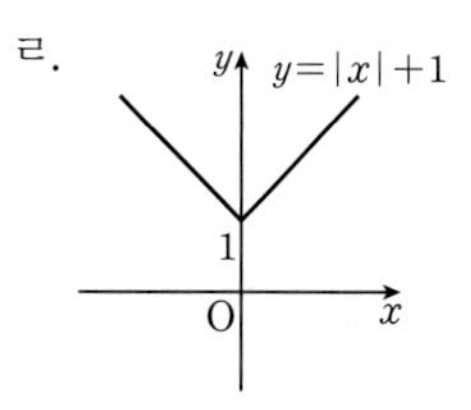

(1) 일대일함수의 그래프는 치역의 각 원소 a에 대하여 직선 $y=a$와의 교점이 1개이므로 ㄴ, ㄷ이다.
(2) 일대일대응의 그래프는 일대일함수의 그래프 중에서 치역과 공역이 같은 것이므로 ㄴ, ㄷ이다.
(3) 항등함수의 그래프는 직선 $y=x$이므로 ㄷ이다.
(4) 상수함수의 그래프는 x축에 평행한 직선이므로 ㄱ이다.

답 (1) ㄴ, ㄷ (2) ㄴ, ㄷ (3) ㄷ (4) ㄱ

273 중

$a>0$이므로 함수 $f(x)$가 일대일대응이려면 $y=f(x)$의 그래프가 오른쪽 그림과 같아야 한다.

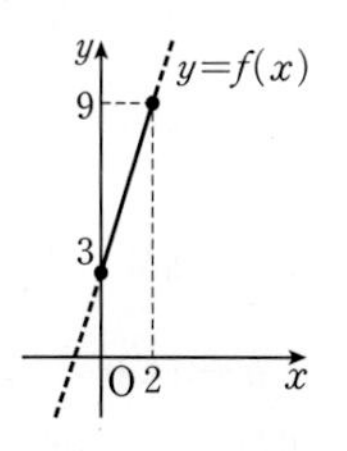

즉, 함수 $f(x)=ax+b$의 그래프가 두 점 $(0, 3)$, $(2, 9)$를 지나야 하므로

$f(0)=3$에서 $b=3$ …… ㉠

$f(2)=9$에서 $2a+b=9$ …… ㉡

㉠, ㉡을 연립하여 풀면 $a=3$, $b=3$

답 $a=3$, $b=3$

274 중

$a<0$이므로 함수 $f(x)$가 일대일대응이려면 $y=f(x)$의 그래프가 오른쪽 그림과 같아야 한다.

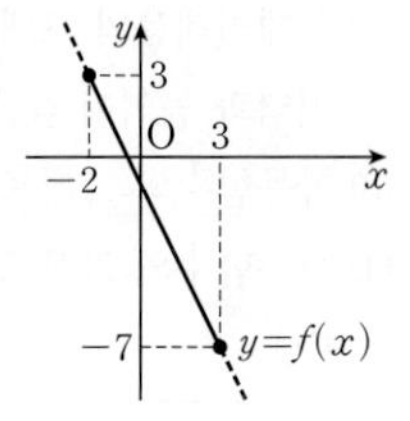

즉, 함수 $f(x)=ax+b$의 그래프가 두 점 $(-2, 3)$, $(3, -7)$을 지나야 하므로

$f(-2)=3$에서 $-2a+b=3$ …… ㉠

$f(3)=-7$에서 $3a+b=-7$ …… ㉡

㉠, ㉡을 연립하여 풀면 $a=-2$, $b=-1$

따라서 $f(x)=-2x-1$이므로

$f(-1)=-2\times(-1)-1=1$

답 1

275 중

$f(x)=x^2-2x+a$

$\quad=(x-1)^2+a-1$

이므로 함수 $f(x)$가 일대일대응이려면 $y=f(x)$의 그래프가 오른쪽 그림과 같아야 한다.

즉, $f(3)=7$이어야 하므로

$9-6+a=7 \qquad \therefore a=4$

답 4

276 상

함수 $f(x)$가 일대일대응이 되려면 $y=f(x)$의 그래프가 오른쪽 그림과 같아야 한다.

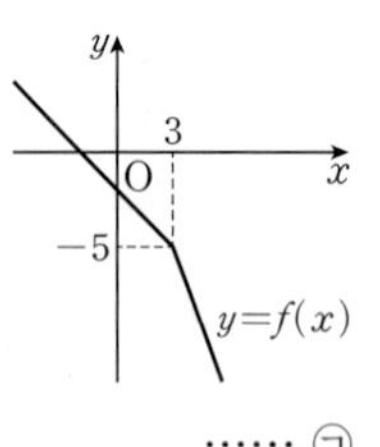

즉, 직선 $y=ax+b$의 기울기가 음수이어야 하므로

$a<0$ …… ㉠

또, 직선 $y=ax+b$가 점 $(3, -5)$를 지나야 하므로

$-5=3a+b \qquad \therefore a=\dfrac{-b-5}{3}$ …… ㉡

㉠, ㉡에서 $\dfrac{-b-5}{3}<0$

$-b-5<0 \qquad \therefore b>-5$

따라서 정수 b의 최솟값은 -4이다.

답 -4

277 중

함수 f는 항등함수이므로 $f(x)=x$

$\therefore f(-3)=-3$

모든 실수 x에 대하여 $g(x)=4$이므로 함수 g는 상수함수이다.

$\therefore g(6)=4$

$\therefore f(-3)+g(6)=(-3)+4=1$

답 1

278 하

함수 f는 상수함수이고 $f(12)=2$이므로 $f(x)=2$

따라서 $f(1)=f(2)=f(3)=\cdots=f(12)=2$이므로

$f(1)+f(2)+f(3)+\cdots+f(12)=2\times12=24$

답 24

279 중

함수 f는 항등함수이므로 $f(x)=x$

$\therefore f(1)=1$, $f(10)=10$

$f(1)+g(1)=10$에서 $1+g(1)=10$

$\therefore g(1)=9$

함수 g는 상수함수이므로 $g(1)=9$에서 $g(x)=9$

$\therefore g(20)=9$

$\therefore f(10)+g(20)=10+9=19$

답 19

280 중

함수 g는 항등함수이므로 $g(x)=x$

$\therefore g(1)=1$, $g(2)=2$, $g(3)=3$

$g(1)=1$이므로 조건 (가)에서

$f(1)=h(1)=1$

함수 h는 상수함수이므로 $h(1)=1$에서 $h(x)=1$

$\therefore h(2)=1$, $h(3)=1$

조건 (나)에서

$f(2)=g(2)+h(3)=2+1=3$

함수 f는 일대일대응이고 $f(1)=1$, $f(2)=3$이므로

$f(3)=2$

$\therefore f(3)+g(2)+h(2)=2+2+1=5$

답 5

281 중

X에서 X로의 함수를 f라 하자.

(1) $f(0)$의 값이 될 수 있는 것은 0, 1, 2 중 하나이므로 3개

$f(1)$의 값이 될 수 있는 것도 0, 1, 2 중 하나이므로 3개

$f(2)$의 값이 될 수 있는 것도 0, 1, 2 중 하나이므로 3개

따라서 함수의 개수는

$3\times3\times3=3^3=27$

(2) $f(0)$의 값이 될 수 있는 것은 0, 1, 2 중 하나이므로 3개

$f(1)$의 값이 될 수 있는 것은 0, 1, 2 중 $f(0)$의 값을 제외한 2개

$f(2)$의 값이 될 수 있는 것은 0, 1, 2 중 $f(0)$, $f(1)$의 값을 제외한 1개

따라서 일대일대응의 개수는

$3\times2\times1=6$

(3) $f(0)=f(1)=f(2)=k$라 하면 k의 값이 될 수 있는 것은 0, 1, 2 중 하나이므로 3개

따라서 상수함수의 개수는 3이다.

(4) 집합 X의 각 원소에 자기 자신이 대응하는 경우는 한 가지뿐이므로 항등함수의 개수는 1이다.

답 (1) 27 (2) 6 (3) 3 (4) 1

282 중

X에서 Y로의 함수를 f라 하자.

(1) $f(1)$의 값이 될 수 있는 것은 1, 2, 3, 4, 5 중 하나이므로 5개

$f(2)$의 값이 될 수 있는 것도 1, 2, 3, 4, 5 중 하나이므로 5개

$f(3)$의 값이 될 수 있는 것도 1, 2, 3, 4, 5 중 하나이므로 5개

따라서 함수의 개수는

$5\times5\times5=5^3=125$

(2) $f(1)$의 값이 될 수 있는 것은 1, 2, 3, 4, 5 중 하나이므로 5개

$f(2)$의 값이 될 수 있는 것은 1, 2, 3, 4, 5 중 $f(1)$의 값을 제외한 4개

$f(3)$의 값이 될 수 있는 것은 1, 2, 3, 4, 5 중 $f(1)$, $f(2)$의 값을 제외한 3개

따라서 일대일함수의 개수는

$5\times4\times3=60$

답 (1) 125 (2) 60

283 중

$X=\{1, 2, 3, 4, 5, 6, 7\}$이고, X에서 X로의 함수를 f라 하자.

(i) $f(1)=f(2)=f(3)=\cdots=f(7)=k$라 하면 k의 값이 될 수 있는 것은 1, 2, 3, 4, 5, 6, 7 중 하나이므로 7개

따라서 상수함수의 개수는 7이므로

$a=7$

(ii) 집합 X의 각 원소에 자기 자신이 대응하는 경우는 한 가지뿐이므로 항등함수의 개수는 1이다.

$\therefore b=1$

(i), (ii)에서 $a+b=7+1=8$

답 8

05 함수

중단원 연습문제

122~125쪽

284 함수의 뜻

전략 집합 X의 각 원소에 집합 Y의 원소가 오직 하나씩 대응하는지 확인한다.

주어진 대응을 그림으로 나타내면 다음과 같다.

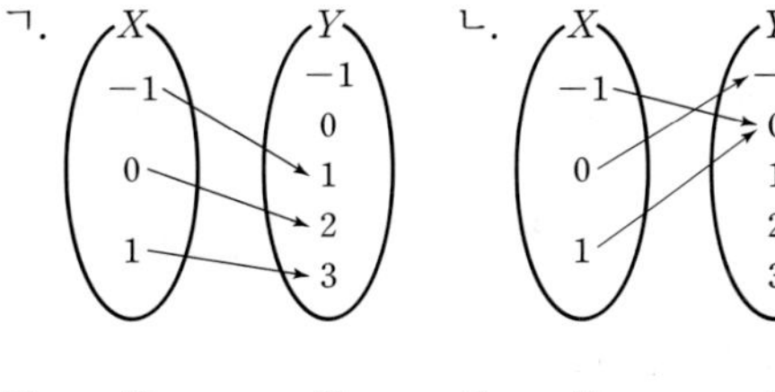

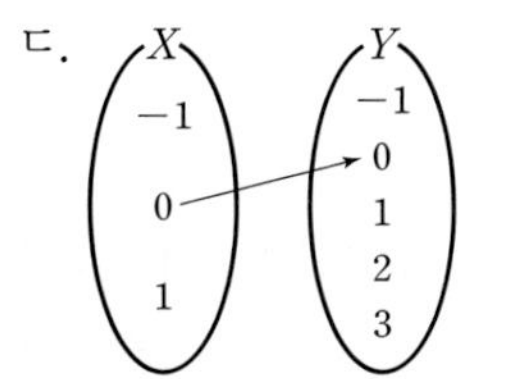

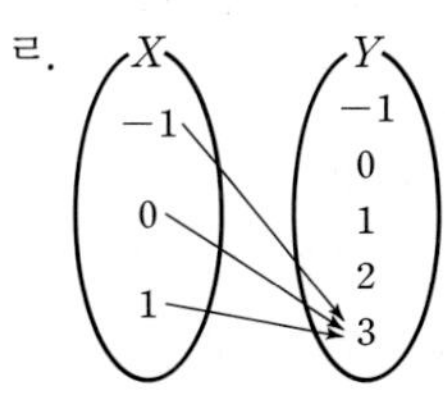

ㄱ, ㄴ, ㄹ. X의 각 원소에 Y의 원소가 오직 하나씩 대응하므로 함수이다.

ㄷ. X의 원소 -1, 1에 대응하는 Y의 원소가 없으므로 함수가 아니다.

이상에서 함수인 것은 ㄱ, ㄴ, ㄹ이다.

답 ㄱ, ㄴ, ㄹ

285 함숫값

전략 집합 X의 각 원소를 $f(x)=-3x$에 대입한다.

주어진 그림에서 $f(a)=6$, $f(b)=0$, $f(1)=c$이고 $f(x)=-3x$이므로

$-3a=6$, $-3b=0$, $-3=c$

따라서 $a=-2$, $b=0$, $c=-3$이므로

$a+b+c=(-2)+0+(-3)=-5$ 답 -5

286 함숫값 구하기

[전략] x의 값이 유리수인지 무리수인지를 판단하여 각각 알맞은 함수식에 대입한다.

1은 유리수이므로

$f(1)=1-3=-2$

$2+\sqrt{3}$은 무리수이므로

$f(2+\sqrt{3})=-(2+\sqrt{3})=-2-\sqrt{3}$

$\therefore f(1)-f(2+\sqrt{3})=(-2)-(-2-\sqrt{3})=\sqrt{3}$

답 $\sqrt{3}$

287 함수의 정의역, 공역, 치역

[전략] $f(x)$의 x에 정의역의 각 원소를 대입하여 함숫값을 구한다.

[해결 과정]

$x=2$일 때, 2보다 작은 소수는 없으므로

$f(2)=0$

$x=4$일 때, 4보다 작은 소수는 2, 3의 2개이므로

$f(4)=2$

$x=6$일 때, 6보다 작은 소수는 2, 3, 5의 3개이므로

$f(6)=3$

$x=8$일 때, 8보다 작은 소수는 2, 3, 5, 7의 4개이므로

$f(8)=4$

$x=10$일 때, 10보다 작은 소수는 2, 3, 5, 7의 4개이므로

$f(10)=4$ … 70% 배점

[답 구하기]

따라서 함수 f의 치역은 $\{0, 2, 3, 4\}$이므로 치역의 원소의 개수는 4이다. … 30% 배점

답 4

288 서로 같은 함수

[전략] 정의역의 모든 원소에 대한 두 함수의 함숫값이 서로 같음을 이용한다.

$f=g$이면 정의역의 모든 원소 x에 대하여

$f(x)=g(x)$이므로

$f(1)=g(1)$에서 $2=a+b$ …… ㉠

$f(2)=g(2)$에서 $7=2a+b$ …… ㉡

㉠, ㉡을 연립하여 풀면 $a=5$, $b=-3$

$\therefore a-b=5-(-3)=8$ 답 8

289 절댓값 기호를 포함한 함수의 그래프

[전략] $y=|x^2-2x|$의 그래프를 그린 후, 서로 다른 세 점에서 만나도록 직선 $y=a$를 그려 본다.

$y=|x^2-2x|$의 그래프는 $y=x^2-2x=(x-1)^2-1$의 그래프에서 $y\geq 0$인 부분은 그대로 두고, $y<0$인 부분을 x축에 대하여 대칭이동하면 되므로 오른쪽 그림과 같다.

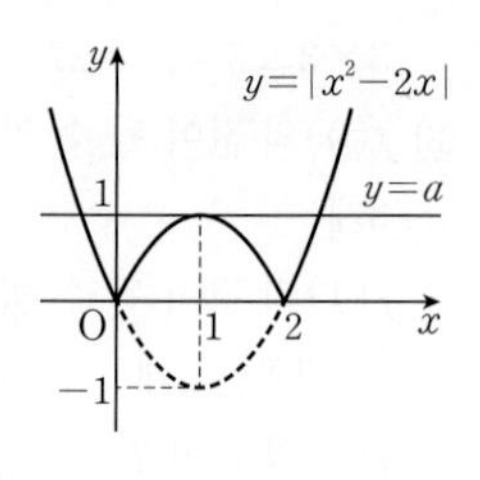

따라서 직선 $y=a$와 서로 다른 세 점에서 만나려면

$a=1$ 답 1

290 여러 가지 함수

[전략] 일대일함수의 그래프의 특징을 만족시키면서 치역과 공역이 같지 않은 것을 찾는다.

일대일함수이지만 일대일대응이 아닌 함수의 그래프는 치역의 각 원소 a에 대하여 직선 $y=a$와의 교점이 1개이고, 치역과 공역이 같지 않은 것이므로 ㄷ이다.

답 ㄷ

291 일대일함수

[전략] 일대일함수의 정의를 이용하여 $f(1)$, $f(3)$의 값이 될 수 있는 것을 생각해 본다.

함수 $f(x)$가 일대일함수이고 $f(2)=4$이므로

$f(1)$, $f(3)$의 값은 집합 Y의 원소 1, 2, 3 중 하나이고, $f(1)\neq f(3)$이어야 한다.

이때 $f(1)+f(3)$의 값은

$f(1)=2$, $f(3)=3$ 또는 $f(1)=3$, $f(3)=2$

인 경우에 최대이므로 $f(1)+f(3)$의 최댓값은

$2+3=5$ 답 ③

292 일대일대응

[전략] 함수 f가 일대일대응이면 치역과 공역이 같음을 이용한다.

$f(a)=-2a+1$, $f(b)=-2b+1$, $f(c)=-2c+1$

이므로 함수 f의 치역은

$\{-2a+1, -2b+1, -2c+1\}$ …… ㉠

함수 f가 일대일대응이므로 치역과 공역이 같다.

즉, 두 집합 ㉠과 $\{4, 8, 11\}$이 서로 같으므로 두 집합의 모든 원소의 합도 서로 같다.

$(-2a+1)+(-2b+1)+(-2c+1)=4+8+11$

$-2a-2b-2c=20$

$\therefore a+b+c=-10$ 답 -10

293 일대일대응

[전략] $f(2)-f(3)=3$이므로 공역의 원소 중 차가 3인 두 원소를 찾고, f가 일대일대응임을 이용한다.

$f(2)-f(3)=3$이고 집합 Y의 원소 중 두 수의 차가 3인 것은 5, 8이므로

$f(2)=8,\ f(3)=5$

이때 $f(1)=7$이고 함수 f가 일대일대응이므로 오른쪽 그림과 같이 $f(4)=6$이다.

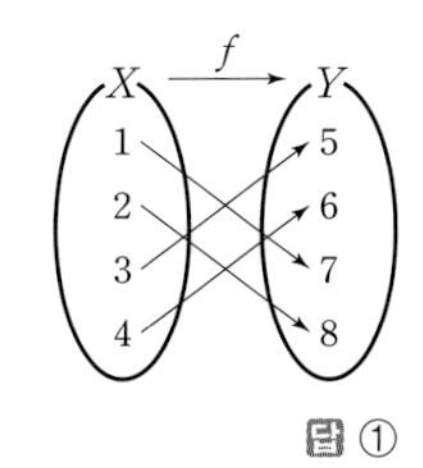

$\therefore\ f(3)+f(4)=5+6=11$

답 ①

294 일대일대응이 되기 위한 조건

[전략] 일대일대응이면 정의역의 양 끝 값에서의 함숫값이 공역의 양 끝 값과 일치함을 이용한다.

함수 $f(x)=a(x+2)^2+b$가 일대일대응이므로

(i) $a>0$일 때, 오른쪽 그림과 같이 $y=f(x)$의 그래프가 두 점 $(-1,\ -14)$, $(1,\ 2)$를 지난다.

$f(-1)=-14$에서

$a+b=-14$ ······ 

$f(1)=2$에서

$9a+b=2$ ······ ㉡

㉠, ㉡을 연립하여 풀면 $a=2,\ b=-16$

$\therefore\ ab=2\times(-16)=-32$

(ii) $a<0$일 때, 오른쪽 그림과 같이 $y=f(x)$의 그래프가 두 점 $(-1,\ 2)$, $(1,\ -14)$를 지난다.

$f(-1)=2$에서

$a+b=2$ ······ 

$f(1)=-14$에서

$9a+b=-14$ ······ ㉣

㉢, ㉣을 연립하여 풀면 $a=-2,\ b=4$

$\therefore\ ab=(-2)\times4=-8$

(i), (ii)에서 ab의 값은 -32 또는 -8이다.

답 $-32,\ -8$

295 항등함수와 상수함수

[전략] 함수 f가 항등함수이므로 $f(x)=x$, 함수 g가 상수함수이므로 $g(x)=c$ (c는 상수)임을 이용한다.

함수 f는 항등함수이므로 $f(x)=x$

$\therefore\ f(6)=6,\ f(9)=9$

함수 g는 상수함수이고 $g(6)=f(6)=6$이므로

$g(x)=6 \qquad \therefore\ g(9)=6$

$\therefore\ f(9)+g(9)=9+6=15$

답 15

296 항등함수

[전략] 함수 f가 항등함수이므로 $f(x)=x$임을 이용한다.

[문제 이해]

함수 f가 항등함수이므로 $f(x)=x$ ··· 10% 배점

[해결 과정]

(i) $x<0$일 때,

$f(x)=-2$이므로 $x=-2$

(ii) $0\le x<4$일 때,

$f(x)=3x-6$이므로 $x=3x-6$

$-2x=-6 \qquad \therefore\ x=3$

(iii) $x\ge4$일 때,

$f(x)=5$이므로 $x=5$ ··· 60% 배점

[답 구하기]

이상에서 $X=\{-2,\ 3,\ 5\}$이므로

$abc=(-2)\times3\times5=-30$ ··· 30% 배점

답 -30

297 여러 가지 함수의 개수

[전략] $f(0)$의 값이 될 수 있는 것을 먼저 생각하고, 그 각각에 대하여 $f(1)$, $f(2)$, $f(3)$의 값이 될 수 있는 것을 생각한다.

$f(0)>1$이므로 $f(0)$의 값이 될 수 있는 것은 2, 3의 2개

$f(1)$의 값이 될 수 있는 것은 0, 1, 2, 3 중 $f(0)$의 값을 제외한 3개

$f(2)$의 값이 될 수 있는 것은 0, 1, 2, 3 중 $f(0)$, $f(1)$의 값을 제외한 2개

$f(3)$의 값이 될 수 있는 것은 0, 1, 2, 3 중 $f(0)$, $f(1)$, $f(2)$의 값을 제외한 1개

따라서 구하는 함수 f의 개수는

$2\times3\times2\times1=12$

답 12

298 여러 가지 함수의 개수

[전략] 조건 (나)에서 $f(1)$의 값은 정해져 있으므로 $f(2)$, $f(3)$, $f(4)$의 값이 될 수 있는 것을 생각한다.

조건 (가)에서 함수 f는 일대일함수이다.

조건 (나), (다)에서 $f(1)=2$, $f(3)\ne0$이므로 $f(3)$의 값이 될 수 있는 것은 $-2,\ -1,\ 1$의 3개

$f(2)$의 값이 될 수 있는 것은 $-2,\ -1,\ 0,\ 1,\ 2$ 중 2와 $f(3)$의 값을 제외한 3개

($f(1)$의 값)

$f(4)$의 값이 될 수 있는 것은 -2, -1, 0, 1, 2 중 2와 $f(2)$, $f(3)$의 값을 제외한 2개 ($f(1)$의 값)

따라서 구하는 함수 f의 개수는

$3\times3\times2=18$

답 18

299 함수의 뜻

전략 함수가 되려면 정의역의 각 원소에 공역의 원소가 오직 하나씩 대응해야 한다.

$X=\{-3, 0, 3\}$이므로

$f(-3)=\frac{(-3)^2-|-3|}{2}=3$

$f(0)=\frac{0^2-|0|}{2}=0$

$f(3)=\frac{3^2-|3|}{2}=3$

$f(x)$가 X에서 Y로의 함수가 되려면 $f(-3)$, $f(0)$, $f(3)$의 값, 즉 0, 3이 집합 $Y=\{0, a, a+2\}$의 원소이어야 하므로

$a=3$ 또는 $a+2=3$

$\therefore a=1$ 또는 $a=3$

답 1, 3

300 함수의 정의역, 공역, 치역

전략 정수 n에 대하여 $n\le x<n+1$이면 $[x]=n$임을 이용한다.

정수 n에 대하여 $n\le x<n+1$이면 $[x]=n$이고

$2n\le 2x<2n+2$이므로

$[2x]=2n$ 또는 $[2x]=2n+1$

(i) $[2x]=2n$일 때,

$f(x)=[2x]-2[x]$
$=2n-2n=0$

(ii) $[2x]=2n+1$일 때,

$f(x)=[2x]-2[x]$
$=(2n+1)-2n=1$

(i), (ii)에서 함수 f의 치역은 $\{0, 1\}$이다.

답 $\{0, 1\}$

301 상수함수

전략 함수 $f: X \longrightarrow X$가 상수함수이면 정의역 X의 모든 원소 x에 대하여 $f(x)=c$ (c는 $c\in X$인 상수)임을 이용한다.

ㄱ. $f(1)=1$, $f(2)=2$, $f(3)=3$

이므로 f는 항등함수이다.

ㄴ. $g(1)=|1+1|-1=1$

$g(2)=|2+1|-2=1$

$g(3)=|3+1|-3=1$

이므로 g는 상수함수이다.

ㄷ. $h(1)=\left[\frac{1}{10}\right]=0$

$h(2)=\left[\frac{4}{10}\right]=0$

$h(3)=\left[\frac{9}{10}\right]=0$

이때 0은 공역 X의 원소가 아니므로 h는 X에서 X로의 함수가 아니다.

이상에서 X에서 X로의 상수함수인 것은 ㄴ뿐이다.

답 ㄴ

302 일대일대응이 되기 위한 조건

전략 함수 $f(x)$가 일대일대응이려면 $x<-2$일 때와 $x\ge-2$일 때의 직선 $y=f(x)$의 기울기의 부호가 서로 같아야 한다.

(i) $x<-2$일 때,

$f(x)=-a(x+2)-4x$
$=-(a+4)x-2a$

(ii) $x\ge-2$일 때,

$f(x)=a(x+2)-4x$
$=(a-4)x+2a$

함수 f가 일대일대응이려면

직선 $y=-(a+4)x-2a$의 기울기가 양수일 때

직선 $y=(a-4)x+2a$의 기울기도 양수이어야 하고,

직선 $y=-(a+4)x-2a$의 기울기가 음수일 때

직선 $y=(a-4)x+2a$의 기울기도 음수이어야 한다.

즉, 두 직선의 기울기의 부호가 같아야 하므로

$-(a+4)(a-4)>0$

$(a+4)(a-4)<0 \qquad \therefore -4<a<4$

따라서 정수 a는 -3, -2, -1, 0, 1, 2, 3의 7개이다.

답 7

303 여러 가지 함수의 개수

전략 p, q, r는 각각 0, 1, 2 중 하나임을 이용한다.

$f(0)=p$, $f(1)=q$, $f(2)=r$에서 p, q, r는 각각 0, 1, 2 중 하나이므로 $p+q+r=3$이려면 함수 f의 치역 $\{p, q, r\}$가 $\{0, 1, 2\}$ 또는 $\{1\}$이어야 한다.

(i) 치역이 $\{0, 1, 2\}$일 때, 함수 f의 개수는

$3\times2\times1=6$

(ii) 치역이 $\{1\}$일 때, 함수 f의 개수는 1

(i), (ii)에서 구하는 함수 f의 개수는

$6+1=7$

답 7

06 합성함수와 역함수

Lecture 15 합성함수 128~135쪽

문제 ❶

(1) $(g\circ f)(0)=g(f(0))=g(3)=-1$

(2) $(f\circ g)(-1)=f(g(-1))=f(3)=9$

문제 ❷

(1) $(g\circ f)(x)=g(f(x))$
$=g(2x)$
$=2x+1$

$(f\circ g)(x)=f(g(x))$
$=f(x+1)$
$=2(x+1)$
$=2x+2$

$\therefore (g\circ f)(x)\neq(f\circ g)(x)$

(2) $(h\circ(g\circ f))(x)=h((g\circ f)(x))$
$=h(2x+1)$ ($\because$ (1))
$=(2x+1)^2$

또,
$(h\circ g)(x)=h(g(x))=h(x+1)=(x+1)^2$
이므로
$((h\circ g)\circ f)(x)=(h\circ g)(f(x))$
$=(h\circ g)(2x)$
$=(2x+1)^2$

$\therefore (h\circ(g\circ f))(x)=((h\circ g)\circ f)(x)$

304 하

(1) $g(3)=-3+1=-2$이므로
$(f\circ g)(3)=f(g(3))=f(-2)$
$=3\times(-2)=-6$

(2) $f(-1)=3\times(-1)=-3$이므로
$(h\circ f)(-1)=h(f(-1))=h(-3)$
$=(-3)^2+4=13$

(3) $(g\circ f)(x)=g(f(x))=g(3x)=-3x+1$
이므로
$(h\circ(g\circ f))(x)=h((g\circ f)(x))$
$=h(-3x+1)$
$=(-3x+1)^2+4$
$=9x^2-6x+5$

(4) $(f\circ f\circ f)(x)=f(f(f(x)))$
$=f(f(3x))=f(3\times 3x)$
$=f(9x)=3\times 9x$
$=27x$

답 (1) -6
(2) 13
(3) $(h\circ(g\circ f))(x)=9x^2-6x+5$
(4) $(f\circ f\circ f)(x)=27x$

다른 풀이 (3) $(h\circ(g\circ f))(x)=(h\circ g\circ f)(x)$
$=h(g(f(x)))$
$=h(g(3x))$
$=h(-3x+1)$
$=(-3x+1)^2+4$
$=9x^2-6x+5$

305 하

(1) $(g\circ f)(0)=g(f(0))=g(1)=4$

(2) $(g\circ f)(2)=g(f(2))=g(2)=2$

(3) $(g\circ f)(-1)=g(f(-1))=g(1)=4$
$(g\circ f)(0)=4$ ($\because$ (1))
$(g\circ f)(1)=g(f(1))=g(3)=8$
$(g\circ f)(2)=2$ ($\because$ (2))
이므로 함수 $g\circ f$의 치역은
$\{2, 4, 8\}$

답 (1) 4 (2) 2 (3) $\{2, 4, 8\}$

306 하

(1) $h(2)=2+3=5$이므로
$(g\circ h)(2)=g(h(2))=g(5)$
$=4\times5-1=19$

(2) $h(-4)=-4+3=-1$이므로
$(h\circ h)(-4)=h(h(-4))=h(-1)$
$=-1+3=2$

(3) $(h\circ g)(x)=h(g(x))$
$=h(4x-1)$
$=(4x-1)+3$
$=4x+2$

이므로

$((h\circ g)\circ f)(x)=(h\circ g)(f(x))$
$=(h\circ g)(2x^2)$
$=4\times 2x^2+2$
$=8x^2+2$

답 (1) 19 (2) 2
(3) $((h\circ g)\circ f)(x)=8x^2+2$

다른 풀이 (3) $((h\circ g)\circ f)(x)=(h\circ g\circ f)(x)$
$=h(g(f(x)))$
$=h(g(2x^2))$
$=h(4\times 2x^2-1)$
$=h(8x^2-1)$
$=(8x^2-1)+3$
$=8x^2+2$

307 중

$g(3)=3+2=5$이므로
$(f\circ g)(3)=f(g(3))=f(5)$
$=5-3=2$
$f(-2)=-(-2)^2+5=1$이므로
$(g\circ f)(-2)=g(f(-2))=g(1)$
$=1+2=3$
$\therefore (f\circ g)(3)+(g\circ f)(-2)=2+3=5$

답 5

308 중

(1) $(f\circ g)(x)=f(g(x))$
$=f(-3x+k)$
$=2(-3x+k)-1$
$=-6x+2k-1$
$(g\circ f)(x)=g(f(x))$
$=g(2x-1)$
$=-3(2x-1)+k$
$=-6x+3+k$
이므로 $-6x+2k-1=-6x+3+k$
$2k-1=3+k$ $\therefore k=4$

(2) $g(x)=-3x+4$이므로
$(g\circ f)(2)=g(f(2))$
$=g(2\times 2-1)=g(3)$
$=-3\times 3+4=-5$

답 (1) 4 (2) -5

주의 일반적으로 두 함수 f, g에 대하여 $f\circ g\neq g\circ f$이므로 $f\circ g$와 $g\circ f$를 각각 구하여 비교해야 한다.

309 하

$(f\circ g)(x)=f(g(x))$
$=f(-9x-2)$
$=-4(-9x-2)+k$
$=36x+8+k$
$(g\circ f)(x)=g(f(x))$
$=g(-4x+k)$
$=-9(-4x+k)-2$
$=36x-9k-2$
이므로 $36x+8+k=36x-9k-2$
$8+k=-9k-2$, $10k=-10$
$\therefore k=-1$

답 -1

310 중

$(f\circ g)(x)=f(g(x))$
$=f(-x+4)$
$=a(-x+4)+1$
$=-ax+4a+1$
$(g\circ f)(x)=g(f(x))$
$=g(ax+1)$
$=-(ax+1)+4$
$=-ax+3$
이므로 $-ax+4a+1=-ax+3$
$4a+1=3$, $4a=2$ $\therefore a=\frac{1}{2}$
따라서 $f(x)=\frac{1}{2}x+1$이므로
$f(-1)+f(-3)=\left(-\frac{1}{2}+1\right)+\left(-\frac{3}{2}+1\right)=0$

답 0

311 중

$f(1)=4$에서 $3+a=4$ $\therefore a=1$
$f(x)=3x+1$, $g(x)=5x+b$이므로
$(f\circ g)(x)=f(g(x))$
$=f(5x+b)$
$=3(5x+b)+1$
$=15x+3b+1$
$(g\circ f)(x)=g(f(x))$
$=g(3x+1)$
$=5(3x+1)+b$
$=15x+5+b$

따라서 $15x+3b+1=15x+5+b$이므로

$3b+1=5+b$, $2b=4$ $\quad\therefore b=2$

$\therefore a+b=1+2=3$

답 3

312 중

(1) $(f\circ h)(x)=f(h(x))=h(x)-4$이고

$(f\circ h)(x)=g(x)$이므로

$h(x)-4=-2x+7$

$\therefore h(x)=-2x+11$

(2) $(h\circ f)(x)=h(f(x))=h(x-4)$이고

$(h\circ f)(x)=g(x)$이므로

$h(x-4)=-2x+7$

$x-4=t$로 놓으면 $x=t+4$이므로

$h(t)=-2(t+4)+7=-2t-1$

$\therefore h(x)=-2x-1$

(3) $(h\circ g\circ f)(x)=h(g(f(x)))$

$=h(g(x-4))$

$=h(-2(x-4)+7)$

$=h(-2x+15)$

이고 $(h\circ g\circ f)(x)=f(x)$이므로

$h(-2x+15)=x-4$

$-2x+15=t$로 놓으면 $x=-\dfrac{t-15}{2}$이므로

$h(t)=-\dfrac{t-15}{2}-4=-\dfrac{1}{2}t+\dfrac{7}{2}$

$\therefore h(x)=-\dfrac{1}{2}x+\dfrac{7}{2}$

답 (1) $h(x)=-2x+11$
(2) $h(x)=-2x-1$
(3) $h(x)=-\dfrac{1}{2}x+\dfrac{7}{2}$

313 중

(1) $(g\circ h)(x)=g(h(x))=4h(x)-1$이고

$(g\circ h)(x)=f(x)$이므로

$4h(x)-1=-x+3$

$\therefore h(x)=-\dfrac{1}{4}x+1$

(2) $(h\circ f)(x)=h(f(x))=h(-x+3)$이고

$(h\circ f)(x)=g(x)$이므로

$h(-x+3)=4x-1$

$-x+3=t$로 놓으면 $x=-t+3$이므로

$h(t)=4(-t+3)-1=-4t+11$

$\therefore h(x)=-4x+11$

(3) $(h\circ g\circ f)(x)=h(g(f(x)))$

$=h(g(-x+3))$

$=h(4(-x+3)-1)$

$=h(-4x+11)$

이고 $(h\circ g\circ f)(x)=g(x)$이므로

$h(-4x+11)=4x-1$

$-4x+11=t$로 놓으면 $x=-\dfrac{t-11}{4}$이므로

$h(t)=4\times\left(-\dfrac{t-11}{4}\right)-1=-t+10$

$\therefore h(x)=-x+10$

답 (1) $h(x)=-\dfrac{1}{4}x+1$
(2) $h(x)=-4x+11$
(3) $h(x)=-x+10$

314 중

$(f\circ g)(x)=f(g(x))=2g(x)-8$이고

$(f\circ g)(x)=3x+2$이므로

$2g(x)-8=3x+2$

$\therefore g(x)=\dfrac{3}{2}x+5$

$\therefore g(2)=\dfrac{3}{2}\times2+5=8$

답 8

315 중

$f\left(\dfrac{x+1}{2}\right)=x^2+1$에서

$\dfrac{x+1}{2}=t$로 놓으면 $x=2t-1$이므로

$f(t)=(2t-1)^2+1=4t^2-4t+2$

따라서 $f(x)=4x^2-4x+2$이므로

$f(-1)+f(1)=10+2=12$

답 12

다른 풀이 $\dfrac{x+1}{2}=-1$에서

$x+1=-2$ $\quad\therefore x=-3$

$x=-3$을 $f\left(\dfrac{x+1}{2}\right)=x^2+1$에 대입하면

$f(-1)=(-3)^2+1=10$

또, $\dfrac{x+1}{2}=1$에서

$x+1=2$ $\quad\therefore x=1$

$x=1$을 $f\left(\dfrac{x+1}{2}\right)=x^2+1$에 대입하면

$f(1)=1^2+1=2$

$\therefore f(-1)+f(1)=10+2=12$

316 중

$f^1(x)=f(x)=x+2$

$f^2(x)=(f\circ f)(x)=f(f(x))$
$=f(x+2)$
$=(x+2)+2=x+4$

$f^3(x)=(f\circ f^2)(x)=f(f^2(x))$
$=f(x+4)$
$=(x+4)+2=x+6$

$f^4(x)=(f\circ f^3)(x)=f(f^3(x))$
$=f(x+6)$
$=(x+6)+2=x+8$

⋮

$\therefore f^n(x)=x+2n$

따라서 $f^{10}(x)=x+20$이므로

$f^{10}(a)=23$에서 $a+20=23$

$\therefore a=3$ 답 3

317 중

$f^1(x)=f(x)=x-1$

$f^2(x)=(f\circ f)(x)=f(f(x))$
$=f(x-1)$
$=(x-1)-1=x-2$

$f^3(x)=(f\circ f^2)(x)=f(f^2(x))$
$=f(x-2)$
$=(x-2)-1=x-3$

$f^4(x)=(f\circ f^3)(x)=f(f^3(x))$
$=f(x-3)$
$=(x-3)-1=x-4$

⋮

$\therefore f^n(x)=x-n$

따라서 $f^{25}(x)=x-25$이므로

$f^{25}(40)=40-25=15$ 답 15

318 중

$f^1(x)=f(x)=-x+5$

$f^2(x)=(f\circ f)(x)=f(f(x))$
$=f(-x+5)$
$=-(-x+5)+5=x$

$f^3(x)=(f\circ f^2)(x)=f(f^2(x))$
$=f(x)$
$=-x+5$

$f^4(x)=(f\circ f^3)(x)=f(f^3(x))$
$=f(-x+5)$
$=-(-x+5)+5=x$

⋮

$\therefore f^n(x)=\begin{cases} -x+5 & (n\text{은 홀수}) \\ x & (n\text{은 짝수}) \end{cases}$

따라서 $f^8(x)=x$, $f^{13}(x)=-x+5$이므로

$f^8(9)+f^{13}(12)=9+(-7)=2$ 답 2

319 상

다음 그림에서 $f^3(x)=x$

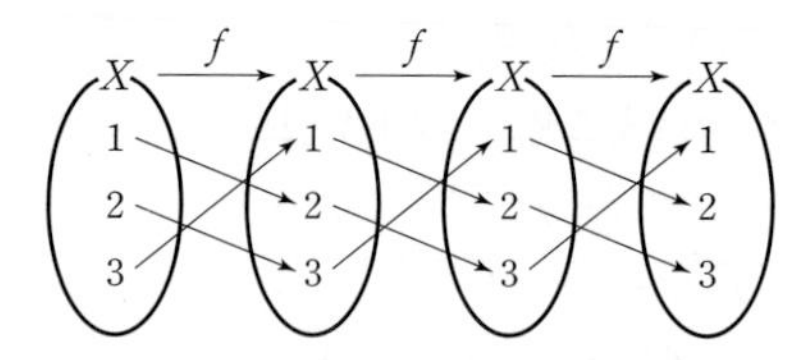

$\therefore f^{3n}(x)=x$, $f^{3n+1}(x)=f(x)$, $f^{3n+2}(x)=f^2(x)$
(n은 자연수)

$f^{20}(3)=f^{3\times6+2}(3)=f^2(3)=f(f(3))=f(1)=2$,

$f^{25}(1)=f^{3\times8+1}(1)=f(1)=2$이므로

$f^{20}(3)+f^{25}(1)=2+2=4$ 답 4

320 중

직선 $y=x$를 이용하여 y축과 점선이 만나는 점의 y좌표를 구하면 다음 그림과 같다.

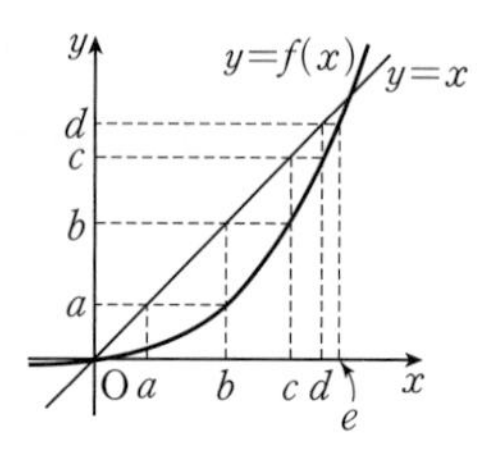

즉, $f(b)=a$, $f(c)=b$, $f(d)=c$, $f(e)=d$

(1) $(f\circ f)(e)=f(f(e))=f(d)=c$

(2) $f(k)=t$라 하면
$(f\circ f)(k)=f(f(k))=f(t)$이므로
$f(t)=b$에서 $t=c$
따라서 $f(k)=c$에서 $k=d$

답 (1) c (2) d

321 중

직선 $y=x$를 이용하여 y축과 점선이 만나는 점의 y좌표를 구하면 다음 그림과 같다.

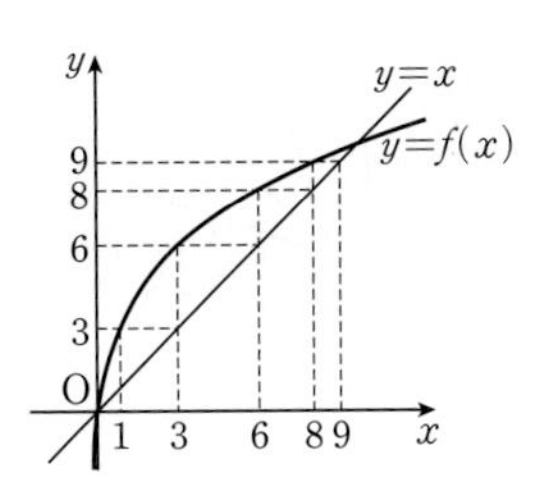

즉, $f(1)=3$, $f(3)=6$, $f(6)=8$, $f(8)=9$

(1) $(f\circ f\circ f)(1)=f(f(f(1)))=f(f(3))=f(6)=8$

(2) $f(k)=t$라 하면

$(f\circ f)(k)=f(f(k))=f(t)$이므로

$f(t)=9$에서 $t=8$

따라서 $f(k)=8$에서 $k=6$

답 (1) 8 (2) 6

322 중

$f(a)=t$라 하면 $(f\circ f)(a)=f(f(a))=f(t)$이므로

$f(t)=3$에서 $t=2$ 또는 $t=4$

$\therefore f(a)=2$ 또는 $f(a)=4$

(i) $f(a)=2$에서 $a=1$

(ii) $f(a)=4$에서 $a=3$

(i), (ii)에서 모든 a의 값의 합은

$1+3=4$

답 4

323 중

$f(x)=\begin{cases}-x+1 & (x<0)\\ 1 & (x\geq 0)\end{cases}$, $g(x)=x+1$이므로

$$(f\circ g)(x)=f(g(x))=\begin{cases}-g(x)+1 & (g(x)<0)\\ 1 & (g(x)\geq 0)\end{cases}=\begin{cases}-x & (x<-1)\\ 1 & (x\geq -1)\end{cases}$$

따라서 함수 $y=(f\circ g)(x)$의 그래프는 오른쪽 그림과 같다.

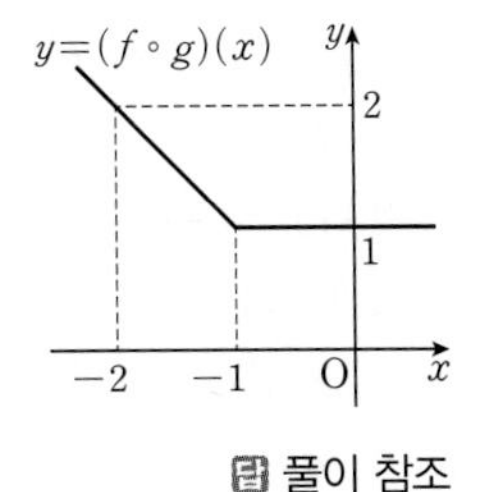

답 풀이 참조

324 중

$f(x)=-2x+2$, $g(x)=\begin{cases}-x+1 & (x<1)\\ x-1 & (x\geq 1)\end{cases}$이므로

$$(g\circ f)(x)=g(f(x))=\begin{cases}-f(x)+1 & (f(x)<1)\\ f(x)-1 & (f(x)\geq 1)\end{cases}=\begin{cases}2x-1 & \left(x>\frac{1}{2}\right)\\ -2x+1 & \left(x\leq\frac{1}{2}\right)\end{cases}$$

따라서 함수 $y=(g\circ f)(x)$의 그래프는 오른쪽 그림과 같다.

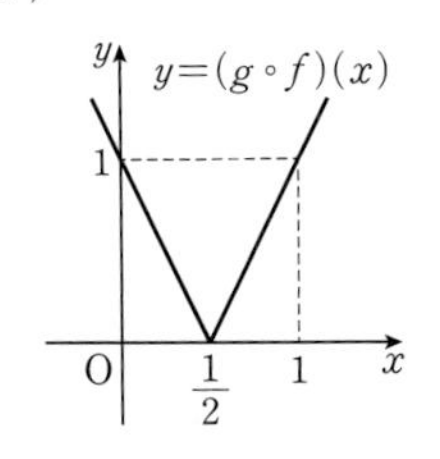

답 풀이 참조

325 상

$f(x)=\begin{cases}2x & \left(0\leq x<\frac{1}{2}\right)\\ -2x+2 & \left(\frac{1}{2}\leq x\leq 1\right)\end{cases}$이므로

$$(f\circ f)(x)=f(f(x))=\begin{cases}2f(x) & \left(0\leq f(x)<\frac{1}{2}\right)\\ -2f(x)+2 & \left(\frac{1}{2}\leq f(x)\leq 1\right)\end{cases}$$

(i) $0\leq x<\frac{1}{4}$일 때, $0\leq f(x)<\frac{1}{2}$이므로

$(f\circ f)(x)=2f(x)=2\times 2x=4x$

(ii) $\frac{1}{4}\leq x<\frac{1}{2}$일 때, $\frac{1}{2}\leq f(x)<1$이므로

$(f\circ f)(x)=-2f(x)+2=-2\times 2x+2=-4x+2$

(iii) $\frac{1}{2}\leq x<\frac{3}{4}$일 때, $\frac{1}{2}<f(x)\leq 1$이므로

$(f\circ f)(x)=-2f(x)+2=-2(-2x+2)+2=4x-2$

(iv) $\frac{3}{4}\leq x\leq 1$일 때, $0\leq f(x)\leq\frac{1}{2}$이므로

$(f\circ f)(x)=2f(x)=2(-2x+2)=-4x+4$

이상에서 함수 $y=(f\circ f)(x)$의 그래프는 오른쪽 그림과 같다.

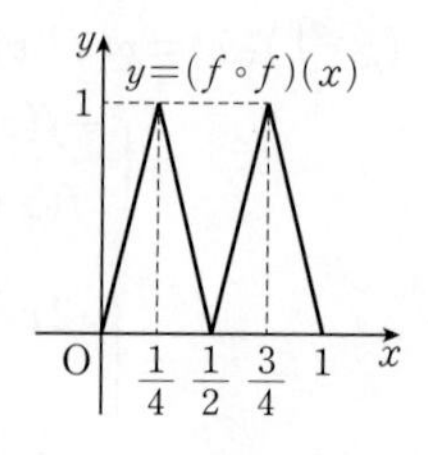

답 풀이 참조

Lecture 16 역함수

136~145쪽

문제 ❶

주어진 그림에서

$f(1)=b$, $f(2)=d$, $f(3)=c$, $f(4)=a$이므로

(1) $f(4)=a$에서 $f^{-1}(a)=4$

(2) $f(1)=b$에서 $f^{-1}(b)=1$

(3) $f(3)=c$에서 $f^{-1}(c)=3$

(4) $f(2)=d$에서 $f^{-1}(d)=2$

문제 ❷

(1) 함수 $y=x+5$는 실수 전체의 집합에서 일대일대응이므로 역함수가 존재한다.

$y=x+5$를 x에 대하여 풀면

$x=y-5$

x와 y를 서로 바꾸면 구하는 역함수는

$y=x-5$

(2) 함수 $y=\frac{1}{4}x+2$는 실수 전체의 집합에서 일대일대응이므로 역함수가 존재한다.

$y=\frac{1}{4}x+2$를 x에 대하여 풀면

$\frac{1}{4}x=y-2 \qquad \therefore x=4y-8$

x와 y를 서로 바꾸면 구하는 역함수는

$y=4x-8$

문제 ❸

(1) 함수 $y=3x-2$의 역함수는 $y=\frac{1}{3}x+\frac{2}{3}$이고, 이 두 함수의 그래프는 다음 그림과 같이 직선 $y=x$에 대하여 대칭이다.

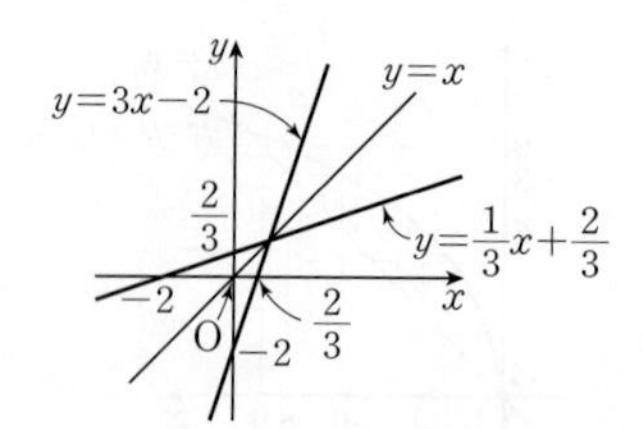

(2) 함수 $y=-\frac{1}{4}x+1$의 역함수는 $y=-4x+4$이고, 이 두 함수의 그래프는 다음 그림과 같이 직선 $y=x$에 대하여 대칭이다.

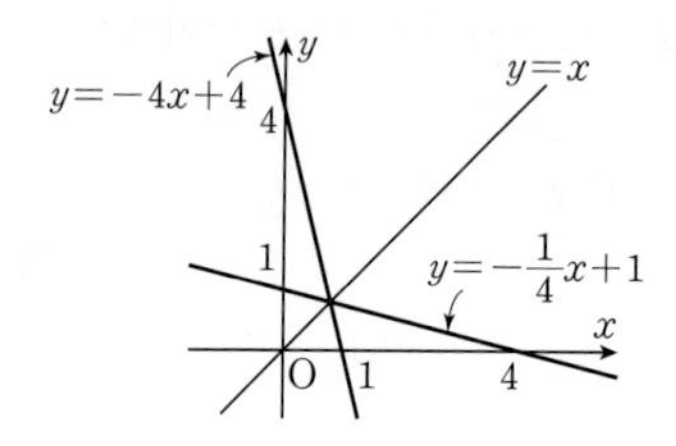

326 중

(1) $f^{-1}(k)=2$에서 $f(2)=k$이므로

$-2+3=k \qquad \therefore k=1$

(2) $f^{-1}(2)=-1$에서 $f(-1)=2$이므로

$-a+b=2$ …… ㉠

또, $(f\circ f)(-1)=8$에서

$(f\circ f)(-1)=f(f(-1))=f(2)$이므로

$f(2)=8$

$\therefore 2a+b=8$ …… ㉡

㉠, ㉡을 연립하여 풀면 $a=2$, $b=4$

따라서 $f(x)=2x+4$이므로

$f(4)=2\times4+4=12$

답 (1) 1 (2) 12

327 중

$f^{-1}(1)=-1$에서 $f(-1)=1$이므로

$-a+b=1$ …… ㉠

$f^{-1}(11)=4$에서 $f(4)=11$이므로

$4a+b=11$ …… ㉡

㉠, ㉡을 연립하여 풀면 $a=2$, $b=3$

$\therefore a+b=2+3=5$

답 5

328 중

$f(6)=7$이므로

$6k-5=7$, $6k=12 \qquad \therefore k=2$

$\therefore f(x)=2x-5$

$f^{-1}(-1)=a$라 하면 $f(a)=-1$이므로

$2a-5=-1,\ 2a=4 \qquad \therefore a=2$

$\therefore f^{-1}(-1)=2$ 답 2

329 중

함수 $f(x)$의 역함수가 $g(x)$이므로

$f^{-1}(x)=g(x)$

$g(5)=k$라 하면 $f(k)=5$이므로

$3k-4=5,\ 3k=9 \qquad \therefore k=3$

$\therefore g(5)=3$

또, $f^{-1}(x)=g(x)$에서

$g^{-1}(x)=f(x)$이므로

$f(x)$의 역함수가 $g(x)$이므로 역함수의 정의에 의하여 $g(x)$의 역함수는 $f(x)$이다.

$g^{-1}(4)=f(4)$

$=3\times4-4=8$

$\therefore g(5)+g^{-1}(4)=3+8=11$ 답 11

330 중

함수 $f(x)$의 역함수가 존재하려면 $f(x)$는 일대일대응이어야 한다.

이때 $x\geq1$에서의 직선의 기울기가 양수이므로 오른쪽 그림과 같이 $x<1$에서의 직선의 기울기도 양수이어야 한다.

즉, $a-1>0 \qquad \therefore a>1$ 답 $a>1$

참고 (i) $a=1$이면 함수 $y=f(x)$의 그래프는 [그림 1]과 같다.

(ii) $a<1$이면 $x<1$에서의 직선의 기울기가 음수이므로 함수 $y=f(x)$의 그래프는 [그림 2]와 같다.

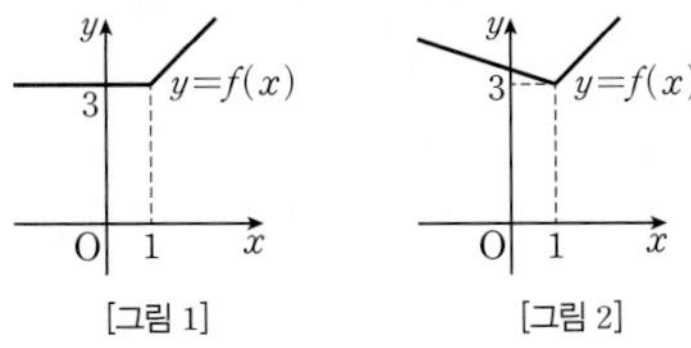

[그림 1] [그림 2]

따라서 $a\leq1$이면 함수 $f(x)$는 일대일대응이 아니므로 역함수가 존재하지 않는다.

331 중

함수 $f(x)$의 역함수가 존재하므로 $f(x)$는 일대일대응이다.

이때 $y=f(x)$의 그래프의 기울기가 양수이므로 x의 값이 증가하면 y의 값도 증가한다.

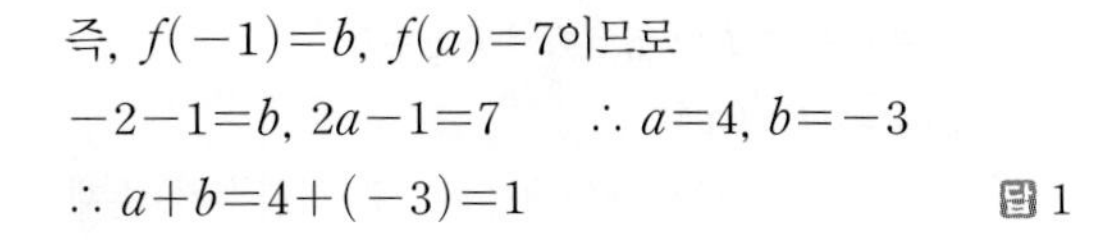

즉, $f(-1)=b,\ f(a)=7$이므로

$-2-1=b,\ 2a-1=7 \qquad \therefore a=4,\ b=-3$

$\therefore a+b=4+(-3)=1$ 답 1

332 중

함수의 역함수가 존재하려면 그 함수는 일대일대응이어야 한다.

이때 주어진 함수의 그래프는 각각 다음 그림과 같다.

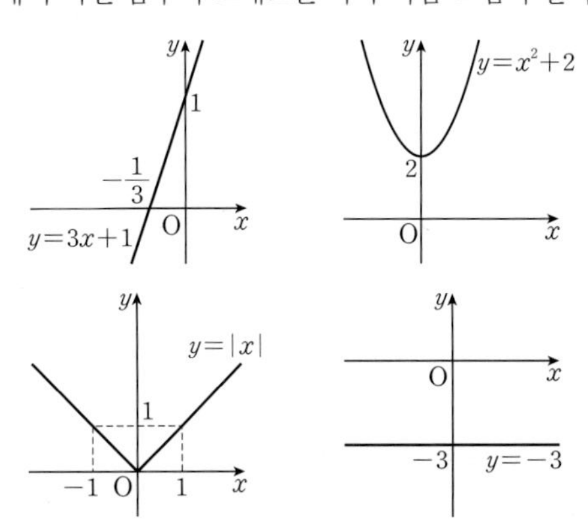

따라서 일대일대응인 것은 $y=3x+1$뿐이므로 역함수가 존재하는 함수는 1개이다. 답 1

333 상

$f(x)=x^2+4x-4=(x+2)^2-8$

함수 $f(x)$의 역함수가 존재하므로 $f(x)$는 일대일대응이고, $f(x)$는 X에서 X로의 함수이므로

$a\geq-2,\ f(a)=a$

$f(a)=a$에서 $a^2+4a-4=a$이므로

$a^2+3a-4=0,\ (a+4)(a-1)=0$

$\therefore a=1\ (\because a\geq-2)$ 답 1

334 중

(1) $f(x)=\frac{1}{2}x+a$에서

$y=\frac{1}{2}x+a$로 놓고 x에 대하여 풀면

$\frac{1}{2}x=y-a \qquad \therefore x=2y-2a$

x와 y를 서로 바꾸면 $y=2x-2a$

$\therefore f^{-1}(x)=2x-2a$

따라서 $b=2,\ 8=-2a$이므로

$a=-4,\ b=2$

$\therefore a+b=(-4)+2=-2$

(2) $f \circ g = g \circ f = I$가 성립하므로 $g = f^{-1}$

$\therefore g(x) = f^{-1}(x)$

$f(x) = 2x - 3$은 일대일대응이므로 역함수가 존재한다.

$y = 2x - 3$으로 놓고 x에 대하여 풀면

$2x = y + 3 \qquad \therefore x = \frac{1}{2}y + \frac{3}{2}$

x와 y를 서로 바꾸면 $y = \frac{1}{2}x + \frac{3}{2}$

$\therefore g(x) = \frac{1}{2}x + \frac{3}{2}$

답 (1) -2 (2) $g(x) = \frac{1}{2}x + \frac{3}{2}$

335 중

$(f^{-1})^{-1} = f$이므로 $f^{-1}(x) = \frac{3}{4}x + 1$의 역함수는 $f(x)$이다.

$y = \frac{3}{4}x + 1$로 놓고 x에 대하여 풀면

$\frac{3}{4}x = y - 1 \qquad \therefore x = \frac{4}{3}y - \frac{4}{3}$

x와 y를 서로 바꾸면 $y = \frac{4}{3}x - \frac{4}{3}$

$\therefore f(x) = \frac{4}{3}x - \frac{4}{3}$

따라서 $a = \frac{4}{3}$, $b = -\frac{4}{3}$이므로

$a - b = \frac{4}{3} - \left(-\frac{4}{3}\right) = \frac{8}{3}$

답 $\frac{8}{3}$

336 중

$h(x) = (g \circ f)(x) = g(f(x)) = g(5x - 4)$

$= \frac{1}{4}(5x - 4) - 1 = \frac{5}{4}x - 2$

$y = \frac{5}{4}x - 2$로 놓고 x에 대하여 풀면

$\frac{5}{4}x = y + 2 \qquad \therefore x = \frac{4}{5}y + \frac{8}{5}$

x와 y를 서로 바꾸면 $y = \frac{4}{5}x + \frac{8}{5}$

$\therefore h^{-1}(x) = \frac{4}{5}x + \frac{8}{5}$

답 $h^{-1}(x) = \frac{4}{5}x + \frac{8}{5}$

337 상

$f(2x - 1) = 6x + 5$에서

$2x - 1 = t$로 놓으면 $x = \frac{t+1}{2}$이므로

$f(t) = 6 \times \frac{t+1}{2} + 5 = 3t + 8$

$\therefore f(x) = 3x + 8$

$y = 3x + 8$로 놓고 x에 대하여 풀면

$3x = y - 8 \qquad \therefore x = \frac{1}{3}y - \frac{8}{3}$

x와 y를 서로 바꾸면 $y = \frac{1}{3}x - \frac{8}{3}$

$\therefore f^{-1}(x) = \frac{1}{3}x - \frac{8}{3}$

따라서 $a = \frac{1}{3}$, $b = -\frac{8}{3}$이므로

$ab = \frac{1}{3} \times \left(-\frac{8}{3}\right) = -\frac{8}{9}$

답 $-\frac{8}{9}$

338 중

(1) $(f \circ g)^{-1} = g^{-1} \circ f^{-1}$이므로

$(f \circ g)^{-1}(2) = (g^{-1} \circ f^{-1})(2) = g^{-1}(f^{-1}(2))$

$f^{-1}(2) = a$라 하면 $f(a) = 2$이므로

$4a - 2 = 2 \qquad \therefore a = 1$

$\therefore f^{-1}(2) = 1$

$g^{-1}(f^{-1}(2)) = g^{-1}(1) = b$라 하면 $g(b) = 1$이므로

$3b - 5 = 1 \qquad \therefore b = 2$

$\therefore (f \circ g)^{-1}(2) = g^{-1}(1) = 2$

(2) $g \circ (f \circ g)^{-1} \circ g = g \circ (g^{-1} \circ f^{-1}) \circ g$

$= (g \circ g^{-1}) \circ f^{-1} \circ g$

$= f^{-1} \circ g$

이므로

$(g \circ (f \circ g)^{-1} \circ g)(1) = (f^{-1} \circ g)(1)$

$= f^{-1}(g(1))$

$= f^{-1}(-2)$

$f^{-1}(-2) = k$라 하면 $f(k) = -2$이므로

$4k - 2 = -2 \qquad \therefore k = 0$

$\therefore (g \circ (f \circ g)^{-1} \circ g)(1) = f^{-1}(-2) = 0$

답 (1) 2 (2) 0

339 중

$(g \circ f)^{-1} \circ g = (f^{-1} \circ g^{-1}) \circ g$

$= f^{-1} \circ (g^{-1} \circ g)$

$= f^{-1}$

이므로 $((g \circ f)^{-1} \circ g)(-3) = f^{-1}(-3)$

$f^{-1}(-3) = k$라 하면 $f(k) = -3$이므로

$\frac{1}{2}k + 6 = -3 \qquad \therefore k = -18$

$\therefore ((g \circ f)^{-1} \circ g)(-3)=f^{-1}(-3)=-18$

답 -18

340 중

(1) $(g^{-1} \circ f)^{-1}=f^{-1} \circ g$이므로

$(g^{-1} \circ f)^{-1}(a)=(f^{-1} \circ g)(a)=f^{-1}(g(a))$

$f^{-1}(g(a))=4$에서 $f(4)=g(a)$이므로

$-4+7=2a-1 \qquad \therefore a=2$

(2) $f \circ (g \circ f)^{-1} \circ f=f \circ (f^{-1} \circ g^{-1}) \circ f$

$=(f \circ f^{-1}) \circ g^{-1} \circ f$

$=g^{-1} \circ f$

이므로

$(f \circ (g \circ f)^{-1} \circ f)(5)=(g^{-1} \circ f)(5)$

$=g^{-1}(f(5))$

$=g^{-1}(2)$

$g^{-1}(2)=k$라 하면 $g(k)=2$이므로

$2k-1=2 \qquad \therefore k=\frac{3}{2}$

$\therefore (f \circ (g \circ f)^{-1} \circ f)(5)=g^{-1}(2)=\frac{3}{2}$

답 (1) 2 (2) $\frac{3}{2}$

341 상

$f=f^{-1}$이므로 $(f \circ f)(x)=x$ …… ㉠

이때 $f(x)=ax-1$이므로

$(f \circ f)(x)=f(f(x))$

$=f(ax-1)$

$=a(ax-1)-1$

$=a^2x-a-1$ …… ㉡

㉠, ㉡에서 $a^2x-a-1=x$이므로

$a^2=1, \ -a-1=0$

$\therefore a=-1$

답 -1

다른 풀이 $y=ax-1$로 놓고 x에 대하여 풀면

$ax=y+1 \qquad \therefore x=\frac{1}{a}y+\frac{1}{a}$

x와 y를 서로 바꾸면 $y=\frac{1}{a}x+\frac{1}{a}$

$\therefore f^{-1}(x)=\frac{1}{a}x+\frac{1}{a}$

$f=f^{-1}$이므로 $ax-1=\frac{1}{a}x+\frac{1}{a}$

즉, $a=\frac{1}{a}, \ -1=\frac{1}{a}$이므로

$a=-1$

참고 $a=0$이면 함수 $f(x)$의 역함수가 존재하지 않으므로 $a \neq 0$이다.

342 중

직선 $y=x$를 이용하여 y축과 점선이 만나는 점의 y좌표를 구하면 다음 그림과 같다.

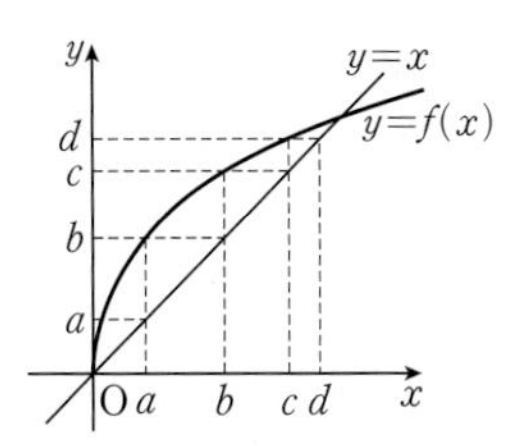

(1) $f^{-1}(c)=p$라 하면 $f(p)=c$

위의 그림에서 $f(b)=c$이므로 $p=b$

$\therefore f^{-1}(c)=b$

(2) $(f^{-1} \circ f^{-1})(c)=f^{-1}(f^{-1}(c))=f^{-1}(b)$이므로

$f^{-1}(b)=q$라 하면 $f(q)=b$

위의 그림에서 $f(a)=b$이므로 $q=a$

$\therefore (f^{-1} \circ f^{-1})(c)=f^{-1}(b)=a$

답 (1) b (2) a

343 중

주어진 그래프에서

$f(1)=4, \ f(2)=1, \ f(3)=2, \ f(4)=5, \ f(5)=3$

이므로

$f^{-1}(4)=1, \ f^{-1}(1)=2, \ f^{-1}(2)=3, \ f^{-1}(5)=4,$

$f^{-1}(3)=5$

$\therefore (f^{-1} \circ f^{-1} \circ f^{-1})(2)=f^{-1}(f^{-1}(f^{-1}(2)))$

$=f^{-1}(f^{-1}(3))$

$=f^{-1}(5)$

$=4$

답 4

344 중

직선 $y=x$를 이용하여 y축과 점선이 만나는 점의 y좌표를 구하면 다음 그림과 같다.

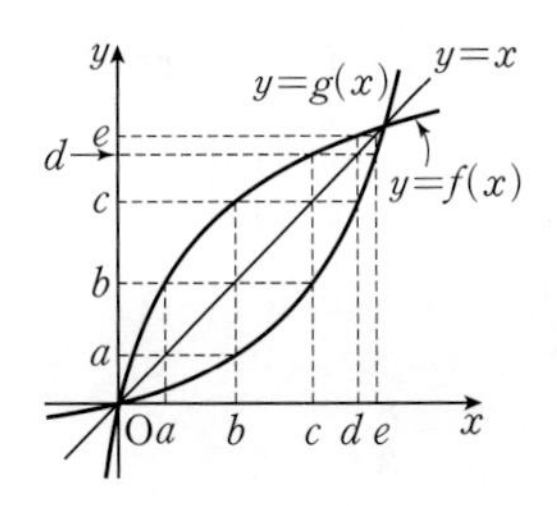

(1) $(f\circ f)^{-1}(e)=(f^{-1}\circ f^{-1})(e)$
$=f^{-1}(f^{-1}(e))$
이므로 $f^{-1}(e)=p$라 하면
$f(p)=e$
앞의 그림에서 $f(d)=e$이므로 $p=d$
$\therefore f^{-1}(e)=d$
$f^{-1}(f^{-1}(e))=f^{-1}(d)=q$라 하면
$f(q)=d$
앞의 그림에서 $f(c)=d$이므로 $q=c$
$\therefore f^{-1}(d)=c$
$\therefore (f\circ f)^{-1}(e)=f^{-1}(f^{-1}(e))=f^{-1}(d)=c$
(2) $(g\circ f)^{-1}(d)=(f^{-1}\circ g^{-1})(d)$
$=f^{-1}(g^{-1}(d))$
이므로 $g^{-1}(d)=r$라 하면
$g(r)=d$
앞의 그림에서 $g(e)=d$이므로 $r=e$
$\therefore g^{-1}(d)=e$
$f^{-1}(g^{-1}(d))=f^{-1}(e)=s$라 하면
$f(s)=e$
앞의 그림에서 $f(d)=e$이므로 $s=d$
$\therefore f^{-1}(e)=d$
$\therefore (g\circ f)^{-1}(d)=f^{-1}(g^{-1}(d))=f^{-1}(e)=d$

답 (1) c (2) d

345 중

함수 $y=f(x)$의 그래프와 그 역함수 $y=f^{-1}(x)$의 그래프는 직선 $y=x$에 대하여 대칭이므로 $y=f^{-1}(x)$의 그래프를 그리면 다음 그림과 같다.

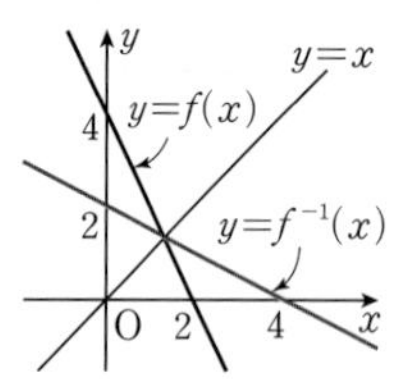

이때 두 함수 $y=f(x)$, $y=f^{-1}(x)$의 그래프의 교점은 함수 $y=f(x)$의 그래프와 직선 $y=x$의 교점이므로

$-2x+4=x$에서 $3x=4$ $\quad\therefore x=\frac{4}{3}$

따라서 교점의 좌표는 $\left(\frac{4}{3}, \frac{4}{3}\right)$이므로

$a=\frac{4}{3}$, $b=\frac{4}{3}$

$\therefore a+b=\frac{4}{3}+\frac{4}{3}=\frac{8}{3}$

답 $\frac{8}{3}$

346 중

함수 $y=f(x)$의 그래프와 그 역함수 $y=f^{-1}(x)$의 그래프는 직선 $y=x$에 대하여 대칭이므로 두 함수 $y=f(x)$, $y=f^{-1}(x)$의 그래프의 교점은 함수 $y=f(x)$의 그래프와 직선 $y=x$의 교점이다.

즉, $\frac{1}{5}x+4=x$에서

$\frac{4}{5}x=4$ $\quad\therefore x=5$

따라서 P(5, 5)이므로

$\overline{OP}=\sqrt{5^2+5^2}=5\sqrt{2}$

답 $5\sqrt{2}$

개념 보충 두 점 사이의 거리

① 좌표평면 위의 두 점 $A(x_1, y_1)$, $B(x_2, y_2)$ 사이의 거리는
$\overline{AB}=\sqrt{(x_2-x_1)^2+(y_2-y_1)^2}$
② 원점 O와 점 $A(x_1, y_1)$ 사이의 거리는
$\overline{OA}=\sqrt{x_1^2+y_1^2}$

347 중

$y=f(x)$의 그래프가 점 $(-3, 1)$을 지나므로

$-3a+b=1$ ...... ㉠

또, $y=f(x)$의 역함수의 그래프가 점 $(4, 6)$을 지나므로 $y=f(x)$의 그래프는 점 $(6, 4)$를 지난다. 즉,

$6a+b=4$ ...... ㉡

㉠, ㉡을 연립하여 풀면 $a=\frac{1}{3}$, $b=2$

$\therefore ab=\frac{1}{3}\times 2=\frac{2}{3}$

답 $\frac{2}{3}$

348 상

함수 $y=f(x)$의 그래프와 그 역함수 $y=g(x)$의 그래프는 직선 $y=x$에 대하여 대칭이므로 $y=g(x)$의 그래프를 그리면 다음 그림과 같다.

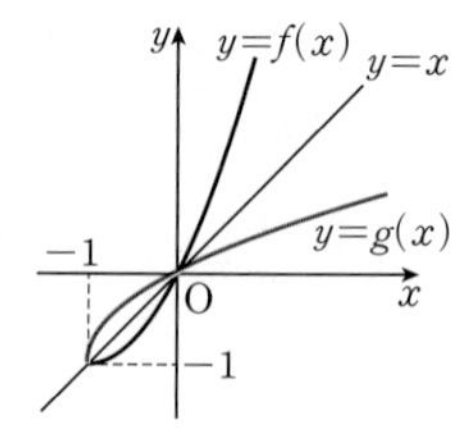

이때 두 함수 $y=f(x)$, $y=g(x)$의 그래프의 교점은 함수 $y=f(x)$의 그래프와 직선 $y=x$의 교점이므로

$x^2+2x=x$에서 $x^2+x=0$

$x(x+1)=0$ $\quad\therefore x=0$ 또는 $x=-1$

따라서 두 점 P, Q의 좌표는 (0, 0), (−1, −1)이므로

$\overline{PQ}=\sqrt{(-1)^2+(-1)^2}=\sqrt{2}$ 답 $\sqrt{2}$

중단원 연습문제

146~149쪽

349 합성함수

전략 $(g\circ f)(x)=g(f(x))$임을 이용하여 주어진 조건을 만족시키는 양수 a의 값을 구한다.

$(g\circ f)(a)=g(f(a))=g(2a)$

$=(2a)^2-2=4a^2-2$

이때 $(g\circ f)(a)=2$이므로

$4a^2-2=2$, $4a^2=4$

$a^2=1$ $\therefore a=1$ ($\because a>0$) 답 1

350 합성함수

전략 주어진 그림을 이용하여 $(h\circ f)(3)$의 값을 구한다.

$(h\circ f)(3)=h(f(3))=h(2)$

이때 $f\circ h=g$이므로

$(f\circ h)(2)=f(h(2))=g(2)$

$\therefore f(h(2))=3$

$f(1)=3$이므로 $h(2)=1$

$\therefore (h\circ f)(3)=h(2)=1$ 답 ①

351 합성함수

전략 $(f\circ f\circ f)(x)=f(f(f(x)))$임을 이용하여 주어진 조건을 만족시키는 함수 $f(x)$를 구한다.

$f(x)=ax+b$에서 $f(0)=1$이므로 $b=1$

$(f\circ f\circ f)(0)=f(f(f(0)))$

$=f(f(1))$

$=f(a+1)$

$=a(a+1)+1$

$=a^2+a+1$

이때 $(f\circ f\circ f)(0)=\frac{3}{4}$이므로

$a^2+a+1=\frac{3}{4}$, $a^2+a+\frac{1}{4}=0$

$\left(a+\frac{1}{2}\right)^2=0$ $\therefore a=-\frac{1}{2}$

따라서 $f(x)=-\frac{1}{2}x+1$이므로

$f(8)=-4+1=-3$ 답 −3

352 $f\circ g=g\circ f$가 성립하도록 미지수 정하기

전략 먼저 $(f\circ g)(x)$, $(g\circ f)(x)$를 각각 구하여 a, b 사이의 관계식을 세운다.

[해결 과정]

$f(x)=ax+b$, $g(x)=-x+4$이므로

$(f\circ g)(x)=f(g(x))$

$=a(-x+4)+b$

$=-ax+4a+b$

$(g\circ f)(x)=g(f(x))$

$=-(ax+b)+4$

$=-ax-b+4$ … 40% 배점

즉, $-ax+4a+b=-ax-b+4$이므로

$4a+b=-b+4$, $2b=-4a+4$

$\therefore b=-2a+2$ … 30% 배점

[답 구하기]

$b=-2a+2$를 $f(x)=ax+b$에 대입하면

$f(x)=ax-2a+2=a(x-2)+2$

이므로 함수 $y=f(x)$의 그래프는 a의 값에 관계없이 항상 점 (2, 2)를 지난다.

따라서 점 P의 좌표는 (2, 2)이다. … 30% 배점

답 (2, 2)

353 $f\circ g=h$를 만족시키는 함수 구하기

전략 $(h\circ(g\circ f))(x)=((h\circ g)\circ f)(x)=(h\circ g)(f(x))$임을 이용한다.

$(h\circ(g\circ f))(x)=((h\circ g)\circ f)(x)$

$=(h\circ g)(f(x))$

$=3f(x)+2$

이때 $(h\circ(g\circ f))(x)=6x-1$이므로

$3f(x)+2=6x-1$ $\therefore f(x)=2x-1$

$\therefore f(-1)=-2-1=-3$ 답 −3

354 f^n 꼴의 합성함수

전략 $f^1(2)$, $f^2(2)$, $f^3(2)$, $f^4(2)$, …의 값을 각각 구하여 규칙성을 파악한다.

$f^1(2)=f(2)=-2+1=-1$

$f^2(2)=(f\circ f)(2)=f(f(2))$

$=f(-1)=-1+3=2$

$f^3(2)=(f\circ f^2)(2)=f(f^2(2))=f(2)=-1$

$f^4(2)=(f\circ f^3)(2)=f(f^3(2))=f(-1)=2$

$\vdots$

따라서 $f^1(2)=f^3(2)=\cdots=-1$,

$f^2(2)=f^4(2)=\cdots=2$이므로

$f^n(2)=\begin{cases}-1 & (n\text{은 홀수})\\ 2 & (n\text{은 짝수})\end{cases}$

$\therefore f^{50}(2)=2$ 답 2

355 그래프를 이용하여 합성함수의 함숫값 구하기

전략 주어진 그래프에서 함숫값을 찾아 각 합성함수의 함숫값을 구한다.

주어진 그래프에서 $f(2)=4$, $g(4)=4$이므로

$(g\circ f)(2)=g(f(2))=g(4)=4$

또, 주어진 그래프에서 $g(2)=3$, $f(3)=2$이므로

$(f\circ g)(2)=f(g(2))=f(3)=2$

$\therefore (g\circ f)(2)+(f\circ g)(2)=4+2=6$ 답 6

356 합성함수 ⊕ 역함수

전략 $(f\circ g^{-1})(k)=f(g^{-1}(k))$에서 $g^{-1}(k)=m$으로 놓고 m의 값을 먼저 구한다.

$(f\circ g^{-1})(k)=f(g^{-1}(k))$

$g^{-1}(k)=m$이라 하면

$f(g^{-1}(k))=f(m)=4m-5$

즉, $4m-5=7$이므로

$4m=12 \qquad \therefore m=3$

$g^{-1}(k)=3$에서 $g(3)=k$이므로

$k=3\times3+1=10$ 답 ③

357 합성함수 ⊕ 역함수

전략 $f^{-1}(a)=b \Longleftrightarrow f(b)=a$이고, $(f\circ f)(x)=f(f(x))$임을 이용한다.

$f^{-1}(-5)=-2$에서 $f(-2)=-5$이므로

$-2a+b=-5$ …… ㉠

또, $(f\circ f)(-2)=1$에서

$f(f(-2))=f(-5)=1$이므로

$-5a+b=1$ …… ㉡

㉠, ㉡을 연립하여 풀면 $a=-2$, $b=-9$

$\therefore f(x)=-2x-9$

$f^{-1}(-1)=k$라 하면 $f(k)=-1$이므로

$-2k-9=-1,\ -2k=8 \qquad \therefore k=-4$

$\therefore f^{-1}(-1)=-4$ 답 -4

358 역함수

전략 $\frac{x-1}{2}=t$로 놓고 $f(t)$를 구하여 함수 $f(x)$의 식을 구한다.

$f\left(\frac{x-1}{2}\right)=-4x+3$에서

$\frac{x-1}{2}=t$로 놓으면 $x=2t+1$이므로

$f(t)=-4(2t+1)+3=-8t-1$

$\therefore f(x)=-8x-1$

$f^{-1}(7)=k$라 하면 $f(k)=7$이므로

$-8k-1=7,\ -8k=8 \qquad \therefore k=-1$

$\therefore f^{-1}(7)=-1$ 답 -1

359 역함수가 존재하기 위한 조건

전략 역함수가 존재하려면 일대일대응이어야 하므로 $x\ge2$, $x<2$의 각 범위에서 함수 f의 식을 정리한 후 f가 일대일대응이 되도록 하는 조건을 구한다.

(i) $x\ge2$일 때,

$f(x)=(x-2)+kx+3=(k+1)x+1$

(ii) $x<2$일 때,

$f(x)=-(x-2)+kx+3=(k-1)x+5$

이때 함수 $f(x)$의 역함수가 존재하므로 $f(x)$가 일대일대응이다.

따라서 $x\ge2$일 때와 $x<2$일 때의 직선의 기울기의 부호가 서로 같아야 하므로

$(k+1)(k-1)>0 \qquad \therefore k<-1$ 또는 $k>1$

답 $k<-1$ 또는 $k>1$

360 역함수 구하기

전략 함수 $y=f(2x+3)$에서 x와 y를 서로 바꾸어 쓴 후, $f(x)$의 역함수가 $g(x)$임을 이용한다.

$y=f(2x+3)$에서 x와 y를 서로 바꾸면

$x=f(2y+3)$

$\therefore f^{-1}(x)=2y+3$ ($f(a)=b \Longleftrightarrow f^{-1}(b)=a$)

이때 $f(x)$의 역함수가 $g(x)$이므로

$g(x)=2y+3 \qquad \therefore y=\frac{1}{2}g(x)-\frac{3}{2}$

즉, 함수 $y=f(2x+3)$의 역함수는

$y=\frac{1}{2}g(x)-\frac{3}{2}$

따라서 $a=\frac{1}{2}$, $b=-\frac{3}{2}$이므로

$a+b=\frac{1}{2}+\left(-\frac{3}{2}\right)=-1$ 답 ④

361 합성함수 ⊕ 역함수 구하기 ⊕ 역함수의 성질

전략 합성함수와 역함수의 성질을 이용하여 $f\circ(f\circ g)^{-1}\circ f$를 먼저 간단히 한다.

$$\begin{aligned} f\circ(f\circ g)^{-1}\circ f &= f\circ(g^{-1}\circ f^{-1})\circ f \\ &= f\circ g^{-1}\circ(f^{-1}\circ f) \\ &= f\circ g^{-1} \end{aligned}$$

이므로

$$\begin{aligned} (f\circ(f\circ g)^{-1}\circ f)(x) &= (f\circ g^{-1})(x) \\ &= f(g^{-1}(x)) \end{aligned}$$

이때 $g(x)=x-3$에서

$y=x-3$으로 놓고 x에 대하여 풀면

$x=y+3$

x와 y를 서로 바꾸면 $y=x+3$

$\therefore g^{-1}(x)=x+3$

$$\begin{aligned} \therefore f(g^{-1}(x)) &= f(x+3) \\ &= 2(x+3)+1 \\ &= 2x+7 \end{aligned}$$

즉, $(f\circ(f\circ g)^{-1}\circ f)(x)=f(g^{-1}(x))=2x+7$

이므로 $a=2$, $b=7$

$\therefore a^2+b^2=4+49=53$ 답 53

362 역함수의 그래프

전략 함수 $f(x)=ax+\frac{1}{2}$의 그래프와 직선 $y=x$의 교점이 점 $\left(\frac{2}{3}, \frac{2}{3}\right)$임을 이용하여 a의 값을 구한다.

함수 $y=f(x)$의 그래프와 그 역함수 $y=f^{-1}(x)$의 그래프는 직선 $y=x$에 대하여 대칭이므로 두 함수 $y=f(x)$, $y=f^{-1}(x)$의 그래프의 교점은 함수 $y=f(x)$의 그래프와 직선 $y=x$의 교점이다.

이때 두 함수 $y=f(x)$, $y=f^{-1}(x)$의 그래프의 교점의 y좌표가 $\frac{2}{3}$이므로 교점의 좌표는

$\left(\frac{2}{3}, \frac{2}{3}\right)$

즉, $f\left(\frac{2}{3}\right)=\frac{2}{3}$이므로

$\frac{2}{3}a+\frac{1}{2}=\frac{2}{3}$, $\frac{2}{3}a=\frac{1}{6}$ $\quad\therefore a=\frac{1}{4}$

$\therefore f(x)=\frac{1}{4}x+\frac{1}{2}$

$f^{-1}(1)=k$라 하면 $f(k)=1$이므로

$\frac{1}{4}k+\frac{1}{2}=1$, $\frac{1}{4}k=\frac{1}{2}$ $\quad\therefore k=2$

$\therefore f^{-1}(1)=2$ 답 2

363 합성함수

전략 조건 (가)에서 함수 f는 일대일대응임을 알고, 조건 (나)를 이용하여 $f(x)$의 함숫값을 구한다.

조건 (가)에 의하여 함수 f는 일대일대응이다.

집합 X의 임의의 원소 x에 대하여 $1\le f(x)\le 7$

조건 (나)에서

$f(f(3))=f(3)-6\ge 1$

즉, $f(3)\ge 7$이므로 $f(3)=7$

$f(f(3))=f(7)=7-6=1$

$\therefore f(3)=7,\ f(7)=1$ ...... ㉠

또, 조건 (나)에서

$f(f(2))=f(2)-4\ge 2$

즉, $f(2)\ge 6$이고 $f(3)=7$이므로

$f(2)=6$

$f(f(2))=f(6)=6-4=2$

$\therefore f(2)=6,\ f(6)=2$ ...... ㉡

또, 조건 (나)에서

$f(f(1))=f(1)-2\ge 3$

즉, $f(1)\ge 5$이고 $f(2)=6$, $f(3)=7$이므로

$f(1)=5$

$f(f(1))=f(5)=5-2=3$

$\therefore f(1)=5,\ f(5)=3$ ...... ㉢

이때 함수 f는 일대일대응이므로 ㉠, ㉡, ㉢에서

$f(4)=4$

$\therefore f(2)+f(3)+f(4)=6+7+4=17$ 답 17

364 f^n 꼴의 합성함수 ⊕ 그래프를 이용하여 합성함수의 함숫값 구하기

전략 주어진 그래프를 이용하여 $f\left(\frac{3}{2}\right)$, $f^2\left(\frac{3}{2}\right)$, $f^3\left(\frac{3}{2}\right)$, $f^4\left(\frac{3}{2}\right)$, … 의 값을 구한 후, 규칙성을 파악한다.

$f^1\left(\frac{3}{2}\right)=f\left(\frac{3}{2}\right)=1$

$f^2\left(\frac{3}{2}\right)=(f\circ f)\left(\frac{3}{2}\right)=f\left(f\left(\frac{3}{2}\right)\right)=f(1)=2$

$f^3\left(\frac{3}{2}\right)=(f\circ f^2)\left(\frac{3}{2}\right)=f\left(f^2\left(\frac{3}{2}\right)\right)=f(2)=0$

$f^4\left(\frac{3}{2}\right)=(f\circ f^3)\left(\frac{3}{2}\right)=f\left(f^3\left(\frac{3}{2}\right)\right)=f(0)=1$

$f^5\left(\frac{3}{2}\right)=(f\circ f^4)\left(\frac{3}{2}\right)=f\left(f^4\left(\frac{3}{2}\right)\right)=f(1)=2$

$f^6\left(\frac{3}{2}\right)=(f\circ f^5)\left(\frac{3}{2}\right)=f\left(f^5\left(\frac{3}{2}\right)\right)=f(2)=0$

⋮

즉, $f^n\left(\frac{3}{2}\right)$의 값은 1, 2, 0이 이 순서대로 반복된다.

$\therefore f^{100}\left(\frac{3}{2}\right)=f^{3\times33+1}\left(\frac{3}{2}\right)=f^1\left(\frac{3}{2}\right)=1$ 답 1

365 $f\circ g=h$를 만족시키는 함수 구하기 ⊕ 역함수 구하기

전략 $(h\circ f)(x)=g(x)$, 즉 $h(f(x))=g(x)$를 만족시키는 함수 $h(x)$를 먼저 구한 후, $h(x)$의 역함수를 구한다.

[문제 이해]

$(h\circ f)(x)=h(f(x))=h\left(\frac{1}{3}x+1\right)$이고

$(h\circ f)(x)=g(x)$이므로

$h\left(\frac{1}{3}x+1\right)=-x+4$ … 10% 배점

[해결 과정]

$\frac{1}{3}x+1=t$로 놓으면 $x=3t-3$이므로

$h(t)=-(3t-3)+4=-3t+7$

$\therefore h(x)=-3x+7$ … 40% 배점

$y=-3x+7$로 놓고 x에 대하여 풀면

$3x=-y+7 \quad \therefore x=-\frac{1}{3}y+\frac{7}{3}$

x와 y를 서로 바꾸면

$y=-\frac{1}{3}x+\frac{7}{3}$ … 40% 배점

[답 구하기]

따라서 $h^{-1}(x)=-\frac{1}{3}x+\frac{7}{3}$이므로

$a=-\frac{1}{3},\ b=\frac{7}{3}$ … 10% 배점

답 $a=-\frac{1}{3},\ b=\frac{7}{3}$

366 그래프를 이용하여 역함수의 함숫값 구하기

전략 함수 $y=f(x)$의 그래프가 점 (m, n)을 지나면 그 역함수 $y=g(x)$의 그래프는 점 (n, m)을 지남을 이용하여 함수 $y=f(x)$의 그래프에서 함숫값을 구한다.

직선 $y=x$를 이용하여 x축과 점선이 만나는 점의 x좌표를 구하면 다음 그림과 같다.

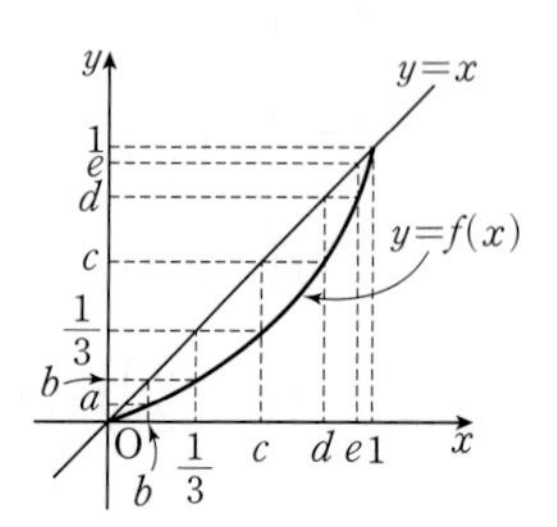

$(g\circ g\circ g)\left(\frac{1}{3}\right)=g\left(g\left(g\left(\frac{1}{3}\right)\right)\right)$에서

$g\left(\frac{1}{3}\right)=f^{-1}\left(\frac{1}{3}\right)=p$라 하면

$f(p)=\frac{1}{3}$

위의 그림에서 $f(c)=\frac{1}{3}$이므로 $p=c$

$\therefore g\left(\frac{1}{3}\right)=c$

즉, $g\left(g\left(g\left(\frac{1}{3}\right)\right)\right)=g(g(c))$이고

$g(c)=f^{-1}(c)=q$라 하면

$f(q)=c$

위의 그림에서 $f(d)=c$이므로 $q=d$

$\therefore g(c)=d$

$g(g(c))=g(d)=f^{-1}(d)=r$라 하면

$f(r)=d$

위의 그림에서 $f(e)=d$이므로 $r=e$

$$\therefore (g\circ g\circ g)\left(\frac{1}{3}\right)=g\left(g\left(g\left(\frac{1}{3}\right)\right)\right)=g(g(c))=g(d)=e$$

답 e

367 역함수의 그래프

전략 함수 $y=f(x)$의 그래프와 그 역함수의 그래프는 직선 $y=x$에 대하여 대칭임을 이용한다.

함수 $y=f(x)$의 그래프와 그 역함수 $y=f^{-1}(x)$의 그래프는 직선 $y=x$에 대하여 대칭이므로 함수 $y=f(x)$의 그래프와 그 역함수의 그래프가 서로 다른 두 점 A, B에서 만나면 함수 $y=f(x)$의 그래프와 직선 $y=x$도 서로 다른 두 점 A, B에서 만난다.

$\frac{1}{2}x^2-x+a=x$에서 $\frac{1}{2}x^2-2x+a=0$

$\therefore x^2-4x+2a=0$ …… ㉠

이차방정식 ㉠의 두 근을 α, β라 하면 두 점 A, B의 좌표는 (α, α), (β, β)이고 $\overline{AB}=2\sqrt{2}$이므로

$\overline{AB}=\sqrt{(\beta-\alpha)^2+(\beta-\alpha)^2}=\sqrt{2(\beta-\alpha)^2}=2\sqrt{2}$

$2(\beta-\alpha)^2=8 \quad \therefore (\beta-\alpha)^2=4$

이차방정식 ㉠에서 근과 계수의 관계에 의하여

$\alpha+\beta=4$, $\alpha\beta=2a$이므로

$(\beta-\alpha)^2=(\alpha+\beta)^2-4\alpha\beta=16-8a$

즉, $16-8a=4$이므로

$-8a=-12 \quad \therefore a=\frac{3}{2}$ 답 $\frac{3}{2}$

07 유리함수

Lecture 17 유리식

154~159쪽

368 하

(1) $\frac{x^2}{x^3-1}+\frac{x+1}{x^3-1}=\frac{x^2+(x+1)}{x^3-1}$

$=\frac{x^2+x+1}{(x-1)(x^2+x+1)}$

$=\frac{1}{x-1}$

(2) $\frac{2x+1}{x^2+3x}-\frac{1}{x+3}=\frac{2x+1}{x(x+3)}-\frac{1}{x+3}$

$=\frac{(2x+1)-x}{x(x+3)}$

$=\frac{x+1}{x(x+3)}$

(3) $\frac{x-2}{(x-3)^2}\times\frac{x^2-x-6}{x^2-4}$

$=\frac{x-2}{(x-3)^2}\times\frac{(x+2)(x-3)}{(x+2)(x-2)}$

$=\frac{1}{x-3}$

(4) $\frac{x^2-3x-10}{x^2+x-2}\div\frac{x^2-5x}{x-1}$

$=\frac{(x+2)(x-5)}{(x+2)(x-1)}\div\frac{x(x-5)}{x-1}$

$=\frac{x-5}{x-1}\times\frac{x-1}{x(x-5)}=\frac{1}{x}$

답 (1) $\frac{1}{x-1}$ (2) $\frac{x+1}{x(x+3)}$ (3) $\frac{1}{x-3}$ (4) $\frac{1}{x}$

369 하

(1) $\frac{1}{x(x+5)}+\frac{3}{x^2+2x-15}$

$=\frac{1}{x(x+5)}+\frac{3}{(x+5)(x-3)}$

$=\frac{(x-3)+3x}{x(x+5)(x-3)}$

$=\frac{4x-3}{x(x+5)(x-3)}$

(2) $\frac{x-3}{x^2+2x}\times\frac{x^3+2x^2+4x}{x^2-5x+6}$

$=\frac{x-3}{x(x+2)}\times\frac{x(x^2+2x+4)}{(x-2)(x-3)}$

$=\frac{x^2+2x+4}{(x+2)(x-2)}$

답 (1) $\frac{4x-3}{x(x+5)(x-3)}$ (2) $\frac{x^2+2x+4}{(x+2)(x-2)}$

370 중

$\frac{1}{a-1}-\frac{1}{a+1}-\frac{2}{a^2+1}-\frac{4}{a^4+1}$

$=\frac{(a+1)-(a-1)}{(a-1)(a+1)}-\frac{2}{a^2+1}-\frac{4}{a^4+1}$

$=\frac{2}{a^2-1}-\frac{2}{a^2+1}-\frac{4}{a^4+1}$

$=\frac{2(a^2+1)-2(a^2-1)}{(a^2-1)(a^2+1)}-\frac{4}{a^4+1}$

$=\frac{4}{a^4-1}-\frac{4}{a^4+1}$

$=\frac{4(a^4+1)-4(a^4-1)}{(a^4-1)(a^4+1)}$

$=\frac{8}{a^8-1}$

답 $\frac{8}{a^8-1}$

371 중

$\frac{x-y}{x^2-xy+y^2}\div\frac{(x+y)^2}{x^3+y^3}\times\frac{x+y}{x^2-y^2}$

$=\frac{x-y}{x^2-xy+y^2}\div\frac{(x+y)^2}{(x+y)(x^2-xy+y^2)}\times\frac{x+y}{(x+y)(x-y)}$

$=\frac{x-y}{x^2-xy+y^2}\div\frac{x+y}{x^2-xy+y^2}\times\frac{1}{x-y}$

$=\frac{x-y}{x^2-xy+y^2}\times\frac{x^2-xy+y^2}{x+y}\times\frac{1}{x-y}$

$=\frac{1}{x+y}$

답 $\frac{1}{x+y}$

372 중

주어진 식의 좌변을 통분하여 정리하면

$\frac{a}{x+1}+\frac{x+b}{x^2-x+1}$

$=\frac{a(x^2-x+1)+(x+b)(x+1)}{(x+1)(x^2-x+1)}$

$=\frac{(a+1)x^2+(-a+b+1)x+a+b}{x^3+1}$

즉, $\frac{(a+1)x^2+(-a+b+1)x+a+b}{x^3+1}=\frac{6x+c}{x^3+1}$가

x에 대한 항등식이므로

$a+1=0$, $-a+b+1=6$, $a+b=c$

$a+1=0$에서 $a=-1$

$a=-1$을 나머지 두 식에 대입하여 풀면

$b=4$, $c=3$

$\therefore a+b+c=6$

답 6

개념 보충 항등식의 성질

(1) $ax+b=0$이 x에 대한 항등식 $\Longleftrightarrow a=0, b=0$

(2) $ax+b=a'x+b'$이 x에 대한 항등식 $\Longleftrightarrow a=a', b=b'$

(3) $ax^2+bx+c=0$이 x에 대한 항등식

$\Longleftrightarrow a=0, b=0, c=0$

(4) $ax^2+bx+c=a'x^2+b'x+c'$이 x에 대한 항등식

$\Longleftrightarrow a=a', b=b', c=c'$

다른 풀이 주어진 식은 분모를 0으로 만들지 않는 모든 실수 x에 대한 항등식이므로 유리식의 분모를 양변에 곱하여 정리한 후, 동류항의 계수를 비교하여 상수 a, b, c의 값을 구할 수도 있다.

$x^3+1=(x+1)(x^2-x+1)$

이므로 주어진 등식의 양변에 $(x+1)(x^2-x+1)$을 곱하여 정리하면

$a(x^2-x+1)+(x+b)(x+1)=6x+c$

$\therefore (a+1)x^2+(-a+b+1)x+a+b=6x+c$

이 식이 x에 대한 항등식이므로

$a+1=0$, $-a+b+1=6$, $a+b=c$

$a+1=0$에서 $a=-1$

$a=-1$을 나머지 두 식에 대입하여 풀면

$b=4$, $c=3$

$\therefore a+b+c=6$

373 중

주어진 식의 좌변을 통분하여 정리하면

$$\frac{a}{x+2}+\frac{b}{x-5}=\frac{a(x-5)+b(x+2)}{(x+2)(x-5)}$$
$$=\frac{(a+b)x-5a+2b}{x^2-3x-10}$$

즉, $\frac{(a+b)x-5a+2b}{x^2-3x-10}=\frac{7x}{x^2-3x-10}$가 x에 대한 항등식이므로

$a+b=7$, $-5a+2b=0$

두 식을 연립하여 풀면

$a=2$, $b=5$

답 $a=2$, $b=5$

374 중

주어진 식의 우변을 통분하여 정리하면

$$\frac{2}{x-2}+\frac{b}{x+3}=\frac{2(x+3)+b(x-2)}{(x-2)(x+3)}$$
$$=\frac{(2+b)x+6-2b}{x^2+x-6}$$

즉, $\frac{3x-a}{x^2+x-6}=\frac{(2+b)x+6-2b}{x^2+x-6}$가 x에 대한 항등식이므로

$3=2+b$, $-a=6-2b$

두 식을 연립하여 풀면

$a=-4$, $b=1$

$\therefore a+b=-3$

답 -3

375 중

주어진 식의 우변을 통분하여 정리하면

$$\frac{a}{x-1}+\frac{b}{(x-1)^2}+\frac{c}{(x-1)^3}$$
$$=\frac{a(x-1)^2+b(x-1)+c}{(x-1)^3}$$
$$=\frac{ax^2+(-2a+b)x+a-b+c}{(x-1)^3}$$

즉, $\frac{x^2}{(x-1)^3}=\frac{ax^2+(-2a+b)x+a-b+c}{(x-1)^3}$가

x에 대한 항등식이 되려면

$a=1$, $-2a+b=0$, $a-b+c=0$

$a=1$을 나머지 두 식에 대입하여 풀면

$b=2$, $c=1$

$\therefore a^2+b^2+c^2=1+4+1=6$

답 6

376 하

(1) $$\frac{x^2+2x-1}{x+2}-\frac{x^2-2x-1}{x-2}$$
$$=\frac{x(x+2)-1}{x+2}-\frac{x(x-2)-1}{x-2}$$
$$=\left(x-\frac{1}{x+2}\right)-\left(x-\frac{1}{x-2}\right)$$
$$=-\frac{1}{x+2}+\frac{1}{x-2}$$
$$=\frac{4}{(x+2)(x-2)}$$

(2) $\frac{x+2}{x+1}-\frac{x+3}{x+2}-\frac{x+4}{x+3}+\frac{x+5}{x+4}$

$=\frac{(x+1)+1}{x+1}-\frac{(x+2)+1}{x+2}-\frac{(x+3)+1}{x+3}+\frac{(x+4)+1}{x+4}$

$=\left(1+\frac{1}{x+1}\right)-\left(1+\frac{1}{x+2}\right)-\left(1+\frac{1}{x+3}\right)+\left(1+\frac{1}{x+4}\right)$

$=\left(\frac{1}{x+1}-\frac{1}{x+2}\right)-\left(\frac{1}{x+3}-\frac{1}{x+4}\right)$

$=\frac{1}{(x+1)(x+2)}-\frac{1}{(x+3)(x+4)}$

$=\frac{2(2x+5)}{(x+1)(x+2)(x+3)(x+4)}$

답 (1) $\frac{4}{(x+2)(x-2)}$

(2) $\frac{2(2x+5)}{(x+1)(x+2)(x+3)(x+4)}$

377 하

(1) $\frac{3x^2+1}{x}-\frac{x^2+x+2}{x+1}+\frac{1+2x-2x^2}{x-1}$

$=\frac{3x^2+1}{x}-\frac{x(x+1)+2}{x+1}+\frac{-2x(x-1)+1}{x-1}$

$=\left(3x+\frac{1}{x}\right)-\left(x+\frac{2}{x+1}\right)+\left(-2x+\frac{1}{x-1}\right)$

$=\frac{1}{x}-\frac{2}{x+1}+\frac{1}{x-1}=\frac{3x-1}{x(x+1)(x-1)}$

(2) $\frac{x-2}{x-3}-\frac{x+3}{x+2}+\frac{x}{x-1}-\frac{x+1}{x}$

$=\frac{(x-3)+1}{x-3}-\frac{(x+2)+1}{x+2}+\frac{(x-1)+1}{x-1}-\frac{x+1}{x}$

$=\left(1+\frac{1}{x-3}\right)-\left(1+\frac{1}{x+2}\right)+\left(1+\frac{1}{x-1}\right)-\left(1+\frac{1}{x}\right)$

$=\left(\frac{1}{x-3}-\frac{1}{x+2}\right)+\left(\frac{1}{x-1}-\frac{1}{x}\right)$

$=\frac{5}{(x-3)(x+2)}+\frac{1}{x(x-1)}$

$=\frac{6(x^2-x-1)}{x(x+2)(x-1)(x-3)}$

답 (1) $\frac{3x-1}{x(x+1)(x-1)}$ (2) $\frac{6(x^2-x-1)}{x(x+2)(x-1)(x-3)}$

378 중

$\frac{x-4}{x-2}+\frac{x-3}{x-1}-\frac{x-1}{x+1}-\frac{x}{x+2}$

$=\frac{(x-2)-2}{x-2}+\frac{(x-1)-2}{x-1}-\frac{(x+1)-2}{x+1}-\frac{(x+2)-2}{x+2}$

$=\left(1-\frac{2}{x-2}\right)+\left(1-\frac{2}{x-1}\right)-\left(1-\frac{2}{x+1}\right)-\left(1-\frac{2}{x+2}\right)$

$=-2\left\{\left(\frac{1}{x-1}-\frac{1}{x+1}\right)+\left(\frac{1}{x-2}-\frac{1}{x+2}\right)\right\}$

$=-2\left\{\frac{2}{(x-1)(x+1)}+\frac{4}{(x-2)(x+2)}\right\}$

$=-2\times\frac{6(x^2-2)}{(x-1)(x+1)(x-2)(x+2)}$

$=-\frac{12(\boxed{x^2-2})}{(x+1)(x+2)(x-1)(x-2)}$

답 x^2-2

379 중

$\frac{4x^2+2x+1}{2x^2+x}-\frac{x^2-3x+1}{x^2-3x}-1$

$=\frac{2(2x^2+x)+1}{2x^2+x}-\frac{(x^2-3x)+1}{x^2-3x}-1$

$=\left(2+\frac{1}{2x^2+x}\right)-\left(1+\frac{1}{x^2-3x}\right)-1$

$=\frac{1}{2x^2+x}-\frac{1}{x^2-3x}$

$=\frac{1}{x(2x+1)}-\frac{1}{x(x-3)}$

$=\frac{-x-4}{x(2x+1)(x-3)}$

$=-\frac{x+4}{x(2x+1)(x-3)}$

답 $-\frac{x+4}{x(2x+1)(x-3)}$

380 하

(1) $\frac{2}{x(x+2)}+\frac{2}{(x+2)(x+4)}+\frac{2}{(x+4)(x+6)}+\frac{2}{(x+6)(x+8)}$

$=\left(\frac{1}{x}-\frac{1}{x+2}\right)+\left(\frac{1}{x+2}-\frac{1}{x+4}\right)+\left(\frac{1}{x+4}-\frac{1}{x+6}\right)+\left(\frac{1}{x+6}-\frac{1}{x+8}\right)$

$=\frac{1}{x}-\frac{1}{x+8}$

$=\frac{8}{x(x+8)}$

(2) $\frac{1}{1\times2}+\frac{1}{2\times3}+\frac{1}{3\times4}+\cdots+\frac{1}{11\times12}$

$=\left(1-\frac{1}{2}\right)+\left(\frac{1}{2}-\frac{1}{3}\right)+\left(\frac{1}{3}-\frac{1}{4}\right)+\cdots+\left(\frac{1}{11}-\frac{1}{12}\right)$

$=1-\frac{1}{12}=\frac{11}{12}$

답 (1) $\frac{8}{x(x+8)}$ (2) $\frac{11}{12}$

381 하

(1) $\frac{1}{x(x+1)}+\frac{3}{(x+1)(x+4)}+\frac{5}{(x+4)(x+9)}$

$=\left(\frac{1}{x}-\frac{1}{x+1}\right)+\left(\frac{1}{x+1}-\frac{1}{x+4}\right)+\left(\frac{1}{x+4}-\frac{1}{x+9}\right)$

$=\frac{1}{x}-\frac{1}{x+9}$

$=\frac{9}{x(x+9)}$

(2) $\frac{1}{1\times3}+\frac{1}{2\times4}+\frac{1}{3\times5}+\cdots+\frac{1}{9\times11}$

$=\frac{1}{2}\left(1-\frac{1}{3}\right)+\frac{1}{2}\left(\frac{1}{2}-\frac{1}{4}\right)+\frac{1}{2}\left(\frac{1}{3}-\frac{1}{5}\right)+\cdots+\frac{1}{2}\left(\frac{1}{8}-\frac{1}{10}\right)+\frac{1}{2}\left(\frac{1}{9}-\frac{1}{11}\right)$

$=\frac{1}{2}\left\{\left(1-\frac{1}{3}\right)+\left(\frac{1}{2}-\frac{1}{4}\right)+\left(\frac{1}{3}-\frac{1}{5}\right)+\cdots+\left(\frac{1}{8}-\frac{1}{10}\right)+\left(\frac{1}{9}-\frac{1}{11}\right)\right\}$

$=\frac{1}{2}\left(1+\frac{1}{2}-\frac{1}{10}-\frac{1}{11}\right)=\frac{36}{55}$

답 (1) $\frac{9}{x(x+9)}$ (2) $\frac{36}{55}$

382 중

$\frac{b}{a(a+b)}+\frac{c}{(a+b)(a+b+c)}+\frac{d}{(a+b+c)(a+b+c+d)}$

$=\left(\frac{1}{a}-\frac{1}{a+b}\right)+\left(\frac{1}{a+b}-\frac{1}{a+b+c}\right)+\left(\frac{1}{a+b+c}-\frac{1}{a+b+c+d}\right)$

$=\frac{1}{a}-\frac{1}{a+b+c+d}$

$=\frac{b+c+d}{a(a+b+c+d)}$

답 $\frac{b+c+d}{a(a+b+c+d)}$

383 중

$f(x)=4x^2-1=(2x-1)(2x+1)$이므로

$\frac{2}{f(x)}=\frac{2}{(2x-1)(2x+1)}=\frac{1}{2x-1}-\frac{1}{2x+1}$

$\therefore \frac{2}{f(1)}+\frac{2}{f(2)}+\frac{2}{f(3)}+\cdots+\frac{2}{f(10)}$

$=\left(1-\frac{1}{3}\right)+\left(\frac{1}{3}-\frac{1}{5}\right)+\left(\frac{1}{5}-\frac{1}{7}\right)+\cdots+\left(\frac{1}{19}-\frac{1}{21}\right)$

$=1-\frac{1}{21}=\frac{20}{21}$

답 $\frac{20}{21}$

384 중

(1) $\dfrac{\frac{1}{1-x}-\frac{1}{1+x}}{\frac{1}{1-x}+\frac{1}{1+x}}=\dfrac{\frac{(1+x)-(1-x)}{(1-x)(1+x)}}{\frac{(1+x)+(1-x)}{(1-x)(1+x)}}$

$=\dfrac{\frac{2x}{(1-x)(1+x)}}{\frac{2}{(1-x)(1+x)}}$

$=\frac{2x(1-x)(1+x)}{2(1-x)(1+x)}$

$=x$

(2) $1+\dfrac{1}{1+\dfrac{1}{1+\frac{1}{x}}}=1+\dfrac{1}{1+\dfrac{1}{\frac{x+1}{x}}}$

$=1+\dfrac{1}{1+\frac{x}{x+1}}$

$=1+\dfrac{1}{\frac{(x+1)+x}{x+1}}$

$=1+\dfrac{1}{\frac{2x+1}{x+1}}=1+\frac{x+1}{2x+1}$

$=\frac{(2x+1)+(x+1)}{2x+1}=\frac{3x+2}{2x+1}$

답 (1) x (2) $\frac{3x+2}{2x+1}$

다른 풀이 (1) 주어진 식의 분자와 분모에 각각 $(1-x)(1+x)$를 곱하면

$$\frac{\frac{1}{1-x}-\frac{1}{1+x}}{\frac{1}{1-x}+\frac{1}{1+x}}=\frac{(1+x)-(1-x)}{(1+x)+(1-x)}=\frac{2x}{2}=x$$

385 중

(1) $\frac{1-\frac{x-y}{x+y}}{1+\frac{x-y}{x+y}}=\frac{\frac{(x+y)-(x-y)}{x+y}}{\frac{(x+y)+(x-y)}{x+y}}$

$=\frac{\frac{2y}{x+y}}{\frac{2x}{x+y}}=\frac{2y(x+y)}{2x(x+y)}$

$=\frac{y}{x}$

(2) $\frac{\frac{2a+b}{a-b}+1}{1+\frac{b}{a-b}}=\frac{\frac{(2a+b)+(a-b)}{a-b}}{\frac{(a-b)+b}{a-b}}$

$=\frac{\frac{3a}{a-b}}{\frac{a}{a-b}}=\frac{3a(a-b)}{a(a-b)}$

$=3$

답 (1) $\frac{y}{x}$ (2) 3

386 상

$\frac{52}{23}=2+\frac{6}{23}=2+\frac{1}{\frac{23}{6}}=2+\frac{1}{3+\frac{5}{6}}$

$=2+\frac{1}{3+\frac{1}{\frac{6}{5}}}=2+\frac{1}{3+\frac{1}{1+\frac{1}{5}}}$

따라서 $a=2$, $b=3$, $c=1$, $d=5$이므로

$a+b+c+d=11$

답 11

387 중

$x:y:z=3:2:4$이므로

$\frac{x}{3}=\frac{y}{2}=\frac{z}{4}=k\ (k\neq0)$로 놓으면

$x=3k$, $y=2k$, $z=4k$

(1) $\frac{y}{x}+\frac{z}{y}+\frac{x}{z}=\frac{2k}{3k}+\frac{4k}{2k}+\frac{3k}{4k}$

$=\frac{2}{3}+2+\frac{3}{4}=\frac{41}{12}$

(2) $\frac{xy+yz+zx}{x^2+y^2+z^2}=\frac{3k\times2k+2k\times4k+4k\times3k}{(3k)^2+(2k)^2+(4k)^2}$

$=\frac{26k^2}{29k^2}=\frac{26}{29}$

답 (1) $\frac{41}{12}$ (2) $\frac{26}{29}$

388 하

$\frac{x}{2}=\frac{y}{4}=z=k\ (k\neq0)$로 놓으면

$x=2k$, $y=4k$, $z=k$

$\therefore \frac{xyz}{(x-y)(y-z)(z-x)}$

$=\frac{2k\times4k\times k}{(2k-4k)(4k-k)(k-2k)}$

$=\frac{8k^3}{6k^3}=\frac{4}{3}$

답 $\frac{4}{3}$

389 중

$3x=2y$이므로 $x=\frac{2}{3}y$, $4y=3z$이므로 $z=\frac{4}{3}y$

$\therefore x:y:z=\frac{2}{3}y:y:\frac{4}{3}y=2:3:4$

$\frac{x}{2}=\frac{y}{3}=\frac{z}{4}=k\ (k\neq0)$로 놓으면

$x=2k$, $y=3k$, $z=4k$

(1) $\frac{2x-y+z}{x+y-z}=\frac{2\times2k-3k+4k}{2k+3k-4k}=\frac{5k}{k}=5$

(2) $\frac{x^2-2xy+y^2}{y^2-2yz+z^2}=\frac{(x-y)^2}{(y-z)^2}=\frac{(2k-3k)^2}{(3k-4k)^2}$

$=\frac{k^2}{k^2}=1$

답 (1) 5 (2) 1

390 중

$(x+y):(y+z):(z+x)=3:4:5$이므로

$\frac{x+y}{3}=\frac{y+z}{4}=\frac{z+x}{5}=k\ (k\neq0)$로 놓으면

$x+y=3k$, $y+z=4k$, $z+x=5k$ ······ ㉠

세 식을 변끼리 더하면

$2(x+y+z)=12k$ $\quad\therefore x+y+z=6k$ ······ ㉡

㉠, ㉡에서 $x=2k$, $y=k$, $z=3k$

$\therefore \frac{xyz}{x^3+y^3+z^3}=\frac{2k\times k\times3k}{(2k)^3+k^3+(3k)^3}=\frac{6k^3}{36k^3}=\frac{1}{6}$

답 $\frac{1}{6}$

18 유리함수

391 하

(1) 함수 $y=\frac{4}{x-2}+1$의 그래프는

함수 $y=\frac{4}{x}$의 그래프를 x축의 방향으로 2만큼, y축의 방향으로 1만큼 평행이동한 것이므로 오른쪽 그림과 같고,

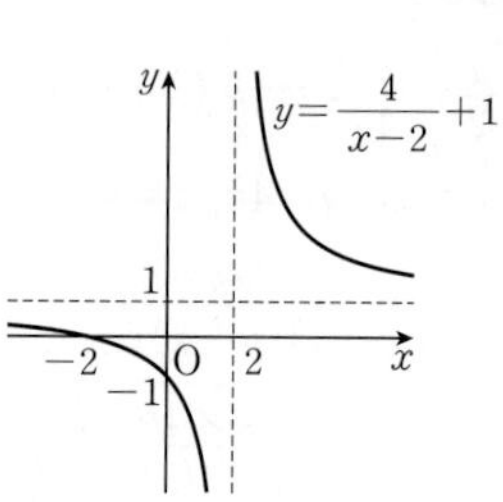

정의역은 $\{x|x\neq2$인 실수$\}$,

치역은 $\{y|y\neq1$인 실수$\}$,

점근선의 방정식은 $x=2$, $y=1$이다.

(2) $y=\frac{2x+1}{x+1}=\frac{2(x+1)-1}{x+1}=-\frac{1}{x+1}+2$

따라서 함수 $y=\frac{2x+1}{x+1}$의 그래프는

함수 $y=-\frac{1}{x}$의 그래프를 x축의 방향으로 -1만큼, y축의 방향으로 2만큼 평행이동한 것이므로 오른쪽 그림과 같고,

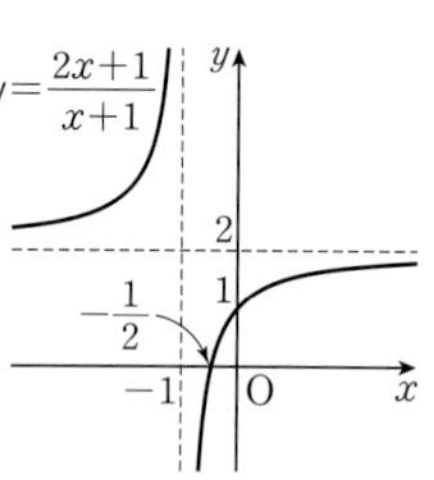

정의역은 $\{x|x\neq-1$인 실수$\}$,

치역은 $\{y|y\neq2$인 실수$\}$,

점근선의 방정식은 $x=-1$, $y=2$이다.

답 (1) 풀이 참조 (2) 풀이 참조

392 하

(1) 함수 $y=-\frac{2}{x+3}-1$의 그래프는

함수 $y=-\frac{2}{x}$의 그래프를 x축의 방향으로 -3만큼, y축의 방향으로 -1만큼 평행이동한 것이므로 오른쪽 그림과 같고,

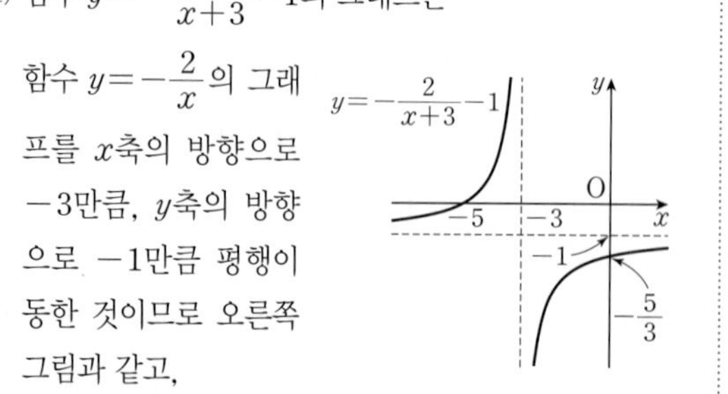

정의역은 $\{x|x\neq-3$인 실수$\}$,

치역은 $\{y|y\neq-1$인 실수$\}$,

점근선의 방정식은 $x=-3$, $y=-1$이다.

(2) $y=\frac{-3x+4}{x-1}=\frac{-3(x-1)+1}{x-1}=\frac{1}{x-1}-3$

따라서 함수 $y=\frac{-3x+4}{x-1}$의 그래프는

함수 $y=\frac{1}{x}$의 그래프를 x축의 방향으로 1만큼, y축의 방향으로 -3만큼 평행이동한 것이므로 오른쪽 그림과 같고,

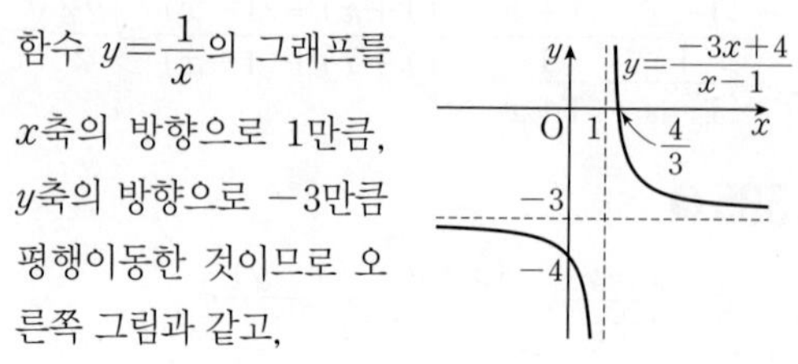

정의역은 $\{x|x\neq1$인 실수$\}$,

치역은 $\{y|y\neq-3$인 실수$\}$,

점근선의 방정식은 $x=1$, $y=-3$이다.

답 (1) 풀이 참조 (2) 풀이 참조

393 중

$y=\frac{4x+5}{x+2}=\frac{4(x+2)-3}{x+2}=-\frac{3}{x+2}+4$

이므로 함수 $y=\frac{4x+5}{x+2}$의 그래프는 함수 $y=-\frac{3}{x}$의 그래프를 x축의 방향으로 -2만큼, y축의 방향으로 4만큼 평행이동한 것이다.

$x=-3$일 때 $y=7$이고,

$x=1$일 때 $y=3$이므로

$-3\leq x<-2$ 또는 $-2<x\leq1$에서 함수 $y=\frac{4x+5}{x+2}$의 그래프는 오른쪽 그림과 같다.

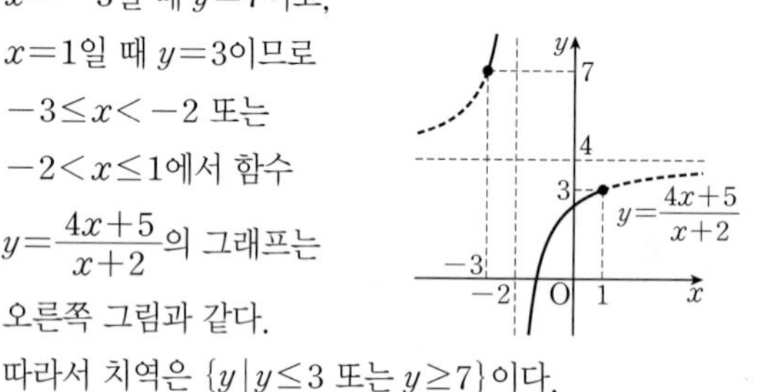

따라서 치역은 $\{y|y\leq3$ 또는 $y\geq7\}$이다.

답 $\{y|y\leq3$ 또는 $y\geq7\}$

394 중

함수 $y=-\frac{5}{2x+1}+2$의 그래프의 점근선의 방정식은

$x=-\frac{1}{2}$, $y=2$ ...... ㉠

$y=\frac{bx+2}{3x-a}=\frac{\frac{b}{3}(3x-a)+\frac{ab}{3}+2}{3x-a}=\frac{\frac{ab}{3}+2}{3x-a}+\frac{b}{3}$

이므로 이 함수의 그래프의 점근선의 방정식은

$x=\frac{a}{3}$, $y=\frac{b}{3}$ ...... ㉡

㉠, ㉡에서 $-\frac{1}{2}=\frac{a}{3}$, $2=\frac{b}{3}$이므로

$a=-\frac{3}{2}$, $b=6$

$\therefore ab=-9$ 답 -9

참고 유리함수 $y=\frac{ax+b}{cx+d}$ $(ad-bc\neq0, c\neq0)$의 그래프의 점근선의 방정식은 $x=-\frac{d}{c}$, $y=\frac{a}{c}$이다.

이를 이용하면 함수 $y=\frac{bx+2}{3x-a}$의 그래프의 점근선의 방정식은 $x=-\frac{-a}{3}=\frac{a}{3}$, $y=\frac{b}{3}$임을 쉽게 구할 수 있다.

395 중

함수 $y=-\frac{3}{x}$의 그래프를 x축의 방향으로 2만큼, y축의 방향으로 -4만큼 평행이동한 그래프의 식은

$y=-\frac{3}{x-2}-4$

이 함수의 그래프가 함수 $y=\frac{a}{x+b}+c$의 그래프와 일치하므로

$a=-3$, $b=-2$, $c=-4$

$\therefore abc=-24$ 답 -24

396 중

함수 $y=\frac{k}{x}$의 그래프를 x축의 방향으로 4만큼, y축의 방향으로 -1만큼 평행이동한 그래프의 식은

$y=\frac{k}{x-4}-1$

이 함수의 그래프가 점 $(5, 1)$을 지나므로

$1=\frac{k}{5-4}-1$ $\quad\therefore k=2$ 답 2

397 중

ㄱ. 함수 $y=\frac{1}{x+2}$의 그래프는 함수 $y=\frac{1}{x}$의 그래프를 x축의 방향으로 -2만큼 평행이동한 것이다.

ㄴ. $y=\frac{4x+1}{2x}=\frac{1}{2x}+2$

이므로 함수 $y=\frac{4x+1}{2x}$의 그래프는 함수 $y=\frac{1}{2x}$의 그래프를 y축의 방향으로 2만큼 평행이동한 것이다.

ㄷ. $y=\frac{3x+2}{x+1}=\frac{3(x+1)-1}{x+1}=-\frac{1}{x+1}+3$

이므로 함수 $y=\frac{3x+2}{x+1}$의 그래프는 함수 $y=-\frac{1}{x}$의 그래프를 x축의 방향으로 -1만큼, y축의 방향으로 3만큼 평행이동한 것이다.

ㄹ. $y=\frac{x-4}{3-x}=\frac{(x-3)-1}{-(x-3)}=\frac{1}{x-3}-1$

이므로 함수 $y=\frac{x-4}{3-x}$의 그래프는 함수 $y=\frac{1}{x}$의 그래프를 x축의 방향으로 3만큼, y축의 방향으로 -1만큼 평행이동한 것이다.

이상에서 평행이동에 의하여 함수 $y=\frac{1}{x}$의 그래프와 겹쳐지는 것은 ㄱ, ㄹ이다. 답 ㄱ, ㄹ

398 중

주어진 그래프에서 점근선의 방정식이

$x=-2$, $y=-2$이므로 함수의 식을

$y=\frac{k}{x+2}-2$ $(k<0)$ ...... ㉠

로 놓을 수 있다.

이때 ㉠의 그래프가 점 $(0, -3)$을 지나므로

$-3=\frac{k}{2}-2$ $\quad\therefore k=-2$

$k=-2$를 ㉠에 대입하면

$y=\frac{-2}{x+2}-2=\frac{-2-2(x+2)}{x+2}=\frac{-2x-6}{x+2}$

따라서 $a=-2$, $b=-6$, $c=2$이므로

$a+b+c=-6$ 답 -6

399 중

주어진 그래프에서 점근선의 방정식이

$x=-1$, $y=2$이므로 함수의 식을

$y=\frac{k}{x+1}+2$ $(k>0)$ ...... ㉠

로 놓을 수 있다.

이때 ㉠의 그래프가 점 $(-2, 0)$을 지나므로

$0=\frac{k}{-2+1}+2$ $\quad\therefore k=2$

$k=2$를 ㉠에 대입하면

$y=\frac{2}{x+1}+2$

따라서 $a=1$, $b=2$, $k=2$이므로

$a+b+k=5$ 답 5

400 중

점근선의 방정식이 $x=1$, $y=-1$이므로 함수의 식을

$y=\frac{k}{x-1}-1$ $(k\neq0)$ ...... ㉠

로 놓을 수 있다.

이때 ㉠의 그래프가 점 (2, -4)를 지나므로

$-4=\frac{k}{2-1}-1$ $\quad\therefore k=-3$

$k=-3$을 ㉠에 대입하면

$y=\frac{-3}{x-1}-1=\frac{-3-(x-1)}{x-1}=\frac{-x-2}{x-1}$

$\therefore a=-1,\ b=2,\ c=1$

답 $a=-1,\ b=2,\ c=1$

다른 풀이 $y=\frac{ax-b}{x-c}$

$=\frac{a(x-c)+ac-b}{x-c}$

$=\frac{ac-b}{x-c}+a$

이므로 이 함수의 그래프의 점근선의 방정식은

$x=c,\ y=a$ $\quad\therefore c=1,\ a=-1$

$\therefore y=\frac{-x-b}{x-1}$

이때 함수 $y=\frac{-x-b}{x-1}$의 그래프가 점 (2, -4)를 지나므로

$-4=\frac{-2-b}{2-1}$ $\quad\therefore b=2$

401 하

$y=\frac{2x+1}{x-1}=\frac{2(x-1)+3}{x-1}=\frac{3}{x-1}+2$

이므로 함수 $y=\frac{2x+1}{x-1}$의 그래프는 함수 $y=\frac{3}{x}$의 그래프를 x축의 방향으로 1만큼, y축의 방향으로 2만큼 평행이동한 것이다.

따라서 $2\le x\le 4$에서 함수 $y=\frac{2x+1}{x-1}$의 그래프는 오른쪽 그림과 같으므로 $x=2$일 때 최댓값 5를 갖고, $x=4$일 때 최솟값 3을 갖는다.

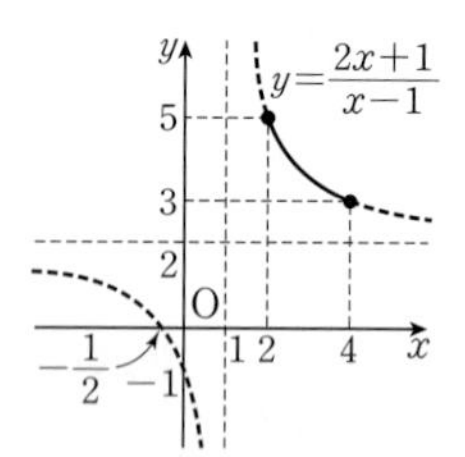

답 최댓값: 5, 최솟값: 3

402 하

$y=\frac{2x+5}{2-x}=\frac{2(x-2)+9}{-(x-2)}=-\frac{9}{x-2}-2$

이므로 함수 $y=\frac{2x+5}{2-x}$의 그래프는 함수 $y=-\frac{9}{x}$의 그래프를 x축의 방향으로 2만큼, y축의 방향으로 -2만큼 평행이동한 것이다.

따라서 $-4\le x\le 1$에서 함수 $y=\frac{2x+5}{2-x}$의 그래프는 오른쪽 그림과 같으므로 $x=1$일 때 최댓값 7을 갖고, $x=-4$일 때 최솟값 $-\frac{1}{2}$을 갖는다.

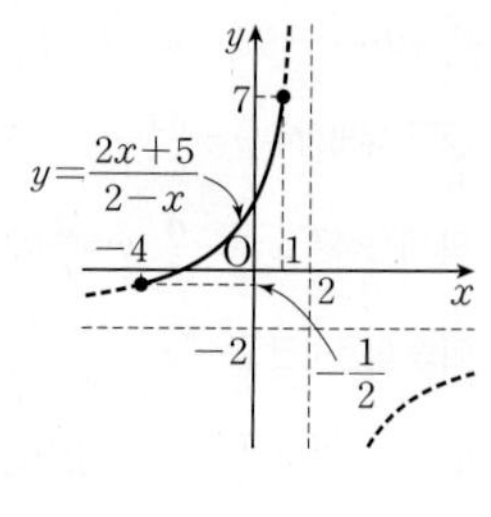

따라서 최댓값과 최솟값의 합은

$7+\left(-\frac{1}{2}\right)=\frac{13}{2}$

답 $\frac{13}{2}$

403 중

함수 $y=\frac{4}{x-3}+a$의 그래프는 함수 $y=\frac{4}{x}$의 그래프를 x축의 방향으로 3만큼, y축의 방향으로 a만큼 평행이동한 것이다.

이때 $|x|\le 2$, 즉 $-2\le x\le 2$에서 함수 $y=\frac{4}{x-3}+a$의 최댓값이 2이려면 그 그래프는 오른쪽 그림과 같아야 한다.

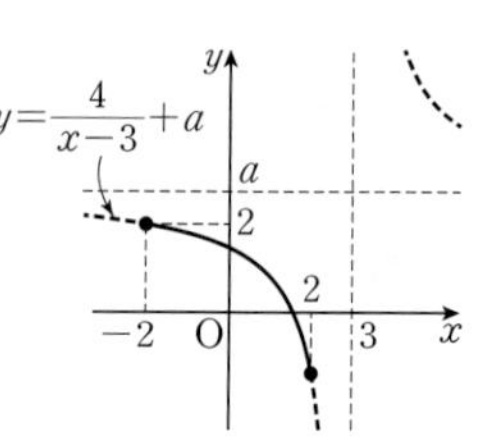

따라서 $x=-2$일 때 최댓값 $-\frac{4}{5}+a$를 가지므로

$-\frac{4}{5}+a=2$ $\quad\therefore a=\frac{14}{5}$

답 $\frac{14}{5}$

404 중

$y=\frac{6x+2}{2x+1}=\frac{3(2x+1)-1}{2x+1}=-\frac{1}{2x+1}+3$

이므로 함수 $y=\frac{6x+2}{2x+1}$의 그래프는 함수 $y=-\frac{1}{2x}$의 그래프를 x축의 방향으로 $-\frac{1}{2}$만큼, y축의 방향으로 3만큼 평행이동한 것이다.

따라서 $a\le x\le -1$에서 함수 $y=\frac{6x+2}{2x+1}$의 그래프는 오른쪽 그림과 같다.

즉, $x=-1$일 때 최댓값 4를 갖고, $x=a$일 때 최솟값 $\frac{6a+2}{2a+1}$를 가지므로

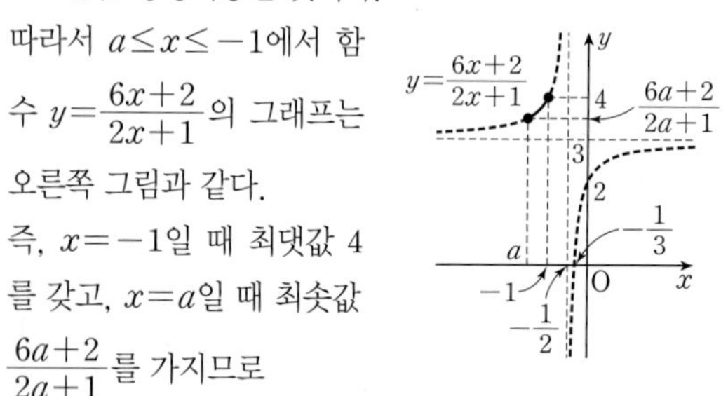

$b=4,\ \frac{7}{2}=\frac{6a+2}{2a+1}$

$\frac{7}{2}=\frac{6a+2}{2a+1}$에서 $14a+7=12a+4$

$2a=-3 \qquad \therefore a=-\frac{3}{2}$

$\therefore a+b=-\frac{3}{2}+4=\frac{5}{2}$ 답 $\frac{5}{2}$

405 중

$y=\frac{2x-3}{x-1}=\frac{2(x-1)-1}{x-1}=-\frac{1}{x-1}+2$

이므로 이 함수의 그래프의 점근선의 방정식은

$x=1,\ y=2$

이때 주어진 함수의 그래프는 두 점근선의 교점 $(1,\ 2)$를 지나고 기울기가 1 또는 -1인 직선에 대하여 대칭이다.

즉, 두 직선 $y=x+a$, $y=-x+b$가 점 $(1,\ 2)$를 지나므로

$2=1+a,\ 2=-1+b$

$\therefore a=1,\ b=3$ 답 $a=1,\ b=3$

406 중

$y=\frac{4x-1}{x-2}=\frac{4(x-2)+7}{x-2}=\frac{7}{x-2}+4$

이므로 이 함수의 그래프의 점근선의 방정식은

$x=2,\ y=4$

이때 주어진 함수의 그래프는 두 점근선의 교점 $(2,\ 4)$에 대하여 대칭이므로

$m=2,\ n=4$

$\therefore m+n=6$ 답 6

407 중

함수 $y=\frac{2}{x-a}+b$의 그래프의 점근선의 방정식은

$x=a,\ y=b$

이때 주어진 함수의 그래프는 두 점근선의 교점 $(a,\ b)$를 지나고 기울기가 1 또는 -1인 직선에 대하여 대칭이다.

즉, 두 직선 $y=x-1$, $y=-x-3$이 점 $(a,\ b)$를 지나므로

$b=a-1,\ b=-a-3$

두 식을 연립하여 풀면

$a=-1,\ b=-2$

$\therefore ab=2$ 답 2

408 중

주어진 함수의 그래프가 점 $(3,\ -2)$에 대하여 대칭이므로 이 함수의 그래프의 점근선의 방정식은

$x=3,\ y=-2$

즉, 함수의 식을

$y=\frac{k}{x-3}-2\ (k\neq0)$ ······ ㉠

로 놓을 수 있다.

이때 ㉠의 그래프가 점 $(0,\ 1)$을 지나므로

$1=\frac{k}{-3}-2 \qquad \therefore k=-9$

$k=-9$를 ㉠에 대입하면

$y=\frac{-9}{x-3}-2=\frac{-9-2(x-3)}{x-3}=\frac{-2x-3}{x-3}$

따라서 $a=-2,\ b=-3,\ c=-3$이므로

$a+b+c=-8$ 답 -8

409 중

$y=\frac{x+1}{x-1}=\frac{(x-1)+2}{x-1}=\frac{2}{x-1}+1$

이므로 함수 $y=\frac{x+1}{x-1}$의 그래프는 함수 $y=\frac{2}{x}$의 그래프를 x축의 방향으로 1만큼, y축의 방향으로 1만큼 평행이동한 것이다.

또, 직선 $y=mx-m+1$, 즉 $y=m(x-1)+1$은 m의 값에 관계없이 항상 점 $(1,\ 1)$을 지난다.

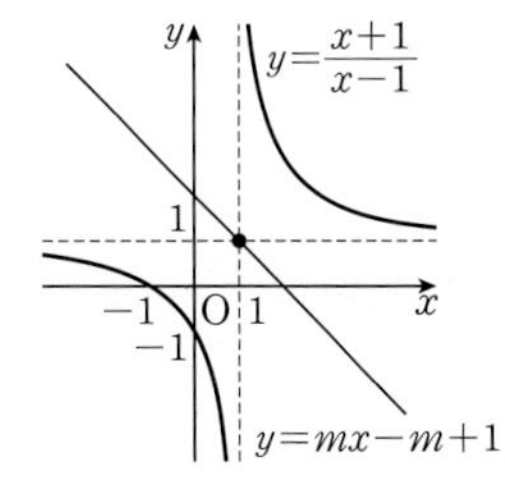

위의 그림에서 함수 $y=\frac{x+1}{x-1}$의 그래프와 직선 $y=mx-m+1$이 만나지 않으려면

$m\leq0$ 답 $m\leq0$

다른 풀이 다음과 같은 방법으로 실수 m의 값의 범위를 구할 수도 있다.

(i) $m=0$일 때, 함수 $y=\frac{x+1}{x-1}$의 그래프와 직선 $y=mx-m+1$, 즉 $y=1$은 만나지 않는다.

(ii) $m\neq0$일 때, 함수 $y=\frac{x+1}{x-1}$의 그래프와 직선 $y=mx-m+1$이 만나지 않으려면

$\frac{x+1}{x-1}=mx-m+1$에서

$x+1=(mx-m+1)(x-1)$

$\therefore mx^2-2mx+m-2=0$

이 이차방정식의 판별식을 D라 하면

$\frac{D}{4}=(-m)^2-m\times(m-2)<0$

$2m<0$ $\therefore m<0$

(i), (ii)에서 $m\le0$

개념 보충 **함수의 그래프와 직선의 위치 관계**

함수 $y=f(x)$의 그래프와 직선 $y=g(x)$의 위치 관계는 방정식 $f(x)=g(x)$가 이차방정식일 때, 판별식 D의 값의 부호에 따라 다음과 같다.

(1) $D>0$ ➡ 서로 다른 두 점에서 만난다.

(2) $D=0$ ➡ 한 점에서 만난다. (접한다.)

(3) $D<0$ ➡ 만나지 않는다.

410 중

함수 $y=\frac{4}{x}$의 그래프와 직선 $y=-x+k$가 한 점에서 만나므로 $\frac{4}{x}=-x+k$에서

$4=x(-x+k)$ $\therefore x^2-kx+4=0$

이 이차방정식의 판별식을 D라 하면

$D=(-k)^2-4\times1\times4=0$

$k^2-16=0$, $(k+4)(k-4)=0$

$\therefore k=4$ ($\because k>0$)

답 4

411 중

$A\cap B\neq\varnothing$이려면 함수 $y=\frac{x-2}{x}$의 그래프와 직선 $y=ax+1$이 만나야 한다.

$y=\frac{x-2}{x}=-\frac{2}{x}+1$

이므로 함수 $y=\frac{x-2}{x}$의 그래프는 함수 $y=-\frac{2}{x}$의 그래프를 y축의 방향으로 1만큼 평행이동한 것이다.

또, 직선 $y=ax+1$은 a의 값에 관계없이 항상 점 $(0, 1)$을 지난다.

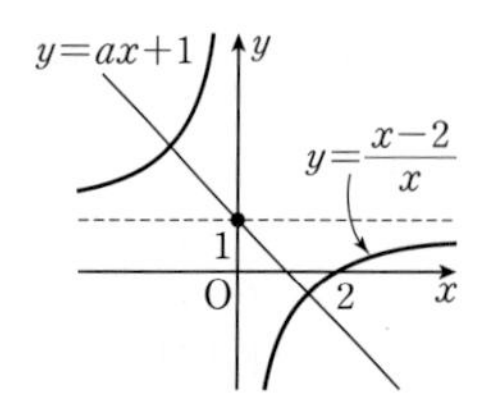

앞의 그림에서 함수 $y=\frac{x-2}{x}$의 그래프와 직선 $y=ax+1$이 만나려면

$a<0$

답 $a<0$

412 상

$y=\frac{x+4}{x+1}=\frac{(x+1)+3}{x+1}=\frac{3}{x+1}+1$

이므로 함수 $y=\frac{x+4}{x+1}$의 그래프는 함수 $y=\frac{3}{x}$의 그래프를 x축의 방향으로 -1만큼, y축의 방향으로 1만큼 평행이동한 것이다.

또, 직선 $mx-y+2m=0$, 즉 $y=m(x+2)$는 m의 값에 관계없이 항상 점 $(-2, 0)$을 지난다.

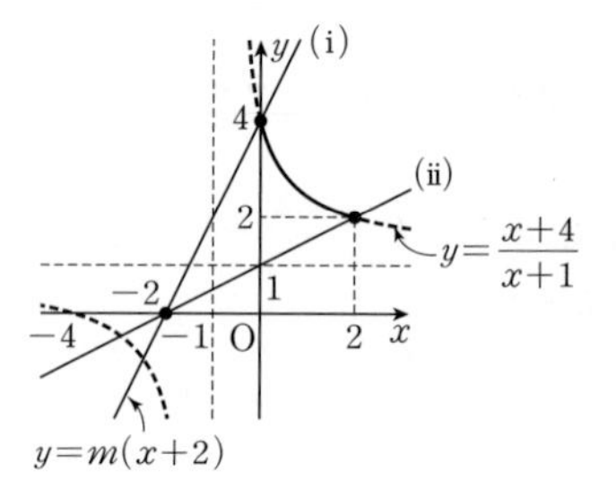

위의 그림에서

(i) 직선 $y=m(x+2)$가 점 $(0, 4)$를 지날 때,

$4=2m$ $\therefore m=2$

(ii) 직선 $y=m(x+2)$가 점 $(2, 2)$를 지날 때,

$2=4m$ $\therefore m=\frac{1}{2}$

(i), (ii)에서 정의역이 $\{x|0\le x\le2\}$인 함수 $y=\frac{x+4}{x+1}$의 그래프와 직선 $mx-y+2m=0$이 만나려면

$\frac{1}{2}\le m\le2$

따라서 실수 m의 최댓값은 2, 최솟값은 $\frac{1}{2}$이다.

답 최댓값: 2, 최솟값: $\frac{1}{2}$

413 중

$y=\frac{ax}{2x-3}$로 놓고 x에 대하여 풀면

$y(2x-3)=ax$, $2xy-3y=ax$

$(2y-a)x=3y$ $\therefore x=\frac{3y}{2y-a}$

x와 y를 서로 바꾸면

$y=\frac{3x}{2x-a}$ $\therefore f^{-1}(x)=\frac{3x}{2x-a}$

이때 $f=f^{-1}$이므로

$\frac{ax}{2x-3}=\frac{3x}{2x-a}$ $\therefore a=3$

답 3

414 중

$y=\frac{-x+5}{3x+a}$로 놓고 x에 대하여 풀면

$y(3x+a)=-x+5$, $3xy+ay=-x+5$

$(3y+1)x=-ay+5$ $\therefore x=\frac{-ay+5}{3y+1}$

x와 y를 서로 바꾸면

$y=\frac{-ax+5}{3x+1}$ $\therefore f^{-1}(x)=\frac{-ax+5}{3x+1}$

즉, $\frac{-ax+5}{3x+1}=\frac{2x-b}{cx+1}$이므로

$-a=2$, $5=-b$, $3=c$

$\therefore a=-2$, $b=-5$, $c=3$

답 $a=-2$, $b=-5$, $c=3$

415 중

$(f\circ g)(x)=x$를 만족시키는 함수 $g(x)$는 함수 $f(x)$의 역함수이다.

$y=\frac{4x-1}{x-2}$로 놓고 x에 대하여 풀면

$y(x-2)=4x-1$, $xy-2y=4x-1$

$(y-4)x=2y-1$ $\therefore x=\frac{2y-1}{y-4}$

x와 y를 서로 바꾸면

$y=\frac{2x-1}{x-4}$ $\therefore g(x)=\frac{2x-1}{x-4}$

답 $g(x)=\frac{2x-1}{x-4}$

416 상

함수 $f(x)=\frac{ax+b}{x+1}$의 그래프가 점 $(-2, 3)$을 지나므로

$3=\frac{-2a+b}{-1}$ $\therefore 2a-b=3$ …… ㉠

함수 $f(x)=\frac{ax+b}{x+1}$의 역함수의 그래프가 점 $(-2, 3)$을 지나면 함수 $f(x)=\frac{ax+b}{x+1}$의 그래프는 점 $(3, -2)$를 지나므로

$-2=\frac{3a+b}{4}$ $\therefore 3a+b=-8$ …… ㉡

㉠, ㉡을 연립하여 풀면

$a=-1$, $b=-5$

$\therefore a+b=-6$

답 -6

개념 보충 **함수와 그 역함수의 그래프 사이의 관계**

함수 $y=f(x)$의 역함수 $y=f^{-1}(x)$가 존재할 때, 함수 $y=f(x)$의 그래프 위의 점을 (a, b)라 하면

$b=f(a) \Longleftrightarrow a=f^{-1}(b)$

가 성립한다.

417 중

(1) $(f\circ(g^{-1}\circ f)^{-1})(-1)=(f\circ f^{-1}\circ g)(-1)$
$=g(-1)$
$=\frac{-4}{-2}$
$=2$

(2) $f^1(x)=f(x)=\frac{x}{x+1}$

$f^2(x)=(f\circ f)(x)=f(f(x))=f\left(\frac{x}{x+1}\right)$

$=\frac{\frac{x}{x+1}}{\frac{x}{x+1}+1}=\frac{x}{2x+1}$

$f^3(x)=(f\circ f^2)(x)=f(f^2(x))=f\left(\frac{x}{2x+1}\right)$

$=\frac{\frac{x}{2x+1}}{\frac{x}{2x+1}+1}=\frac{x}{3x+1}$

⋮

$f^n(x)=\frac{x}{nx+1}$

따라서 $f^{10}(x)=\frac{x}{10x+1}$이므로

$f^{10}(1)=\frac{1}{11}$

답 (1) 2 (2) $\frac{1}{11}$

다른 풀이 (2) $f(x)=\frac{x}{x+1}$에 대하여

$f^1(1)=f(1)=\frac{1}{1+1}=\frac{1}{2}$

$f^2(1)=(f\circ f)(1)=f(f(1))=f\left(\frac{1}{2}\right)$

$=\frac{\frac{1}{2}}{\frac{1}{2}+1}=\frac{1}{3}$

$f^3(1)=(f\circ f^2)(1)=f(f^2(1))=f\left(\frac{1}{3}\right)$

$=\dfrac{\frac{1}{3}}{\frac{1}{3}+1}=\dfrac{1}{4}$

$f^4(1)=(f\circ f^3)(1)=f(f^3(1))=f\left(\frac{1}{4}\right)$

$=\dfrac{\frac{1}{4}}{\frac{1}{4}+1}=\dfrac{1}{5}$

$\vdots$

$\therefore f^{10}(1)=\dfrac{1}{11}$

418 중

$(f^{-1}\circ g)^{-1}(2)=(g^{-1}\circ f)(2)$

$=g^{-1}(f(2))$

$=g^{-1}(1)$ $\leftarrow f(2)=\frac{7}{7}=1$

$g^{-1}(1)=k$라 하면 $g(k)=1$이므로

$\dfrac{1}{-k+1}=1$, $1=-k+1$ $\quad\therefore k=0$

$\therefore (f^{-1}\circ g)^{-1}(2)=g^{-1}(1)=0$

답 0

419 중

$f(x)=\dfrac{x}{x-1}$에 대하여

$(f\circ f)(x)=f(f(x))=f\left(\dfrac{x}{x-1}\right)$

$=\dfrac{\frac{x}{x-1}}{\frac{x}{x-1}-1}=x$

$(f\circ f)(k)=-k^2$에서 $k=-k^2$

$k^2+k=0$, $k(k+1)=0$

$\therefore k=-1$ 또는 $k=0$

답 -1, 0

420 중

$f^1(x)=f(x)=\dfrac{x-1}{x}$

$f^2(x)=(f\circ f)(x)=f(f(x))=f\left(\dfrac{x-1}{x}\right)$

$=\dfrac{\frac{x-1}{x}-1}{\frac{x-1}{x}}=\dfrac{-1}{x-1}$

$f^3(x)=(f\circ f^2)(x)=f(f^2(x))=f\left(\dfrac{-1}{x-1}\right)$

$=\dfrac{\frac{-1}{x-1}-1}{\frac{-1}{x-1}}=x$

$\vdots$

자연수 k에 대하여

$f^3(x)=f^6(x)=f^9(x)=\cdots=f^{3k}(x)=x$

는 항등함수이고, $20=3\times6+2$이므로

$f^{20}(x)=f^2(x)=\dfrac{-1}{x-1}$

$\therefore f^{20}(2)=-1$

답 -1

다른 풀이 $f(x)=\dfrac{x-1}{x}$에 대하여

$f^1(2)=f(2)=\dfrac{2-1}{2}=\dfrac{1}{2}$

$f^2(2)=(f\circ f)(2)=f(f(2))=f\left(\dfrac{1}{2}\right)$

$=\dfrac{\frac{1}{2}-1}{\frac{1}{2}}=-1$

$f^3(2)=(f\circ f^2)(2)=f(f^2(2))=f(-1)$

$=\dfrac{-1-1}{-1}=2$

$f^4(2)=(f\circ f^3)(2)=f(f^3(2))=f(2)$

$=\dfrac{2-1}{2}=\dfrac{1}{2}$

$\vdots$

$\therefore f^1(2)=f^4(2)=f^7(2)=\cdots=\dfrac{1}{2}$

$f^2(2)=f^5(2)=f^8(2)=\cdots=-1$

$f^3(2)=f^6(2)=f^9(2)=\cdots=2$

즉, $f^n(2)$의 값은 $\dfrac{1}{2}$, -1, 2가 이 순서대로 반복되고,

$20=3\times6+2$이므로

$f^{20}(2)=f^2(2)=-1$

07 유리함수

중단원 연습문제

170~173쪽

421 유리식의 사칙연산

전략 각 유리식의 분모, 분자를 각각 인수분해한 후, 약분하여 계산한다.

$$\frac{x^2+x-2}{x^2-9} \div \frac{x^2+3x+2}{x+3} \times \frac{x^2-3x}{x^2-x}$$
$$=\frac{(x+2)(x-1)}{(x+3)(x-3)} \div \frac{(x+1)(x+2)}{x+3} \times \frac{x(x-3)}{x(x-1)}$$
$$=\frac{(x+2)(x-1)}{(x+3)(x-3)} \times \frac{x+3}{(x+1)(x+2)} \times \frac{x-3}{x-1}$$
$$=\frac{1}{x+1}$$
답 $\frac{1}{x+1}$

422 유리식과 항등식 ⊕ 부분분수로의 변형

전략 좌변을 부분분수로 변형하여 계산한 후, 항등식의 성질을 이용한다.

[해결 과정]

$$\frac{1}{x(x+3)}+\frac{1}{(x+3)(x+6)}+\frac{1}{(x+6)(x+9)}$$
$$=\frac{1}{3}\left\{\left(\frac{1}{x}-\frac{1}{x+3}\right)+\left(\frac{1}{x+3}-\frac{1}{x+6}\right)+\left(\frac{1}{x+6}-\frac{1}{x+9}\right)\right\}$$
$$=\frac{1}{3}\left(\frac{1}{x}-\frac{1}{x+9}\right)=\frac{1}{3}\times\frac{9}{x(x+9)}$$
$$=\frac{3}{x(x+9)}$$
… 50% 배점

[답 구하기]

즉, $\frac{3}{x(x+9)}=\frac{b}{x(x+a)}$가 x에 대한 항등식이므로

$a=9$, $b=3$ … 30% 배점

$\therefore a-b=6$ … 20% 배점

답 6

423 번분수식의 계산

전략 먼저 좌변의 번분수식을 간단히 한다.

$$1-\frac{1}{1-\frac{1}{1-\frac{1}{1-x}}}=1-\frac{1}{1-\frac{1}{\frac{(1-x)-1}{1-x}}}$$
$$=1-\frac{1}{1-\frac{1}{\frac{-x}{1-x}}}$$
$$=1-\frac{1}{1-\frac{1-x}{-x}}$$
$$=1-\frac{1}{\frac{-x-(1-x)}{-x}}$$
$$=1-\frac{1}{\frac{-1}{-x}}=1-x$$

즉, $1-x=x$이므로

$-2x=-1 \qquad \therefore x=\frac{1}{2}$

답 $\frac{1}{2}$

424 비례식

전략 $\frac{x+2y}{2}=\frac{3y+z}{3}=\frac{z}{2}=k\ (k\neq 0)$로 놓고 x, y, z를 각각 k에 대한 식으로 나타낸다.

$\frac{x+2y}{2}=\frac{3y+z}{3}=\frac{z}{2}=k\ (k\neq 0)$로 놓으면

$x+2y=2k$, $3y+z=3k$, $z=2k$

$z=2k$를 $3y+z=3k$에 대입하면

$3y+2k=3k$, $3y=k \qquad \therefore y=\frac{1}{3}k$

$y=\frac{1}{3}k$를 $x+2y=2k$에 대입하면

$x+\frac{2}{3}k=2k \qquad \therefore x=\frac{4}{3}k$

한편, $\frac{2x+10y-z}{a}=k$이므로

$$\frac{2\times\frac{4}{3}k+10\times\frac{1}{3}k-2k}{a}=k$$

$\frac{4k}{a}=k \qquad \therefore a=4$

답 4

다른 풀이 $a : b=c : d=e : f$, 즉 $\frac{a}{b}=\frac{c}{d}=\frac{e}{f}$일 때

$$\frac{a}{b}=\frac{c}{d}=\frac{e}{f}=\frac{a+c+e}{b+d+f}=\frac{pa+qc+re}{pb+qd+rf}$$
(단, $b+d+f\neq 0$, $pb+qd+rf\neq 0$)

가 성립하는데, 이것을 '가비의 리'라 한다.

$\frac{x+2y}{2}=\frac{3y+z}{3}=\frac{z}{2}$에서 분모의 합이 0이 아니므로 '가비의 리'를 이용하여 문제를 해결할 수도 있다.

즉, $\frac{2(x+2y)}{2\times 2}=\frac{2(3y+z)}{2\times 3}=\frac{-3z}{-3\times 2}$이므로

가비의 리에 의하여

$$\frac{2x+10y-z}{4+6-6}=\frac{2x+10y-z}{a}$$

$\therefore a=4$

425 유리함수의 그래프

전략 주어진 함수의 식을 $y=\frac{a}{x-p}+q$ 꼴로 변형한 후, 그래프가 모든 사분면을 지나도록 그려 본다.

$$y=\frac{x+k-3}{x-3}=\frac{(x-3)+k}{x-3}=\frac{k}{x-3}+1$$

이므로 이 함수의 그래프의 점근선의 방정식은

$x=3,\ y=1$

따라서 주어진 함수의 그래프가 모든 사분면을 지나려면 다음 그림과 같아야 한다.

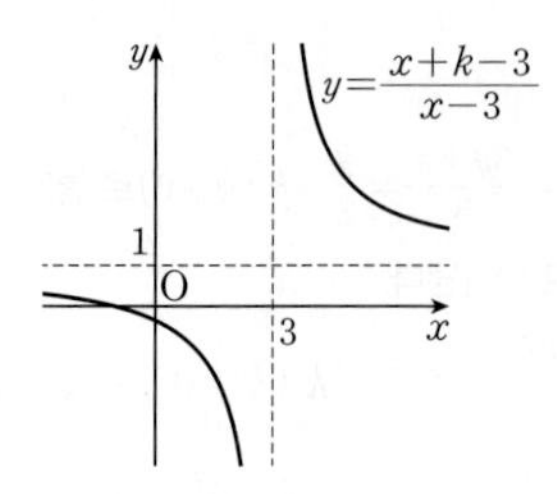

(i) 위의 그림에서 $k>0$

(ii) $x=0$일 때 $y<0$이어야 하므로

$\frac{k-3}{-3}<0,\ k-3>0 \qquad \therefore k>3$

(i), (ii)에서 $k>3$ 답 $k>3$

참고 (i)에서 $k<0$이거나 (ii)에서 $x=0$일 때 $y\geq 0$이면 이 함수의 그래프는 제3사분면을 지나지 않는다.

426 유리함수의 그래프

전략 점 P의 좌표를 $\left(t,\ \frac{2}{t}\right)$라 하고, 두 점 Q, R의 좌표를 각각 t에 대한 식으로 나타낸다.

직선 l과 함수 $y=\frac{2}{x}$의 그래프가 만나는 두 점 P, Q는 원점에 대하여 대칭이므로 점 P의 좌표를 $\left(t,\ \frac{2}{t}\right)$라 하면

$\mathrm{Q}\left(-t,\ -\frac{2}{t}\right),\ \mathrm{R}\left(t,\ -\frac{2}{t}\right)$

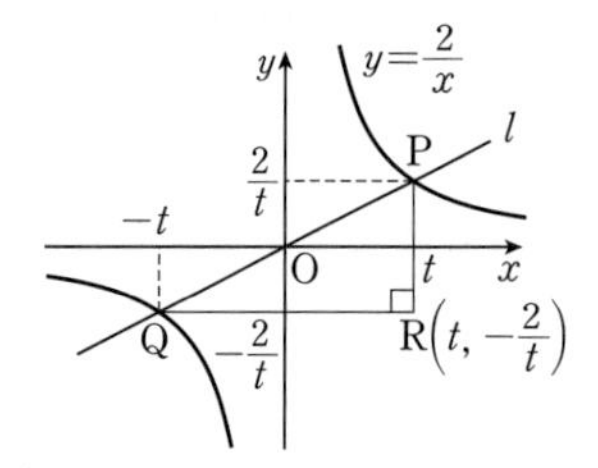

$\therefore \overline{\mathrm{PR}}=\left|\frac{2}{t}-\left(-\frac{2}{t}\right)\right|=\left|\frac{4}{t}\right|$

$\overline{\mathrm{QR}}=|t-(-t)|=|2t|$

따라서 삼각형 PQR의 넓이는

$\frac{1}{2}\times\overline{\mathrm{PR}}\times\overline{\mathrm{QR}}=\frac{1}{2}\times\left|\frac{4}{t}\right|\times|2t|=4$ 답 ①

427 유리함수의 그래프의 평행이동

전략 주어진 함수의 식을 $y=\frac{k}{x-p}+q$ 꼴로 변형한 후, 평행이동한 그래프의 식을 구한다.

$y=\frac{ax+2}{x-b}=\frac{a(x-b)+ab+2}{x-b}=\frac{ab+2}{x-b}+a$

이 함수의 그래프를 x축의 방향으로 -1만큼, y축의 방향으로 3만큼 평행이동한 그래프의 식은

$y=\frac{ab+2}{x+1-b}+a+3$

이 함수의 그래프가 함수 $y=-\frac{1}{x}$의 그래프와 일치하므로

$1-b=0,\ a+3=0,\ ab+2=-1$

따라서 $a=-3,\ b=1$이므로

$a+b=-2$ 답 -2

다른 풀이 함수 $y=-\frac{1}{x}$의 그래프를 x축의 방향으로 1만큼, y축의 방향으로 -3만큼 평행이동한 그래프의 식은

$y=-\frac{1}{x-1}-3=\frac{-1-3(x-1)}{x-1}=\frac{-3x+2}{x-1}$

이 함수의 그래프가 함수 $y=\frac{ax+2}{x-b}$의 그래프와 일치하므로

$a=-3,\ b=1 \qquad \therefore a+b=-2$

428 유리함수의 그래프의 성질

전략 주어진 함수의 그래프를 그려서 참, 거짓을 판별한다.

$y=\frac{-3x+1}{x-1}=\frac{-3(x-1)-2}{x-1}=-\frac{2}{x-1}-3$

따라서 함수 $y=\frac{-3x+1}{x-1}$의 그래프는 함수 $y=-\frac{2}{x}$의 그래프를 x축의 방향으로 1만큼, y축의 방향으로 -3만큼 평행이동한 것이므로 오른쪽 그림과 같다.

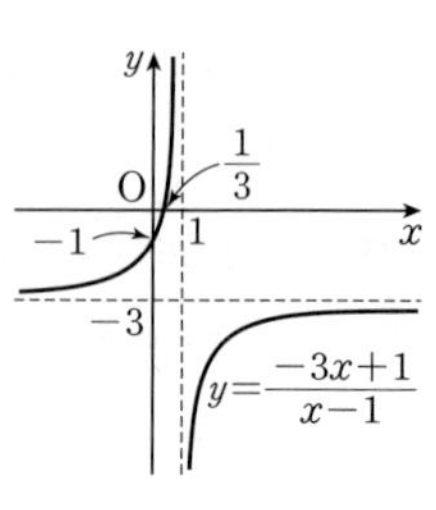

ㄱ. 정의역은 $\{x|x\neq 1$인 실수$\}$,

치역은 $\{y|y\neq -3$인 실수$\}$이다. (참)

ㄴ. 주어진 함수는 $y=-\frac{2}{x-1}-3$이므로 이 함수의 그래프는 평행이동에 의하여 함수 $y=-\frac{3}{x+1}-1$의 그래프와 겹쳐지지 않는다. (거짓)

ㄷ. 그래프는 제2사분면을 지나지 않는다. (거짓)

이상에서 옳은 것은 ㄱ뿐이다. 답 ㄱ

참고 ㄴ. 평행이동에 의하여 함수 $y=-\frac{3}{x+1}-1$의 그래프와 겹쳐지려면 주어진 함수가 $y=-\frac{3}{x-p}+q$ 꼴이어야 한다.

429 유리함수의 식 구하기

[전략] 함수 $y=\frac{ax+1}{bx+1}$의 그래프의 한 점근선이 직선 $y=2$임을 이용하여 a, b 사이의 관계식을 구한다.

$$y=\frac{ax+1}{bx+1}=\frac{\frac{a}{b}(bx+1)-\frac{a}{b}+1}{bx+1}=-\frac{\frac{a}{b}-1}{bx+1}+\frac{a}{b}$$

이때 함수 $y=\frac{ax+1}{bx+1}$의 그래프의 한 점근선이 직선 $y=2$이므로

$\frac{a}{b}=2$ $\therefore a=2b$ …… ㉠

또, 함수 $y=\frac{ax+1}{bx+1}$의 그래프가 점 $(2, 3)$을 지나므로

$3=\frac{2a+1}{2b+1}$ …… ㉡

㉠을 ㉡에 대입하면

$3=\frac{4b+1}{2b+1}$, $3(2b+1)=4b+1$

$6b+3=4b+1$ $\therefore b=-1$

$b=-1$을 ㉠에 대입하면 $a=-2$

$\therefore a^2+b^2=(-2)^2+(-1)^2=5$

답 ②

430 유리함수의 최대 · 최소

[전략] $0\le x\le 3$에서 유리함수의 그래프를 그려서 최댓값과 최솟값을 구한다.

$$y=\frac{-2x+2}{x+1}=\frac{-2(x+1)+4}{x+1}=\frac{4}{x+1}-2$$

이므로 함수 $y=\frac{-2x+2}{x+1}$의 그래프는 함수 $y=\frac{4}{x}$의 그래프를 x축의 방향으로 -1만큼, y축의 방향으로 -2만큼 평행이동한 것이다.

이때 $0\le x\le 3$에서 함수 $y=\frac{-2x+2}{x+1}$의 그래프는 오른쪽 그림과 같으므로 $x=0$일 때 최댓값 2를 갖고, $x=3$일 때 최솟값 -1을 갖는다.

따라서 최댓값과 최솟값의 곱은

$2\times(-1)=-2$

답 -2

431 유리함수의 그래프의 대칭성

[전략] 유리함수의 그래프가 직선 $y=x$에 대하여 대칭이면 두 점근선의 교점이 직선 $y=x$ 위에 있음을 이용한다.

함수 $y=\frac{3}{x-5}+k$의 그래프의 점근선의 방정식은

$x=5$, $y=k$

이므로 주어진 함수의 그래프는 두 점근선의 교점 $(5, k)$에 대하여 대칭이다.

따라서 점 $(5, k)$가 직선 $y=x$ 위에 있어야 하므로

$k=5$

답 ⑤

432 유리함수의 식 구하기 ⊕ 유리함수의 그래프의 대칭성

[전략] 함수 $y=f(x)$의 그래프의 점근선의 방정식을 구한 후, 함수의 식을 $f(x)=\frac{k}{x-p}+q$ $(k\neq 0)$ 꼴로 놓는다.

함수 $y=f(x)$의 그래프가 점 $(2, 3)$에 대하여 대칭이므로 그래프의 점근선의 방정식은

$x=2$, $y=3$

즉, $f(x)=\frac{k}{x-2}+3$ $(k\neq 0)$으로 놓을 수 있다.

이때 $f(1)=-1$이므로

$f(1)=\frac{k}{-1}+3=-1$ $\therefore k=4$

$\therefore f(x)=\frac{4}{x-2}+3=\frac{4+3(x-2)}{x-2}=\frac{3x-2}{x-2}$

따라서 $a=3$, $b=-2$, $c=-2$이므로

$abc=12$

답 12

433 유리함수의 역함수

[전략] 두 함수의 그래프가 직선 $y=x$에 대하여 대칭이면 두 함수는 역함수 관계임을 이용한다.

함수 $y=\frac{3x-7}{x-2}$의 그래프와 함수 $y=\frac{ax+b}{x-3}$의 그래프가 직선 $y=x$에 대하여 대칭이므로 두 함수는 서로 역함수 관계이다.

$y=\frac{3x-7}{x-2}$을 x에 대하여 풀면

$y(x-2)=3x-7$, $xy-2y=3x-7$

$(y-3)x=2y-7$ $\therefore x=\frac{2y-7}{y-3}$

x와 y를 서로 바꾸면 $y=\frac{2x-7}{x-3}$

위의 식이 $y=\frac{ax+b}{x-3}$와 일치하므로

$a=2$, $b=-7$ $\therefore a-b=9$

답 9

434 유리함수의 합성함수와 역함수

[전략] 합성함수의 성질과 역함수의 정의를 이용하여 a, b의 값을 구한다.

$f^{-1}(-2)=0$에서 $f(0)=-2$이므로

$\frac{2}{b}=-2$ $\therefore b=-1$ …… ㉠

$(f \circ f)(0)=f(f(0))=f(-2)=0$이므로

$\frac{-2a+2}{-4-1}=0$ ($\because$ ㉠)

$-2a+2=0 \quad \therefore a=1$

따라서 $f(x)=\frac{x+2}{2x-1}$이므로

$f(2)=\frac{4}{3}$ 답 $\frac{4}{3}$

435 유리함수의 그래프의 활용

전략 점 P의 좌표를 $\left(a, \frac{4}{a-2}\right)$라 하고, $\overline{\text{PQ}}+\overline{\text{PR}}$를 a에 대한 식으로 나타낸다.

점 P의 좌표를 $\left(a, \frac{4}{a-2}\right)$라 하면

$\text{Q}(a, 0)$, $\text{R}\left(0, \frac{4}{a-2}\right)$이므로

$\overline{\text{PQ}}+\overline{\text{PR}}=\frac{4}{a-2}+a=\frac{4}{a-2}+(a-2)+2$

이때 $a>2$에서 $\frac{4}{a-2}>0$, $a-2>0$이므로 산술평균과 기하평균의 관계에 의하여

$$\frac{4}{a-2}+(a-2)+2 \geq 2\sqrt{\frac{4}{a-2}\times(a-2)}+2$$
$$=2\times2+2=6$$

$\left(\text{단, 등호는 } \frac{4}{a-2}=a-2\text{, 즉 } a=4\text{일 때 성립}\right)$

따라서 $\overline{\text{PQ}}+\overline{\text{PR}}$의 최솟값은 6이다. 답 6

> **개념 보충 산술평균과 기하평균의 관계**
> $a>0$, $b>0$일 때,
> $\frac{a+b}{2} \geq \sqrt{ab}$ (단, 등호는 $a=b$일 때 성립)

436 유리식의 값

전략 분모가 같은 식끼리 계산한 후, $a+b+c=0$임을 이용한다.

$a+b+c=0$이므로

$a\left(\frac{1}{b}+\frac{1}{c}\right)+b\left(\frac{1}{c}+\frac{1}{a}\right)+c\left(\frac{1}{a}+\frac{1}{b}\right)$

$=\frac{a}{b}+\frac{a}{c}+\frac{b}{c}+\frac{b}{a}+\frac{c}{a}+\frac{c}{b}$

$=\frac{b+c}{a}+\frac{a+c}{b}+\frac{a+b}{c}$

$=\frac{-a}{a}+\frac{-b}{b}+\frac{-c}{c}$

$=-1+(-1)+(-1)=-3$

답 -3

437 유리함수의 그래프의 점근선

전략 두 함수의 그래프의 점근선을 모두 찾아 좌표평면 위에 그린 후, 점근선으로 둘러싸인 부분이 어떤 도형인지 파악한다.

$y=\frac{x+1}{x-k}=\frac{(x-k)+k+1}{x-k}=\frac{k+1}{x-k}+1$

이므로 이 함수의 그래프의 점근선의 방정식은

$x=k$, $y=1$

$y=\frac{kx-1}{x+1}=\frac{k(x+1)-k-1}{x+1}=\frac{-k-1}{x+1}+k$

이므로 이 함수의 그래프의 점근선의 방정식은

$x=-1$, $y=k$

$k>1$이므로 두 함수의 그래프의 점근선으로 둘러싸인 부분은 오른쪽 그림과 같은 직사각형이다.

이때 이 직사각형의 넓이가 24이므로

$(k+1)(k-1)=24$, $k^2-1=24$

$k^2-25=0$, $(k+5)(k-5)=0$

$\therefore k=5$ ($\because k>1$) 답 5

438 유리함수의 그래프의 평행이동

전략 $f(x)=\frac{3x+k}{x+4}$를 $f(x)=\frac{a}{x-p}+q\ (a\neq0)$ 꼴로 변형한 후, 그래프를 평행이동하여 $g(x)$를 구한다.

$f(x)=\frac{3x+k}{x+4}=\frac{3(x+4)+k-12}{x+4}=\frac{k-12}{x+4}+3$

함수 $y=f(x)$의 그래프를 x축의 방향으로 -2만큼, y축의 방향으로 3만큼 평행이동한 그래프의 식은

$y=\frac{k-12}{(x+2)+4}+3+3$, 즉 $y=\frac{k-12}{x+6}+6$

$\therefore g(x)=\frac{k-12}{x+6}+6$

곡선 $y=g(x)$의 두 점근선의 방정식은

$x=-6$, $y=6$

이므로 두 점근선의 교점의 좌표는 $(-6, 6)$이다.

이때 이 교점이 곡선 $y=f(x)$ 위의 점이므로

$f(-6)=6$에서 $\frac{-18+k}{-2}=6$

$-18+k=-12 \quad \therefore k=6$ 답 ⑤

다른 풀이 $f(x)=\frac{3x+k}{x+4}=\frac{3(x+4)+k-12}{x+4}$

$=\frac{k-12}{x+4}+3$

함수 $y=f(x)$의 그래프의 점근선의 방정식이

$x=-4$, $y=3$

이므로 두 점근선의 교점의 좌표는 $(-4, 3)$이다.

곡선 $y=g(x)$는 함수 $y=f(x)$의 그래프를 x축의 방향으로 -2만큼, y축의 방향으로 3만큼 평행이동한 것이므로 곡선 $y=g(x)$의 두 점근선의 교점은 점 $(-4, 3)$을 x축의 방향으로 -2만큼, y축의 방향으로 3만큼 평행이동한 점 $(-6, 6)$과 같다.

이때 점 $(-6, 6)$이 곡선 $y=f(x)$ 위의 점이므로

$f(-6)=6$에서 $\frac{-18+k}{-2}=6$

$-18+k=-12$ $\quad\therefore k=6$

439 유리함수의 그래프와 직선의 위치 관계

전략 $m=0$일 때와 $m\neq0$일 때로 나누어 조건을 만족시키는 m의 값의 범위를 구한다.

[문제 이해]

$A\cap B=\varnothing$이려면 함수 $y=\frac{2x-3}{x+1}$의 그래프와 직선 $y=mx$가 만나지 않아야 한다. … 30% 배점

[해결 과정]

$y=\frac{2x-3}{x+1}=\frac{2(x+1)-5}{x+1}=-\frac{5}{x+1}+2$

이므로 함수 $y=\frac{2x-3}{x+1}$의 그래프는 함수 $y=-\frac{5}{x}$의 그래프를 x축의 방향으로 -1만큼, y축의 방향으로 2만큼 평행이동한 것이다.

또, 직선 $y=mx$는 m의 값에 관계없이 항상 점 $(0, 0)$을 지난다.

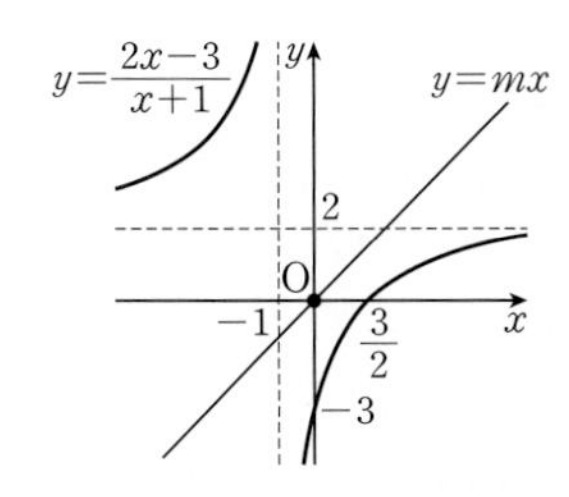

(i) $m=0$일 때,

함수 $y=\frac{2x-3}{x+1}$의 그래프와 직선 $y=mx$, 즉 $y=0$은 만나므로 조건을 만족시키지 않는다.

(ii) $m\neq0$일 때,

함수 $y=\frac{2x-3}{x+1}$의 그래프와 직선 $y=mx$가 만나지 않으려면

$\frac{2x-3}{x+1}=mx$에서

$2x-3=mx(x+1)$

$\therefore mx^2+(m-2)x+3=0$

이 이차방정식의 판별식을 D라 하면

$D=(m-2)^2-4\times m\times3<0$

$m^2-16m+4<0$

$\therefore 8-2\sqrt{15}<m<8+2\sqrt{15}$ … 50% 배점

[답 구하기]

(i), (ii)에서 $8-2\sqrt{15}<m<8+2\sqrt{15}$ … 20% 배점

답 $8-2\sqrt{15}<m<8+2\sqrt{15}$

440 유리함수의 합성함수

전략 $f^1(1)$, $f^2(1)$, $f^3(1)$, …의 값을 차례대로 구한 후, 규칙을 파악한다.

주어진 그래프에서 $f(0)=1$, $f(1)=0$

$f^1(1)=f(1)=0$

$f^2(1)=(f\circ f)(1)=f(f(1))=f(0)=1$

$f^3(1)=(f\circ f^2)(1)=f(f^2(1))=f(1)=0$

$f^4(1)=(f\circ f^3)(1)=f(f^3(1))=f(0)=1$

⋮

따라서 $f^n(1)=\begin{cases}0 \ (n\text{은 홀수})\\1 \ (n\text{은 짝수})\end{cases}$이므로

$f^{100}(1)=1$ 답 1

다른 풀이 주어진 그래프에서 점근선의 방정식이 $x=2$, $y=2$이므로

$f(x)=\frac{k}{x-2}+2$ $(k\neq0)$

로 놓을 수 있다.

이때 그래프가 점 $(0, 1)$을 지나므로

$f(0)=1$에서 $\frac{k}{-2}+2=1$ $\quad\therefore k=2$

$\therefore f(x)=\frac{2}{x-2}+2$

$f^1(x)=f(x)=\frac{2}{x-2}+2$

$f^2(x)=(f\circ f)(x)=f(f(x))=f\left(\frac{2}{x-2}+2\right)$

$=\frac{2}{\frac{2}{x-2}+2-2}+2=x-2+2=x$

⋮

자연수 k에 대하여

$f^2(x)=f^4(x)=f^6(x)=\cdots=f^{2k}(x)=x$

는 항등함수이고, $100=2\times50$이므로

$f^{100}(x)=f^2(x)=x$

$\therefore f^{100}(1)=1$

08 무리함수

176~179쪽

Lecture 19 무리식

문제 ❶

(1) $x-2\ge0$, $5-x\ge0$이어야 하므로

$2\le x\le5$

(2) $x-1\ge0$, $4-x>0$이어야 하므로

$1\le x<4$

문제 ❷

(1) $(\sqrt{x-1}+1)(\sqrt{x-1}-1)$

$=(\sqrt{x-1})^2-1^2$

$=x-2$

(2) $\dfrac{3x}{\sqrt{x+1}+\sqrt{x-2}}$

$=\dfrac{3x(\sqrt{x+1}-\sqrt{x-2})}{(\sqrt{x+1}+\sqrt{x-2})(\sqrt{x+1}-\sqrt{x-2})}$

$=\dfrac{3x(\sqrt{x+1}-\sqrt{x-2})}{3}$

$=x(\sqrt{x+1}-\sqrt{x-2})$

441 하

(1) $\dfrac{x}{\sqrt{x+2}+\sqrt{x}}+\dfrac{x}{\sqrt{x+2}-\sqrt{x}}$

$=\dfrac{x(\sqrt{x+2}-\sqrt{x})+x(\sqrt{x+2}+\sqrt{x})}{(\sqrt{x+2}+\sqrt{x})(\sqrt{x+2}-\sqrt{x})}$

$=\dfrac{2x\sqrt{x+2}}{2}$

$=x\sqrt{x+2}$

(2) $\dfrac{\sqrt{x}-\sqrt{x-1}}{\sqrt{x}+\sqrt{x-1}}+\dfrac{\sqrt{x}+\sqrt{x-1}}{\sqrt{x}-\sqrt{x-1}}$

$=\dfrac{(\sqrt{x}-\sqrt{x-1})^2+(\sqrt{x}+\sqrt{x-1})^2}{(\sqrt{x}+\sqrt{x-1})(\sqrt{x}-\sqrt{x-1})}$

$=x-2\sqrt{x(x-1)}+(x-1)$

$+x+2\sqrt{x(x-1)}+(x-1)$

$=4x-2$

답 (1) $x\sqrt{x+2}$ (2) $4x-2$

442 하

(1) $\dfrac{\sqrt{3}}{\sqrt{2}+1}-\dfrac{\sqrt{2}}{\sqrt{3}-\sqrt{2}}$

$=\dfrac{\sqrt{3}(\sqrt{2}-1)}{(\sqrt{2}+1)(\sqrt{2}-1)}-\dfrac{\sqrt{2}(\sqrt{3}+\sqrt{2})}{(\sqrt{3}-\sqrt{2})(\sqrt{3}+\sqrt{2})}$

$=\sqrt{6}-\sqrt{3}-\sqrt{6}-2=-2-\sqrt{3}$

(2) $\dfrac{\sqrt{x}-\sqrt{5}}{\sqrt{x}+\sqrt{5}}+\dfrac{\sqrt{x}+\sqrt{5}}{\sqrt{x}-\sqrt{5}}$

$=\dfrac{(\sqrt{x}-\sqrt{5})^2+(\sqrt{x}+\sqrt{5})^2}{(\sqrt{x}+\sqrt{5})(\sqrt{x}-\sqrt{5})}$

$=\dfrac{(x-2\sqrt{5x}+5)+(x+2\sqrt{5x}+5)}{x-5}$

$=\dfrac{2(x+5)}{x-5}$

답 (1) $-2-\sqrt{3}$ (2) $\dfrac{2(x+5)}{x-5}$

443 중

$\dfrac{2x}{3+\sqrt{x+9}}+\dfrac{2x}{3-\sqrt{x+9}}$

$=\dfrac{2x(3-\sqrt{x+9})+2x(3+\sqrt{x+9})}{(3+\sqrt{x+9})(3-\sqrt{x+9})}$

$=\dfrac{12x}{-x}=-12$

따라서 $a=0$, $b=-12$이므로

$ab=0$

답 0

444 상

$f(x)=\dfrac{1}{\sqrt{x+1}+\sqrt{x}}$

$=\dfrac{\sqrt{x+1}-\sqrt{x}}{(\sqrt{x+1}+\sqrt{x})(\sqrt{x+1}-\sqrt{x})}$

$=\sqrt{x+1}-\sqrt{x}$

$\therefore f(1)+f(2)+f(3)+\cdots+f(15)$

$=(\sqrt{2}-\sqrt{1})+(\sqrt{3}-\sqrt{2})+(\sqrt{4}-\sqrt{3})$

$+\cdots+(\sqrt{16}-\sqrt{15})$

$=\sqrt{16}-\sqrt{1}=4-1=3$

답 3

445 중

(1) $\dfrac{1}{1-\sqrt{x}}+\dfrac{1}{1+\sqrt{x}}=\dfrac{(1+\sqrt{x})+(1-\sqrt{x})}{(1-\sqrt{x})(1+\sqrt{x})}$

$=\dfrac{2}{1-x}$

이 식에 $x=\sqrt{2}$를 대입하면

$$\frac{2}{1-\sqrt{2}}=\frac{2(1+\sqrt{2})}{(1-\sqrt{2})(1+\sqrt{2})}=-2-2\sqrt{2}$$

(2) $$\frac{\sqrt{2+x}-\sqrt{2-x}}{\sqrt{2+x}+\sqrt{2-x}}$$

$$=\frac{(\sqrt{2+x}-\sqrt{2-x})^2}{(\sqrt{2+x}+\sqrt{2-x})(\sqrt{2+x}-\sqrt{2-x})}$$

$$=\frac{(2+x)-2\sqrt{(2+x)(2-x)}+(2-x)}{2x}$$

$$=\frac{4-2\sqrt{4-x^2}}{2x}=\frac{2-\sqrt{4-x^2}}{x}$$

이 식에 $x=\sqrt{2}$를 대입하면

$$\frac{2-\sqrt{4-2}}{\sqrt{2}}=\frac{2-\sqrt{2}}{\sqrt{2}}=\frac{2\sqrt{2}-2}{2}=\sqrt{2}-1$$

답 (1) $-2-2\sqrt{2}$ (2) $\sqrt{2}-1$

446 중

$$\frac{\sqrt{x}-1}{\sqrt{x}+1}+\frac{\sqrt{x}+1}{\sqrt{x}-1}=\frac{(\sqrt{x}-1)^2+(\sqrt{x}+1)^2}{(\sqrt{x}+1)(\sqrt{x}-1)}$$

$$=\frac{x-2\sqrt{x}+1+x+2\sqrt{x}+1}{x-1}$$

$$=\frac{2(x+1)}{x-1}$$

이 식에 $x=2+\sqrt{3}$을 대입하면

$$\frac{2(3+\sqrt{3})}{1+\sqrt{3}}=\frac{2(3+\sqrt{3})(1-\sqrt{3})}{(1+\sqrt{3})(1-\sqrt{3})}=\frac{-4\sqrt{3}}{-2}=2\sqrt{3}$$

답 $2\sqrt{3}$

447 중

(1) $$\frac{\sqrt{y}}{\sqrt{x}}+\frac{\sqrt{x}}{\sqrt{y}}=\frac{(\sqrt{y})^2+(\sqrt{x})^2}{\sqrt{x}\sqrt{y}}=\frac{x+y}{\sqrt{xy}}$$

$x+y=(\sqrt{5}+2)+(\sqrt{5}-2)=2\sqrt{5}$

$xy=(\sqrt{5}+2)(\sqrt{5}-2)=1$

이므로

$$\frac{\sqrt{y}}{\sqrt{x}}+\frac{\sqrt{x}}{\sqrt{y}}=\frac{x+y}{\sqrt{xy}}=\frac{2\sqrt{5}}{\sqrt{1}}=2\sqrt{5}$$

(2) $x^2+xy+y^2=(x+y)^2-xy$

$$x+y=\frac{\sqrt{2}-1}{\sqrt{2}+1}+\frac{\sqrt{2}+1}{\sqrt{2}-1}$$

$$=\frac{(\sqrt{2}-1)^2+(\sqrt{2}+1)^2}{(\sqrt{2}+1)(\sqrt{2}-1)}$$

$$=\frac{2-2\sqrt{2}+1+2+2\sqrt{2}+1}{2-1}=6$$

$$xy=\frac{\sqrt{2}-1}{\sqrt{2}+1}\times\frac{\sqrt{2}+1}{\sqrt{2}-1}=1$$

이므로

$$x^2+xy+y^2=(x+y)^2-xy$$
$$=6^2-1=35$$

답 (1) $2\sqrt{5}$ (2) 35

448 상

$x=\sqrt{3}-1$에서 $x+1=\sqrt{3}$

양변을 제곱하면 $x^2+2x+1=3$

$\therefore x^2+2x-2=0$

$\therefore x^3+2x^2-3x+1=x(x^2+2x-2)-x+1$
$=-x+1$

이 식에 $x=\sqrt{3}-1$을 대입하면

$-(\sqrt{3}-1)+1=2-\sqrt{3}$

답 $2-\sqrt{3}$

184~191쪽

Lecture
20 무리함수

449 하

(1) 함수 $y=\sqrt{x-3}+5$의 그래프는 함수 $y=\sqrt{x}$의 그래프를 x축의 방향으로 3만큼, y축의 방향으로 5만큼 평행이동한 것이므로 오른쪽 그림과 같고,

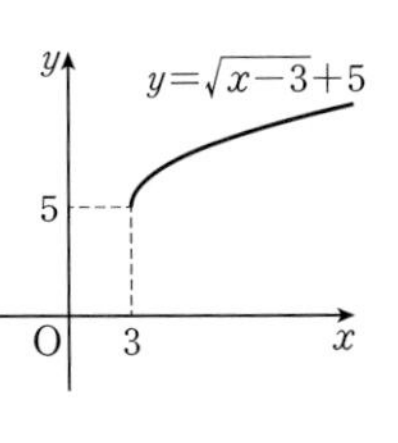

정의역은 $\{x|x\geq3\}$,
치역은 $\{y|y\geq5\}$이다.

(2) $y=-\sqrt{2x+4}-1=-\sqrt{2(x+2)}-1$

따라서 주어진 함수의 그래프는 함수 $y=-\sqrt{2x}$의 그래프를 x축의 방향으로 -2만큼, y축의 방향으로 -1만큼 평행이동한 것이므로 오른쪽 그림과 같고,

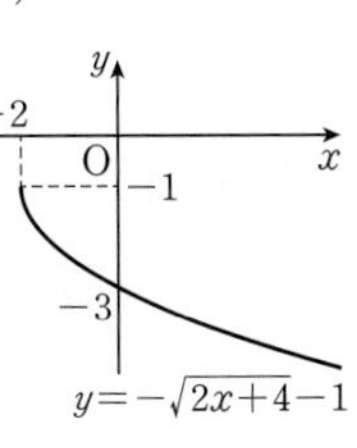

정의역은 $\{x|x\geq-2\}$,
치역은 $\{y|y\leq-1\}$이다.

답 (1) 풀이 참조 (2) 풀이 참조

450 하

(1) $y=\sqrt{-2x+1}=\sqrt{-2\left(x-\frac{1}{2}\right)}$

따라서 주어진 함수의 그래프는 함수 $y=\sqrt{-2x}$의 그래프를 x축의 방향으로 $\frac{1}{2}$만큼 평행이동한 것이므로 오른쪽 그림과 같고,

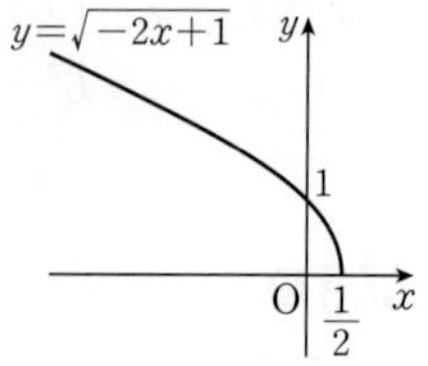

정의역은 $\left\{x \,\middle|\, x\le\frac{1}{2}\right\}$,

치역은 $\{y\,|\,y\ge0\}$이다.

(2) $y=-\sqrt{-3x-9}+2=-\sqrt{-3(x+3)}+2$

따라서 주어진 함수의 그래프는 함수 $y=-\sqrt{-3x}$의 그래프를 x축의 방향으로 -3만큼, y축의 방향으로 2만큼 평행이동한 것이므로 오른쪽 그림과 같고,

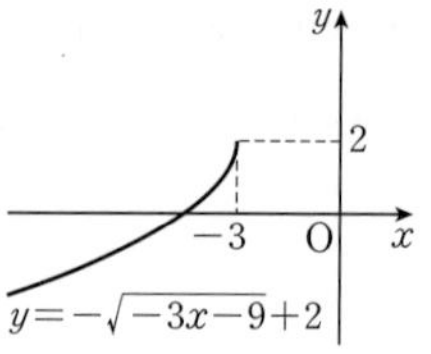

정의역은 $\{x\,|\,x\le-3\}$,

치역은 $\{y\,|\,y\le2\}$이다.

답 (1) 풀이 참조 (2) 풀이 참조

451 중

$y=\sqrt{2x-10}+b=\sqrt{2(x-5)}+b$

함수 $y=\sqrt{2x-10}+b$의 정의역은 $\{x\,|\,x\ge5\}$, 치역은 $\{y\,|\,y\ge b\}$이므로

$a=5,\ b=4 \quad \therefore ab=20$

답 20

452 중

$5x+a\ge0$에서 $5x\ge-a \quad \therefore x\ge-\frac{a}{5}$

즉, 주어진 함수의 정의역은 $\left\{x \,\middle|\, x\ge-\frac{a}{5}\right\}$이므로

$-\frac{a}{5}=-1 \quad \therefore a=5$

함수 $y=-\sqrt{5x+5}+b$의 그래프가 점 $(4,\ 3)$을 지나므로

$3=-\sqrt{5\times4+5}+b$

$3=-5+b \quad \therefore b=8$

따라서 $y=-\sqrt{5x+5}+8$이므로 치역은 $\{y\,|\,y\le8\}$이다.

답 $\{y\,|\,y\le8\}$

453 중

$y=\sqrt{3x+6}+2=\sqrt{3(x+2)}+2$

이므로 함수 $y=\sqrt{3x+6}+2$의 그래프는 함수 $y=\sqrt{3x}$의 그래프를 x축의 방향으로 -2만큼, y축의 방향으로 2만큼 평행이동한 것이다.

따라서 $a=3,\ b=-2,\ c=2$이므로

$a+b+c=3$

답 3

454 중

함수 $y=-\sqrt{4x}$의 그래프를 x축의 방향으로 b만큼, y축의 방향으로 c만큼 평행이동한 그래프의 식은

$y=-\sqrt{4(x-b)}+c$

이 함수의 그래프가 함수 $y=-\sqrt{a(x-1)}+3$의 그래프와 일치하므로

$a=4,\ b=1,\ c=3$

답 $a=4,\ b=1,\ c=3$

455 중

ㄱ. 함수 $y=\sqrt{x}$의 그래프는 함수 $y=-\sqrt{x}$의 그래프를 x축에 대하여 대칭이동한 것이다.

ㄴ. $y=\sqrt{-2-x}=\sqrt{-(x+2)}$

이므로 함수 $y=\sqrt{-2-x}$의 그래프는 함수 $y=-\sqrt{x}$의 그래프를 원점에 대하여 대칭이동한 후 x축의 방향으로 -2만큼 평행이동한 것이다.

이상에서 평행이동 또는 대칭이동에 의하여 함수 $y=-\sqrt{x}$의 그래프와 겹쳐지는 것은 ㄱ, ㄴ이다.

답 ㄱ, ㄴ

개념 보충 **무리함수 $y=\sqrt{ax+b}+c$의 대칭이동**

무리함수 $y=\sqrt{ax+b}+c$의 그래프를

(1) x축에 대하여 대칭이동
➡ y 대신 $-y$를 대입
➡ $y=-\sqrt{ax+b}-c$

(2) y축에 대하여 대칭이동
➡ x 대신 $-x$를 대입
➡ $y=\sqrt{-ax+b}+c$

(3) 원점에 대하여 대칭이동
➡ x 대신 $-x$, y 대신 $-y$를 대입
➡ $y=-\sqrt{-ax+b}-c$

456 중

함수 $y=\sqrt{-2x}$의 그래프를 x축의 방향으로 1만큼,

y축의 방향으로 -3만큼 평행이동한 그래프의 식은
$y=\sqrt{-2(x-1)}-3=\sqrt{-2x+2}-3$
이 그래프를 다시 y축에 대하여 대칭이동한 그래프의 식은
$y=\sqrt{-2\times(-x)+2}-3=\sqrt{2x+2}-3$
이 함수의 그래프가 함수 $y=\sqrt{ax+b}+c$의 그래프와 일치하므로
$a=2$, $b=2$, $c=-3$
$\therefore a+b-c=2+2-(-3)=7$ 답 7

457 중

$y=\sqrt{4x+8}+k=\sqrt{4(x+2)}+k$
이므로 주어진 함수의 그래프는 함수 $y=\sqrt{4x}$의 그래프를 x축의 방향으로 -2만큼, y축의 방향으로 k만큼 평행이동한 것이다.
$-1\le x\le 2$에서 함수 $y=\sqrt{4x+8}+k$의 그래프는 오른쪽 그림과 같으므로 $x=2$일 때 최댓값 5를 갖고, $x=-1$일 때 최솟값을 갖는다.

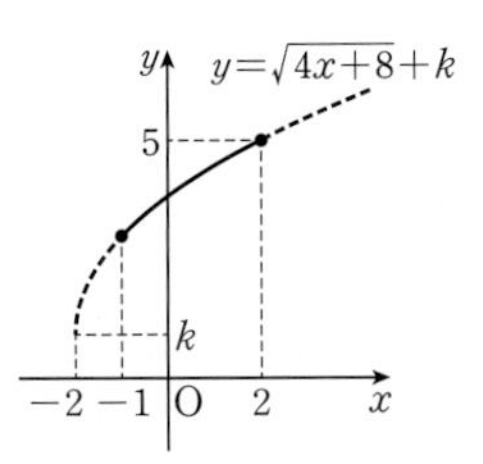

즉, $\sqrt{4\times2+8}+k=5$에서 $4+k=5$ $\quad\therefore k=1$
따라서 $y=\sqrt{4x+8}+1$이므로 $x=-1$일 때 최솟값
$\sqrt{4\times(-1)+8}+1=3$
을 갖는다. 답 3

458 하

함수 $y=-\sqrt{x-3}+2$의 그래프는 함수 $y=-\sqrt{x}$의 그래프를 x축의 방향으로 3만큼, y축의 방향으로 2만큼 평행이동한 것이다.
$4\le x\le 7$에서 함수 $y=-\sqrt{x-3}+2$의 그래프는 오른쪽 그림과 같으므로 $x=4$일 때 최댓값 1을 갖고, $x=7$일 때 최솟값 0을 갖는다.

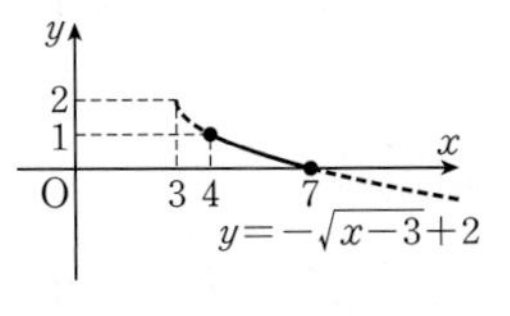

$\therefore M=1$, $m=0$ 답 $M=1$, $m=0$

459 중

$y=-\sqrt{-3x+a}+2=-\sqrt{-3\left(x-\frac{a}{3}\right)}+2$
이므로 주어진 함수의 그래프는 함수 $y=-\sqrt{-3x}$의 그래프를 x축의 방향으로 $\frac{a}{3}$만큼, y축의 방향으로 2만큼 평행이동한 것이다.
$-15\le x\le -6$에서 함수 $y=-\sqrt{-3x+a}+2$의 그래프는 오른쪽 그림과 같으므로 $x=-6$일 때 최댓값을 갖고, $x=-15$일 때 최솟값 -4를 갖는다.
즉, $-\sqrt{-3\times(-15)+a}+2=-4$에서
$\sqrt{45+a}=6$, $45+a=36$ $\quad\therefore a=-9$
따라서 $y=-\sqrt{-3x-9}+2$이므로 $x=-6$일 때 최댓값
$-\sqrt{-3\times(-6)-9}+2=-1$
을 갖는다. 답 -1

460 중

$y=\sqrt{-2x+2}-1=\sqrt{-2(x-1)}-1$
이므로 주어진 함수의 그래프는 함수 $y=\sqrt{-2x}$의 그래프를 x축의 방향으로 1만큼, y축의 방향으로 -1만큼 평행이동한 것이다.
$a\le x\le -1$에서 함수 $y=\sqrt{-2x+2}-1$의 그래프는 오른쪽 그림과 같고, $x=a$일 때 최댓값 3을 가지므로
$\sqrt{-2a+2}-1=3$에서
$\sqrt{-2a+2}=4$, $-2a+2=16$
$\therefore a=-7$
$x=-1$일 때 최솟값 b를 가지므로
$b=\sqrt{-2\times(-1)+2}-1=2-1=1$
$\therefore a^2+b^2=49+1=50$ 답 50

461 중

주어진 함수의 그래프는 함수 $y=\sqrt{ax}\ (a>0)$의 그래프를 x축의 방향으로 -3만큼, y축의 방향으로 -1만큼 평행이동한 것이므로 함수의 식은
$y=\sqrt{a(x+3)}-1$ ······ ㉠
이때 ㉠의 그래프가 점 $(0, 2)$를 지나므로
$2=\sqrt{3a}-1$, $\sqrt{3a}=3$
$3a=9$ $\quad\therefore a=3$
$a=3$을 ㉠에 대입하면

$y=\sqrt{3(x+3)}-1=\sqrt{3x+9}-1$

따라서 $a=3$, $b=9$, $c=-1$이므로

$a+b+c=11$ 답 11

462 중

주어진 함수의 그래프는 함수 $y=-\sqrt{ax}\ (a>0)$의 그래프를 x축의 방향으로 -1만큼, y축의 방향으로 3만큼 평행이동한 것이므로 함수의 식은

$y=-\sqrt{a(x+1)}+3$ …… ㉠

이때 ㉠의 그래프가 점 $(0, 1)$을 지나므로

$1=-\sqrt{a}+3$, $\sqrt{a}=2$ $\therefore a=4$

$a=4$를 ㉠에 대입하면

$y=-\sqrt{4(x+1)}+3=-\sqrt{4x+4}+3$

따라서 $a=4$, $b=4$, $c=3$이므로

$abc=48$ 답 48

463 상

주어진 함수의 그래프는 함수 $y=a\sqrt{-x}\ (a>0)$의 그래프를 x축의 방향으로 -2만큼, y축의 방향으로 -4만큼 평행이동한 것이므로 함수의 식은

$y=a\sqrt{-(x+2)}-4$ …… ㉠

이때 ㉠의 그래프가 점 $(-3, 0)$을 지나므로

$0=a\sqrt{-(-3+2)}-4$ $\therefore a=4$

$a=4$를 ㉠에 대입하면

$y=4\sqrt{-(x+2)}-4=4\sqrt{-x-2}-4$

즉, $a=4$, $b=-2$, $c=-4$이므로

$$y=\frac{cx+5}{ax+b}=\frac{-4x+5}{4x-2}$$
$$=\frac{-(4x-2)+3}{4x-2}$$
$$=\frac{3}{4x-2}-1$$

따라서 함수 $y=\frac{cx+5}{ax+b}$의 그래프의 두 점근선의 방정식은 $x=\frac{1}{2}$, $y=-1$이므로 두 점근선의 교점의 좌표는 $\left(\frac{1}{2}, -1\right)$이다. 답 $\left(\frac{1}{2}, -1\right)$

464 중

$y=\sqrt{2x+1}=\sqrt{2\left(x+\frac{1}{2}\right)}$

이므로 함수 $y=\sqrt{2x+1}$의 그래프는 함수 $y=\sqrt{2x}$의 그래프를 x축의 방향으로 $-\frac{1}{2}$만큼 평행이동한 것이다.

또, 직선 $y=x+k$는 기울기가 1이고 y절편이 k이다.

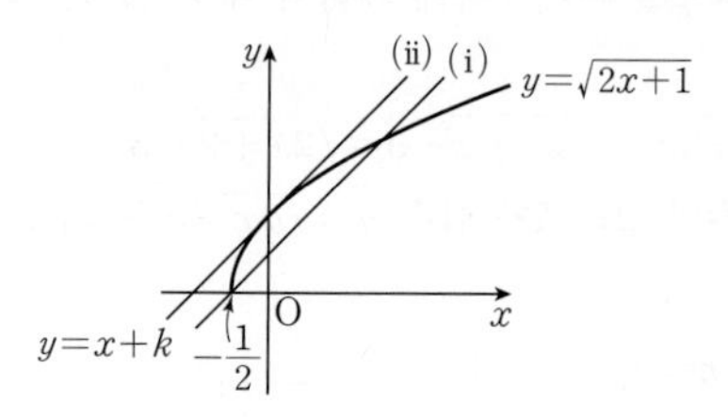

(i) 직선 $y=x+k$가 점 $\left(-\frac{1}{2}, 0\right)$을 지날 때,

$0=-\frac{1}{2}+k$ $\therefore k=\frac{1}{2}$

(ii) 직선 $y=x+k$가 함수 $y=\sqrt{2x+1}$의 그래프와 접할 때,

$\sqrt{2x+1}=x+k$의 양변을 제곱하면

$2x+1=x^2+2kx+k^2$

$\therefore x^2+2(k-1)x+k^2-1=0$

이 이차방정식의 판별식을 D라 하면

$\frac{D}{4}=(k-1)^2-(k^2-1)=0$

$-2k+2=0$ $\therefore k=1$

(1) 서로 다른 두 점에서 만나는 경우는 직선이 (i)이거나 (i)과 (ii) 사이에 있을 때이므로

$\frac{1}{2}\le k<1$

(2) 한 점에서 만나는 경우는 직선이 (i)보다 아래쪽에 있거나 (ii)일 때이므로

$k<\frac{1}{2}$ 또는 $k=1$

(3) 만나지 않는 경우는 직선이 (ii)보다 위쪽에 있을 때이므로

$k>1$

답 (1) $\frac{1}{2}\le k<1$ (2) $k<\frac{1}{2}$ 또는 $k=1$ (3) $k>1$

465 중

$y=-\sqrt{3x-2}=-\sqrt{3\left(x-\frac{2}{3}\right)}$

이므로 함수 $y=-\sqrt{3x-2}$의 그래프는 함수

$y=-\sqrt{3x}$의 그래프를 x축의 방향으로 $\frac{2}{3}$만큼 평행이동한 것이다.

또, 직선 $y=-x+k$는 기울기가 -1이고 y절편이 k이다.

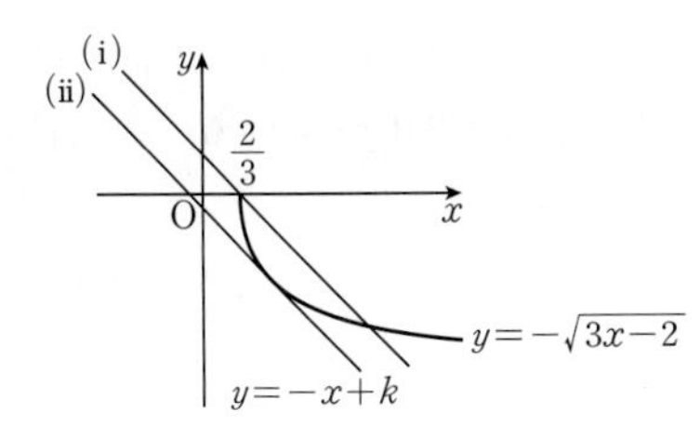

(i) 직선 $y=-x+k$가 점 $\left(\frac{2}{3}, 0\right)$을 지날 때,

$0=-\frac{2}{3}+k \quad \therefore k=\frac{2}{3}$

(ii) 직선 $y=-x+k$가 함수 $y=-\sqrt{3x-2}$의 그래프에 접할 때,

$-\sqrt{3x-2}=-x+k$의 양변을 제곱하면

$3x-2=x^2-2kx+k^2$

$\therefore x^2-(2k+3)x+k^2+2=0$

이 이차방정식의 판별식을 D라 하면

$D=\{-(2k+3)\}^2-4(k^2+2)=0$

$12k+1=0 \quad \therefore k=-\frac{1}{12}$

(i), (ii)에서 함수의 그래프와 직선이 한 점에서 만나려면

$k>\frac{2}{3}$ 또는 $k=-\frac{1}{12}$

따라서 실수 k의 최솟값은 $-\frac{1}{12}$이다. 답 $-\frac{1}{12}$

466 상

함수 $y=\sqrt{x-3}$의 그래프는 함수 $y=\sqrt{x}$의 그래프를 x축의 방향으로 3만큼 평행이동한 것이다.
또, 직선 $y=mx+1$은 m의 값에 관계없이 항상 점 $(0, 1)$을 지난다.

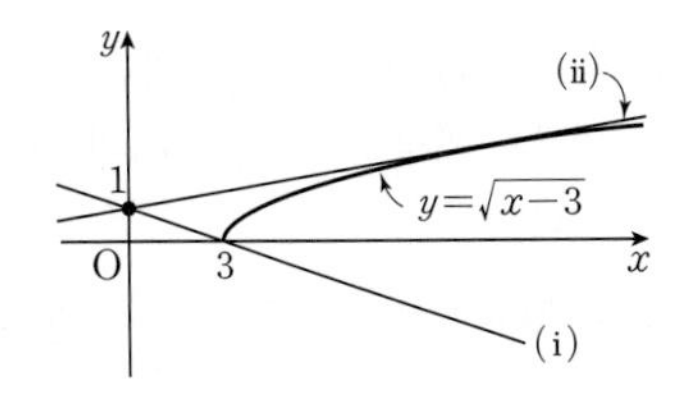

(i) 직선 $y=mx+1$이 점 $(3, 0)$을 지날 때,

$0=3m+1 \quad \therefore m=-\frac{1}{3}$

(ii) 직선 $y=mx+1$이 함수 $y=\sqrt{x-3}$의 그래프와 접할 때,

$\sqrt{x-3}=mx+1$의 양변을 제곱하면

$x-3=m^2x^2+2mx+1$

$\therefore m^2x^2+(2m-1)x+4=0$

이 이차방정식의 판별식을 D라 하면

$D=(2m-1)^2-4\times m^2\times 4=0$

$-12m^2-4m+1=0,\ (2m+1)(6m-1)=0$

$\therefore m=-\frac{1}{2}$ 또는 $m=\frac{1}{6}$

그런데 앞의 그림에서 $m>0$이므로

$m=\frac{1}{6}$

(i), (ii)에서 함수의 그래프와 직선이 만나려면

$-\frac{1}{3}\le m\le\frac{1}{6}$ 답 $-\frac{1}{3}\le m\le\frac{1}{6}$

467 하

함수 $y=\sqrt{3x+1}-2$의 정의역은 $3x+1\ge0$에서 $\left\{x\,\middle|\,x\ge-\frac{1}{3}\right\}$, 치역은 $\{y\,|\,y\ge-2\}$이므로 역함수의 정의역은 $\{x\,|\,x\ge-2\}$, 치역은 $\left\{y\,\middle|\,y\ge-\frac{1}{3}\right\}$이다.

$y=\sqrt{3x+1}-2$에서 $y+2=\sqrt{3x+1}$

양변을 제곱하면 $(y+2)^2=3x+1$

x에 대하여 풀면 $x=\frac{1}{3}(y+2)^2-\frac{1}{3}$

x와 y를 서로 바꾸면 구하는 역함수는

$y=\frac{1}{3}(x+2)^2-\frac{1}{3}\ (x\ge-2)$

답 $y=\frac{1}{3}(x+2)^2-\frac{1}{3}\ (x\ge-2)$,
정의역: $\{x\,|\,x\ge-2\}$, 치역: $\left\{y\,\middle|\,y\ge-\frac{1}{3}\right\}$

468 하

$y=x^2-4x+5=(x-2)^2+1\ (x\ge2)$

에서 주어진 함수의 치역은 $\{y\,|\,y\ge1\}$이므로 역함수의 정의역은 $\{x\,|\,x\ge1\}$이다.

$y=(x-2)^2+1$에서 $(x-2)^2=y-1$

이때 $x\ge2$이므로 $x-2=\sqrt{y-1}$

x에 대하여 풀면 $x=\sqrt{y-1}+2$

x와 y를 서로 바꾸면 $y=\sqrt{x-1}+2\ (x\ge1)$

따라서 $a=1,\ b=-1,\ c=2,\ d=1$이므로

$a+b+c+d=3$ 답 3

469 중

$f^{-1}(-1)=-5$이므로 $f(-5)=-1$

$-\sqrt{2k-(-5)}=-1,\ \sqrt{2k+5}=1$

양변을 제곱하면 $2k+5=1$

$2k=-4 \qquad \therefore k=-2$

$\therefore f(x)=-\sqrt{-4-x}$

$f^{-1}(-3)=a$라 하면 $f(a)=-3$이므로

$-\sqrt{-4-a}=-3$

양변을 제곱하면 $-4-a=9 \qquad \therefore a=-13$

$\therefore f^{-1}(-3)=-13$ 답 -13

470 중

함수 $y=\sqrt{x-a}+b$의 치역은 $\{y\,|\,y\ge b\}$이므로 역함수 $g(x)$의 정의역은 $\{x\,|\,x\ge b\}$이다.

$y=\sqrt{x-a}+b$에서 $y-b=\sqrt{x-a}$

양변을 제곱하면 $(y-b)^2=x-a$

x에 대하여 풀면 $x=(y-b)^2+a$

x와 y를 서로 바꾸면 $y=(x-b)^2+a$

$\therefore g(x)=(x-b)^2+a\ (x\ge b)$

이때 함수 $g(x)$는 $x=b$에서 최솟값 a를 가지므로

$a=-3,\ b=5$

$\therefore a-b=-8$ 답 -8

다른 풀이 함수 $y=\sqrt{x-a}+b$의 그래프와 그 역함수 $y=g(x)$의 그래프는 직선 $y=x$에 대하여 대칭이므로 오른쪽 그림과 같다.

이때 함수 $g(x)$는 $x=5$에서 최솟값 -3을 가지므로 위의 그림에서

$a=-3,\ b=5 \qquad \therefore a-b=-8$

471 중

함수 $y=\sqrt{2x-4}+2$의 그래프와 그 역함수의 그래프는 직선 $y=x$에 대하여 대칭이므로 다음 그림과 같다.

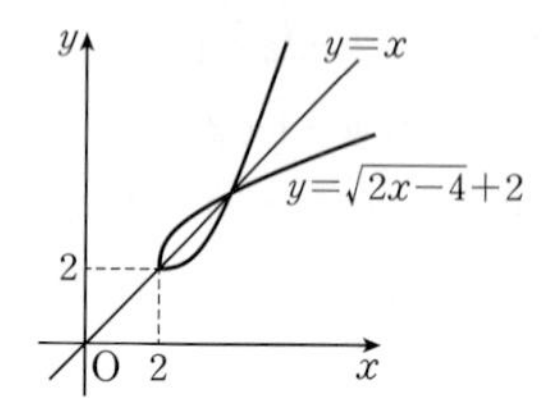

함수 $y=\sqrt{2x-4}+2$의 그래프와 그 역함수의 그래프의 교점은 함수 $y=\sqrt{2x-4}+2$의 그래프와 직선 $y=x$의 교점과 같으므로

$\sqrt{2x-4}+2=x$에서 $\sqrt{2x-4}=x-2$

양변을 제곱하면 $2x-4=x^2-4x+4$

$x^2-6x+8=0,\ (x-2)(x-4)=0$

$\therefore x=2$ 또는 $x=4$

따라서 교점의 좌표는 $(2,\ 2),\ (4,\ 4)$이므로 이 두 점 사이의 거리는

$\sqrt{(4-2)^2+(4-2)^2}=\sqrt{8}=2\sqrt{2}$ 답 $2\sqrt{2}$

개념 보충 좌표평면 위의 두 점 사이의 거리

좌표평면 위의 두 점 $A(x_1,\ y_1),\ B(x_2,\ y_2)$ 사이의 거리는

$\overline{AB}=\sqrt{(x_2-x_1)^2+(y_2-y_1)^2}$

472 중

함수 $y=f(x)$의 그래프와 그 역함수 $y=f^{-1}(x)$의 그래프는 직선 $y=x$에 대하여 대칭이므로 다음 그림과 같다.

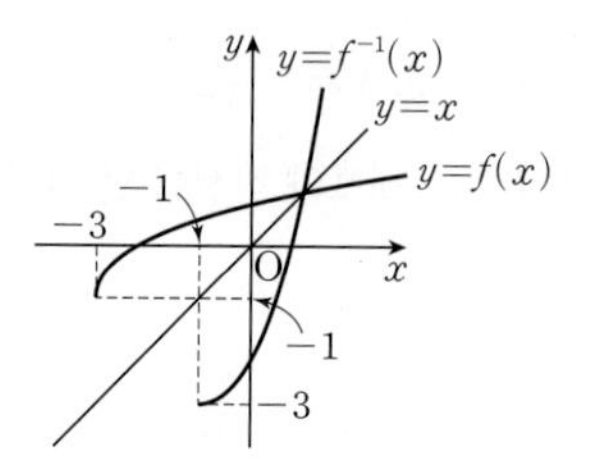

함수 $y=f(x)$의 그래프와 그 역함수 $y=f^{-1}(x)$의 그래프의 교점은 함수 $y=f(x)$의 그래프와 직선 $y=x$의 교점과 같으므로

$\sqrt{x+3}-1=x$에서 $\sqrt{x+3}=x+1$

양변을 제곱하면 $x+3=x^2+2x+1$

$x^2+x-2=0,\ (x+2)(x-1)=0$

$\therefore x=-2$ 또는 $x=1$

그런데 함수 $f(x)=\sqrt{x+3}-1$의 치역은 $\{y\,|\,y\ge -1\}$이므로 역함수 $y=f^{-1}(x)$의 정의역은 $\{x\,|\,x\ge -1\}$이다.

이때 $x=-2$는 역함수의 정의역에 포함되지 않으므로 $x=1$

따라서 교점의 좌표는 $(1,\ 1)$이므로

$a=1,\ b=1$

$\therefore a+b=2$ 답 2

473 상

함수 $y=f(x)$의 그래프와 그 역함수 $y=f^{-1}(x)$의 그래프는 직선 $y=x$에 대하여 대칭이므로 두 함수

$y=f(x)$, $y=f^{-1}(x)$의 그래프가 접하면 함수 $y=f(x)$의 그래프는 다음 그림과 같이 직선 $y=x$에 접한다.

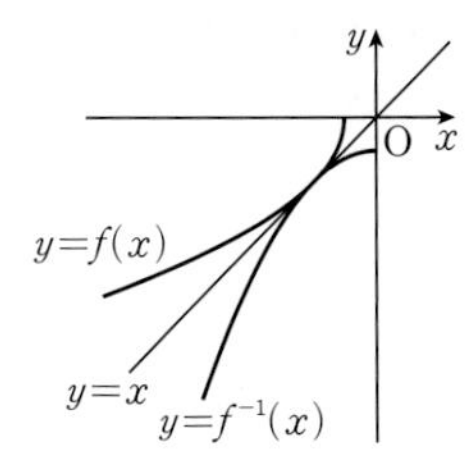

$-\sqrt{-2x+k}=x$의 양변을 제곱하면

$-2x+k=x^2 \quad \therefore x^2+2x-k=0$

이 이차방정식의 판별식을 D라 하면

$\frac{D}{4}=1^2-(-k)=0$

$1+k=0 \quad \therefore k=-1$

답 -1

474 중

$$\begin{aligned}(f\circ(g\circ f)^{-1}\circ f)(3)&=(f\circ f^{-1}\circ g^{-1}\circ f)(3)\\&=(g^{-1}\circ f)(3)\\&=g^{-1}(f(3))\\&=g^{-1}(2) \quad \leftarrow f(3)=\frac{4}{2}=2\end{aligned}$$

$g^{-1}(2)=k$라 하면 $g(k)=2$이므로

$\sqrt{4k-1}=2$, $4k-1=4 \quad \therefore k=\frac{5}{4}$

$\therefore (f\circ(g\circ f)^{-1}\circ f)(3)=g^{-1}(2)=\frac{5}{4}$

답 $\frac{5}{4}$

475 중

$(f\circ g)(x)=x$이므로 $g(x)$는 $f(x)$의 역함수이다.

$g(2)=k$라 하면 $f(k)=2$

$\sqrt{2k-8}=2$, $2k-8=4 \quad \therefore k=6$

$g(6)=m$이라 하면 $f(m)=6$

$\sqrt{2m-8}=6$, $2m-8=36 \quad \therefore m=22$

$\therefore (g\circ g)(2)=g(g(2))=g(6)=22$

답 22

476 중

$$\begin{aligned}(g\circ(f\circ g)^{-1}\circ g)(5)&=(g\circ g^{-1}\circ f^{-1}\circ g)(5)\\&=(f^{-1}\circ g)(5)\\&=f^{-1}(g(5))\\&=f^{-1}(4) \quad \leftarrow g(5)=\frac{8}{2}=4\end{aligned}$$

$f^{-1}(4)=k$라 하면 $f(k)=4$이므로

$\sqrt{3k-2}=4$, $3k-2=16 \quad \therefore k=6$

$\therefore (g\circ(f\circ g)^{-1}\circ g)(5)=f^{-1}(4)=6$

답 6

477 중

$(f\circ g^{-1})^{-1}(4)=(g\circ f^{-1})(4)=g(f^{-1}(4))$

$f^{-1}(4)=k$라 하면 $f(k)=4$이므로

$\sqrt{2-k}+3=4$, $\sqrt{2-k}=1$

$2-k=1 \quad \therefore k=1$

$\therefore (f\circ g^{-1})^{-1}(4)=g(f^{-1}(4))=g(1)=\sqrt{4}+1=3$

답 3

중단원 연습문제

192~195쪽

478 무리식

[전략] 무리식의 값이 실수가 될 조건을 생각한다.

$x+4\ge0$, $3-x>0$이어야 하므로

$-4\le x<3$

따라서 정수 x는 -4, -3, -2, $\cdots$, 2의 7개이다.

답 7

479 무리식의 값 구하기

[전략] $x+\frac{1}{x}$의 값을 구한 후, 곱셈 공식의 변형을 이용하여 주어진 식의 값을 구한다.

$x=\sqrt{2}+1$이므로

$\frac{1}{x}=\frac{1}{\sqrt{2}+1}=\frac{\sqrt{2}-1}{(\sqrt{2}+1)(\sqrt{2}-1)}=\sqrt{2}-1$

$\therefore x+\frac{1}{x}=(\sqrt{2}+1)+(\sqrt{2}-1)=2\sqrt{2}$

$$\begin{aligned}\therefore x^3+\frac{1}{x^3}&=\left(x+\frac{1}{x}\right)^3-3\left(x+\frac{1}{x}\right)\\&=(2\sqrt{2})^3-3\times2\sqrt{2}=10\sqrt{2}\end{aligned}$$

답 $10\sqrt{2}$

480 무리식의 값 구하기

[전략] 주어진 식을 먼저 간단히 한 후, $x=\sqrt{5}$를 대입한다.

[해결 과정]

$\frac{\sqrt{x-2}}{\sqrt{x+2}}+\frac{\sqrt{x+2}}{\sqrt{x-2}}=\frac{(\sqrt{x-2})^2+(\sqrt{x+2})^2}{\sqrt{x+2}\sqrt{x-2}}$

$$=\frac{(x-2)+(x+2)}{\sqrt{(x+2)(x-2)}}$$

$$=\frac{2x}{\sqrt{x^2-4}}$$

즉, $\frac{2x}{\sqrt{x^2-4}}=ax+b$ … 40% 배점

이 식에 $x=\sqrt{5}$를 대입하면

$\frac{2\sqrt{5}}{\sqrt{5-4}}=a\sqrt{5}+b$

$2\sqrt{5}=a\sqrt{5}+b$ … 30% 배점

[답 구하기]

이때 a, b가 유리수이므로

$a=2$, $b=0$ $\quad\therefore a+b=2$ … 30% 배점

답 2

481 무리함수의 정의역과 치역

전략 주어진 함수의 식을 $y=\sqrt{a(x-p)}+q$ 꼴로 변형한 후, 함수의 정의역과 치역을 구한다.

$y=\sqrt{-3x+a}+2b=\sqrt{-3\left(x-\frac{a}{3}\right)}+2b$

함수 $y=\sqrt{-3x+a}+2b$의 정의역은 $\left\{x \middle| x\le\frac{a}{3}\right\}$,

치역은 $\{y|y\ge2b\}$이므로

$\frac{a}{3}=1$, $2b=4$ $\quad\therefore a=3$, $b=2$

$\therefore a^2+b^2=9+4=13$

답 13

482 무리함수의 그래프의 평행이동

전략 함수 $y=\sqrt{ax}$의 그래프를 x축의 방향으로 1만큼, y축의 방향으로 -2만큼 평행이동한 그래프의 식을 구한다.

함수 $y=\sqrt{ax}$의 그래프를 x축의 방향으로 1만큼, y축의 방향으로 -2만큼 평행이동한 그래프의 식은

$y=\sqrt{a(x-1)}-2$

이 그래프가 원점을 지나므로

$0=\sqrt{a\times(0-1)}-2$, $\sqrt{-a}=2$

$-a=4$ $\quad\therefore a=-4$

답 ②

483 무리함수의 최대・최소

전략 주어진 무리함수의 그래프를 그린 후, 함수의 최댓값과 최솟값을 구한다.

$y=-\sqrt{2-x}+5=-\sqrt{-(x-2)}+5$

이므로 주어진 함수의 그래프는 함수 $y=-\sqrt{-x}$의 그래프를 x축의 방향으로 2만큼, y축의 방향으로 5만큼 평행이동한 것이다.

$-2\le x\le1$에서 함수 $y=-\sqrt{2-x}+5$의 그래프는 오른쪽 그림과 같으므로 $x=1$일 때 최댓값 4를 갖고, $x=-2$일 때 최솟값 3을 갖는다.

따라서 $a=4$, $b=3$이므로

$a-b=1$

답 1

484 무리함수의 그래프의 성질

전략 함수 $y=\sqrt{3-2x}+1$의 그래프를 그려서 그 성질을 파악한다.

$y=\sqrt{3-2x}+1=\sqrt{-2\left(x-\frac{3}{2}\right)}+1$

즉, 주어진 함수의 그래프는 함수 $y=\sqrt{-2x}$의 그래프를 x축의 방향으로 $\frac{3}{2}$만큼, y축의 방향으로 1만큼 평행이동한 것이므로 위의 그림과 같다.

ㄱ. 정의역은 $\left\{x \middle| x\le\frac{3}{2}\right\}$이다. (거짓)

ㄴ. 최솟값은 1이고, 최댓값은 없다. (참)

ㄷ. 그래프는 제1사분면과 제2사분면을 지난다. (거짓)

ㄹ. $y=\sqrt{4-2x}-3=\sqrt{-2(x-2)}-3$

따라서 함수 $y=\sqrt{3-2x}+1=\sqrt{-2\left(x-\frac{3}{2}\right)}+1$의 그래프를 x축의 방향으로 $\frac{1}{2}$만큼, y축의 방향으로 -4만큼 평행이동하면 함수 $y=\sqrt{4-2x}-3$의 그래프와 겹쳐진다. (참)

이상에서 옳은 것은 ㄴ, ㄹ이다.

답 ㄴ, ㄹ

485 무리함수의 식 구하기

전략 그래프가 시작하는 점의 좌표가 (p, q)인 무리함수는 $y=\pm\sqrt{a(x-p)}+q$ $(a\ne0)$ 꼴임을 이용한다.

주어진 함수의 그래프는 $y=-\sqrt{ax}$ $(a<0)$의 그래프를 x축의 방향으로 4만큼, y축의 방향으로 2만큼 평행이동한 것이므로 함수의 식은

$f(x)=-\sqrt{a(x-4)}+2$

이때 함수 $y=f(x)$의 그래프가 점 $(0, -2)$를 지나므로

$-2=-\sqrt{a\times(0-4)}+2$, $\sqrt{-4a}=4$

$-4a=16$ $\quad\therefore a=-4$

따라서 $f(x)=-\sqrt{-4(x-4)}+2$이므로

$f(-5)=-\sqrt{36}+2=-4$ 　　　　답 -4

486 무리함수의 그래프의 응용

[전략] 삼각형 AOB의 넓이가 6임을 이용하여 점 A의 좌표를 구한다.

두 함수 $y=\sqrt{a(6-x)}\ (a>0)$, $y=\sqrt{x}$의 그래프는 다음 그림과 같다.

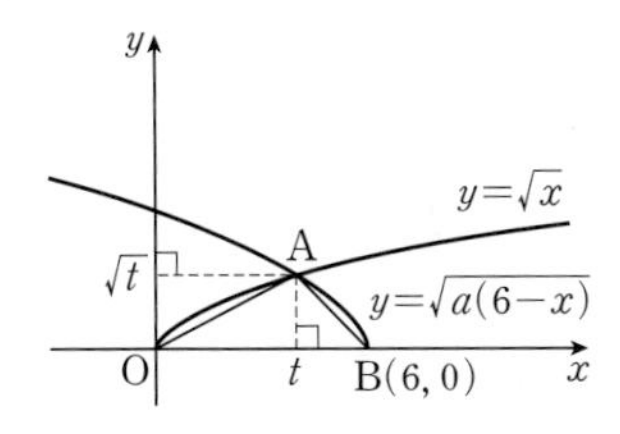

점 A의 좌표를 $(t, \sqrt{t})$라 하면 삼각형 AOB의 넓이가 6이므로

$\frac{1}{2}\times\overline{OB}\times\sqrt{t}=6$, $3\sqrt{t}=6$

$\sqrt{t}=2$ 　　$\therefore t=4$

점 A(4, 2)는 함수 $y=\sqrt{a(6-x)}$의 그래프 위의 점이므로

$2=\sqrt{a(6-4)}$, $\sqrt{2a}=2$

$2a=4$ 　　$\therefore a=2$ 　　　　답 ②

487 무리함수의 그래프와 직선의 위치 관계

[전략] 함수 $y=\sqrt{-x+2}-1$의 그래프를 그린 후, 직선 $y=mx$의 기울기 m의 값에 따라 무리함수의 그래프와 직선의 위치 관계를 파악한다.

$y=\sqrt{-x+2}-1=\sqrt{-(x-2)}-1$

이므로 함수 $y=\sqrt{-x+2}-1$의 그래프는 함수 $y=\sqrt{-x}$의 그래프를 x축의 방향으로 2만큼, y축의 방향으로 -1만큼 평행이동한 것이다.

또, 직선 $y=mx$는 m의 값에 관계없이 항상 점 (0, 0)을 지난다.

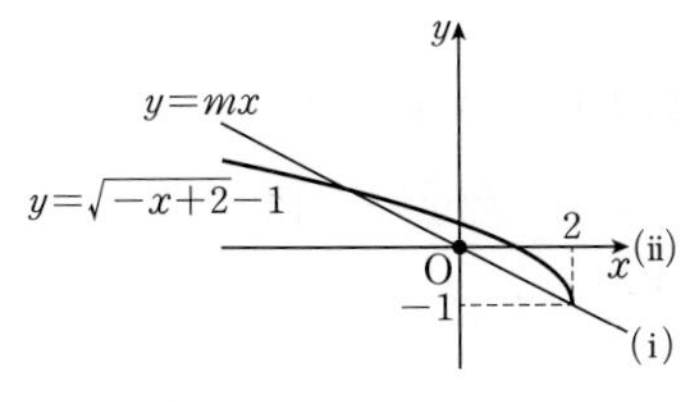

(i) 직선 $y=mx$가 점 $(2, -1)$을 지날 때,

$-1=2m$ 　　$\therefore m=-\frac{1}{2}$

(ii) 직선 $y=mx$의 기울기가 0일 때, $m=0$

(i), (ii)에서 함수의 그래프와 직선이 서로 다른 두 점에서 만나려면

$-\frac{1}{2}\le m<0$ 　　　　답 $-\frac{1}{2}\le m<0$

488 무리함수의 그래프와 직선의 위치 관계

[전략] 집합 $A\cap B$의 원소는 함수 $y=\sqrt{4-2x}$의 그래프와 직선 $y=-x+a$의 교점의 좌표이므로 $A\cap B=\varnothing$이려면 함수의 그래프와 직선이 만나지 않도록 하는 a의 값의 범위를 찾는다.

$A\cap B=\varnothing$이므로 함수 $y=\sqrt{4-2x}$의 그래프와 직선 $y=-x+a$가 만나지 않아야 한다.

$y=\sqrt{4-2x}=\sqrt{-2(x-2)}$

이므로 함수 $y=\sqrt{4-2x}$의 그래프는 함수 $y=\sqrt{-2x}$의 그래프를 x축의 방향으로 2만큼 평행이동한 것이다.

또, 직선 $y=-x+a$는 기울기가 -1이고 y절편이 a이다.

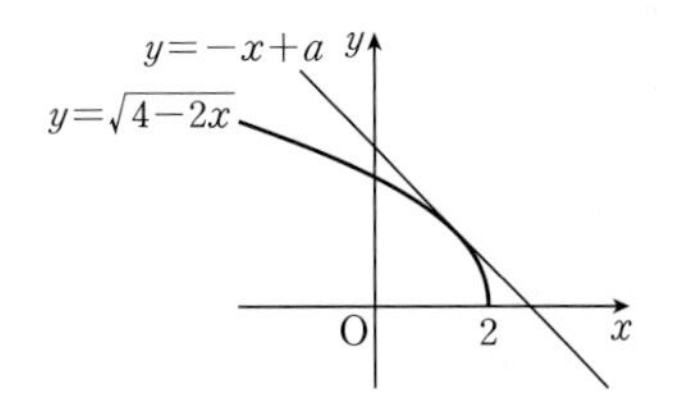

직선 $y=-x+a$가 함수 $y=\sqrt{4-2x}$의 그래프와 접할 때, $\sqrt{4-2x}=-x+a$의 양변을 제곱하면

$4-2x=x^2-2ax+a^2$

$\therefore x^2-2(a-1)x+a^2-4=0$

이 이차방정식의 판별식을 D라 하면

$\frac{D}{4}=\{-(a-1)\}^2-(a^2-4)=0$

$-2a+5=0$ 　　$\therefore a=\frac{5}{2}$

따라서 함수의 그래프와 직선이 만나지 않으려면

$a>\frac{5}{2}$ 　　　　답 $a>\frac{5}{2}$

489 무리함수의 역함수

[전략] 함수의 치역은 그 역함수의 정의역임을 이용한다.

함수 $f(x)=\sqrt{x+a}+b$의 정의역은 $\{x\,|\,x\ge -a\}$이므로 $a=3$

또, 함수 $y=g(x)$의 정의역이 $\{x\,|\,x\ge 1\}$이므로 함수 $y=f(x)$의 치역은 $\{y\,|\,y\ge 1\}$이다.

이때 함수 $f(x)=\sqrt{x+3}+b$의 치역은 $\{y\,|\,y\ge b\}$이므로 $b=1$

$\therefore ab=3$ 　　　　답 3

490 무리함수의 그래프와 그 역함수의 그래프의 교점

[전략] 두 함수 $y=\sqrt{x-5}+5$, $x=\sqrt{y-5}+5$는 서로 역함수 관계임을 이용한다.

두 함수 $y=\sqrt{x-5}+5$와 $x=\sqrt{y-5}+5$는 역함수 관계이다. 즉, 두 함수 $y=\sqrt{x-5}+5$, $x=\sqrt{y-5}+5$의 그래프는 직선 $y=x$에 대하여 대칭이므로 다음 그림과 같다.

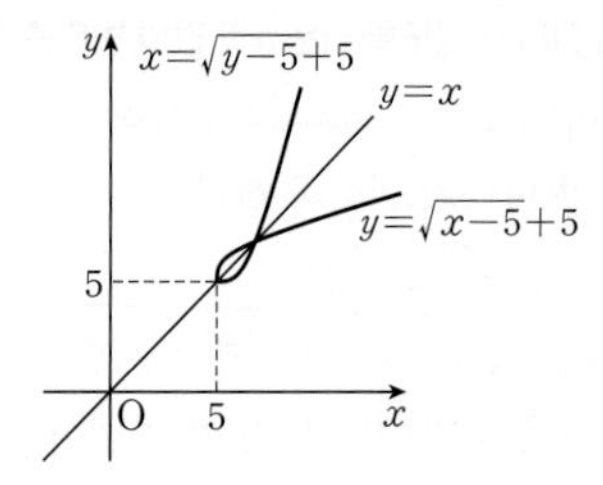

두 함수 $y=\sqrt{x-5}+5$, $x=\sqrt{y-5}+5$의 그래프의 교점은 함수 $y=\sqrt{x-5}+5$의 그래프와 직선 $y=x$의 교점과 같으므로

$\sqrt{x-5}+5=x$에서 $\sqrt{x-5}=x-5$

양변을 제곱하면 $x-5=x^2-10x+25$

$x^2-11x+30=0$, $(x-5)(x-6)=0$

$\therefore x=5$ 또는 $x=6$

따라서 $P(5, 5)$, $Q(6, 6)$ 또는 $P(6, 6)$, $Q(5, 5)$이므로

$\overline{PQ}=\sqrt{(6-5)^2+(6-5)^2}=\sqrt{2}$ 답 $\sqrt{2}$

491 무리함수의 합성함수와 역함수

[전략] 합성함수와 역함수를 이용하여 유리함수와 무리함수의 함숫값을 구한다.

[해결 과정]

$(f^{-1}\circ g)(4)=f^{-1}(g(4))$

$=f^{-1}(4)$ ← $g(4)=\sqrt{1}+3=4$

$f^{-1}(4)=k$라 하면 $f(k)=4$이므로

$\dfrac{3k-1}{k-3}=4$, $3k-1=4(k-3)$

$3k-1=4k-12$ $\therefore k=11$

$\therefore (f^{-1}\circ g)(4)=f^{-1}(4)=11$ … 40% 배점

$(g^{-1}\circ f)(5)=g^{-1}(f(5))$

$=g^{-1}(7)$ ← $f(5)=\dfrac{14}{2}=7$

$g^{-1}(7)=m$이라 하면 $g(m)=7$이므로

$\sqrt{m-3}+3=7$, $\sqrt{m-3}=4$

$m-3=16$ $\therefore m=19$

$\therefore (g^{-1}\circ f)(5)=g^{-1}(7)=19$ … 40% 배점

[답 구하기]

$\therefore (f^{-1}\circ g)(4)+(g^{-1}\circ f)(5)=11+19=30$

… 20% 배점

답 30

492 무리함수의 합성함수와 역함수

[전략] $f^{-1}(p)=q$이면 $f(q)=p$임을 이용한다.

$(f^{-1}\circ f^{-1})(a)=(f\circ f)^{-1}(a)=16$이므로

$(f\circ f)(16)=a$

$(f\circ f)(16)=f(f(16))$

$=f(-2)$ ← $f(16)=-\sqrt{16}+2=-2$

$=\sqrt{6}$

$\therefore a=(f\circ f)(16)=\sqrt{6}$ 답 $\sqrt{6}$

493 무리식의 계산

[전략] 분모를 유리화하여 주어진 식의 좌변을 간단히 한다.

$$\frac{1}{\sqrt{1}+\sqrt{3}}+\frac{1}{\sqrt{3}+\sqrt{5}}+\frac{1}{\sqrt{5}+\sqrt{7}}+\cdots+\frac{1}{\sqrt{2n-1}+\sqrt{2n+1}}$$

$$=\frac{\sqrt{1}-\sqrt{3}}{(\sqrt{1}+\sqrt{3})(\sqrt{1}-\sqrt{3})}+\frac{\sqrt{3}-\sqrt{5}}{(\sqrt{3}+\sqrt{5})(\sqrt{3}-\sqrt{5})}+\frac{\sqrt{5}-\sqrt{7}}{(\sqrt{5}+\sqrt{7})(\sqrt{5}-\sqrt{7})}+\cdots+\frac{\sqrt{2n-1}-\sqrt{2n+1}}{(\sqrt{2n-1}+\sqrt{2n+1})(\sqrt{2n-1}-\sqrt{2n+1})}$$

$$=\frac{\sqrt{1}-\sqrt{3}}{1-3}+\frac{\sqrt{3}-\sqrt{5}}{3-5}+\frac{\sqrt{5}-\sqrt{7}}{5-7}+\cdots+\frac{\sqrt{2n-1}-\sqrt{2n+1}}{(2n-1)-(2n+1)}$$

$$=\frac{1}{2}\{(\sqrt{3}-\sqrt{1})+(\sqrt{5}-\sqrt{3})+(\sqrt{7}-\sqrt{5})+\cdots+(\sqrt{2n+1}-\sqrt{2n-1})\}$$

$$=\frac{1}{2}(\sqrt{2n+1}-1)$$

즉, $\dfrac{1}{2}(\sqrt{2n+1}-1)=6$이므로

$\sqrt{2n+1}-1=12$, $\sqrt{2n+1}=13$

$2n+1=169$ $\therefore n=84$ 답 84

494 무리함수의 그래프 ⊕ 유리함수의 그래프

[전략] 두 집합 A, B는 각각 $-1\le x\le 0$일 때의 두 함수 $f(x)$, $g(x)$의 함숫값의 모임임을 이해하고, 함수 $y=g(x)$의 그래프의 개형에서 $A=B$가 성립할 조건을 파악한다.

함수 $f(x)=\sqrt{x+1}$의 그래프는 함수 $y=\sqrt{x}$의 그래프를 x축의 방향으로 -1만큼 평행이동한 것이므로 오른쪽 그림에서

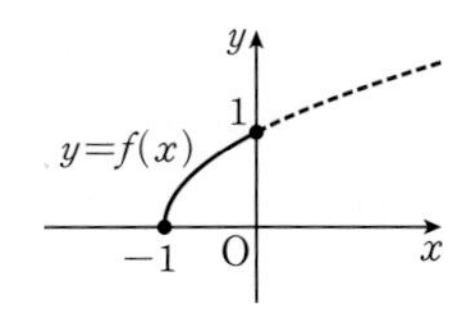

$A=\{f(x)\,|\,0\le f(x)\le 1\}$

함수 $g(x)=\dfrac{p}{x-1}+q$ $(p>0,\ q>0)$의 그래프는 함수 $y=\dfrac{p}{x}$의 그래프를 x축의 방향으로 1만큼, y축의 방향으로 q만큼 평행이동한 것이고,

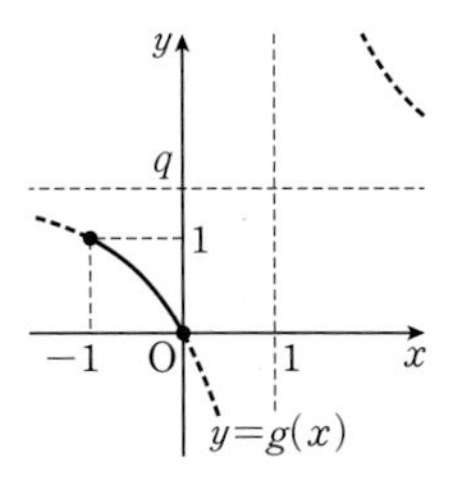

$A=B$이므로 위의 그림과 같이 $g(-1)=1,\ g(0)=0$이어야 한다.

$g(-1)=1$에서 $\dfrac{p}{-2}+q=1$이므로

$p-2q=-2$ ...... ㉠

$g(0)=0$에서 $-p+q=0$ ...... ㉡

㉠, ㉡을 연립하여 풀면 $p=2,\ q=2$

$\therefore p+q=4$

답 4

495 무리함수의 식 구하기

전략 주어진 그래프에서 $a,\ b,\ c$의 값의 부호를 구한다.

$y=\sqrt{ax+b}+c=\sqrt{a\left(x+\dfrac{b}{a}\right)}+c$

이므로 주어진 그래프에서

$a<0,\ -\dfrac{b}{a}>0,\ c<0$

$\therefore a<0,\ b>0,\ c<0$

따라서 함수 $y=\dfrac{b}{x+a}+c$의 그래프의 점근선의 방정식은 $x=-a$, $y=c$이고 $-a>0,\ b>0,\ c<0$이므로 $y=\dfrac{b}{x+a}+c$의 그래프의 개형은 오른쪽 그림과 같다.

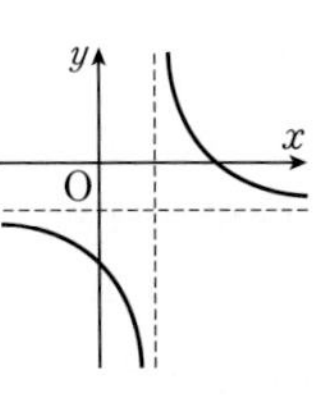

즉, 이 함수의 그래프가 지나지 않는 사분면은 제2사분면이다.

답 제2사분면

496 무리함수의 그래프와 그 역함수의 그래프의 교점

전략 두 함수 $f(x)$와 $g(x)$는 서로 역함수 관계에 있음을 이용한다.

함수 $f(x)=4x^2+k\ (x\ge 0)$에서 $y=4x^2+k$로 놓으면

$4x^2=y-k,\ x^2=\dfrac{1}{4}(y-k)$

$\therefore x=\pm\dfrac{1}{2}\sqrt{y-k}$

그런데 $x\ge 0$이므로 $x=\dfrac{1}{2}\sqrt{y-k}$

x와 y를 서로 바꾸면 $f(x)$의 역함수는

$y=\dfrac{1}{2}\sqrt{x-k}$

즉, 함수 $g(x)$가 함수 $f(x)$의 역함수이므로 두 함수 $y=f(x),\ y=g(x)$의 그래프는 직선 $y=x$에 대하여 대칭이다.

따라서 두 함수 $y=f(x),\ y=g(x)$의 그래프가 만나려면 함수 $y=f(x)$의 그래프와 직선 $y=x$가 만나야 한다.

$4x^2+k=x$에서 $4x^2-x+k=0$

이 이차방정식의 판별식을 D라 하면

$D=(-1)^2-4\times 4\times k\ge 0$ ← 이차함수의 그래프와 직선의 위치 관계를 이용한다.

이어야 하므로 $1-16k\ge 0$

$\therefore k\le\dfrac{1}{16}$

즉, 실수 k의 최댓값은 $\dfrac{1}{16}$이다.

답 $\dfrac{1}{16}$

497 무리함수의 식 구하기 ⊕ 무리함수의 합성함수와 역함수

전략 세 무리함수 $y=f(x),\ y=g(x),\ y=h(x)$의 그래프가 각각 점 $(1,\ 1),\ (2,\ 2),\ (4,\ 4)$를 지남을 이용하여 세 무리함수 $f(x),\ g(x),\ h(x)$의 식을 구한다.

주어진 세 무리함수 $f(x),\ g(x),\ h(x)$의 그래프가 모두 원점에서 시작하고 제1사분면에 있으므로

$f(x)=\sqrt{ax},\ g(x)=\sqrt{bx},\ h(x)=\sqrt{cx}$

$(a>0,\ b>0,\ c>0)$라 하자.

함수 $y=f(x)$의 그래프가 점 $(1,\ 1)$을 지나므로

$1=\sqrt{a}\quad \therefore a=1$

$\therefore f(x)=\sqrt{x}$

함수 $y=g(x)$의 그래프가 점 $(2,\ 2)$를 지나므로

$2=\sqrt{2b},\ 2b=4\quad \therefore b=2$

$\therefore g(x)=\sqrt{2x}$

함수 $y=h(x)$의 그래프가 점 $(4,\ 4)$를 지나므로

$4=\sqrt{4c},\ 4c=16\quad \therefore c=4$

$\therefore h(x)=\sqrt{4x}$

$\therefore (f\circ g^{-1}\circ h)(9)=f(g^{-1}(h(9)))$

$=f(g^{-1}(6))$ ← $h(9)=\sqrt{36}=6$

$=f(18)=3\sqrt{2}$

답 $3\sqrt{2}$

참고 $g^{-1}(6)=k$라 하면 $g(k)=6$

$\sqrt{2k}=6,\ 2k=36\quad \therefore k=18\quad \therefore g^{-1}(6)=18$

09 경우의 수

Lecture 21 경우의 수

198~206쪽

문제 ❶

카드에 적힌 수가 3의 배수인 경우는 3, 6, 9의 3가지
카드에 적힌 수가 4의 배수인 경우는 4, 8의 2가지
두 사건은 동시에 일어날 수 없으므로 구하는 경우의 수는
$3+2=5$

문제 ❷

(1) 티셔츠를 택하는 방법은 4가지, 바지를 택하는 방법은 3가지이므로 구하는 방법의 수는
$4\times3=12$
(2) 주사위 A에서 짝수의 눈이 나오는 경우는
2, 4, 6의 3가지
주사위 B에서 홀수의 눈이 나오는 경우는
1, 3, 5의 3가지
따라서 구하는 경우의 수는
$3\times3=9$

498 중

(1) (i) 눈의 수의 합이 4인 경우는
(1, 3), (2, 2), (3, 1)의 3가지
눈의 수의 합이 8인 경우는
(2, 6), (3, 5), (4, 4), (5, 3), (6, 2)의 5가지
눈의 수의 합이 12인 경우는
(6, 6)의 1가지
세 사건은 동시에 일어날 수 없으므로 나오는 눈의 수의 합이 4의 배수인 경우의 수는
$3+5+1=9$
(ii) 눈의 수의 합이 5인 경우는
(1, 4), (2, 3), (3, 2), (4, 1)의 4가지
눈의 수의 합이 10인 경우는
(4, 6), (5, 5), (6, 4)의 3가지
두 사건은 동시에 일어날 수 없으므로 나오는 눈의 수의 합이 5의 배수인 경우의 수는
$4+3=7$
(i), (ii)는 동시에 일어날 수 없으므로 구하는 경우의 수는
$9+7=16$
(2) (i) 3의 배수는 3, 6, 9, ⋯, 48의 16개
(ii) 7의 배수는 7, 14, 21, ⋯, 49의 7개
(iii) 3과 7의 최소공배수인 21의 배수는 21, 42의 2개
이상에서 구하는 자연수의 개수는
$16+7-2=21$

답 (1) 16 (2) 21

499 하

(i) 눈의 수의 차가 3인 경우는
(1, 4), (2, 5), (3, 6), (4, 1), (5, 2), (6, 3)의 6가지
(ii) 눈의 수의 차가 4인 경우는
(1, 5), (2, 6), (5, 1), (6, 2)의 4가지
(i), (ii)는 동시에 일어날 수 없으므로 구하는 경우의 수는
$6+4=10$

답 10

500 중

서로 다른 두 상자를 A, B라 하고 각 상자에서 꺼낸 카드에 적힌 수를 각각 a, b라 할 때, 이를 순서쌍 (a, b)로 나타내면
(i) 두 수의 곱이 15인 경우는
(3, 5), (5, 3)의 2가지
(ii) 두 수의 곱이 16인 경우는
(4, 4)의 1가지
(iii) 두 수의 곱이 20인 경우는
(4, 5), (5, 4)의 2가지
(iv) 두 수의 곱이 25인 경우는
(5, 5)의 1가지
(i)~(iv)는 동시에 일어날 수 없으므로 구하는 경우의 수는
$2+1+2+1=6$

답 6

501 중

(i) 5로 나누어떨어지는 수, 즉 5의 배수는

5, 10, 15, ⋯, 100의 20개

(ii) 9로 나누어떨어지는 수, 즉 9의 배수는

9, 18, 27, ⋯, 99의 11개

(iii) 5와 9로 나누어떨어지는 수, 즉 45의 배수는

45, 90의 2개

이상에서 구하는 자연수의 개수는

$20+11-2=29$ 답 29

> **개념 보충**
> 사건 A와 사건 B가 일어나는 경우의 수가 각각 m, n이고 두 사건 A, B가 동시에 일어나는 경우의 수가 l이면 사건 A 또는 사건 B가 일어나는 경우의 수는
> $m+n-l$

502 중

x, y, z가 자연수이므로 $x \ge 1$, $y \ge 1$, $z \ge 1$

주어진 방정식에서 z의 계수가 가장 크므로 z가 될 수 있는 자연수를 구해 보면

$3z<15$에서 $z=1$, 2, 3, 4

(i) $z=1$일 때, $x+2y=12$이므로 순서쌍 (x, y, z)는

(2, 5, 1), (4, 4, 1), (6, 3, 1), (8, 2, 1), (10, 1, 1)의 5개

(ii) $z=2$일 때, $x+2y=9$이므로 순서쌍 (x, y, z)는

(1, 4, 2), (3, 3, 2), (5, 2, 2), (7, 1, 2)의 4개

(iii) $z=3$일 때, $x+2y=6$이므로 순서쌍 (x, y, z)는

(2, 2, 3), (4, 1, 3)의 2개

(iv) $z=4$일 때, $x+2y=3$이므로 순서쌍 (x, y, z)는

(1, 1, 4)의 1개

(i)~(iv)는 동시에 일어날 수 없으므로 구하는 순서쌍 (x, y, z)의 개수는

$5+4+2+1=12$ 답 12

503 중

x, y, z가 자연수이므로 $x \ge 1$, $y \ge 1$, $z \ge 1$

주어진 방정식에서 x의 계수가 가장 크므로 x가 될 수 있는 자연수를 구해 보면

$4x<16$에서 $x=1$, 2, 3

(i) $x=1$일 때, $y+3z=12$이므로 순서쌍 (x, y, z)는

(1, 3, 3), (1, 6, 2), (1, 9, 1)의 3개

(ii) $x=2$일 때, $y+3z=8$이므로 순서쌍 (x, y, z)는

(2, 2, 2), (2, 5, 1)의 2개

(iii) $x=3$일 때, $y+3z=4$이므로 순서쌍 (x, y, z)는

(3, 1, 1)의 1개

(i)~(iii)은 동시에 일어날 수 없으므로 구하는 순서쌍 (x, y, z)의 개수는

$3+2+1=6$ 답 6

504 중

x, y가 자연수이므로 $x \ge 1$, $y \ge 1$

주어진 부등식에서 y의 계수가 가장 크므로 y가 될 수 있는 자연수를 구해 보면

$3y<8$에서 $y=1$, 2

(i) $y=1$일 때, $x \le 5$이므로 순서쌍 (x, y)는

(1, 1), (2, 1), (3, 1), (4, 1), (5, 1)의 5개

(ii) $y=2$일 때, $x \le 2$이므로 순서쌍 (x, y)는

(1, 2), (2, 2)의 2개

(i), (ii)는 동시에 일어날 수 없으므로 구하는 순서쌍 (x, y)의 개수는

$5+2=7$ 답 7

505 상

x, y, z가 음이 아닌 정수이므로 $x \ge 0$, $y \ge 0$, $z \ge 0$

주어진 방정식에서 y의 계수가 가장 크므로 y가 될 수 있는 음이 아닌 정수를 구해 보면

$4y \le 12$에서 $y=0$, 1, 2, 3

(i) $y=0$일 때, $3x+2z=12$이므로 순서쌍 (x, y, z)는

(0, 0, 6), (2, 0, 3), (4, 0, 0)의 3개

(ii) $y=1$일 때, $3x+2z=8$이므로 순서쌍 (x, y, z)는

(0, 1, 4), (2, 1, 1)의 2개

(iii) $y=2$일 때, $3x+2z=4$이므로 순서쌍 (x, y, z)는

(0, 2, 2)의 1개

(iv) $y=3$일 때, $3x+2z=0$이므로 순서쌍 (x, y, z)는

(0, 3, 0)의 1개

(i)~(iv)는 동시에 일어날 수 없으므로 구하는 순서쌍 (x, y, z)의 개수는

$3+2+1+1=7$ 답 7

506 중

(1) 백의 자리에 올 수 있는 숫자는

2, 4, 6, 8의 4개

십의 자리에 올 수 있는 숫자는

2, 3, 5, 7의 4개

일의 자리에 올 수 있는 숫자도

2, 3, 5, 7의 4개

따라서 구하는 세 자리 자연수의 개수는

$4\times4\times4=64$

(2) $(x+y+z)(a+b)$를 전개하면 x, y, z에 a, b를 각각 곱하여 항이 만들어진다.

따라서 구하는 항의 개수는

$3\times2=6$

답 (1) 64 (2) 6

507 하

십의 자리에 올 수 있는 숫자는

1, 3, 5, 7, 9의 5개

일의 자리에 올 수 있는 숫자는

0, 2, 4, 6, 8의 5개

따라서 구하는 자연수의 개수는

$5\times5=25$

답 25

508 중

$(x+y)(a+b+c+d)(p+q)$를 전개하면 x, y에 a, b, c, d를 각각 곱하여 항이 만들어지고, 그 항들에 다시 p, q를 각각 곱하여 항이 만들어진다.

따라서 구하는 항의 개수는

$2\times4\times2=16$

답 16

509 중

a가 될 수 있는 것은 1, 2, 3, 4, 5의 5개

b가 될 수 있는 것은 1, 3, 5의 3개

따라서 순서쌍 (a, b)의 개수는

$5\times3=15$

$\therefore n(C)=15$

답 15

510 중

(1) 144를 소인수분해하면 $144=2^4\times3^2$

2^4의 양의 약수는

$1, 2, 2^2, 2^3, 2^4$의 5개

3^2의 양의 약수는

$1, 3, 3^2$의 3개

이 중에서 각각 하나씩 택하여 곱한 수는 모두 144의 양의 약수이다.

따라서 144의 양의 약수의 개수는

$5\times3=15$

(2) 144와 360의 양의 공약수의 개수는 144와 360의 최대공약수의 양의 약수의 개수와 같다.

이때 $144=2^4\times3^2$, $360=2^3\times3^2\times5$이므로

144와 360의 최대공약수는 $2^3\times3^2$

따라서 144와 360의 양의 공약수의 개수는 $2^3\times3^2$의 양의 약수의 개수와 같으므로

$(3+1)\times(2+1)=4\times3=12$

답 (1) 15 (2) 12

다른 풀이 (1) 약수의 개수를 구하는 공식을 이용하면

$144=2^4\times3^2$의 양의 약수의 개수는

$(4+1)\times(2+1)=5\times3=15$

참고 144의 양의 약수는 다음과 같다.

$\times$	1	3	3^2
1	1	3	3^2
2	2	2×3	2×3^2
2^2	2^2	$2^2\times3$	$2^2\times3^2$
2^3	2^3	$2^3\times3$	$2^3\times3^2$
2^4	2^4	$2^4\times3$	$2^4\times3^2$

511 중

108을 소인수분해하면 $108=2^2\times3^3$이므로

108의 양의 약수의 개수는

$a=(2+1)\times(3+1)=3\times4=12$

또, 204를 소인수분해하면 $204=2^2\times3\times17$이므로

204의 양의 약수의 개수는

$b=(2+1)\times(1+1)\times(1+1)=3\times2\times2=12$

$\therefore a+b=12+12=24$

답 24

512 중

480과 540의 양의 공약수의 개수는 480과 540의 최대공약수의 양의 약수의 개수와 같다.

이때 $480=2^5\times3\times5$, $540=2^2\times3^3\times5$이므로

480과 540의 최대공약수는 $2^2\times3\times5$

따라서 480과 540의 양의 공약수의 개수는 $2^2\times3\times5$의 양의 약수의 개수와 같으므로

$(2+1)\times(1+1)\times(1+1)=3\times2\times2=12$

답 12

513 상

336을 소인수분해하면 $336=2^4\times3\times7$

짝수는 2를 소인수로 가지므로 336의 양의 약수 중 짝수의 개수는 $2^3 \times 3 \times 7$의 양의 약수의 개수와 같다.
따라서 구하는 약수의 개수는
$(3+1)\times(1+1)\times(1+1)=4\times2\times2=16$

답 16

다른 풀이 336의 양의 약수의 개수는
$(4+1)\times(1+1)\times(1+1)=5\times2\times2=20$
또, 336의 양의 약수 중 홀수의 개수는 3×7의 양의 약수의 개수와 같으므로
$(1+1)\times(1+1)=2\times2=4$
따라서 구하는 약수의 개수는
$20-4=16$

514 중

(ⅰ) 입구 → 약수터 → 정상으로 갈 때,
입구 → 약수터로 가는 방법은 2가지,
약수터 → 정상으로 가는 방법은 3가지
이므로 이 방법의 수는
$2\times3=6$

(ⅱ) 입구 → 쉼터 → 정상으로 갈 때,
입구 → 쉼터로 가는 방법은 2가지,
쉼터 → 정상으로 가는 방법은 2가지
이므로 이 방법의 수는
$2\times2=4$

(ⅰ), (ⅱ)는 동시에 일어날 수 없으므로 구하는 방법의 수는
$6+4=10$

답 10

515 하

집 → 학교로 가는 방법은 4가지,
학교 → 수영장으로 가는 방법은 3가지,
수영장 → 집으로 가는 방법은 2가지
따라서 구하는 방법의 수는
$4\times3\times2=24$

답 24

516 중

(ⅰ) A → B → D로 갈 때,
A → B로 가는 방법은 2가지,
B → D로 가는 방법은 1가지
이므로 이 방법의 수는
$2\times1=2$

(ⅱ) A → C → D로 갈 때,
A → C로 가는 방법은 3가지,
C → D로 가는 방법은 2가지
이므로 이 방법의 수는
$3\times2=6$

(ⅲ) A → B → C → D로 갈 때,
A → B로 가는 방법은 2가지,
B → C로 가는 방법은 2가지,
C → D로 가는 방법은 2가지
이므로 이 방법의 수는
$2\times2\times2=8$

(ⅳ) A → C → B → D로 갈 때,
A → C로 가는 방법은 3가지,
C → B로 가는 방법은 2가지,
B → D로 가는 방법은 1가지
이므로 이 방법의 수는
$3\times2\times1=6$

(ⅰ)~(ⅳ)는 동시에 일어날 수 없으므로 구하는 방법의 수는
$2+6+8+6=22$

답 22

517 중

가장 많은 영역과 인접한 영역인 A에 칠할 수 있는 색은 4가지
B에 칠할 수 있는 색은 A에 칠한 색을 제외한
$4-1=3$(가지)
C에 칠할 수 있는 색은 A, B에 칠한 색을 제외한
$4-2=2$(가지)
D에 칠할 수 있는 색은 A, C에 칠한 색을 제외한
$4-2=2$(가지)
따라서 구하는 방법의 수는
$4\times3\times2\times2=48$

답 48

518 중

가장 많은 영역과 인접한 영역인 A에 칠할 수 있는 색은 4가지
B에 칠할 수 있는 색은 A에 칠한 색을 제외한
$4-1=3$(가지)
C에 칠할 수 있는 색은 A, B에 칠한 색을 제외한
$4-2=2$(가지)
D에 칠할 수 있는 색은 A, C에 칠한 색을 제외한
$4-2=2$(가지)

E에 칠할 수 있는 색은 A, D에 칠한 색을 제외한

$4-2=2$(가지)

따라서 구하는 방법의 수는

$4\times3\times2\times2\times2=96$ 답 96

519 상

(i) A와 C에 같은 색을 칠하는 경우

A에 칠할 수 있는 색은 4가지

B에 칠할 수 있는 색은 A에 칠한 색을 제외한

$4-1=3$(가지)

C에 칠할 수 있는 색은 A에 칠한 색과 같은 색이므로 1가지

D에 칠할 수 있는 색은 A(C)에 칠한 색을 제외한

$4-1=3$(가지)

이므로 이 방법의 수는

$4\times3\times1\times3=36$

(ii) A와 C에 다른 색을 칠하는 경우

A에 칠할 수 있는 색은 4가지

B에 칠할 수 있는 색은 A에 칠한 색을 제외한

$4-1=3$(가지)

C에 칠할 수 있는 색은 A, B에 칠한 색을 제외한

$4-2=2$(가지)

D에 칠할 수 있는 색은 A, C에 칠한 색을 제외한

$4-2=2$(가지)

이므로 이 방법의 수는

$4\times3\times2\times2=48$

(i), (ii)는 동시에 일어날 수 없으므로 구하는 방법의 수는

$36+48=84$ 답 84

다른 풀이 (i) A, B, C, D 모두 다른 색을 칠하는 방법의 수는

$4\times3\times2\times1=24$

(ii) A와 C에만 같은 색을 칠하는 방법의 수는

$4\times3\times1\times2=24$

(iii) B와 D에만 같은 색을 칠하는 방법의 수는

$4\times3\times2\times1=24$

(iv) A와 C, B와 D에 각각 같은 색을 칠하는 방법의 수는

$4\times3\times1\times1=12$

(i)~(iv)는 동시에 일어날 수 없으므로 구하는 방법의 수는

$24+24+24+12=84$

520 중

(1) 100원짜리 동전으로 지불할 수 있는 방법은

0개, 1개, 2개, 3개의 4가지

50원짜리 동전으로 지불할 수 있는 방법은

0개, 1개, 2개, 3개의 4가지

10원짜리 동전으로 지불할 수 있는 방법은

0개, 1개, 2개의 3가지

이때 0원을 지불하는 경우는 제외해야 하므로 지불할 수 있는 방법의 수는

$4\times4\times3-1=47$

(2) 100원짜리 동전 1개로 지불할 수 있는 금액과 50원짜리 동전 2개로 지불할 수 있는 금액이 같으므로 100원짜리 동전 3개를 50원짜리 동전 6개로 바꾸면 지불할 수 있는 금액의 수는 50원짜리 동전 9개와 10원짜리 동전 2개로 지불할 수 있는 금액의 수와 같다.

50원짜리 동전 9개로 지불할 수 있는 금액은

0원, 50원, 100원, ⋯, 450원의 10가지

10원짜리 동전 2개로 지불할 수 있는 금액은

0원, 10원, 20원의 3가지

이때 0원을 지불하는 경우는 제외해야 하므로 지불할 수 있는 금액의 수는

$10\times3-1=29$

답 (1) 47 (2) 29

521 중

500원짜리 동전으로 지불할 수 있는 방법은

0개, 1개, 2개의 3가지

100원짜리 동전으로 지불할 수 있는 방법은

0개, 1개, 2개, 3개의 4가지

10원짜리 동전으로 지불할 수 있는 방법은

0개, 1개, 2개, ⋯, 7개의 8가지

이때 0원을 지불하는 경우는 제외해야 하므로 지불할 수 있는 방법의 수는

$3\times4\times8-1=95$ 답 95

522 중

10000원짜리 지폐로 지불할 수 있는 방법은

0장, 1장의 2가지

5000원짜리 지폐로 지불할 수 있는 방법은

0장, 1장, 2장, 3장, 4장의 5가지

1000원짜리 지폐로 지불할 수 있는 방법은

0장, 1장, 2장, 3장의 4가지

이때 0원을 지불하는 경우는 제외해야 하므로 지불할 수 있는 방법의 수는

$a=2\times5\times4-1=39$

한편, 10000원짜리 지폐 1장으로 지불할 수 있는 금액과 5000원짜리 지폐 2장으로 지불할 수 있는 금액이 같으므로 10000원짜리 지폐 1장을 5000원짜리 지폐 2장으로 바꾸면 지불할 수 있는 금액의 수는 5000원짜리 지폐 6장과 1000원짜리 지폐 3장으로 지불할 수 있는 금액의 수와 같다.

5000원짜리 지폐 6장으로 지불할 수 있는 금액은

0원, 5000원, 10000원, …, 30000원의 7가지

1000원짜리 지폐 3장으로 지불할 수 있는 금액은

0원, 1000원, 2000원, 3000원의 4가지

이때 0원을 지불하는 경우는 제외해야 하므로 지불할 수 있는 금액의 수는

$b=7\times4-1=27$

$\therefore a+b=39+27=66$ 답 66

09 경우의 수

중단원 연습문제

207~209쪽

523 합의 법칙

[전략] 1부터 100까지의 자연수에 6과 7의 최소공배수인 42의 배수가 포함되어 있으므로 이에 주의하여 경우의 수를 구한다.

(i) 구슬에 적힌 수가 6의 배수인 경우는

6, 12, 18, …, 96의 16가지

(ii) 구슬에 적힌 수가 7의 배수인 경우는

7, 14, 21, …, 98의 14가지

(iii) 구슬에 적힌 수가 6과 7의 최소공배수인 42의 배수인 경우는 42, 84의 2가지

이상에서 구하는 경우의 수는

$16+14-2=28$ 답 28

524 방정식을 만족시키는 순서쌍의 개수

[전략] 한 개에 100원, 600원, 1000원인 사탕의 개수를 각각 x, y, z로 놓고 $100x+600y+1000z=4000$을 만족시키는 순서쌍 (x, y, z)의 개수를 구한다.

한 개에 100원, 600원, 1000원인 사탕을 각각 x개, y개, z개 산다고 하면

$100x+600y+1000z=4000$

$\therefore x+6y+10z=40$ …… ㉠

사탕을 종류별로 한 개 이상 포함해야 하므로

$x\ge1$, $y\ge1$, $z\ge1$

방정식 ㉠에서 z의 계수가 가장 크므로 z가 될 수 있는 자연수를 구해 보면

$10z<40$에서 $z=1, 2, 3$

(i) $z=1$일 때,

㉠에서 $x+6y=30$이므로 순서쌍 (x, y, z)는

$(24, 1, 1)$, $(18, 2, 1)$, $(12, 3, 1)$, $(6, 4, 1)$의 4개

(ii) $z=2$일 때,

㉠에서 $x+6y=20$이므로 순서쌍 (x, y, z)는

$(14, 1, 2)$, $(8, 2, 2)$, $(2, 3, 2)$의 3개

(iii) $z=3$일 때,

㉠에서 $x+6y=10$이므로 순서쌍 (x, y, z)는

$(4, 1, 3)$의 1개

이상에서 사탕을 사는 방법의 수는 순서쌍 (x, y, z)의 개수와 같으므로

$4+3+1=8$ 답 8

525 부등식을 만족시키는 순서쌍의 개수

[전략] 먼저 부등식을 만족시키는 $x+2y$의 값을 구한다.

[문제 이해]

x, y가 자연수이므로 $4\le x+2y\le6$을 만족시키는 경우는

$x+2y=4$ 또는 $x+2y=5$ 또는 $x+2y=6$

… 20% 배점

[해결 과정]

(i) $x+2y=4$일 때, 순서쌍 (x, y)는

$(2, 1)$의 1개

(ii) $x+2y=5$일 때, 순서쌍 (x, y)는

$(1, 2)$, $(3, 1)$의 2개

(iii) $x+2y=6$일 때, 순서쌍 (x, y)는

$(2, 2)$, $(4, 1)$의 2개 … 60% 배점

[답 구하기]

이상에서 구하는 순서쌍 (x, y)의 개수는

$1+2+2=5$ … 20% 배점

답 5

526 부등식을 만족시키는 순서쌍의 개수

전략 이차방정식이 서로 다른 두 실근을 가지려면 판별식 D가 $D>0$이어야 함을 이용한다.

이차방정식 $x^2+ax+b=0$이 서로 다른 두 실근을 가지려면 이 이차방정식의 판별식을 D라 할 때,

$D=a^2-4b>0 \qquad \therefore 4b<a^2$

(i) $a=1$일 때, $4b<1$
　이를 만족시키는 순서쌍 (a, b)는
　$(1, 0)$의 1개

(ii) $a=3$일 때, $4b<9$
　이를 만족시키는 순서쌍 (a, b)는
　$(3, 0), (3, 1), (3, 2)$의 3개

(iii) $a=5$일 때, $4b<25$
　이를 만족시키는 순서쌍 (a, b)는
　$(5, 0), (5, 1), (5, 2), (5, 3)$의 4개

이상에서 구하는 경우의 수는 순서쌍 (a, b)의 개수와 같으므로

$1+3+4=8$ 　답 8

주의 $A=\{1, 3, 5\}$, $B=\{0, 1, 2, 3\}$이고 $a\in A$, $b\in B$임을 고려하지 않고 (iii)에서 $4b<25$를 만족시키는 순서쌍 (a, b)를 $(5, 0), (5, 1), (5, 2), (5, 3), (5, 4), (5, 5), (5, 6)$의 7개라 하지 않도록 주의한다.

527 수형도를 이용하는 경우의 수

전략 수형도를 이용하여 점 P가 꼭짓점 A에서 출발하여 꼭짓점 D에 도착하는 모든 경우를 조사한다.

주어진 정사면체의 꼭짓점 A에서 출발하여 꼭짓점 D에 도착하는 경우를 구해 보면 다음과 같다.

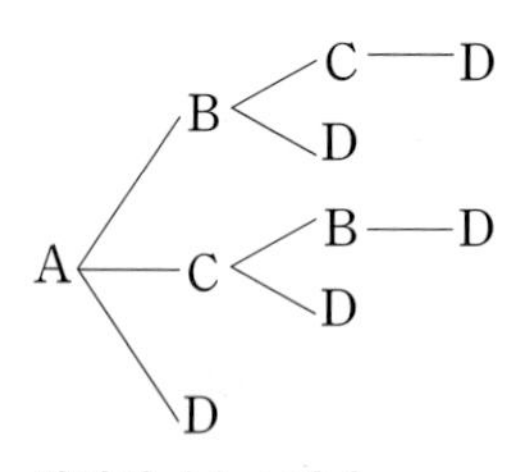

따라서 구하는 방법의 수는 5이다. 　답 5

참고 규칙성을 찾기 어려운 경우의 수를 구할 때 수형도를 이용하면 중복되지 않고 빠짐없이 모든 경우를 나열할 수 있다.

528 수형도를 이용하는 경우의 수

전략 수형도를 이용하여 A가 셋째 날에 식사 당번을 하는 경우를 모두 조사한다.

A가 셋째 날에 식사 당번을 하는 경우를 구해 보면 다음과 같다.

첫째 날　둘째 날　셋째 날　넷째 날

B — C — A — D
B — D — A — C
C — B — A — D
C — D — A — B
D — B — A — C
D — C — A — B

따라서 구하는 경우의 수는 6이다. 　답 6

529 곱의 법칙

전략 $(x-y)^2=x^2-2xy+y^2$임을 이용하여 전개식의 항의 개수를 구한다.

$(x-y)^2(a+b-c)=(x^2-2xy+y^2)(a+b-c)$

$(x^2-2xy+y^2)(a+b-c)$를 전개하면 x^2, $-2xy$, y^2에 a, b, $-c$를 각각 곱하여 항이 만들어진다.

따라서 구하는 항의 개수는

$3\times3=9$ 　답 9

주의 $(x-y)^2(a+b-c)=(x-y)(x-y)(a+b-c)$로 생각하여 항의 개수를 $2\times2\times3=12$로 구하지 않도록 주의한다.
$(x-y)(x-y)$를 전개하면 동류항이 생기므로 $(x-y)^2$의 항의 개수는 $2\times2=4$가 아닌 3이다.

530 곱의 법칙의 활용; 약수의 개수

전략 a에 주어진 수를 각각 대입하여 소인수분해한 후, 양의 약수의 개수를 구한다.

① $12\times7^2=2^2\times3\times7^2$의 양의 약수의 개수는
　$(2+1)\times(1+1)\times(2+1)=3\times2\times3=18$

② $18\times7^2=2\times3^2\times7^2$의 양의 약수의 개수는
　$(1+1)\times(2+1)\times(2+1)=2\times3\times3=18$

③ $20\times7^2=2^2\times5\times7^2$의 양의 약수의 개수는
　$(2+1)\times(1+1)\times(2+1)=3\times2\times3=18$

④ $35\times7^2=5\times7^3$의 양의 약수의 개수는
　$(1+1)\times(3+1)=2\times4=8$

⑤ $50\times7^2=2\times5^2\times7^2$의 양의 약수의 개수는
　$(1+1)\times(2+1)\times(2+1)=2\times3\times3=18$

따라서 a의 값이 될 수 없는 것은 ④이다. 　답 ④

531 곱의 법칙과 합의 법칙의 활용; 도로망에서의 방법의 수

전략 잇달아 가는 길은 곱의 법칙을 이용하고, 동시에 갈 수 없는 길은 합의 법칙을 이용한다.

[해결 과정]

(i) 대구 → 경주로 가는 방법은 2가지 　⋯ 30% 배점

(ii) 대구 → 창원 → 부산 → 경주로 갈 때,

대구 ⟶ 창원으로 가는 방법은 4가지
창원 ⟶ 부산으로 가는 방법은 3가지
부산 ⟶ 경주로 가는 방법은 1가지
이므로 이 방법의 수는
$4\times3\times1=12$ ··· 40% 배점

[답 구하기]
(i), (ii)에서 구하는 방법의 수는
$2+12=14$ ··· 30% 배점

답 14

532 곱의 법칙의 활용; 지불하는 방법의 수

〔전략〕 지불할 수 있는 금액의 수를 구할 때, 금액이 중복되는 경우에는 큰 단위의 동전을 작은 단위의 동전으로 바꾸어 계산한다.

50원짜리 동전으로 지불할 수 있는 방법은
0개, 1개, 2개, 3개, 4개, 5개의 6가지
100원짜리 동전으로 지불할 수 있는 방법은
0개, 1개, 2개의 3가지
500원짜리 동전으로 지불할 수 있는 방법은
0개, 1개, 2개, 3개의 4가지
이때 0원을 지불하는 경우는 제외해야 하므로 지불할 수 있는 방법의 수는
$a=6\times3\times4-1=71$
한편, 100원짜리 동전 1개로 지불할 수 있는 금액과 50원짜리 동전 2개로 지불할 수 있는 금액이 같으므로 100원짜리 동전 2개를 50원짜리 동전 4개로 바꾸면 지불할 수 있는 금액의 수는 50원짜리 동전 9개와 500원짜리 동전 3개로 지불할 수 있는 금액의 수와 같다.
50원짜리 동전 9개로 지불할 수 있는 금액은
0원, 50원, 100원, ⋯, 450원의 10가지
500원짜리 동전 3개로 지불할 수 있는 금액은
0원, 500원, 1000원, 1500원의 4가지
이때 0원을 지불하는 경우는 제외해야 하므로 지불할 수 있는 금액의 수는
$b=10\times4-1=39$
$\therefore a-b=71-39=32$

답 32

533 방정식을 만족시키는 순서쌍의 개수

〔전략〕 꽃병 A에 장미, 카네이션, 백합을 꽂은 경우로 나누어 경우의 수를 각각 구한다.

(i) 꽃병 A에 장미를 꽂은 경우
꽃병 B에는 카네이션과 백합 중에서 9송이를 꽂아야 하므로 꽃병 B에 카네이션을 a송이, 백합을 b송이 꽂는다고 하면 $a+b=9$를 만족시키는 순서쌍 (a, b)는
$(1, 8)$, $(2, 7)$, $(3, 6)$, $(4, 5)$, $(5, 4)$, $(6, 3)$의 6개

(ii) 꽃병 A에 카네이션을 꽂은 경우
꽃병 B에는 장미와 백합 중에서 9송이를 꽂아야 하므로 꽃병 B에 장미를 a송이, 백합을 b송이 꽂는다고 하면 $a+b=9$를 만족시키는 순서쌍 (a, b)는
$(1, 8)$, $(2, 7)$, $(3, 6)$, $(4, 5)$, $(5, 4)$, $(6, 3)$, $(7, 2)$, $(8, 1)$의 8개

(iii) 꽃병 A에 백합을 꽂은 경우
꽃병 B에는 장미와 카네이션 중에서 9송이를 꽂아야 하므로 꽃병 B에 장미를 a송이, 카네이션을 b송이 꽂는다고 하면 $a+b=9$를 만족시키는 순서쌍 (a, b)는
$(3, 6)$, $(4, 5)$, $(5, 4)$, $(6, 3)$, $(7, 2)$, $(8, 1)$의 6개

이상에서 구하는 경우의 수는
$6+8+6=20$

답 20

534 곱의 법칙

〔전략〕 전체 순서쌍 (a, b)의 개수에서 ab가 홀수가 되도록 하는 순서쌍 (a, b)의 개수를 뺀다.

ab가 짝수가 되도록 하는 순서쌍 (a, b)의 개수는 전체 순서쌍 (a, b)의 개수에서 ab가 홀수가 되도록 하는 순서쌍 (a, b)의 개수를 뺀 것과 같다.
두 집합 A, B의 원소의 개수는 각각 10, 7이므로 전체 순서쌍 (a, b)의 개수는
$10\times7=70$
이때 ab가 홀수가 되려면 a, b가 모두 홀수이어야 하므로 이 순서쌍 (a, b)의 개수는
$5\times3=15$
따라서 구하는 순서쌍 (a, b)의 개수는
$70-15=55$

답 55

〔다른 풀이〕 ab가 짝수가 되려면 a 또는 b가 짝수이어야 한다.
(i) a가 짝수이고 b가 홀수일 때,
순서쌍 (a, b)의 개수는
$5\times3=15$
(ii) a가 홀수이고 b가 짝수일 때,
순서쌍 (a, b)의 개수는
$5\times4=20$

(iii) a가 짝수이고 b가 짝수일 때,

순서쌍 (a, b)의 개수는

$5\times4=20$

이상에서 구하는 순서쌍 (a, b)의 개수는

$15+20+20=55$

535 **곱의 법칙과 합의 법칙의 활용; 도로망에서의 방법의 수**

전략 추가해야 하는 길의 개수를 x라 하고, A 지점에서 출발하여 D 지점으로 가는 방법의 수를 x에 대한 식으로 나타낸다.

B 지점과 C 지점을 직접 연결하는 길을 x개 추가한다고 하자.

(i) A → B → D로 갈 때,

A → B로 가는 방법은 3가지,

B → D로 가는 방법은 2가지

이므로 이 방법의 수는

$3\times2=6$

(ii) A → C → D로 갈 때,

A → C로 가는 방법은 1가지,

C → D로 가는 방법은 2가지

이므로 이 방법의 수는

$1\times2=2$

(iii) A → B → C → D로 갈 때,

A → B로 가는 방법은 3가지,

B → C로 가는 방법은 x가지,

C → D로 가는 방법은 2가지

이므로 이 방법의 수는

$3\times x\times2=6x$

(iv) A → C → B → D로 갈 때,

A → C로 가는 방법은 1가지,

C → B로 가는 방법은 x가지,

B → D로 가는 방법은 2가지

이므로 이 방법의 수는

$1\times x\times2=2x$

이상에서 A 지점에서 출발하여 D 지점으로 가는 방법의 수는

$6+2+6x+2x=8x+8$

즉, $8x+8=32$이므로

$8x=24 \quad \therefore x=3$

따라서 추가해야 하는 길의 개수는 3이다. 답 3

536 **곱의 법칙의 활용; 색칠하는 방법의 수**

전략 B와 D에 같은 색을 칠하는 경우와 B와 D에 다른 색을 칠하는 경우로 나누어 생각한다.

(i) B와 D에 같은 색을 칠하는 경우

가장 많은 영역과 인접한 영역인 A에 칠할 수 있는 색은 5가지

B에 칠할 수 있는 색은 A에 칠한 색을 제외한

$5-1=4$(가지)

C에 칠할 수 있는 색은 A, B에 칠한 색을 제외한

$5-2=3$(가지)

D에 칠할 수 있는 색은 B에 칠한 색과 같은 색이므로 1가지

E에 칠할 수 있는 색은 A와 B(D)에 칠한 색을 제외한

$5-2=3$(가지)

이므로 이 방법의 수는

$5\times4\times3\times1\times3=180$

(ii) B와 D에 다른 색을 칠하는 경우

가장 많은 영역과 인접한 영역인 A에 칠할 수 있는 색은 5가지

B에 칠할 수 있는 색은 A에 칠한 색을 제외한

$5-1=4$(가지)

C에 칠할 수 있는 색은 A, B에 칠한 색을 제외한

$5-2=3$(가지)

D에 칠할 수 있는 색은 A, B, C에 칠한 색을 제외한

$5-3=2$(가지)

E에 칠할 수 있는 색은 A, B, D에 칠한 색을 제외한

$5-3=2$(가지)

이므로 이 방법의 수는

$5\times4\times3\times2\times2=240$

(i), (ii)에서 구하는 방법의 수는

$180+240=420$ 답 420

다른 풀이 (i) A, B, C, D, E 모두 다른 색을 칠하는 방법의 수는

$5\times4\times3\times2\times1=120$

(ii) B와 D에만 같은 색을 칠하는 방법의 수는

$5\times4\times3\times1\times2=120$

(iii) C와 E에만 같은 색을 칠하는 방법의 수는

$5\times4\times3\times2\times1=120$

(iv) B와 D, C와 E에 각각 같은 색을 칠하는 방법의 수는

$5\times4\times3\times1\times1=60$

이상에서 구하는 방법의 수는

$120+120+120+60=420$

10 순열

Lecture 213~222쪽

22 순열

문제 ❶

(1) ${}_3P_2=3\times2=6$

(2) ${}_8P_1=8$

(3) ${}_6P_6=6\times5\times4\times3\times2\times1=720$

537 하

서로 다른 3개에서 2개를 택하는 순열의 수와 같으므로

${}_3P_2$ 답 ${}_3P_2$

538 하

서로 다른 5개에서 3개를 택하는 순열의 수와 같으므로

${}_5P_3$ 답 ${}_5P_3$

539 하

서로 다른 8개에서 5개를 택하는 순열의 수와 같으므로

${}_8P_5$ 답 ${}_8P_5$

540 하

${}_5P_2=5\times4=20$ 답 20

541 하

${}_{10}P_1=10$ 답 10

542 하

${}_4P_4=4!=4\times3\times2\times1=24$ 답 24

543 하

$5!=5\times4\times3\times2\times1=120$ 답 120

544 하

$0!=1$ 답 1

545 하

${}_6P_0=1$ 답 1

546 하

${}_nP_2=n(n-1)$이므로

$n(n-1)=42=7\times6$

$\therefore n=7$ 답 7

547 하

${}_nP_4=n(n-1)(n-2)(n-3)$이므로

$n(n-1)(n-2)(n-3)=120=5\times4\times3\times2$

$\therefore n=5$ 답 5

548 하

${}_nP_1=n=5$ 답 5

549 하

서로 다른 7개에서 7개를 모두 택하는 순열의 수와 같으므로

${}_7P_7=7!=7\times6\times5\times4\times3\times2\times1=5040$

답 5040

550 하

서로 다른 9개에서 2개를 택하는 순열의 수와 같으므로

${}_9P_2=9\times8=72$ 답 72

551 중

(1) A와 B를 한 묶음으로 생각하여 3명을 일렬로 세우는 방법의 수는 [A][B] [C] [D]

$3!=3\times2\times1=6$

그 각각에 대하여 A와 B가 서로 자리를 바꾸는 방법의 수는

$2!=2\times1=2$

따라서 구하는 방법의 수는

$6\times2=12$

(2) C와 D를 일렬로 세우는 방법의 수는

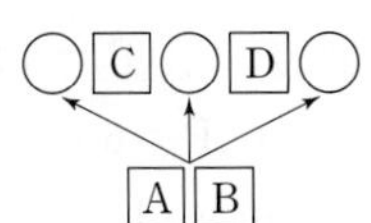

$2!=2\times1=2$

그 각각에 대하여 C와 D 사이와 양 끝의 3개의 자리에 A, B를 세우는 방법의 수는

${}_3P_2=3\times2=6$

따라서 구하는 방법의 수는

$2\times6=12$

답 (1) 12 (2) 12

다른 풀이 (2) 구하는 방법의 수는 4명을 일렬로 세우는 방법의 수에서 A와 B가 이웃하도록 세우는 방법의 수를 뺀 것과 같으므로

$4!-12=4\times3\times2\times1-12=12$

552 중

(1) ${}_{n}P_{2}=4n$에서

$n(n-1)=4n$

$n\geq2$이므로 양변을 n으로 나누면

$n-1=4$ $\quad\therefore n=5$

(2) ${}_{7}P_{r}=210=7\times6\times5$이므로

$r=3$

(3) $4!=4\times3\times2\times1=24$이므로

${}_{5}P_{r}\times24=480$ $\quad\therefore {}_{5}P_{r}=20$

${}_{5}P_{r}=20=5\times4$이므로

$r=2$

(4) ${}_{n+2}P_{3}=10\times{}_{n+1}P_{2}$에서

$(n+2)(n+1)n=10(n+1)n$

$n\geq1$이므로 양변을 $(n+1)n$으로 나누면

$n+2=10$ $\quad\therefore n=8$

답 (1) 5 (2) 3 (3) 2 (4) 8

참고 (4) ${}_{n+2}P_{3}$에서 $n+2\geq3$ $\quad\therefore n\geq1$ ······ ㉠

${}_{n+1}P_{2}$에서 $n+1\geq2$ $\quad\therefore n\geq1$ ······ ㉡

㉠, ㉡에서 $n\geq1$

553 중

(1) ${}_{8}P_{r}=\frac{8!}{5!}$에서

$\frac{8!}{(8-r)!}=\frac{8!}{5!}$

$8-r=5$ $\quad\therefore r=3$

(2) ${}_{n}P_{n}=24$에서

$n!=4\times3\times2\times1$ $\quad\therefore n=4$

(3) ${}_{n}P_{3}:{}_{n+1}P_{2}=6:5$에서

$5\times{}_{n}P_{3}=6\times{}_{n+1}P_{2}$이므로

$5n(n-1)(n-2)=6(n+1)n$

$n\geq3$이므로 양변을 n으로 나누면

$5(n-1)(n-2)=6(n+1)$

$5n^2-21n+4=0$

$(5n-1)(n-4)=0$

이때 $n\geq3$이므로 $n=4$

(4) ${}_{n}P_{2}+2\times{}_{n}P_{1}=30$에서

$n(n-1)+2n=30$

$n^2+n-30=0$

$(n+6)(n-5)=0$

이때 $n\geq2$이므로 $n=5$

답 (1) 3 (2) 4 (3) 4 (4) 5

다른 풀이 (1) $\frac{8!}{5!}=\frac{8\times7\times6\times5\times\cdots\times1}{5\times4\times3\times2\times1}=8\times7\times6$

이므로

${}_{8}P_{r}=8\times7\times6$ $\quad\therefore r=3$

참고 (3) ${}_{n}P_{3}$에서 $n\geq3$ ······ ㉠

${}_{n+1}P_{2}$에서 $n+1\geq2$ $\quad\therefore n\geq1$ ······ ㉡

㉠, ㉡에서 $n\geq3$

(4) ${}_{n}P_{2}$에서 $n\geq2$ ······ ㉠

${}_{n}P_{1}$에서 $n\geq1$ ······ ㉡

㉠, ㉡에서 $n\geq2$

554 중

${}_{n+1}P_{3}:{}_{n+2}P_{2}=14:3$에서

$3\times{}_{n+1}P_{3}=14\times{}_{n+2}P_{2}$이므로

$3(n+1)n(n-1)=14(n+2)(n+1)$

$n\geq2$이므로 양변을 $n+1$로 나누면

$3n(n-1)=14(n+2)$

$3n^2-17n-28=0$

$(3n+4)(n-7)=0$

이때 $n\geq2$이므로 $n=7$

$\therefore {}_{n+3}P_{2}={}_{10}P_{2}=10\times9=90$

답 90

참고 ${}_{n+1}P_{3}$에서 $n+1\geq3$ $\quad\therefore n\geq2$ ······ ㉠

${}_{n+2}P_{2}$에서 $n+2\geq2$ $\quad\therefore n\geq0$ ······ ㉡

㉠, ㉡에서 $n\geq2$

555 중

${}_{6}P_{r}\leq2\times{}_{6}P_{r-2}$에서

$\frac{6!}{(6-r)!}\leq2\times\frac{6!}{\{6-(r-2)\}!}$

$\frac{1}{(6-r)!}\leq\frac{2}{(8-r)!}$

$2\leq r\leq6$이므로 부등식의 양변에 $(8-r)!$을 곱하면

$(8-r)(7-r)\leq2$

$r^2-15r+54\leq0$

$(r-6)(r-9)\leq0$

$\therefore 6\leq r\leq9$

그런데 $2 \le r \le 6$이므로 $r=6$ 답 6

참고 ${}_6\mathrm{P}_r$에서 $0 \le r \le 6$ …… ㉠

${}_6\mathrm{P}_{r-2}$에서 $0 \le r-2 \le 6$ $\therefore 2 \le r \le 8$ …… ㉡

㉠, ㉡에서 $2 \le r \le 6$

556 하

(1) 8명 중 3명을 택하는 순열의 수와 같으므로

$${}_8\mathrm{P}_3 = 8 \times 7 \times 6 = 336$$

(2) 8명 중 2명을 택하는 순열의 수와 같으므로

$${}_8\mathrm{P}_2 = 8 \times 7 = 56$$

(3) 남학생과 여학생 수가 3명으로 서로 같으므로 남학생과 여학생을 번갈아 세우는 방법은

(남, 여, 남, 여, 남, 여) 또는 (여, 남, 여, 남, 여, 남)의 2가지이다.

남학생 3명, 여학생 3명을 각각 일렬로 세우는 방법의 수는 $3!$, $3!$이므로 구하는 방법의 수는

$$2 \times 3! \times 3! = 72$$

답 (1) 336 (2) 56 (3) 72

557 하

(1) 6권 중 6권을 택하는 순열의 수와 같으므로

$${}_6\mathrm{P}_6 = 6! = 6 \times 5 \times 4 \times 3 \times 2 \times 1 = 720$$

(2) 6권 중 3권을 택하는 순열의 수와 같으므로

$${}_6\mathrm{P}_3 = 6 \times 5 \times 4 = 120$$

답 (1) 720 (2) 120

558 하

12곡 중 3곡을 택하는 순열의 수와 같으므로

${}_{12}\mathrm{P}_3 = 12 \times 11 \times 10 = 1320$ 답 1320

559 중

9명 중 r명을 뽑아 일렬로 세우는 방법의 수는 9명 중 r명을 택하는 순열의 수와 같으므로

$${}_9\mathrm{P}_r = 504 = 9 \times 8 \times 7$$

$\therefore r=3$ 답 3

560 중

(1) 핸 핸 핸 핸 배 배 배

위의 그림과 같이 배구 선수 3명을 한 묶음으로 생각하여 5명을 일렬로 세우는 방법의 수는

$$5! = 120$$

그 각각에 대하여 배구 선수끼리 서로 자리를 바꾸는 방법의 수는

$$3! = 6$$

따라서 구하는 방법의 수는

$$120 \times 6 = 720$$

(2) 핸드볼 선수 4명을 일렬로 세우는 방법의 수는

$$4! = 24$$

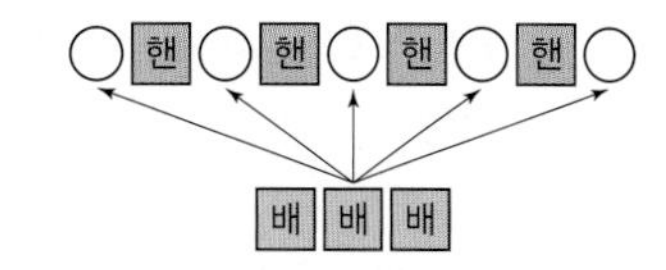

위의 그림과 같이 핸드볼 선수 4명의 사이사이와 양 끝의 5개의 자리 중 3개의 자리에 배구 선수 3명을 세우는 방법의 수는

$${}_5\mathrm{P}_3 = 60$$

따라서 구하는 방법의 수는

$$24 \times 60 = 1440$$

답 (1) 720 (2) 1440

561 중

(1) a와 b를 한 묶음으로 생각하여 4개의 문자를 일렬로 나열하는 방법의 수는

$$4! = 24$$

그 각각에 대하여 a와 b가 서로 자리를 바꾸는 방법의 수는

$$2! = 2$$

따라서 구하는 방법의 수는

$$24 \times 2 = 48$$

(2) a, b의 2개의 문자를 일렬로 나열하는 방법의 수는

$$2! = 2$$

a, b의 사이와 양 끝의 3개의 자리에 c, d, e 3개의 문자를 나열하는 방법의 수는

$$3! = 6$$

따라서 구하는 방법의 수는

$$2 \times 6 = 12$$

답 (1) 48 (2) 12

562 중

1반 학생 2명을 한 묶음으로, 2반 학생 5명을 한 묶음으로 생각하여 2명을 일렬로 세우는 방법의 수는

$$2! = 2$$

1반 학생들끼리 서로 자리를 바꾸는 방법의 수는

$$2! = 2$$

2반 학생들끼리 서로 자리를 바꾸는 방법의 수는

$5!=120$

따라서 구하는 방법의 수는

$2\times2\times120=480$ 답 480

563 중

중학생 3명을 한 묶음으로 생각하여 $(n+1)$명을 일렬로 세우는 방법의 수는

$(n+1)!$

그 각각에 대하여 중학생끼리 서로 자리를 바꾸는 방법의 수는

$3!=6$

즉, $(n+1)!\times6=144$이므로

$(n+1)!=24=4!$

$n+1=4 \quad \therefore n=3$ 답 3

564 중

(1) 구하는 방법의 수는 a를 맨 앞에, f를 맨 뒤에 고정하고, 나머지 5개의 문자 c, r, e, u, l을 일렬로 나열하는 방법의 수와 같으므로

$5!=120$

(2) e, ○, ○, r를 한 묶음으로 생각하여 4개의 문자를 일렬로 나열하는 방법의 수는

$4!=24$

e와 r 사이에 5개의 문자 중 2개의 문자를 택하여 일렬로 나열하는 방법의 수는

${}_5P_2=20$

묶음에서 e와 r가 서로 자리를 바꾸는 방법의 수는

$2!=2$

따라서 구하는 방법의 수는

$24\times20\times2=960$

(3) 7개의 문자를 일렬로 나열하면 다음과 같다.

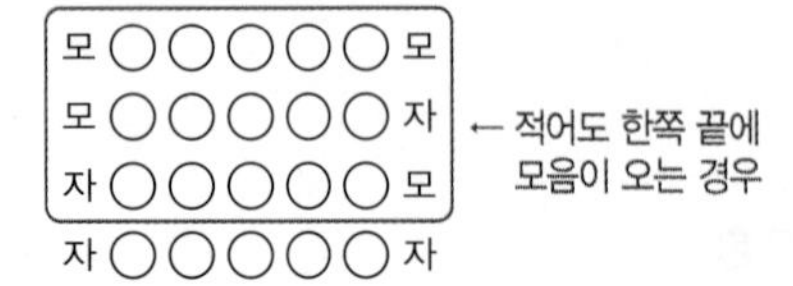

즉, 적어도 한쪽 끝에 모음이 오도록 나열하는 방법의 수는 전체 방법의 수에서 양쪽 끝에 자음이 오도록 나열하는 방법의 수를 뺀 것과 같다.

7개의 문자를 일렬로 나열하는 방법의 수는

$7!=5040$

양쪽 끝에 자음인 c, r, f, l의 4개의 문자 중 2개의 문자를 택하여 나열하는 방법의 수는

${}_4P_2=12$

그 각각에 대하여 가운데에 나머지 5개의 문자를 일렬로 나열하는 방법의 수는

$5!=120$

즉, 양쪽 끝에 자음이 오도록 나열하는 방법의 수는

$12\times120=1440$

따라서 구하는 방법의 수는

$5040-1440=3600$

답 (1) 120 (2) 960 (3) 3600

다른 풀이 (3) 모든 경우의 방법의 수를 각각 구하여 해결할 수도 있다.

(i) 양쪽 끝에 모음이 오도록 나열하는 방법의 수는

${}_3P_2\times5!=6\times120=720$

(ii) 왼쪽 끝에 모음, 오른쪽 끝에 자음이 오도록 나열하는 방법의 수는

${}_3P_1\times{}_4P_1\times5!=3\times4\times120=1440$

(iii) 왼쪽 끝에 자음, 오른쪽 끝에 모음이 오도록 나열하는 방법의 수는

${}_4P_1\times{}_3P_1\times5!=4\times3\times120=1440$

이상에서 구하는 방법의 수는

$720+1440+1440=3600$

565 중

(1) 남학생 3명 중 2명을 택하여 양 끝에 세우는 방법의 수는

${}_3P_2=6$

양 끝의 남학생 2명을 제외한 나머지 4명을 일렬로 세우는 방법의 수는

$4!=24$

따라서 구하는 방법의 수는

$6\times24=144$

(2) 종민, 여학생, 민규를 한 묶음으로 생각하여 4명을 일렬로 세우는 방법의 수는

$4!=24$

종민이와 민규 사이에 여학생 3명 중 1명을 세우는 방법의 수는

${}_3P_1=3$

묶음에서 종민이와 민규가 서로 자리를 바꾸는 방법의 수는

$2!=2$
따라서 구하는 방법의 수는
$24\times3\times2=144$

답 (1) 144 (2) 144

566 중

1, 3, 5번째 자리 중 두 자리에 2개의 자음 c, n을 나열하는 방법의 수는
${}_3P_2=6$
나머지 세 자리에 모음 o, e, a를 나열하는 방법의 수는
$3!=6$
따라서 구하는 방법의 수는
$6\times6=36$ 답 36

567 중

회장, 부회장 중 적어도 한 명은 남학생을 뽑는 방법의 수는 전체 방법의 수에서 회장, 부회장 모두 여학생을 뽑는 방법의 수를 뺀 것과 같다.
학생 10명 중 회장 1명, 부회장 1명을 뽑는 방법의 수는
${}_{10}P_2=90$
회장, 부회장 모두 여학생을 뽑는 방법의 수는
${}_5P_2=20$
따라서 구하는 방법의 수는
$90-20=70$ 답 70

다른 풀이 모든 경우의 방법의 수를 각각 구하여 해결할 수도 있다.
(i) 회장, 부회장 모두 남학생을 뽑는 방법의 수는
${}_5P_2=20$
(ii) 회장은 남학생, 부회장은 여학생을 뽑는 방법의 수는
${}_5P_1\times{}_5P_1=5\times5=25$
(iii) 회장은 여학생, 부회장은 남학생을 뽑는 방법의 수는
${}_5P_1\times{}_5P_1=5\times5=25$
이상에서 구하는 방법의 수는
$20+25+25=70$

568 중

(1) 백의 자리에는 0이 올 수 없으므로 백의 자리에 올 수 있는 숫자는
1, 2, 3, 4, 5의 5가지
그 각각에 대하여 십의 자리와 일의 자리의 숫자를 택하는 경우의 수는 백의 자리에 오는 숫자를 제외한 5개의 숫자 중 2개를 택하는 순열의 수와 같으므로
${}_5P_2=20$
따라서 구하는 자연수의 개수는
$5\times20=100$
(2) 짝수가 되려면 일의 자리의 숫자는 0 또는 2 또는 4이어야 한다.
(i) 일의 자리의 숫자가 0인 경우
백의 자리와 십의 자리의 숫자를 택하는 경우의 수는 1, 2, 3, 4, 5의 5개의 숫자 중 2개를 택하는 순열의 수와 같으므로
${}_5P_2=20$
(ii) 일의 자리의 숫자가 2 또는 4인 경우
일의 자리에 올 수 있는 숫자는
2, 4의 2가지
그 각각에 대하여 백의 자리에 올 수 있는 숫자는 0을 제외한 4가지
십의 자리의 숫자를 택하는 경우의 수는 일의 자리와 백의 자리에 오는 숫자를 제외한 4개의 숫자 중 1개를 택하는 순열의 수와 같으므로
${}_4P_1=4$
즉, 이 경우의 수는
$2\times4\times4=32$
(i), (ii)에서 구하는 짝수의 개수는
$20+32=52$

답 (1) 100 (2) 52

개념 보충 자연수의 개수
(1) 1, 2, 3, …, n $(3\le n\le9)$의 n개의 숫자에서 서로 다른 3개의 숫자를 택하여 만들 수 있는 세 자리 자연수의 개수
➡ ${}_nP_3$
(2) 0, 1, 2, …, n $(2\le n\le9)$의 $(n+1)$개의 숫자에서 서로 다른 3개의 숫자를 택하여 만들 수 있는 세 자리 자연수의 개수 ➡ $n\times{}_nP_2$

569 중

(1) 네 자리 자연수의 개수는 1, 2, 3, 4, 5의 5개의 숫자 중 4개를 택하는 순열의 수와 같으므로
${}_5P_4=120$
(2) 5의 배수가 되려면 일의 자리의 숫자는 5이어야 하므로 일의 자리에 올 수 있는 숫자는
5의 1가지

천의 자리, 백의 자리, 십의 자리의 숫자를 택하는 경우의 수는 일의 자리에 오는 숫자를 제외한 4개의 숫자 중 3개를 택하는 순열의 수와 같으므로

${}_4P_3=24$

따라서 구하는 5의 배수의 개수는

$1\times24=24$

답 (1) 120 (2) 24

570 중

십의 자리와 일의 자리에 모두 홀수가 오는 경우의 수는 1, 3의 2개의 숫자를 일렬로 나열하는 경우의 수와 같으므로

$2!=2$

만의 자리에는 0이 올 수 없으므로 만의 자리에 올 수 있는 숫자는

2, 4의 2가지

그 각각에 대하여 천의 자리와 백의 자리의 숫자를 택하는 경우의 수는 나머지 2개의 숫자를 일렬로 나열하는 경우의 수와 같으므로

$2!=2$

따라서 구하는 자연수의 개수는

$2\times2\times2=8$

답 8

571 상

1, 2, 3, 4, 5, 6의 숫자가 각각 하나씩 적힌 6장의 카드에서 3장을 택하여 만든 세 자리 자연수가 3의 배수이려면 각 자리의 숫자의 합이 3의 배수이어야 한다.

(i) 각 자리의 숫자의 합이 6인 경우

1, 2, 3이므로 이 3장의 카드로 만들 수 있는 자연수의 개수는

$3!=6$

(ii) 각 자리의 숫자의 합이 9인 경우

1, 2, 6 또는 1, 3, 5 또는 2, 3, 4이므로 각각의 3장의 카드로 만들 수 있는 자연수의 개수는

$3!=6$

즉, 이 경우의 자연수의 개수는

$6\times3=18$

(iii) 각 자리의 숫자의 합이 12인 경우

1, 5, 6 또는 2, 4, 6 또는 3, 4, 5이므로 각각의 3장의 카드로 만들 수 있는 자연수의 개수는

$3!=6$

즉, 이 경우의 자연수의 개수는

$6\times3=18$

(iv) 각 자리의 숫자의 합이 15인 경우

4, 5, 6이므로 이 3장의 카드로 만들 수 있는 자연수의 개수는

$3!=6$

이상에서 구하는 3의 배수의 개수는

$6+18+18+6=48$

답 48

개념 보충 배수의 특징

(1) 2의 배수: 일의 자리의 숫자가 0 또는 2의 배수
(2) 3의 배수: 각 자리의 숫자의 합이 3의 배수
(3) 4의 배수: 끝의 두 자리 수가 00 또는 4의 배수
(4) 5의 배수: 일의 자리의 숫자가 0 또는 5
(5) 9의 배수: 각 자리의 숫자의 합이 9의 배수

572 중

(1) a□□□□ 꼴의 문자열의 개수는

$4!=24$

b□□□□ 꼴의 문자열의 개수는

$4!=24$

ca□□□ 꼴의 문자열의 개수는

$3!=6$

cba□□ 꼴의 문자열의 개수는

$2!=2$

cbd□□ 꼴의 문자열을 차례대로 나열하면

cbdae, cbdea

따라서 $24+24+6+2+1=57$이므로 cbdae는 57번째에 오는 문자열이다.

(2) a□□□□ 꼴의 문자열의 개수는

$4!=24$

b□□□□ 꼴의 문자열의 개수는

$4!=24$

ca□□□ 꼴의 문자열의 개수는

$3!=6$

cb□□□ 꼴의 문자열의 개수는

$3!=6$

cd□□□ 꼴의 문자열의 개수는

$3!=6$

즉, abcde에서 cdeba까지의 문자열의 개수는

$24+24+6+6+6=66$

ce□□□ 꼴의 문자열을 차례대로 나열하면

ceabd, ceadb, ⋯

따라서 68번째에 오는 문자열은 ceadb이다.

답 (1) 57번째 (2) ceadb

573 중

A□□□□ 꼴의 문자열의 개수는

$4!=24$

M□□□□ 꼴의 문자열의 개수는

$4!=24$

R□□□□ 꼴의 문자열의 개수는

$4!=24$

SA□□□ 꼴의 문자열의 개수는

$3!=6$

SMA□□ 꼴의 문자열을 차례대로 나열하면

SMART, SMATR

따라서 $24+24+24+6+1=79$이므로 SMART는 79번째에 오는 문자열이다.

답 79번째

574 중

4500보다 큰 네 자리 자연수는

45□□, 46□□, 5□□□, 6□□□ 꼴이다.

45□□ 꼴의 자연수의 개수는

${}_4P_2=12$

46□□ 꼴의 자연수의 개수는

${}_4P_2=12$

5□□□ 꼴의 자연수의 개수는

${}_5P_3=60$

6□□□ 꼴의 자연수의 개수는

${}_5P_3=60$

따라서 구하는 자연수의 개수는

$12+12+60+60=144$

답 144

575 중

5□□□□□ 꼴의 자연수의 개수는

$5!=120$

4□□□□□ 꼴의 자연수의 개수는

$5!=120$

35□□□□ 꼴의 자연수의 개수는

$4!=24$

345□□□ 꼴의 자연수의 개수는

$3!=6$

342□□□ 꼴의 자연수의 개수는

$3!=6$

즉, 543210에서 342015까지의 자연수의 개수는

$120+120+24+6+6=276$

이므로 277번째에 오는 수는 341□□□ 꼴인 자연수 중 첫 번째로 큰 수인 341520이다.

답 341520

중단원 연습문제

223~225쪽

576 ${}_nP_r$의 계산

전략> ${}_nP_r=n(n-1)(n-2)\times\cdots\times(n-r+1)$임을 이용하여 주어진 식을 n에 대한 식으로 나타내고 $n\ge r$임에 주의한다.

${}_nP_2+{}_{n+1}P_2={}_{n+3}P_2$에서

$n(n-1)+(n+1)n=(n+3)(n+2)$

$n^2-5n-6=0$

$(n+1)(n-6)=0$

이때 $n\ge2$이므로 $n=6$

답 6

참고 ${}_nP_2$에서 $n\ge2$ ⋯⋯ ㉠

${}_{n+1}P_2$에서 $n+1\ge2$ $\therefore n\ge1$ ⋯⋯ ㉡

${}_{n+3}P_2$에서 $n+3\ge2$ $\therefore n\ge-1$ ⋯⋯ ㉢

㉠, ㉡, ㉢에서 $n\ge2$

577 순열의 수

전략> 일렬로 나열하는 방법의 수는 순열을 이용한다.

7개의 문자 중 4개를 택하는 순열의 수와 같으므로

${}_7P_4=7\times6\times5\times4=840$

답 840

578 순열의 수

전략> 여학생 3명, 남학생 4명이 각각 한 명씩 차례대로 입장하는 방법의 수를 구한 후, 곱의 법칙을 이용한다.

여학생 3명이 한 명씩 차례대로 입장하는 방법의 수는

$3!=6$

남학생 4명이 한 명씩 차례대로 입장하는 방법의 수는

$4!=24$

따라서 구하는 방법의 수는

$6\times24=144$

답 144

579 이웃하거나 이웃하지 않는 순열의 수

전략> 한 쌍의 부부를 한 묶음으로 생각하여 일렬로 앉힌다. 이때 세 쌍의 부부가 각각 서로 자리를 바꾸는 경우도 생각한다.

[문제 이해]

부부끼리 이웃하게 앉아야 하므로 한 쌍의 부부를 한 묶음으로 생각한다. … 20% 배점

[해결 과정]

세 쌍의 부부를 각각 한 묶음으로 생각하여 3명이 일렬로 앉는 방법의 수는

$3!=6$ … 30% 배점

그 각각에 대하여 세 쌍의 부부가 각자 서로 자리를 바꾸는 방법의 수는

$2!\times2!\times2!=8$ … 30% 배점

[답 구하기]

따라서 구하는 방법의 수는

$6\times8=48$ … 20% 배점

답 48

580 이웃하거나 이웃하지 않는 순열의 수

전략 이웃하는 것을 한 묶음으로 생각하여 이웃하지 않는 것을 제외한 나머지를 일렬로 세운 후, 그 사이사이와 양 끝에 이웃하지 않는 것을 일렬로 세운다.

A와 C를 한 묶음으로 생각하여 D, F를 제외한 3명을 일렬로 세우는 방법의 수는

$3!=6$

A와 C가 서로 자리를 바꾸는 방법의 수는

$2!=2$

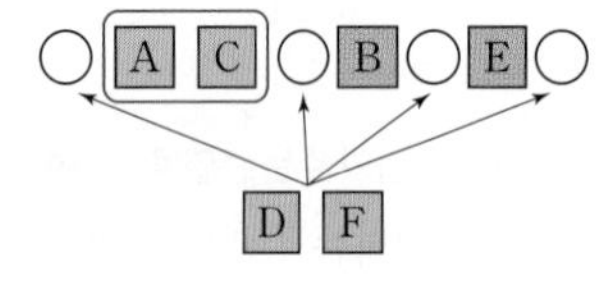

위의 그림과 같이 A, C의 묶음과 B, E의 사이사이와 양 끝의 4개의 자리 중 2개의 자리에 D와 F를 세우는 방법의 수는

${}_4P_2=12$

따라서 구하는 방법의 수는

$6\times2\times12=144$

답 144

581 이웃하거나 이웃하지 않는 순열의 수

전략 선생님 4명을 일렬로 세운 후, 그 사이사이와 양 끝에 학생 5명을 세운다.

선생님 4명을 일렬로 세우는 방법의 수는

$4!=24$

위의 그림과 같이 선생님 4명의 사이사이와 양 끝의 5개의 자리에 학생 5명을 일렬로 세우는 방법의 수는

$5!=120$

따라서 구하는 방법의 수는

$24\times120=2880$

답 2880

582 특정한 조건이 있는 순열의 수

전략 적어도 ~인 방법의 수는 전체 방법의 수에서 ~가 아닌 방법의 수를 뺀 것임을 이용한다.

적어도 한쪽 끝에 여자 배우가 서는 방법의 수는 전체 방법의 수에서 양쪽 끝에 남자 배우가 서는 방법의 수를 뺀 것과 같다.

5명의 배우가 일렬로 서는 방법의 수는

$5!=120$

양쪽 끝에 3명의 남자 배우 중 2명이 서는 방법의 수는

${}_3P_2=6$

그 각각에 대하여 가운데에 나머지 3명의 배우가 일렬로 서는 방법의 수는

$3!=6$

즉, 양쪽 끝에 남자 배우가 서는 방법의 수는

$6\times6=36$

따라서 구하는 방법의 수는

$120-36=84$

답 84

583 특정한 조건이 있는 순열의 수

전략 먼저 A, B가 앉는 줄을 택한 후, 5명의 학생이 조건에 맞게 앉는 경우의 수를 구한다.

A, B가 앉는 줄을 택하는 경우의 수는 2

한 줄에 놓인 3개의 좌석 중 2개의 좌석을 택하여 A, B가 앉는 경우의 수는

${}_3P_2=6$

나머지 3명이 맞은편 줄의 좌석에 앉는 경우의 수는

$3!=6$

따라서 구하는 경우의 수는

$2\times6\times6=72$

답 ⑤

584 순열을 이용하여 자연수의 개수 구하기

전략 주어진 조건에 따라 기준이 되는 자리에 먼저 숫자를 나열한 후, 나머지 자리에 남은 숫자를 나열한다.

일의 자리와 천의 자리에 모두 3의 배수가 오는 경우의 수는 3, 6의 2개의 숫자를 일렬로 나열하는 경우의 수와 같으므로

$2!=2$

그 각각에 대하여 나머지 자리의 숫자를 택하는 경우의 수는 1, 2, 4, 5의 4개의 숫자를 일렬로 나열하는 경우의 수와 같으므로

$4!=24$

따라서 구하는 수의 개수는

$2\times24=48$ 답 48

585 사전식 배열에서의 순열

전략 A□□□□, E□□□□, ⋯ 꼴의 문자열의 개수를 차례대로 구하여 65번째에 오는 문자열을 찾는다.

A□□□□ 꼴의 문자열의 개수는

$4!=24$

E□□□□ 꼴의 문자열의 개수는

$4!=24$

KA□□□ 꼴의 문자열의 개수는

$3!=6$

KE□□□ 꼴의 문자열의 개수는

$3!=6$

KOA□□ 꼴의 문자열의 개수는

$2!=2$

KOE□□ 꼴의 문자열의 개수는

$2!=2$

즉, AEKOR에서 KOERA까지의 문자열의 개수는

$24+24+6+6+2+2=64$

KOR□□ 꼴의 문자열을 차례대로 나열하면

KORAE, KOREA

따라서 65번째에 오는 문자열은 KORAE이므로 구하는 문자는 E이다. 답 ②

586 이웃하거나 이웃하지 않는 순열의 수

전략 A와 B, C와 D를 먼저 앉힌 후, 나머지 좌석에 E, F, G를 앉힌다.

(i) A, B가 앉는 2인용 의자를 택하는 경우의 수는 3
그 각각에 대하여 A, B가 2인용 의자에 앉는 경우의 수는
$2!=2$
따라서 A, B가 같은 2인용 의자에 이웃하여 앉는 경우의 수는
$3\times2=6$

(ii) C, D가 A, B가 앉은 좌석을 제외한 5개의 좌석 중 2개의 좌석을 택하여 앉는 경우의 수는
${}_5P_2=20$
C, D가 같은 2인용 의자에 이웃하여 앉는 경우의 수는
$2\times2!=4$
따라서 C, D가 같은 2인용 의자에 이웃하여 앉지 않는 경우의 수는
$20-4=16$

(iii) E, F, G가 A, B, C, D가 앉은 좌석을 제외한 3개의 좌석에 앉는 경우의 수는
$3!=6$

이상에서 구하는 경우의 수는

$6\times16\times6=576$ 답 576

587 특정한 조건이 있는 순열의 수

전략 적어도 ~인 방법의 수는 전체 방법의 수에서 ~가 아닌 방법의 수를 뺀 것임을 이용한다.

e와 f 사이에 적어도 2개의 문자가 오도록 나열하는 방법의 수는 전체 방법의 수에서 e와 f가 이웃하도록 나열하는 방법의 수와 e와 f 사이에 1개의 문자가 오도록 나열하는 방법의 수를 뺀 것과 같다.

6개의 문자를 일렬로 나열하는 방법의 수는

$6!=720$

(i) e와 f가 이웃하도록 나열하는 경우
e와 f를 한 묶음으로 생각하여 5개의 문자를 일렬로 나열하는 방법의 수는
$5!=120$
그 각각에 대하여 e와 f가 서로 자리를 바꾸는 방법의 수는
$2!=2$
즉, 이 방법의 수는 $120\times2=240$

(ii) e와 f 사이에 1개의 문자가 오도록 나열하는 경우
e와 f를 제외한 4개의 문자 중 e와 f 사이에 오는 1개의 문자를 택하는 방법의 수는
${}_4P_1=4$
e, ○, f를 한 묶음으로 생각하여 4개의 문자를 일렬로 나열하는 방법의 수는
$4!=24$
그 각각에 대하여 e와 f가 서로 자리를 바꾸는 방법의 수는
$2!=2$
즉, 이 방법의 수는 $4\times24\times2=192$

(i), (ii)에서 구하는 방법의 수는

$720-(240+192)=288$ 답 288

588 특정한 조건이 있는 순열의 수

전략 조건 (가), (나), (다)를 이용하여 함수 f가 어떤 함수인지 파악한다.

[문제 이해]

조건 (나), (다)에서 함수 f는 일대일대응이다. … 30% 배점

[해결 과정]

조건 (가)에서 $f(2)$의 값이 될 수 있는 집합 X의 원소는 1, 3, 4, 5, 6의 5개 … 20% 배점

그 각각에 대하여 일대일대응인 f의 개수는 집합 X의 원소 중에서 $f(2)$의 값을 제외한 5개의 원소에 대응하는 공역의 원소가 서로 달라야 하므로 5개의 원소를 일렬로 나열하는 방법의 수와 같다.

$\therefore 5!=120$ … 30% 배점

[답 구하기]

따라서 구하는 함수 f의 개수는

$5\times120=600$ … 20% 배점

답 600

> **개념 보충** 일대일대응의 개수
> 집합 $X=\{1, 2, 3, \cdots, n\}$에 대하여 함수 $f: X \longrightarrow X$ 중 일대일대응인 f의 개수는 ➡ ${}_nP_n=n!$

589 순열을 이용하여 자연수의 개수 구하기

전략 4의 배수는 끝의 두 자리 수가 4의 배수임을 이용한다.

4의 배수는 끝의 두 자리 수가 4의 배수이므로

(i) □□12, □□24, □□32 꼴인 경우

천의 자리에 올 수 있는 숫자는 0을 제외한 2가지, 백의 자리의 숫자를 택하는 경우의 수는 천의 자리에 오는 숫자를 제외한 2개의 숫자 중 1개를 택하는 순열의 수와 같으므로

${}_2P_1=2$

즉, 이 경우의 자연수의 개수는

$3\times2\times2=12$

(ii) □□04, □□20, □□40 꼴인 경우

천의 자리, 백의 자리의 숫자를 택하는 경우의 수는 나머지 3개의 숫자 중 2개를 택하는 순열의 수와 같으므로

${}_3P_2=6$

즉, 이 경우의 자연수의 개수는

$3\times6=18$

(i), (ii)에서 구하는 4의 배수의 개수는

$12+18=30$ 답 30

590 사전식 배열에서의 순열

전략 34□□□, 35□□□, 4□□□□, 5□□□□ 꼴의 짝수의 개수를 구한다.

(i) 34□□□ 꼴의 짝수의 개수

일의 자리에 올 수 있는 숫자는 2의 1가지

백의 자리, 십의 자리의 숫자를 택하는 경우의 수는 일의 자리에 오는 숫자를 제외한 2개의 숫자를 일렬로 나열하는 경우의 수와 같으므로

$2!=2$

즉, 34□□□ 꼴의 짝수의 개수는

$1\times2=2$

(ii) 35□□□ 꼴의 짝수의 개수

일의 자리에 올 수 있는 숫자는 2, 4의 2가지

백의 자리, 십의 자리의 숫자를 택하는 경우의 수는 일의 자리에 오는 숫자를 제외한 2개의 숫자를 일렬로 나열하는 경우의 수와 같으므로

$2!=2$

즉, 35□□□ 꼴의 짝수의 개수는

$2\times2=4$

(iii) 4□□□□ 꼴의 짝수의 개수

일의 자리에 올 수 있는 숫자는 2의 1가지

천의 자리, 백의 자리, 십의 자리의 숫자를 택하는 경우의 수는 일의 자리에 오는 숫자를 제외한 3개의 숫자를 일렬로 나열하는 경우의 수와 같으므로

$3!=6$

즉, 4□□□□ 꼴의 짝수의 개수는

$1\times6=6$

(iv) 5□□□□ 꼴의 짝수의 개수

일의 자리에 올 수 있는 숫자는 2, 4의 2가지

천의 자리, 백의 자리, 십의 자리의 숫자를 택하는 경우의 수는 일의 자리에 오는 숫자를 제외한 3개의 숫자를 일렬로 나열하는 경우의 수와 같으므로

$3!=6$

즉, 5□□□□ 꼴의 짝수의 개수는

$2\times6=12$

이상에서 구하는 짝수의 개수는

$2+4+6+12=24$ 답 24

11 조합

229~237쪽

Lecture
23 조합

문제 1

(1) ${}_6C_3=\frac{{}_6P_3}{3!}=\frac{6\times5\times4}{3\times2\times1}=20$

(2) ${}_4C_1=\frac{{}_4P_1}{1!}=\frac{4}{1}=4$

(3) ${}_9C_0=1$

(4) ${}_8C_8=1$

591 하

서로 다른 4개에서 2개를 택하는 조합의 수와 같으므로

${}_4C_2$ 답 ${}_4C_2$

592 하

서로 다른 5개에서 3개를 택하는 조합의 수와 같으므로

${}_5C_3$ 답 ${}_5C_3$

593 하

서로 다른 7개에서 4개를 택하는 조합의 수와 같으므로

${}_7C_4$ 답 ${}_7C_4$

594 하

${}_8C_3=\frac{8\times7\times6}{3\times2\times1}=56$ 답 56

595 하

${}_7C_5={}_7C_2=\frac{7\times6}{2\times1}=21$ 답 21

596 하

${}_5C_1=5$ 답 5

597 하

${}_9C_9=1$ 답 1

598 하

${}_nC_3=\frac{n(n-1)(n-2)}{3\times2\times1}$이므로

$\frac{n(n-1)(n-2)}{3\times2\times1}=120$

$n(n-1)(n-2)=720=10\times9\times8$

$\therefore n=10$ 답 10

599 하

${}_8C_r=\frac{8!}{r!(8-r)!}$이므로

$\frac{8!}{r!(8-r)!}=28$

$8!=28\times r!(8-r)!$

$8\times7\times6\times5\times4\times3\times2\times1=7\times4\times r!(8-r)!$

$2\times6\times5\times4\times3\times2\times1=r!(8-r)!$

$2!\times6!=r!(8-r)!$

$\therefore r=2$ 또는 $r=6$ 답 2 또는 6

600 하

서로 다른 10개에서 2개를 택하는 조합의 수와 같으므로

${}_{10}C_2=\frac{10\times9}{2\times1}=45$ 답 45

601 하

서로 다른 12개에서 9개를 택하는 조합의 수와 같으므로

${}_{12}C_9={}_{12}C_3=\frac{12\times11\times10}{3\times2\times1}=220$ 답 220

602 하

서로 다른 6개에서 1개를, 서로 다른 4개에서 2개를 택하는 조합의 수와 같으므로

${}_6C_1\times{}_4C_2=6\times\frac{4\times3}{2\times1}=36$ 답 36

603 중

(1) ${}_{n+1}C_2=\frac{{}_{n+1}P_2}{2!}=21$에서

${}_{n+1}P_2=21\times2!=42=7\times6$

$n+1=7$ $\therefore n=6$

(2) (i) ${}_{10}C_r={}_{10}C_{r-6}$에서 $r=r-6$

이 식을 만족시키는 r의 값은 존재하지 않는다.

(ii) ${}_{10}C_r={}_{10}C_{10-r}$이므로 ${}_{10}C_{10-r}={}_{10}C_{r-6}$에서

$10-r=r-6$

$2r=16 \qquad \therefore r=8$

(i), (ii)에서 $r=8$

(3) ${}_nC_3={}_nC_{n-3}$이므로 ${}_nC_{n-3}={}_nC_6$에서

$n-3=6 \qquad \therefore n=9$

(4) ${}_{n+3}C_2={}_{n+1}C_2+{}_nC_2$에서

$\frac{(n+3)(n+2)}{2\times1}=\frac{(n+1)n}{2\times1}+\frac{n(n-1)}{2\times1}$

$(n+3)(n+2)=(n+1)n+n(n-1)$

$n^2+5n+6=2n^2$

$n^2-5n-6=0$

$(n+1)(n-6)=0$

이때 $n\geq2$이므로 $n=6$

답 (1) 6 (2) 8 (3) 9 (4) 6

다른 풀이 (1) ${}_{n+1}C_2=21$에서

$\frac{(n+1)n}{2\times1}=21,\ n^2+n-42=0$

$(n+7)(n-6)=0$

이때 $n\geq1$이므로 $n=6$

주의 ${}_nC_r$에서 구한 n의 값이 $0\leq r\leq n$을 만족시키는 자연수인지 반드시 확인해야 한다.

604 중

(1) ${}_{n+3}C_n={}_{n+3}C_{(n+3)-n}={}_{n+3}C_3$이므로

${}_{n+3}C_3=\frac{{}_{n+3}P_3}{3!}=20$에서

${}_{n+3}P_3=20\times3!=120=6\times5\times4$

$n+3=6 \qquad \therefore n=3$

(2) (i) ${}_7C_{r+1}={}_7C_{2r}$에서 $r+1=2r$

$\therefore r=1$

(ii) ${}_7C_{r+1}={}_7C_{7-(r+1)}={}_7C_{6-r}$이므로

${}_7C_{6-r}={}_7C_{2r}$에서

$6-r=2r,\ 3r=6$

$\therefore r=2$

(i), (ii)에서 $r=1$ 또는 $r=2$

(3) ${}_5C_3+{}_5C_1={}_5C_2+{}_5C_1={}_6C_2$이고

${}_6C_2={}_6C_4$이므로

$r=2$ 또는 $r=4$

(4) ${}_{n+1}C_3={}_nC_2$에서

$\frac{(n+1)n(n-1)}{3\times2\times1}=\frac{n(n-1)}{2\times1}$

이때 $n\geq2$이므로 양변을 $n(n-1)$로 나누면

$\frac{n+1}{6}=\frac{1}{2}$

$n+1=3 \qquad \therefore n=2$

답 (1) 3 (2) 1 또는 2 (3) 2 또는 4 (4) 2

참고 ① ${}_nC_p={}_nC_q$이면 $p=q$ 또는 $p+q=n$
② ${}_{n-1}C_r+{}_{n-1}C_{r-1}={}_nC_r$ (단, $1\leq r<n$)

605 중

${}_nP_3=8\times{}_{n-1}C_2$에서

$n(n-1)(n-2)=8\times\frac{(n-1)(n-2)}{2\times1}$

이때 $n\geq3$이므로 양변을 $(n-1)(n-2)$로 나누면

$n=8\times\frac{1}{2}=4$

답 4

606 중

${}_nP_r=120,\ {}_nC_r=20$이고 ${}_nC_r=\frac{{}_nP_r}{r!}$이므로

$20=\frac{120}{r!}$

즉, $r!=\frac{120}{20}=6=3!$이므로

$r=3$

${}_nP_3=120=6\times5\times4$이므로

$n=6$

$\therefore n+r=6+3=9$

답 9

607 중

(1) 전체 학생 10명 중 4명을 뽑는 방법의 수는

${}_{10}C_4=\frac{10\times9\times8\times7}{4\times3\times2\times1}=210$

(2) A반 학생 4명 중 1명을 뽑는 방법의 수는

${}_4C_1=4$

B반 학생 6명 중 3명을 뽑는 방법의 수는

${}_6C_3=\frac{6\times5\times4}{3\times2\times1}=20$

따라서 구하는 방법의 수는

$4\times20=80$

(3) A반 학생 4명 중 4명을 뽑는 방법의 수는

${}_4C_4=1$

B반 학생 6명 중 4명을 뽑는 방법의 수는

${}_6C_4={}_6C_2=\frac{6\times5}{2\times1}=15$

따라서 구하는 방법의 수는

$1+15=16$

답 (1) 210 (2) 80 (3) 16

608 하

봉사부 학생 10명 중 회장 1명을 뽑는 방법의 수는

${}_{10}C_1=10$

나머지 학생 9명 중 부회장 2명을 뽑는 방법의 수는

${}_9C_2=\frac{9\times8}{2\times1}=36$

따라서 구하는 방법의 수는

$10\times36=360$ 답 360

609 중

외교관 9명 중 2명을 뽑는 방법의 수는

${}_9C_2=\frac{9\times8}{2\times1}=36$

소방관 n명 중 2명을 뽑는 방법의 수는

${}_nC_2$

이때 2명의 직업이 같은 경우의 수가 64이므로

$36+{}_nC_2=64$ $\therefore {}_nC_2=28$

즉, ${}_nC_2=\frac{{}_nP_2}{2!}=28$에서

${}_nP_2=28\times2!=56=8\times7$

$\therefore n=8$ 답 8

610 중

동아리의 전체 회원 수를 n이라 하면 전체 회원이 악수한 총횟수는 n명 중 2명을 뽑는 방법의 수와 같으므로

${}_nC_2=66$

즉, $\frac{n(n-1)}{2\times1}=66$에서

$n^2-n-132=0$, $(n+11)(n-12)=0$

이때 $n\geq2$이므로 $n=12$

따라서 동아리의 전체 회원 수는 12이다. 답 12

611 중

(1) 농구 선수 중 특정한 2명을 이미 뽑았다고 생각하면 구하는 방법의 수는 나머지 선수 9명 중 2명을 뽑는 방법의 수와 같으므로

${}_9C_2=\frac{9\times8}{2\times1}=36$

(2) 전체 선수 11명 중 4명을 뽑는 방법의 수는

${}_{11}C_4=\frac{11\times10\times9\times8}{4\times3\times2\times1}=330$

농구 선수만 4명을 뽑는 방법의 수는

${}_5C_4={}_5C_1=5$

배구 선수만 4명을 뽑는 방법의 수는

${}_6C_4={}_6C_2=\frac{6\times5}{2\times1}=15$

따라서 구하는 방법의 수는

$330-(5+15)=310$

답 (1) 36 (2) 310

개념 보충 **특정한 조건이 있는 조합의 수**

(1) 서로 다른 n개에서 특정한 k개를 포함하여 r개를 뽑는 방법의 수는 $(n-k)$개에서 $(r-k)$개를 뽑는 방법의 수와 같다.
➡ ${}_{n-k}C_{r-k}$

(2) 서로 다른 n개에서 특정한 k개를 제외하고 r개를 뽑는 방법의 수는 $(n-k)$개에서 r개를 뽑는 방법의 수와 같다.
➡ ${}_{n-k}C_r$

612 중

(1) A, B, C는 이미 선출되었다고 생각하면 구하는 방법의 수는 나머지 6명의 학생 중 1명이 선출되는 방법의 수와 같으므로

${}_6C_1=6$

(2) B, C를 제외한 7명의 학생 중 A는 이미 선출되었다고 생각하면 구하는 방법의 수는 나머지 6명의 학생 중 3명이 선출되는 방법의 수와 같으므로

${}_6C_3=\frac{6\times5\times4}{3\times2\times1}=20$

(3) 9명의 학생 중 4명이 선출되는 방법의 수는

${}_9C_4=\frac{9\times8\times7\times6}{4\times3\times2\times1}=126$

A, B, C를 제외한 6명의 학생 중 4명이 선출되는 방법의 수는

${}_6C_4={}_6C_2=\frac{6\times5}{2\times1}=15$

따라서 구하는 방법의 수는

$126-15=111$

답 (1) 6 (2) 20 (3) 111

613 중

집합 A의 부분집합 중 가장 작은 원소가 3이고 원소의 개수가 4인 집합은 3을 먼저 원소로 택한 다음, 3보다 큰 나머지 원소 4, 5, 6, 7, 8의 5개 중 3개를 택하는 경우와 같다.

따라서 구하는 집합의 개수는

${}_5C_3={}_5C_2=\frac{5\times4}{2\times1}=10$ 답 10

614 상

전체 10자루 중 5자루를 꺼내는 방법의 수는

$${}_{10}C_5=\frac{10\times9\times8\times7\times6}{5\times4\times3\times2\times1}=252$$

볼펜만 5자루를 꺼내는 방법의 수는

$${}_6C_5={}_6C_1=6$$

볼펜 6자루 중 4자루, 연필 4자루 중 1자루를 꺼내는 방법의 수는

$${}_6C_4\times{}_4C_1={}_6C_2\times{}_4C_1=\frac{6\times5}{2\times1}\times4=60$$

따라서 구하는 방법의 수는

$252-(6+60)=186$

답 186

615 중

어른 4명 중 2명, 어린이 3명 중 2명을 뽑는 방법의 수는

$${}_4C_2\times{}_3C_2={}_4C_2\times{}_3C_1=\frac{4\times3}{2\times1}\times3=18$$

(1) 4명을 일렬로 세우는 방법의 수는

$4!=24$

따라서 구하는 방법의 수는

$18\times24=432$

(2) 어린이 2명을 한 묶음으로 생각하여 3명을 일렬로 세우는 방법의 수는

$3!=6$

그 각각에 대하여 어린이 2명이 서로 자리를 바꾸는 방법의 수는

$2!=2$

따라서 구하는 방법의 수는

$18\times6\times2=216$

답 (1) 432 (2) 216

616 중

남학생 4명 중 3명, 여학생 4명 중 2명을 뽑는 방법의 수는

$${}_4C_3\times{}_4C_2={}_4C_1\times{}_4C_2=4\times\frac{4\times3}{2\times1}=24$$

(1) 5명을 일렬로 세우는 방법의 수는

$5!=120$

따라서 구하는 방법의 수는

$24\times120=2880$

(2) 남학생 3명을 일렬로 세우는 방법의 수는

$3!=6$

그 각각에 대하여 여학생 2명을 양 끝에 세우는 방법의 수는

$2!=2$

따라서 구하는 방법의 수는

$24\times6\times2=288$

답 (1) 2880 (2) 288

617 중

A, B를 제외한 8명 중 3명을 뽑는 방법의 수는

$${}_8C_3=\frac{8\times7\times6}{3\times2\times1}=56$$

A, B를 한 묶음으로 생각하여 4명을 일렬로 앉히는 방법의 수는

$4!=24$

그 각각에 대하여 A, B가 서로 자리를 바꾸는 방법의 수는

$2!=2$

따라서 구하는 방법의 수는

$56\times24\times2=2688$

답 2688

618 중

5를 제외한 8개의 숫자 중 2개를 뽑는 방법의 수는

$${}_8C_2=\frac{8\times7}{2\times1}=28$$

5를 포함한 3개의 숫자를 일렬로 나열하는 방법의 수는

$3!=6$

따라서 구하는 자연수의 개수는

$28\times6=168$

답 168

619 중

(1) 9개의 점 중 2개를 택하는 방법의 수는

$${}_9C_2=\frac{9\times8}{2\times1}=36$$

일직선 위에 있는 5개의 점 중 2개를 택하는 방법의 수는

$${}_5C_2=\frac{5\times4}{2\times1}=10$$

이때 일직선 위에 있는 점으로 만들 수 있는 직선은 1개이므로 구하는 직선의 개수는

$36-10+1=27$

(2) 9개의 점 중 3개를 택하는 방법의 수는

$${}_9C_3=\frac{9\times8\times7}{3\times2\times1}=84$$

일직선 위에 있는 5개의 점 중 3개를 택하는 방법의 수는

$_5C_3={}_5C_2=\frac{5\times4}{2\times1}=10$

이때 일직선 위에 있는 점으로는 삼각형을 만들 수 없으므로 구하는 삼각형의 개수는

$84-10=74$

답 (1) 27 (2) 74

620 중

(1) 8개의 점 중 2개를 택하는 방법의 수는

$_8C_2=\frac{8\times7}{2\times1}=28$

직선 l 위에 있는 3개의 점 중 2개를 택하는 방법의 수는

$_3C_2={}_3C_1=3$

직선 m 위에 있는 5개의 점 중 2개를 택하는 방법의 수는

$_5C_2=\frac{5\times4}{2\times1}=10$

이때 일직선 위에 있는 점으로 만들 수 있는 직선은 1개이므로 구하는 직선의 개수는

$28-(3+10)+1+1=17$

(2) 8개의 점 중 3개를 택하는 방법의 수는

$_8C_3=\frac{8\times7\times6}{3\times2\times1}=56$

직선 l 위에 있는 3개의 점 중 3개를 택하는 방법의 수는

$_3C_3=1$

직선 m 위에 있는 5개의 점 중 3개를 택하는 방법의 수는

$_5C_3={}_5C_2=\frac{5\times4}{2\times1}=10$

이때 일직선 위에 있는 점으로는 삼각형을 만들 수 없으므로 구하는 삼각형의 개수는

$56-(1+10)=45$

답 (1) 17 (2) 45

다른 풀이 (1) 직선 l 위에 있는 3개의 점 중 1개를 택하고, 직선 m 위에 있는 5개의 점 중 1개를 택하는 방법의 수는

$_3C_1\times{}_5C_1=3\times5=15$

이때 직선 l 위에 있는 점으로 만들 수 있는 직선은 1개, 직선 m 위에 있는 점으로 만들 수 있는 직선도 1개이므로 구하는 직선의 개수는

$15+1+1=17$

(2) (i) 직선 l 위에 있는 3개의 점 중 1개를 택하고, 직선 m 위에 있는 5개의 점 중 2개를 택하는 방법의 수는

$_3C_1\times{}_5C_2=3\times\frac{5\times4}{2\times1}=30$

(ii) 직선 l 위에 있는 3개의 점 중 2개를 택하고, 직선 m 위에 있는 5개의 점 중 1개를 택하는 방법의 수는

$_3C_2\times{}_5C_1={}_3C_1\times{}_5C_1=3\times5=15$

(i), (ii)에서 구하는 삼각형의 개수는

$30+15=45$

621 상

(i) 9개의 점 중 2개를 택하는 방법의 수는

$_9C_2=\frac{9\times8}{2\times1}=36$

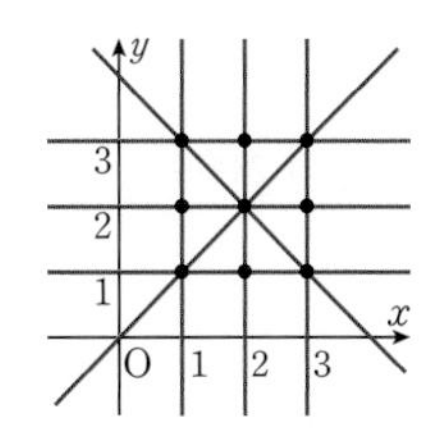

위의 그림과 같이 일직선 위에 3개의 점이 있는 경우는 8가지이므로 일직선 위에 있는 3개의 점 중 2개를 택하는 방법의 수는

$8\times{}_3C_2=8\times{}_3C_1=8\times3=24$

이때 일직선 위에 있는 점으로 만들 수 있는 직선은 1개이므로 구하는 직선의 개수는

$m=36-24+8=20$

(ii) 9개의 점 중 3개를 택하는 방법의 수는

$_9C_3=\frac{9\times8\times7}{3\times2\times1}=84$

일직선 위에 3개의 점이 있는 경우는 8가지이므로 일직선 위에 있는 3개의 점 중 3개를 택하는 방법의 수는

$8\times{}_3C_3=8\times1=8$

이때 일직선 위에 있는 점으로는 삼각형을 만들 수 없으므로 구하는 삼각형의 개수는

$n=84-8=76$

(i), (ii)에서 $m+n=20+76=96$

답 96

622 중

(1) 4개의 가로 방향의 평행선 중 2개를 택하는 방법의 수는

$_4C_2=\frac{4\times3}{2\times1}=6$

4개의 세로 방향의 평행선 중 2개를 택하는 방법의 수는

$_4C_2=\frac{4\times3}{2\times1}=6$

따라서 구하는 직사각형의 개수는

$6\times6=36$

(2) 처음 정사각형의 한 변의 길이를 3이라 하면

(i) 한 변의 길이가 1인 정사각형의 개수는

$3\times3=9$

(ii) 한 변의 길이가 2인 정사각형의 개수는

$2\times2=4$

(iii) 한 변의 길이가 3인 정사각형의 개수는 1

이상에서 정사각형의 개수는

$9+4+1=14$

이때 (1)에서 직사각형의 개수는 36이므로 정사각형이 아닌 직사각형의 개수는

$36-14=22$

답 (1) 36 (2) 22

623 중

4개의 가로 방향의 평행선 중 2개를 택하는 방법의 수는

$_4C_2=\frac{4\times3}{2\times1}=6$

6개의 세로 방향의 평행선 중 2개를 택하는 방법의 수는

$_6C_2=\frac{6\times5}{2\times1}=15$

가로 방향의 평행선 2개와 세로 방향의 평행선 2개를 택하면 한 개의 평행사변형이 만들어지므로 구하는 평행사변형의 개수는

$6\times15=90$

답 90

624 상

반원에 대한 원주각의 크기는 90°이므로 오른쪽 그림과 같이 원의 서로 다른 지름 2개가 직사각형의 대각선이 되도록 원 위의 4개의 점을 택하면 직사각형을 만들 수 있다.

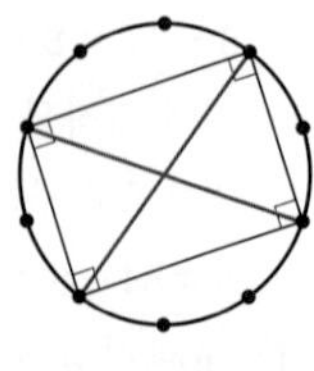

따라서 원의 지름 5개 중 2개를 택하면 이들을 대각선으로 하는 직사각형이 만들어지므로 구하는 직사각형의 개수는

$_5C_2=\frac{5\times4}{2\times1}=10$

답 10

개념 보충 원주각

(1) 한 원에서 한 호에 대한 원주각의 크기는 그 호에 대한 중심각의 크기의 $\frac{1}{2}$이다.

(2) 한 원에서 한 호에 대한 원주각의 크기는 모두 같다.

(3) 반원에 대한 원주각의 크기는 90°이다.

중단원 연습문제

238~240쪽

625 $_nC_r$의 계산

전략 $_nP_r=n(n-1)(n-2)(n-3)\times\cdots\times(n-r+1)$, $_nC_r=\frac{_nP_r}{r!}$임을 이용하여 주어진 식을 n에 대한 식으로 나타내고 $n\ge r$임에 주의한다.

$_nP_2+10\times{}_nC_2=18\times{}_{n-1}C_3$에서

$$n(n-1)+10\times\frac{n(n-1)}{2\times1}$$

$$=18\times\frac{(n-1)(n-2)(n-3)}{3\times2\times1}$$

이때 $n-1\ge3$에서 $n\ge4$이므로 양변을 $n-1$로 나누면

$n+5n=3(n-2)(n-3)$

$6n=3n^2-15n+18$, $3n^2-21n+18=0$

$n^2-7n+6=0$, $(n-1)(n-6)=0$

이때 $n\ge4$이므로 $n=6$

답 6

626 조합의 수

전략 순서를 생각하지 않고 뽑는 경우의 수를 구할 때는 조합을 이용한다.

1학년 회원 6명 중 4명을 뽑는 경우의 수는

$_6C_4={}_6C_2=\frac{6\times5}{2\times1}=15$

2학년 회원 4명 중 3명을 뽑는 경우의 수는

$_4C_3={}_4C_1=4$

따라서 구하는 경우의 수는

$15\times4=60$

답 60

627 조합의 수

[전략] 세 수가 모두 짝수인 경우와 1개는 짝수, 2개는 홀수인 경우로 나누어 생각한다.

[문제 이해]

세 수의 합이 짝수가 되려면 세 수가 모두 짝수이거나 1개는 짝수, 2개는 홀수이어야 한다. … 20% 배점

[해결 과정]

(i) 세 수가 모두 짝수인 경우

2, 4, 6, 8, 10의 5개의 짝수 중 3개를 뽑는 경우의 수와 같으므로

$${}_5C_3={}_5C_2=\frac{5\times4}{2\times1}=10$$ … 30% 배점

(ii) 1개는 짝수, 2개는 홀수인 경우

2, 4, 6, 8, 10의 5개의 짝수 중 1개를 뽑고, 1, 3, 5, 7, 9의 5개의 홀수 중 2개를 뽑는 경우의 수와 같으므로

$${}_5C_1\times{}_5C_2=5\times\frac{5\times4}{2\times1}=50$$ … 30% 배점

[답 구하기]

(i), (ii)에서 구하는 경우의 수는

$10+50=60$ … 20% 배점

답 60

628 조합의 수

[전략] 주어진 조건을 만족시키도록 함수 f의 공역의 원소를 정의역의 원소에 대응시키는 방법을 생각한다.

$x_1<x_2$이면 $f(x_1)<f(x_2)$이므로

$f(1)<f(2)<f(3)$

즉, Y의 원소 1, 2, 3, 4, 5의 5개 중 3개를 택하여 크기가 작은 수부터 차례대로 X의 원소 1, 2, 3에 대응시키면 된다.

따라서 구하는 함수 f의 개수는 1, 2, 3, 4, 5의 5개 중 3개를 택하는 조합의 수와 같으므로

$${}_5C_3={}_5C_2=\frac{5\times4}{2\times1}=10$$

답 10

> **개념 보충 함수의 개수**
>
> 두 집합 X, Y의 원소의 개수가 각각 m, n $(m\le n)$일 때, 함수 $f: X \longrightarrow Y$ 중 $x_1\in X$, $x_2\in X$에 대하여 $x_1<x_2$이면 $f(x_1)<f(x_2)$를 만족시키는 함수 f의 개수는 서로 다른 n개에서 m개를 택하는 조합의 수와 같으므로
>
> ${}_nC_m$
>
> 이다.

629 조합의 수

[전략] 소설책 3권이 포함되도록 고르거나 소설책만 4권을 골라야 한다.

(i) 소설책 6권 중 3권을 고르는 방법의 수는

$${}_6C_3=\frac{6\times5\times4}{3\times2\times1}=20$$

만화책 5권 중 1권을 고르는 방법의 수는

${}_5C_1=5$

즉, 소설책 3권, 만화책 1권을 고르는 방법의 수는

$20\times5=100$

(ii) 소설책 6권 중 4권을 고르는 방법의 수는

$${}_6C_4={}_6C_2=\frac{6\times5}{2\times1}=15$$

(i), (ii)에서 구하는 방법의 수는

$100+15=115$

답 115

630 특정한 조건이 있는 조합의 수

[전략] (A, B 중 적어도 1명을 포함하여 선발하는 방법의 수)
=(전체 10명 중 5명을 선발하는 방법의 수)
−(A, B를 제외하고 5명을 선발하는 방법의 수)
임을 이용한다.

10명의 볼링 선수 중 5명의 선수를 선발하는 방법의 수는

$${}_{10}C_5=\frac{10\times9\times8\times7\times6}{5\times4\times3\times2\times1}=252$$

A, B를 제외한 8명의 볼링 선수 중 5명의 선수를 선발하는 방법의 수는

$${}_8C_5={}_8C_3=\frac{8\times7\times6}{3\times2\times1}=56$$

따라서 구하는 방법의 수는

$252-56=196$

답 196

631 특정한 조건이 있는 조합의 수

[전략] 홀수 번호가 적힌 의자 중 2개에 아버지, 어머니가 앉고, 나머지 의자에 남은 가족이 앉아야 한다.

1, 3, 5의 홀수 번호가 적힌 의자 3개 중 2개를 고르는 경우의 수는

${}_3C_2={}_3C_1=3$

고른 두 의자에 아버지, 어머니가 앉는 경우의 수는

$2!=2$

아버지, 어머니가 앉고 남은 3개의 의자에 할머니, 아들, 딸이 앉는 경우의 수는

$3!=6$

따라서 구하는 경우의 수는

$3\times2\times6=36$ 답 ⑤

다른 풀이 순열의 수를 이용하여 구할 수도 있다.

1, 3, 5의 홀수 번호가 적힌 의자 3개 중 2개를 택하여 아버지, 어머니가 앉는 경우의 수는

${}_3P_2=3\times2=6$

나머지 3개의 의자에 할머니, 아들, 딸이 앉는 경우의 수는

$3!=6$

따라서 구하는 경우의 수는

$6\times6=36$

632 특정한 조건이 있는 조합의 수 ⊕ 뽑아서 나열하는 방법의 수

전략 n명 중 특정한 k명을 포함하여 r명을 뽑는 방법의 수는 $(n-k)$명 중 $(r-k)$명을 뽑는 방법의 수와 같음을 이용한다.

합창단의 전체 학생 수를 n이라 하면 특정한 3명을 포함하여 5명을 뽑는 방법의 수는 특정한 3명을 제외한 나머지 $(n-3)$명 중 2명을 뽑는 방법의 수와 같으므로

${}_{n-3}C_2$

5명을 일렬로 세우는 방법의 수는

$5!=120$

이때 n명 중 특정한 3명을 포함하여 5명을 뽑아 일렬로 세우는 방법의 수가 1200이므로

${}_{n-3}C_2\times120=1200 \qquad \therefore {}_{n-3}C_2=10$

즉, $\dfrac{(n-3)(n-4)}{2\times1}=10$에서

$(n-3)(n-4)=20,\ n^2-7n-8=0$

$(n+1)(n-8)=0$

이때 $n\geq5$이므로 $n=8$

따라서 합창단의 전체 학생 수는 8이다. 답 8

다른 풀이 ${}_{n-3}C_2\times5!=1200$이므로

${}_{n-3}C_2\times120=1200 \qquad \therefore {}_{n-3}C_2=10$

즉, $\dfrac{{}_{n-3}P_2}{2!}=10$에서

${}_{n-3}P_2=20=5\times4$

$n-3=5 \qquad \therefore n=8$

633 특정한 조건이 있는 조합의 수 ⊕ 뽑아서 나열하는 방법의 수

전략 (1) 조합을 이용하여 과일과 채소를 택하는 방법의 수를 구한 후, 순열을 이용하여 일렬로 진열하는 방법의 수를 구한다.
(2) 총무를 제외한 6명의 학생 중 회장을 이미 뽑았다고 생각하고 방법의 수를 구한다.

(1) 과일 5개 중 2개, 채소 4개 중 3개를 택하는 방법의 수는

${}_5C_2\times{}_4C_3={}_5C_2\times{}_4C_1=\dfrac{5\times4}{2\times1}\times4=40$

채소 3개를 일렬로 진열하는 방법의 수는

$3!=6$

그 각각에 대하여 채소 3개의 사이사이와 양 끝의 4개의 자리 중 2개의 자리에 과일 2개를 진열하는 방법의 수는

${}_4P_2=4\times3=12$

따라서 구하는 방법의 수는

$40\times6\times12=2880$

(2) 총무를 제외한 6명의 학생 중 회장을 이미 뽑았다고 생각하면 나머지 5명의 학생 중 3명을 뽑는 방법의 수는

${}_5C_3={}_5C_2=\dfrac{5\times4}{2\times1}=10$

4명을 일렬로 세우는 방법의 수는

$4!=24$

따라서 구하는 방법의 수는

$10\times24=240$

답 (1) 2880 (2) 240

다른 풀이 (1) 과일 5개 중 2개, 채소 4개 중 3개를 택하여 일렬로 진열하는 방법의 수는

$${}_5C_2\times{}_4C_3\times5!={}_5C_2\times{}_4C_1\times5!=\dfrac{5\times4}{2\times1}\times4\times120=4800$$

과일 5개 중 2개, 채소 4개 중 3개를 택하여 과일끼리 이웃하도록 일렬로 진열하는 방법의 수는

$${}_5C_2\times{}_4C_3\times4!\times2!={}_5C_2\times{}_4C_1\times4!\times2!=\dfrac{5\times4}{2\times1}\times4\times24\times2=1920$$

따라서 구하는 방법의 수는

$4800-1920=2880$

634 조합을 이용하여 삼각형의 개수 구하기

전략 일직선 위에 있는 점으로는 삼각형을 만들 수 없음에 주의하여 삼각형의 개수를 구한다.

9개의 점 중 3개를 택하는 방법의 수는

${}_9C_3=\dfrac{9\times8\times7}{3\times2\times1}=84$

일직선 위에 있는 4개의 점 중 3개를 택하는 방법의 수는

${}_4C_3={}_4C_1=4$

이때 일직선 위에 4개의 점이 있는 직선은 3개이고, 일직선 위에 있는 점으로는 삼각형을 만들 수 없으므로 구하는 삼각형의 개수는

$84-3\times4=72$ 답 72

635 ${}_nC_r$의 계산

[전략] 이차방정식 $ax^2+bx+c=0$의 두 근을 α, β라 하면 근과 계수의 관계에 의하여 $\alpha+\beta=-\frac{b}{a}$, $\alpha\beta=\frac{c}{a}$임을 이용한다.

이차방정식 ${}_nC_3x^2-{}_nC_5x+{}_nC_2=0$에서 근과 계수의 관계에 의하여

$\alpha+\beta=\frac{{}_nC_5}{{}_nC_3}$, $\alpha\beta=\frac{{}_nC_2}{{}_nC_3}$

이때 $\alpha+\beta=1$이므로

$\frac{{}_nC_5}{{}_nC_3}=1$ $\quad\therefore {}_nC_5={}_nC_3$

${}_nC_5={}_nC_{n-5}$이므로 ${}_nC_{n-5}={}_nC_3$에서

$n-5=3$ $\quad\therefore n=8$

$\therefore \alpha\beta=\frac{{}_8C_2}{{}_8C_3}=\frac{\frac{8\times7}{2\times1}}{\frac{8\times7\times6}{3\times2\times1}}=\frac{1}{2}$ 답 $\frac{1}{2}$

636 조합의 수

[전략] $a=5$일 때와 $a=6$일 때로 나누어 생각한다.

(i) $a=5$일 때

$c<b<5$이므로 1부터 4까지의 자연수 4개 중 2개를 택하여 큰 수를 b, 작은 수를 c라 하면 된다.

따라서 백의 자리의 수가 5인 자연수의 개수는 1부터 4까지의 자연수 4개 중 2개를 택하는 조합의 수와 같으므로

${}_4C_2=\frac{4\times3}{2\times1}=6$

(ii) $a=6$일 때

$c<b<6$이므로 1부터 5까지의 자연수 5개 중 2개를 택하여 큰 수를 b, 작은 수를 c라 하면 된다.

따라서 백의 자리의 수가 6인 자연수의 개수는 1부터 5까지의 자연수 5개 중 2개를 택하는 조합의 수와 같으므로

${}_5C_2=\frac{5\times4}{2\times1}=10$

(i), (ii)에서 구하는 자연수의 개수는

$6+10=16$ 답 ③

637 특정한 조건이 있는 조합의 수

[전략] (영어책이 적어도 1권 포함되도록 선택하는 방법의 수)
=(전체 12권 중 3권을 선택하는 방법의 수)
−(국어책만 3권을 선택하는 방법의 수)
임을 이용한다.

전체 12권의 책 중 3권을 선택하는 방법의 수는

${}_{12}C_3=\frac{12\times11\times10}{3\times2\times1}=220$

국어책이 모두 n권이라 하면 국어책만 3권을 선택하는 방법의 수는 ${}_nC_3$

이때 영어책이 적어도 1권은 포함되도록 선택하는 방법의 수가 216이므로

$220-{}_nC_3=216$ $\quad\therefore {}_nC_3=4$

${}_nC_3=\frac{{}_nP_3}{3!}=4$에서

${}_nP_3=4\times3!=24=4\times3\times2$

$\therefore n=4$

따라서 국어책은 모두 4권이다. 답 4권

638 뽑아서 나열하는 방법의 수

[전략] 홀수 2개와 짝수 3개를 택한 후, 5개의 숫자를 일렬로 나열하는 방법의 수를 생각한다.

[해결 과정]

1, 3, 5, 7, 9의 5개의 홀수 중 2개를 택하는 방법의 수는

${}_5C_2=\frac{5\times4}{2\times1}=10$ … 30% 배점

2, 4, 6, 8의 4개의 짝수 중 3개를 택하는 방법의 수는

${}_4C_3={}_4C_1=4$ … 30% 배점

숫자 5개를 일렬로 나열하는 방법의 수는

$5!=120$ … 20% 배점

[답 구하기]

따라서 구하는 비밀번호의 개수는

$10\times4\times120=4800$ … 20% 배점

답 4800

639 조합을 이용하여 사각형의 개수 구하기

[전략] 평행사변형이 아닌 사다리꼴은 서로 평행한 두 직선과 서로 평행하지 않은 두 직선을 각각 한 개씩 택하면 만들어짐을 이용한다.

오른쪽 그림에서 평행사변형이 아닌 사다리꼴이 만들어지는 경우는 다음과 같다.

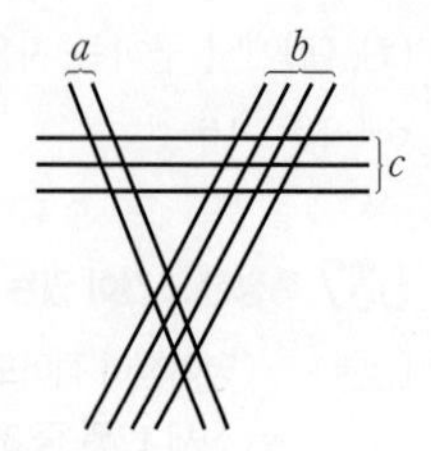

(i) a에서 2개, b, c에서 각각 1개의 직선을 택하는 경우

$_{2}C_{2}\times{}_{4}C_{1}\times{}_{3}C_{1}$
$=1\times4\times3=12$

(ii) b에서 2개, a, c에서 각각 1개의 직선을 택하는 경우

$_{4}C_{2}\times{}_{2}C_{1}\times{}_{3}C_{1}=\dfrac{4\times3}{2\times1}\times2\times3=36$

(iii) c에서 2개, a, b에서 각각 1개의 직선을 택하는 경우

$_{3}C_{2}\times{}_{2}C_{1}\times{}_{4}C_{1}={}_{3}C_{1}\times{}_{2}C_{1}\times{}_{4}C_{1}=3\times2\times4=24$

이상에서 구하는 사다리꼴의 개수는

$12+36+24=72$ 답 72

참고 사다리꼴은 한 쌍의 대변이 평행한 사각형이고 평행사변형은 두 쌍의 대변이 각각 평행한 사각형이다. 즉, 평행사변형이 아닌 사다리꼴은 한 쌍의 대변만 평행한 사각형이다.

MEMO

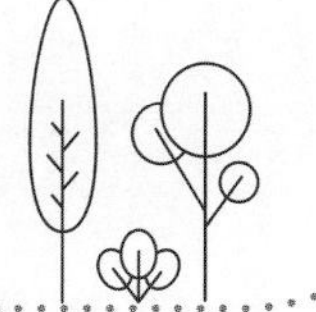

ME
MO

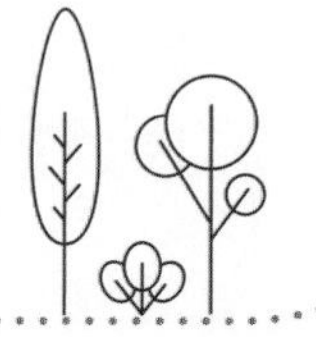